LEBENSMITTELSICHERHEIT

# HACCP in der Praxis

Herausgegeben von

H.-J. Sinell / H. Meyer

BEHR'S...VERLAG

Die Deutsche Bibliothek – CIP-Einheitsaufnahme

**HACCP in der Praxis** : Lebensmittelsicherheit / hrsg. von H.-
J. Sinell ; H. Meyer. – Hamburg : Behr, 1996
ISBN 3-86022-290-2
NE: Sinell, Hans-Jürgen [Hrsg.]


1. Auflage 1996
unveränderter Nachdruck 1998

Satz und Druck: Fischer Druck + Verlag,
38300 Wolfenbüttel

# Vorwort

Das HACCP (Hazard Analysis Critical Control Point)-System ist speziell für die Lebensmittelverarbeitung als Hygienesicherungssystem entwickelt worden. In den USA hat es sich seit einer Reihe von Jahren gut eingeführt und bewährt. In der Europäischen Union erwähnt nun auch die Lebensmittelhygiene-Richtlinie 93/43/EWG dies Prinzip und empfiehlt seine Anwendung ausdrücklich. Nationale Regelwerke schließen sich dem an. Mittlerweile ist eine umfängliche Literatur dazu entstanden, die es dem Interessierten nicht immer leicht macht, sich zu informieren.

Das vorliegende Buch will Anwendungsmöglichkeiten für die Einführung des HACCP-Prinzips in die Praxis bieten. Anerkannte Sachverständige haben sich zusammengefunden, um aus der Sicht ihres Faches produkt- oder auch verfahrensspezifisch praktische Bezüge des HACCP-Konzepts zu entwickeln. Zunächst behandeln einleitende Abschnitte des Buches systematische Grundlagen und methodisches Rüstzeug. Weitere befassen sich mit HACCP-Anwendungen unter verfahrenstechnischen Aspekten. Mehrere Kapitel widmen sich der Anwendung des Systems auf unterschiedliche Gruppen vom Tier stammender und pflanzlicher Lebensmittel. Dabei mußte sich die Darstellung angesichts der kaum überschaubaren Vielfalt von Erzeugnisgruppen und heute gebräuchlicher Verfahren auf Beispiele beschränken. Eine Betrachtung zur Stellung von HACCP innerhalb nationaler und internationaler Qualitätsmanagement-Regelungen schließt den Text.

Das Buch wendet sich an die Verantwortlichen für das Qualitätsmanagement nicht nur im Lebensmittel-Großbetrieb, sondern auch an Praktiker auf allen Ebenen der Be- und Verarbeitung in mittelständischen und kleineren Betrieben. Studierenden der Lebensmittel- und Ernährungswissenschaften an Hoch- und Fachhochschulen soll praxisbezogene Information zum Thema „Lebensmittelsicherheit" vermittelt werden. Besonders angesprochen sind die Angehörigen der amtlichen Lebensmittelüberwachung, namentlich diejenigen, die im Vollzug vor Ort Überwachung auszuüben und Entscheidungen zu treffen haben.

Dem Leser werden die gelegentlich recht unterschiedlich gesetzten Schwerpunkte, manchmal auch die Unterschiedlichkeit der Betrachtungsweise auffallen. Er mag es als Zeichen dafür ansehen, daß die Systematisierung der präventiven Hygienesicherung derzeit noch ganz im Fluß ist. Weder gibt es hierzu altbewährte Systeme, die allgemein eingeführt wären, noch existiert eine allseits akzeptierte Lehrmeinung, die für jede Detailfrage eine Patentlösung bereit hielte. Die einzelnen Beiträge sind deshalb als Äußerung kompetenter Sachverständiger zu verstehen, die Chancen und Möglichkeiten des derzeit modernsten Konzepts zur Hygienesicherung aus der Sicht eigener Erfahrung nach dem gegenwärtigen Stand der Kenntnis darstellen.

Dem Verlag danken wir für die Ausstattung des Werkes und die verlegerische Betreuung. Vielen Kolleginnen und Kollegen danken wir für hilfreiche Diskussionen und wertvolle Ratschläge. Besonderen Dank schulden wir Frau Inge Mentz und Herrn Dr. J. Kleer für vielfältige technische Hilfe und unermüdliches Korrekturlesen.

Berlin und Rodgau,
im November 1995

Die Herausgeber

# Die Autoren


**Lebensmittelchemiker Matthias CHRISTELSOHN**, Christelsohn Consulting Bendestorf, Buchholz

**Dipl. Ernährungs- und Hygienetechnikerin Elke DEBELIUS**, Christelsohn Consulting Bendestorf, Buchholz

**Professor Dr. Jürgen BAUMGART**, Fachhochschule Lippe, Lemgo

**Professor Dr. Karsten FEHLHABER**, Institut für Lebensmittelhygiene der Universität Leipzig

**Dr. Gudrun GALLHOFF**, Institut Fresenius Biologische und Chemische Laboratorien GmbH, Taunusstein, Neuhof

**Dr. Philipp HAMMER**, Institut für Hygiene, Bundesanstalt für Milchforschung, Kiel

**Professor Dr. Walter HEESCHEN**, Institut für Hygiene, Bundesanstalt für Milchforschung, Kiel

**Dr. Werner HENNLICH**, Fraunhofer-Institut für Lebensmitteltechnologie und Verpackung, München

**Professor Dr. Götz HILDEBRANDT**, Institut für Lebensmittelhygiene der Freien Universität Berlin

**Professor Dr. Wilhelm H. HOLZAPFEL**, Institut für Hygiene und Toxikologie, Bundesforschungsanstalt für Ernährung, Karlsruhe

**Dipl. Ing. grad. Olaf KRALITSCH**, Kiel

**Professor Dr. H. KUßMAUL**, Institut Fresenius Biologische und Chemische Laboratorien GmbH, Taunusstein, Neuhof

**Dr. Heinz MEYER**, Rodgau

**Professor Dr. Hinrich MROZEK**, Schülp

**Dr. Klaus PRIEBE**, Staatliches Veterinäramt, Bremerhaven

**Professor Dr. Dieter SEIDLER**, Fachhochschule Lippe, Lemgo

**Professor Dr. Hans-Jürgen SINELL**, Institut für Lebensmittelhygiene der Freien Universität Berlin

**Dr. Gottfried SPICHER**, Detmold

**Professor Dr. Achim STIEBING**, Fachhochschule Lippe, Lemgo

**Dipl. Ing. Herbert ZERBE**, Institut Fresenius Biologische und Chemische Laboratorien GmbH, Taunusstein, Neuhof

**Dipl. Biol. Regina ZSCHALER**, Natec Institut für naturwissenschaftlich-technische Dienste GmbH, Hamburg

# Inhalt

## ISO 9000 Vorbereitung zur Zertifizierung

James L. Lamprecht

BEHR'S...VERLAG

1. Auflage 1993
Unveränderter Nachdruck 1996
Hardcover · DIN A5 · 204 Seiten
DM 149,– inkl. MwSt., zzgl. Vertriebskosten
ISBN 3-86022-088-8

### Interessenten
Dieses Werk erleichtert einer Unternehmensführung die Entscheidung zur Einführung eines Qualitätssicherungssystems nach einer der ISO-Normen und ist ein hilfreicher Leitfaden für den Weg zur Zertifizierung. Die ausführlichen Aspekte zusammen mit zahlreichen Beispielen ermöglichen Geschäftsführern, Produktmanagern, Technischen Betriebsleitern, Qualitätssicherungsbeauftragten, Leitern von QS-Einheiten und deren Mitarbeitern eine gründliche Vorbereitung und effektive Nutzung der Normen.

### Der Autor
James L. Lamprecht ist u.a. Berater mit über 20 Jahren Erfahrung auf dem Gebiet der Betriebswirtschaft, wirtschaftlicher Entwicklung und dem Total Quality Management.

### Aus dem Inhalt
**Was ist die ISO 9000-Reihe?** Aufbau, Zweck und Anwendungsbereich · Welches Modell soll gewählt werden? · Wer sollte ein ISO 9000-Qualitätssicherungssystem einführen? · ISO 9000-Handelsschranke oder Gelegenheit für Verbesserungen? · Aufklärung über einige Mißverständnisse bei den ISO-Normen

**Überblick über die Forderungen der ISO 9001/Q 91:** ISO 9001-Qualitätssicherungssysteme – Modell zur Darlegung der Qualitätssicherung in Design/Entwicklung, Produktion, Montage und Kundendienst

**Interpretation und Anwendung der Norm ISO 9001:** Das Lesen der Norm · Weitere Anmerkungen zur Interpretation · Anwendung eines Abschnittes: ein Beispiel

**Das ISO-Qualitätssicherungssystem – Vorgehensweise:** Voraussetzungen für ein Qualitätssicherungssystem · Das ISO-Modell zum Qualitätssicherungssystem und das Total Quality Management · Zweck und Anwendungsbereich: Was muß berücksichtigt werden? · Fragen der Organisation und Zertifizierung · Fallstudien

**Einige Vorschläge zur Organisation eines Qualitätssicherungssystems:**

**Die Pyramide des Qualitätsmodells:** Stufe 1: das Qualitätssicherungs-Handbuch · Dokumentation nach Stufe 2 · Dokumentation nach Stufe 3 · Einige Hinweise zur Dokumentation · Wie Sie es nicht machen sollten · Wie Sie komplexe Verfahren dokumentieren

**Dokumentation Ihrer Verfahren:** Wie dokumentiert man Verfahren? · Wie erstellt man ein Flußdiagramm?

**Vorgehensweise:** Zeitaufwand · Implementierungsplan

**Zertifizierungsstellen und EN 45011/2:** Allgemeine Kriterien für Stellen, die Produkte zertifizieren

**Das Qualitätsaudit durch Dritte:** Allgemeines über Audits · Auditarten · Gegenüberstellung: Externe Audits und Audits durch Dritte · Offizielle Auditoren (unabhängige Dritte) · Qualifikationskriterien für Qualitätsauditoren · Das Verfahren eines Audits durch unabhängige Dritte

**Wie erleichtern Sie sich das Audit?** Die Notwendigkeit eines internen Audits · Elemente eines erfolgreichen Interviews · Vorbereitungen für das Interview · Durchführung des Interviews · Beziehung Auditor-Befragter · Fragen formulieren · Einige Hinweise zur Art der Fragestellung · Wo sollen Sie beginnen? · Wieviel Zeit muß man aufbringen? · Der Bericht · Wie bereitet man sich auf ein Audit vor? · Was sagt man und wie?

## BEHR'S...VERLAG
B. Behr's Verlag GmbH & Co. · Averhoffstraße 10 · D-22085 Hamburg
Telefon (040) 22 70 08/18-19 · Telefax (040) 220 10 91
E-Mail: Behrs@Behrs.de · Homepage: http://www.Behrs.de

# 1 Einleitung

H.-J. Sinell

Der Weg in die europäische Union bringt im Leben des einzelnen Bürgers mancherlei Veränderungen, für viele kaum merkbar. Einschneidend sind sie jedenfalls für die Gesellschaft als Ganzes, für die einzelnen Staaten und ganz besonders für deren Rechts-, Wirtschafts- und Finanzsystem. In der Lebensmittelwirtschaft ist die Entwicklung einheitlicher Vorstellungen zur Lebensmittelqualität und zur Einrichtung wirksamer Systeme zu ihrer Sicherung ein vordringliches Anliegen. Die Auffassungen hierüber sind bei mittelständischen und Kleinbetrieben innerhalb der Unionsländer ohne Zweifel recht unterschiedlich. Soweit es dabei um die Zusammensetzung der Lebensmittel geht, ist das durchaus verständlich. Geht es aber um den gesundheitlichen Verbraucherschutz, sollten die Auffassungen ungeteilt sein.

Aber auch die Anforderungen an die gesundheitliche Unbedenklichkeit, die „hygienische Qualität", haben sich in neuerer Zeit beträchtlich gewandelt. Die Anforderungen des Verbrauchers an diese Eigenschaft gewinnen einen immer höheren Stellenwert. Die Ursachen dafür zu diskutieren, wäre interessant. Sicher spielt die Zunahme der Lebensmittelinfektionen und mikrobiell bedingten Intoxikationen dabei nur eine recht untergeordnete Rolle, obwohl das dramatische Ansteigen vor allem der Salmonellosen in den Jahren 1990–92 allen Anlaß zu Besorgnis auch in einer breiteren Öffentlichkeit gegeben hätte. Viel weiter gehende Ängste der im allgemeinen nur wenig sachlich informierten Allgemeinheit richten sich auf stoffliche Beimengungen und Verunreinigungen, „Gifte in Lebensmitteln", denen sich viele Verbraucher schutzlos ausgeliefert glauben und bei denen toxikologische Langzeiteffekte befürchtet werden, die sich erst nach Jahrzehnten oder womöglich sogar erst in späteren Generationen bemerkbar machen.

Tatsache ist, daß sich in der Vergangenheit immer wieder Skandale ereignet haben, die Rückstände von pharmakologisch wirksamen Stoffen oder anderen unerwünschten Beimengungen in Lebensmitteln zum Gegenstand hatten. Sicher wären diese Ereignisse durch eine noch straffere und gezielter eingesetzte Überwachung und durch ein höheres Maß an Verantwortung bei den unmittelbar Beteiligten zu vermeiden gewesen. An der Strafbarkeit von Verstößen und Vergehen gegen geltendes Recht ändert das nichts. Sicher ist aber auf der anderen Seite, daß hierzulande zu keiner Zeit eine unmittelbare Gesundheitsgefahr durch solche unerwünschten Stoffe in Lebensmitteln bestanden hat. Nichts unter den verfügbaren Daten rechtfertigt entsprechende Mutmaßungen. Das vorhandene Instrumentarium und die etablierten Kontrollsysteme haben sich im Prinzip bewährt, um den am aktuellen Stand der Erkenntnis orientierten Schutz des Verbrauchers vor diesen Rückstandsrisiken zu gewährleisten.

Für die durch im weitesten Sinne biologisch bzw. mikrobiologisch bedingten Schadursachen trifft das nicht in gleichem Maß zu. Die Entwicklung der Lebensmittelinfektionen und mikrobiell bedingten Intoxikationen hat die mit der Lebensmittelüberwachung Betrauten in den vergangenen Jahren immer wieder vor neue Aufgaben gestellt. Neue Erkrankungen sind in den Vordergrund getreten, z. B. die Campylobacteriose, die Yersiniose, Infektionen mit pathogenen *E. coli*-Stämmen, auch bestimmte parasitäre Infektionen oder in neuester Zeit die befürchtete Gefährdung durch das BSE-Agens. Andere anscheinend altbekannte, wie etwa die *Salmonella enteritidis*-Infektion, haben ihr klinisches und epidemiologisches Erscheinungsbild geändert, so daß neue Maßnahmen notwendig wurden, um der geänderten Gefahrenlage zu begegnen.

All dies macht deutlich, daß der Schwerpunkt des gesundheitlichen Verbraucherschutzes auch künftig und ganz gezielt die Abwendung von mikrobiell bedingten Risiken, die von Lebensmitteln ausgehen, zum Gegenstand haben muß. Viele Ansätze, die in dieser Richtung seit langem verfolgt werden, bedürfen eines massiven Ausbaus, um die allgemeine lebensmittelhygienische Situation zu verbessern.

Eine neue Dimension erhalten diese Überlegungen innerhalb der Europäischen Gemeinschaft durch die Weiterentwicklung der Vorstellungen zur Sicherung der Qualität von Lebensmitteln. In dieses Regelwerk zur Qualitätssicherung (neuerdings „Qualitäts-Management") sind nicht nur Gesichtspunkte der stofflich-substantiellen Zusammensetzung und sensorischen Beschaffenheit, sondern ganz ohne Frage auch die hygienische Unbedenklichkeit einzubeziehen. Das ist keinesfalls selbstverständlich. In einem in den USA erschienenen Werk zur Qualitätssicherung in der Lebensmittelindustrie (GOULD und GOULD, 1988) sind Begriffe, wie Lebensmittelmikrobiologie, -infektionen, -intoxikationen und andere gesundheitsrelevante Tatbestände nicht einmal erwähnt. Derart strikte Trennung von Qualität (Quality) und gesundheitlicher bzw. mikrobiologisch-hygienischer Unbedenklichkeit (Food Safety) ist nach unserem Verständnis nicht sinnvoll. Sie entspricht auch nicht unserem Sprachgebrauch.

Mit der Richtlinie über die amtliche Lebensmittelüberwachung (EG, 1989), der Richtlinie über Lebensmittelhygiene (EG, 1993) und nicht zuletzt mit den zur Produkthaftung entwickelten neuen Rechtsanschauungen (TASCHNER und FRIETSCH, 1990) sind die Verantwortlichkeiten klargestellt. Danach ist für die Lebensmittelkontrolle und -sicherheit nicht mehr nur die staatliche Exekutive verantwortlich, sondern gemeinsam mit dieser auch die Herstellerseite. Selbstverständlich hatte auch bisher jeder, der Lebensmittel herstellte oder in den Verkehr brachte, Verantwortung für die einwandfreie Beschaffenheit der Erzeugnisse zu tragen. Doch sind heute die Anforderungen an die von ihm wahrzunehmenden Sorgfaltspflichten ungleich höher. Er ist künftig gehalten, entsprechende Kontrollsysteme selbst einzurichten, deren Funktion zu überprüfen und die Ergebnisse zu dokumentieren.

Die amtliche Lebensmittelüberwachung wird dabei künftig ihre Aktivitäten nicht mehr überwiegend auf die Untersuchung von Stichproben der Endproduktstufe konzentrieren (MEIER, 1992), sondern Prozeßkontrollen ausführen und die Funktion der betriebsseitig eingerichteten Kontrollsysteme überprüfen. Bei dieser

„Kontrolle der Kontrolle" wird sie auch eine wichtige beratende Funktion wahrnehmen müssen. Legitimation und Auftrag zu solcher Neuordnung der Exekutivaufgaben ergeben sich aus o. a. EWG-Richtlinien. Die Lebensmittelhygiene-Richtlinie erwähnt dabei ausdrücklich: Aufbau und Einrichtung von Qualitätssicherungssystemen in den Betrieben sollen sich an den Grundsätzen des europäischen Normenwerkes DIN EN ISO 9000 ff. orientieren. Soweit es um gesundheitliche Unbedenklichkeit, die „Sicherheit", der Lebensmittel geht, sollten die Grundzüge des HACCP-Konzepts zugrunde gelegt werden. Damit ist nun auch in Europa auf innergemeinschaftlicher Ebene dies System zur Sicherung der gesundheitlich unbedenklichen Beschaffenheit von Lebensmitteln zum ersten Mal namentlich genannt und ausdrücklich empfohlen worden. Ebenso ist erstmals in einer europäischen lebensmittelrechtlichen Norm die Brücke geschlagen worden zwischen international akzeptierten Regelwerken zur Qualitätssicherung und dem HACCP-Konzept.

Für den Großbetrieb ist es nichts Neues, entsprechende Systeme zur Sicherung der hygienischen Qualität einzurichten. Auch HACCP wird seit Jahren in einer Reihe von Großbetrieben aufgebaut, betrieben und ständig aktualisiert. Mittelständische und Kleinbetriebe befürchten nicht selten, damit überfordert zu werden. Zu bedenken ist aber: Jeder, der Lebensmittel in den Verkehr bringt, hat das in seinen Kräften Stehende zu tun, um die gesundheitliche Unbedenklichkeit der Erzeugnisse sicherzustellen. Der zu treibende Aufwand muß aber zu dem erwarteten Nutzen in einem vernünftigen Verhältnis stehen. Deshalb ist zunächst eine Risikoabschätzung durchzuführen. Es muß also überlegt werden, ob überhaupt und gegebenenfalls mit welcher Wahrscheinlichkeit ein bestimmtes Schadensereignis eintreten kann (risk assessment). Der zumutbare Aufwand, der zu dessen Beherrschung getrieben werden muß, wird sich an der „guten Herstellungspraxis" (Good Manufacturing Practice, GMP), dem redlichen Gewerbebrauch, schließlich der Verkehrsanschauung zu orientieren haben, die die Erwartungen des Verbrauchers einschließt. An die Zumutbarkeit und die Qualität der GMP werden dabei strenge Anforderungen zu stellen sein. In dem Zusammenhang ist wiederum darauf hinzuweisen, daß es weder in Deutschland noch auf europäischer Ebene ein fest gefügtes Regelwerk im Sinne einer Rechtsnorm gibt, das – etwa wie in den USA – vorschriebe, was im konkreten Fall der GMP entspräche (Gorny, 1990). Die „Codes of Practice" der Codex Alimentarius Commission bieten eine wertvolle Hilfe, sie haben aber nur empfehlenden Charakter. Wo es an Einzelregelungen im Detail fehlt, kann als GMP nur das angesehen werden, was nach geltendem Recht den Regeln der Sorgfaltspflicht entspricht. Unter diesem Aspekt bleibt die Folgerung: Was unter GMP-Bedingungen nicht als „sicher" produziert werden kann, muß aus dem Herstellungsprogramm gestrichen werden.

Schließlich bedarf auch der Klärung, wie eigentlich der Begriff der „Sicherheit" eines Lebensmittels zu verstehen ist. Da es Nulltoleranzen praktisch nirgendwo gibt, kann als „sicher" ein Erzeugnis nur dann gelten, wenn bei ihm die Eintrittswahrscheinlichkeit eines definierten Schadensereignisses unterhalb eines vorgegebenen Niveaus liegt. Die Höhe dieses Niveaus vorzugeben, ist eine unternehmerische Entscheidung. Sie bezeichnet das Risiko, das der Hersteller einzugehen bereit ist. Danach wird zu prüfen sein, ob entsprechende Vorgaben unter den Bedingungen der GMP sich verwirklichen lassen.

Die einleitenden Überlegungen sollten deutlich machen, daß Entwicklung, Aufbau und Ingangsetzung eines Systems zur Sicherung der hygienischen Qualität nicht Sache eines auf der mittleren Ebene der betrieblichen Hierarchie angesiedelten „Qualitäts-" bzw. „Hygienebeauftragten" sein kann (Wild, 1988), sondern daß dies eine Entscheidung des Top-Managements ist. Hygienische Sicherheit ist nur zu gewährleisten, wenn die Geschäftsleitung dies Anliegen zur ureigensten Sache und – mehr noch – zum Bestandteil der „Corporate Identity" macht.

# 2 Grundlagen, Entwicklung und Begriffe

H.-J. Sinell

Im Gegensatz zu einigen anderen Produktionsbereichen ist bei der Lebensmittelherstellung eine Null-Fehler-Strategie nicht zu verwirklichen. Dagegen spricht nicht nur die biologische Variabilität der verwendeten Rohstoffe, sondern auch die vielfältige Einbeziehung menschlicher Arbeitskraft, die stets einen Unsicherheitsfaktor darstellt. Immerhin gab es auch bei der Lebensmittelherstellung einen Bereich, in dem eine 100 %ige Sicherheit der Produkte überlebensentscheidend war: Die bemannte Raumfahrt. Die Untersuchung der Fertigerzeugnisse hatte sich als unzureichend erwiesen, weil deren Ergebnisse sich zwangsläufig auf Stichproben beschränkten und deshalb mit einem hier nicht mehr tolerierbaren Fehler behaftet waren.

Darum erarbeiteten schon in den 60er Jahren die Pillsbury Company, die US-Army und die NASA gemeinsam grundlegende Prinzipien, die sicherstellten, daß die so produzierten Lebensmittel frei von pathogenen Mikroorganismen und toxischen Stoffen waren (Baumann, 1974; Leaper ed., 1992; Pierson und Corlett, jr., 1993). Das aus diesen Grundsätzen entwickelte System bewährte sich, so daß es von vielen Herstellern in den USA für die allgemeine Lebensmittelproduktion übernommen, in der Gemeinschaftsverpflegung angewendet und schließlich auch in verschiedenen administrativen Regelungen verankert wurde.

Unter dem Namen **Hazard Analysis Critical Control Point (HACCP)** ist das System mittlerweile weltweit bekannt geworden. Der tragende Gedanke besteht in einer systematischen Analyse des Produktflusses vom Rohmaterial über alle Be- und Verarbeitungsstufen bis hin zum verzehrsfertigen Erzeugnis. Dabei sollen potentielle hygienische Gefährdungen identifiziert und Möglichkeiten gefunden werden, diese zu beherrschen, d. h. entweder zu eliminieren oder auf ein vertretbares Niveau zu reduzieren. Auf die inzwischen recht umfangreiche Literatur zu den Grundlagen wird verwiesen (ICMSF, 1988; Bryan, 1992; NACMCF, 1992, 1994; ILSI Europe, 1993; Pierson und Corlett, jr., 1993; Nöhle, 1994; Pearson und Dutson, 1995).

Einen gedrängten und abgewogen formulierten Überblick über die Prinzipien gibt ein nach jahrelangen Beratungen entstandenes Dokument der Codex Alimentarius Commission (Codex, 1993). Das Papier ist insofern von Bedeutung, als es die Expertise von den an der Erarbeitung des HACCP-Konzepts beteiligten einzelnen Wissenschaftlern und internationalen Wissenschaftsgruppierungen enthält. Da die Kommission mit ihren verschiedenen Komitees eine den Vereinten

[1] Hier ist nur von HACCP im Hinblick auf die Sicherheit (= hygienisch unbedenkliche Beschaffenheit, Anm. d. Hrsg.) von Lebensmitteln die Rede. Das System läßt sich aber ebenso auch auf andere Aspekte der Lebensmittelqualität anwenden.

Nationen angeschlossene Organisation ist, haben diese Richtlinien gewissermaßen halboffiziellen Charakter. Sie sind im Begriff, Gegenstand verschiedener nationalstaatlicher oder auch innergemeinschaftlicher Regelungen zu werden, weshalb sie hier in der Übersetzung des englischen Originaldokuments wiedergegeben sind. Gelegentliche Ergänzungen bzw. Klarstellungen sind als solche kenntlich gemacht.

## 2.1 Richtlinien für die Anwendung des Hazard Analysis Critical Control Point (HACCP)-Systems

### Präambel

Das Hazard Analysis Critical Control Point (HACCP)-System ermittelt spezifische Gefährdungen und vorbeugende Maßnahmen zu ihrer Beherrschung, um die Sicherheit[1] von Lebensmitteln zu gewährleisten. HACCP dient dazu, solche Gefährdungen zu bestimmen und Kontrollsysteme einzurichten, die sich auf vorbeugende Maßnahmen und weniger auf die Untersuchung von Endprodukten konzentrieren. Jedes HACCP-System läßt sich veränderten Bedingungen anpassen, so etwa Verbesserungen in der Gestaltung der Ausrüstung, Behandlungsverfahren und technologischen Entwicklungen.

HACCP kann in der ganzen Lebensmittelkette von der Urproduktion bis hin zum Endverbraucher angewendet werden. Seine Vorteile bestehen darin, daß die Lebensmittelsicherheit verbessert wird, daß Rohstoffe besser genutzt werden und schneller reagiert werden kann, wenn Probleme auftauchen. HACCP kann überdies die amtliche Lebensmittelüberwachung unterstützen und den internationalen Handel durch wachsendes Vertrauen in die Lebensmittelsicherheit fördern.

Die Anwendung von HACCP kann nur erfolgreich sein, wenn sich Geschäftsleitung und Mitarbeiter rückhaltlos dafür einsetzen. Außerdem ist ein Team zu bilden, dem geeignete Experten angehören, z. B. Landwirte, Tierärzte, Mitarbeiter aus der Produktion, Mikrobiologen, Ärzte, Spezialisten des Öffentlichen Gesundheitswesens, Lebensmitteltechnologen, Chemiker und Ingenieure, je nach gefordertem Sachverstand. Die Anwendung von HACCP fügt sich in die Einrichtung von Qualitätsmanagement-Systemen ein, wie der ISO 9000-Reihe, und ist dort bei der Schaffung von Lebensmittelsicherheit das Mittel der Wahl.

### Definitionen

**HACCP:** Ein System zur Ermittlung spezifischer Gefährdung(en) und vorbeugender Maßnahmen zu ihrer Beherrschung (preventive measures, PM).

**Gefährdung:** Die Eigenschaft, möglicherweise Schaden zu verursachen. Gefährdungen können biologisch, chemisch oder physikalisch sein.

**Kritischer Grenzwert:** Ein Wert, der „annnehmbar" und „nicht annehmbar" gegeneinander abgrenzt.

Kritischer Kontrollpunkt (CCP): Eine bestimmte Stelle, eine Stufe oder eine Vorgehensweise, bei der regulierend eingegriffen und einer Gefährdung der Lebensmittelsicherheit vorgebeugt, eine solche beseitigt oder auf annehmbares Maß vermindert werden kann.

Korrekturmaßnahme: Die Maßnahmen, die ergriffen werden müssen, sobald die Überwachung des kritischen Kontrollpunktes anzeigt, daß etwas außer Kontrolle gerät.

Monitor/Überwachen: Beobachtungen oder Messungen in planmäßiger Folge durchführen, um festzustellen, ob ein CCP unter Kontrolle ist.

## Grundsätze

HACCP ist ein System, das spezielle Gefährdung(en) und vorbeugende Maßnahmen zu ihrer Beherrschung ermittelt. Das System besteht aus den folgenden sieben Grundsätzen:

Grundsatz 1

Identifizieren der möglichen Gefährdung(en) auf allen Stufen der Lebensmittelherstellung von der Erzeugung über die Behandlung, Verarbeitung und Verteilung bis zum Verbrauch. Abschätzen der Wahrscheinlichkeit des Vorkommens der Gefährdung(en) und Festlegen der Vorbeugemaßnahmen zu ihrer Beherrschung.

Grundsatz 2

Bestimmen der Stellen, Behandlungs- und Verfahrensstufen, an denen sich die Gefährdung(en) ausschalten oder die Wahrscheinlichkeit ihres Vorkommens verringern läßt (lassen) (kritische Kontrollpunkte, im folgenden immer als „CCP" bezeichnet). Eine „Stufe" ist jedes Stadium der Lebensmittelherstellung und/oder -bearbeitung einschließlich der Rohmaterialien, des Wareneingangs, der Herstellung, Gewinnung, Beförderung, Zusammenstellung, Behandlung, Lagerung usw.

Grundsatz 3

Festlegen des (der) kritischen Grenzwertes (Grenzwerte) (Sollwerte), dessen (deren) Einhaltung sicherstellt, daß der CCP unter Kontrolle ist.

Grundsatz 4

Einrichten eines Systems zur Überwachung der CCPs durch planmäßige Prüfungen oder Beobachtungen.

Grundsatz 5

Festlegen von Korrekturmaßnahmen, die zu ergreifen sind, sobald die Überwachung anzeigt, daß ein bestimmter CCP nicht mehr unter Kontrolle ist.

Grundsatz 6

Einrichten von Bestätigungsverfahren mit ergänzenden Prüfungen oder Maßnahmen, die sicherstellen, daß das HACCP-System einwandfrei funktioniert.

Grundsatz 7

Einrichten einer Dokumentation, die alle mit diesen Grundsätzen und ihrer Anwendung zusammenhängenden Verfahren und Berichte umfaßt.

## Anwendung der HACCP-Prinzipien

Während der Gefährdungsanalyse und der anschließenden Ausarbeitung und Anwendung von HACCP-Systemen sind Rohmaterialien (auch Packstoffe sind einzubeziehen, Anm. d. Hrsg.), Zutaten und Herstellungspraktiken ebenso zu beachten wie die Rolle von Prozessen bei der Beherrschung von Gefährdungen, die mutmaßliche Verwendung des Fertigerzeugnisses, bestimmte Verbraucher-Risikogruppen sowie epidemiologische Hinweise auf die Sicherheit des Lebensmittels.

Mit dem HACCP-System sollen Steuerungsmaßnahmen auf die CCPs konzentriert werden. Wenn eine Gefährdung ausgemacht worden ist, sich aber keine CCPs finden lassen, sollte eine Änderung des Arbeitsvorgangs überlegt werden

Für jeden Arbeitsvorgang sollte HACCP gesondert angewendet werden. Im Einzelfall brauchen die identifizierten CCPs nicht die gleichen zu sein wie die in den Codex-Codes of Hygienic Practice beispielhaft aufgeführten. Es können auch andere hinzukommen.

Sobald Produkt, Prozeß oder irgendeine Behandlungsstufe modifiziert werden, ist die HACCP-Anwendung neu zu überdenken und erforderlichenfalls abzuändern.

Bei der Umsetzung von HACCP im Zusammenhang mit einer gegebenen praktischen Anwendung gilt es, flexibel zu sein.

Anwendung

Die Anwendung der HACCP-Grundsätze stellt die in der Logischen Sequenz zur Anwendung von HACCP bezeichneten Aufgaben (Abb. 2.1).

1. HACCP-Team zusammenstellen

Zusammenstellen eines multidisziplinären Teams, das dem Produkt entsprechend Kenntnisse und Sachverstand hat. Ist solcher Sachverstand nicht am Ort verfügbar, ist fachlicher Rat von anderer Seite einzuholen.

2. Produkt beschreiben

Eine vollständige Beschreibung des Erzeugnisses ist aufzuzeichnen einschließlich der Angaben über die Zusammensetzung und die Art des Vertriebs.

3. Gebrauchszweck feststellen

Der Gebrauchszweck sollte darauf gegründet sein, wie der Endnutzer oder -verbraucher das Erzeugnis voraussichtlich verwendet. In bestimmten Fällen kann es erforderlich werden, besonders anfällige Personengruppen zu berücksichtigen, z. B. bei der Anstaltsverpflegung.

4. Fließschema entwerfen

Das Fließschema sollte von dem HACCP-Team aufgestellt werden. Dazu sollte jede Stufe innerhalb eines bestimmten Arbeitsbereichs nach dem jeweiligen Teilvorgang analysiert werden, der zur Aufstellung des Fließschemas herangezogen wird. Bei der Anwendung von HACCP auf einen bestimmten Arbeitsvorgang sollten die vorhergehenden und darauf folgenden Stufen berücksichtigt werden.

5. Vor-Ort-Bestätigung des Fließschemas

Das HACCP-Team sollte zur Bestätigung den tatsächlichen Arbeitsablauf mit dem Fließschema in allen Stadien und zu allen Betriebszeiten vergleichen und zweckentsprechend korrigieren.

6. Auflisten aller Gefährdungen für jede einzelne Stufe und Vorbeugemaßnahmen zu ihrer Beherrschung erwägen (Grundsatz 1)

Das HACCP-Team sollte alle biologischen, chemischen oder physikalischen Gefährdungen erfassen, die normalerweise auf jeder Stufe auftreten können, und die Vorbeugemaßnahmen zu ihrer Beherrschung beschreiben.

Zunächst analysiert das HACCP-Team die Gefährdungen im einzelnen. Sie werden nur dann in die Liste aufgenommen, wenn ihre Ausschaltung oder Minderung auf annehmbares Maß für die Sicherheit des Lebensmittels unerläßlich ist.

Das Team muß dann untersuchen, welche vorbeugenden Maßnahmen es überhaupt gibt, die auf die jeweilige Gefährdung angewendet werden können.

Vorbeugende Maßnahmen sind Tätigkeiten und Vorkehrungen, die notwendig sind, um Gefährdungen auszuschalten oder ihre Auswirkungen oder ihr Auftreten auf annehmbares Maß zu vermindern. Um bestimmte Gefährdungen zu beherrschen, können auch mehrere Vorbeugemaßnahmen erforderlich sein. Andererseits können mehrere Gefährdungen durch eine einzige Vorbeugemaßnahme beherrscht werden.

7. Auf jede Stufe den HACCP-Entscheidungsbaum anwenden (Grundsatz 2)

Die Feststellung eines CCP innerhalb eines HACCP-Systems wird durch die Anwendung des Entscheidungsbaums erleichtert (Abb. 2.1, Teil 2). Dabei sind alle Gefährdungen zu bedenken, die normalerweise zu erwarten sind oder sich auf einer bestimmten Stufe ergeben könnten. Für die Anwendung des Entscheidungsbaums könnte eine Schulung notwendig sein.

Wird eine Gefährdung bei einer Stufe ausgemacht, bei der Eingreifen aus Sicherheitsgründen erforderlich ist, und gibt es dabei keine vorbeugende Maßnahme, dann sind Produkt oder Prozeß entweder auf dieser Stufe oder in einem früheren oder späteren Stadium zu ändern, damit eine solche Maßnahme eingerichtet werden kann.

Mit der Anwendung des Entscheidungsbaums wird entschieden, ob eine bestimmte Stufe für eine erkannte Gefährdung ein CCP ist. Der Entscheidungsbaum ist flexibel und dem jeweiligen Arbeitsvorgang entsprechend anzuwenden, seien es Herstellung, Schlachtung, Behandlung, Lagerung, Verteilung oder anderes.

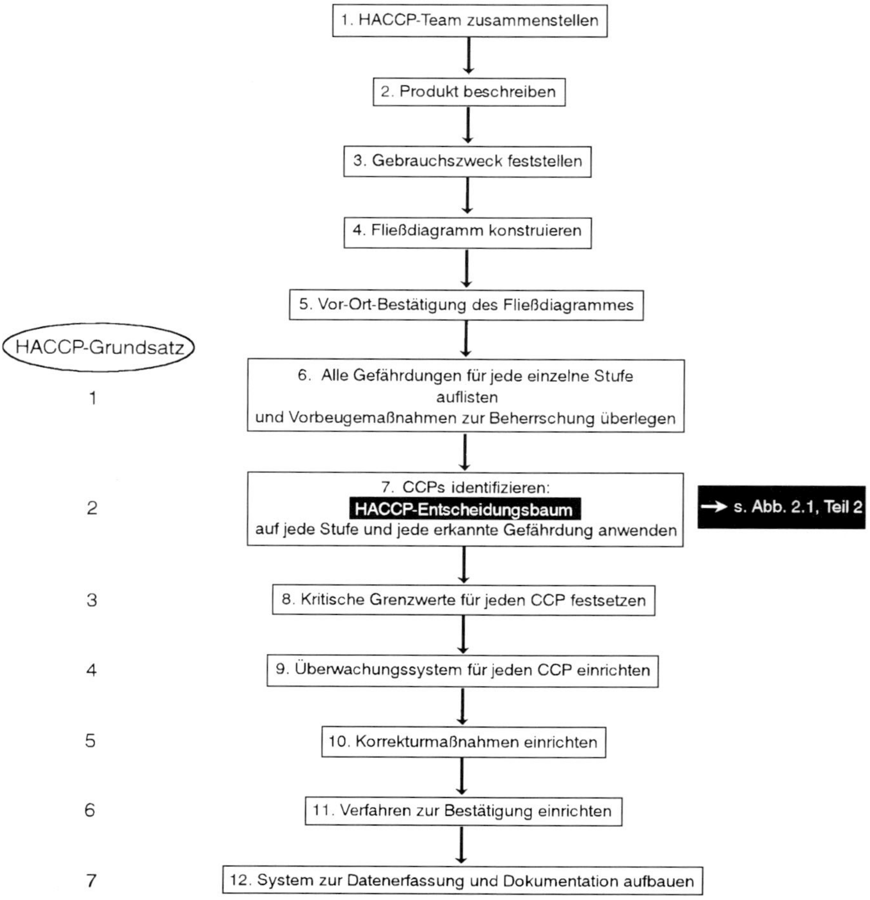
1. HACCP-Team zusammenstellen
2. Produkt beschreiben
3. Gebrauchszweck feststellen
4. Fließdiagramm konstruieren
5. Vor-Ort-Bestätigung des Fließdiagrammes
HACCP-Grundsatz
1
6. Alle Gefährdungen für jede einzelne Stufe auflisten und Vorbeugemaßnahmen zur Beherrschung überlegen
2
7. CCPs identifizieren: HACCP-Entscheidungsbaum auf jede Stufe und jede erkannte Gefährdung anwenden
→ s. Abb. 2.1, Teil 2
3
8. Kritische Grenzwerte für jeden CCP festsetzen
4
9. Überwachungssystem für jeden CCP einrichten
5
10. Korrekturmaßnahmen einrichten
6
11. Verfahren zur Bestätigung einrichten
7
12. System zur Datenerfassung und Dokumentation aufbauen

**Abb. 2.1, Teil 1 Logische Abfolge bei der Anwendung von HACCP**

8. Kritische Grenzwerte für jeden CCP festsetzen (Grundsatz 3)

Für jede vorbeugende Maßnahme sind kritische (Grenz-)Werte (Sollwerte) festzulegen. In manchen Fällen werden für eine bestimmte Stufe auch mehrere solcher Werte erarbeitet. Zu den häufig verwendeten Kriterien gehören Temperatur und Zeit, Feuchtigkeitsgehalt, pH- und $a_W$-Wert, freies Chlor und die sensorische Beschaffenheit, wie Aussehen und Gefüge.

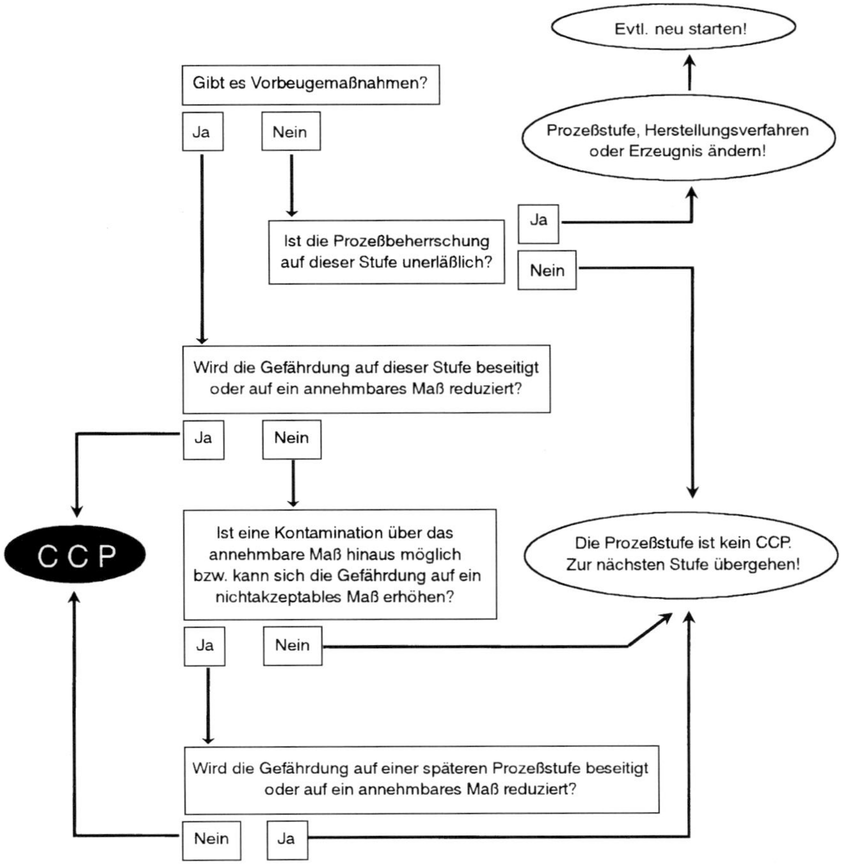


**Abb. 2.1, Teil 2 HACCP-Entscheidungsbaum auf jede Stufe mit identifizierten Gefährdungen anwenden (Fragen der Reihe nach beantworten)**

9. Für jeden CCP ein Überwachungssystem einrichten (Grundsatz 4)

Überwachung (Monitoring) ist die planmäßige Messung oder Beobachtung eines CCP hinsichtlich seiner kritischen Grenzwerte. Die Überwachungsverfahren müssen anzeigen, wenn ein CCP außer Kontrolle gerät. Günstigstenfalls sollte das Monitoring diese Information so rechtzeitig liefern, daß eine Korrektur vorgenommen werden kann und die Kontrolle über den Prozeß wiedergewonnen wird, bevor das Produkt zurückgewiesen werden muß. Die Überwachungsdaten müssen von einem hierfür vorgesehenen sachkundigen Mitarbeiter ausgewertet werden, der befugt ist, gegebenenfalls Korrekturmaßnahmen zu ergreifen. Wenn die Überwachung nicht kontinuierlich erfolgt, muß eine entsprechende Häufigkeit der Beobachtungen sicherstellen, daß der CCP unter Kontrolle ist. Die meisten CCP-Überwachungsvorgänge müssen schnell ablaufen, da sie während des laufenden Betriebes erfolgen und für langwierige Analysen keine Zeit ist. Den mikrobiologischen Untersuchungen werden physikalische und chemische Messungen häufig vorgezogen, weil sie rasch auszuführen sind und oft auch die mikrobiologische Produktbeherrschung anzeigen. Alle die CCP-Überwachung betreffenden Aufzeichnungen und Schriftstücke sind von der (den) mit der Überwachung betrauten Person(en) und der (den) verantwortlichen Aufsichtsperson(en) des Betriebes zu unterzeichnen.

10. Korrekturmaßnahmen einrichten (Grundsatz 5)

Innerhalb des HACCP-Systems sind für jeden CCP spezifische Korrekturmaßnahmen zu entwickeln, um Abweichungen zu begegnen, sobald sie auftreten.

Die Maßnahmen müssen den CCP wieder sicher unter Kontrolle bringen. Sie müssen auch die ordnungsgemäße Verfügung über das betroffene Produkt berücksichtigen. Abweichung und weiteres Verfahren mit dem Produkt müssen in der HACCP-Berichterstattung dokumentiert werden.

Korrekturmaßnahmen sollten schon dann einsetzen, wenn die Überwachungsergebnisse die Tendenz erkennen lassen, daß die Kontrolle über einen CCP verloren geht. Die Maßnahme zur Wiedergewinnung der Kontrolle sollte ergriffen werden, bevor die Abweichung zu einer Gefährdung der Produktsicherheit wird.

11. Verfahren zur Bestätigung festlegen (Grundsatz 6)

Festlegen von Verfahren zur Bestätigung der einwandfreien Funktion des HACCP-Systems. Hierzu können Überwachungs- und Auditmethoden, Verfahren und Tests einschließlich der Analyse von Zufallsstichproben herangezogen werden. Das Bestätigungsverfahren sollte so häufig ablaufen, wie zur Bewertung des HACCP-Systems erforderlich. Beispiele für Tätigkeiten zur Bestätigung sind:

Revision des HACCP-Systems und der zugehörigen Aufzeichnungen,
Überprüfung der Abweichungen und der Verfügungen über Produkte,
Arbeitsabläufe, um festzustellen, ob die CCPs unter Kontrolle sind,
Beurteilung der festgelegten kritischen Grenzwerte.

**HACCP-Arbeitsblatt**

1. Produkt beschreiben

2. Fließdiagramm konstruieren

3. Auflisten

| Stufe | Gefährdung(en) | Vorbeugemaßnahme(n) | CCP(s) | Kritische(r) Grenzwert(e) | Überwachungsmaßnahme(n) | Korrekturmaßnahme(n) | Aufzeichnung(en) |
|---|---|---|---|---|---|---|---|
| | | | | | | | |

4. Bestätigung des Fließdiagrammes und der Aufzeichnungen

**Abb. 2.2 Beispiel für ein HACCP-Arbeitsblatt**

12. Aufzeichnungen führen und Dokumentation einrichten (Grundsatz 7)

Gut funktionierendes, exaktes Führen von Aufzeichnungen ist bei der HACCP-Anwendung unentbehrlich. Die HACCP-Verfahren auf allen Stufen sollten in einem Handbuch zusammenfassend dokumentiert werden. Beispiele sind Aufzeichnungen im Zusammenhang mit:

Zutaten; Produktsicherheit; Behandlungsverfahren; Verpackung; Lagerung und Vertrieb; Auflistung der Abweichungen; Veränderungen am HACCP-System.

Abb. 2.2 gibt ein Beispiel für ein HACCP-Arbeitsblatt.

## Schulung

In Industrie, Überwachungsbehörden und Hochschulen ist die Ausbildung in Grundlagen und Anwendung von HACCP ebenso wie ein geschärftes Problembewußtsein der Verbraucher entscheidend für die erfolgreiche Durchführung des Systems. Die Monographie „HACCP in Microbiological Safety and Quality" („HACCP in mikrobiologischer Sicherheit und Qualität") der International Commission on Microbiological Specifications for Foods (ICMSF, 1988) beschreibt die für verschiedene Zielgruppen erforderliche Art der Schulung und ist ein Beispiel für ein allgemeines Ausbildungskonzept. Das entsprechende Kapitel (Chapter 8) in dieser Monographie läßt sich auch für ein Lehrprogramm über nicht-mikrobiologische Gefährdungen einsetzen.

Von entscheidender Bedeutung ist, daß Rohstofferzeuger, Industrie, Handelsgruppen, Verbraucherorganisationen und verantwortliche Behörden zusammenarbeiten. Industrie und Überwachungsbehörden sollten über Einrichtungen zur gemeinsamen Schulung verfügen, um zu fortdauerndem Gespräch zu ermuntern und um für die praktische Anwendung von HACCP Verständnis zu schaffen.

## 2.2 Erläuterungen

Die vorstehend wiedergegebene Codex-Richtlinie (CodexRL) enthält in konzentrierter Form alle wesentlichen Gesichtspunkte des HACCP-Prinzips. Im folgenden sollen deshalb nur einige Begriffe und Sachverhalte erläutert und hervorgehoben werden.

### 2.2.1 Hazard

Der Begriff ist in dem vorstehenden Text mit „Gefährdung" wiedergegeben worden, was etwa dem deutschen Sprachgebrauch entspricht. „Gefahr" oder – besser noch – „Risiko" wäre bei den im Deutschen wenig differenzierten Begriffsinhalten wohl auch angängig. Indessen gibt es im Englischen dafür eigene Begriffe. „Risk" bezeichnet nicht nur die Gefährdung, sondern auch den Grad der Wahrscheinlichkeit, daß ein bestimmtes Schadensereignis tatsächlich eintritt. Im Englischen zumindest wird deshalb „risk" durch die ergänzende Angabe „hoch" oder „gering" spezifiziert. Im Deutschen entspricht das wohl auch korrekter Verwendung des Begriffes „Risiko". Im praktischen Sprachgebrauch sind die Unterschiede aber weniger scharf. „Danger" bezeichnet die unmittelbare aktuelle Gefahr. Sie setzt gegenüber dem „hazard" ein bestimmtes Verhalten desjenigen voraus, der gefährdet wird, indem er sich – gleich ob wissentlich oder unwissentlich – einer bestimmten Gefährdung *aussetzt*, z. B. dadurch, daß er ein salmonellen-kontaminiertes Omelett verzehrt, oder – um ein jedermann geläufiges Beispiel des alltäglichen Lebens zu gebrauchen – bei roter Verkehrsampel die Straße überquert.

In der ursprünglichen Konzeption war HACCP als ein Verfahren zur Beherrschung mikrobiologischer Gefährdungen vorgesehen. Unter diesem Aspekt ist es anfänglich auch in vielen Betrieben eingerichtet worden. Inzwischen hat sich aber die Auffassung durchgesetzt, daß HACCP im Prinzip zur Beherrschung jeder Art von Gefährdung angewendet werden kann, und die Definition in der CodexRL trägt dem Rechnung. Dabei ist zu überlegen, wie weit man den Begriff des „Hazard" fassen will. Gesundheitsgefährdungen stehen sicher an erster Stelle, vor allem die mikrobiologischen. Zu denken wäre aber auch an toxische oder sonst schädigende Stoffe, z. B. Fremdkörper, Glassplitter, Metallteile oder spitze Knochenstücke, die Verletzungen oder andere Gesundheitsschädigungen auslösen können oder beim Konsumenten Ekel oder heftige Abneigung hervorrufen. Gemessen an der Milliardenzahl im Verkehr befindlicher Verkaufseinheiten sind solche Ereignisse die verschwindende Ausnahme, und in aller Regel sind nur einige wenige Verbraucher betroffen. Deren begreifliche Verärgerung kann allerdings für das Renommee eines Herstellers katastrophale Folgen haben. So spielt das Fremdkörperproblem heute bei der innerbetrieblichen Qualitätssicherung eine ganz besondere Rolle. Jeder in der Praxis Tätige hat entsprechende Erfahrungen. Doch gibt es leider darüber so gut wie keine Publikationen, aus denen allgemein gültige Empfehlungen zur Beherrschung derartiger Gefährdungen und zur Verbesserung der Produktsicherheit abgeleitet werden könnten. Auf jeden Fall sind auch solche Gefährdungen fraglos dem Begriff der „Sicherheit" des Lebensmittels zuzurechnen.

Die Fußnote zur Präambel der CodexRL läßt nun aber ausdrücklich Raum, den Begriff des „Hazard" auch auf andere Aspekte der Lebensmittelqualität auszudehnen. Gefährdungen in diesem Sinne könnten z. B. Abweichungen von Rezepturvorgaben, sensorischen oder chemisch-analytischen oder sonstigen Prüfmerkmalen sein, die durch Leitsätze oder Rechtsvorschriften festgelegt sind. Auch eine Abweichung von der angestrebten Mindesthaltbarkeitsfrist gehört dazu. Im letztgenannten Fall liegt häufig ein mikrobiologisches Problem vor. Zu seiner Beherrschung kommt im Prinzip der gleiche Maßnahmenkatalog in Betracht wie bei den mikrobiologischen Gesundheitsgefährdungen. Jedem Hersteller bleibt es unbenommen, die Qualitätssicherung auch bei solchen Merkmalen an HACCP-Grundsätze anzulehnen. Es gibt aber keine rechtliche Grundlage, dies von den Herstellern verbindlich zu verlangen.

Unter den **mikrobiologischen** Gefährdungen stehen die klassischen Lebensmittelinfektionen und -intoxikationen an erster Stelle. Eine Übersicht aus dem Ernährungsbericht der Bundesregierung (Ernährungsbericht 1992) läßt die erschreckende Zunahme der Salmonellosen erkennen, die 1992 in Deutschland mit annähernd 200.000 gemeldeten Fällen einen traurigen Rekordwert erreichten. Zu den bekannten Infektionen haben sich neue hinzugesellt. Besonders die Beherrschung der Infektionen mit enterovirulenten *E. coli*-Stämmen, namentlich den neuerdings auch in die öffentliche Diskussion geratenen enterohämorrhagischen *E. coli* (EHEC) wirft Probleme auf. HACCP liefert hier mit der prozeßbegleitenden Überwachung ein wirksames Instrument zur Beherrschung. Wenn der Prozeß sicher ist, muß auch das Endprodukt sicher sein.

Am Anfang der Gefährdungsanalyse (Hazard Analysis) steht die Anfertigung einer Übersicht über die epidemiologischen Daten. Welche Gefährdungen kommen in einem bestimmten Betrieb, einem bestimmten Produkt und unter bestimmten Produktionsbedingungen überhaupt in Betracht? Welche können durch das HACCP-System unter Kontrolle gebracht werden? Sicher leuchtet ein, daß es nicht möglich und auch nicht erforderlich ist, mittels ein und desselben Konzeptes sämtliche denkbaren Gefährdungen zu erfassen. Es müssen vorzugsweise diejenigen sein, die im konkreten Fall aktuelle Bedeutung haben.

Gefährdungen durch pathogene Mikroorganismen in Lebensmitteln können auf dreierlei Weise entstehen:

- Die Erreger rühren von einer primären Kontamination her und haben (gegebenenfalls) einen Prozeß (z. B. Erhitzung) überstanden.
- Das ursprüglich erregerfreie Lebensmittel wurde vor dem Verzehr kontaminiert.
- Im Lebensmittel nur vereinzelt vorhandene Erreger erhalten die Chance zur Vermehrung und/oder zur Toxinbildung.

Dabei spielen nach allen Erfahrungen der Praxis die letztgenannten Faktoren bei der Entstehung von Lebensmittelinfektionen und -intoxikationen die entscheidende Rolle. Das Vorhandensein der Erreger im verzehrsfertigen Lebensmittel ist zwar unerwünscht und begründet ein beträchtliches Infektionsrisiko. Ein ungleich höheres Risiko entsteht aber, wenn die äußeren Bedingungen den Erregern Vermehrung und gegebenenfalls Toxinbildung ermöglichen.

In einer Übersicht sind die Faktoren zusammengestellt, die im praktischen Betrieb zu verschiedenen Kontaminationen führen (Bryan, 1992). Die in erster Linie für die Großverpflegung gedachten Überlegungen haben grundsätzliche Bedeutung für alle Bereiche der Lebensmittelherstellung und -behandlung. Sie werden hier in etwas modifizierter Form wiedergegeben, zumal der Großverpflegung in diesem Buch kein eigenes Kapitel gewidmet ist (vgl. auch BVBG, 1986).

### Kontamination

- Rohe Lebensmittel (Rohfleisch, Geflügel; Verunreinigungen mit Salmonellen, *Campylobacter jejuni*, *Clostridium perfringens*, *Yersinia enterocolitica*, *Listeria monocytogenes*, *Staphylococcus aureus*), auch Rohmilch, soweit sie nicht aus ständig amtlich überwachten Beständen stammt (z. B. „Vorzugsmilch"). In tropischen und subtropischen Gegenden können Kontaminationen von Rohfisch mit *Vibrio parahaemolyticus*, unter Umständen auch mit non-01 *Vibrio cholerae* eine Gefährdung darstellen. Reis und andere Körnerfrüchte beherbergen oft *Bacillus cereus*, Kräuter und Gewürze *C. perfringens*, gelegentlich auch Salmonellen.
- Infizierte menschliche Ausscheider können Salmonellen übertragen, aber auch Shigellen, das Norwalk-Agens und während der Inkubationszeit das Hepatitis A-Virus. Auch von Nicht-Infizierten werden Erreger durch die menschliche Hand, mit Wischtüchern und Gerätschaften, von rohen Lebensmitteln tierischer Herkunft (Innereien!, Tropfsaft von Gefriergeflügel, rohe Eier) auf solche übertragen, die vor dem Verzehr nicht mehr ausreichend erhitzt werden. Unterschätzt werden darf keinesfalls das Potential an Kontaminationen, das von zumeist nicht sichtbaren Erdbodenverschmutzungen ausgeht, die mit dem Schuhwerk von Personal und Besuchern und mit erdbehafteten Rohstoffen in den Betrieb eingeschleppt werden.

- Einrichtungsgegenstände mit Produktkontakt wurden nicht ausreichend gereinigt: Aufschnittmaschinen, Wölfe, Schneidbretter, Messer, Vorratsgefäße und sonstige Behältnisse aller Art, Rohrleitungen.
- Lebensmittel riskanten Ursprungs: Weich- und Krustentiere, Rohmilch, rohe Ei-Erzeugnisse, nicht sauer hausgemacht Eingewecktes, Pilze. Jeder Verzehr von kontaminierten rohen oder nicht ausreichend erhitzten Lebensmitteln bedeutet ein erhöhtes Risiko.
- Kontakt mit Abwässern oder abwasserverunreinigtem Trinkwasser: Verunreinigungen können schon während der Urproduktion und der sonstigen Behandlung, aber auch während der Lagerung und des Transports eine Rolle spielen. Nicht offensichtliche Undichtigkeiten oder sonstige Beschädigungen der Packmaterialien sind eine wichtige Kontaminationspforte.

Bei der Risikoabschätzung sind für Rohstoffe und Fertigprodukte die speziellen Produkteigenschaften besonders zu berücksichtigen, also die „intrinsic factors" (pH-, $a_W$-Wert und sonstige mikrobielles Wachstum fördernde oder hemmende Faktoren).

### Überleben von Mikroorganismen

Ursächlich sind unzureichend geregelte Prozesse: Erhitzung bei zu niedriger Temperatur und/oder für zu kurze Zeit. Das gilt auch für die wiederholte Erwärmung, wenn nach der primären Erhitzung eine Kontamination eingetreten ist. „Prozeß" schließt hier neben der Erhitzung die Säuerung bei solchen Zubereitungen ein, bei denen der Säureanteil maßgeblich für die Produktsicherheit ist.

### Wachstum und/oder Toxinbildung von Mikroorganismen

- Stehenlassen von erwärmten Zubereitungen ohne Kühlung. Zu lange Zeiträume zwischen Zubereitung und Verzehr.
- Unsachgemäße Kühlung (zu große Quantitäten mit zu langen Abkühlphasen; auch bei kleineren Mengen [Pudding] kann zu hohe Schichtdicke – > 3 cm – die Abkühlzeit unzulässig verlängern).
- Warmhalten bei Temperaturen < 65 °C.
- Unzureichende oder zu langsame Fermentierung (und deshalb ungenügende Säurekonzentration).
- Zu niedrige Pökelstoffkonzentration oder sonstige Pökelfehler, vor allem bei der Steuerung von Temperatur und Zeit.
- Unzureichende Trocknung *von* oder Kondenswasserbildung *auf* Lebensmitteln, für deren Stabilität ein niedriger $a_W$-Wert maßgeblich ist.
- Milieuverhältnisse können die Entwicklung von Pathogenen begünstigen, z. B. Veränderung der atmosphärischen Bedingungen (Evakuieren, Fehler bei der Schutzbegasung) oder Ausschaltung einer erwünschten und für die Produktstabilität wichtigen Konkurrenzflora.

Hinzu kommen **toxische** und andere **chemische** oder **physikalische Gefährdungen**, z. B. durch

- Kontakt stark säurehaltiger Lebensmittel mit Behältnissen oder anderen Gerätschaften, die toxische Schwermetalle enthalten,
- Zusatz giftig wirkender Stoffe aus Unkenntnis, z. B. weil sie mit Lebensmitteln verwechselt werden (Haushaltsreiniger, Pflanzenschutzmittel),
- vorschriftswidrige oder unsachgemäße Verwendung von Zutaten (Nitrat, Nitrit, Glutamat),
- **Fremdkörper** jeder Art. Sie sollen in diesem Zusammenhang wiederum erwähnt werden, auch wenn sie nicht im ursprünglichen Sinne toxische Gefährdungen darstellen.

Wo heute HACCP-Programme eingerichtet werden, geht es zumeist um die Beherrschung der Gefährdung durch **Salmonellen**. Bedingungen, die Salmonellen unter Kontrolle bringen, sind in der Regel auch geeignet, eine Reihe anderer vegetativer Keime zu beherrschen, z. B. andere *Enterobacteriaceae, Campylobacter, Yersinia enterocolitica.* Andere mikrobologische Gefährdungen werden nicht erfaßt: *Staphylococcus aureus* bildet bei $a_w$-Werten noch Enterotoxin (0,89), die weit unterhalb des Grenzwertes für das Wachstum von *Enterobacteriaceae* liegen (0,94). Schimmelpilze tolerieren vielfach erheblich niedrigere pH-Werte als diese. Aerobe und anaerobe Sporenbildner sind hitzeresistent, so daß Temperaturen im Bereich des Kochpunktes zur vollständigen Abtötung nicht ausreichen. Auch viele andere gram-positive Keime weisen höhere Thermoresistenzen auf als die *Enterobacteriaceae.* Das gilt auch für *Listeria monocytogenes* (*L. m.*), zu deren sicherer Ausschaltung mindestens Temperatur-/Zeit-Kombinationen erforderlich sind, wie sie bei der Wärmebehandlung von Konsummilch angewendet werden.

Die in Betracht kommenden Gefährdungen können nicht im einzelnen besprochen werden. Doch sollen diese Überlegungen deutlich machen, daß eine HACCP-Anwendung nur auf eine ganz bestimmte Gefährdung hin entworfen werden kann. In jedem Fall ist dann zu prüfen, inwiefern dadurch auch andere Gefährdungen erfaßt und gegebenenfalls ausgeschaltet werden.

## 2.2.2 Kritische Kontrollpunkte (CCPs), Kriterien und kritische Grenzwerte, Monitoring und Korrekturmaßnahmen

Die gemeinsame Besprechung dieser unterschiedlichen Stufen des HACCP-Systems soll deutlich machen, wie eng sie miteinander verzahnt sind. Es hat keinen Sinn, eine – aus welchen Gründen auch immer – als „kritisch" angesehene Stelle des Herstellungsablaufs als CCP zu bezeichnen, wenn es nicht möglich ist, eine solche Stufe laufend zu überwachen und gegebenenfalls dort durch entsprechende Maßnahmen korrigierend oder regulierend einzugreifen. CCPs einrichten heißt, einen unter Umständen erheblichen Aufwand betreiben. Um unnötige Kosten zu vermeiden, ist deshalb vor jeder Einrichtung eines CCP die Notwendigkeit einer solchen Maßnahme besonders sorgfältig zu prüfen. Der „Entscheidungsbaum" soll hierbei Hilfe leisten. Ist danach im Sinne der Produktsicherheit auf einer bestimmten Stufe ein CCP unumgänglich, dann sind die entsprechenden Vorkehrungen zur Überwachung und zur Einrichtung von Korrekturmaßnahmen zu treffen. Gibt es dabei Schwierigkeiten, dann müssen Produkt oder Prozeß geändert oder ein gleichermaßen wirksamer CCP an einer anderen Stelle eingerichtet werden. In Ausnahmefällen kann die Konsequenz auch heißen: Auf die Herstellung des Produktes mit diesem Herstellungsgang muß verzichtet werden, weil unter den gegebenen Bedingungen die identifizierte Gefährdung nicht mehr beherrschbar ist. Das Sicherheitsrisiko würde ein Ausmaß erreichen, das bei gewissenhafter Erfüllung der Sorgfaltspflicht nicht mehr hingenommen werden kann.

In den Veröffentlichungen der ICMSF (1988) und auch bei anderen Autoren werden CCPs unterschiedlichen Wirkungsgrades bezeichnet. CCP1 gibt einen Punkt an, bei dem eine Gefährdung beherrscht, d. h. ausgeschaltet wird. Das treffendste Beispiel ist ein Erhitzungsprozeß, bei dem der in Betracht kommende Erreger abgetötet wird. Mißverständnisse können aufkommen, wenn an anderer Stelle auch die Kühlung als CCP1 bezeichnet wird (SIMONSEN et al., 1987). Im vorliegenden Fall handelt es sich um Salmonellen in Rohfleisch. Die Gefährdung, die an dem CCP unter Kontrolle gebracht werden soll, wird in diesem Beispiel nicht etwa darin gesehen, daß die Salmonellen überhaupt vorkommen, sondern darin, daß sie sich *vermehren*. Gegen diese Gefährdung schützt allerdings die konsequente Kühlhaltung bei Temperaturen ≤ 5 °C. Gleiches würde zutreffen für die Beherrschung der Toxinbildung durch *S. aureus*. Kühlung ist im übrigen auch der absolut wirksame CCP, wenn mikrobieller Verderb gehemmt bzw. verzögert werden soll.

Demgegenüber bezeichnet der CCP2 einen Punkt, an dem die identifizierte Gefährdung zwar nicht vollständig eliminiert, wohl aber auf ein Maß verringert wird, das in Kauf genommen werden kann. Kühlung wird in vielen Fällen die Funktion eines CCP2 haben. Vor allem aber handelt es sich um Arbeitsschritte, bei denen von außen her drohende Kontaminationen vom Lebensmittel ferngehalten oder vermindert werden sollen. Die Gewinnung von Rohstoffen, Zerkleinerung und andere Manipulationen, Abfüllen und Verpacken, Lagern, Befördern und Distribution gehören dazu. Damit gewinnen auch im Sinne der GMP (Good Manufacturing Practice) selbstverständliche Maßnahmen unter Umständen die Qualität eines Kritischen Kontrollpunkts. Die Entscheidung hierüber und damit auch über den Aufwand, der im Einzelfall zu treiben ist, hängt davon ab, welchen Stellenwert die betreffende Stufe innerhalb des gesamten Herstellungs- und Behandlungsablaufs für die Sicherheit des Erzeugnisses hat. Einfache GMP-Maßnahmen, z. B. die Notwendigkeit, bei Manipulationen Einmalhandschuhe zu tragen, in bestimmten Abständen die Arbeitskleidung zu wechseln oder Gerät in bestimmter Weise zu reinigen oder zu desinfizieren, können zu CCPs dann werden, wenn dies für die Sicherheit des Erzeugnisses unerläßlich ist. Dann sind aber auch die notwendigen Maßnahmen zur Überwachung zu treffen, Kriterien und Korrekturmaßnahmen festzulegen sowie eine entsprechende Dokumentation einzurichten. Bei aseptisch gefüllten Produkten wäre das denkbar, während bei der Entbeinung von Fleisch für die weitere Verarbeitung solcher Aufwand nicht getrieben werden muß.

Mißlich ist, daß in der internationalen Literatur verschiedene Begriffe nicht immer klar abgegrenzt, manchmal auch mit unterschiedlicher Bedeutung verwendet werden. So taucht neben dem CCP verschiedentlich auch der „CP" („Kontrollpunkt") auf, der einen Punkt kennzeichnet, bei dem ein Verlust der Kontrolle einen wirtschaftlichen oder qualitätsbedingten Schaden verursachen kann, während das Risiko einer Gesundheitsgefährdung nur gering ist (Humber, 1993) oder nicht besteht. Der Begriff mit dieser Definition ist nicht allgemein üblich und anerkannt. Hinzu kommt der Begriff des **„Kritischen Punktes"** in verschiedenen Rechtsvorschriften der EU. Die in dem Zusammenhang fixierten Definitionen (z. B. EG, 1994) lassen keinen Zweifel daran, daß der Begriff mit dem des **Kritischen Kontrollpunktes (CCP)** identisch ist. Im Kontext des vorliegenden Buches wird der Begriff des Kritischen Punktes (KP, ebenso auch Steuerungs- oder Lenkungspunkt), soweit nicht ausdrücklich etwas anderes vermerkt ist, ebenfalls immer im Sinne von CCP verwendet. Für Publikationen oder auch amtliche Verlautbarungen ist in jedem Fall eine einheitliche Sprachregelung dringend erwünscht.

Ein CCP nimmt für die Produktsicherheit eine Schlüsselstellung ein. Er muß also angemessen überwacht werden. Das setzt voraus, daß überhaupt Kriterien vorhanden sind, die sich überwachen lassen. Die Überwachung dieser Kriterien muß leicht zu bewerkstelligen sein. Vor allem müssen die Ergebnisse der Überwachung so schnell vorliegen, daß schon im Vorfeld eines drohenden Außer-Kontrolle-Geratens reagiert und in den laufenden Arbeitsprozeß eingegriffen werden kann. Deshalb wird mit Recht darauf hingewiesen, daß in Grundsatz 4 der CodexRL nicht nur der bloße Überwachungsvorgang (= Datenerhebung, Feststellung eines Istzustandes), sondern auch die Forderung verankert sein sollte, die Überwachungsergebnisse zu nutzen, um einem „Verlust an Kontrolle" vorzubeugen. Es liegt im Wesen von Grundsatz 4, Feststellung und Vorbeuge miteinander zu kombinieren, damit Verlust an Kontrolle und Abweichungen gar nicht erst auftreten (Tompkin, 1994).

Als Beispiele gibt die CodexRL einige meßtechnisch leicht zu erfassende Größen an. Sie sind entweder produktbezogen, wie pH-, $a_w$-Wert und Feuchte, oder prozeßorientiert, wie Temperaturen, Zeiten oder freies Chlor (z. B. in Kühlwasser oder auch in Trinkwasser, dort, wo es als Sicherheitsfaktor unentbehrlich ist). Meßtechnisch nur schwer oder gar nicht zu registrieren ist die sensorische Beschaffenheit. Soweit es dabei um bloß visuell durch fortlaufendes Beobachten zu erfassende Merkmale geht, sind auch solche Kriterien brauchbar, da erforderlichenfalls sofort reagiert werden kann. Die Unsicherheit liegt hier weniger in der Natur des Merkmals als vielmehr in der mangelnden Zuverlässigkeit seiner Erfassung durch den Menschen und – vielfach – in der Schwierigkeit, exakt definierte und nachprüfbare Grenzwerte festzulegen.

Grundsätzlich anders ist die Situation bei solchen Kriterien, bei denen Ergebnisse erst nach Stunden oder womöglich Tagen vorliegen, z. B. bei Tests, Analysen oder sonstigen Untersuchungen. Besonders zeitraubend ist die mikrobiologische Kultur. Mit Recht weist die CodexRL demgegenüber auf die Bevorzugung physikalischer und chemischer Messungen hin, deren Ergebnisse im Idealfall simultan und während des laufenden Prozesses kontinuierlich erhoben werden können. Klassisches Beispiel für ein solches Monitoring ist die Wärmebehandlung der Konsummilch. Der Prozeß wird an Hand einer vorgegebenen Temperatur-/Zeitkombination fortlaufend überwacht. Sie ist Kriterium für den CCP, nicht etwa die mikrobiologisch-kulturelle Untersuchung. Diese ist aber in vielen anderen Fällen unerläßlich, z. B. bei der Eingangskontrolle von Rohwaren oder dort, wo der unerhitzte Zustand den Charakter des Produkts bestimmt. Auch hier spielt der Zeitfaktor eine große Rolle. Deshalb besteht außerordentliches Interesse gerade an solchen Schnellmethoden, bei denen der Zeitaufwand der traditionellen mikrobiologischen Kultur verkürzt wird (z. B. Limulus-Test, impediometrische oder DNS-analytische Verfahren, vgl. hier Kapitel 4 über „Mikrobiologisches Monitoring").

Ein anderer Punkt betrifft die Häufigkeit der Erfassung einzelner Daten. Sie sollte im Idealfall kontinuierlich erfolgen (Temperaturen, Zeiten, pH-Wert, evtl. auch $a_w$-Wert). Bei vielen anderen Kriterien muß sich die Überwachung auf eine stichprobenweise Erhebung beschränken. Die Menge der Überwachungsdaten und die Häufigkeit ihrer Erfassung sollen sicherstellen, daß der CCP unter Kontrolle ist. Gleichwohl wird mit der Stichprobenorientierung ein Unsicherheitsfaktor eingeführt. Wenn schon jedes auf einer Stichprobenuntersuchung basierende Ergebnis von vornherein mit dem Risiko einer Fehlentscheidung belastet ist, dann muß dies so klein wie möglich gehalten werden. In bestimmten Fällen sehr schwerwiegender Gefährdungen (*C. botulinum* in nicht sauren aseptisch gefüllten Produkten) kann nicht einmal das kleinste Risiko toleriert werden, so daß eine (zerstörungsfreie) Totalerhebung vorgenommen werden muß (SINELL et al., 1992).

Das Kriterium eines CCP erhält als Gegenstand der Überwachung seinen Sinn nur in Verbindung mit den Kritischen Grenzwerten, Sollwerten, Zielwerten. Das sind Größen, die eine Unterscheidung zwischen „annehmbar" und „nicht annehmbar" treffen. Sie können stetig sein, also einen bestimmten Wert auf einer Skala einnehmen (z. B. Temperatur oder pH-Wert), oder sie sind diskret, also Alternativgrößen, im Sinne von „Ja/Nein", „+/–". Der letztere Fall wird besonders bei der Beurteilung von Räumlichkeiten, Verfahrens- und Handlungsabläufen gegeben sein (Trennung von Rohwareneingang und Verarbeitungsräumen, von normal temperierten und gekühlten, von feuchten und trockenen von „reinen" und „unreinen"[2] Betriebsbereichen, Beschaffenheit und Wartung von Einrichtung und Gerätschaften und deren Reinigung und Desinfektion).

[2] „Rein" und „unrein" deuten hier lediglich die Richtung des Kontaminationsgefälles innerhalb eines betrieblichen Verbundes an.

Ein kritischer Grenzwert kann nach unterschiedlichen Vorgaben festgelegt werden. Für bestimmte Fälle gibt es durch Rechtsvorschrift verbindlich vorgeschriebene Standards (Kühltemperaturen für Frischfleisch, Hackfleisch, Seetiere). Andere Grenzwerte basieren auf Erfahrungswerten, allgemein zugänglichen Daten oder den Ergebnissen eigener Entwicklungsarbeit. Bei der Festlegung muß die Variabilität des Kriteriums berücksichtigt werden. Salmonellen wachsen in einem bestimmten Produkt nicht mehr bei pH < 4,7. Für das betriebseigene HACCP-System sollte der kritische Grenzwert dann bei pH < 4,6 oder 4,5 festgelegt werden, wenn die betriebsbekannte Merkmalsstreuung des Produkts berücksichtigt (hier z. B. ± 0,05 pH-Einheiten) und ein angemessener Sicherheitsabstand eingehalten wird. Es kommt also darauf an, mit den betriebsintern festgelegten Werten sich immer im sicheren Bereich, d. h. möglichst weit von jenen Werten entfernt zu halten, bei denen bereits die Möglichkeit einer Gefährdung beginnt. Betriebsinterne „kritische Werte" sind im Sinne der amtlichen Lebensmittelüberwachung eigentlich **„Richtwerte"**. Aber als Teil eines HACCP-Plans sind sie sehr wohl „Grenzwerte"; denn sie trennen „annehmbar" von dem, was nach den Vorgaben der betrieblichen Sicherheitsstrategie als „nicht annehmbar" bezeichnet wird.

Es kann auch sein, daß ein Grenzwert, der unter anderen Gesichtspunkten festgelegt wurde, gleichzeitig eine hygienische Gefährdung kontrolliert. Wird ein Getränk aus sensorischen Gründen stets auf einen pH-Wert von 3,8 eingestellt, dann wird auch eine etwaige Gefährdung durch Salmonellen mit beherrscht, so daß sich weitere Prozeßmaßnahmen erübrigen.

Ein gegenteiliges Beispiel wäre die in Deutschland weithin beliebte „Frische Mettwurst" oder „Zwiebelmettwurst". Aus sensorischen Gründen soll der pH-Wert nicht unter 5,6 bis 5,8 liegen. Der für sich allein würde nicht ausreichen, um etwa vorhandene Salmonellen an der Vermehrung zu hindern. Deshalb ist eine angemessene Pökelstoffkonzentration und Senkung des $a_w$-Wertes erforderlich. Über eine Zugabe von ≥ 2,0 bis ≥ 2,5 % NPS (Nitritpökelsalz) und die Einhaltung eines minimalen Fettgehalts von beispielsweise ≥ 25 % wäre das zu erreichen.

Das Beispiel soll zweierlei verdeutlichen: Zur sicheren Beherrschung einer Gefährdung können auf einer Prozeßstufe unter Umständen auch mehrere Kriterien erforderlich sein. Erst die Beachtung aller kritischen Grenzwerte bringt die gewünschte Sicherheit in dem betreffenden CCP. Weiterhin: Zumindest in diesem Fall ist ein ständiges Monitoring der Grenzwerte nicht notwendig. Sorgfältige Auswahl des Rohmaterials und seiner Lieferanten sowie peinlich genaue Befolgung der Rezeptur- und Verfahrensvorschriften garantieren die Einhaltung der kritischen Grenzwerte. Gewiß müssen auch die kontrolliert werden. Aber das kann stichprobenweise geschehen, wäre im übrigen auch Gegenstand eines Verfahrens der „Bestätigung" (Verification).

Schließlich sollte selbstverständlich sein: Kritische Grenzwerte, so wie sie hier verstanden werden, sind Bestandteil eines betriebsspezifischen HACCP-Plans und nicht etwa generell anzuwendende Produktstandards, die damit Gegenstand der amtlichen Lebensmittelüberwachung würden (im Gegensatz zu denen, die durch Rechtsvorschriften bereits festgelegt worden sind, s. o.).

**Korrekturmaßnahmen**, auch Abhilfemaßnahmen, sind einzuleiten, sobald die Überwachung anzeigt, daß Abweichungen auftreten. Je rechtzeitiger dies geschieht, desto weniger einschneidend sind die notwendigen Maßnahmen hinsichtlich der Verfügung über das betroffene Produkt. Der Zustand der „Abweichung" muß nicht immer der Ausnahmefall sein. Beim Anfahren einer Pasteurisierungsanlage wird die Solltemperatur erst nach einiger Betriebszeit erreicht. Bis zu diesem Zeitpunkt ist das Produkt nicht ausreichend erhitzt (= Abweichung). Der temperaturgesteuerte Umschaltmechanismus sorgt für die Rückleitung des Produkts (z. B. in einen Vorlauftank), bis der kritische Grenzwert erreicht ist, die Korrekturmaßnahme also gegriffen hat.

In dem Beispiel sind vorbeugende Maßnahme (Erhitzung), Überwachung (Temperaturkontrolle), Reagieren auf die Abweichung (Umschaltmechanismus und Höherfahren der Temperatur bis zum Erreichen des Sollwerts) und die unmittelbare Verfügung über das nicht ausreichend erhitzte Produkt (erneute Erhitzung) untrennbar miteinander verbunden. Grundsätze des HACCP sind also in etlichen verfahrenstechnischen Bereichen schon seit Generationen gängige Praxis. Wichtig ist, daß die einwandfreie Funktion jedes einzelnen Gliedes innerhalb dieses Regelkreises ständig der Überprüfung bedarf. Auch diese ist Bestandteil der „Überwachung".

Solche eleganten Lösungen sind bei den meisten anderen Herstellungsgängen nicht zu verwirklichen. Viele korrigierende Maßnahmen sind möglich. Soweit sie das betroffene Produkt angehen, werden neben der Wiedererhitzung andere Formen der Wiederverarbeitung genannt, Temperaturerhöhung, Senkung von $a_w$- oder pH-Wert, Verlängerung der Prozeßzeiten, Angleichen des Prozesses zu einem späteren Zeitpunkt, Angleichen von Rezepturbestandteilen, Rückweisung von zugelieferten Zutaten, Verwendung des Produkts für andere als für Lebensmittelzwecke oder seine völlige Verwerfung (Bryan, 1992). Von der Art der Gefährdungen, ihrer Schwere und den bei zu erwartendem Gebrauch des Produkts abzuschätzenden Risiken ist abhängig zu machen, welche der (nur beispielhaft) genannten Möglichkeiten in Betracht kommt.

Bekanntlich ist es immer einfacher und weniger teuer, dem Auftreten von Fehlern vorzubeugen, als einmal entstandene Fehler zu korrigieren. Deshalb wird die Erhebung der Überwachungsergebnisse ständig mit bestimmten regulierenden Maßnahmen rückgekoppelt sein, wie bereits unter dem Stichwort „Kriterien" ausgeführt. So gesehen gibt es fließende Übergänge zwischen dem Überwachen mit korrigierendem Eingreifen einerseits und der Anwendung von Korrekturmaßnahmen im Sinne von Grundsatz 5 der CodexRL.

Sind alle Vorgaben und Voraussetzungen erfüllt, muß zur Inbetriebnahme des Systems ein konkreter HACCP-Plan in Form einer schriftlichen Anweisung ausgearbeitet werden, am besten als Handbuch. Das Handbuch bezeichnet die zu beherrschenden Gefährdungen, es enthält Produktbeschreibungen, Fließdiagramme und beschreibt die praktische Anwendung und Durchführung der 7 HACCP-Grundsätze im konkreten Fall. Die im Zusammenhang damit festgelegten Grenzwerte sowie die durchzuführenden Überwachungsmaßnahmen und

Prüfverfahren sind ebenso angegeben wie Art und Weise der Dokumentation einschließlich von Mustern der zu verwendenden Formblätter. Ebenso sind Art und Umfang der Verantwortlichkeiten und der Mitarbeiter, die sie wahrzunehmen haben, bezeichnet.

Ist der Plan (es können auch mehrere sein) in Kraft gesetzt, muß die einwandfreie Funktion überprüft werden. Hierzu dient die „Bestätigung".

## 2.2.3 Bestätigung (Verifikation)

Vertrauen in ein fest eingerichtetes HACCP-System kann sich nur bilden, wenn das System auch tatsächlich einwandfrei funktioniert. Dazu sind kontinuierlich und in periodischer Folge bestimmte Prüfungen durchzuführen und Erhebungen anzustellen. Auf vorwiegend betrieblicher Ebene vollzieht sich eine solche Revision in vier Prozessen (NACMCF, 1992):

1. Zunächst ist zu klären, ob unter technischen und wissenschaftlichen Gesichtspunkten die kritischen Grenzwerte in der Lage sind, die etwa vorkommenden Gefährdungen angemessen zu beherrschen.
2. Im zweiten Prozeß wird sichergestellt, daß der HACCP-Plan des Betriebs tatsächlich funktioniert. Hierzu dient dem Betrieb weniger die Untersuchung von Endproduktproben als vielmehr die ständige kritische Überprüfung des HACCP-Plans, die Bestätigung, daß er genau befolgt wird, die Überprüfung von CCP-Aufzeichnungen und die Feststellung, ob im Fall von Prozeßabweichungen entsprechende Entscheidungen zur Risikobeherrschung und Verfügungen über das Produkt getroffen werden.
3. Zum dritten Verfahren gehören dokumentierte periodische Überprüfungen, ob der HACCP-Plan noch zutrifft. Sie sind vom HACCP-Team regelmäßig und immer dann vorzunehmen, wenn Veränderungen an Produkt, Prozeß oder Verpackung eine Abänderung des Plans erfordern. Zur Überprüfung gehören eine Besichtigung vor Ort und die Bestätigung aller Fließschemata und CCPs in dem vorliegenden Plan. Bei Bedarf ändert das Team den Plan.
4. Der vierte Bestätigungsvorgang ergibt sich aus der Verantwortlichkeit der zuständigen Behörde und ihren Maßnahmen zum Nachweis der zufriedenstellenden Funktion des HACCP-Systems.

In das Bestätigungsverfahren sind unabhängige, betriebsfremde Institutionen einzubeziehen. Dabei können privat- oder öffentlich-rechtliche Auditoren tätig werden. Wichtig ist auch die Sammlung epidemiologischer Daten als eine Rückkopplung mit der Praxis. Deshalb sind sämtliche und vor allem gehäuft auftretende Reklamationen gewissenhaft zu sammeln und sorgfältig auszuwerten. Schließlich gehören auch die Ergebnisse von Untersuchungen an Endproduktstichproben dazu, die von Abnehmern der Ware oder auch von der amtlichen Lebensmittelüberwachung veranlaßt worden sind. Gerade sie wird bei der Verifikation von Systemen der hygienischen und sonstigen Qualitätssicherung – wie oben unter 4. angedeutet – künftig wichtige Aufgaben finden, gewissermaßen als eine „Kontrolle der

Kontrolle". Entsprechende Hinweise gibt die Richtlinie 89/397/EWG (EG, 1989), die der amtlichen Lebensmittelüberwachung den Zugang zu allen entsprechenden Daten, Aufzeichnungen und sonstigen Unterlagen eröffnet.

Für die Durchführung der Verifikation im fleischverarbeitenden Betrieb ist ein Katalog mit 40 Fragen zusammengestellt worden (TOMPKIN, 1994), der wegen seiner grundsätzlichen produkt- und prozeßübergreifenden Bedeutung hier nach thematischen Gruppen zusammengefaßt wiedergegeben ist:

Wer gehört zum **HACCP-Team**, wer ist der Leiter? Gibt es einen Plan und ein Fließschema für jeden Prozeß?

Ergibt sich aus einem einfachen Schema des **Betriebsablaufs**, daß Produktfluß und Personaleinsatz die Möglichkeiten von Kreuzkontaminationen auf das Mindestmaß beschränken?

Hat der Verantwortliche für die Feststellung der Gefährdungen und der **CCPs** die erforderliche Qualifikation im Hinblick auf Produkt und Prozeß? Wurden **kritische Grenzwerte** für jeden einzelnen CCP festgelegt, von wem und auf welcher Grundlage? Wer genehmigt eine Änderung eines CCP, wird diese dokumentiert? Überprüfe einen HACCP-Plan im Vergleich zu dem tatsächlichen Prozeßablauf. Welche Mitarbeiter überwachen die CCPs, geschieht das nach Plan, verstehen sie ihre Rolle dabei, werden die Ergebnisse aufgezeichnet, und wer bestätigt die korrekte CCP-Überwachung?

Kennen die Mitarbeiter die kritischen Grenzwerte, und erkennen sie eine **Abweichung**? Können sie den Prozeßablauf regeln, um einer Abweichung vorzubeugen, oder geht das automatisch? Was geschieht, wenn eine Abweichung auftritt, gibt es bei jedem CCP hierfür einen Plan, und wie wird die Geschäftsleitung verständigt? Werden die Korrekturmaßnahmen im Falle von Abweichungen aufgezeichnet, gibt es ein Logbuch hierfür, oder werden zentrale Aufzeichnungen geführt? Wer ist verantwortlich, Entscheidungen über Korrekturmaßnahmen zu treffen?

Wo und wie lange werden die HACCP-**Aufzeichnungen** aufbewahrt, können sie vorgelegt und überprüft werden, sind sie im Hinblick auf die CCPs vollständig, und wer ist für die Aufzeichnungen verantwortlich?

Wird die Funktion des HACCP-Plans durch irgendwelche physikalischen, chemischen oder mikrobiologischen **Untersuchungen** (Tests) bestätigt, wer sammelt diese Ergebnisse und wertet sie aus, und wer erhält sie?

Versteht die Geschäftsleitung das HACCP-Konzept, und unterstützt sie das HACCP-System des Betriebs? Sind alle hinreichend geschult, die direkt mit CCPs zu tun haben, wer ist dafür verantwortlich? Hat jemand von der Belegschaft an einem HACCP-Kurs teilgenommen?

**Nach der Überprüfung:** Ist der HACCP-Plan vollständig und richtig, und wird er genau befolgt? Gibt es Empfehlungen zur Berichtigung oder Verbesserung?

Die wichtige Aufgabe der amtlichen Lebensmittelüberwachung im Rahmen von Bestätigungsaktionen wurde bereits erwähnt ebenso wie Legitimation und Auftrag, den die mehrfach zitierte EG-Richtlinie über die amtliche Lebensmittelüberwachung (EG, 1989) hierzu erteilt. Der US-amerikanische Beirat für mikrobiologische Kriterien von Lebensmitteln hat ein Dokument veröffentlicht, das sich speziell dieser Frage widmet (NACMCF, 1994). Vom Inhalt her decken die in dem vorstehenden Katalog gelisteten Fragen auch das bei behördlichen Überprüfungen zu Untersuchende ab. Die Kontrolle aller mit den HACCP-Plänen eines Betriebes zusammenhängenden Aufzeichnungen bildet in dem Dokument einen besonderen Schwerpunkt. Hinzu kommt die ausdrückliche Empfehlung, Stichproben an verschiedenen Stellen des Prozeßablaufs zu entnehmen und zu analysieren, wofür Kriterien, Methoden und Prüfpläne festzulegen sind. Im übrigen sollen die Behördenvertreter dazu beitragen, die Grundsätze des HACCP-Prinzips und ihre Umsetzung in die Praxis zu propagieren. In der Praxis bewährte Kritische Grenzwerte können auch in Richtlinien oder Rechtsvorschriften aufgenommen werden. Epidemiologische Daten und neuere Forschungsergebnisse sind zu nutzen, um neue Gefährdungen zu identifizieren, Risiken abzuschätzen und bestehende HACCP-Pläne zu verbessern. Mit der Industrie soll zusammengearbeitet werden bei der Entwicklung allgemeiner HACCP-Pläne, die von den einzelnen Herstellern den betriebsspezifischen Gegebenheiten angepaßt werden können. Programme für Schulungen sollen initiiert und die Teilnahme daran propagiert werden.

Das Dokument vermittelt eindringlich, wie ernst es den amerikanischen Lebensmittel- und Gesundheitsbehörden mit der Einführung des HACCP-Systems in die Lebensmittelwirtschaft ist. Sehr deutlich wird aber auch, welch hohes Maß an Kompetenz und umfassendem Sachverstand von den Vertretern der amtlichen Lebensmittelüberwachung gefordert wird, wenn sie die ihnen hierbei zufallenden Aufgaben meistern sollen.

## 2.2.4 Dokumentation und Führen von Aufzeichnungen

In früheren Publikationen erschien dieser Abschnitt schon vor der „Bestätigung". Ohne eine erschöpfende sorgfältige Dokumentation aller Maßnahmen, Vorgänge und Beobachtungen kann ein HACCP-Plan im praktischen Betrieb nicht verwirklicht werden. Wir folgen aber hier dem Ablauf, der durch die CodexRL vorgezeichnet ist, weil „Bestätigung" und „Aufzeichnungen" zeitlich kombiniert sind. Bei der „Bestätigung" sind unter anderem auch Aufzeichnungen zu prüfen. Andererseits sind Bestätigungsvorgänge nach ihrem Abschluß wiederum zu dokumentieren. Mit solchen Aufzeichnungen weist der Hersteller nach, daß er seine Sorgfaltspflicht erfüllt hat. Bei beiden Vorgängen gibt es also kein strenges Nacheinander, sie sind miteinander verflochten.

Zum Führen der Aufzeichnungen muß ein geeignetes System erarbeitet werden. Alle mit dem genehmigten Plan zusammenhängenden Aufzeichnungen müssen bei den Akten des Betriebs verfügbar sein. Sie erstrecken sich auf (NACMCF, 1994)

1. den Plan selbst und
2. den Plan im laufenden Betrieb.

Zu 1. Hierzu gehört zunächst eine Liste der HACCP-Team-Mitglieder und ihrer Zuständigkeiten. Hinzu kommen Produktbeschreibung, beabsichtigte Verwendung, Fließdiagramm mit CCPs, die Gefährdungen, die beherrscht werden sollen, und vorbeugende Maßnahmen, Kritische Grenzwerte, Überwachungssystem, Korrekturmaßnahmen bei Abweichungen, Dokumentations- und Bestätigungsverfahren. Viele Informationen, z. B. über CCPs, Art und Häufigkeit der Überwachung und dabei angewandter ergänzender Tests, Korrekturmaßnahmen, Verantwortlichkeiten, können in tabellarischer Form festgehalten werden.

Zu 2. Beispielhaft sind Aufzeichnungen zu nennen über

- *Zutaten:* Lieferantenbescheinigungen über Erfüllung geforderter Produktspezifikationen. Ergebnisse von Kontrollen durch den Abnehmer. Lagertemperatur und -dauer bei empfindlichen Produkten mit begrenzter Lagerfähigkeit.
- *Produktsicherheit.* Daten zur Feststellung der Wirksamkeit von Vorkehrungen, die dazu dienen, gesundheitliche Unbedenklichkeit und Lagerfähigkeit des Produktes zu erhalten. Bestätigung eines entsprechend qualifizierten Sachverständigen über die hinreichende Wirksamkeit der Be- und Verarbeitungsverfahren.
- *Prozeß, Be- und Verarbeitung.* Aufzeichnungen von allen überwachten CCPs. Bestätigung der ständigen Wirksamkeit der Prozesse.
- *Verpackung.* Daten zur Erfüllung geforderter Spezifikationen für Packstoffe und Verschluß.
- *Lagerung und Vertrieb.* Temperaturregistrierung. Keine Lieferung von Produkten nach Ablauf des Mindesthaltbarkeitsdatums.
- *Abweichungen und Korrekturmaßnahmen.*
- *Gültigkeit und Modifikationen des Plans* mit Änderungen bei Zutaten, Rezepturen, Verpackung und Vertrieb und ihrer Kontrolle.
- *Schulung der Mitarbeiter.*

In den folgenden Kapiteln finden sich weitere Einzelheiten und praktische Beispiele, die Möglichkeiten der Dokumentation und der Aufzeichnung von Feststellungen und Daten veranschaulichen (vgl. hierzu insbesondere auch das Kapitel „Konserven").

## Literatur (Kap. 1 und 2)

[1] Baumann, H. E. (1974): The HACCP concept and microbiological hazard categories. Food Technol. **28**, 30, 32, 34, 78.

[2] Bryan, F. L. (1992): Hazard Analysis Critical Control Point Evaluations. A guide to identifying and assessing risks associated with food preparation and storage. World Health Organization, Geneva, 1992

[3] BVBG (Bundesverband Betriebsgastronomie e. V., Fachausschuß Hygiene) (1986): Hygienerichtlinien für Großküchen. Hamburg: Behr's Verlag.

[4] Codex (1993): Guidelines for the application of the Hazard Analysis Critical Control Point (HACCP) system. Codex Alimentarius Commission FAO/WHO, Rome. Abgedruckt in Food Control **5**, 210–213, 1994.

[5] EG (1989): Richtlinie des Rates vom 14. Juni 1989 über die amtliche Lebensmittelüberwachung (89/397/EWG). Abl. Nr. L 186/23.

[6] EG (1993): Richtlinie des Rates 93/43/EWG über Lebensmittelhygiene vom 14. Juni 1993. Abl. Nr. L 175/1.

[7] EG (1994): Entscheidung der Kommission vom 20.5.1994 mit Durchführungsvorschriften zu der Richtlinie 91/493/EWG betreffend die Eigenkontrolle bei Fischereierzeugnissen (94/356/EWG). Abl. Nr. L 156/50.

[8] Ernährungsbericht (1992): Hrsg.: Deutsche Gesellschaft für Ernährung e.V., Frankfurt a. M.

[9] Gorny, D. (1990): „Gute Herstellungspraxis" als Rechtsbegriff. Zschr. Lebensmittelrecht **17**, 607–628.

[10] Gould, W. A., Gould, R. W. (1988): Total Quality Management in the Food Industry. CTI Publications, Baltimore, Maryland.

[11] Humber, J. (1993): Kontrollpunkte und kritische Kontrollpunkte. In: Pierson, M. D. und D. Corlett jr. (Hrsg.) HACCP. Grundlagen der produkt- und prozeßspezifischen Risikoanalyse. Hamburg: Behr's Verlag.

[12] ICMSF (The International Commission on Microbiological Specifications for Foods) (1988): Microorganisms in Foods 4. Application of the hazard analysis critical control point (HACCP) system to ensure microbiological safety and quality. Oxford, London, Edinburgh, Boston, Palo Alto, Melbourne: Blackwell Scientific Publ.

[13] ILSI (International Life Sciences Institute), Europe (1993): A simple guide to understanding and applying the Hazard Analysis Critical Control Point concept. ILSI Press, Washington DC.

[14] Leaper, S. (Hrsg.) (1992): HACCP: Praktische Richtlinien. Technisches Handbuch Nr. 38. Chipping Campden Glo.: The Campden Food & Drink Res. Assoc.

[15] Meier, G. (1992): Zur Zertifizierung von Qualitätssicherungssystemen nach ISO DIN 9000 ff. in der Lebensmittelwirtschaft. Zschr. ges. Lebensmittelrecht **19**, 129–138.

[16] NACMCF (The National Advisory Committee on Microbiological Criteria for Foods) (1992): Hazard analysis and critical control point system. Internat. J. Food Microbiol. **16**, 1–23.

[17] NACMCF (The National Advisory Committee on Microbiological Criteria for Foods) (1994): The role of regulatory agencies and industry in HACCP. Internat. J. Food Microbiol. **21**, 187–195.

[18] Nöhle, U. (1994): Präventives Qualitätsmanagement in der Lebensmittelindustrie. Teil II: Risikoanalysen nach HACCP. Dtsch. Lebensmittelrdsch. **90**, 350–354.

[19] Pearson, A. M., Dutson, T. R. (Hrsg.) (1995): HACCP in Meat, Poultry and Fish Processing. Advances in Meat Research – Volume 10. London, Glasgow: Blackie Academic & Professional.

[20] Pierson, M. D., Corlett jr., D. A. (Hrsg.) (1993): HACCP. Grundlagen der produkt- und prozeßspezifischen Risikoanalyse. Hamburg: Behr's Verlag.

[21] Simonsen, B., Bryan, F. L., Christian, J. H. B., Roberts, T. A., Tompkin, R. B., Silliker, J. H. (1987): Prevention and control of foodborne salmonellosis through application of Hazard Analysis Critical Control Point (HACCP). Internat. J. Food Microbiol. **4**, 227–247.

[22] SINELL, H.-J., WIEGNER, J., KLEER, J., KUSCHFELDT, D., BIANCHI E., RUSCHKE, R. (1992): Zur mikrobiologischen Qualitätskontrolle von aseptisch verpackten flüssigen Lebensmitteln mit gestückelten Zutaten und einem pH-Wert < 4,5. Dtsch. Lebensmittelrdsch. **88**, 137–144.

[23] TASCHNER, M. C. J., FRIETSCH, E., (1990): Produkthaftungsgesetz und EG-Produkthaftungsrichtlinie. 2. Aufl., München, C. H. Beck'sche Verlagsbuchhandlung

[24] TOMPKIN, R. B. (1994): HACCP in the meat and poultry industry. Food Control **5**, 153–161.

[25] WILD, R. (1988): Qualitätssicherung in der Lebensmittelwirtschaft heute – eine Managementaufgabe. Schriftenreihe des Bundes für Lebensmittelrecht und Lebensmittelkunde, Heft Nr. 113, S. 41–52.

**HACCP
Grundlagen der produkt- und prozeßspezifischen Risikoanalyse**
Pierson/Corlett

1. Auflage 1993
Unveränderter Nachdruck 1997
DIN A5 · 256 Seiten · Hardcover
DM 149,– inkl. MwSt., zzgl. Vertriebskosten
ISBN 3-86022-082-9

## Praktischer Ratgeber

Die Abkürzung HACCP bedeutet „Hazard Analysis and Critical Control Points" und steht für die Risikoanalyse des Produktionsprozesses und die Festlegung von Punkten zu seiner Kontrolle. HACCP ist ein System von Präventiv-Maßnahmen, das – wenn es richtig verstanden und eingesetzt wird – die Sicherung der Lebensmittelqualität gewährleisten kann.

Das aus dem Amerikanischen übersetzte Fachbuch enthält neben der umfassenden Darstellung der grundlegenden Prinzipien des HACCP-Konzepts eine detaillierte Diskussion der biologischen, chemischen und physikalischen Risiken bei der Lebensmittelherstellung. Darüber hinaus wird dem Thema der praktischen Anwendung von HACCP breiten Raum gegeben.

So werden die Entwicklung eines umfassenden Aktionsplans zum HACCP-Einsatz und konkrete Beispiele der erfolgreichen Umsetzung dargestellt.

## Interessenten

Das Grundwerk des Behr's Verlages ist eine unabdingbare Hilfe für alle, die im Bereich der Lebensmittelsicherheit sind: Spezialisten in der Qualitätskontrolle und Qualitätssicherung · Technische Leiter · Schulungsleiter · Berater im Bereich der Lebensmittelsicherheit.

## Die Herausgeber

**Prof. Merle D. Pierson** leitet die Abteilung für Lebensmittelwissenschaft und Lebensmitteltechnologie an der staatlichen Universität in Blacksbury, Virginia/USA und verfügt über umfangreiche Erfahrungen aus Forschung und Industrie. Er war Mitglied verschiedener nationaler Kommissionen, insbesondere der HACCP-Kommission des National Advisory Committee on Microbiological Criteria for Foods.

**Donald A. Corlett jr.** ist seit über 25 Jahren als Berater in der Lebensmittelindustrie tätig. Auch er war Mitglied verschiedener Kommissionen und Vorsitzender der o. g. HACCP-Kommission.

## Aus dem Inhalt

HACCP: Definitionen und Grundsätze · Übersicht der biologischen, chemischen und physikalischen Risiken · Risikoanalyse und Festlegung von Risikogruppen · Festlegung kritischer Kontrollpunkte und deren kritischen Grenzwerte · Überwachung der kritischen Grenzwerte · Verfahren für Korrekturmaßnahmen bei Abweichungen von den kritischen Grenzwerten · Dokumentation des HACCP-Plans · Verifikation des HACCP-Programms · Kontrollpunkte und kritische Kontrollpunkte · Arbeitsplan zur Implementierung von HACCP · Praktische Anwendung von HACCP

# BEHR'S...VERLAG

B. Behr's Verlag GmbH & Co. · Averhoffstraße 10 · D-22085 Hamburg
Telefon (040) 2270 08/18-19 · Telefax (040) 2201091
E-Mail: Behrs@Behrs.de · Homepage: http://www.Behrs.de

# 3 Auswahltechniken und -verfahren sowie Stichprobenpläne

G. HILDEBRANDT

Die Überwachung der ausgewählten Kriterien innerhalb eines Qualitätssicherungssystems wie dem HACCP-Konzept bedeutet nicht von vornherein, daß Stichproben entnommen und untersucht werden müssen. Um die Produktsicherheit zu gewährleisten, stellt der Einsatz von Stichprobenplänen sogar die am wenigsten befriedigende, oftmals aber einzig praktikable von drei Strategien dar.

## 3.1 Verfahrenstechnische Beherrschung

Im Hinblick auf eine optimale Produktsicherheit bietet die verfahrenstechnische Beherrschung der spezifischen Gefahren die beste Lösung. So können durch ausreichende Erhitzung bzw. intensive Säuerung oder Trocknung pathogene Mikroorganismen inaktiviert werden. Zur Kontrolle der Sicherheit wird dann nicht der Risikofaktor selbst (z. B. durch Bestimmung des mikrobiologischen Status) erfaßt, sondern er wird indirekt über das Registrieren der technologischen Kriterien überwacht. Solche Messungen erfolgen im allgemeinen kontinuierlich (Temperatur, pH-Wert). Nur selten muß aus analysentechnischen Gründen auf einen Stichprobenplan ausgewichen werden (z. B. $a_w$-Wert).

## 3.2 Totalerhebung

Wenn sich ein Risiko nicht durch Einsatz technologischer Verfahren ausschalten läßt, bleibt kein anderer Weg, als das Lebensmittel selbst im Rahmen einer Eingangs-, Prozeß- bzw. Endproduktkontrolle auf Mängel zu überprüfen. Im Idealfall wird bei einer solchen Untersuchung jedes fehlerhafte Einzelelement erkannt und aussortiert. Dieser Anspruch bedeutet aber, daß die Charge Stück für Stück zu durchmustern ist, ein Vorgehen, welches sich Totalerhebung nennt. Die Schlachttier- und Fleischuntersuchung basiert auf diesem Prinzip. Aber auch bei der Haltbarkeitskontrolle aseptisch verpackter Lebensmittel besteht die Möglichkeit, im ersten Untersuchungsschritt ganze Chargen in einer Art Quarantäne zu inkubieren und die bombierten Behältnisse zu eliminieren. Wie Untersuchungen in Geflügelschlachtereien zeigten, garantiert jedoch die Totalerhebung keine absolute Sicherheit, da Fehler wegen des Zeitdruckes oder methodischer und menschlicher Unzulänglichkeiten oftmals übersehen werden. Letztlich ist die Totalerhebung eher (end)produkt- als prozeßorientiert.

## 3.3 Stichprobenkontrolle

Das Erfassen des Hygienestatus sowie mikrobiell bedingter Gesundheitsgefahren erfordert im allgemeinen einen derart hohen Analysenaufwand, daß sich die Überprüfung eines jeden Chargenelements von vornherein verbietet. Wird zudem das Lebensmittel bei der Kontrolle zerstört, bleiben allein die Entnahme und Untersuchung repräsentativer Stichproben. Die Beschränkung auf eine begrenzte Zahl von Einzelproben bietet indessen die Chance einer viel sorgfältigeren und intensiveren Untersuchung der ausgewählten Elemente. Im Gegensatz zur Totalerhebung lassen sich aber bei einer Stichprobenprüfung nur einzelne – nämlich die in der Stichprobe befindlichen – Schlechtstücke identifizieren, weshalb lediglich eine Aussage über die durchschnittliche Beschaffenheit der Bezugsgesamtheit (z. B. Anteil der Schlechtstücke) und darauf basierend ein Akzeptieren oder Zurückweisen der Charge als Bezugsgesamtheit möglich ist. An eine Ablehnung kann sich dann eine Totalerhebung inklusive Eliminieren oder Nachbessern der Schlechtstücke anschließen.

Wegen der Gefahr (Fehler 2. Art), daß eine Stichprobe nur Gutstücke enthält und deshalb eine Annahme erfolgt, obgleich in der Charge auch Schlechtstücke vorkommen, ist das Stichprobenverfahren bei der Kontrolle auf kritische Fehler, d. h. unter keinen Umständen tolerierbare Mängel, stets kontraindiziert.

Trotz der Bedenken lassen sich Stichprobenpläne durchaus in ein HACCP-System einbauen. Definitionsgemäß muß ein CCP beherrschbar und steuerbar sein. Lenkbar sind aber nicht nur Verfahren in Form einer bestimmten Prozeßsteuerung, sondern auch Zustände in Form einer Freigabeanalyse.

Abb. 3.1 stellt die Grundgedanken der Qualitätssicherung noch einmal in einer Übersicht zusammen.

---

- Technologische Beherrschung des Produktes
  (Monitoring eines CCP1 anhand eines Prozeß-Parameters)
- keine technologische Risikobeherrschung
  (Bestimmung mikrobiologischer Merkmale)
  - Totalerhebung
    nicht bei zerstörenden Prüfungen
    nicht bei hohem analytischem Aufwand
  - Stichprobenprüfung
    nicht zur Beherrschung kritischer Fehler

---

**Abb. 3.1 Grundprinzipien der Qualitätssicherung**

## 3.3.1 Auswahltechniken (Stichprobenziehung)

### 3.3.1.1 Zufallsauswahl

Um eine unverzerrte Schätzung der interessierenden Merkmale zu garantieren, muß eine uneingeschränkte Zufallsauswahl erfolgen. Organisatorisch knüpft sich hieran die Bedingung, daß die Elemente der Bezugsgesamtheit vollständig registriert und für die Probenziehung zugänglich sind. Wenn Chargen nur partiell verfügbar, nicht eindeutig definierbar oder im Rahmen eines kontinuierlichen Herstellungsprozesses schwer abgrenzbar sind, ist die Stichprobenerhebung von vornherein mit Unsicherheiten belastet.

Sind alle Merkmalsträger listenmäßig erfaßt, geschieht die Zufallsauswahl im Idealfall durch Würfeln oder Losen. Angesichts des großen Organisationsaufwandes dieser beiden Verfahren weicht man oft auf tabellierte Zufallszahlen aus, was der echten Zufallsentnahme als gleichwertig gilt. Noch stärkere Verbreitung bei der Prozeßkontrolle besitzt die systematische Auswahl mit Zufallsstart wegen ihrer großen Praktikabilität. Nach der Festlegung eines Auswahlabstandes wird ein Startpunkt durch echte Zufallsziehung fixiert. Betragen beispielsweise bei einem Tiefkühlkostproduzenten der Auswahlsatz 1 : 500 und die Startziffer 121, so werden die Packungen mit den Nummern 121, 621, 1121, 1621 usw. entnommen. Aber nur, wenn die Elemente der Erhebungsgesamtheit zuvor in eine Zufallsordnung gebracht worden sind, besitzt diese Methode völlige Äquivalenz zur Zufallsziehung. Gerade bei periodischen Merkmalsstrukturen ergeben sich andernfalls verzerrte Ergebnisse (HILDEBRANDT, 1987).

### 3.3.1.2 Willkürliche Auswahl

Aus Kostengründen oder wegen organisatorischer Schwierigkeiten, wie sie z. B. die Entnahme von Packungen aus Palettenstapeln in einem Tiefkühlraum in sich birgt (HARRIGAN und PARK, 1991), weichen viele Anwender notgedrungen auf die „nichtzufällige“ Stichprobenziehung aus. Die Elemente werden mithin willkürlich („auf's Geratewohl“) entnommen. Ein solches Verfahren verbietet sich prinzipiell, sofern die äußeren Merkmale der Einheiten, z. B. Aussehen, Form oder Farbe, mit der zu überprüfenden Eigenschaft korrelieren (BOZYK und RUDZKI, 1971), weil dann subjektive Erwartungen in die Probenziehung einfließen. Für die oftmals unbewußten Interaktionen zwischen Probennehmer und Probenbeschaffenheit existieren zahlreiche Beispiele, weshalb das Statistische Bundesamt (1960) die Auffassung vertritt, daß für genaue statistische Aussagen die willkürliche Auswahl völlig ungeeignet ist.

### 3.3.1.3 Bewußte Auswahl

Obwohl sie sich mehr für großflächige Erhebungen als für innerbetriebliche Kontrollen eignen und sich anfällig für Verzerrungen erweisen, sollen die verschiedenen Techniken der bewußten Auswahl Erwähnung finden. Hierzu gehören das Quotenverfahren, das Konzentrations- und Abschneideprinzip und die typische Auswahl. Während bei der typischen Auswahl ein charakteristisches Kontingent herausgegriffen wird, bleiben beim Abschneideprinzip Einheiten mit geringem Gewicht unberücksichtigt. Heterogene Bezugsgesamtheiten setzt das Quotenverfahren voraus, denn es werden Anteile für die Untereinheiten festgesetzt und innerhalb dieser willkürliche Probenziehungen durchgeführt.

## 3.3.2 Auswahlverfahren

### 3.3.2.1 Einstufige Auswahl ohne Schichtung

Der Regelfall einer Stichprobenkontrolle in der Lebensmittelproduktion dürfte die Zufallsauswahl einer vorgegebenen Probenzahl aus einer Charge sein. Von Herstellungseinheit zu Herstellungseinheit wiederholt sich dieser Vorgang, ohne daß es innerhalb des jeweiligen Loses zu einer weiteren Aufteilung in Unterstichproben kommt.

### 3.3.2.2 Einstufige Auswahl mit Schichtung

Bei heterogenen Grundgesamtheiten, wie man sie besonders im Rahmen der Eingangskontrolle antrifft, läßt sich der Prüfaufwand durch Verringerung der Merkmalsstreuung senken. Ein Auswahlverfahren, welches diese Wirkung besitzt, stellt die geschichtete (= stratifizierte) Stichprobe dar. Bei einer derartigen Schichtung wird die Auswahlgesamtheit in Gruppen unterteilt, die als neue Gesamtheiten fungieren und aus denen gesonderte Stichproben gezogen werden. Hierbei gewinnt die Aufgliederung um so mehr an Effizienz, je homogener sich das Merkmal innerhalb der Schichten und je heterogener es sich zwischen den Schichten verhält. Für die Aufteilung des Gesamtprobenumfangs in die einzelnen Schichten sollte möglichst keine zufällige, sondern zumindest eine proportionale Zuordnung erfolgen, d. h. es findet eine Selbstgewichtung statt, indem jede Schicht mit dem gleichen Prozentsatz, mit dem sie in der Grundgesamtheit vertreten ist, in die Stichprobe eingeht. Noch wirkungsvoller arbeitet die „optimale“ Schichtenbildung, weil hier nicht nur die unterschiedliche Schichtengröße, sondern auch die Streuung der Elemente Berücksichtigung im Auswahlverfahren finden. Die Herstellung eines bestimmten Lebensmittels in mehreren parallelen Produktionslinien könnte Anlaß zu einer derartigen Schichtenbildung geben.

### 3.3.2.3 Klumpenauswahl

Sofern die Prämisse einer uneingeschränkten Zufallsauswahl unerfüllbar bleibt, kann auf die Entnahme sog. Klumpen (= cluster) ausgewichen werden. Solche Klumpen entsprechen den zugänglichen Untereinheiten eines Loses, unter denen eine echte Zufallsziehung erfolgt. Die ausgewählten Cluster müssen dann vollständig in die Stichprobe eingehen. Wegen der Gefahr systematischer Fehler (= Klumpeneffekte) besteht die Forderung, daß ein Klumpen möglichst heterogen zusammengesetzt sein muß, ganz im Gegensatz zu den Schichten, die in sich eine homogene Struktur besitzen sollen.

#### 3.3.2.4 Stufenauswahl

Für komplexe Erhebungen bietet sich eine Aufteilung in Stufen an, wobei sich das Vorgehen bereits aus dem bildhaften Begriff ergibt, denn es wird eine Rangordnung von Zufallsauswahlen hintereinander geschaltet. Bei diesem hierarchischen System von Unterauswahlen besteht die Auswahleinheit einer Stufe jeweils aus einer Gruppe von Auswahleinheiten der nächstfolgenden Stufe. Im Unterschied zur Schichtung und analog zur Klumpenauswahl findet sich kein horizontaler, sondern ein vertikaler Aufbau. Bereits die Auswahl einiger Kisten aus einer Sendung und die zufällige Entnahme von Einzelpackungen aus diesen Kisten stellen ein stufenweises Vorgehen dar.

#### 3.3.2.5 Phasenauswahl

Die Untergliederung in Phasen bedeutet, daß mehrere Auswahlen an der gleichen Bezugsgesamtheit durchgeführt werden. Einerseits können die Phasen in der Art der Untersuchungsmethode, mit der das Merkmal erfaßt wird, differieren; andererseits gibt es periodisch versetzte Phasen, welche dann zur Analyse zeitlicher Trends dienen.

Selbstverständlich lassen sich Schichten, Klumpen, Stufen und Phasen miteinander kombinieren. Es entsteht dann ein mehrstufiger Aufbau. Aber gerade bei der innerbetrieblichen Kontrolle gilt es abzuwägen, inwieweit der Informationsgewinn durch komplizierte Auswahlverfahren den Verlust an Praktikabilität und Transparenz rechtfertigt. Andererseits kann speziell in der Eingangskontrolle mit ihrem heterogenen Warenstrom ein differenziertes Auswahlverfahren große Vorteile bieten.

### 3.3.3 Probenaufbereitung: Pool- und Sammelstichproben

Üblicherweise wird bei einstufigen Plänen Stichprobe für Stichprobe analysiert, und die Beurteilung basiert auf der Gesamtheit der Ergebnisse. Mit dem Ziel der Arbeitsersparnis können aber auch sämtliche Proben in einem Homogenisat zusammengeführt und als „Durchschnittsmuster“ untersucht werden. Da nur ein Resultat anfällt, geht bei diesem Verfahren jede Information über die Variabilität des Merkmals verloren.

Von „Poolen“ spricht man, wenn die Unterproben ohne Reduktion des Volumens zu einer Einheit zusammengeführt werden. Beim presence-absence-Test bietet sich dieses Vorgehen immer für den Fall an, daß der Stichprobenumfang $n > 1$ und die Annahmezahl $c = 0$ betragen. So ist es beim Salmonellennachweis durchaus sinnvoll, die 25 g oder 25 ml Proben zu vereinigen und gemeinsam in einem großen Gefäß (vor)anzureichern. Eine positive Pool-Probe führt ebenso zur Ablehnung der Charge, wie es positive Einzelproben täten.

Im Gegensatz zur Poolprobe wird bei der Sammelprobe dem Unterprobenhomogenisat aus analysentechnischen Gründen lediglich eine repräsentative Teilprobe zur Untersuchung entnommen. Diesem Vorgehen entsprechend, läßt sich die Sammelprobe nur zur Bestimmung quantitativer Parameter, wie z. B. der Keimzahl, anwenden. Durch die künstliche Homogenität bedingt, kann die Interpretation des Analysenergebnisses jedoch Schwierigkeiten bereiten. Speziell bei log-normalverteilten Merkmalen bewirkt das rechtsschiefe Häufigkeitspolygon, daß extreme Einzelwerte das Sammelprobenresultat beträchtlich erhöhen. Nach eigenen Erfahrungen liegt beispielsweise für Bohrlinge aus der Schweineschwarte das geometrische Mittel der Keimzahl von Einzelproben eine halbe Zehnerpotenz unter dem analogen Sammelprobenergebnis. Fehlt jegliche Kenntnis über die Struktur der Bezugsgesamtheit, muß bei einem erhöhten Sammelprobenresultat folglich offen bleiben, ob das Gesamtniveau erhöht ist oder sich bei niedrigem Durchschnittswert einige Ausreißer bemerkbar machen. Andererseits besteht bei extremer Heterogenität, wie sie sich z. B. für die Verteilung des Aflatoxins in Nüssen findet, keine andere Möglichkeit als die Untersuchung von Sammelproben.

## 3.3.4 Stichprobenpläne

Bevor ein konkreter Stichprobenplan mit Probenumfang und Prüfzahl konzipiert wird, sind die grundsätzlichen Kriterien der Beurteilungsnorm zu definieren. Dazu gehört nicht nur die Festlegung des zu untersuchenden Merkmals, sondern auch die Wahl des Analysenverfahrens. Für die innerbetriebliche Überwachung erweist es sich oft als günstiger, mit einfachen Methoden viel Datenmaterial zu sammeln, statt mit exakten, aber aufwendigen Techniken nur wenige Ergebnisse zu erhalten. Gegebenenfalls kann man hier zweiphasig vorgehen, d. h. zunächst ein Screening-Verfahren einsetzen und nur in Verdachtsfällen mit einer Standardmethode nachuntersuchen. Letztlich müssen die Grenzwerte festgelegt werden, oberhalb derer eine Charge lediglich toleriert (= Warngrenze) oder beanstandet wird (= Kontroll- oder Rückweisegrenze), wobei im ersten Fall strengere Ansprüche gelten. Für qualitative Merkmale (ja/nein; vorhanden/nicht vorhanden) nehmen diese Limits die Form von höchstzulässigen Ausschußquoten (= Prozentsätze an Schlechtstücken) an, während sie sich bei quantitativen Merkmalen (= Meßwerte) als maximal vertretbare Substanzgehalte bzw. Keimzahlen darstellen.

**Tab. 3.1 Qualitätssicherungssystem der ICMSF[1], (3-KP = 3-Klassen-Plan; 2-KP = 2-Klassen-Plan)**

| | übliche Weiterbehandlung und Verzehrsform des Lebensmittels nach der Probennahme | | |
|---|---|---|---|
| Art der Gesundheitsgefahr | verminderte Gesundheitsgefahr | unveränderte Gesundheitsgefahr | gesteigerte Gesundheitsgefahr |
| keine direkte Gesundheitsgefahr; jedoch Änderung der Lagerfähigkeit möglich | verbesserte Lagerfähigkeit<br>Fall 1; 3-KP<br>n = 5, c = 3 | unveränderte Lagerfähigkeit<br>Fall 2; 3-KP<br>n = 5, c = 2 | verminderte Lagerfähigkeit<br>Fall 3; 3-KP<br>n = 5, c = 1 |
| gering, indirekt (Indikatorkeim) | Fall 4; 3-KP<br>n = 5, c = 3 | Fall 5; 3-KP<br>n = 5, c = 2 | Fall 6; 3-KP<br>n = 5, c = 1 |
| mäßig, direkt, begrenzte Verbreitungstendenz | Fall 7; 3-KP<br>n = 5, c = 2 | Fall 8; 3-KP<br>n = 5, c = 1 | Fall 9; 3-KP<br>n = 10, c = 1 |
| mäßig, direkt, weite Verbreitung möglich | Fall 10; 2-KP<br>n = 5, c = 0 | Fall 11; 2-KP<br>n = 10, c = 0 | Fall 12; 2-KP<br>n = 20, c = 0 |
| erheblich, direkt | Fall 13; 2-KP<br>n = 15, c = 0 | Fall 14; 2-KP<br>n = 30, c = 0 | Fall 15; 2-KP<br>n = 60, c = 0 |

Bei Lebensmitteln für Personengruppen mit verminderter Resistenz ist eine höhere Risikokategorie („Fall“) zu wählen.

[1] nach ICMSF (1986)

### 3.3.4.1 Einstufige Stichprobenpläne

Die Analysenverfahren in der mikrobiologisch-hygienischen Qualitätskontrolle – sei es nun eine Koloniezahlbestimmung, eine Abklatschtechnik oder die Bebrütung von Konserven – erfordern im allgemeinen einen derart großen Zeitaufwand, daß bereits nach einem Untersuchungsdurchgang die Erhebung abgeschlossen und eine definitive Beurteilung möglich sein muß. Anderenfalls würden sich in der Produktionssteuerung und auch der Warenauslieferung unzumutbare Verzögerungen ergeben.

Die genannten Bedingungen erfüllt der einstufige Stichprobenplan, bei dem aus der Charge eine vorgegebene Zahl an Stichproben gezogen wird. Liegt das Stichprobenergebnis unter der Prüfzahl, wird die Charge akzeptiert, überschreitet es das Limit, erfolgt Rückweisung. Im Hinblick auf die Begriffsdefinitionen sei angemerkt, daß sich „Grenzwerte" auf die Charge beziehen, während „Prüfzahlen" speziell für konkrete Stichprobenpläne gelten, indem sie Stichprobenumfang, Merkmalsstreuung, Trennschärfe und Fehlentscheidungsrisiko zusätzlich berücksichtigen. In der Diktion einiger Prüfkonzepte entspräche die Prüfzahl dem Grenzwert plus Toleranz.

Insbesondere für qualitative Merkmale existieren zahlreiche Stichprobenpläne, die meist auf dem MIL-STD 105 D basieren und als ABC-STD 105, ISO 2859-1974 (E), DIN 40 080, TGL 141 450 oder IEC/TC 56 bekannt sind. Wegen der komplizierten, nicht auf bakteriologische Bedürfnisse zugeschnittenen Planvielfalt in Verbindung mit hohen Stichprobenumfängen fanden sie aber kaum Eingang in die Lebensmittelkontrolle. Erst mit dem Foster-Plan (Foster, 1971) zur Überwachung der Salmonella-Kontamination stand ein problemorientierter Ansatz zur Verfügung.

Hier richten sich die Stichprobenumfänge (zwischen $n = 15$ und $n = 60$) nach Risikokategorien, d. h. dem Maß an Gefährdung, welches unter Berücksichtigung der Herkunft, des Herstellungsprozesses und der Verbrauchergruppe von einem Lebensmittel ausgeht.

Stichprobenpläne, die über den Bereich des Salmonella-Nachweises hinausgehen und diese Tests auf andere Bereiche der mikrobiologischen Qualitätssicherung übertragen, publizierte die ICMSF (International Commission on Microbiological Specifications for Foods) im Jahr 1974. Auch diese universal einsetzbare Stichproben-Strategie arbeitet mit Risikokategorien, wie sie sich aus der Kombination von fünf Gefährdungsklassen mit drei Behandlungsklassen ergeben (Tab. 3.1).

Neben den Zwei-Klassen-Plänen für qualitative mikrobiologische Merkmale bilden die ebenfalls einstufigen Three-class-attributes plans für variable Merkmale eine Neuentwicklung. Sie legen die Vorstellung zugrunde, daß sich anhand von Keimzahlen drei Qualitätsklassen schaffen lassen, die sich nach üblicher Terminologie mit den Begriffen „Good-Marginal-Bad" verbinden. In Abhängigkeit von Keimart und Lebensmittel gibt das Limit m die Grenze zwischen guten und tolerierbaren Gesamtheiten an, und das Limit M entspricht dem Übergang von tolerierbaren zu schlechten Einheiten. Während die Keimzahl M von keinem Stichprobenergebnis überschritten werden darf, gehört zur Keimdichte m eine Annahmezahl c ≥ 1. Mithin wird eine Charge akzeptiert, wenn kein Stichprobenergebnis über M und maximal c Resultate über m liegen. Andererseits erfolgt eine Rückweisung, sofern ein Ergebnis höher als M ausfällt und/oder mehr als c Ergebnisse das Limit m übersteigen. Aus dieser an sich sehr klaren Entscheidungssituation sind inzwischen zahlreiche Planvarianten – so auch im lebensmittelrechtlichen Bereich – abgeleitet worden, welche das ursprüngliche Konzept verwässern und innere Widersprüche aufweisen.

Daß sich durch Einsatz unkomplizierter Analysenverfahren die Stichprobenzahl über die gebräuchlichen n = 5 erhöhen läßt, illustriert der ICMSF-Plan für Vollkonserven (ICMSF, 1974). Zur visuellen Inspektion werden 200 Dosen pro Charge entnommen. Sofern eine oder zwei Konserven sichtbare Defekte aufweisen und bei einer nachfolgenden Totalerhebung weniger als 1 % beschädigte Behältnisse vorliegen, folgt eine Bebrütung von 200 Proben für 10 Tage bei 30–37 °C. Von dieser Sterilitätsprüfung auf Stichprobenbasis, die als einstufiger Test in einem mehrphasigen Plan durchgeführt wird, nahm die ICMSF aber 1986 wegen der geringen Aussagekraft des Inkubationsverfahrens Abstand.

---

1. Bei geringer Merkmalsstreuung und/oder breitem Abstand zwischen m und M arbeitet der 3-Klassen-Plan wie ein 2-Klassen-Plan mit m und $c_m \geq 1$.
2. Bei extremer Merkmalsvarianz und/oder engem Abstand zwischen m und M arbeitet der 3-Klassen-Plan noch strenger als ein 2-Klassen-Plan mit M und $c_M = 0$.
3. Ein Heraufsetzen der Annahmezahl $c_m$ bei konstantem n erhöht die Annahmewahrscheinlichkeit besonders bei geringer Merkmalsvarianz und/oder breitem Abstand zwischen m und M.
4. 2- und 3-Klassen-Pläne arbeiten mit vergleichbarer Trennschärfe, wobei das Heraufsetzen von n oder eine Verminderung der Merkmalsstreuung die Trennschärfe verbessern.
5. 3-Klassen-Pläne beinhalten das Prinzip der Nulltoleranz ($c_M = 0$), weshalb bei heterogenen Lebensmitteln oft ein „outlier" zur Ablehnung der Charge führt.
6. 3-Klassen-Pläne arbeiten mit geringer Transparenz, weil die Beurteilungssituation durch Interaktionen zwischen der wirklichen Merkmalsstreuung in der Charge, dem Abstand von m zu M und der Annahmezahl $c_m$ komplex beeinflußt wird.

---

**Abb. 3.2 Charakteristika attributiver Drei-Klassen-Pläne**

Neben einigen mehr prinzipiell-statistischen Einwänden gegen die Zwei-Klassen-Pläne und insbesondere die robusten Drei-Klassen-Pläne (Abb. 3.2) stellt die ICMSF-Strategie auch in der praktischen Anwendung keine optimale Lösung für die innerbetriebliche Überwachung dar, weil sie in erster Linie der Eingangskontrolle dient und Vorkenntnisse über den Produktionsprozeß, die zu einer Reduktion des Prüfauswandes führen könnten, unberücksichtigt läßt. Aus Mangel an realisierbaren Alternativen (HILDEBRANDT u. WEIß, 1992) bietet sich dennoch der Einsatz dieser Stichprobenpläne zumindest für die Verifizierung an, während der methodologische Aufwand beim Monitoring oftmals zu hoch erscheint (ICMSF, 1988) und zudem durch die lange Dauer mikrobiologischer Analysen keinen On-line-Betrieb gestattet. Darüber hinaus sollten im Rahmen der innerbetrieblichen Kontrolle strengere Planvarianten mit niedrigeren Annahmezahlen zur Anwendung kommen, um die Bedingungen des Abnehmers sicher zu erfüllen.

### 3.3.4.2 Mehrstufige Stichprobenpläne

Nicht alle statistischen Tests arbeiten nach dem Konzept, aufgrund eines Stichprobenergebnisses zu einer abschließenden Beurteilung zu kommen, vielmehr kann auch die Entscheidung „Weiterprüfen" eingebaut werden. Ein solcher mehrstufiger Plan sieht folglich ein Aufstocken der Probenzahl vor, wobei nach jeder Teilstichprobe eine von drei sich gegenseitig ausschließenden Aussagen anfällt, nämlich „Annehmen", „Ablehnen" oder „Weiterprüfen". In der Extremform – dem sequentiellen Test – kann sogar eine schrittweise Entnahme und Beurteilung von Einzelproben erfolgen.

Der Vorteil mehrstufiger Verfahren liegt in ihrem aufwandsminimalen Vorgehen, bei dem sich stark vom Grenzwert abweichende Chargen schnell erfassen lassen. Andererseits stellt der Stichprobenumfang selbst eine Zufallsvariable dar, was jede Planung der Arbeitszeit verbietet. Darüber hinaus dauert die mikrobiologische Routinediagnostik zu lange, als daß die Aufwandsminimierung durch ein schrittweises Verfahren die Verzögerung in der Entscheidungsfindung rechtfertigt.

## 3.3.5 Kontrollkarten

Stichprobenpläne zur Kontrolle von Chargen lassen sich im Prinzip auch für die kontinuierliche Überwachung von Herstellungsvorgängen einsetzen, wenn die Produktion in Lose untergliedert wird. Bei dieser Konzeption würde „Annahme" bedeuten, daß der Fertigungsprozeß unverändert weiterlaufen kann, während die „Ablehnung" einer Bezugsgesamtheit sofortiges Eingreifen in die Fabrikation erfordert. Abgesehen von organisatorischen Problemen (Chargendefinition, Zugänglichkeit des gesamten Loses, uneingeschränkte Zufallsauswahl etc.) stellen die chargenbezogenen Prüfpläne ein eher passives als aktives Verfahren dar, mit dem wesentliche Ziele der Qualitätssicherung nicht verwirklicht werden können (VOGT, 1988). So soll die Kontrolle Informationen über die Eigenschaften des Prozesses, insbesondere die durchschnittliche Qualität sowie die unvermeidbaren Schwankungen liefern. Weiterhin muß eine ordnungsgemäße Produktion möglichst lange erhalten, wenn nicht gar stetig verbessert werden. Am wichtigsten ist jedoch, Abweichungen vom Qualitätsstandard umgehend zu erkennen, damit nicht Ausschuß in nennenswertem Umfang entsteht (SADOWY, 1970; UHLMANN, 1966). Die Aufgabe der Chargenprüfung, nämlich gewisse Produktionsabschnitte anzunehmen oder abzulehnen, tritt dagegen in den Hintergrund (Abb. 3.3).

---

- Chargenbezogene Stichprobenpläne („passives" Verfahren)
  - Beurteilung einzelner Produktionseinheiten und -abschnitte
  - keine herstellerbezogene Vorinformation notwendig
  - Voraussetzung: Chargenabgrenzung<br>Zugänglichkeit des gesamten Loses<br>echte Zufallsauswahl
- Kontrollkarten („aktives Verfahren")
  - Information über die Eigenschaften des Prozesses, insbesondere durchschnittliche Qualität sowie unvermeidbare Schwankungen
  - ordnungsgemäße Produktion stabilisieren und ständig verbessern
  - Abweichungen vom Qualitätsstandard umgehend anzeigen, Ausschuß vermeiden
  - Voraussetzung: Konstruktion von Warn- und Kontrollgrenzen<br>auf Grund von Vorinformationen ($n \geq 200$)

---

**Abb. 3.3 Kontinuierliche Qualitätssicherung**

Zur fortlaufenden Kontrolle der „Qualität der Übereinstimmung zwischen dem Vorbild und der wirklichen Ausführung" dient zumeist die Kontrollkarte, deren wesentliches Merkmal eine kontinuierliche graphische Aufzeichnung des Qualitätszustandes der Fertigung unter Berücksichtigung vorgegebener Toleranzen bildet. Jede Kontrollkarte, in welche die Stichprobenergebnisse ihrer zeitlichen Reihenfolge gemäß eingetragen werden sollen, bedarf der Festlegung des Stichprobenumfanges ($n \geq 2$), des Probenahmetaktes, der Testgröße, der kritischen Werte und einer Anweisung für den Fall der Ablehnung. Die meisten Kontrollkarten arbeiten mit einer Sicherheitswahrscheinlichkeit zwischen 90 und 99 %. Oft fungieren die (ein- oder zweiseitigen) 95 %-Limits als Warngrenzen und die 99 %-Limits als Kontrollgrenzen, wobei einmaliges Überschreiten der Warngrenze – gleichsam als erste Alarmstufe – zu erhöhter Aufmerksamkeit veranlaßt, während Ergebnisse außerhalb der Kontrollgrenzen zum Eingreifen in den Produktionsprozeß zwingen.

Für das Verhältnis von Stichprobenumfang zu Probenahmetakt gilt, daß sich eine häufige Entnahme geringer Stichprobenzahlen anbietet, wenn primär rasche Produktionskorrekturen angestrebt werden. Ist jedoch zur Vermeidung von „falschem Alarm“ die exakte Beurteilung mehr als die schnelle Steuerung gefragt, müssen umfangreiche Probenkontingente im langsamen Rhythmus gezogen werden. Gerade in der mikrobiologischen Überwachung erübrigt sich ein schneller Takt, weil die Ergebnisse ohnehin mit zeitlicher Verzögerung anfallen.

Die Konstruktion effektiver Kontrollkarten bzw. ähnlicher Systeme – insbesondere die Festlegung realistischer Grenzen – setzt genaue Kenntnisse des Produktionsganges und der Produktbeschaffenheit voraus, weil es sich im Grunde um nichts anderes als statistische Signifikanz-Tests handelt (Uhlmann, 1966). Im allgemeinen sollte in ein solches Kontrollkarten-Konzept die Information aus mindestens 200 Stichproben eingehen.

In Abhängigkeit von der Merkmalsausprägung und dem interessierenden statistischen Parameter existieren verschiedenste Modifikationen der Kontrollkarte (Vogt, 1988):

- Kontrollkarten für Gut-Schlecht-Prüfungen ($\bar{p}$-Karten) gehen von einem unvermeidlichen Ausschußanteil p aus, einer Defektwahrscheinlichkeit, bei der noch kein Eingriff erfolgen darf, weil sich der Prozeß nicht weiter verbessern läßt.
- Kontrollkarten für die Anzahl der Defekte pro Einheit unterstellen das Modell der POISSON-Verteilung, was sie auch für mikrobiologische Fragestellungen interessant machen könnte.
- Kontinuierliche Stichprobenpläne dienen im Gegensatz zu den eigentlichen Kontrollkarten mehr der Ausschußminimierung als der Visualisierung von Prozeßschwankungen und sehen daher weder Eingriffe noch graphische Aufzeichnungen zwingend vor. Im Prinzip findet ein Wechselspiel zwischen Stichproben- und Totalprüfung statt, dessen Rhythmus die ermittelte Defektstückenzahl bestimmt. Der continuous sampling plan 1 (CSP1) von Dodge und seine Varianten 2 und 3 dürften am bekanntesten sein.

Da mikrobiologische Resultate überwiegend in Form von Zählergebnissen vorliegen, die zumindest nach entsprechender Transformation einer Gauß-Verteilung folgen, dürfte es meist zum Einsatz einer „Kontrollkarte für ein normalverteiltes Merkmal“ kommen. Zwar wird verschiedentlich empfohlen, stetige Daten zunächst in Gut-Schlecht-Aussagen umzuformulieren und dann $\bar{p}$-Karten zu benutzen, doch geht dieses Konzept mit einem erheblichen Informationsverlust einher. Eine Ausnahme stellen Prüfsituationen dar, in denen an einer Stichprobeneinheit verschiedene Untersuchungen durchgeführt werden. Hier lohnt es nicht, für jedes Merkmal eine eigene Karte anzulegen, sondern die Gesamtheit der Meßergebnisse sollte in einer einzigen Gut-Schlecht-Beurteilung zusammengefaßt werden, um sie dann in eine $\bar{p}$-Karte einzutragen.

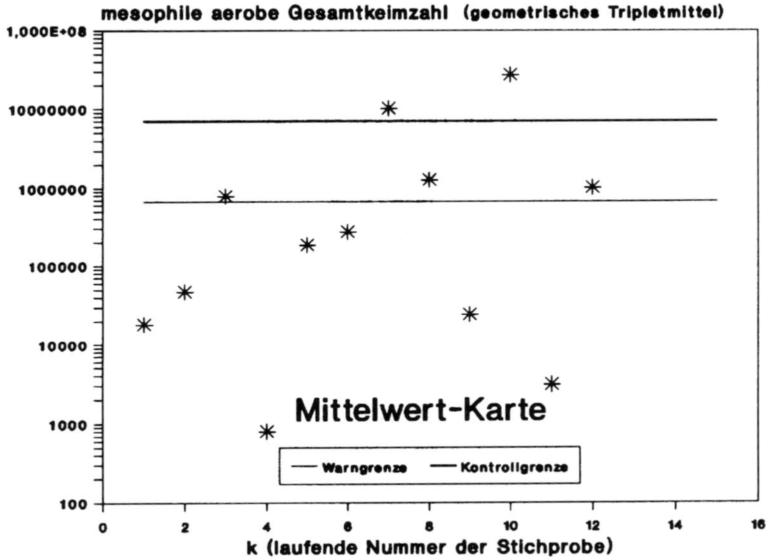


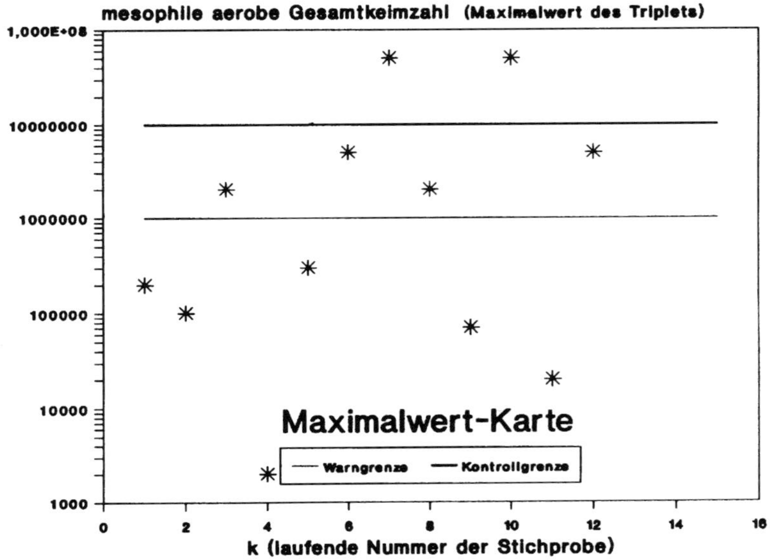


**Abb. 3.4** Mittelwert- und Maximalwert-Kontrollkarte zur Überwachung des aeroben Gesamtkeimgehaltes von Verarbeitungsfleisch (Bohrlinge aus Schweineschinken, Originaldaten)

Bei Kontrollkarten für messende Prüfungen können verschiedene statistische Parameter aufgezeichnet werden. Folgende Varianten verdienen Erwähnung:

- $\bar{x}$-Kontrollkarten (Shewart-Karten) benutzen das arithmetische Mittel in regelmäßigem Abstand gezogener Stichproben und prüfen, ob die zentrale Tendenz mit einem Sollwert oder dem bisherigen Mittelwert übereinstimmt.
- Spannweite-Karten dienen der Überwachung der Produkthomogenität, was ebenso wichtig wie die Überprüfung des Mittelwertes sein kann, da ein Prozeß auch im Hinblick auf seine Streuung unter Kontrolle sein muß. Im allgemeinen werden der höchste und der niedrigste Wert einer Stichprobe in die Karte eingetragen.
- Streuungskarten, die mit der Standardabweichung arbeiten, reagieren zwar empfindlicher als Spannweite-Karten auf Abweichungen von der vorgegebenen Varianz, doch besitzen sie eine geringere Anschaulichkeit.
- Extremwertkarten haben den Vorteil, daß keine getrennten Aufzeichnungen für Mittelwert und Streuung angelegt zu werden brauchen, denn es werden alle Meßwerte in einer einzigen Karte mit Warn- und Kontrollgrenzen eingetragen, um weitgehend aufgrund des optischen Bildes den Produktionsprozeß zu beurteilen. Der Verzicht auf jegliche Rechenarbeit wird mit einer verminderten Empfindlichkeit erkauft.
- Mediankarten benötigen ebenfalls keinen Rechenaufwand, sollten aber stets in Kombination mit einer Spannweitenkarte geführt werden.
- CUSUM-Karten fällen die Entscheidung über einen Eingriff in den Produktionsablauf nicht aufgrund des jeweils letzten Stichprobenergebnisses, sondern anhand aller bisherigen Resultate. Aktionen erfolgen immer dann, wenn die addierten Abweichungen einer Gruppe aufeinanderfolgender Mittelwerte (oder Einzelwerte) von einem sogenannten Referenzwert k größer als ein Entscheidungsintervall h ausfallen. Während die CUSUM-Karte tendenziell früher zum Eingreifen als die $\bar{x}$-Karte führt, entdeckt letztere größere Abweichungen schneller.
- Kontrollkarten mit gleitendem Durchschnitt (MOSUM-Karten), wobei der gleitende Durchschnitt als arithmetisches Mittel aus den letzten m beobachteten Werten definiert ist, leiten sich aus der Zeitreihen-Untersuchung ab.

Obgleich vielfach propagiert, wurde über einen praktischen Einsatz von Kontrollkarten in der mikrobiologischen Qualitätssicherung bisher nur im Müllerei-Wesen referiert (Parpaiola, 1989). Daß ihre Anwendung sich auch für andere Bereiche anbietet, selbst wenn beträchtliche Vorarbeiten zu leisten sind, soll an einem Beispiel aus der Fleischindustrie gezeigt werden. Es handelt sich um die Überwachung des Hygienestatus von Verarbeitungsfleisch an der Schnittstelle zwischen der Zerlegung und dem Einschleusen in die einzelnen Produktionslinien. Hierfür wird an drei Bohrlingen aus dem Schweineschinken als Stichprobe („Triplet") jeweils die mesophile aerobe Gesamtkeimzahl bestimmt. Unter Berücksichtigung dieser Vorbedingungen bietet sich die Konstruktion einer Mittelwert-Karte (unter Benutzung des geometrischen .Mittels wegen des schiefen Häufigkeitspolygons) und einer Maximalwert-Karte an. Letztere soll nach dem Prinzip der Grenze M in den Drei-Klassen-Plänen extreme Einzelproben erfassen. Auf der Grundlage von 363 Untersuchungergebnissen (121 Triplets) errechnet sich für die Mittelwert-Karte eine Warngrenze $x_{.80}$ = 670.000 cfu/g und eine Kontrollgrenze $x_{.95}$ = 7.000.000 cfu/g, während in der Maximalwertkarte $x_{.95}$ = 10.000.000 cfu/g als Warnwert und $x_{.99}$ = 50.000.000 cfu/g als Kontrollwert fungieren. Gerade für die Mittelwertkarte dieses Anwendungsbeispiels können die Grenzen recht streng gewählt werden, weil die Eingriffe in den Herstellungsgang geringe Kosten verursachen und keinen Produktionsstop erfordern. Darüber hinaus soll eine stetige Qualitätsverbesserung erreicht werden. In Abb. 3.4 sind die beiden Kontrollkarten dargestellt. Allerdings muß auch bei der kontinuierlichen Prüfung eine – zumindest formale – Untergliederung in Tagesproduktionen oder andere Produktionsschichten erfolgen, um die Loskennzeichnung zu ermöglichen und gegebenenfalls einen Chargenrückruf organisieren zu können.

Weil im Gegensatz zu den weitgehend ausgereiften und vielfach erprobten Stichprobenplänen zur Beurteilung des mikrobiologischen Status von Lebensmittelchargen kaum Erfahrungsberichte über die kontinuierliche Qualitätskontrolle vorliegen, kann erst die Zukunft zeigen, welche Konstruktionsmerkmale die optimale Kontrollkarte im Rahmen eines HACCP-Systems tragen muß. Für die Praktikabilität derartiger Strategien wird aber weniger die Auswahl eines geeigneten statistischen Ansatzes entscheidend sein, vielmehr liegt das Problem im Fehlen schneller und zugleich einfacher mikrobiologischer Analysenverfahren. Aber auch bei Erfüllung dieser Bedingungen ist die ganzheitliche Betrachtung aller Qualitätsinformationen für eine Bewertung im Rahmen des HACCP-Konzepts zugrunde zu legen.

## Literatur

[1] Bozyk, Z., Rudzki, W. (1971): Qualitätskontrolle von Lebensmitteln nach mathematisch-statistischen Methoden. Leipzig: Fachbuchverlag.

[2] Foster, E.M. (1971): The control of Salmonellae in processed foods: A classification system and sampling plan. J. Assoc. Off. Anal. Chem. **54**, 259–266.

[3] Harrigan, W.F., Park, R.W.A. (1991): Making Safe Food: A Management Guide for Microbiological Quality. London und San Diego: Academic Press.

[4] Hildebrandt, G. (1987): Theorie und Praxis der Stichprobenentnahme unter Berücksichtigung umweltanalytischer Fragen. Dtsch. Lebensmittel-Rdsch. **83**, 205–209.

[5] Hildebrandt, G., Weiß, H. (1992): Stichprobenpläne in der mikrobiologischen Qualitätssicherung. 2. Mitteilung: Kritik und Ausblick. Fleischwirtschaft **72**, 768–776.

[6] International Commission on Microbiological Specifications for Foods (ICMSF) (1986): Microorganisms in Foods. 2: Sampling for microbiological analysis: Principles and specific applications. University of Toronto Press, 2. ed. (1. ed. in 1974).

[7] International Commission on Microbiological Specifications for Foods (ICMSF) (1988): Microorganisms in Foods. 4. Application of the hazard analysis critical control point (HACCP) system to ensure microbiological safety and quality. Oxford u. a.: Blackwell Scientific Publications.

[8] Parpaiola, D. (1989): The reliability of microbiological quality control in the flour milling industry. Tecnica-Molitoria **40**, 681–691, ref. FSTA 90-04-M0024.

[9] SADOWY, M. (1970): Industrielle Statistik. Würzburg: Vogel-Verlag.
[10] Statistisches Bundesamt (1960): Stichproben in der amtlichen Statistik. Stuttgart und Mainz: W. Kohlhammer GmbH.
[11] UHLMANN, W. (1966): Statistische Qualitätskontrolle – Eine Einführung. Stuttgart: B.G. Teubner.
[12] VOGT, H. (1988): Methoden der statistischen Qualitätskontrolle. Stuttgart: B.G. Teubner.

# 4 Mikrobiologisches Monitoring

J. BAUMGART

## 4.1 Definition und Grenzen des mikrobiologischen Monitoring

Monitoring umfaßt Überwachungsmaßnahmen an den festgelegten kritischen Kontrollpunkten (CCPs). Es ist eine systematische Beobachtung, Messung und Aufzeichnung aller Daten, die für die Beherrschung einer Gefährdung (Hazard) bedeutend sind. Dies gilt für das Rohmaterial ebenso wie für die einzelnen Prozeßschritte. „Monitoring ist im Sinne eines Warnvorgangs zu verstehen, der eine Korrektur des außer Kontrolle geratenen Prozesses bereits vor dem Anlaufen oder wenigstens noch während des Ablaufes gestattet, nicht aber erst hinterher, wenn das Produkt die betreffende Prozeßstufe bereits durchlaufen hat" (SINELL, 1990). Sobald das Monitoring anzeigt, daß ein Prozeß nicht unter Kontrolle ist, d. h. ein Meßwert vom festgelegten kritischen Grenzwert („critical limit") abweicht, ist die entstandene Gefahr unakzeptierbar, und es müssen Korrekturmaßnahmen ergriffen werden (MORTIMORE und WALLACE, 1994). Alle Meßdaten müssen dokumentiert werden. Die Aufzeichnungen des Monitoring müssen für das Management, für Audits, Trend-Analysen und Prüfungen durch Inspektoren verfügbar sein. Die Beherrschung der Gefahr hängt nicht nur vom festgelegten Grenzwert und den unteren und oberen Sollwerten ab, sondern entscheidend ist die Kontinuität eines Monitoring-Prozesses. Wirksam ist Monitoring nur, wenn es kontinuierlich erfolgt, z. B. fortlaufende Messung von $a_w$- oder pH-Werten, T-/t-Funktionen bei Erhitzungsprozessen. Mikrobiologische Untersuchungsmethoden für eine „on-line" oder „in-line" Kontrolle existieren nicht, so daß zur Zeit für ein Monitoring nur physikochemische Tests in Frage kommen. Nach den Richtlinien der Codex Alimentarius Kommission (1993) kann allerdings in den Fällen, in denen ein kontinuierliches Monitoring nicht möglich ist, die Untersuchungshäufigkeit erhöht werden, um einen CCP unter Kontrolle zu bekommen. Die mikrobiologischen Untersuchungen bleiben jedoch auch dann auf Stichproben begrenzt. Damit verbunden sind Unsicherheiten und ein verbleibendes Restrisiko. Letzteres kann man nur dann eingehen, wenn es kalkulierbar bleibt.

Der Wert der mikrobiologischen Analyse im Monitoring-Prozeß wird auch dadurch eingeschränkt, daß in den meisten Lebensmitteln die Mikroorganismen nicht gleichmäßig verteilt sind. Die Ergebnisse der Untersuchung einer Stichprobe von 10 g oder 25 g sind nicht ohne weiteres auf die mikrobiologische Qualität einer Charge übertragbar. Auch durch Erhöhung des Stichprobenumfangs ist keine 100 %ige Sicherheit zu erzielen. Sie ist auch arbeitstechnisch nicht durchführbar. Dies gilt besonders für den Einsatz konventioneller mikrobiologischer Verfahren, da diese zu arbeitsaufwendig sind. Auch liegen die Ergebnisse bei diesen Methoden erst nach mehreren Tagen vor. Konventionelle Methoden (z. B. Verfahren nach § 35 LMBG) können jedoch als Referenzmethoden dienen. Für einen Lebensmittelbetrieb sind vorwiegend Schnellmethoden geeignet, die möglichst automatisierbar durchgeführt werden können. Alle Schnellmethoden müssen validiert werden. Regelmäßig ist ein Vergleich mit Referenzmethoden und eine Abgleichung mit akkreditierten Laboratorien erforderlich. Aber auch mit den aktuellen Schnellmethoden ist ein kontinuierliches Monitoring unmöglich; das Anforderungsprofil für ein Monitoring (Baird-Parker, 1994) wird von Schnellverfahren nicht erfüllt (Tab. 4.1).

**Tab. 4.1 Nachweis pathogener Mikroorganismen im HACCP-Konzept (nach Baird-Parker, 1994)**

| Methodenprofil für das Monitoring eines CCPs | Methodenprofil für die Bestätigung des HACCP-Konzeptes |
|---|---|
| Sehr schneller Nachweis | Schnellnachweis |
| Automatische Messung | Hohe Sensitivität und Spezifität (möglichst keine falsch-negativen und falsch-positiven Ergebnisse) |
| Automatische Datenerfassung | Flexibel im Einsatz (Rohstoffe, Umgebung, Fertigerzeugnisse) |
| Automatische Alarmauslösung beim Überschreiten des Grenzwertes | Geringe Kosten |

Trotz der aufgezeigten methodisch bedingten Grenzen sind mikrobiologische Untersuchungen zur Ergänzung des Monitoring im HACCP-Konzept notwendig und sinnvoll :

- Hygienekontrollen der Linie und des Personals sowie Nachweis von Rekontaminationen
- Mikrobiologische Luftuntersuchungen
- Rohstoffuntersuchungen zur Gefahrenabschätzung und Festlegung der CCPs
- Eingangsuntersuchungen von zugekauften Rohstoffen zwecks Überprüfung der Einhaltung von Spezifikationen
- Validierung der physikochemischen Monitoring-Methoden und Bestätigung ihrer Effektivität
- Bestätigung („Verification“ ) des HACCP-Konzeptes
- Überprüfung der Wirksamkeit einer Stabilisierung des Lebensmittels durch Beimpfungsversuche („Challenge-Tests“).

Bei diesen Untersuchungen werden „Gesamtkeimzahlen“ ebenso ermittelt wie auch bestimmte zum Verderb führende Mikroorganismen, Indikatororganismen, pathogene Mikroorganismen oder toxische Stoffwechselprodukte.

Da die konventionellen Untersuchungsmethoden den Nachteil haben, daß die Ergebnisse erst nach Tagen vorliegen, der Arbeitsaufwand hoch und die Leistung gering ist, sollten im Lebensmittelbetrieb validierte Schnellmethoden eingesetzt werden (STIER und BLUMENTHAL, 1993; FUNG, 1994; STIER, 1993; SWAMINATHAN und FENG, 1994).

Als Schnellmethoden werden dabei solche bezeichnet, die schneller als die konventionellen Standardverfahren zum Ergebnis führen. Sie sollten folgende Kriterien erfüllen:

- Spezifität und Sensitivität
- Reproduzierbarkeit und Korrelation mit Standardmethoden
- Keine falsch-positiven und falsch-negativen Ergebnisse
- Vorliegen der Resultate innerhalb kürzester Zeit
- Unkomplizierte und wenig arbeitsintensive Handhabung
- Automatisierbarkeit (Hohe Probenzahl in kurzer Zeit)
- Schnelle und sichere Auswertung und Dokumentation
- Niedrige Kosten.

Im folgenden werden nur die wichtigsten aktuellen mikrobiologischen Schnellmethoden behandelt, wobei auf die Angabe methodischer Einzelheiten und auf einen Gesamtüberblick bekannter Schnellverfahren verzichtet wird.

## 4.2 Mikrobiologische Schnellmethoden

### 4.2.1 Bestimmung der „Gesamtkeimzahl"

#### 4.2.1.1 Nachweis von Adenosintriphosphat

(BAUMGART,1991; KYRIAKIDES und PATEL, 1994; MEIERJOHANN und BAUMGART, 1994)

*Prinzip der Methode*

Alle lebenden Mikroorganismen enthalten in nahezu konstanter Menge Adenosintriphosphat (ATP). Das aus den Mikroorganismen extrahierte ATP bildet mit Magnesiumionen, Luciferin und Luciferase nach Oxidation Oxiluciferin, Luciferase, Kohlendioxid, Adenosinmonophosphat und Licht. Das entstehende Licht ist direkt proportional der ATP-Konzentration. Somatisches ATP (aus tierischen oder pflanzlichen Zellen) kann durch ATPasen vor der Extraktion des mikrobiellen ATP abgebaut werden.

*Einsatzbereiche*

Mit dem Biolumineszenzverfahren können alle Lebensmittel untersucht werden, soweit der Keimgehalt oberhalb von $10^3$ bis $10^4$/g oder ml liegt. Besonders geeignet erwies sich die Methode zur Bestimmung des Oberflächenkeimgehaltes von Frischfleisch und zum Nachweis der Keimzahl im Hackfleisch. Aber auch für Hygienekontrollen von Gerätschaften und Geräteteilen ist die Methode einsetzbar, sofern ausreichend meßbares ATP noch vorhanden ist, also bei hohem Verschmutzungsgrad (Poulis et al., 1993).

*Vorteile und Grenzen der Methode*

Ein Nachweis der „Gesamtkeimzahl" ist innerhalb von 30 bis 45 min möglich. Das Verfahren ist einfach durchzuführen. Aufgrund der hohen Sensibilität können allerdings leicht Verfälschungen auftreten. Zum Nachweis von Sporen ist das Verfahren ungeeignet. Wenn auch z. Z. in der Praxis mit dem Biolumineszenz-Verfahren nur die „Gesamtkeimzahl" bestimmbar ist, könnte in Zukunft ein Schnellnachweis auch pathogener Bakterien möglich werden, da die für die Luciferase-Bildung und Lumineszenzregulation verantwortlichen Gene (lux-Gene) bekannt sind. Die Möglichkeiten der Gentechnologie und die Verwendung von Bakteriophagen eröffnen hier große Möglichkeiten (Baker et al., 1992), wie auch eine Kombination mit immunologischen Verfahren bei einer Kopplung mit Antikörpern oder eine Kombination mit molekularbiologischen Verfahren (PCR und DNA-Hybridisation) denkbar ist (Flemming et al., 1994).

### 4.2.1.2 Direkte Epifluoreszenz Filtertechnik (DEFT)

(Pettipher et al., 1992; Baumgart, 1993)

*Prinzip der Methode*

Nach Membranfiltration der Untersuchungsprobe werden die Zellen mit Acridinorange angefärbt und unter dem Auflichtmikroskop automatisch ausgezählt.

*Einsatzbereiche*

Das Produkt muß filtrierbar sein, oder der Keimgehalt des Lebensmittels ist so hoch, daß Verdünnungen ohne störende Lebensmittelbestandteile filtriert werden können. Bewährt hat sich das Verfahren bei zahlreichen Produktuntersuchungen: Frischfleisch, Milch und Milcherzeugnisse, Getränke, Fruchtzubereitungen.

*Vorteile und Grenzen der Methode*

Das Verfahren ist einfach in der Durchführung, wenn ein Bildanalysegerät eingesetzt wird. Kommerziell verfügbare automatisierte Systeme existieren, die bis zu 100 Proben/h bewältigen. Der Nachweis einschließlich Vorbereitungszeit beträgt ca. 1 Stunde. Die nachzuweisenden Keimzahlen müssen oberhalb von $10^4$/g oder ml liegen.

## 4.2.2 Bestimmung gramnegativer Bakterien mit dem Limulus-Test

(Jay, 1989; Heeschen et al., 1991)

*Prinzip der Methode*

Beim Limulus-Amöbocyten-Lysat-Test (LAL-Test) wird das Lipopolysaccharid der Zellwand (Endotoxin) gramnegativer toter und lebender Bakterien bestimmt. Der Nachweis erfolgt mit Lysaten der Amöbocyten der Pfeilschwanzkrabbe *(Limulus polyphemus)*, die nach spezifischer Aktivierung durch Endotoxine gramnegativer Bakterien eine Gelbildung auslösen. Da zwischen dem Endotoxingehalt und dem Keimgehalt an gramnegativen Bakterien eine lineare Beziehung besteht, kann aufgrund des ermittelten Endotoxingehaltes der Grad der Verunreinigung mit gramnegativen Bakterien ermittelt werden. Eingesetzt werden Röhrchentests, Mikrotiter-Systeme und automatische Testsysteme (Trübungsmessung oder chromogene Verfahren).

*Einsatzbereiche*

Alle Lebensmittel, bei denen die Bakterienflora überwiegend aus gramnegativen Bakterien besteht: Frischfleisch, Milch, Ei. Besonders geeignet zur Beurteilung der mikrobiologischen Belastung des Ausgangsmaterials nach einer Erhitzung (pasteurisierte Milch, H-Milch, erhitzte Eiprodukte).

*Vorteile und Grenzen der Methode*

Das Verfahren ist einfach in der Durchführung, die Ergebnisse liegen innerhalb einer Stunde vor. Eine genaue Aussage über die Höhe des Gehaltes an gramnegativen Bakterien ist nicht möglich, weil neben Lipopolysacchariden lebender Zellen auch die Lipopolysaccharide toter Zellen erfaßt werden. Bei Festlegung eines Grenzwertes ist jedoch ein Ja/Nein-Test routinemäßig möglich. Der LAL-Test wird vorwiegend in der pharmazeutischen Industrie zur Pyrogenprüfung eingesetzt, aber auch in der Lebensmitteluntersuchung (Milch, Eiprodukte, Frischfleisch).

## 4.2.3 Selektiver Nachweis von Mikroorganismen mit der Durchflußzytometrie

(Gatley, 1991; Baumgart und Kötter, 1992a,b; Hutter, 1993; Bruetschy et al., 1994)

In der zellbiologischen Forschung und in der Medizin hat sich die Anwendung der Durchflußzytometrie seit langem bewährt. Obwohl dieses Verfahren sehr empfindlich ist, Partikel in mikroskopischer Größenordnung innerhalb von Mikrosekunden zu analysieren, blieb der Durchflußzytometrie der durchschlagende Erfolg in der Lebensmittel-Mikrobiologie bisher versagt. Im Hinblick auf die mikrobiologische Qualitätskontrolle erschöpft sich die flußzytometrische Anwendung auf wenige Beispiele. Nachgewiesen wurden im flüssigen Medium nach Anfärbung der DNA/RNA die Gesamtzahl an Bakterien (Pinder et al., 1990), in Kombination mit der Immunofluoreszenz *Listeria monocytogenes* in der Milch (Donnelly und Baigent, 1986) oder *Lactobacillus brevis, Pediococcus damnosus* und *Schizosaccharomyces pombe* im Bier (Hutter, 1993). Auch die Bestimmung von Schimmelpilzen war möglich, wenn fluoreszenzmarkierte Glykoproteine (Lectine) eingesetzt wurden (Patel und Haines, 1990).

*Prinzip der Methode*

Die Durchflußzytometrie kombiniert beim selektiven Nachweis die Partikelzählung mit einer Fluorochrom-Markierung der nachzuweisenden Mikroorganismen (z. B. Nachweis von Hefen mit dem ChemFlow-Autosystem in Getränken, Milcherzeugnissen oder Feinkostprodukten) oder mit immunchemischen Methoden (z. B. Nachweis von *Listeria monocytogenes* o. a. Mikroorganismen). Die Bestimmung der Gesamtzahl an Organismen erfolgt dagegen durch den Nachweis farbmarkierter Nucleinsäuren. Nach der Markierung wird die Probe durch eine Meßzelle mit Fluoreszenzanregung geleitet. Trifft das Licht mit Erregungswellenlänge auf eine markierte Zelle, so fluoresziert diese. Die Emissionsimpulse werden durch einen Photodetektor erfaßt und anschließend automatisch ausgewertet.

*Einsatzbereiche*

Nachweis von Hefen in Joghurt, Quark, Feinkosterzeugnissen und Getränken. Selektiver Nachweis pathogener Bakterien in homogenen Lebensmitteln (z. B. Milch) oder in einer Anreicherungsbouillon. In der Praxis wird dieses Verfahren (ChemFlow) zum selektiven Nachweis von Hefen in Joghurt, Buttermilch oder Frischkäse erfolgreich eingesetzt.

*Vorteile und Grenzen des Verfahrens*

In Abhängigkeit von der Art des Nachweises und der Produktart sind Nachweiszeit und Empfindlichkeit unterschiedlich. Bei der Untersuchung von Hefen *(Saccharomyces cerevisiae)* im Grapefruitsaft gelang der Nachweis ohne Anreicherung, wenn die Zellzahl oberhalb von 500/ml lag, in Kartoffelsalaten auf Mayonnaisebasis bei einer Zellzahl von über 360/g. Für den direkten Nachweis von Hefen mit dem ChemFlow-System wird für die Probenaufbereitung und Analyse einer Probe weniger als 1 Stunde benötigt. 24 Proben ließen sich in 3 Stunden analysieren (Baumgart und Kötter, 1992a,b). Geringere Zellzahlen sind erst nach Anreicherung zu erfassen.

## 4.2.4 Selektiver Nachweis von Indikatororganismen oder pathogener Bakterien mit dem Impedanz-Verfahren

(EASTER und GIBSON, 1989; GIBSON, 1989; EASTER and KYRIAKIDES, 1991; JAKSCH, 1991; BAUMGART, 1993; BAUMGART et al., 1994; BOLTON und GIBSON, 1994; PLESS et al., 1994)

*Prinzip der Methode*

Die Impedanzmessung beruht auf der Änderung der Leitfähigkeit einer Nährlösung durch gebildete Stoffwechselprodukte von Mikroorganismen. Die in der Nährlösung vorhandenen Makromoleküle mit geringer Leitfähigkeit werden durch die Mikroorganismen verstoffwechselt zu Mikromolekülen (z. B. Glucose zu organischen Säuren), die eine größere elektrische Ladung besitzen. Die Leitfähigkeit nimmt zu und der Widerstand ab. Bei hoher Keimzahl ist die Nachweiszeit kurz, bei niedriger länger. Meßbare Leitfähigkeitsänderungen treten erst bei Keimzahlen oberhalb von $10^5$ bis $10^6$/ml auf.

*Einsatzbereiche*

Mit der Impedanzmessung können „Gesamtkeimzahlen" in Lebensmitteln ebenso bestimmt werden wie auch selektiv Hefen, Enterobacteriazeen, *Escherichia coli*, Salmonellen, *Listeria monocytogenes, Campylobacter jejuni* oder *Clostridium perfringens*. Entscheidend für den Nachweis ist die Selektivität des Mediums und eine meßbare Änderung der Leitfähigkeit.

*Vorteile und Grenzen der Methode*

Ein Vorteil liegt in der gleichzeitigen Untersuchung von zahlreichen Proben (abhängig vom Gerät und der verfügbaren Anzahl von Meßplätzen im Inkubator). Das Impedanz-Verfahren verkürzt die Nachweiszeit. So kann z. B. *Listeria monocytogenes* (Zellzahl unter 100/g) in ca. 32 Stunden nachgewiesen werden, während das Standardverfahren Ergebnisse erst nach 6 Tagen liefert. Zehn Zellen von *Escherichia coli* waren in Gewürzen und im Hackfleisch innerhalb von 7 Stunden nachweisbar, Salmonellen in etwa 40 Stunden. Besonders beim Nachweis von *Listeria monocytogenes* und von Salmonellen ist zu berücksichtigen, daß auch andere Arten der gleichen Gattung Leitfähigkeitsänderungen ergeben. Beim Nachweis von *Listeria monocytogenes* ist dies der Fall bei *Listeria innocua* und *L. ivanovii* und beim Salmonellennachweis bei *Citrobacter freundii*, *Enterobacter cloacae*, *Klebsiella oxytoca* und *Hafnia alvei*. Dies ist allerdings unterschiedlich in den einzelnen Selektivmedien. Dennoch bedeutet eine typische Detektionskurve nur einen Verdacht, nicht aber einen sicheren Nachweis. Jede verdächtige Kurve muß bestätigt werden. Dafür bieten sich bei Salmonellen, Listerien oder *Staphylococcus aureus* besonders Gensonden an, die innerhalb einer Stunde eine spezifische Diagnose ergeben. In Abhängigkeit von den eingesetzten Selektivmedien war der Anteil falsch-negativer Proben verschieden. Während nach den Untersuchungen von PLESS et al. (1994) nur *S. enteritidis* Phagtyp 8 und *S. panama* nicht nachweisbar waren, und auch GIBSON et al.

(1992) eine sehr gute Übereinstimmung mit dem amerikanischen Standardverfahren ermittelten, waren nach den Untersuchungen von JOOSTEN et al. (1994) von 100 Proben, die Salmonellen enthielten, 34 negativ. Ein sensitiver und spezifischer Nachweis von Salmonellen mit dem Impedanz-Verfahren hängt nicht nur vom Medium, sondern auch entscheidend vom Produkt ab, d. h. von der Höhe der Begleitflora. Bevor in einem Betrieb das Impedanz-Verfahren als Screening-Methode eingesetzt wird, sollte die Eignung immer produktspezifisch überprüft werden.

### 4.2.5 Immunologischer Nachweis von Mikroorganismen und Toxinen

(GRANGE et al., 1987; GOTTSTEIN, 1991; NOTERMANS und WERNARS, 1992; WRIGHT, 1992; WYATT et al., 1992; LEE und MORGAN, 1993; MÄRTLBAUER, 1994)

*Prinzip der Methoden*

Immunologische Nachweisverfahren basieren auf der Fähigkeit von Antikörpern, dreidimensionale Strukturen zu „erkennen". Die immunchemischen Nachweisverfahren nutzen die Fähigkeit von Antikörpern, Substanzen (Antigene) spezifisch zu binden und somit nachzuweisen. Es gibt verschiedene Möglichkeiten, Antigen-Antikörper-Reaktionen sichtbar bzw. meßbar zu machen. Am längsten bekannt sind Verfahren, bei denen die Antigen-Antikörper-Reaktion direkt sichtbare Effekte hervorruft. Diese Agglutinationsreaktionen beruhen darauf, daß Antigene (z. B. Zellen wie Salmonellen oder Geißeln der Salmonellen) durch Antikörper agglutiniert (sichtbar verklumpt) werden. Dieses Reaktionsprinzip wird zum spezifischen Nachweis von Salmonellen eingesetzt. Agglutinationsverfahren werden auch mit Partikeln (Erythrozyten, Latexpartikel gefärbt und ungefärbt) durchgeführt, die meist mit einem Antikörper beladen sind. Bei der Gelpräzipitation wird die Antigen-Antikörper-Reaktion als Präzipitation in einem Gel sichtbar gemacht. Am bekanntesten ist die Immunodiffusion nach OUCHTERLONY. Eine Steigerung der Nachweisempfindlichkeit erbringen die Enzymimmuntests mit markierten Reagenzien. Sie werden als „Mikrotiterplattentests" und als „Schnelltests" durchgeführt. Die immunchemischen Schnelltests sind als „Screening oder Feldtests" einzustufen. Sie werden meist als Immunfiltrationstests oder mit Teststreifen ausgeführt.

*Einsatzbereiche*

Spezifischer Nachweis pathogener und toxinogener Bakterien:
*Listeria monocytogenes*, Salmonellen, *Campylobacter jejuni*, *Yersinia enterocolitica*, enteropathogene *E. coli*. u. a.

Nachweis bakterieller Toxine: Enterotoxine von *Staphylococcus aureus*, *Bacillus cereus*, *Clostridium perfringens*, *Clostridium botulinum* u. a.

Nachweis von Mykotoxinen: Aflatoxine, Ochratoxine, Patulin, Trichothecene, Zearalenone, Desoxynivalenol u. a.

Spezifischer Nachweis von Schimmelpilzen (EPS- Latex-Agglutinationstest): Genera *Aspergillus, Penicillium, Fusarium* u. a. (De Ruiter et al., 1993)

*Vorteile und Grenzen der Methoden*

Der immunologische Nachweis ist sehr spezifisch, empfindlich und schneller als der kulturelle. Die Methoden sind teilweise automatisiert. Die Nachweiszeiten liegen zwischen 5 bis 30 Minuten. Dabei ist allerdings zu berücksichtigen, daß pathogene Mikroorganismen angereichert und Toxine aus dem Lebensmittel isoliert und gereinigt werden müssen. Dennoch ist die Nachweiszeit entscheidend kürzer als bei den Standard-Verfahren.

## 4.2.6 Molekularbiologische Methoden

(Hill und Keasler, 1991; Wolcott, 1991; Schleifer et al., 1992; Dodd, 1994; Gassen et al., 1994; Hill und Olsvik, 1994)

### 4.2.6.1 Gensonden

*Prinzip der Methode*

DNS-Sonden sind einzelsträngige DNS-Fragmente oder Oligonukleotide, die komplementäre DNS- oder RNS-Abschnitte erkennen und spezifisch an sie binden. Sie sind von 15 bis über 100 Basen lang. Sie können aus einem bekannten Organismus isoliert oder im Labor als Oligonukleotide synthetisiert werden. Die DNS-Fragmente oder Oligonukleotide werden markiert. Solche markierten Sonden sind kommerziell erhältlich. Zum spezifischen Nachweis eines unbekannten Bakteriums (z. B. Salmonellen, *Staphylococcus aureus, Listeria monocytogenes* u. a.) wird die sog. Zielnukleinsäure aus dem Organismus isoliert. Es folgt die Hybridisierung von Sonde und Zielnukeinsäure und schließlich, nach Abtrennung der nicht gebundenen Einzelstränge, die Messung der im Hybrid gebundenen markierten Sonde. Zur Identifizierung von Mikroorganismen sind Sonden am wichtigsten, die mit Bereichen der ribosomalen RNS oder ihrer Gene hybridisieren. Die Möglichkeiten der Gensondentechnik sind unterschiedlich: Dot-Blot-Verfahren, Reverse Dot-Blot-Hybridisierung, Koloniehybridisierung, Einzel- oder Ganzzellhybridisierung.

*Einsatzbereiche*

Schnellnachweis pathogener Bakterien oder auch von Verderbsorganismen aus einer Mischpopulation (Bouillon, Kolonie, Impedanzzelle). In Verbindung mit der Polymerasekettenreaktion (PCR) ist die Gensondentechnik besonders dann eine zuverlässige und schnelle Methode, wenn die Anzucht nur unter speziellen Bedingungen gelingt oder nur geringe Zellzahlen vorhanden sind.

*Vorteile und Grenzen der Methode*

Kommerziell erhältliche Nachweis-Kits gestatten einen einfachen und schnellen Nachweis von Bakterien innerhalb einer Stunde. Voraussetzung ist allerdings bei den Kulturbestätigungs-Sonden eine Zellzahl von mindestens $10^6$. Dies ist bei einer Kolonie oder in einer bewachsenen Bouillon der Fall. Besonders zur Bestätigung verdächtiger Detektionskurven beim Impedanz-Verfahren sind Gensonden geeignet.

### 4.2.6.2 Polymerasekettenreaktion

(Polymerase Chain Reaction = PCR) (Gassen et al., 1994; Hill and Olswik, 1994)

*Prinzip der Methode*

Für einen sicheren Nachweis von Mikroorganismen reicht die Identifizierung eines charakteristischen Stückes ihres genetischen Codes aus. Dieser Überlegung folgend muß also nicht der gesamte Mikroorganismus durch Anreicherung bis zur Nachweisgrenze einer Methode vermehrt werden, sondern nur ein Teil der DNS oder RNS. Diese „Anreicherung" auf molekularer Ebene wird durch eine Amplifikationstechnik (PCR) realisiert. Der eigentliche Nachweis erfolgt anschließend durch eine Gensonde. Dabei wird die Fähigkeit des Hybridisierens komplementärer Nukleinsäuresequenzen ausgenutzt. Wenn ein synthetisches, markiertes Oligonukleotid („Primer") mit der spezifischen Sequenz des Zielmoleküls (= gesuchtes Bakterium) hybridisiert, kann dies durch Signalwirkung der Markierung nachgewiesen werden.

*Einsatzbereiche*

Spezifischer Nachweis aller Mikroorganismen, besonders aber pathogener Bakterien: Salmonellen, *Listeria monocytogenes, Clostridium botulinum, Yersinia enterocolitica, Campylobacter jejuni*, pathogener *E. coli* u. a.

*Vorteile und Grenzen der Methoden*

Die Kopplung von Amplifikationstechnik und Gensonden ermöglicht niedrige Nachweisgrenzen (theoretisch eine Zelle) und niedrige Nachweiszeiten (etwa 4 Stunden), die mit traditionellen Methoden nicht zu erreichen sind. Der einerseits große Vorteil der Spezifität der Methode erschwert andererseits erheblich den Nachweis eines größeren Spektrums von Verderbniserregern und ist somit nur sinnvoll für eine Anwendung, bei der ganz gezielt nach bestimmten Mikroorganismen (z. B. pathogene und toxinogene Bakterien) gesucht wird.

### 4.2.6.3 Biosensoren

(Lemke und Sander, 1991; Pedersen, 1991; Müller et al., 1993; Oh, 1993; Deshpande und Rocco, 1994; Severs, 1994; Goldschmidt, 1995)

*Prinzip der Methoden*

Von Biosensoren spricht man, wenn zur Stoff- bzw. Molekülerkennung biologische Prinzipien angewendet werden. Ein Biosensor ist im Idealfall ein spezifischer Meßfühler, bei dem die selektivitätsgebenden (stofferkennenden) Biomoleküle (Enzyme, Antikörper, bestimmte Proteine) eng mit dem signalweiterleitenden Meßwertumformer (Transducer) verbunden sind. Der Transducer liefert dann konzentrationsproportionale elektrische Signale, die computerkompatibel gestaltet werden können. Bisher basieren die eingesetzten Transducer meist auf elektroanalytischen Methoden, die leicht zu miniaturisieren sind und hohe Empfindlichkeiten aufweisen. Aber auch fiberoptische Transducer gewinnen zunehmend an Bedeutung. Zum Nachweis von Bakterien oder Toxinen sind besonders „Immuno-Sensoren“ geeignet. Dabei wird die Spezifität der Antikörper genutzt, ein unbekanntes Antigen (Bakterium oder Toxin) zu erkennen.

*Einsatzbereiche*

Bisher werden Biosensoren vorwiegend eingesetzt zum Nachweis von Glucose, Laktat, Lactose, Ethanol, Glutamat oder Saccharose. Aber auch um Mikroorganismen und Toxine nachzuweisen, sind Biosensoren geeignet. Sensoren wurden beschrieben zum Nachweis von *Staphylococcus aureus* in der Milch, von *Escherichia coli, Salmonella typhimurium*, Aflatoxin und Ochratoxin A (Oh, 1993; Goldschmidt, 1995). Die Sensoren sind immer noch im Entwicklungsstadium. Sie eröffnen jedoch neue Perspektiven für die Qualitätssicherung.

*Vorteile und Grenzen der Methoden*

Die Sensoren sind spezifisch und schnell in der Diagnose, wobei jedoch immer störende Einflüsse des Lebensmittels auftreten und auszuschließen sind. Biosensoren eröffnen die Möglichkeit einer „On-line“ Kontrolle und somit eines kontinuierlichen mikrobiologischen Monitorings. Kommerziell verfügbare Sensoren zum Nachweis pathogener Mikroorganismen oder von Toxinen existieren jedoch noch nicht.

## Literatur

[1] Baird-Parker, A.C. (1994): Risk assessment versus testing for pathogens – why bother? In: R.C. Spencer, E.P. Wright, S.W.B. Newsom (eds.), Rapid Methods and Automation in Microbiology and Immunology, Hampshire, England: Intercept Ltd. Andover, S. 355–360.

[2] Baker, J.M., Griffith, M.W., Collins-Thompson, D.L. (1992): Bacterial bioluminescence: Applications in food microbiology. J. Food Protection **55**, 62–70.

[3] Baumgart, J. (1991): Schnellnachweis von Mikroorganismen im Betriebslabor. Mitt. Gebiete Lebensm. Hyg. **82**, 579–588.

[4] Baumgart, J. (1993): Lebensmittelüberwachung und -qualitätssicherung. Mikrobiologisch-hygienische Schnellverfahren. Fleischw. **73**, 392–396.

[5] Baumgart, J., Kötter, Chr. (1992a): Feinkost-Salate: Schnellnachweis von Hefen mit der Durchflußcytometrie. Fleischw. **72**, 1109–1110.

[6] Baumgart, J., Kötter, Chr. (1992b): Durchflußcytometrie: Schnellnachweis von Hefen in alkoholfreien Getränken. Lebensmitteltechnik **24**, 62–65.

[7] Baumgart, J., Sieker, S., Vogelsang, B. (1994): *Listeria monocytogenes* in Hackfleisch – Nachweis mit der Impedanz-Methode und einem neuen Selektivmedium. Fleischw. **74**, 647–648.

[8] BOLTON, F.J., GIBSON, D.M. (1994): Automated electrical techniques in microbiological analysis.In: P. Patel (ed.): Rapid Analysis Techniques in Food Microbiology, London: Chapman & Hall, S. 131–169.

[9] BRUETSCHY, A., LAURENT, M., JACQUET, R. (1994): Use of flow cytometry in oenology to analyse yeasts. Letters in appl. Microbiol. **18**, 343–345.

[10] Codex Alimentarius Commission (1993): Codex Guidelines for the Application of the Hazard Analysis Critical Control Point (HACCP) System. Food Control **5** (Anhang).

[11] DE RUITER, G.A., NOTERMANS, S.H.W., ROMBOUTS, F.M. (1993): New methods in food mycology. Trends in Food Science & Technology **4**, 91–97.

[12] DESHPANDE, S.S., ROCCO, R.M. (1994): Biosensors and their potential use in food quality control. Food Technol. **48**, 146–150.

[13] DODD, CHR. E.R. (1994): The application of molecular typing techniques to HACCP. Trends in Food Sci. & Technol. **5**, 160–164.

[14] DONNELLY, C., BAIGENT, G.J. (1986): Method for flow cytometric detection of *Listeria monocytogenes* in milk. Appl. Environ. Microbiol. **52**, 689–695.

[15] EASTER, M.C., GIBSON, D.M. (1989): Detection of microorganisms by electrical measurements. In: M.R. ADAMS and C.F.A. HOPE (eds.): Rapid Methods in Food Microbiology, Amsterdam: Elsevier Verlag, S. 57–100.

[16] EASTER, M.C., KYRIAKIDES, A.L. (1991): Impediometric methods for the detection of foodborne pathogens. In: A. VAHERI, R.C. TILTON, A. BALOWS (eds.): Rapid Methods and Automation in Microbiology and Immunology, Heidelberg: Springer Verlag, S.490–501.

[17] FLEMMING, C.A., LEE, H., TREVORS, J.T. (1994): Bioluminescent most-probable-number method to enumerate lux-marked *Pseudomonas aeruginosa* UG2Lr in soil. Appl. Environ. Microbiol. **60**, 3458–3461.

[18] FUNG, D.Y.C. (1994): Rapid methods and automation in food microbiology: A review. Food reviews international **10**, 357–375.

[19] GASSEN, H.G., SACHSE, G.E., SCHULTE, A. (1994): PCR: Grundlagen und Anwendungen der Polymerase-Kettenreaktion, Jena: Gustav Fischer Verlag.

[20] GATLEY, S. (1991): ChemScan: Confocal optical scanning applied to the development of ultrasensitive microbiology analysers. Biotech Forum Europe **8**, 736–739.

[21] GIBSON, D.M. (1989): Optimization of automated electrometric methods. In: C.J. Stannard, S.B. PETITT, F.A: SKINNER (eds.): Rapid Microbiological Methods for Foods, Beverages and Pharmaceuticals, Oxford: Blackwell Sci. Publ., S. 87–99.

[22] GIBSON, D.M., COOMBS, P., PIMBLEY, D.W. (1992): Automated conductance method for the detection of Salmonella in foods: collaborative study. J. Assoc. Off. Anal. Chem. **75**, 293–302.

[23] GOLDSCHMIDT, M.C. (1995): Biosensors: an allegory for our time, ASM News **61**, 177–180.

[24] GOTTSTEIN, B. (1991): Ausgewählte Prinzipien der immundiagnostischen Methoden. Mitt. Gebiete Lebensm. Hyg. **82**, 559–570.

[25] GRANGE, J.M., FOX, A., MORGAN, N.L. (1987): Immunological techniques in microbiology., Oxford: Blackwell Sci. Publ.

[26] HEESCHEN, W.H., SUHREN, G., HAHN, G. (1991): Rapid methods in the dairy industry. In: A. VAHERI, R.C. TILTON, A. BALOWS (eds.): Rapid Methods and Automation in Microbiology and Immunology, Heidelberg: Springer Verlag, S. 520–532.

[27] HILL, W.E., KEASLER, S.P. (1991): Identification of foodborne pathogens by nucleic acid hybridization. In: A.C. VAHERI, R.C. TILTON, A. BALOWS (eds.): Rapid Methods and Automation in Microbiology and Immunology, Heidelberg: Springer Verlag, S.470–480.

[28] HILL, W.W., OLSVIK, O. (1994): Detection and identification of foodborne microbial pathogens by the polymerase chain reaction: Food safety application. In: P. PATEL (ed.): Rapid Analysis Techniques in Food Microbiology, London: Chapman & Hall, S. 268–289.

[29] HUTTER, K.-J. (1993): Flußzytometrische Mehrfarbenanalyse – Schnelle Erkennung verschiedenster Kontaminanten im Bier. Brauwelt **133**, 425–431.

[30] Jaksch, P. (1991): Grundlagen der Impedanztechnik und Erfahrungen bei der Untersuchung roher und pasteurisierter Milch. Lebensmittelindustrie und Milchwirtschaft **31**, 950–960.

[31] Jay, J.M. (1989): The limulus amoebocyte lysate (LAL) test. In: M.R. Adams and C.F.A. Hope (eds.): Rapid Methods in Food Microbiology, Amsterdam: Elsevier Verlag, S.101–119.

[32] Joosten, H.M.L.J., van Dijck, W.G.F.M., van der Velde, F. (1994): Evaluation of motility enrichment on modified semisolid Rappaport-Vassiliadis medium (MSRV) and automated conductance in combination with Rambach agar for Salmonella detection in environmental samples of milk powder factory. Int. J. Food Microbiol. **22**, 201–206.

[33] Kyriakides, A.L., Patel, P.D. (1994): Luminescent techniques for microbiological analysis of foods. In: P. Patel (ed.): Rapid Analysis Techniques in Food Microbiology, London: Chapman & Hall, S. 196–231.

[34] Lee, H.A., Morgan, M.R.A. (1993): Food immunoassays: Applications of polyclonal, monoclonal and recombinant antibodies. Trends in Food Science & Technology **4**, 129–134.

[35] Lemke, U., Sander, J. (1991): Chemo- und Biosensoren – ein neuer Weg in der Analytik der 90er Jahre. Labo **22**, 50–54.

[36] Märtlbauer, E. (1994): Immunologischer Nachweis von Mikroorganismen und Toxinen: Anwendungen und Perspektiven. Vortrag auf dem Symposium „Schnellmethoden und Automatisierung in der Lebensmittel-Mikrobiologie“ Lemgo, 29.6.–1.7.

[37] Meierjohann, K., Baumgart, J. (1994): Oberflächenkeimgehalt von Frischfleisch, Schnellnachweis durch ATP-Bestimmung mit einem neuen Test-Kit. Fleischw. **74**, 1324.

[38] Mortimore, S., Wallace, C. (1994): HACCP: A Practical Approach, London: Chapman & Hall.

[39] Müller, C., Kohls, O., Anders, K.-D., Scheper, T. (1993): Optische Chemo- und Biosensoren. Bioforum **16**, 64–67.

[40] Notermans, S., Wernars, K. (1992): Immunological methods for detection of foodborne pathogens and their toxins. In: A. Vaheri, R.C. Tilton, A. Balows (eds.): Rapid Methods and Automation in Microbiology and Immunology, Heidelberg: Springer Verlag, S. 481–489.

[41] Oh, S. (1993): Immunosensors for food safety, review. Trends in Food Science & Technology **4**, 98–103.

[42] Patel, P.D., Haines, S.D. (1990): A fluorescent lectin assay for the rapid detection of moulds in foods. Vortrag auf dem Internationalen Kongreß über Schnellmethoden und Automation, Helsinki, August.

[43] Pedersen, L.D. (1991): Assessment of sensors used in the food industry. Food Control **2**, 87–98.

[44] Pettipher, G.L., Watts, Y.B., Langford, S.A., Kroll, R.G. (1992): Preliminary evaluation of COBRA, an automated DEFT instrument, for the rapid enumeration of micro-organisms in cultures, raw milk, meat and fish. Letters in appl. Microbiol. **14**, 206–209.

[45] Pinder, A.C., Purdy, P.W., Poulter, S.A.G., Clark, D.C. (1990): Validation of flow cytometry for rapid enumeration of bacterial concentrations in pure cultures. J. appl. Bact. **69**, 92–100.

[46] Pless, P., Futschik, K., Schopf, E. (1994): Rapid detection of salmonellae by means of a new impedance-splitting method. J. Food Protection **57**, 369–376.

[47] Poulis, J.A., de Pijper, M., Mossel, D.A.A., Dekkers, P.Ph.A. (1993): Assessment of cleaning and desinfection in the food industry with the rapid ATP-bioluminescence technique combined with the tissue fluid contamination test and conventional microbiological method. Int. J. Food Microbiol. **20**, 109–116.

[48] Severs, A.H. (1994): Biosensors for food analysis. Trends in Food Science & Technology **5**, 230–232.

[49] Schleifer, K.H., Ludwig, W., Amann, R. (1992): Gensonden und ihre Anwendung in der Mikrobiologie. Naturwissenschaften **79**, 213–219.

[50] SINELL, H.-J. (1990): Hygienische Risiken bei einigen neuen Produkten und Verfahren. Mitt. Lebensm. Hyg. **81**, 578–592.

[51] STIER, F.R. (1993): Development and confirmation of CCP's using rapid microbiological tests. J. of Rapid Methods and Automation in Microbiol. **2**, 17–26.

[52] STIER, R.F., BLUMENTHAL, M.M. (1993): The use of rapid methods for on-line monitoring. Dairy, Food and Environmental Sanitation **13**, 391–394.

[53] SWAMINATHAN, B., FENG, P. (1994): Rapid detection of food-borne pathogenic bacteria. Annu. Rev. Microbiol. **48**, 401–426.

[54] WOLCOTT, M.J. (1991): DNA-based rapid methods for the detection of foodborne pathogens. J. Food Protection **54**, 387–401.

[55] WRIGHT, S.F. (1992): Immunological techniques for detection, identification, and enumeration of microorganisms in the environment. In: M.A. LEVIN, R.J. SEIDLER, M. ROGUL (eds.): Microbial Ecology – Principles, Methods and Application, New York: McGraw Inc., S. 45–63.

[56] WYATT, G.M., LEE, H.A., MORGAN, M.R.A. (1992): Immunoassays for Food-Poisoning Bacteria and Bacterial Toxins. London: Chapman & Hall.

# 5 Konserven

H. Meyer u. O. Kralitsch

Die präventive Qualitätssicherung (HACCP) bei der Herstellung von Konserven hat einen hohen Stellenwert und eine gute Tradition. Denn nur mit einwandfreien Produkten entsprechen die Hersteller den Erwartungen und Bedürfnissen der Verbraucher und den Auflagen des Gesetzgebers (S. Leaper, 1992; Pierson und Corlett, 1993).

Die letzte Entwicklung der Gesetzgebung legt im Gegensatz zur Vergangenheit das Schwergewicht des Verbraucherschutzes auf ein präventives Qualitätssicherungssystem (Ermittlung der kritischen Punkte), das in irgendeiner Form – wenn manchmal auch rudimentär – heute schon allgemein bei der Herstellung von Lebensmitteln zur Anwendung kommt, und zwar zur Vermeidung aller Fehler und nicht nur der gesundheitsschädigenden, auf die sich das HACCP allein bezieht.

Häufig fehlt allerdings noch ein durchgehendes systematisch-logisches System, wie z. B. das HACCP-Konzept, sowie dessen durchgehende Dokumentation, das in Zukunft gefordert wird. Damit verbunden ist zwangsweise das interdisziplinäre Aktivwerden der betroffenen Mitarbeiter eines Unternehmens.

Im Nachfolgenden beschränkt sich die Beschreibung eines solchen Systems auf Konserven, d. h. auf alle durch Wärmebehandlung in luftdicht verschlossenen Behältnissen haltbar gemachten Lebensmittel. Die Anwendung des Konzeptes gilt nicht nur für Neuentwicklungen, sondern auch für alle bestehenden Produkte, bei deren Herstellung das HACCP-Konzept noch nicht zum Einsatz kam.

Die Erfüllung der aus dem nationalen und EG-Recht abzuleitenden Verpflichtungen obliegt jedem Lebensmittelhersteller und -inverkehrbringer. Die Verantwortung dafür trägt zunächst die Unternehmensleitung, kann aber von dieser ganz oder teilweise delegiert werden. Eine solche Weitergabe kommt nur dann zum Tragen, wenn die Grundsätze ordnungsgemäßer Delegierung eingehalten sind: Auswahl des Beauftragten, Organisation seiner Arbeit und seine Überwachung.

Speziell im Hinblick auf die Praktizierung der Eigenkontrollen nennt die Entscheidung der Kommission (EG, 1994) die Betriebsleiter als zuständige Personen. Auch hier ist eine vollständige oder teilweise Delegierung nicht in Frage gestellt.

Sicherlich hängt es von der Größe und der Struktur eines jeden Betriebes ab, wer letztendlich die Durchführung des HACCP-Konzeptes übertragen bekommt. Die vorgenannten Voraussetzungen müssen allerdings erfüllt sein. Da es sich bei der Ermittlung der kritischen Punkte um eine fachübergreifende Tätigkeit handelt, wird in der Regel im Team gearbeitet. Es ist daher naheliegend, dem Teamleiter eine solche Aufgabe zu übertragen. Als Teamleiter bieten sich an der Qualitätssicherungsbeauftragte, der Laborleiter oder ein Mitarbeiter der Produktion.

In kleinen Betrieben kann das aber auch der Betriebsleiter selbst organisieren und durchführen. Die erwähnte EG-Entscheidung stellt dazu fest, daß es durchaus möglich ist, die Zuverlässigkeit des eigenen Kontrollsystems von einer einzigen Person zu prüfen, und zwar unter der Voraussetzung, daß die einschlägigen Informationen vorliegen. Hersteller, die nicht über ausreichendes Personal bzw. über spezielles Fachwissen verfügen, können auch auf externe Beratung zurückgreifen (Verbände, Beratungsunternehmen u. ä.). In diesen Fällen ist jedoch die Mitarbeit durch das eigene Unternehmen unerläßlich. Allein schon zur Vermittlung von Informationen jeglicher Art, wie z. B. über besondere Vorkommnisse (Reklamationen, immer wieder auftretende Fehler usw.), wird eine Kontaktperson mit dem erforderlichen Insider-Wissen benötigt.

## 5.1 Ermittlung der kritischen Punkte und Festlegung der Lenkungsmaßnahmen

Die kritischen Punkte[1] sind betriebsspezifisch und je nach Rohstoff, Herstellungsverfahren, Betriebsstruktur, Enderzeugnis und Vertriebssystem unterschiedlich zuzuordnen. Dies bedingt individuell strukturierte Eigenkontrollsysteme. Auf Grund dieser Gegebenheiten ist auch die Zusammensetzung der Arbeitsgruppe, die sich mit diesem Thema befaßt, fachübergreifend. Sie setzt sich zusammen aus Sachkennern, die in der Regel aus den Bereichen Einkauf, Produktion, Technik, Entwicklung, Laboratorium und Qualitätssicherung kommen. Es liegt nahe, dem Leiter des Teams, der, wie bereits erwähnt, der Qualitätssicherungsbeauftragte sein kann, die Verantwortung schriftlich zu delegieren. Die Funktion und Person des Teamleiters werden entweder dem gesamten Betrieb oder zumindestens den möglichen Betroffenen am besten durch die Geschäftsleitung bekannt gemacht. Es kann je nach Größe eines Betriebes und je nach seiner Produktpalette notwendig werden, die Mitglieder des Teams entsprechend dem benötigten Sachverstand auszutauschen. Der Leiter sollte allerdings beibehalten werden.

### 5.1.1 Vorbereitung durch das Unternehmen

Vor Beginn der Tätigkeit des Teams ist von Seiten der Unternehmensleitung festzulegen:

#### 5.1.1.1 Teambildung

Beschreibung der Zuständigkeit des Teams und die Nominierung des Teamleiters. Ebenso ist die verpflichtende Mitarbeit von allen Betroffenen zu fordern.

[1] Hier immer im Sinn von CCP

#### 5.1.1.2 Aufgabenbeschreibung

- Festlegung, auf welches Produkt bzw. auf welche Produktgruppe sich die Analyse bezieht.
- Umfang der Analyse, welche Stufen zu erfassen sind.
- Art der Fehler, auf welche sich die Analyse zu beziehen hat (Abgrenzung gegenüber den Fehlern, die keine Gesundheitsgefährdung darstellen).

Die Abgrenzung der Fehler sei an dem Beispiel einer Vollkonserve (Würstchen im Glas mit Aufguß) in Tab. 5.1 dargestellt.

**Tab. 5.1 Abgrenzung der Fehler**

| Hazard | |
|---|---|
| Gefahr<br>Gesundheitsgefährdung (§ 8 LMBG) | z. B. Untersterilisation,<br>Glasteilchen in der Wurst. |
| Unerlaubtes<br>Verzehrsungeeignetheit (§ 17 LMBG) | z. B. zu hoher Fettgehalt,<br>Glasteilchen im Aufguß. |
| Unannehmbares<br>(GHP, eigener Standard) | z. B. geplatzte Würstchen. |

### 5.1.2 Vorbereitung durch den Teamleiter

Ehe der Teamleiter seine Arbeit aufnimmt, ist es sinnvoll, einen Arbeitsplan aufzustellen. Handelt es sich bei dem betroffenen Betrieb um ein zertifiziertes oder zu zertifizierendes Qualitätssicherungssystem, sind auch entsprechende Verfahrens- und/oder Arbeitsanweisungen zu erstellen, z. B. nach den Mustern in den Tab. 5.2 und 5.3.

#### 5. 1.2.1 Schulungsbedarf

Ehe das Team seine Arbeit aufnimmt, sollte mit dem für Schulung Zuständigen erörtert werden, ob und wie das nötige Fachwissen allen Betroffenen ausreichend vermittelt werden kann. Es wäre schade und wenig effektiv, wenn die Teammitglieder erst im Laufe ihrer Tätigkeit sich mit der Materie vertraut machen müßten. Das Thema Risikoanalyse wird den meisten in irgendeiner Form schon vertraut sein, aber nicht die speziellen, vom Gesetzgeber vorgegebenen Formalismen (s. auch Tab. 5.4 Begriffe).

**Tab. 5.2 Beispiel für eine Verfahrensanweisung**

**Festlegung und Lenkung kritischer Punkte**

| Ablauf | Zuständigkeit | Unterlagen |
|---|---|---|
| Aufgabenbeschreibung, Festlegung des Geltungsbereichs | Geschäftsleitung | DIN 9001 nationale u. europ. Hygieneregelungen |
| Fachübergreifendes Team | | |
| Einberufung | Geschäftsleitung | |
| Schulung | Teamleiter | HACCP-Grundlagen, Kommissionsentscheidung 94/356/EG |
| Produktbeschreibung | Team | Spezifikationen u. a. |
| Schematischer Ablauf der Herstellung | Team | Verfahrensanweisungen |
| Bestätigung der Darstellung vor Ort | Team | Erstellter Ablaufplan |
| Verzeichnis der Gefahren | | Prüf- und Kontrollpläne |
| Lenkungsmaßnahmen erstellen | Team | Reinigungs-, Hygiene- und Wartungsplan |
| Festlegung der kritischen Punkte | Team | Entscheidungsbaum Alinorm 93/13A, AppII |
| Festlegung kritischer Grenzen | Team | Rechtl. Vorgaben, GMP, Erfahrungen |
| Dokumentation | Teamleiter | |

Für den Teamleiter selbst stellt sich noch zusätzlich die Frage, wie weit er mit der Durchführung von Gruppenarbeit vertraut ist. Im Zweifel wird seine Schulung mehr einbringen als Improvisation. – Um Verständnisprobleme zu minimieren, empfiehlt es sich, auch eine Liste mit den Definitionen der Begriffe zu erstellen (Tab. 5.4), die jedes Teammitglied erhält.

In der Regel wird man eine Schwachstellenanalyse nicht für einzelne Produkte erstellen, sondern man sollte versuchen, Produktgruppen zu bilden, die vom Rohstoffeinsatz her und durch die Herstellungsweise bedingt, die gleichen Lenkungspunkte aufweisen.

**Tab. 5.3 Beispiel für eine Arbeitsanweisung**

**Ermittlung der kritischen Punkte**

| Bearbeitung seit: | | Erledigt am: |
|---|---|---|
| | Information aller Betroffenen über:<br>HACCP<br>Aufgaben<br>Aufgabenverteilung und Termine<br>Sitzungstermin<br>Vorgesehenen Abschlußtermin | |
| | Sammeln der Informationen | |
| | Fehlende Informationen ergänzen | |
| | Erstellen eines Fließdiagrammes<br>Überprüfung des Fließdiagrammes | |
| | Ergänzung des Fließdiagrammes | |
| | Ermittlung aller Lenkungspunkte und Maßnahmen zu ihrer Beherrschung | |
| | Entscheidung, ob es sich um kritische Punkte handelt | |
| | Lenkungssystem für jeden kritischen Punkt erstellen | |
| | Korrekturmaßnahmen festlegen | |
| | Verifizierungssystem festlegen | |
| | Protokollierung der Ermittlung kritischer Punkte | |

## 5.1.3 Aufgaben des Teams

### 5.1.3.1 Beschreibung des Produktes bzw. der Produktgruppe

Eine ausführliche Produktbeschreibung, wie sie für eine HACCP-Analyse erforderlich ist, liegt normalerweise nicht vor. Dazu werden nämlich die in der Tab 5.5 aufgezeigten Elemente benötigt.

### Tab. 5.4 Begriffe

**Behältnisse**
Feste, halbfeste und flexible (vergl. Weichpackungen) Packungen, die aus Glas, Metall, Kunststoff und Papier sein können bzw. aus entsprechenden Kombinationen.

**Fehler**
Ein Fehler ist die Nichterfüllung einer Forderung.

**Gefahr**
Möglichkeit des Entstehens von Schaden oder schadenauslösenden Fehlern.

**Gesundheitsgefährdung**
Situationen, die ein Lebensmittel so beeinflussen könnten, daß dadurch eine Gefährdung entsteht.

**Konserven**
Sammelbegriff für alle haltbargemachten Erzeugnisse. Im vorliegenden Fall nur Lebensmittel, die durch Wärmebehandlung (Pasteurisieren und Sterilisieren) in verschlossenen Behältnissen haltbar gemacht wurden.

**Kritische Grenze**
Vorgabe, die Annahme von Ablehnung trennt.

**Kritischer Punkt**
Identisch mit Critical Control Point (CCP). Als kritische Punkte gelten alle Punkte, Stufen oder Verfahrensschritte im Leben eines Lebensmittels, bei denen eine potentielle Gefährdung unter Kontrolle gebracht werden kann.

**Lenkungspunkt**
Die kritischen Punkte werden auch als kritische Lenkungspunkte bezeichnet. Sie unterscheiden sich von den nichtkritischen Lenkungspunkten dadurch, daß sie sich nur auf gesundheitsrelevante Vorgänge beziehen.

**Risiko**
Abschätzung der Wahrscheinlichkeit, mit der eine Gefahr eintreten kann.

**Weichpackungen**
Flexible Lebensmittelverpackungen aus Kunststoffen, Metall und Papier – meist in Kombination –, deren Form durch den Inhalt bestimmt wird.

**Tab. 5.5 Produktbeschreibung**

| Forderungen | Beispiele |
|---|---|
| Bezeichnung | – Fertiggericht (Gemüse, Kartoffeln, Huhn)<br>– Brühwürstchen im Aufguß<br>– Frischgemüsemischung: Erbsen und Karotten |
| Artikelnummer | – 17358 etc. |
| Definition | – Haltbares Gericht, das vor dem Verzehr einer Erwärmung auf 80 °C während 5 min bedarf<br>– Haltbare Brühwürstchen, kalt u. warm verzehrbar<br>– Gemüsemischung für Mahlzeiten oder Basis für Salate |
| Zusammensetzung (Rezeptur) | – Tiefgefrorene Gemüse, frische Kartoffeln, gekühltes vorgekochtes Hühnerfleisch, Brühe, Bindemittel-Stärke, native Gewürze, Salz u. Geschmacksverstärker<br>– Rind- und Schweinefleisch, Speck, Fettgewebe, Wasser, Nitritpökelsalz, native Gewürze, Zuckerstoffe, Ascorbinsäure, Saitling, Rauch<br>– Frische Karotten, tiefgefrorene Erbsen, Aufgußflüssigkeit (Wasser, Zucker, Salz und Aromen) |
| Beschaffenheit und Merkmale: pH-Wert, Dichte, $a_w$-Wert, $F_0$-Wert, Salzkonzentr. | – Verzehrfertiger Eintopf, NaCl-Gehalt<br>– Würstchen im Aufguß, NaCl-Gehalt, pH-Wert im Aufguß u. im Würstchen<br>– Frischgemüse im Aufguß, pH-Wert u. Dichte des Aufgusses |
| Aufmachung und Verpackung | – Tiefgezogene Kunststoffbecher mit Mehrschichtfolie versiegelt<br>– Gläser mit Twist-Off-Verschluß, Vakuum<br>– Weißblechdosen mit lackiertem Falzdeckel |
| Lagerung und Vertriebsbedingungen | – Lagerung bei Umgebungstemperatur<br>– Lagerung bei > 25 °C |
| Mindesthaltbarkeit | – 9 Monate (MHD auf Deckelfolie)<br>– 1 Jahr, nach dem Öffnen der Gläser noch 3 Tage haltbar im Kühlschrank (MHD auf Deckel)<br>– 3 Jahre (MHD als Deckelstanze) |
| Zubereitungsanweisung | – 20 min im kochenden Wasserbad oder mit Mikrowelle erhitzen: 2 min bei 1000 W bzw. 4 min bei 600 W<br>– Kaltverzehr oder im heißen, aber nicht kochenden Wasser erwärmen<br>– Inhalt mit Aufguß unter Zusatz von Butter erwärmen und nach Bedarf noch abschmecken. Keine Reste in der Dose aufbewahren |
| Bestimmter Verwendungszweck | – Nach dem Aufwärmen als Mahlzeit<br>– Zum Heiß- und Kaltverzehr<br>– Nach Erwärmen als Mahlzeitenbestandteil oder nach Abtrennen der Aufgußflüssigkeit als Salat |

#### 5.1.3.2 Voraussichtlicher Verwendungszweck

Bei der Feststellung des voraussichtlichen Verwendungszweckes ist nicht nur die dem Produkt zugeschriebene Verwendung zu berücksichtigen, sondern auch eine solche, die aus Verbrauchersicht möglich wäre, obwohl sie der Inverkehrbringer gar nicht vorgesehen hat. Beispiele finden sich bei der Produktbeschreibung (s. o.).

#### 5.1.3.3 Darstellung des Herstellungsprozesses

Dies geschieht am besten durch ein schematisches Ablaufdiagramm, das alle Stufen vom Rohstoff bis zum Verbrauch erfaßt. Wie weit dabei evtl. schon die Urproduktion mit einbezogen werden kann, hängt von den jeweiligen Gegebenheiten ab.

Ein solches Diagramm muß durch detaillierte Angaben ergänzt werden, evtl. auch durch Hilfsdiagramme, so daß sich im Einzelfall wesentlich umfangreichere Fließbilder ergeben, wie die in Abb. 5.1 gezeigten Abläufe bei der Herstellung von Fertiggerichten. Hier sind auch gleich die Verweilzeiten und die Temperatur im Materialfluß mit aufgenommen.

Außer dem schematischen Ablaufdiagramm werden noch ausführliche Informationen benötigt. In der Regel sollten die Teammitglieder dieses Wissen mitbringen. Im wesentlichen handelt es sich um folgende Fragen

##### 5.1.3.3.1 Rohstoffe und Verpackungsstoffe

1. Was fordern die Spezifikationen hinsichtlich Beschaffenheit und Transport der Rohstoffe?
2. Welche Informationen liegen über die Qualität der Zulieferer vor?
3. Welche Qualitätsbefunde stellt der Zulieferer zur Verfügung?
4. Wie ist die Lagerung beim Zulieferer?
5. Wie läuft die eigene Wareneingangskontrolle ab?

##### 5.1.3.3.2 Lagerung der Roh- und Verpackungsstoffe im Betrieb

1. Welche Lagerarten existieren?
2. Wie ist deren Trennung?
3. Wie geschieht deren Überwachung?
4. Wie lange ist die durchschnittliche Lagerdauer?
5. Wie sind die Warenflüsse?
6. Wie wird mit Sperrungen verfahren?

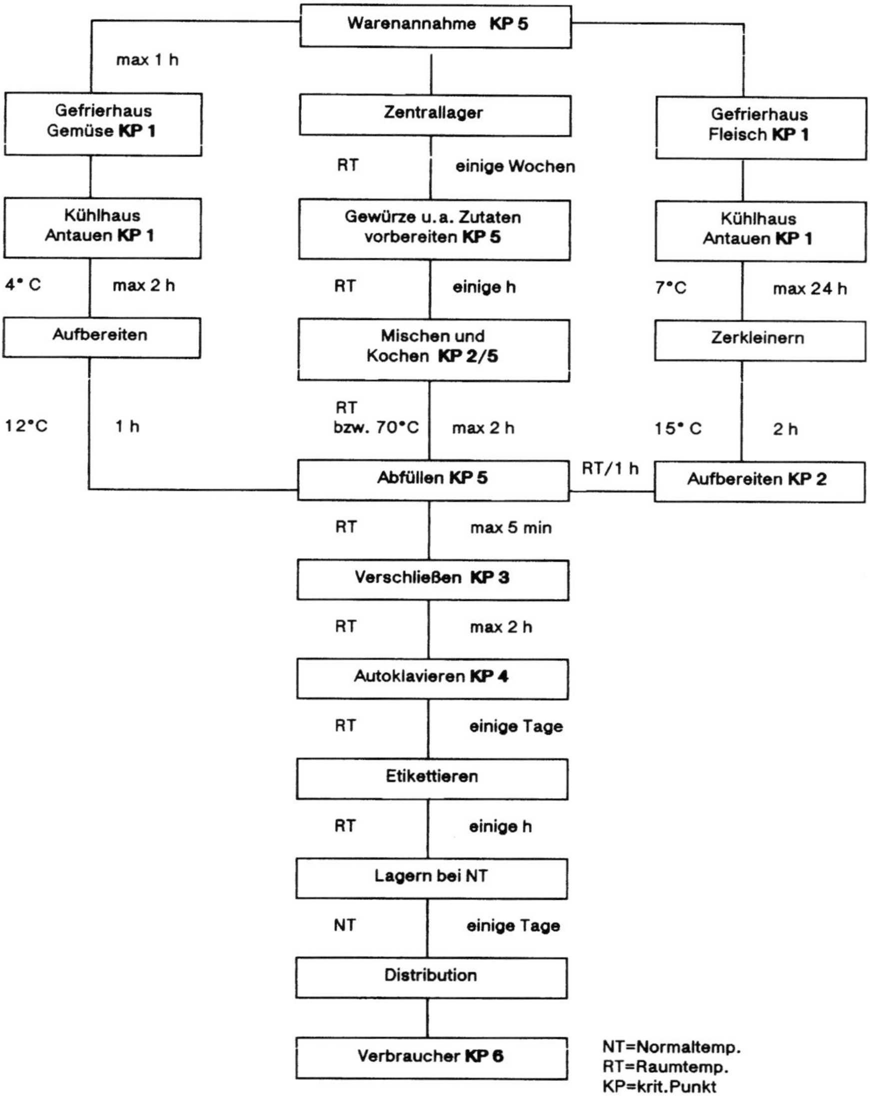
Warenannahme KP 5
max 1 h
Gefrierhaus Gemüse KP 1
Zentrallager
Gefrierhaus Fleisch KP 1
RT
einige Wochen
Kühlhaus Antauen KP 1
Gewürze u.a. Zutaten vorbereiten KP 5
Kühlhaus Antauen KP 1
4° C
max 2 h
RT
einige h
7°C
max 24 h
Aufbereiten
Mischen und Kochen KP 2/5
Zerkleinern
12°C
1 h
RT bzw. 70°C
max 2 h
15° C
2 h
Abfüllen KP 5
RT/1 h
Aufbereiten KP 2
RT
max 5 min
Verschließen KP 3
RT
max 2 h
Autoklavieren KP 4
RT
einige Tage
Etikettieren
RT
einige h
Lagern bei NT
NT
einige Tage
Distribution
Verbraucher KP 6
NT=Normaltemp.
RT=Raumtemp.
KP=krit.Punkt

**Abb. 5.1 Ablaufschema: Herstellung von Fertiggerichten**

#### 5.1.3.3.3 Herstellung

1. Wie liegen die Arbeits- und Nebenräume zueinander?
2. Wie sind die technologischen Verfahren und sind sie immer gleich? Liegen schriftliche Anweisungen vor?
3. Wird nach Reinigungs- und Desinfektionsplänen gesäubert?
4. Bestehen Prüf- und Kontrollpläne und werden sie praktiziert? Protokollierung der Befunde?
5. Was geschieht mit fehlerhaften Produkten?
6. Wie wird die Hygiene des Produktionsumfeldes beurteilt?
7. Wie ist die Qualifikation des Personals in den einzelnen Abteilungen und Schichten?

### 5.1.3.4 Bestätigung der schematischen Darstellung des Herstellungsprozesses

Um bei der Analyse nicht zu Fehlresultaten zu kommen, die auf falsche Angaben oder falsche bzw. nicht mehr praktizierte Anweisungen zurückzuführen sind, ist eine Verifizierung des erstellten Arbeitsablaufes unerläßlich.

Die schematischen Aufzeichnungen und die gesammelten Informationen sind daher in jedem Fall vor Ort während des Betriebes zu prüfen und zu bestätigen. Werden Abweichungen festgestellt, so sind die Aufzeichnungen entsprechend zu ändern oder aber die Abläufe entsprechend zu koordinieren, wenn sie nicht den Vorgaben entsprechen.

### 5.1.3.5 Ermitteln der potentiellen Schwachstellen und deren Überwachungsmaßnahmen

Als mögliche biologische, chemische oder physikalische Gefahren gelten insbesondere (EG-Kommissionsentscheidung 94/356/EG)

- Jede biologisch (Mikroorganismen, Parasiten), chemisch oder physikalisch bedingte Kontamination (oder Rekontamination) von Rohstoffen, Zwischenerzeugnissen und Enderzeugnissen in unannehmbarem Maß,
- das Überleben oder die Vermehrung von Krankheits- oder Verderbniserregern und das Freiwerden chemischer Stoffe in Zwischen- und Enderzeugnissen beim Produktionsablauf oder im Produktionsumfeld in unannehmbarem Maß,
- das Entstehen oder Fortbestehen von Giftstoffen oder anderen unerwünschten mikrobiellen Stoffwechselprodukten in unannehmbarem Maß.

Die Analyse möglicher Fehler geschieht auf der Basis, daß man sich vorstellt, ein denkbarer Fehler sei aufgetreten (Beispiele in Tab 5.6). Es sind dann seine Folgen so darzulegen, wie sie sich auswirken würden bzw. wie sie sich beim Verbraucher bemerkbar machen könnten.

Eine Übersicht über solche Gefahren gibt Tab. 5.6. In die Überlegungen mit einzubeziehen sind die Lenkungsmaßnahmen zur Beherrschung der Gefahren, d. h., bei der Risikoabschätzung sind die bestehenden bzw. vorgesehenen Prüfmaßnahmen in dem zu analysierenden Bereich dem Verfahrensablauf zuzuordnen. Bei der Analyse sind aber nicht nur die Materialien, sondern auch der Prozeß, die Art der Anlagen und die Qualität der Mitarbeiter einzubeziehen.

**Tab. 5.6 Möglichkeiten einer gesundheitsgefährdenden Beeinflussung bei der Herstellung von Konserven**

**Physikalische Gefahren**

Verfahrensfehler:

Programmverwechslung, falsche Temperaturen (Kühlraum u. Autoklavierung), zu lange Standzeiten, zu geringe Haltezeiten, unregelmäßige Temperatur im Autoklaven, fehlerhafte Rotation und fehlerhafte Verschlüsse, fehlerhafte Drucksteuerung.

Fremdkörper:

Glas, Metall, Holz- und Knochensplitter, Plastikreste, tote Insekten und kleinere Tiere, persönliche Gegenstände von Mitarbeitern (z. B. Schreibutensilien, Handwerkszeug, Schmuck und Schmuckteile, Kleidungsteile, Schnellverbände).

**Chemische Gefahren**

Rückstände von:

Vorratsschutzmitteln,
Pestiziden,
Reinigungs- und Desinfektionsmitteln und
Kontaminanten.

Toxische Stoffe:

aus Düngemitteln (Nitrate).

**Biologische und mikrobiologische Gefahren:**

Mikroorganismen (Clostridien, Salmonellen u. a.),
Mykotoxine (z. B. Aflatoxine),
Parasiten (z. B. Trichinen),
Tierische Schädlinge und Histamine.

**Anthropogene Gefahren:**

Mangelnde Qualifikation der Mitarbeiter,
mangelnde Motivation der Mitarbeiter,
mangelnde Aufsicht und
Überlastung der Mitarbeiter

Mit Hilfe des erstellten Ablaufplanes sollten alle Gefahren aufgezeichnet werden, die auf den einzelnen Stufen der Geschichte eines Lebensmittels erwartet werden können, unter Einbeziehung der bekannten Eventualitäten (Beispiel in Tab. 5.7).

Zusatzfragen zur Ermittlung der kritischen Punkte

1. Könnten der Rohstoff, das Verpackungsmaterial, das Wasser u. a. mehr als statthaft mikrobiologisch belastet sein?
2. Gibt es epidemiologische Daten über unerwünschte Stoffe in den Zutaten, Gebrauchsgegenständen und/oder deren Verpackungsmaterialien?
3. Besteht Gefahr, daß bei der Lagerung, Verarbeitung und dem Vertrieb
   - eine unzulässige Vermehrung der Mikroorganismen stattfindet,
   - eine Kontamination mit Mikroorganismen, Schmutz, Fremdkörpern u. a. (z. B. durch Insekten, Lagerschädlinge, Vögel, Menschen) oder
   - Kreuzkontaminationen erfolgen könnten und
   - Verwechslungen möglich sind?
4. Könnten Mykotoxine oder andere Toxine in unerlaubten Mengen in einer Zutat vorhanden sein oder während der Herstellung entstehen?
5. Sind bei dem bestimmungsgemäßen bzw. vorhersehbaren Verbrauch Gefahren jeglicher Art zu erwarten?
6. Könnten in den Rohstoffen, Halb- oder Fertigprodukten oder in den Verpackungsbehältnissen Fremdkörper sein oder während der Herstellung dorthin gelangen?
7. Könnten durch Menschen (Personal, Fremdhandwerker, Inspektoren, Besucher usw.) Gefahren entstehen, wie Infektionen, Verunreinigungen, Einbringen von Fremdkörpern u. a.?
8. Könnten bei der Herstellung gesundheitsgefährdende bzw. unerwünschte Stoffe in das Lebensmittel gelangen bzw. in dem Lebensmittel entstehen (z. B. Rework)?

### 5.1.3.6 Beherrschung der potentiellen Schwachstellen

Die Maßnahmen zur Beherrschung der Gefahren umfassen alle Vorkehrungen und alle Schritte, die geeignet sind, eine Gesundheitsgefährdung zu verhüten, zu beseitigen bzw. ihre Auswirkungen auf ein annehmbares Niveau zu reduzieren. Es kann durchaus mehrere Maßnahmen geben, um eine Gefahr gar nicht aufkommen zu lassen (Hürdeneffekt), zu eliminieren (Magnet- und Metalldetektor) bzw. auf ein vertretbares Maß zu reduzieren (Verschlußfehler). Umgekehrt können auch mehrere Risiken durch eine einzige Maßnahme unter Kontrolle gebracht werden, wenn z. B. Salmonellen oder Clostridien durch Hitzebehandlung abgetötet werden.

**Tab. 5.7 Gefahren und Lenkungsmaßnahmen**

| Gefahren | Lenkungsmaßnahmen |
|---|---|
| Fremdkörper und Schmutz in Rohstoffen und Verpackungsmaterialien | Saubere, sortierte Ware von ausgesuchten Lieferanten<br>Wareneingangskontrolle |
| Fremdkörper aus der Umgebung und von Mitarbeitern | Schulung des Personals, techn. Sicherheitsmaßn. |
| Falsche Rohstoffe (Änderung der Wärmedurchdringung) | Exakte Spezifikationen u. strenge Wareneingangskontrolle |
| Ausfall der Kühlung im Lager | Automatische Überwachung |
| Zu lange Standzeiten vor dem Abfüllen | pH- und Temperaturmessung |
| Falscher Kopfraum | Füll- u. Gewichtskontrolle, Vakuummessung |
| Verschlußfehler | Wareneingangsprüfung der Verpackungen, Verschlußkontrollen |
| Autoklavenfehler | Sterilisationsprotokoll, regelm. Überprüfung der Funktionstüchtigkeit, Bebrütungskontrolle |
| Zu lange Standzeiten vor dem Autoklavieren | Protokoll jeder Kochung, Sonderbehandlung nach zu langen Standzeiten |
| Verwechslung von Programmen | Autoklavenprotokoll |
| Fehler der Mitarbeiter | Bebrütungskontrolle, Motivation der Mitarbeiter |
| Verwechslung von autoklavierter und nicht autoklavierter Ware | Verwendung von Kontroll-streifen |
| Verbeulte Behältnisse | Aussortieren |
| Falscher Gebrauch beim Verbraucher | Hinweis bei der Deklaration |

### 5.1.3.7 Festlegung der kritischen Punkte

Die Identifizierung der kritischen Punkte geschieht nach einem logischen System, mit dessen Hilfe die ermittelten potentiellen Schwachstellen hinterfragt werden. Zu entscheiden ist dabei, wieweit sie gesundheitliche Gefahren beinhalten und einer Überwachung bedürfen. Es geht also darum, ob eine Gesundheitsgefährdung entsteht, wenn die zur Diskussion stehende Situation außer Kontrolle gerät. Ist die Frage zu bejahen, dann handelt es sich um einen kritischen Punkt.

Sowohl die Weltgesundheitsbehörde als auch die Kommission in Brüssel empfehlen zur Entscheidungsfindung die Anwendung einer bestimmten Fragefolge, wie sie im Entscheidungsbaum vorgegeben ist, lassen aber auch andere Fehleranalysen zu. Das Entscheidungsbaumverfahren (Abb. 2.1) ist mit Flexibilität und Überlegung anzuwenden, ohne dabei den Herstellungsprozeß als Ganzes aus den Augen zu verlieren, um eine unnötige Verdoppelung der kritischen Punkte zu vermeiden. Für die einzelnen Stufen prüft das Team, ob und wieviele kritische Punkte vorliegen.

Bei der Herstellung von Fertiggerichten ergeben sich in unserem Beispiel die in Tab. 5.8 aufgeführten kritischen Punkte.

**Tab. 5.8 Kritische Punkte bei der Herstellung von Konserven**

| Ergebnisse | Gefahren |
|---|---|
| KP 1 | Ausfall der Kühlung |
| KP 2 | Unzulässige Keimvermehrung während der Herstellung |
| KP 3 | Undichte Behältnisse |
| KP $3_1$ | Verschlußfehler |
| KP $3_2$ | Verbeulte Behältnisse |
| KP 4 | Haltbarmachung |
| KP $4_1$ | Autoklavenfehler |
| KP $4_2$ | menschl. Versagen bei Autoklavenbedienung |
| KP $4_3$ | Übersehen einer Sicherheitsmaßnahme |
| KP $4_4$ | Verwechslungsgefahr von sterilisierter und unsterilisierter Ware |
| KP 5 | Fremdkörper |
| KP 6 | Zinnablösung bei der Lagerung |

### 5.1.3.8 Lenkungsmaßnahmen für die kritischen Punkte

Wurde ein kritischer Punkt erkannt, so ist zu prüfen, wie weit die Beherrschung der Gefahr gegeben ist, bzw. ob sie durch geeignete Maßnahmen unter Kontrolle gebracht werden kann. Sollte beides nicht zutreffen, so muß entweder auf dieser Stufe oder auf einer der nachfolgenden das Produkt bzw. der Prozeß geändert werden, wie es in der Frage 1 des Entscheidungsbaums angedeutet ist.

### 5.1.3.9 Ermittlung der Soll- und Grenzwerte

Als nächstes hat das Team die kritischen Grenzen zu erarbeiten und darzustellen. Unter kritischen Grenzen versteht man die Werte, die für die Gewährleistung eines unbedenklichen und genußtauglichen Lebensmittels noch toleriert werden. Diese Werte sind für sichtbare oder meßbare Parameter festzulegen, durch deren Einhaltung der Nachweis der Sorgfaltspflicht hinsichtlich der Produktionsüberwachung erbracht wird. Als Parameter kommen z. B. in Frage: Zeit und Temperatur der Hitzebehandlung, pH-Wert, Salzgehalt, Dichtigkeit der Behältnisse, Hygienenormen u. a.

Bei der Festlegung der kritischen Grenzen kann man sich auf verschiedene Quellen stützen:

- Rechtliche Festlegungen und Leitsätze
- Regeln der guten Herstellungspraxis
- Eigene Versuche und Beobachtungen

Um das Risiko der Grenzwertüberschreitungen zu minimieren, wird nicht selten eine Sicherheitsmarge eingebaut, deren Größe von den örtlichen Bedingungen und Erfahrungen abhängt. In diesem Fall hat man es dann nicht mehr mit kritischen Grenzwerten zu tun, sondern mit Sollwerten.

### 5.1.3.10 Überwachungssystem

Die richtige Kontrolle der Einhaltung (Monitoring) der festgelegten Maßnahmen ist die Voraussetzung für ein effektives Qualitätssicherungssystem. Daher wird nicht nur für jeden einzelnen kritischen Punkt die Art der Überwachung festgehalten, sondern auch die Häufigkeit der Prüfungen und die Form der Aufzeichnung der Ergebnisse. Nicht vergessen werden sollte, daß die Überwachung in kurzer Zeit erledigt sein muß und unmittelbare Ergebnisse zeigt, um rechtzeitig zur Vermeidung von Verlusten gegensteuern zu können. Die Beobachtungen bzw. Messungen können kontinuierlich oder periodisch erfolgen. Bei periodischen Prüfungen sind die Zeitabstände so festzulegen, daß sinnvolle und zuverlässige Informationen geliefert werden.

Wie die kritischen Punkte unter Kontrolle gehalten werden, ist qualitativ und quantitativ festzuhalten, ebenso wie die Verantwortlichkeiten.

Die Entscheidungen für die Überwachung werden am besten in Arbeitsanweisungen für den Bereich eines jeden kritischen Punktes festgelegt und enthalten:

- Zuständigkeit für die Überwachung und die Kontrolle
- Rhythmus der Prüfungen bzw. der Beobachtungen
- Art der Durchführung
- Wie, wann und wo Aufzeichnungen erfolgen

- Was mit den Aufzeichnungen zu geschehen hat
- Maßnahmen bei Abweichungen
- Behandlung fehlerhafter Ware.

### 5.1.3.11 Korrekturmaßnahmen

Die Festlegung der Korrekturmaßnahmen durch das fachübergreifende Team hat zu gewährleisten, daß praktizierbare Korrekturanweisungen vorliegen, die dann zum Einsatz kommen, sobald eine Abweichung von der Norm festgestellt wird. Die Regelung der Zuständigkeiten ist dabei mit eingeschlossen, ebenso wie die Behandlung der fehlerhaften Ware. Schlußendlich ist auch die Form der Protokollierung darzustellen (vgl. Anhang).

Die Entscheidung der EG-Kommission (94/356/EG v. 20. 05. 94, Artikel 6, 2a und 2b) verlangt, ein geeignetes Dokumentenverwaltungssystem einzuführen, um insbesondere den Zugang zu den eine bestimmte Herstellungspartie betreffenden Dokumenten zu erleichtern.

### 5.1.3.12 Revision

Eine Revision hat wie ein internes Audit festzustellen, wie weit der HACCP-Plan eingehalten wird und wirksam ist. Dazu gehört:

- Die Identifizierung der für die Einleitung der Maßnahmen zuständigen Person(en).
- Eine Prüfung der Mittel und Maßnahmen, die zur Erreichung der Anforderungen anzuwenden sind.
- Die Prüfung der Maßnahmen bei fehlerhaften Erzeugnissen, die während des Prüfzeitraumes hergestellt wurden.
- Eine schriftliche Notiz über das Ergebnis der Revision.

Nach einer Revision werden nicht selten Nacharbeiten notwendig, deren Vollzug sich auch in den Unterlagen niederschlagen muß. Der Zyklus einer solchen Revision ist jedem Unternehmen selbst überlassen und sollte aus verschiedenen Gründen am besten jährlich festgelegt werden.

Davon unabhängig ist eine solche Aktion immer bei besonderen Vorkommnissen erforderlich (z. B. Reklamationen, neuen Erkenntnissen, Umbauarbeiten usw.), oder wenn wesentliche Änderungen im „Leben" des Produktes erfolgen, wie z. B. bei der Art und Menge der Zutaten, der Verpackung, der Produktionsbedingungen, der Reinigungs- und Hygienemaßnahmen, der Zweckbestimmung etc.

Eine stattgefundene Revision mit eventuellen Korrekturen läßt sich am kürzesten dadurch dokumentieren, daß man in dem ursprünglichen Protokoll zur Ermittlung der kritischen Punkte die Änderungen und das Datum der letzten Revision einträgt.

#### 5.1.3.13 Verifikation

Unabhängig von all den aufgeführten Überwachungs- und Kontrollvorgängen ist von Zeit zu Zeit eine Verifikation durchzuführen zur Bestätigung, daß das gesamte Konzept der kritischen Punkte zum angestrebten Ziel führt. Dazu sollen auch Informationen und Prüfungen Verwendung finden, die nicht in diesem Konzept enthalten sind und durchaus einen größeren Aufwand erfordern können. Durch die Auswertung aller zur Verfügung stehenden Informationen kann dieses Ziel erreicht werden.

Für die Herstellung von Fertiggerichten können zur Überprüfung der eigenen Kontrollsysteme folgende Unterlagen dienen:

- Befunde und Beobachtungen an den kritischen Punkten
- Analysen aus den Laboratorien (intern und extern)
- Testbefunde (Ringanalysen, DLG-Prüfungen, Warentests und dgl.)
- Sonderprüfungen (z. B. auf Grund von Anforderungen eines Abnehmers oder besonderer Vorkommnisse)
- Marktbeobachtungen (Verbraucherverhalten, Reklamationen)

Sind die für die Verifikation benötigten Informationen nicht ausreichend, müssen sie ergänzt werden, z. B. Anforderung weiterer Analysen (intern oder extern) auch bei Zulieferern und Abnehmern. Die Befunde und Beobachtungen an den kritischen Punkten allein genügen nicht für eine Verifikation. Stimmen die gesammelten Informationen miteinander überein, so bestätigt dies, daß die kritischen Punkte und deren Lenkungsmaßnahmen richtig gewählt wurden.

## 5.2 Dokumentation

Die Art und Weise der Dokumentation des von dem HACCP-Team erarbeiteten Planes ist nicht festgelegt. Aufgeführt sein müssen aber die Teammitglieder, das analysierte Objekt, sein Herstellungsablauf, die ermittelten kritischen Punkte, ihre Überwachung, Korrekturmaßnahmen, Zuständigkeiten sowie Zeitplan für die Revision und Verifikation. Als Anlage findet sich ein Dokumentationsbeispiel.

### Literatur

[1] Pierson, M.; Corlett jr., P. (1993): HACCP, Grundlagen der produkt- und prozeßspezifischen Risikoanalyse, Hamburg: Behr's Verlag.

[2] Leaper, S. (1992): HACCP: Praktische Richtlinien 1992, The Campden Food and Drink Research Association

[3] EG (1994): Entscheidung der Kommission vom 20. 05. 1994 (94/356/EG), Amtsblatt der Europ. Gemeinschaften v. 23. 06. 1994

**Tab. 5.9 Protokoll zur Ermittlung kritischer Punkte**

**Erstellt:** 31. August 1995 Letzte Revision: 0

| | |
|---|---|
| **Produktlinie:** | Fertiggerichte |
| **Team:** | Leitung: Frau Emsig/Qualitätsmanagement |
| **Teammitglieder:** | Herr Schlau/Einkauf (zeitweise)<br>Herr Macher/Produktion<br>Herr Schmied/Technik (zeitweise) |
| **Ergebnisse:** | **Gefahren** |
| KP 1 | Ausfall der Kühlung |
| KP 2 | Unzulässige Keimvermehrung während der Herstellung |
| KP 3 | Undichte Behältnisse |
| | KP $3_1$ Verschlußprobleme<br>KP $3_2$ Verbeulte Behältnisse |
| KP 4 | Haltbarmachung |
| | KP $4_1$ Autoklavenfehler<br>KP $4_2$ menschl. Versagen bei Autoklavenbedienung<br>KP $4_3$ Übersehen einer Sicherheitsmaßnahme<br>KP $4_4$ Verwechslung von sterilisierter und unsterilisierter Ware |
| KP 5 | Fremdkörper |
| KP 6 | Zinnablösung bei der Lagerung |

**Tab. 5.10 Protokoll zur Festlegung von KP 1**

**Abteilung:** Kühl- und Tiefkühlräume **KP 1**

**Potentielles Risiko:**

Ausfall der Kühlung

**Beschreibung des kritischen Punktes:**

Bei unsachgemäßer Lagerung, also zu hoher Lagertemperatur ist die Möglichkeit eines unerwünschten mikrobiellen Wachstums gegeben.

**Lenkungsmaßnahmen:** Kontinuierliche Überwachung der Temperatur in Kühl- und Gefrierräumen

In allen Kühl- und Gefrierräumen wird permanent die Raumtemperatur gemessen. Die Werte laufen in einer Datenbank beim Pförtner auf und werden schriftlich festgehalten.

**Zuständigkeit:** Pförtner

**Grenzwerte:** Kühlräume +7°
Gefrierräume −18°

**Verhalten bei Abweichungen:**

Bei Überschreitung der Grenzwerte wird der Pförtner unmittelbar durch das Meßsystem informiert und benachrichtigt unverzüglich die technische Abteilung. Die Technik erhält am nächsten Tag das Original der Meßprotokolle zum schriftlichen Erledigungsvermerk.

## Tab. 5.11 Protokoll zur Festlegung von KP 2

**Abteilung:** Herstellung – Fertiggerichte **KP 2**

**Potentielles Risiko:**

Keimvermehrung

**Beschreibung des kritischen Punktes:**

Bei zu langer Standzeit der Zwischen- und Fertigprodukte vor dem Befüllen der Behältnisse kann es zu unerwünschtem mikrobiellem Wachstum kommen. Dies trifft im besonderen Maß für warm hergestellte Produkte zu.

**Lenkungsmaßnahmen:**

Temperatur- und pH-Wert-Erfassung der Komponenten vor dem Befüllen der Behältnisse. Ehe die fertige Rezeptur in die Abfüllanlage gegeben wird, müssen nach der „Arbeitsanweisung: Temperatur- und pH-Wert-Messungen an den Abfüllanlagen" diese Parameter erfaßt sein.

**Zuständigkeit:**

Mitarbeiter der Abteilung Fertiggerichte

**Grenzwerte:**

Siehe: „Arbeitsanweisung: Temperatur- und pH-Messungen an den Abfüllanlagen".

**Verhalten bei Abweichungen:**

Werden die Soll-Vorgaben bei der Temperatur um 5 °C und beim pH-Wert um 0,5 Einheiten überschritten, so sind der Abteilungsleiter oder der Schichtmeister umgehend zu informieren und die Befüllung der Behältnisse bis zu seiner Entscheidung auszusetzen.

**Tab. 5.12 Protokoll zur Festlegung von KP $3_1$**

**Abteilung:** Herstellung Fertiggerichte **KP $3_1$**

**Potentielles Risiko:**

Undichte Verpackungen

**Beschreibung des kritischen Punktes:**

Durch materialbedingte Fehler (Verschluß- und Stanzprobleme) können Sekundärinfektionen auftreten, die zu einem Verderb der Ware führen.

**Lenkungsmaßnahmen bei Kunststoffpackungen:**

Überprüfung der Versiegelung, die Naht wird vor Beginn des Abfüllens und dann alle zwei Stunden überprüft:

Berstdruck mind. 0,8 bar und Farbtest.

Dabei wird die Siegelnaht mit einer Farblösung beaufschlagt. Die Versiegelung ist nicht in Ordnung, wenn die Farbe die Naht durchdringt. Zusätzliche visuelle Kontrolle der Verpackung nach dem Autoklavieren (s. Arbeitsanweisung).

**Lenkungsmaßnahmen bei Dosen:**

Kontrolle des Verschlusses zu Beginn der Abfüllung und dann alle zwei Stunden (Rumpf- und Deckelhaken, Mindestüberlappung). Zusätzlich erfolgt bei Großgebinden der Aufblastest vor der Produktion und dann alle zwei Stunden sowie eine visuelle Prüfung der Stanze.

**Lenkungsmaßnahmen bei Gläsern:**

Kontrolle des Vakuums, des Kopfraumes und der Verschlußsicherheit zu Beginn des Abfüllens und dann jede Stunde.

**Zuständigkeit:**

Mitarbeiter der Abteilung Fertiggerichte.

**Verhalten bei Abweichungen:**

Beim Auftreten von Fehlern wird die seit der letzten Prüfung produzierte Menge gesperrt, der Abteilungsleiter und die Qualitätssicherung informiert. Die betroffene Ware ist mit einem Sperrschild zu versehen.

## Tab. 5.13 Protokoll zur Festlegung von KP $3_2$

**Abteilung:** Herstellung Fertiggerichte **KP $3_2$**

**Potentielles Risiko:**

Verbeulte Behältnisse

**Beschreibung des kritischen Punktes:**

Durch unsachgemäße Behandlung bei der Abfüllung, dem Etikettieren und dem Transport kann es zu Verformungen der Verpackungen bei Weißblechdosen und Kunststoffbehältern kommen, die eine Undichtigkeit nach sich ziehen.

**Lenkungsmaßnahmen:**

Alle Mitarbeiter an den entsprechenden Schlüsselpositionen werden in den Arbeitsanweisungen verpflichtet, laufend auf diese Fehler zu achten. Bei Kunststoffpackungen wird zusätzlich eine stündliche Prüfung auf Verpackungsfehler (Verformung, Löcher, mangelnde Verschweißung) mit Protokollierung vorgenommen.

**Zuständigkeit:**

Mitarbeiter der Abteilungen
- Abfüllung
- Etikettierung
- Versand

**Verhalten bei Abweichung:**

Beim Erkennen von Fehlern sind unverzüglich die Vorgesetzten einzuschalten, die stets die Qualitätssicherung informieren müssen, um mit dieser über Maßnahmen zu entscheiden.

**Tab. 5.14 Protokoll zur Festlegung von KP $4_1$**

**Abteilung:** Autoklavierung **KP $4_1$**

**Potentielles Risiko:**

Autoklavenfehler

**Beschreibung des kritischen Punktes:**

Durch Autoklavenfehler kann es passieren, daß die festgelegten Temperatur- und Zeitparameter nach unten abweichen, was im Extremfall zu Untersterilität führen kann.

**Lenkungsmaßnahmen:**

Führen von Sterilisationsprotokollen (siehe Arbeitsanweisung Bedienung der Autoklaven).

3-monatliche Überprüfung der Autoklaven durch die technische Abteilung hinsichtlich Temperatur, Temperaturverteilung und Funktionstüchtigkeit.

Bebrütung autoklavierter Proben aus jeder Kochung.

**Zuständigkeit:**

Mitarbeiter der Autoklaven-Abteilung

**Verhalten bei Abweichungen:**

Eine Kochung ist zu sperren und die Abteilung Technik zu informieren, wenn Abweichungen von den in der Arbeitsanweisung festgelegten Toleranzbereichen festgestellt wurden. Bei Abweichungen von der vorgegebenen Zeit wird der Autoklav abgeschaltet, die betreffende Charge gesperrt und mit Sperrschild versehen. Werden nach der Bebrütung Fehler festgestellt, so ist die Abteilung Qualitätssicherung sofort zu informieren.

### Tab. 5.15 Protokoll zur Festlegung von KP $4_2$

**Abteilung:** Autoklavierung **KP $4_2$**

**Potentielles Risiko:**

Menschliches Versagen

**Beschreibung des kritischen Punktes:**

Bei unsachgemäßen Arbeiten am Autoklaven kann es zu Untersterilisation kommen. Insbesondere zwei Parameter sind hier zu beachten, Benutzung eines falschen Programms oder zu lange Standzeiten vor der Hitzebehandlung, speziell von warmabgefüllten Produkten.

**Lenkungsmaßnahmen:**

Führen von Protokollen über die Autoklavierung für jede Kochung. Die Standzeiten der Produkte vor der Autoklavierung sind zu protokollieren. Bei Standzeiten von mehr als einer Stunde sind die Produkte nach der Hitzebehandlung zu sperren (vgl. Arbeitsanweisung Bedienung des Autoklaven und Arbeitsanweisung Käfigkontrolle Endverpackung).

**Zuständigkeit:**

Bediener der Autoklaven/Mitarbeiter der Endverpackung

**Verhalten bei Abweichungen:**

Bei Abweichungen von den Sollvorgaben

Temperatur: > 1 °C
Zeit: jede Abweichung nach unten
Druck: Schwankungen > 0,4 bar

sind die Autoklavenchargen zu sperren, und der Vorgesetzte ist darüber zu informieren. Die betroffene Ware ist mit dem roten Sperrschild zu kennzeichnen und im Quarantänebereich abzustellen. Das Laboratorium wird darüber informiert, und die Qualitätssicherung entscheidet über das weitere Vorgehen.

### Tab. 5.16 Protokoll zur Festlegung von KP $4_3$

**Abteilung:** Autoklavierung **KP $4_3$**

**Potentielles Risiko:**

Menschliches Versagen
Übersehen einer Sicherheitsmaßnahme
Erfassung von Verschlußfehlern

**Beschreibung des kritischen Punktes:**

Zur Bestätigung einer einwandfreien Haltbarmachung werden stichprobenweise autoklavierte Behältnisse auf ihre Haltbarkeit überprüft. Durch diese Überkontrolle können Fehler der verschiedensten Art erfaßt werden.

**Lenkungsmaßnahmen:**

Bebrütung autoklavierter Behältnisse: Aus jeder autoklavierten Charge wird nach dem Haltbarmachen eine Stichprobe entnommen, entsprechend gekennzeichnet und 14 Tage bei 35 °C bebrütet. Danach erfolgen eine visuelle Kontrolle aller bebrüteten Dosen und stichprobenweise Prüfung des pH-Wertes. Diese Messungen werden im mikrobiologischen Laboratorium vorgenommen, wo auch vom Doseninhalt eine mikrobiologische Untersuchung durchzuführen ist.

**Zuständigkeit:**

Mitarbeiter Autoklaven für Probeentnahme.
Mitarbeiter Endverpackung für Brutraumkontrolle.
Mitarbeiter Laboratorium für pH-Wert-Messung und mikrobiologische Prüfung.

**Verhalten bei Abweichungen:**

Bei Bombagen und Abweichungen der pH-Werte sowie der mikrobiologischen Befunde ist umgehend die Qualitätssicherung zu informieren, die über weitere Maßnahmen entscheidet.

**Tab. 5.17 Protokoll zur Festlegung von KP $4_4$**

**Abteilung:** Autoklavierung **KP $4_4$**

**Potentielles Risiko:**

Verwechseln von autoklavierter und nichtautoklavierter Ware

**Beschreibung des kritischen Punktes:**

Bei Stoßzeiten, Ausfällen in der Produktion, Energieunterbrüchen und ähnl. besteht die Gefahr, daß die zu autoklavierende Ware nicht hitzebehandelt wird.

**Lenkungsmaßnahmen:**

Nach der Abfüllung und dem Verschluß der Behältnisse werden diese in die Autoklavenkäfige gepackt. An dieser Stelle erhält jeder Käfig einen Temperatur-Indikator-Streifen, auf dem beim Überschreiten der Temperatur von 100 °C schwarze Striche erscheinen. Vor der Entleerung der Käfige werden die Temperatur-Indikator-Streifen auf das Vorhandensein der schwarzen Striche überprüft. Die Durchführung der Kontrolle wird dokumentiert.

**Zuständigkeit:**

Mitarbeiter Abfüllung für Anbringung des Kontrollstreifens. Mitarbeiter Autoklaven für Präsens der Streifen. Mitarbeiter Endverpackung für die Kontrolle auf stattgefundene Erhitzung (schwarze Streifen).

**Verhalten bei Abweichungen:**

Fehlen die Streifen oder werden an diesen Unregelmäßigkeiten bzw. keine Verfärbungen festgestellt, so ist die betroffene Ware zu sperren. Die Abteilung meldet umgehend den Vorgang der Qualitätssicherung und entscheidet mit dieser.

## Tab. 5.18 Protokoll zur Festlegung von KP 5

**Abteilung:** Warenannahme, Lager, Produktion **KP 5**

**Potentielles Risiko:**

Gesundheitsschädigung durch Fremdkörper

**Beschreibung des kritischen Punktes:**

Fremdkörper können nicht nur ekelerregend sein und zum Erbrechen führen, sie können auch zu Verletzungen und Zahnverlusten Anlaß geben. Durch entsprechende Maßnahmen auf allen Stufen der Lebensmittelherstellung lassen sich diese Gefahren auf ein akzeptables Maß reduzieren.

**Lenkungsmaßnahmen:**

Entsprechende Schulung aller Mitarbeiter, einschließlich des technischen Personals. Werden Fremdhandwerker eingesetzt, so müssen diese ebenfalls unterrichtet werden.

Die Einkaufsspezifikationen für Roh- und Packstoffe müssen entsprechende Forderungen enthalten. Können die Zulieferer diese nicht erfüllen, so müssen im eigenen Betrieb entsprechende Aufbereitungen vorgenommen werden, wie z. B. Verlesen der Rohstoffe, Einbau von Sieben und Windsichtern, Einbau von Magneten und Metalldetektoren, Röntgenprüfgeräte zur Erkennung von Glasstücken.

Ausdrückliche Hinweise in den Arbeitsanweisungen für die „fremdkörperrelevanten" Arbeitsplätze. Aufzeichnungen und deren regelmäßige Überprüfung an den Stellen, wo Fremdkörper entfernt werden.

**Zuständigkeit:**

Alle Mitarbeiter an entsprechenden Arbeitsplätzen

**Verhalten bei Abweichungen:**

Werden Fremdkörper in nicht akzeptierbarem Maß festgestellt, so wird diese Ware mit Sperrvermerk versehen und der zuständige Verantwortliche sofort informiert. Zusammen mit der Qualitätssicherung und/oder der Betriebsleitung erfolgt die Entscheidung, was zu tun ist.

**Tab. 5.19 Protokoll zur Festlegung von KP 6**

**Abteilung:** Einkauf, Produktentwicklung und Marketing **KP 6**

**Potentielles Risiko:**

Gesundheitschädigung durch Zinn

**Beschreibung des kritischen Punktes:**

Weißblechdosen geben bei der Lagerung, insbesondere bei Lufteintritt (geöffnete Dose) Zinn an den Doseninhalt ab. Die Menge hängt von verschiedenen Parametern ab, wie pH-Wert, Zeitdauer der Lagerung und Luftzutritt.

**Lenkungsmaßnahmen:**

1. Die Dosenqualität muß mit dem Dosenlieferanten festgelegt werden (Punkt in der Einkaufsspezifikation).
2. Bei der Festlegung der Mindesthaltbarkeitsdauer ist der „Lösevorgang" des Zinns zu berücksichtigen.
3. Auf dem Etikett ist ein Hinweis anzubringen, daß die Dose nach dem Öffnen sofort zu entleeren ist (Eine Forderung der Einkaufsspezifikation).

**Zuständigkeit:**

Zu 1. Einkauf
Zu 2. Produktentwicklung
Zu 3. Marketing und Produktion

**Verhalten bei Abweichungen:**

Zu 1. Entsprechen die Dosen nicht den Anforderungen, so darf nicht produziert werden.
Zu 2. Festlegung einer neuen Mindesthaltbarkeitsdauer.
Zu 3. Fehlt auf der Deklaration ein Hinweis wie „nach dem Öffnen Dose sofort entleeren o. ä.", darf nicht etikettiert werden.

**Tab. 5.20 Protokoll eines Zeitplanes für Revision und Verifikation**

| | |
|---|---|
| **Erstellt:** | **Letzte Revision:** 0 |
| **Zuständig:** | HACCP-Team |
| **Team:** | Leitung: Frau Emsig/Qualitätsmanagement |
| **Teammitglieder:** | Herr Schlau/Einkauf (zeitweise)<br>Herr Macher/Produktion<br>Herr Schmied/Technik (zeitweise) |
| **Revision:** | Die Revision des HACCP-Planes erfolgt in den ersten drei Monaten nach seiner Einführung. Als Berechnungsgrundlage gilt das Erstellungsdatum des Protokolls. Wiederholungen sind jährlich durchzuführen bzw. bei besonderen Vorkommnissen (z. B. Rohstoff- und Verfahrensänderungen, Reklamationen). |
| **Verifikation:** | Die Verifikation erfolgt erstmalig spätestens nach Ablauf eines Jahres. Bei Gutbefund hat eine Wiederholung nach drei Jahren stattzufinden. Sind Mängel aufgetreten, so werden Maßnahmen zu deren Behebung eingeleitet, und eine erneute Verifikation ist dann innerhalb gegebener Zeit erforderlich. |
| **Durchführung:** | Die Revision geschieht unter Leitung des Qualitätsmanagementsbeauftragten unter Mitwirkung der zuständigen Verantwortlichen.<br>Für die Verifikation ist das Team zuständig. |
| **Dokumentation:** | Sowohl über die Revision als auch die Verifikationen sind innerhalb von vier Wochen Vermerke nach vorheriger Rücksprache mit den Betroffenen anzufertigen. |

**Reinigung und Desinfektion in der Lebensmittelindustrie**
G. Wildbrett (Hrsg.)

BEHR'S...VERLAG

1. Auflage 1996
unveränderter Nachdruck 1997
Hardcover · DIN A5
360 Seiten · 100 Abb. · 113 Tab.
DM 198,50 inkl. MwSt., zzgl. Vertriebskosten
ISBN 3-86022-232-5

Die technologischen Fortschritte in der Erzeugung, Be- und Verarbeitung sowie Distribution von Lebensmitteln während der letzten Jahrzehnte haben allgemein ihren Niederschlag in Lehr- und Fachbüchern gefunden. Sie behandeln die einschlägigen Verfahren ausführlich, ohne jedoch Reinigung und Desinfektion ihrer Bedeutung entsprechend zu berücksichtigen. Deshalb hielten es die Autoren für notwendig, dieses Spezialgebiet der Lebensmitteltechnologie in einem eigenen Werk darzulegen, nicht zuletzt auch deswegen, weil grundlegende Beiträge fast ausschließlich älteren Datums sind und folglich bei den heutigen, oftmals kurzfristig angelegten Literaturrecherchen nicht auftauchen.

### Komplex dargestellt

Ein Blick auf das Inhaltsverzeichnis läßt den Leser rasch die Komplexität der Thematik erkennen. Ihre adäquate Darstellung hätte einen einzelnen Verfasser überfordert. So ist das vorliegende Buch das Ergebnis der Zusammenarbeit mehrerer ausgewiesener Fachleute aus verschiedenen Disziplinen, die ausnahmslos jahrelang an Universitäten Teilbereiche der Betriebshygiene gelehrt haben und die Praxis aus eigener Tätigkeit bzw. Anschauung kennen. Die Autoren waren bestrebt, möglichst spartenübergreifend die unterschiedlichen Branchen der Lebensmittelwirtschaft zu berücksichtigen. Trotzdem liegt der Schwerpunkt auf den Sektoren Milchwirtschaft und Getränkeindustrie, da erstere immer wieder Schrittmacher neuer Entwicklungen war.

### Herausgeber und Autoren

Professor Dr. Gerhard Wildbrett (Hrsg.), Dr. oec. troph. Dorothea Auerswald, Professor Dr. Friedrich Kiermeier, Professor Dr. rer. nat. Hinrich Mrozek.

### Interessenten

Das Werk wendet sich an: Beratungsingenieure · In der amtlichen Lebensmittelüberwachung Tätige · Fachleute aus den Bereichen des Anlagenbaus · Verfahrenstechniker · Chemische Industrie · Studierende der Lebensmittel- bzw. Ernährungswissenschaft

### Aus dem Inhalt

Chemische Hilfsmittel zur Reinigung und Desinfektion · Grundvorgänge bei der Reinigung · Grundvorgänge bei der Desinfektion · Wirksamkeitsbestimmende Faktoren für die Reinigung · Reinigungsverfahren · Desinfektionsverfahren · Kontamination von Lebensmitteln mit Reinigungs- und Desinfektionsmittelresten · Abwasserfragen · Spezielle Probleme an Kunststoffoberflächen · Korrosion · Kontrollmethoden für chemische Hilfsmittel · Kontrolle der Wirksamkeit von Reinigung und Desinfektion · Lebensmittelkontrolle auf Reste von Reinigungs- und Desinfektionsmitteln · Gesetzliche Vorschriften und Richtlinien

# BEHR'S...VERLAG

B. Behr's Verlag GmbH & Co. · Averhoffstraße 10 · D-22085 Hamburg
Telefon (040) 22 70 08-18/19 · Telefax (040) 220 10 91
E-Mail: Behrs@Behrs.de · Homepage: http://www.Behrs.de

# 6 Aseptisches Füllen

H. Mrozek

## 6.1 Allgemeine Einleitung

Grundlage der aseptischen Abfüllung von Lebensmitteln ist die (in der Praxis kaum realisierbare) Forderung ihrer absoluten Sterilität, also eines Keimgehalts von „Null" – bezogen zumindest auf gesundheitsschädliche und produktspezifisch vermehrungsfähige Keime – in „Unendlich", also der gesamten Produktionsmenge, mindestens aber in der jeweiligen Produktionscharge.

Wegen dieser „Null in Unendlich"-Forderung kann das aseptische Füllen von Lebensmitteln nicht als isolierter Produktionsvorgang betrachtet werden. Es ist mit dem gesamten Produktionsablauf vernetzt. Jeder 'durchbrechende' oder 'eingeschleppte' Einzelkeim gefährdet die angestrebte aseptische Abfüllung.

Das der Produktionssicherheit dienende HACCP-Konzept besteht aus einer **b**etriebsspezifischen **R**isiko**a**nalyse **u**nd (den zugehörigen) **p**roduktions**a**bsichernden **K**ontrollpunkten = BRAUPAK. Die kritischen Kontrollpunkte (CCP) bedürfen daher vielfach einer branchenspezifischen Spezifizierung.

### 6.1.1 Definition und Zweck

Die aseptische Abfüllung von Lebensmitteln dient der Erzeugung von Produkten, die aus mikrobiologischer Sicht unbegrenzt haltbar sein sollen. Voraussetzung ist dafür die Freiheit von Mikroorganismen, die im jeweiligen Lebensmittel vermehrungsfähig sind, also die sogenannte kommerzielle Sterilität („commercial sterility"). Das erfordert entsprechende Keimfreiheit im Produktfluß und vor allem bei den zugehörigen Verpackungen, die zudem rekontaminationssicher verschlossen sein müssen.

Der vollständige Ausschluß mikrobiologischer Risiken allein bedeutet noch nicht unbegrenzte Haltbarkeit. Reaktionen zwischen verschiedenen Lebensmittelbestandteilen, unter Umständen auch biochemische Veränderungen durch Restaktivitäten von Enzymen, sind damit nicht ausgeschlossen. Eine Haltbarkeitsangabe muß sich daher gegebenenfalls an entsprechenden Wertminderungsfristen ausrichten.

### 6.1.2 Abgrenzung gegen Verfahren mit Entkeimung nach Abfüllung

Im Produktionsprozeß stellt die Verpackung einen technologisch besonders anspruchsvollen Vorgang im Fließweg dar. Die bekannten Schwierigkeiten bei der zuverlässigen Beherrschung von Kontaminationsrisiken hatten bereits im vorigen Jahrhundert dazu geführt, die Abtötung haltbarkeitsgefährdender Mikroorganismen erst dann vorzunehmen, wenn die Einzelgebinde hermetisch verschlossen sind.

Bei der Konservenherstellung bewirkt der hohe Erhitzungsaufwand zur Erzielung der erforderlichen Kerntemperatur jedoch unerwünscht starke thermische Denaturierungen im Füllgut. In Dünnschicht-Fließwegverfahren lassen sich diese zumindest teilweise vermeiden. Das erfordert dann aber nachgängig eine zuverlässig gegen Rekontaminationen absichernde Verpackung, die sogenannte aseptische Verpackung.

Eine zusammenfassende Darstellung über den Stand der Technik beim aseptischen Verpacken von Lebensmitteln und der aktuellen Entwicklungstendenzen wurde von REUTER (1987) herausgegeben.

## 6.1.3 Restrisiko und seine Minimierung

Kein Verfahren ist risikofrei durchzuführen. Auch die modernsten Entkeimungsverfahren für Lebensmittel können sich einem Restkeimgehalt „0“ nur mit steigendem Aufwand und auch nur asymptotisch nähern. Keimfreiheit läßt sich unter den für eine Lebensmittelbehandlung anzustrebenden schonenden Bedingungen nur in begrenztem Umfang, nicht aber für beliebig große Mengen garantieren.

Entsprechendes gilt auch für Entkeimung der Anlagen vor Betriebsbeginn und ihre Sterilhaltung während der Betriebszeit, insbesondere aber für die Keimfreiheit des erforderlichen Verpackungsmaterials einschließlich der zugehörigen Bedarfsgegenstände.

Die Anlagen zur aseptischen Abfüllung selbst werden zudem im Dauerbetrieb zunehmend störanfällig. Eine Risikominimierung erfordert daher für den Produktfluß eine ausreichende Entkeimungsreserve, für den Produktionsweg eine zuverlässige Wartung einschließlich des Umfeldes.

Alle produktionstechnisch bedingten Durchbrüche zum sterilisierbaren Innenraum, alle Zuflüsse und Austritte können zur Eintrittspforte für Schadkeime werden. Die Abb. 6.1 zeigt den Produktionsgang bei der Herstellung haltbarer Lebensmittel schematisch. Kritische Kontrollbereiche sind durch Einrahmung, der Produktionsfluß mit Pfeilen gekennzeichnet.

Bei den durch den Produktionsablauf bedingten Kontaminationswegen ist stets auch an Kontaminationen entgegen der Fließrichtung zu denken (reverse flow), bedingt nicht zuletzt durch Vermehrungsschub und Beweglichkeit von Mikroorganismen.

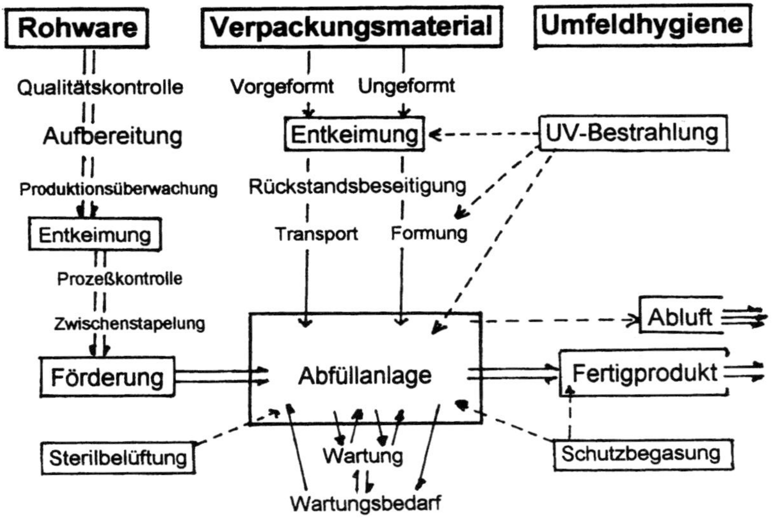


**Abb. 6.1 Produktionsgang bei der Herstellung haltbarer Lebensmittel**

## 6.2 Abschätzung der Risikoarten und -größen

Eine Abschätzung des produktseitigen Restrisikos ist nur über den vorgegebenen *F*-Wert des jeweiligen Entkeimungsverfahrens als n-faches des *D*-Wertes eines „kritischen Leitkeimes" möglich.

Da *D*-Werte Ergebnisse von Laboruntersuchungen und keine in der Praxis ermittelbaren Größen sind, müssen alle Verfahren nach Richtwerten aus Modellversuchen festgelegt werden. Die im Einzelfall stets unbekannte Resistenz der verschiedenartigen Schadorganismen bewirkt bereits einen nicht zu unterschätzenden Unsicherheitsfaktor.

Restkeime, die in Einzelpackungen gelangen, stellen darin ein individuelles Risiko dar, das sich entsprechend den Lagerungsbedingungen und der Zeit bis zum Verbrauch zum Schadensereignis auswachsen kann. Untersuchungstechnisch erfaßbar sind diese einzelnen Risikokeime kaum, es sei denn über eine Reklamationsstatistik. Gewöhnlich ist die tatsächliche Reklamationsquote wegen einer unbekannten Dunkelziffer jedoch niedriger als die gemäß *F*-Wert des Verfahrens zu erwartende Überlebensquote von Schadkeimen (MROZEK, 1979).

Nur empirisch zu erfassen ist auch ein allfälliges Vermehrungsrisiko durch überlebende Restkeime, die sich im Fließweg nach der Entkeimungsmaßnahme über Adhäsion an Grenzflächen ansiedeln. Kontinuierliche Prozesse müssen dementsprechend regelmäßig zur Grundreinigung und Anlagensterilisation unterbrochen werden.

Für den Oberflächenkeimgehalt der Verpackungsmaterialien gelten prinzipiell ähnliche Überlegungen. Zu berücksichtigen ist jedoch, daß Kartonagen und Kunststoffolien der Oberflächenbehandlung entzogene Okklusivkeime enthalten können, die erst durch die Verformung, im ungünstigsten Fall beim Verschließen einer Packung, mit dem Füllgut in Kontakt kommen. Die zuverlässige Keimdichtigkeit des Verschlusses gegen jegliche spätere Rekontamination von außen muß selbstverständlich gesichert sein.

## 6.2.1 Voraussetzungen beim Füllgut

Risikoart und -umfang werden wesentlich durch die jeweilige Art des Füllgutes bestimmt. Seine stoffwechselphysiologischen Eigenschaften („intrinsic factors") geben die Richtung des Selektionsdruckes auf Kontaminanten an. Hierbei ist zu beachten, daß auch minimale, nicht mehr wahrnehmbare und schwer nachweisbare Rückstände Träger einer Vermehrung von Kontaminanten bis zur Erschöpfung der verfügbaren Nährstoffe werden können. Diese quantitative Begrenzung gilt im bestehenden Selektionsrahmen der jeweiligen Produkt- bzw. Verschmutzungsrückstände.

Entsprechend werden äußere Kontaminanten durch den Selektionsdruck von Produktrückständen qualitativ an innere Kontaminanten angeglichen, wie sie als natürlicher Besatz in den verarbeiteten Rohstoffen vorhanden sind. Aus dem Produktionsfluß von der Rohware her als Restkeimgehalt auftretende Kontaminanten finden in derartigen Verschmutzungen unmittelbar eine geeignete Vermehrungsgrundlage. Für eine allgemeine Betrachtung lassen sich die selektionswirksamen Faktoren zusammenfassen als

- Risikofaktoren, die spezifisch vermehrungsfördernd sind, also Nährstoffe, Wuchsstoffe und notwendige Mineralsalze, und als
- Schutzfaktoren, die allgemein oder spezifisch vermehrungshemmend sind, also pH-, rH- und $a_w$-Wert, Hemmstoffe wie Ethanol oder Nährstoffmangel.

Nach diesen Gesichtspunkten lassen sich alle Füllgüter nach Zahl und Gewichtung der Risiko- (R) und Schutzfaktoren (S) nach einem einfachen Schema in Form einer R/S-Zahlenkombination (Mrozek, 1975) in Gefährdungsklassen einteilen, wie die folgenden Beispiele veranschaulichen:

1/0 = Trinkwasser, nährstofffreie Getränke
1/1 = Carbonisierte Mineralwässer
2/1 = Kohlensäurefreie Süßgetränke, Obstsäfte und Konzentrate
2/2 = Carbonisierte saure Getränke
2/2 = Kohlensäurefreie alkoholhaltige Getränke
2/3 = Kohlensäure und Alkohol enthaltende Getränke
3/1 = Gemüsesäfte und Konzentrate
4/1 = Saure Milcherzeugnisse, Fruchtdesserts
4/0 = Trinkmilch und ungesäuerte Milchprodukte, Sojaerzeugnisse, Suppen

Je eingeengter Nährstoffauswahl und -verfügbarkeit und je wirkungsvoller die Schutzfaktoren sind, umso geringer ist der Artenreichtum möglicher Schadorganismen, während bei uneingeschränktem Zugriff auf alle Komponenten des Bau- und Betriebsstoffwechsels jede beliebige Art saprophytischer Mikroorganismen zum potentiellen Schädling wird. Es verdient jedoch wiederholt zu werden, daß kleinste Spuren verwertbarer Stoffe, wie sie etwa vom Verpackungsmaterial abgegeben werden können, bereits eine Keimvermehrung auslösen können.

Für die Risikoabschätzung sind gleichzeitig die denkbaren Verbreitungswege und möglichen Vehikel in die Betrachtung einzubeziehen. Üblicherweise auf dem Produktionsweg oder als Schmierwegs-Übertragung verbreitete Kontaminationen lassen sich reinigungstechnisch und desinfektorisch bekämpfen.

Keimtragende Vehikel sind über Abkapselung der Anlage fernzuhalten, wobei luftgetragene Kontaminationskeime besondere Beachtung finden müssen. Soweit sie, wie die meisten Bakterienarten, auf neutrale Partikel wie Staubteilchen als Träger angewiesen sind, ist ihre Abscheidung über Filter zuverlässiger als eine Luftentkeimung durch UV-Strahlen, die die Trägerpartikel nicht durchdringen können. Für ungeschützt luftgetragene Kontaminanten, wie etwa die Konidien von Schimmelpilzen, farbige Kokken oder eventuell auch Viruspartikel, kann eine Bestrahlung als wirksamer angesehen werden.

Für die Risikobewertung bestimmter Keimarten ist zunächst deren Verhalten im Produkt bedeutungsvoll. Nicht nur vermehrungsfähige Keimarten sind bedenklich, auch solche mit langfristiger Überlebensmöglichkeit wachsen sich zum Risiko aus, wenn das Trägerprodukt über eine zur Nährstoffkomplettierung führende Mischverwendung verbraucht wird. In solchen Fällen können sich auch noch Keimarten, die mittelfristig eliminiert werden, schädlich auswirken.

Gleichrangig wirkt sich die Bekämpfbarkeit von Kontaminanten bei der Risikobewertung aus. Hierzu gehört vor allem das Resistenzverhalten gegenüber den angewandten Sterilisationsmethoden. Für das Produkt selbst ist das in aller Regel Hitzeeinwirkung, für Packmittel eine Kombination aus chemischer und thermischer Noxe sowie energiereicher Strahlung. Für die Anlage und ihr Belüftungssystem kommt neben der Fernhaltung von Kontaminanten und ihren Vehikeln die mechanische Keimabtrennung oder Keimentfernung hinzu.

Hinsichtlich ihrer Resistenz bilden die Endosporen der Bacillus-Arten für die meisten antimikrobiellen Eingriffe die oberste Stufe. Lediglich bei der Resistenz gegen Bestrahlungen gibt es Ausnahmen. Andere Ruhestadien, insbesondere Konidien als Ausbreitungsform, folgen in der Rangfolge im allgemeinen vor den vegetativen Formen. Ergebnisse von Laborbefunden der Resistenz, wie sie üblicherweise als Richtwerte dienen, finden sich in der Fachliteratur.

### 6.2.2 Keimgehalt verwendeter Rohstoffe

Grundvoraussetzung für die Herstellung von Qualitätsprodukten ist bekanntlich eine verarbeitungstechnisch einwandfreie Rohware. Das gilt bei hohen Haltbarkeitserwartungen auch, wenn die Entkeimung nach einem Verfahren, das einer Sterilisation nahekommt, durchgeführt wird. In jedem Fall ist der Entkeimungserfolg von der Anfangskeimzahl abhängig. Daher sind bei aseptisch abzufüllenden Lebensmitteln qualitätssichernde Maßnahmen für die verwendeten Roh- und Hilfsstoffe unabdingbar.

Pflanzliche Rohwaren sind entsprechend ihrem Bodenkontakt mit Bodenflora kontaminiert, worunter besonders die sogenannten Erdsporen, Endosporen verschiedener Bacillus-Arten, zu den kritischen Risikofaktoren gehören. Sowohl die Wetterlage bei der Ernte als auch die Verarbeitungssorgfalt beeinflussen hierbei die Höhe des Sporengehalts und damit die Größe des Risikos.

Bei Rohwaren, die vom Tier stammen, ist der Eintrag vergleichbarer Kontaminanten über den Bodenkontakt bei der Tierhaltung möglich. Zusätzlich ist über Futtermittel und aus der Darmflora mit dem Auftreten von Clostridien, den anaeroben Sporenbildnern und ihren Endosporen, zu rechnen. Besondere Sorgfalt bei der Auswahl und Vorbereitung der Rohwaren ist hier wegen der geringeren Hitzestabilität im Vergleich zu pflanzlichen Produkten erforderlich.

**CCP:** Produktionsabsichernde Kontrollen müssen den Gehalt der Rohwaren an resistenten Schadkeimen ermitteln, um bei Bedarf den *F*-Wert einer thermischen Behandlung heraufzusetzen.

Die Untersuchungen können stichprobenartig durchgeführt werden, sollten aber möglichst dann vorgenommen werden, wenn die Erzeugungsbedingungen eine Anreicherung von Schadkeimen erwarten lassen.

Als einfachstes Untersuchungsverfahren kann ein Titerverfahren mit einer im Wasserbad auf Siedetemperatur gebrachten Verdünnungsreihe Aufschluß geben.

## 6.2.3 Produktseitige Einflußgrößen der Entkeimbarkeit

Für eine aseptische Abfüllung geeignete Lebensmittel müssen in geschlossenen Systemen zu bearbeiten sein. Eingangsstufe ist dabei die Wärmebehandlung zur möglichst schonenden thermischen Entkeimung. Günstiger Wärmeübergang vom Heizmedium auf das Produkt erfordert Fließfähigkeit in dünner Schicht. Innerhalb homogener Flüssigkeiten stellt Konvektion die gleichförmige Erhitzung sicher. Eine ungleichförmige thermische Beanspruchung muß durch einen ständigen Produktaustausch an der Heizfläche über eine turbulente Strömung oder bei inhomogenen Füllgütern durch geeignete Förderhilfen vermieden werden.

Die Turbulenz in einem fließfähigen Medium hängt – außer von den apparativen Voraussetzungen – von seiner Dichte und seiner Viskosität ab. Hinzu kommen produkt- und materialbedingte Grenzflächenprobleme. Gerade letztere ändern sich im Verlauf einer Produktionsperiode durch Ablagerungen an den Heizflächen. Dadurch können sich auch die Verweilzeitdifferenzen ändern, wodurch die Überlebensrate thermoresistenter Keime über den vorgegebenen Planwert hinaus ansteigt.

In gleicher Richtung kann sich auch eine variable Produktionspalette auswirken. Eine für die Herstellung eines definierten Erzeugnisses geprüfte und zugelassene Ultrahocherhitzungsanlage zeigt bei Produkten mit anderem Fließverhalten auch einen veränderten Erhitzungseffekt. Eine Anpassung ist sowohl über das eigentliche Erhitzungsverfahren (indirekte Erhitzung über Wärmeaustauschflächen oder direkte Erhitzung über Dampfinjektion) als auch über die Anlagenkonstruktion (Platten-, Röhren- oder Schabewärmeaustauscher), allerdings nur innerhalb der konstruktiv vorgegebenen Flexibilität, möglich.

Das gilt besonders für unterschiedliche Viskositäten und für Pulpen und Erzeugnisse mit unterschiedlichen Feststoffanteilen, in denen größere Partikel suspendiert sind, die einer ausreichenden Wärmeeinwirkung über Konvektion schlecht zugängig sind. Da direkte Wärmeleitung bei stückigen Füllgütern wegen des erschwerten Wärmeüberganges an Grenzflächen und geringerer Wärmeleitfähigkeit innerhalb der Partikel verzögert ist, befindet sich hier das Übergangsfeld zwischen äußerer Förderung über Pumpendruck und innerer Förderung durch Schaber oder Schneckenförderung.

Die skizzierten Probleme bei inhomogenen, aber fließfähigen Lebensmitteln sind verstärkt zu erwarten, wenn in Aufgußflüssigkeiten geförderte Füllgüter, die üblicherweise nach der Abfüllung als Konserve behandelt wurden, auf eine Fließwegbehandlung vor der Abfüllung umgestellt werden sollen. Zu beachten ist dabei, daß der Keimgehalt von Partikeln zwar primär an ihren Außenflächen zu erwarten ist, infolge der notwendigen Bearbeitungsvorgänge aber auch jederzeit in das Innere gelangen kann, wo er natürlichen Schutz durch die Deckschichten erhält.

Eine mechanische Entfernung von Kontaminationskeimen, etwa bei einer Schmutzentfernung durch einen Spülvorgang, ist dann ausgeschlossen. Die thermische Abtötung wird mit abnehmender Wärmeleitfähigkeit des jeweiligen Materials zunehmend erschwert. Daher bildet die getrennte Behandlung von Aufgußflüssigkeit und stückigem Füllgut eine Alternative, bei der thermische Schädigungen minimiert werden können. Der apparative Aufwand im Sterilbereich wird dabei jedoch um eine Mischeinheit erweitert.

## 6.2.4 Keimgehalt im Füllgut

Nach Abschluß der Entkeimungsmaßnahme stellt der Keimgehalt im Vorlauf zur aseptischen Verpackung den limitierenden Faktor für die Qualität des Füllgutes dar. Die angestrebte Sterilisation ist gemäß obigen Ausführungen jedoch nur in einer aufwandsbestimmten Annäherung zu erreichen. Insbesondere bei Füllgütern mit geringer Hitzestabilität und hohem Befallsrisiko durch Mikroorganismen wird daher als unterer Grenzwert die sogenannte kommerzielle Sterilität angestrebt. Das bedeutet:

- Freiheit von pathogenen und toxigenen Keimen,
- Reduktion von haltbarkeitsgefährdenden Saprophyten auf ein vertretbares Niveau,

oder nach der Definition der FAO/WHO Codex Alimentarius Commission für 'Commercial sterility': „the condition achieved by application of heat, sufficient, alone or in combination with other appropriate treatments, to render the food free from micro-organisms capable of growing in the food under normal non-refrigerated conditions at which the food is likely to be held during distribution and storage" (CAC, 1987).

Während die Freiheit von gesundheitsschädlichen Keimen eine Bedingung „sine qua non" ist, stellt der Restgehalt an Verderbskeimen ein betriebswirtschaftliches Problem mit weitreichenden Folgen dar. Hier entscheidet die Kosten/Nutzen-Relation weitgehend über den tolerierbaren Umfang des Verderbsrisikos. Gleichzeitig ist hierin der jeweilige Stand der Technik enthalten, wobei das Bestreben, den Kompromiß zwischen dem Verbraucherwunsch nach geringstmöglicher Denaturierung und der Forderung nach Produktsicherheit zu optimieren, die Entwicklungstendenzen bestimmt.

Da sich als tolerabel angesehene Defektraten im Bereich der Dimensionen von 1:1000 bis 1:1.000.000 bewegen, ist hierbei eine routinemäßige Laborüberwachung überfordert. Eine statistisch abgesicherte Aussage erfordert einen Probenumfang vom Mehrfachen der angestrebten Defektrate.

Als Kontrollmethode ist daher eine kontinuierliche Überwachung der Einhaltung der Erhitzungsbedingungen erforderlich, wobei die Zuverlässigkeit der eingesetzten Meßgeräte sicherzustellen ist. Daraus ergibt sich als kritischer Kontrollpunkt:

**CCP:** Die produktionsabsichernde Kontrolle hat die Genauigkeit der verwendeten Meßgeräte durch regelmäßige Nacheichungen zu gewährleisten. Die Funktionstüchtigkeit der Geräte zur Aufzeichnung der Meßergebnisse ist durch fachkundige Wartung sicherzustellen.

## 6.2.5 Eintrittspforten im Vorlauf zur Abfüllanlage

Mit Abschluß der „Sterilisation" und nach dem Unterschreiten eines antimikrobiellen Temperaturniveaus beginnt in der Rückkühlabteilung der Risikobereich. Er ist an dieser Stelle bis zum Eintritt der Zulaufleitung in den gesicherten Aseptikbereich der Abfüllanlage zu betrachten, umfaßt also auch einen zwischengeschalteten Steriltank, der als Aseptiktank bereits in den Sterilbereich einbezogen werden muß. Gegebenenfalls gehören auch andere technische Einrichtungen, wie z. B. Homogenisieranlagen, dazu, sofern sie sich im Rückkühlbereich befinden.

Zur Risikoabschätzung ist zu berücksichtigen, daß sich thermophile Mikroorganismen im Bereich von 40 °C bis über 70 °C vermehren können. Bis zur Abfüllbereitschaft bei Raumtemperatur erweitert sich dieses Risiko auf die gesamte im vorliegenden Standort vermehrungsfähige mesophile Mikroflora.

Der Rekontaminationsschutz im Inneren des Vorlaufweges wird durch die Vorsterilisation der Anlage auf dem Fließwege mit Heißwasser, z. B. über 30 Minuten unter entsprechendem Gegendruck bei 135 °C, erzielt. Damit kann im direkten Einwirkungsbereich der feuchten Hitze mit zuverlässiger Wirkung gerechnet werden. Im Trockenbereich sind für einen gleichwertigen Effekt jedoch höhere Temperaturen und längere Einwirkungszeiten erforderlich. Vegetative Keime, etwa der toxinbildenden Art *Staphylococcus aureus*, werden erst durch etwa 15 Minuten Einwirkung von Heißluft von 140 °C abgetötet.

Außenflächen der behandelten Anlagenteile werden daher nicht ebenso zuverlässig entkeimt wie die inneren Wandungen. Streng genommen beginnt der Außenbereich bereits in den Anpreßfugen der Dichtungen. In der Reichweite metallischer Wärmeleitung kann zwar noch mit einer weitgehenden Abtötung vegetativer Keime gerechnet werden, nicht ausreichend zuverlässig jedoch auf schlecht leitenden Kunststoffflächen.

Als besonders kritisch sind festgebrannte Restverschmutzungen und Rückstände an den Dichtungen von Rohrverbindungen anzusehen. Hier überlebende Anflugkeime oder Schmierkontaminanten können in den Dichtungsraum hineingeraten und bei ausreichender Zeit bis zur nächsten Hitzebehandlung sogar bis zum Fließweg durchwachsen.

Auf die Möglichkeit der Entwicklung einer Aufwuchsflora im Inneren des sterilisierten Fließweges, ausgehend von resistenter Restflora im Füllgut, muß auch hier noch einmal hingewiesen werden. Dieses wie die vorgenannten Risiken nehmen natürlich proportional zur Betriebsdauer der Anlagen zu, machen also regelmäßige Betriebsunterbrechungen und sorgfältige Wartung erforderlich.

**CCP:** In die produktionsabsichernden Kontrollen ist die regelmäßige Inspektion aller Verbindungselemente einzubeziehen, die zur Zugangsbrücke für Kontaminationskeime zum Fließweg hin werden können.

## 6.3 Risikobewertung von Aseptik-Anlagen

Seit der allgemeineren Einführung der Ultrahocherhitzung um 1960 wurden Anlagen zur aseptischen Abfüllung und Verpackung von Milch benötigt, so daß inzwischen ein hochwertiger Entwicklungsstand für solche Produktionsanlagen vorliegt. Neuanlagen nach dem Stand der Technik bieten demnach ein Höchstmaß an Betriebssicherheit, solange sie entsprechend den Bedienungsanleitungen gefahren und gewartet werden. Hinzu kommt die moderne Steuerungstechnik, die Störungen oder Bedienungsfehler anzeigt und gegebenenfalls die Produktion unterbricht.

Für die Milchwirtschaft hat der „Erhitzerausschuß" eine Richtlinie zur „Typprüfung von aseptisch arbeitenden Verpackungsmaschinen für ultrahocherhitzte Milch zum Zwecke der amtlichen Zulassung" erarbeitet (Reuter et al., 1982). Darin werden die Anforderungen an die Anlage und ihre Funktionstüchtigkeit zusammengestellt und die vorzunehmenden Prüfungen beschrieben.

Entsprechend den Schwierigkeiten bei der Empfehlung von kritischen Kontrollpunkten im Produktvorlauf ab Ultrahocherhitzung geht es auch bei den Abfüllanlagen nur darum, Denkmöglichkeiten für Kontaminationsrisiken aufzuzeigen. Denn schon vor Betriebsbeginn findet eine sorgfältige Sterilisation der gereinigten Fließwege statt. Zusätzlich wird das Innere der gesamten Abkapselung der Anlage sorgfältig nach anerkannten Verfahren desinfiziert. Diese Maßnahmen sind nach Einwirkungstemperatur und -zeit sowie der Konzentration eingesetzter Mittel und der Intensität verwendeter Strahlungen zu überwachen.

**CCP:** Vollständige Überwachung aller Maßnahmen zur Anlagensterilisation, ggf. Kontrolle der dafür eingebauten Störmeldeanlagen.

Daraus resultiert, daß auch bei der Überwachung der Anlagen zur aseptischen Abfüllung übliche mikrobiologische Untersuchungen überfordert sind. Gilt es doch, einen Restkeimgehalt ungleich „0" auf weitreichend keimfreien Flächen nachzuweisen. Hinzu kommt, daß eventuelle Risikopunkte schwer zugängig im Sterilbereich liegen und jede Probenentnahme einen unzulässigen Eingriff mit Kontaminationsrisiko darstellt.

In der Abb. 6.2 ist der Arbeitsablauf bei der aseptischen Verpackung von Lebensmitteln mit der wesentlichen Verpackungsvariante – Formung in der Anlage oder vorgeformte Verpackungen – vereinfacht dargestellt. Eine Hervorhebung wesentlicher Kontrollpunkte ist hier nicht sinnvoll. Hinsichtlich der nicht quantifizierbaren Restrisiken vergleiche Text.

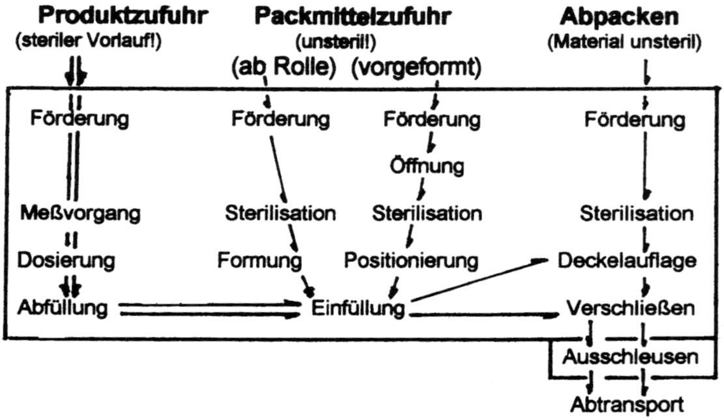


**Abb. 6.2 Arbeitsablauf bei der aseptischen Verpackung von Lebensmitteln**

### 6.3.1 Anlagensterilisation

Voraussetzung für eine aseptische Abfüllung ist die Sterilisierbarkeit der verwendeten Anlagen. Das setzt eine entsprechend durchkonstruierte Anlage voraus, die harmonisch mit dem vorgeschlagenen Entkeimungsverfahren abgestimmt sein muß.

Die innerhalb der als Rekontaminationsschutz angebrachten Ummantelung befindlichen Teile werden daher mit einem zuverlässig wirkenden physikalischen (thermisch, energiereiche Bestrahlung) oder chemischen (Sprühverfahren, Begasung) Keimtötungsverfahren behandelt. Um sowohl Materialbeanspruchung als auch die Umweltbelastung zu minimieren, werden gewöhnlich geeignete Kombinationen empfohlen bzw. als Programm installiert.

Der Fließweg für das abzufüllende Lebensmittel wird im Zusammenhang mit der vorgeschalteten Erhitzungsanlage behandelt, wobei die Sterilisation bei ausreichendem Überdruck mit Heißwasser oder Heißdampf in etwa Autoklavenbedingungen entsprechen sollte. Bei richtiger Überwachung der Arbeitsbedingungen sind im Inneren des Fließweges keine spezifischen Risiken zu erwarten. Für den ummantelten Innenraum des Aseptikgehäuses haben sich Heißluftbehandlung und/oder Einsprühen mit Wasserstoffperoxid mit ausreichender Einwirkungszeit und zuverlässiger Rückstandsentfernung bewährt. Auch hier muß die Überwachung der Anwendungsbedingungen den Erfolg absichern.

Zu den Vorbedingungen der Sterilisierbarkeit gehört allerdings die am Ende der Produktionsphase notwendige Reinigung der Anlage. Die Behandlung des Fließwegs ist nach Schließung der erforderlichen Verbindungen eine unproblematische CIP-Maßnahme. Reinigung und eine Zwischendesinfektion lassen sich wie die Vorsterilisation gemeinsam mit der zugehörigen Erhitzungsanlage durchführen, wobei hierfür kein Gegendruck zur Erhöhung der Siedetemperatur erforderlich ist.

Schwieriger kann sich die Reinigung des inneren Umfeldes des Abfüllweges gestalten, wenn Produktverschmierungen außerhalb des Fließweges möglich sind. Das betrifft vor allem die volumetrische Abfüllung in (ggf. vorgeformt einzuschleusende) Einzelgebinde wie Becher oder Dosen. Innere Sprühmaßnahmen müssen kontrolliert und eventuell über die Wartungseingriffe in der Ummantelung von Hand nachgebessert werden.

**CCP:** Produktionsabsichernde Kontrollen verlangen die regelmäßige Überwachung der Arbeitsbedingungen aller Maßnahmen zur Anlagensterilisation einschließlich der Kontrolle der dafür eingebauten Meß- und Anzeigegeräte.

### 6.3.2 Meß-, Dosier- und Abfüllvorgang

Eigentliche Aufgabe der aseptischen Abfüllung sind die im Fließweg aufeinander folgenden Schritte Abmessen der vorgesehenen Abfüllmenge und deren Dosierung in die keimfrei bereit zu stellenden Verpackungen. Sie finden ausnahmslos im Inneren des Sterilbereichs der Anlage statt.

Besonders anfällig für Kontaminationen sind alle beweglichen Teile im Fließweg, wie sie normalerweise ein Meß- und Dosiervorgang erfordert. Daher begann gleichzeitig mit der Einführung der Ultrahocherhitzung die Technologie der aseptischen Abfüllung mit der im Abfüllrhythmus von einer Rolle gefertigten, in einem Durchlauf entkeimten Tetraederpackung. Hierbei entfällt der Meß- und Dosiervorgang, er wird durch volumengerechte Trennung des vorgeformten Packmittelrohres erreicht.

Nach diesem Grundprinzip arbeiten inzwischen sehr unterschiedliche Anlagen, bei denen sich demnach allgemein das Kontaminationsrisiko auf den Vorlaufweg und das Packmaterial beschränkt.

Bei einer Abfüllung in vorgeformte Behälter sind dagegen Meßeinrichtungen am Ende des Fließweges erforderlich. Um hiermit im Dauerbetrieb kontaminationsfrei arbeiten zu können, müssen Reinigung und Desinfektion nach Betriebsschluß und die Sterilisation vor Betriebsbeginn stets alle Flächen der bewegten Teile erreichen, also auch die dem Fließweg abgekehrten Rückseiten. Die in der Biotechnologie üblichen Dampfsperren und dadurch abgesicherte Ventile ermöglichen heute auch diese vielseitig ausgestaltbaren Abfüllverfahren.

Bei Fehlbedienung und mangelhafter Wartung der Anlage kann sich insbesondere für bewegliche Teile das für den Vorlaufweg beschriebene Kontaminationsrisiko ausbilden. In Dichtungsräume eingewachsene Keime sind dort geschützter als im direkten Fließwegbereich. Meß- und Dosierelemente bilden zudem zusammen mit ihren Führungsteilen Brückenräume zwischen Fließweg und dem äußeren Umfeld, so daß Primärkontaminationen sowohl von innen als auch von außen einwachsen können.

**CCP:** Als allgemeine Empfehlung für produktionsabsichernde Kontrollen kann nur auf die sorgfältige Beachtung der Bedienungsanleitungen hingewiesen werden. Spezifische Empfehlungen können nur aus den jeweiligen Konstruktionsmerkmalen der betreffenden Anlage abgeleitet werden.

### 6.3.3 Packmaterial und seine Vorsterilisation – vorgeformte Einheiten oder kontinuierliche Formung

Sehr unterschiedliches Packmaterial wird heute für eine aseptische Verpackung von Lebensmitteln herangezogen. Im Gegensatz zum Vorgehen bei medizinisch-chirurgischem Bedarf und Laborgeräten für die Mikrobiologie, wo eine Versorgung mit bereits sterilisiertem Material die Regel ist, wird von der Lebensmittelindustrie üblicherweise unsteriles Material bezogen. Das beruht teilweise darauf, daß wirksame Begasungs- und Bestrahlungsverfahren lebensmittelrechtlich nicht zulässig sind, überwiegend aber auf dem kontinuierlichen Mengenbedarf.

Entsprechend den produktionstechnischen Anforderungen bot sich die vom Band zu fertigende Tetraederpackung für die aseptische Abfüllung an, während Sterilerzeugnisse in Flaschen zunächst nur analog einem Herstellungsverfahren von Konserven verwendbar zu sein schienen. Erfahrungen mit vorgefertigten Packungen aus anderem Material ermöglichen jedoch in entsprechenden Anlagen auch eine aseptische Abfüllung in Glasbehältnisse. Die materialbedingte Problematik läßt sich nicht verallgemeinernd umreißen.

Für die kontinuierliche Fertigung von Kartonverpackungen ab Rolle, ob volle Fertigung in der Anlage oder aus vorgefertigtem Kartonzuschnitt, ist mehrschichtiges Material unumgängliche Voraussetzung. Eine oder mehrere tragende Papierschichten müssen beidseitig mit Polyethylen beschichtet werden, um verschweißbar zu sein. Hinzu kommen bei Bedarf Sperrschichten, meist als Aluminiumfolie.

Bei reinen Kunststoffverpackungen sind thermische Verformung durch Tiefziehen von Bechern ab Rolle und das Blasen von Flaschen ebenso wie die Verwendung vorgefertigten Materials möglich. Mehrschichtiger Aufbau ist hierfür nicht erforderlich, für das Deckelmaterial üblich.

Als vorgefertigte Packungen kommen vor allem Metallbehältnisse und Gläser in Frage. Eine Produktion dieser Gebinde findet nicht vor Ort statt. Ein technologisch bedingter Anfangskeimgehalt ist hierbei zu vernachlässigen, dagegen ist trotz Umverpackungen und nicht nur über Transportschäden mit einer undefinierten Eingangsflora zu rechnen.

Erforderliche Produktbeschriftungen und wünschenswerte Werbeaufdrucke dürfen im Rahmen der Formgebung und der Verschweißung keinen direkten Lebensmittelkontakt erhalten.

Der primäre Keimgehalt im Verpackungsmaterial und seine Verteilung hängen von der Beschaffenheit und Verarbeitungssorgfalt der jeweiligen Rohwaren ab. Keimfreiheit ist bei der großtechnischen Herstellung nicht zu erwarten. Entkeimungsmaßnahmen bei der aseptischen Lebensmittelverpackung richten sich nur gegen den Oberflächenkeimgehalt des Verpackungsmaterials.

Die Sterilisation des Packmaterials erfolgt stets unmittelbar vor der Befüllung, soweit keine vorgeformten Gebinde verwendet werden auch vor der (abschließenden) Formgebung. Ein Band kann über Umlenkrollen geführt im Tauchbad oder im Sprühverfahren chemothermisch entkeimt werden, wofür Wasserstoffperoxid in Konzentrationen zwischen 15 und 40 % mit oder ohne Tensidzusatz Verwendung findet. Vorgeformte Zuschnitte müssen für einen gleichartigen Vorgang ausgerichtet und vorgefaltet werden, vorgeformte Gebinde der Transporteinrichtung und damit dem Sterilisationstakt zugeführt werden.

Über Heizbacken oder Heißluft wird eine Temperatur erreicht, die einerseits eine ausreichende sporizide Wirkung des Peroxids, andererseits eine Abdampfung bis zur praktischen Rückstandsfreiheit bewirkt. Für thermostabiles Material, insbesondere Dosen, kommt auch eine rein thermische Entkeimung, z. B. über gespannten Wasserdampf, in Frage.

Fehler durch Mangel an Desinfektionsmittel sollten nicht auftreten, sofern die Anlage mit einem Warnsystem ausgerüstet ist. Eine Überwachung der Konzentration ist erforderlich, wobei die Zusammensetzung der verwendeten Handelsware zu berücksichtigen ist. Bei Verwendung von Tensid-Zusätzen ist die Überwachung wegen der verringerten Stabilität besonders wichtig, sofern das Gemisch nicht unmittelbar zum Verbrauch hergestellt wird.

**CCP:** Für die Produktionsabsicherung ist die regelmäßige Kontrolle der $H_2O_2$-Konzentration, der angewandten Temperaturen und der dafür verwendeten Meßgeräte sowie die Prüfung der Packungen auf Freiheit von Rückständen erforderlich.

## 6.3.4 Verschließen der Einzelgebinde und ihre Dichtigkeit

Die Verschweißungsvorgänge bei der Formgebung und beim Verschließen der Packungen sind von zentraler Bedeutung für die Rekontaminationsverhütung. Das Einschweißen von Partikeln aus dem Füllgut ist unbedingt zu vermeiden, dadurch werden Eintrittspforten für Rekontaminationskeime präformiert. Das gilt besonders bei der Auflage von Deckeln aus Verbundmaterial zur Verschweißung mit den Rändern der Einzelgebinde. Kritisch sind auch Materialbrüche bei den Faltkanten, wodurch ein Lebensmittelkontakt zu den nicht sterilisierten Innenschichten des Packmaterials hergestellt wird.

Bei Betriebsbeginn sind die ersten Packungen einer sorgfältigen (zerstörenden!) Prüfung zu unterziehen, ob alle Schweißnähte richtige Lage haben und lückenlos versiegelt sind. Im laufenden Betrieb sind regelmäßig (z. B. alle 30 Minuten) Gebinde zu entnehmen und zumindest äußerlich auf ordnungsgemäße Verschweißung zu prüfen. Stichproben sind im Laboratorium einer Dichtigkeitsprüfung zu unterziehen. Dabei können Methoden zur Auffindung von Eintrittspforten für Mikroorganismen ähnlich der Konservenindustrie angewandt werden: Farbstoff-/Fluoreszenzprüfung, Vakuum- oder Druckprobe oder Prüfung mit einem inerten Gas wie Helium (CAC, 1985).

Bedienungsanleitungen für Anlagen zur aseptischen Lebensmittelverpackung enthalten Vorschriften für die Kontrolle der hergestellten Verpackungen. Sie sind umso wichtiger, je komplexer die erforderlichen Falt-, Formgebungs- und Verschlußvorgänge sind. Packungen mit freiem Kopfraum über dem Füllgut sind nur scheinbar weniger störanfällig bei der Verpackung partikelhaltiger Erzeugnisse. Ein Nachtropfen während des Vorschubs stellt ein beachtliches Risiko bei höher viskosen Produkten dar.

**CCP:** Fertige Handelsware ist in ausreichendem Umfang auf zuverlässigen Verschluß der Einzelpackungen zu prüfen. Packungen mit erkennbaren Randverschmierungen sind auszusortieren. Die Abfüllung ist auf richtige Abstimmung von Füll- und Vorschubtakt zu überwachen.

### 6.3.5 Lüftungstechnische Absicherung

Die Absicherung einer aseptischen Abfüllung keimfrei gemachter Lebensmittel erfordert einen zuverlässigen Schutz vor luftgetragenen Kontaminationen. Dem dient zunächst die Ummantelung des gesamten Aseptikbereiches und dessen vollständige Sterilisation vor Beginn der Abfüllung. Hierfür werden anlagenbedingt unterschiedliche Kombinationen chemothermischer Verfahren angewandt. Die Einhaltung der jeweiligen Vorschriften ist sicherzustellen (vgl. oben unter 6.3.1).

Im laufenden Betrieb kann dieser Zustand nur gehalten werden, wenn den Luftströmungen durch Temperaturschwankungen oder den durch die Bewegung des Fließbandes für Packungen ausgelösten Luftbewegungen durch eine gerichtete Überdruckbelüftung wirksam begegnet wird. Hierfür ist eine Sterilluft im Sinne der angestrebten kommerziellen Sterilität des Füllgutes erforderlich. Ein absoluter Ausschluß gesundheitsschädlicher Agenzien müßte allerdings auch Viren einbeziehen, was bei den in Betracht kommenden Volumina eine sehr aufwendige, mehrstufige Aufbereitung erfordern würde.

Eine ausreichende Keimabscheidung für die Sterilbelüftung beginnt mit der Vorfiltration zur Abtrennung größerer Partikel, die für die gewichtsanalytische Bewertung einer Filterleistung die Hauptarbeit leisten, aber nur Keimträger und keine vereinzelten Keime entfernen. Filter der Klassen EU 1 bis EU 4 bewirken nach DIN 24185 eine ausreichende Feinstaubabscheidung bis etwa zur Partikelgröße von 10 µm. Freischwebende Bakterien passieren nahezu ungehindert, Hefen und Konidien von Schimmelpilzen können nicht ausreichend zurückgehalten werden. Hochleistungsfilter der Klassen EU 5 bis EU 9 erreichen zwar einen Rückhaltegrad von etwa 95 % für Partikelgrößen zwischen 10 und 1 µm, gewährleisten aber auch noch keine Bakterienfreiheit.

Wirksamere Höchstleistungsfilter, deren Rückhaltevermögen nach DIN 24184 bis zu Partikelgrößen von 0,001 µm herunterreicht, werden daher umgangen, indem man Vorfilter mit einer anderen Entkeimungsart – wie einer UV-C-Bestrahlung – kombiniert.

Die mikrobiologische Untersuchung der ordnungsgemäß aufbereiteten Sterilluft auf eventuelle Restkeime ist nicht erfolgversprechend. Dagegen muß das Aufbereitungsverfahren durch Filterwartung und Überwachung der eingesetzten Bestrahlungselemente überwacht werden.

**CCP:** Die sterile Überdruckbelüftung muß über die regelmäßige Wartung und Kontrolle aller Aufbereitungsschritte gesichert werden.

### 6.3.6 Bedeutung von Zugriffsdurchbrüchen

Für den Produkt- und Produktionsfluß, besonders aber für alle Pflege- und Wartungsarbeiten sind Durchbrüche in den angestrebten hermetisch abgeschlossenen Aseptikbereich erforderlich. Soweit sie im laufenden Betrieb nicht luftdicht und rekontaminationssicher verschlossen sein können, müssen sie durch die Überdruckbelüftung des Gehäuses mit Sterilluft abgesichert sein.

Von Bedeutung ist die Wartung der Dichtungen an allen Durchbrüchen. Sie können bei mangelhafter Wartung zum Keimträger werden, besonders wenn daran Produktrückstände haften. Die Überlegungen für die Bedeutung minimaler Rückstandsmengen gelten auch hier. Das Wechselspiel von Befeuchtung im Rahmen einer Reinigungsoperation und von Trocknung durch eine Heißluftsterilisation oder die Sterilbelüftung birgt in den Schutz- und Isolierbereichen von Dichtungsmaterialien Risikopunkte für eine Entwicklung von Kontaminationsherden. Insbesondere Sporenbildner mit ihrem Wechsel zwischen resistenten Ruhestadien, die auf dem Luftweg verbreitbar sind, und vegetativen Zellen, die sich in Arbeitspausen vermehren, können hier auftreten.

**CCP:** Zur langfristigen Produktionsabsicherung gehören die sorgfältige Wartung und der regelmäßige Wechsel von allen Dichtungsmaterialien, die sich in den Durchbrüchen des Aseptikgehäuses befinden.

## 6.3.7 Unterbrechungen des Produktionsflusses

Störungen im Produktvorlauf, wie sie beispielsweise durch eine notwendige Umlaufschaltung beim Erhitzer ausgelöst werden, erzwingen eine Unterbrechung des Abfüllvorgangs. Die Dauer einer solchen Unterbrechung entscheidet, ob nach Behebung der Störung die Abfüllung ohne zusätzliche Absicherungsmaßnahmen wieder angefahren werden kann, spezifische Sicherheitsvorkehrungen zu treffen sind oder der Produktionsprozeß abgebrochen und die Anlage für einen Neubeginn mit allen zugehörigen Sterilisationsmaßnahmen angefahren werden muß.

Wartungseingriffe während der Betriebszeit, die nicht von außen her steuerbar sind, unterbrechen grundsätzlich den Sterilstatus und damit die aseptische Abfüllbereitschaft. Der Schutzwirkung der Überdruckbelüftung des Innenraumes sind sehr enge Grenzen gezogen. Jede Öffnung einer Bedienungstür und jeder Eingriff bedeutet ein Kontaminationsrisiko.

Zu beachten ist, daß die stets notwendige Händedesinfektion vor solchen Eingriffen keine Sterilisation der Hautoberfläche bewirkt. Sicherheit bieten nur sterile Einweghandschuhe. Findet eine Beschädigung dieser Handschuhe während der notwendigen Wartungsarbeit statt, so ist diese sofort zu unterbrechen. Trotz vorhergehender Händedesinfektion besteht dann ein Kontaminationsrisiko mit Hautkeimen.

**CCP:** Jeder Eingriff in die laufende Produktion oder bei ihrer Unterbrechung stellt ein für den Einzelfall zu bewertendes produktionsgefährdendes Risiko dar.

## 6.4 Prozeßüberwachung als Erfolgskontrolle

Solange eine Produktionskontrolle auf der Einhaltung bestimmter Grenzwerte aufgebaut werden kann, ist eine mikrobiologische Überwachung sinnvoll. Bereits bei der Forderung nach Freiheit von gesundheitsschädlichen Keimen stößt man an methodische Grenzen. Die Untersuchung auf einen Gehalt an weniger bedenklichen Indikatorkeimen kann hier im Normalfall weiterhelfen, nicht aber bei definitionsgemäß keimfreien Erzeugnissen.

Ein quantitativer Vergleich mag die Problematik der Aseptiküberwachung veranschaulichen. Freiheit von pathogenen Keimen wird in Lebensmitteln angenommen, wenn z. B. in 25 g Salmonellen nicht nachweisbar sind. In Trinkwasser, das über Membranfiltration besonders einfach überwachbar ist, darf in 100 ml *E. coli* als Indikatorkeim nicht enthalten sein. Gegebenenfalls wird hierbei ein einzelner Positivbefund unter 10 Ergebnissen innerhalb eines bestimmten Zeitraumes toleriert.

Dieser Wert von „Keimfreiheit" in 1 l = 1 kg ist zu vergleichen mit der Mindestanforderung von < 1 Keim in 1000 kg Handelsware entsprechend einem Reklamationsrisiko von 0,1 %. Weit darüber liegt der angestrebte Wert von < 1 Keim in 1.000.000 kg. Bereits eingangs wurde darauf hingewiesen, daß eine mikrobiologische Qualitätskontrolle hierbei überfordert ist, zumal es sich dabei um eine „zerstörende Prüfung" handelt.

### 6.4.1 Reklamationsstatistik

Von Bedeutung für den Praktiker ist die Feststellung der betriebsspezifischen Fehlerwahrscheinlichkeit. Für die Beurteilung der Produktionssicherheit genügt es, deren Dimension zu ermitteln. Eine realistische Fehlerquote läßt sich je nach Funktionstüchtigkeit der Anlage und der Zuverlässigkeit ihrer Bedienung, nach Art des Füllgutes und Länge des Vertriebsweges unterschiedlich einschätzen. Größenordnungen zwischen 1:1000 und 1:1.000.000 gelten als angemessen.

Soweit aseptisch abgefüllte Lebensmittel mit einem Mindesthaltbarkeitsdatum oder mit einem Verfallsdatum vertrieben werden, dürfte dieses sich definitionsgemäß nicht auf einen zu erwartenden Verderb durch Mikroorganismen beziehen. Mögliche biochemische Veränderungen, die zu einer Minderwertigkeit führen, rechnen nicht zu den hier zu erörternden Risiken.

Von Bedeutung für eine Reklamationsstatistik ist, daß durchaus nicht jede Kontamination schadenswirksam und zum erfaßbaren Schadensereignis wird. Massive Kontaminationen mit mesophilen Keimen, die sich in verderblichen Lebensmitteln in kurzer Zeit zum Schadensereignis auswachsen, sollten bei aseptischer Arbeitsweise nicht vorkommen. Einzelkeime benötigen, um in einem 1-kg-Verkaufsgebinde sinnfällige Verderbserscheinungen auszulösen, bis zu einem Keimgehalt von 1.000.000 je g etwa 30 Teilungsschritte. Die hierfür erforderliche

Zeit hängt vom physiologischen Status des Kontaminationskeims, von der Keimart und von der jeweiligen Lagerungstemperatur ab.

Ganz allgemein hängt die Verifikationswahrscheinlichkeit eines Schadensereignisses vom Vertriebs- und Verbrauchszeitraum ab. Die Reklamationsrate ist damit stets niedriger als die Kontaminationsrate (Mrozek, 1979). Eine ausreichend zuverlässige Angabe einer Kontaminationsrate setzt aber die Untersuchung einer Probenzahl eines Mehrfachen dieser Rate voraus.

Ein Ausschluß unwirtschaftlich hohen Prüfaufwandes im laufenden Betrieb ist unter konstanten Bedingungen möglich, wenn bei Neuaufnahme einer Produktionsrichtung Probechargen bebrütet und der Inhalt nur anteilsweise eingehend untersucht, im übrigen die Packungen aber zerstörungsfrei bewertet werden.

Für eine laufende Produktion gibt eine sorgfältig spezifizierte Reklamationsstatistik genügende Hinweise. Nach ihren mittel- und langfristigen Ergebnissen muß entschieden werden, ob generelle Umstellungen der Technologie erforderlich sind. Bei regelmäßiger Wiederkehr charakteristischer Reklamationsgründe ist eine gezielte Fehlersuche zur Schadensbehebung nötig.

## 6.4.2 Mikrobiologische Überwachung

Die Problematik des „Null in Unendlich“-Nachweises schränkt die mikrobiologische Überwachung auf eine Auswertung von Haltbarkeitsproben und auf Untersuchungen des Umfeldes ein.

Haltbarkeitsproben, in begrenzter Stückzahl entnommen und als forcierte Bebrütung einer extremen Belastung unterworfen, können nur Hinweise auf Sterilisierfehler oder umfangreichere Rekontaminationen geben. Sinnvoll ist eine Bebrütung für thermophile Sporenbildner, die besonders hitzeresistent sind und sich unter normalen Vertriebsbedingungen nur selten zum Schadensereignis auswachsen.

Umgebungsuntersuchungen sollen Aufschluß über das Kontaminationsrisiko aus dem Umfeld ergeben. Unter Berücksichtigung möglicher Übertragungs- und Einschleusungswege können daraus Schlüsse auf den Umfang eines Rekontaminationsrisikos, etwa bei fehlerhaften Eingriffen zur Behebung von Störungen, gezogen werden.

Untersuchungen über den Keimgehalt im Aseptikgehäuse können nur während der offenen Zeit, etwa nach der Reinigung bei Produktionsende, vorgenommen werden, sind aber wenig aufschlußreich. Kontrollen der Belüftung sind vor oder beim Lufteintritt nur als aufwendige 0-Wert-Kontrollen sinnvoll. Positive Befunde beim Luftaustritt würden auf gravierende Fehler im Produktionsfluß oder im Inneren der Anlage hinweisen, etwa wenn es sich um produktspezifische Keime aus unzureichend vorbehandeltem Füllgut handelt.

## 6.5 Summarische Bewertung

Aseptisches Füllen von Lebensmitteln ist ein Arbeitsgang, der insbesondere hinsichtlich der mikrobiologischen Produktsicherheit nicht isoliert betrachtet werden kann. REUTER (1987) faßt die Beurteilungskriterien für aseptische Verpackungssysteme in drei Gruppen zusammen: produktbedingte Unsterilität = $F_P$, packstoffbedingte Unsterilität = $F_S$ und anlagenbedingte Unsterilität = $F_M$. Den Anteil an der gesamten Fehlerquote gibt er in der Rangfolge mit $F_P << F_M > F_S$ an und beziffert den durch unzureichende Sterilisation verursachten Anteil an der Gesamtfehlerquote mit 1–2 %.

Hinsichtlich der packstoffbedingten Unsterilität ist auf die Arbeiten von VOSS und MOLTZEN (1973) hinzuweisen. In sorgfältig abgesicherten Versuchen mit Extrudaten verschiedener Granulate fanden sie regelmäßig überlebende Keime an den frisch gezogenen Folien. Nicht nur Endosporen von *Bacillus cereus* überlebten, auch Konidien von *Penicillium commune*. Bei der Herstellung von Kartonagen ist mit Keimfreiheit noch weniger zu rechnen.

In Anbetracht der „Null in Unendlich"-Forderung beim aseptischen Verpacken von Lebensmitteln muß der gesamte Produktionsablauf als kritischer Kontrollbereich bezeichnet werden. Die Angabe eines zentralen kritischen Kontrollpunktes (CCP1) zur Produktionsabsicherung ist nicht möglich.

### Literatur

[1] CAC (1985): Codex Alimentarius Commission der FAO/WHO doc. ALINORM 85/13, Appendix III: Report of the working group on the visual and teardown inspection of cans for defects.

[2] CAC (1987): Codex Alimentarius Commission der FAO/WHO Doc. ALINORM 87/13, Appendix VI: Revised draft code of hygienic practice for low acid and acidified low acid canned foods.

[3] MROZEK, H. (1975): Ursachen von Haltbarkeitsschwierigkeiten bei alkoholfreien Erfrischungsgetränken. Mineralwasser-Zeitung **28**, 888–893.

[4] MROZEK, H. (1979): Der Desinfektionserfolg und sein Nachweis. Brauwelt **119**, 732–740.

[5] REUTER, H., BIEWENDT, H.-G., KLOBES, R.H. (Hrsg.) (1982): Prüfrichtlinie Nr. 3 des Erhitzerausschusses: Typprüfung von aseptisch arbeitenden Verpackungsmaschinen für ultrahocherhitzte Milch zum Zwecke der amtlichen Zulassung.

[6] REUTER, H. (Hrsg.) (1987): Aseptisches Verpacken von Lebensmitteln. Hamburg: Behr's Verlag.

[7] VOSS, E., MOLTZEN, B. (1973): Untersuchungen über die Oberflächenkeimzahl extrudierter Kunststoffe für die Lebensmittelverpackung. Milchwissenschaft **28**, 479–486.

# 7 Haltbarmachung durch Säuren

W. H. Holzapfel

## 7.1 Einleitung

Der Einsatz von Säuren zur Lebensmittelkonservierung zielt in erster Linie auf die Absenkung des pH-Wertes, d. h. auf die Einschränkung eines für mikrobielles Wachstum entscheidenden Einflußfaktors. Hinzu kommt bei organischen Säuren die Wirkung des undissoziierten Säureanteils. Nur die undissoziierten Säuren überwinden die Membranbarriere und behindern Stoffwechselfunktionen im Zellinneren durch Hemmung wichtiger Enzymsysteme. Mit sinkendem pH-Wert steigt der undissoziierte Säureanteil und somit auch die Wirksamkeit der Säure. Während die anorganischen Säuren (mit Ausnahme der schwefligen Säure) auch im Neutralbereich noch zu einem wesentlichen Anteil in undissoziierter Form vorliegen, sind die organischen Säuren hier praktisch vollständig dissoziiert. Dadurch ist die konservierende Wirkung organischer Säuren in der Regel auf stark saure (pH <4,0) und seltener auch auf schwach saure (pH bis 5,5) Bereiche beschränkt. Diese Zusammenhänge werden im Hinblick auf die wichtigsten organischen Säuren in Tab. 7.1 dargestellt. Für weitere Information über minimale Hemmkonzentration (MHK) und antimikrobielle Wirkung auf spezifische Problemorganismen wird auf das Kapitel „Feinkosterzeugnisse" von Baumgart hingewiesen.

Im Hinblick auf die pH-bedingten Wachstumsgrenzen lebensmittelrelevanter Mikroorganismen sowie auf die Wirksamkeit bzw. Dissoziation einer vorliegenden organischen Säure (bei fermentierten Erzeugnissen hauptsächlich Milchsäure, bei „Pickles" in erster Linie Essigsäure) ist eine Gliederung von Lebensmitteln nach Säuregrad von praktischer Bedeutung. Der pH-Wert bzw. Säuregrad kann das mikrobiologische **Risikopotential** eines Lebensmittels bestimmen; daraus ergibt sich eine Einteilung, die auf dem Wachstumspotential bestimmter Mikroorganismengruppen basiert und die an Hand einiger Beispiele in Tab. 7.2 dargestellt wird. Sie verdeutlicht das geringere Verderbspotential saurer Erzeugnisse im pH-Bereich < 4,5. Die wenigen Keimgruppen, die dafür in Betracht kommen, sind vor allem die Hefen und Schimmelpilze (Stoffwechselaktivität u. U. bis hin zu pH 2,0) und einige Milchsäurebakterien (*Lb. brevis,* manche *Lb. plantarum*-Stämme und manche Pediokokken). Bei pH-Werten um 4,5 überleben manche Enterobakterien und Endosporenbildner, bei pH 4,0 und darunter sind diese jedoch vermehrungsunfähig und sterben in der Regel relativ rasch ab. Dies gilt vor allem für pathogene Bakterien, die in sauren bis stark sauren Produkten (s. Tab. 7.2) kaum eine Überlebenschance haben.

Bei Einhaltung guter Herstellungspraktiken (GMP) werden durch die Gesamt- (z. T. synergistische) wirkung von Säure(n), Salz und Sauerstoffausschluß praktisch alle unerwünschten Mikroorganismen in ihrem Wachstum gehemmt oder abgetötet. Somit stellen bakterielle Pathogene in diesen Produkten kein wesent-

**Tab. 7.1 Undissoziierte Anteile der Konservierungssäuren bei verschiedenen pH-Werten** (WALLHÄUSSER, 1988)

| Konservierungsstoffe | Dissoziationskonstante | pH-Wert | Undissoziierter Säureanteil in % bei pH | | | | | | | | |
|---|---|---|---|---|---|---|---|---|---|---|---|
| | | | 3,0 | 3,5 | 4,0 | 4,5 | 5,0 | 5,5 | 6,0 | 6,5 | 7,0 |
| schweflige Säure | $1{,}54 \cdot 10^{-2}$ | 1,81 | 6 | 2 | 0,6 | 0,2 | 0,06 | 0,02 | 0,01 | 0 | 0 |
| Salicylsäure | $1{,}07 \cdot 10^{-3}$ | 2,97 | 48 | 23 | 9 | 3 | 1 | 0,3 | 0,1 | 0,03 | 0,01 |
| Ameisensäure | $1{,}77 \cdot 10^{-4}$ | 3,75 | 85 | 64 | 36 | 15 | 5 | 1,8 | 0,6 | 0,2 | 0,06 |
| p-Chlorbenzoesäure | $9{,}3 \cdot 10^{-5}$ | 4,02 | 92 | 77 | 52 | 25 | 10 | 3,3 | 1,1 | 0,3 | 0,1 |
| Benzoesäure | $6{,}46 \cdot 10^{-5}$ | 4,18 | 94 | 83 | 61 | 33 | 13 | 5 | 1,5 | 0,5 | 0,15 |
| p-Hydroxibenzoesäure | $3{,}3 \cdot 10^{-5}$ | 4,48 | 97 | 91 | 75 | 49 | 23 | 9 | 2,9 | 1,0 | 0,3 |
| Essigsäure | $1{,}76 \cdot 10^{-5}$ | 4,75 | 98 | 95 | 85 | 64 | 36 | 15 | 5,4 | 1,8 | 0,6 |
| Sorbinsäure | $1{,}73 \cdot 10^{-5}$ | 4,76 | 98 | 95 | 85 | 65 | 37 | 15 | 5,5 | 1,8 | 0,6 |
| Propionsäure | $1{,}32 \cdot 10^{-5}$ | 4,88 | 99 | 96 | 88 | 71 | 43 | 19 | 7,0 | 2,3 | 0,8 |
| Dehydracetsäure | $5{,}30 \cdot 10^{-6}$ | 5,27 | 100 | 98 | 95 | 86 | 65 | 37 | 15,9 | 5,6 | 1,9 |
| Hydrogensulfit | $1{,}02 \cdot 10^{-7}$ | 6,99 | 100 | 100 | 100 | 100 | 99 | 97 | 91 | 76 | 50 |
| Borsäure | $7{,}3 \cdot 10^{-10}$ | 9,14 | 100 | 100 | 100 | 100 | 100 | 100 | 100 | 100 | 99 |

**Tab. 7.2 Einteilung von Lebensmitteln nach pH-Wert. „Problemorganismen“ werden generell angegeben unter Berücksichtigung der Einhaltung üblicher produkt- bzw. verfahrensspezifischer Parameter (Kühlung, Salz, Hitzekonservierung usw.)**

| Gruppe | Beispiele | Problemorganismen |
|---|---|---|
| neutral: pH 6,5–7,0 | Milch Schinken Geflügel | Milchsäurebakterien, *Enterobacteriaceae, Pseudomonas* spp., *Alcaligenes* |
| schwach sauer: pH 5,3–6,5 | rohes Fleisch, Schinken, Gemüsekonserven, Marinaden | Pseudomonaden, Bacillen, Staphylokokken, *Enterobacteriaceae,* Milchsäurebakterien, Hefen |
| mäßig sauer: pH 4,5–5,3 | Fleisch- und Gemüsekonserven, manche „leicht sauren“ Pickles | Sporenbildner, Milchsäurebakterien, Hefen |
| sauer: pH 3,7–4,5 | Gemüse-„pickles“, Mayonnaisen, Tomaten, Obst- u. Gemüsesäfte, Fischmarinaden, Sauergurken | Milchsäurebakterien, Hefen, Schimmelpilze, Essigsäurebakterien; um pH 4,5: manche Enterobakterien und Endosporenbildner |
| stark sauer: pH < 3,7 | „Pickles“, Sauerkraut, manche (Zitrus-) Fruchtsäfte | Milchsäurebakterien, Hefen, Schimmelpilze |

liches Risiko dar, und das Gefahrenpotential saurer Produkte mit pH < 4,0 reduziert sich auf ein Minimum. Moderne Herstellungspraxen (GMP) gewährleisten, daß nur begrenzte **Verderbsrisiken** von manchen Hefen, Schimmelpilzen und einzelnen Milchsäurebakterien ausgehen. Die Sicherheit dieser Produkte wird u. a. dadurch belegt, daß bisher kein Fall von Lebensmittelvergiftung auf vorschriftmäßig hergestellte (milch-)sauer fermentierte oder angesäuerte („Pickles“) Gemüseprodukte zurückgeführt werden konnte.

Im folgenden soll vor allem auf die Verderbsrisiken bei der fermentativen Herstellung von Sauergemüse eingegangen werden. Bei der Bewertung eines Gefahrenpotentials bei Sauergemüse stellen vor allem Maßnahmen zum Erreichen bzw. Einhalten eines erforderlichen Säuregrades entscheidende Prozeßschritte („CCP1“ und „CCP2“) dar; zu einer Prozeßabsicherung im frühen Stadium trägt insbesondere das Salzen bei.

## 7.2 Sauergemüse und saure Konserven

Trotz neuer Verfahren zur Haltbarmachung von Obst und Gemüse erfreut sich die traditionelle, saure Konservierung verschiedener Produkte einer zunehmenden Beliebtheit beim Verbraucher. Neuere Erkenntnisse und der andauernde Trend zu „naturbelassenen", aber sicheren Lebensmitteln führten zu einem weltweiten Anstieg der Nachfrage nach milchsauer vergorenen Erzeugnissen. Vorteile milchsauer fermentierter Gemüseprodukte sind (Frank, 1990; Hammes und Tichaczek, 1994; Müller, 1988):

- Erhalt der Ballaststoffe,
- Erhalt bzw. Verbesserung des Nährwertes durch:
  - Verhütung der Proteolyse (Hemmung von Fäulnisbakterien)
  - Erhaltung der Vitamine (z. B. Vit. C)
  - Synthese von Vitaminen (z. B. Riboflavin)
  - Abbau von antinutritiven Faktoren (wie Trypsin-Inhibitor, Phytinsäure) und von Oligosacchariden wie Stachyose und Raffinose
  - Inaktivierung von toxischen Inhaltsstoffen wie Cyanogene, Glucosinolate und Hämagglutinine
- verbesserte sensorische Eigenschaften
- Erhalt bzw. Verbesserung der Struktur
- erhöhte Verdaulichkeit.

Einen Überblick über das Angebot an milchsauer fermentiertem Gemüse auf dem europäischen Markt gibt Tab. 7.3. Mit 400 000 t/Jahr übersteigen in Deutschland Sauerkonserven die Menge an mit anderen Verfahren verarbeitetem Obst und Gemüse um das Doppelte (Statistisches Jahrbuch für Ernährung, Landwirtschaft und Forsten, 1992). Außerdem sind milchsauer fermentierte Gemüsesäfte aus Weißkohl, Karotten, Rote Bete (auch Rote Beete), Sellerie, Tomaten und Grünen Bohnen (Chen et al., 1983; Buckenhüskes et al., 1986) und, wenn auch in geringerem Maße, Obstsäfte (Niwa et al., 1987) im Handel erhältlich. Nach Gesamtwert haben Sauerkraut und milchsauer vergorenes Gemüse in Deutschland jedoch eine geringere Bedeutung gegenüber anderen biotechnisch erzeugten Lebensmitteln (z. B. Milch- und Getreideerzeugnisse) in der Bundesrepublik (vgl. Tab. 7.4). Die Milchsäuregärung spielt in erster Linie eine Rolle in der Produktion von fermentierten Oliven, die in Europa mit > 500 000 Tonnen/Jahr (davon > 50 % in Spanien) den ersten Platz vor Sauerkraut (mit >225 000 t; davon > 50 % in Deutschland) und Salzgurken (ca. 50 000 t; davon > 50 % in Spanien) einnehmen. Andere Produktsorten einschließlich Gemüsesäften werden häufig über Reformkostgeschäfte vertrieben. Halbfertigwaren, z. B. für die Produktion von „Mixed Pickles", entstammen meist einer „milderen" Milchsäuregärung von Rohwaren wie Blumenkohl, Kohlrabi, Paprika, Perl- und Silberzwiebeln und Spargel. Die größte Produktvielfalt wird in Deutschland, Spanien, der Türkei und dem ehemaligen Jugoslawien angeboten (Buckenhüskes, 1991).

**Tab. 7.3 Verbreitung von milchsauer fermentiertem Gemüse in Europa (modifiziert nach Buckenhüskes et al., 1990)**

| Produkt | Rohware (wiss. Name) | Verbreitung (Kürzel nach Ländern) |
|---|---|---|
| Artischocken | *Cynara scolymus* L. | begrenzt |
| Auberginen | *Solanum melongena* L. | TR |
| Blumenkohl | *Brassica oleracea* L. convar. *botrytis* | A, BG, D, ES, GR, I, P |
| Grüner Paprika | *Capsicum annuum* L. var. *grossum* | A, BG, D, ES, GR, TR, YU |
| Grüne Tomaten | *Lycopersicon lycopersicum* (L.) | A, BG, CZ, ES, GR, TR, YU, ES |
| Kapern | *Capparis spinosa* L. | BG, D, ES, I, P, S, TR |
| Karotten | *Daucus carota* L. ssp. *sativus* (Hoffm.) | A, CH, D, F |
| Kohlrabi (turnips?) | *Brassica rapa* L. var. *rapa* L. | P |
| Lupinus-Bohnen | *Cucumis melo* L. | CZ, TR |
| Melonen | *Olea europaea* L. ssp. *europaea* und var. *sativa* | ES, GR, I, P, TR, YU |
| Oliven | *Allium fistulosum* u. *Allium cepa* | BG, CZ, ES, GR, NL, P, TR, YU |
| Perl- u. Silberzwiebeln | *Brassica napus* L. var. *napobrassica* L. | GB, NL, S |
| Raps | *Brassica oleracea* L. convar. *capitata* L. var. *capitata* L. f. *rubra* | F, S, YU |
| Rotkraut | *Brassica oleracea* L. convar. *capitata* L. var. *capitata* L. f. *rubra* | D, F |
| Rote Bete | *Beta vulgaris* L. ssp. *vulgaris* var. *conditiva* (Alef.) | D, ES, S, TR, YU |
| Sauerkraut | *Brassica oleracea* L. convar. *capitata* L. var. *capitata* f. *alba* | A, B, BG, CH, CZ, D, DK, ES, F, GR, H, NL, P, PL, S, SF, TR, YU |
| Saure Gurken | *Cucumis sativus* L. | wie für Sauerkraut |
| Schneidebohnen | *Phaseolus vulgaris* | D, F |
| Sellerie | *Apium graveolens* L. var. *rapaceum* L. (Mill.) | D |
| Tomatenpaprika | *Capsicum annuum* convar. *grossum* (L.) *Terpo* provar. *tetragonum* (Mill.) *Terpo* conc. *rubrum* (Aug.) | BG, D, GR, H, P, YU |
| Mischungen | | A, BG, CZ, D, ES, GR, P, S, TR, YU |
| Gemüsesäfte | | CH, D, TR |

**Tab. 7.4 Menge und Wert einiger biotechnologisch erzeugter Lebensmittel in der Bundesrepublik Deutschland**

| Produkt | Menge | Wert in Mrd. DM |
|---|---|---|
| Sauerkraut u. a. milchsauervergorenes Gemüse | 114.200 t | 0,158 |
| Brot u. a. Backwaren aus Brotteig: | | |
| – ohne Kleingebäck | 1.642.900 t | 1,0592 |
| – mit Kleingebäck und ähnliche Backwaren | – | 2,203 |
| Dauerbackwaren | 594.800 t | 3,946 |
| Käse (Hartkäse, Schnittkäse, Weichkäse, Frischkäse, Sauermilchquark, Sauermilchkäse) | 1.382.700 t | 7,875 |
| Joghurt (mit und ohne Zusätze) | 1.130.200 t | 2,678 |
| Bier | 486,2 Mio. l | 13,666 |
| Wein (Trauben- und Obstweine) | 106,4 Mio. l | 1,707 |
| Essig (10 % Säure) | 163.200 t | 0,156 |

Quelle: Stat. Jahrbuch über Ernährung, Landwirtschaft und Forsten, 1992; Landwirtschaftsverlag Münster-Hiltrup

Diese fermentierten Produkte werden entweder frisch oder in Beuteln bedingt haltbar oder als pasteurisierte Konserven mit längerer Haltbarkeit angeboten (vgl. Fließschema, Abb. 7.1). Da bakterielle Sporenbildner im Füllgut bei pH-Werten < 4,0 nicht in der Lage sind auszukeimen, entfällt die Notwendigkeit einer die Pasteurisierung übersteigenden Hitzebehandlung. Die Art und Intensität der Hitzebehandlung ergibt sich jedoch aus dem erreichten pH-Wert des Produktes. Der für die betreffenden Produkte relevante pH-Bereich ist daher, wie nachfolgend, zu berücksichtigen:

| Produkt | pH-Bereich | Säuregehalt (in %) (als Milchsäure) |
|---|---|---|
| Sauerkraut | 3,1 – 3,9 | 1,7 – 2,3 |
| Salzgurken | 3,5 – 4,0 | 0,6 – 0,9 |
| Speiseoliven | 3,3 – 4,5 | 0,4 – 0,5 |
| Essiggemüse („Pickles") | 3,5 – 4,5 | 0,3 – 0,7 (Essigsäure) |

Neben dem pH-Wert ist auch der Säuregrad ein wichtiges Qualitätskriterium milchsauer fermentierter Lebensmittel; bei Sauerteigbrot gilt er sogar als einziges Qualitätsmerkmal, das zahlenmäßig angegeben werden kann (SPICHER und STEPHAN, 1982). Generell dient der Säuregrad als Hinweis auf die einwandfreie Qualität eines sauren Erzeugnisses.

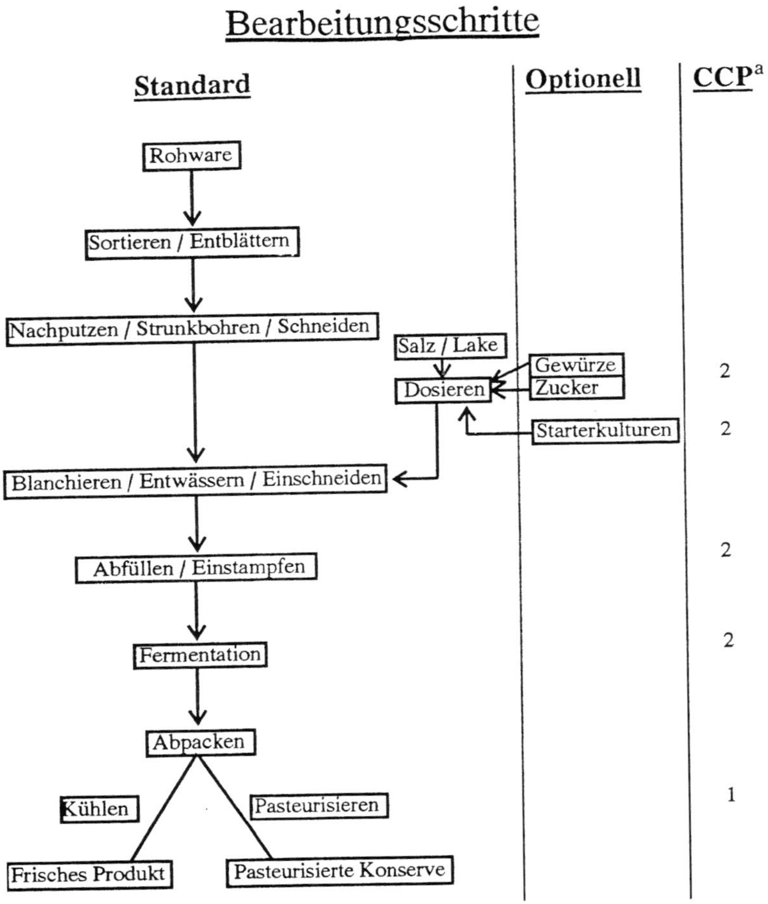


a "Critical Control Point" (Lenkungspunkt / Maßnahme)

**Abb. 7.1 Fließschema zur Herstellung von milchsauer fermentiertem Gemüse (allgemeine Darstellung)**

## 7.3 Prozeßschritte

Das Fließschema, Abb. 7.1, verdeutlicht die für fermentierte Gemüse typischen Prozeßschritte. Je nach Produkt/Rohware unterscheiden sich diese Schritte in Einzelheiten, z. B. Entblättern und Strunkbohren bei Weißkohl und Sortieren und Nachputzen bei Gurken. Diese Schritte berühren in erster Linie die Qualität und weniger die Gefahren (Gesundheitsrisiken) dieser fermentierten Produkte. Maßnahmen zur Ausschaltung einer potentiellen Gefahr („hazard“) sind hier in der Regel als „CCP2“ einzustufen, d. h. sie stellen keine „absoluten“ Schritte zur Gewährleistung der Produktsicherheit dar. Faktoren wie die pH-Senkung während der milchsauren Fermentation (s. auch Abb. 7.2) und der Konkurrenz-Effekt der stoffwechselaktiven Milchsäurebakterien tragen entscheidend zur Ausschaltung bzw. Hemmung unerwünschter Bakterien (Clostridien, Staphylokokken, *Enterobacteriaceae*) bei. Sie sind jedoch weniger effektiv gegen Hefen und Schimmelpilze, so daß zusätzliche Maßnahmen wie Sauerstoffausschluß erforderlich werden. Bei Konserven stellt das Pasteurisieren eine „absolute“ Maßnahme („CCP1“) dar, vorausgesetzt, der pH-Wert ist <4,0.

## 7.4 Faktoren im Vorfeld der Fermentation

### 7.4.1 Rohware

Einen Überblick über die Rohwaren, die in Europa für die milchsaure Fermentation bzw. für die (Essig-)Sauerkonservierung von Gemüse herangezogen werden, gibt die Tabelle 7.3. Die folgenden Darstellungen beschränken sich auf die für Deutschland wichtigsten Produkte Sauerkraut und Salzgurken.

Außerbetriebliche Qualitätssicherung

Außerbetriebliche Faktoren die entscheidend zur Qualität des Endproduktes beitragen können, sind vor allem:

- die Sorte(n) (*Brassica oleracea* ssp. *capitata* für Sauerkraut und *Cucumis sativus* für saure Gurken);
- „kontrollierte Erzeugung“ (Düngung, Bodenbeschaffenheit und Lage);
- Erntezeitpunkt (späte Ernte begünstigt die Verarbeitungsreife und den Gehalt an fermentierbaren Zuckern bei Kraut) und Saisoneinfluß;
- Anlieferung/Transportweg (Dauer, Vit.C-Abbau, Keimvermehrung, Schadstellen).

Auf diese Faktoren hat der Hersteller in der Regel nur begrenzten Einfluß. Ankauf und Annahme der Rohware auf Grund von Spezifikationen können hier jedoch als erste Maßnahme gelten. Risiken bzw. Gefahren beschränken sich hier in der Regel auf die Bewässerung bzw. die Düngung sowie auf Schimmelpilzwachstum und evtl. Bildung von Mykotoxinen, aber auch auf mögliche Rückstände von Pestiziden. Im Rahmen von vertraglichen Vereinbarungen mit Produzenten können Risiken ausgeschaltet bzw. minimiert werden. Die ersten innerbetrieblichen Verarbeitungsschritte wie Aussortieren, Putzen usw. können zu einer Reduzierung der anfänglichen Kontamination beitragen.

Bei der Produktion und Ernte sind daher folgende Maßnahmen auf der Stufe „CCP2“ besonders zu beachten:

- Produktion: Eine Gefährdung mit Pathogenen fäkalen Ursprungs steht meist in Verbindung mit dem Einsatz von Abwasser und Düngern organischen Ursprungs (z. B. Schlamm); bei Bewässerung spielt auch die Wasserqualität eine Rolle. Pathogene wie Salmonellen, Enterokokken und Enteroviren können u. U. mehrere Wochen auch bei pH-Werten < 4,0 überleben. Als Maßnahme (CCP2) dürfen nur synthetische Dünger und nicht-kontaminiertes Wasser eingesetzt werden. Monitoring erfolgt durch Untersuchung der Wasserbestände und Dünger auf Pathogene bzw. fäkale Kontamination. Eine Verifizierung von Wasserquellen und Dünger kann durch Laboruntersuchungen auf fäkale Kontaminanten untermauert werden.
- Die Ernte erfolgt bei einem für die Fermentation günstigen Reifegrad. Gurken werden in unreifem Zustand geerntet und möglichst bald verarbeitet; Stiele und Blütenreste müssen entfernt werden, da sie pektinolytische Enzyme enthalten, die das Weichwerden verursachen. Weißkohl wird in der Regel bis zu 2 Tagen in Haufen gelagert, wobei durch Selbsterhitzung die grünen Blätter entfärbt werden. Als Maßnahme (CCP2) müssen mechanische Schäden vermieden werden, die u. a. auch die Kontamination und das Wachstum von Mikroorganismen begünstigen können. Monitoring steht hier in enger Verbindung mit der Erfahrung und dem Verantwortungsbewußtsein des Personals.

Innerbetriebliche Qualitätssicherung

Nach Eingang der Rohware muß es oberstes Ziel eines jeden Betriebs sein, die Verarbeitung auf dem kürzesten Weg einzuleiten und bis hin zur „sicheren" Phase der Fermentation bzw. Konservierung durchzuführen. Faktoren, über die der Betrieb entscheidenden Einfluß nehmen kann, sind vor allem:

- Rohwareneingang/Anlieferung (Inspektion bei der Annahme einschließlich Probenahme);
- Lagerung [Temperatur der Kühlräume (für Gurken um 10 °C in Verbindung mit hoher Luftfeuchte) sowie max. Lagerungszeit sind festzulegen und einzuhalten; Hygiene der Kühlräume und Verhütung von Schimmelpilzbefall (CCP2) sind zu gewährleisten]; Monitoring von Temperatur, relativer Luftfeuchte und von Reinigungs- und Desinfektionsmaßnahmen in Lagerräumen.
- Qualitätsprüfung:
  - Produktspezifikation („Freigabeanalyse" bzw. -bewertung)
  - Informationsanalysen für interne Zwecke (Audit, Rezeptur usw.)

## 7.4.2 Vorbereitung der Rohware und Zutaten

Die Vorbereitung der Rohware stellt die erste Verarbeitungsphase dar, die auf der Stufe „CCP2" entscheidend zur Reduzierung gesundheitlicher Risiken und zur Qualitätssicherung beiträgt. Diese Phase umfaßt:

Gurken

- Sortieren (z. B. bei Salzgurken nach Durchmesser, max. 4 cm)
- Waschen (als CCP2 soll Trinkwasserqualität gelten, dessen mikrobiologische Beschaffenheit in der TrinkwV vom 22.05.1986 festgeschrieben ist; ggf. muß bis zu einem Restgehalt von 0,3 bis 0,6 mg freiem Chlor je Liter nachgechlort werden; Monitoring erfolgt durch mikrobiologische Untersuchungen auf *Enterobacteriaceae* und Fäkalstreptokokken gemäß den Untersuchungsmethoden nach § 35 LMBG).

Kohl

- Entfernen verwelkter und verschimmelter Blätter (CCP2);
- Strunkbohren (meist maschinell)
- Nachputzen
- In Streifen Schneiden und Wiegen
- Dosieren von Speisesalz: [als CCP2 gilt (a) eine Salzzugabe von 1,5 bis 3,0 % berechnet auf der Basis des gehobelten Kohls (zur selektiven Begünstigung erwünschter Milchsäurebakterien und zur Unterdrückung „natürlicher" anhaftender Bakterien einschließlich *Enterobacteriaceae*; außerdem zum Entziehen des Saftes durch osmotische Wirkung) und (b) eine gleichmäßige Verteilung des zugegebenen Salzes (eine Verifizierung der Konzentration und der Verteilung kann durch Bestimmung der Salzkonzentration in mehreren Bereichen bzw. Schichten erfolgen)]
- Zugabe von Gewürzen, Kräutern und ggf. Zucker
- Einstampfen in Gärbottichen [als CCP2: (a) Verdrängung der Luft durch das dichte Einstampfen und somit eine Vorbeugung der evtl. Vermehrung von Hefen und Schimmelpilzen und (b) schnelles Austreten von Zellsaft zur Sicherung des Gärverlaufs]

Zugabe einer Starterkultur (bei Kohl vor dem Einstampfen) als CCP2:

(a) zur schnellen und sicheren Einleitung der Milchsäuregärung und (b) als Alternative zur Zugabe von Lake einer früheren Charge, die wegen der Anwesenheit von Kontaminanten (z. B. Hefen) und für die erste Fermentationsphase untypischer Milchsäurebakterien jedoch nicht empfohlen wird.

Dieser „CCP" wird bei genauer Einhaltung guter Herstellungspraxis von vielen Betrieben jedoch für nicht erforderlich erachtet; als Maßnahme dient dieser Schritt jedoch zur Sicherung der ersten, „kritischen" Fermentationsphase; als „Monitoring" dient eine Säuretitration bzw. pH-Wert-Bestimmung; für eine Verifizierung der Vermehrung eingesetzter Starterkulturen müßten mikrobiologische Untersuchungsmethoden eingesetzt werden (s. Hammes et al., 1991; Holzapfel und Schillinger, 1991; Weiss, 1991; für die Systematik der MSB s. auch Wood und Holzapfel, 1995).

## 7.5 Steuerung der (kritischen) Anfangsphase bei der Spontangärung

Sauerkraut- und Sauergurkenherstellung basieren auch heute noch vielfach auf einer „Spontangärung“. Für den gesicherten Ablauf der Fermentation ohne den Einsatz von Starterkulturen wird die strikte Einhaltung aller Prozeßschritte im modernen Betrieb als ausreichend erachtet. Technische Maßnahmen zur Förderung der Entwicklung der Milchsäurebakterien in der Vorbereitungsphase betreffen:

### 7.5.1 Anaerobiose

Sie trägt zur Unterdrückung von Hefen (*Rhodotorula, Hansenula*), Schimmelpilzen (*Aureobasidium*) und gram-negativen Bakterien, einschließlich von *Enterobacteriaceae*, bei und fördert die rasche Vermehrung erwünschter Milchsäurebakterien. Zum Ausschluß von Luft werden Silos und Bottiche mit Gummisäcken abgedeckt. Gurken müssen völlig mit Salzlake bedeckt sein; häufig wird die Anfangsphase durch das Durchperlen der Silos mit Stickstoff („purging“) gesichert. Auch die anfangs vorhandenen aeroben Bakterien veratmen den Restsauerstoff und begünstigen die Entwicklung der anaeroben Phase. Inhaltsstoffe wie Ascorbinsäure tragen zur Reduzierung des Redoxpotentials bei (die Zugabe von Ascorbinsäure ist in Deutschland praktisch unbegrenzt zugelassen). Einige Hefen und Schimmelpilze wachsen jedoch bei geringen Luftmengen. Durch Veratmung der Milchsäure steigt der pH-Wert. Monitoring bezieht sich in erster Linie auf eine optische Inspektion der oberen Schicht auf Kahmhefen und Schimmelpilze. Eine Verifizierung kann durch Bestimmung des Redoxpotentials und durch mikrobiologische Untersuchungen auf Hefen und Schimmelpilze erfolgen.

### 7.5.2 Temperatur

Die Gärtemperatur bestimmt in entscheidendem Maße die Qualität des Endproduktes. Eine hohe Temperatur um 25–30 °C begünstigt die schnelle Vermehrung homofermentativer Milchsäurebakterien und somit eine kurze Gärzeit. Sie wirkt sich jedoch durch Benachteiligung der heterofermentativen Milchsäurebakterien, insbesondere *Leuconostoc* spp., negativ auf die sensorische Qualität aus; außerdem werden pektinolytische und andere Enzyme begünstigt. Eine Temperatur um 18 °C gewährleistet sowohl eine günstige Fermentationszeit von ca. 4 Wochen als auch eine gute Qualität des Produktes. Bei Temperaturen um 10 °C verlängert sich die Gärzeit ungünstig bis zu mehreren Monaten.

Regelmäßiges Monitoring der Temperatur (evtl. kontinuierlich) ist vor allem während extrem kalter oder warmer Jahreszeiten erforderlich; im Winter empfiehlt es sich, die Räume zu heizen. Eine Verifizierung kann durch Messung der Innentemperatur in den Bottichen erfolgen.

### 7.5.3 Salz

Bei den für Sauerkraut und Sauergurken üblichen Konzentrationen wirkt das Salz eher selektiv konservierend und steuert somit eine günstige Entwicklung der Gärung. Für Sauerkraut liegt die optimale Konzentration bei 2,2 bis 2,5 % Salz. Die Qualität des Speisesalzes ist ein wichtiger Faktor; es soll feinkörnig und geruchlos sein und kein $CaCO_3$ enthalten (Neutralisieren der gebildeten Säure besonders bei Gurken kritisch); außerdem führen Calcium- und Magnesiumchloride zu Klumpenbildung; dies verursacht einen bitteren Geschmack des Sauerkrauts.

Das Monitoring schließt die chemische Bestimmung der Salzkonzentration in verschiedenen Proben, vertretend für eine Charge, ein. Die Salzqualität kann durch Laboranalysen verifiziert werden.

### 7.5.4 pH

Die konservierende Wirkung der Milchsäure setzt erst im Bereich > 1 % und bei einem pH-Wert < 4,2 ein; für eine längere Lagerungsfähigkeit sind pH-Werte < 3,8 erforderlich. Der „sichere" pH-Bereich wird in der Regel nur auf fermentativem Wege erreicht. Bei Sauergurken, bei denen der vergärbare Zuckeranteil niedriger und zunächst unzugänglicher als bei Sauerkraut ist, kann die Anfangsphase durch Zusatz von Essig- und Milchsäure gesichert werden. Dies begünstigt die Milchsäuregärung und hemmt unerwünschte Bakterien (einschließlich Fäulnisbakterien wie Clostridien). Als zusätzliche Maßnahme können Gurken mit einer stark gärenden Lake beimpft werden.

### 7.5.5 Starterkulturen

An Substrat und Prozeßbedingungen adaptierte Bakterienreinkulturen können zur Verbesserung der Qualität und zur Vermeidung von Fehlgärungen eingesetzt werden. Empfohlen werden ausgewählte Stämme von *Lc. mesenteroides* ssp. *mesenteroides, Lb. plantarum, Lb. brevis, Lb. curvatus, Lb. sake* und *Ped. pentosaceus.* Außerdem wurde *Lb. bavaricus*, vermutlich eine racemase-defektive „Variante" von *Lb. sake* (Hammes et al., 1991), früher auf Grund seiner Fähigkeit reine L(+)-Milchsäure zu bilden, für die Fermentation von Sauerkraut ausgewählt (Stetter und Stetter, 1980).

Auch Starterkulturen sind für ihre Vermehrung von günstigen Voraussetzungen abhängig, die entsprechend einzustellen sind. Dabei sind auch hier die für die „Spontangärung" typischen 3–4 Fermentationsphasen für die Produktqualität und sensorische Komplexität entscheidend (Müller, 1988). Bei beimpften Produkten vor allem von Sauerkraut fehlt häufig das typische Aroma, und es können Grauverfärbungen als Fehler auftreten (Buckenhüskes et al., 1986). Zur Inaktivierung anhaftender Mikroorganismen und pektinolytischer Enzyme werden Gurken mitunter blanchiert; der somit erforderliche Zusatz adaptierter Starterkulturen (insbesondere Stämme von *Lb. plantarum*) bewirkt einen schnelleren und sichereren Ablauf der Fermentation, wobei auch Faktoren wie das Durchspülen mit Stickstoff und das Ansäuern eine Rolle spielen.

Bedingt durch mikrobielle Decarboxylaseaktivität können biogene Amine während der Fermentation insbesondere eiweißreicher Produkte entstehen. Die bei Sauerkraut häufig auftretende Bildung von Putrescin und Histamin konnte durch Beimpfung mit *Lb. plantarum* kontrolliert und um mehr als die Hälfte gegenüber der spontanen Gärung reduziert werden (BUCKENHÜSKES, 1993; BUCKENHÜSKES et al., 1992).

## 7.6 Überwachung/Steuerung des Prozeßverlaufs

Eine Beeinflussung des Ablaufs des Fermentationsprozesses setzt Kenntnisse über die Entwicklung und Zusammensetzung der Mikrobenpopulation voraus. Je nach Dominanz bestimmter Mikroorganismengruppen unterscheidet man 3 bis 4 Gärungsphasen (s. Abb. 7.2), die durch die Parameter Salz, Anaerobiose und die Temperatur bestimmt werden. Der Verlauf des Fermentationsprozesses wird in Abb. 7.2 in allgemeinen Zügen und modellhaft dargestellt.

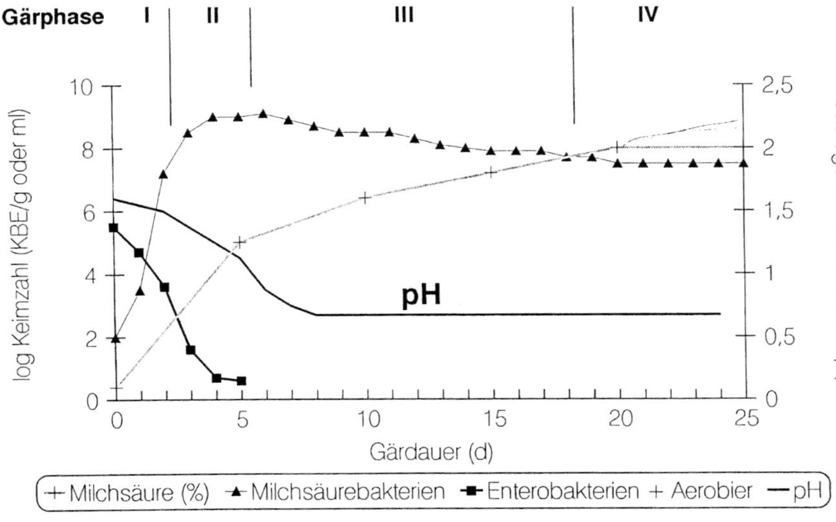


**Abb. 7.2 Schematische Darstellung des Gärverlaufs bei Gemüseerzeugnissen wie Sauerkraut und Salzgurken (auf Grund durchschnittlicher Erfahrungswerte)**

Die für die erste Phase typische artenreiche Mischpopulation setzt sich vorwiegend aus gram-negativen, fakultativen und aeroben Bakterien sowie aus Hefe- und Schimmelpilzarten, typisch für die Pflanzenoberfläche, zusammen. Der typische Charakter des fertigen Produktes entsteht durch den Stoffwechsel dieser den Restsauerstoff veratmenden Mikroorganismen, die gleichzeitig günstige Voraussetzungen für den Übergang zur zweiten Phase herbeiführen. Geschmackskomponenten wie Ameisen-, Essig-, Bernstein- und Milchsäure sowie verschiedene Ester werden gebildet; in Konzentrationen > 0,1 % können diese jedoch toxisch auf die erwünschten Milchsäurebakterien wirken. Die zweite Phase wird entscheidend durch die Vermehrung heterofermentativer Milchsäurebakterien wie *Lc. mesenteroides* und *Lb. brevis* bestimmt, die je nach Temperatur innerhalb von 3–6 Tagen bis zu 1 % Milchsäure bilden und somit den Übergang zur 3. Phase einleiten. Die starke, homofermentative Milchsäurebildung, dominiert von *Lb. plantarum* (in geringeren Zahlen auch von *Ped. pentosaceus* und *Enterococcus faecium*) kennzeichnet die 3. Fermentationsstufe, die bis zu 3 Wochen andauern kann. Der Milchsäuregehalt steigt bis zu einer die Haltbarkeit sichernden Konzentration von nahezu 2 % an. Die Gefahr einer Fehlgärung besteht während dieser Phase praktisch nicht mehr, da *Lb. plantarum* relativ unempfindlich gegen Kochsalz und Säure ist. Bei Gurken setzen die Gärungsphasen, bedingt durch den langsameren Austritt von Nährstoffen, langsamer als bei Sauerkraut ein. Während der für Sauerkraut typischen 4. Gärungsphase werden die restlichen Zucker zu Milch- und Essigsäure, Ethanol, $CO_2$ und Mannit, vorwiegend vom säureresistenten *Lb. brevis*, fermentiert. Ein Anstieg der Säurekonzentration über 2 % bewirkt einen scharfen, stechenden Geschmack, der aber durch Kühllagerung unter Luftabschluß reguliert werden kann (Müller, 1988).

Wichtiger Maßstab für den Verlauf der Gärung ist neben dem Säuregrad auch der pH-Wert, dessen schrittweise Bestimmung eine relativ genaue Überwachung des Prozeßablaufs ermöglicht. Bei ungenügender oder zu langsamer Säurebildung während der frühen, kritischen Phase (< 1 % Säure bzw. pH > 4,3) kann vor allem bei der Gurkenfermentation entweder nachgesäuert oder aber die Gärung durch Zuckerzusatz (bis zu 6 %) unterstützt werden. Eine Erhöhung der Temperatur kann die Fermentation beschleunigen. Die „sichere" Phase sollte nach maximal 6 Tagen erreicht sein. Innerbetriebliche Erfahrungswerte bzgl. Gärtemperatur, Menge und Art der Zusätze (Zucker, Gewürze, Salz, Starterkulturen) stellen jedoch die entscheidende Basis für den Erfolg des Fermentationsprozesses dar.

## 7.7 Lagerung und Konservierung des Endproduktes

Sauerkraut und Sauergurken werden in unterschiedlichen Angebotsformen auf dem europäischen Markt vertrieben; dabei ist die Art der Verpackung und Vorbehandlung entscheidend für die Haltbarkeit. Im Gegensatz zu den ost- und südeuropäischen Ländern, in denen > 50% des Sauerkrauts in „frischer" Form vermarktet wird, kommt in Deutschland > 80 % des Produktes in pasteurisierter Form auf den Markt.

Für das „frische" Produkt kann eine Haltbarkeit von bis zu 12 Wochen (wie sie in Deutschland und Polen gefordert wird) durch Verpackung in Beuteln und unter Luftausschluß bei 0 bis 3 °C erreicht werden. Bei 20 °C reduziert sich die Haltbarkeit auf ca. 1 Woche. Verlängerung der Haltbarkeit durch Zusatz von Konservierungsstoffen ist in Deutschland und den Niederlanden nicht erlaubt; in Österreich und Finnland können bis zu 1000 mg Sorbinsäure/kg bei in Beuteln verpackten Produkten zugesetzt werden, in der Schweiz bis zu 500 mg. Außerdem ist $SO_2$ in Finnland (max. 100 mg/kg) und der Schweiz (max. 500 mg/kg) zugelassen, während in der Türkei die Zugabe von Essigsäure erlaubt ist (Buckenhüskes et al., 1990). Durch Verwendung einer Schutzbegasung mit $CO_2$ oder $N_2$ kann Luftsauerstoff verdrängt und dem Wachstum von Schimmelpilzen und Hefen vorgebeugt werden.

In Beuteln, Dosen und Flaschen verpackte und pasteurisierte Produkte sind bis zu 4 Jahren haltbar. Voraussetzung dafür ist jedoch die Einhaltung der entscheidenden Verfahrensparameter wie pH und das Temperatur-Zeit-Verhältnis bei der Pasteurisation. Diese Zusammenhänge werden in der Tab. 7.5 verdeutlicht.

**Tab. 7.5 Maßnahmen zur Verlängerung der Haltbarkeit von verpackten Sauergurken und Sauerkraut**

| Prozeßschritt | Parameter | Gefährdung | Maßnahme (Lenkungspunkt) |
|---|---|---|---|
| „Frisches" Produkt | | | |
| – Fermentation | pH/Säure | Hefen/ | pH < 4,2 |
| – Verpackung | Anaerobiose | Schimmelpilze | Luftausschluß |
| – Lagerung | Temperatur | | Temp. < 20 °C |
| Produkt in Dosen | | | |
| – Fermentation | pH/Säure | Hefen/ | pH < 4,2 |
| – Verpackung/Siegeln | Anaerobiose | Schimmelpilze/ | Siegelnähte dicht |
| – Pasteurisierung | Hitze | bakt. Sporenbildner | Erhitzung: 30 min bei 60–62 °C |

## 7.8 Fehlgärungen, ihre Ursachen und kritische Lenkungspunkte („Critical Control Points")

Für die Gemüsefermentation typische Qualitätsprobleme und Verderbserscheinungen sind in der Regel auf eine Fehlgärung zurückzuführen. Eine zusammenfassende Darstellung dieser Problematik nach Buckenhüskes (1991) vermittelt Tab. 7.6. Meist ist die Ursache dieser Fehler eine mangelhafte Milchsäuregärung, die wiederum durch eine Reihe von Faktoren bedingt sein kann, wie z. B. (s. Müller, 1988; Buckenhüskes, 1991):

- Rohstoffe mit geringerem Kohlenhydratgehalt, z. B. neue Hybridsorten bei Kohl; aber auch eine starke Kohlenhydratveratmung bei langfristig gelagertem Weißkohl; (Maßnahmen: sorgfältige Auswahl der Kohlsorte sowie auf 2–3 Tage und Zimmertemperatur begrenzte Lagerung nach der Ernte);
- Rohstoffe mit geringem Spurenelementengehalt, vor allem Mangan; (Maßnahme: Zugabe von Mangansulfat bis zu einer Gesamtkonzentration von 1 mg je Kilogramm);
- Pestizidrückstände (z. B. Lindanpräparate), die auch nach dem Entfernen von Außenblättern und nach dem Putzen noch vorhanden sein können, deren Einfluß auf die milchsaure Gärung jedoch noch nicht genügend erforscht ist; (Maßnahme: Ankauf der Rohware aus kontrolliertem Anbau und Begrenzung des Einsatzes chemischer Mittel auf einen angemessenen Zeitraum vor der Ernte);

**Tab. 7.6 Fehler, die während der Fermentation und der Lagerung von milchsauer fermentierten Gemüseprodukten auftreten können (++ = relevant; +++ = großes Problem) (Buckenhüskes, 1991)**

| Gemüse | Verfärbungen | Weichwerden | Anderes |
|---|---|---|---|
| Salzgurken | weiße/graue Innenflecken | +++ | Bloater (Hohlwerden)<br>Fehlgeschmack<br>Buttersäuregärung |
| Sauerkraut | Oberfläche<br>grau<br>rosa<br>braun | +++ | Fehlgeschmack<br>Fehlgärungen |
| Oliven | grau<br>braun<br>gelb<br>Flecken | +++ | Fehlgeschmack<br>Buttersäuregärung<br>Propionsäuregärung |
| Blumenkohl | gelb<br>rosa | | |
| Grüne Tomaten | grau | | |
| Paprika | grau | +++ | Bitterwerden<br>Oxidationsgeschmack |
| Möhren | Ausbleichen | | |
| Sellerie | braun | | |
| Grüne Bohnen | grau | ++ | Fehlgeschmack |
| Kohlrüben | rosa | | |

- Abbau („Veratmung") der Milchsäure während der Gärung durch Hefen und Schimmelpilze; (Maßnahme: Gewährleistung von anaeroben Bedingungen, wodurch das Wachstum dieser Mikroorganismen vermieden oder gehemmt wird);
- Rückstände von Desinfektionsmitteln in Gefäßen und Gärbehältern; (Maßnahme: gründliches Ausspülen nach jedem Reinigungsvorgang);
- zu hohe Salzkonzentrationen, die hemmend auf die erwünschten Milchsäurebakterien wirken; (Maßnahme: sorgfältige Berechnung und genaue Zugabe der erforderlichen Salzmenge auf der Grundlage der Rohwarenmenge).

## 7.8.1 Sauerkraut

Die für Sauerkraut typischen Fehler sowie Maßnahmen zu deren Vermeidung werden in Tab. 7.7 zusammenfassend dargestellt. Einige dieser Probleme sollen nachfolgend kurz angesprochen werden.

Unerwünschte anaerobe Gärungen sind in erster Linie auf *Clostridium* spp. (Buttersäurebakterien), vor allem *Cl. butyricum* und *Cl. tyrobutyricum,* zurückzuführen. Endosporen dieser Bakterien sind zahlreich in der Erde vorhanden und haften auch an Pflanzenteilen; sie können während der ersten Gärungsphase nur bei stark verzögerter Milchsäurebildung zur Auskeimung und Vermehrung kommen und werden außerdem durch zu hohe Gärtemperaturen begünstigt. Da diese Bakterien neben Zucker auch Milchsäure fermentieren, verursachen ihre Stoffwechselaktivitäten einen Anstieg des pH-Wertes und somit eine Begünstigung der säureempfindlichen Proteolyten, vor allem der *Enterobacteriaceae.* Entscheidende Maßnahme zur Vermeidung dieser Fehler ist daher die Gewährleistung einer frühen Milchsäuregärung.

Verfärbungen werden in der Regel durch Schimmelpilze und Hefen verursacht. Dabei sind vor allem Hefen der Gattung *Rhodotorula* für die Rotfärbung verantwortlich; diese können sich jedoch nur unter aeroben Bedingungen stark vermehren, während sie aufgrund ihrer Salzresistenz bei erhöhten Salzkonzentrationen selektiv gegenüber den Milchsäurebakterien begünstigt werden. Stämme von *Lb. brevis* bilden im pH-Bereich 5,2–6,3 einen roten Farbstoff (Stamer et al., 1973, in Müller, 1988). Dunkle Verfärbungen von Braun bis Schwarz im oberen (aeroben) Bereich des Sauerkrauts werden auf den allgemein auf Kohl vorkommenden Schimmelpilz *Aureobasidium pullulans* zurückgeführt. Bei der Verwendung von Gärbottichen mit Eisenteilen besteht die Gefahr einer Schwarzfärbung (Eisensulfid), bedingt durch schwefelwasserstoffbildende Bakterien. Graue bis grüne Verfärbungen werden mit den Schimmelpilzen der Gattungen *Aspergillus* und *Penicillium* assoziiert und sind eindeutig auf aerobe Verhältnisse und u. U. auch unzureichende Hygiene zurückzuführen.

Weiße bis graue Oberflächenbeläge können durch starkes Hefewachstum verursacht werden. Außerdem führt die starke Vermehrung der sauerstoffabhängigen

**Tab. 7.7 Fehler, die bei der Fermentation und während der Lagerung von Sauerkraut vorkommen können, ihre Ursachen und mögliche Gegenmaßnahmen (modifiziert nach BÜCKENHÜSKES et al., 1990; MÜLLER, 1988).**

| Fehler | Ursache(n) | Gegenmaßnahmen |
|---|---|---|
| Verfärbung: | | |
| grau/grün | Hefen oder Schimmelpilze/ *Penicillium*- oder *Aspergillus*-Arten | Anaerobiose |
| rosa | *Rhodotorula*-Hefen | Anaerobiose |
| braun | Schwache Gärung/Hefen/ chemische Phenoloxidation | Beschleunigung der Gärung bzw. Säurebildung |
| Weichwerden | zu hohe Gärtemp., niedrige Salzkonz., Luft (Sauerstoff) | Einhaltung opt. Gärtemperatur; Anaerobiose |
| erhöhter Anteil an biogenen Aminen:<br>– Tyramin u. Histamin | pH-Wert < 4,0<br>Wachstum von *Pediococcus* spp. | Fermentation nur bis pH-Wert ca. 4,0 (ca. 1 % Milchsäure) |
| – Putrescin | Stammbedingt (MB) in der frühen Gärungsphase | Starterkulturen |
| Schleimigkeit | Luftsauerstoff: Kahmhefen (*Hansenula anomala; Candida mycoderma*) | Luftausschluß |
| Geschmacks- u. Aromafehler | Bitterkeit; niedrige Temp., psychrotrophe Bakterien/ Magnesium<br>Proteolyse: *Enterobacter* spp. | Einhaltung der opt. Gärtemperatur<br>beschleunigtes Gärverfahren |
| Fehlgärungen:<br>– Buttersäure[a] | Buttersäurebakterien (*Clostridium butyricum*); schwache/späte Etablierung der MB | 1. Einsatz von Starterkulturen oder „Backslopping“<br>2. Reduzierung der Temperatur (< 18 °C)<br>3. Gute Prozeßführung |
| – Propionsäure | Propionsäurebakterien (*Propionibacterium* spp.): schwache Entwicklung der MB | |
| – Alkohol | Hefen<br>1. (Oberflächen-)Kontamination<br>2. Langsame Gärung | 1. Anaerobiose (Abdeckung)<br>2. Beschleunigung des Fermentationsablaufs (Temperatur/Beimpfung/ „Backslopping“) |

[a] selten in Deutschland

Kahmhefen der Gattungen *Pichia, Hansenula* und *Candida* häufig zu Schleimbildung in der oberen Schicht. Stämme von *Leuconostoc mesenteroides* können das Polymer Dextran aus Saccharose bilden; dieser Fehler tritt jedoch durch den raschen Rückgang der *Leuconostoc*-Zahl bei normalem Verlauf der zweiten Gärungsphase selten auf. Das Weichwerden von Sauerkraut kann ebenfalls auf aerobe Verhältnisse, aber auch auf zu niedrige Salzkonzentrationen und zu hohe Gärtemperatur zurückgeführt werden. Dieser Fehler steht in direktem Zusammenhang mit Pectinasen entweder pflanzlichen oder mikrobiologischen Ursprungs.

## 7.8.2 Salzgurken

Einen zusammenfassenden Überblick über die für Salzgurken während der Fermentation und Lagerung auftretenden Fehler sowie Maßnahmen zu deren Vermeidung gibt Tab. 7.8. Auf die wichtigsten dieser meist mikrobiologisch bedingten Fehler wird nachfolgend kurz eingegangen.

Wie bei Sauerkraut sind auch bei Salzgurken typische Fehler häufig auf eine mangelhafte Milchsäuregärung zurückzuführen. Darüber hinaus stehen Probleme wie hohle Gurken oder das Weichwerden mitunter auch im Zusammenhang mit Qualität und Beschaffenheit der Rohware.

Aerobiose und verzögerte oder ungenügende Säurebildung führen, wie bei Sauerkraut, zur Vermehrung von Hefen und Schimmelpilzen, die nicht nur die Milchsäure veratmen, sondern auch zu Verfärbungen führen können. Typisch sind die durch *Rhodotorula* verursachte Rotfärbung und die durch *Aureobasidium pullulans* hervorgerufene Schwarzfärbung.

Das Weichwerden saurer Gurken einschließlich essigsaurer Einlegegurken wird in der Regel auf den enzymatischen Abbau des Protopectins im Gurkenzellengewebe zurückgeführt. Außer pectinolytischen Enzymen wie Pectinesterase, Pectin- und Pectatlyase sowie Polygalacturonase können auch cellulolytische Enzyme (Zellulasen) die Cellulose in der pflanzlichen Zellwand abbauen und somit das Weichwerden verursachen (OMRAN et al., 1991). Pflanzeneigene pectinolytische Enzyme werden vor allem mit jungen Gurken und Gurkenblüten sowie auch mit ausgereiften Gurken assoziiert; sie spielen jedoch gegenüber pectinspaltenden Enzymen mikrobiologischen Ursprungs eine untergeordnete Rolle. Trotzdem ist auf Sorte, Reifegrad usw. zu achten, auch deshalb, weil Gurken einen Pectinasehemmstoff enthalten (MÜLLER, 1988). Von besonderer Bedeutung sind die von Pilzen der Gattungen *Alternaria, Aspergillus, Fusarium, Mucor, Penicillium* und *Trichoderma* gebildeten Polygalacturonasen, die auch in den frühen Phasen der Milchsäurefermentation noch aktiv sind. Von den über die Fruchtknoten, Gurkenblüten und Gurken in den Gäransatz gelangenden Mikroorganismen haben Hefen und Bakterien für das Weichwerden nur eine geringere Bedeutung, da ihre pectinolytischen Enzyme im Bereich < pH 6,0 kaum und < 4,5 gar nicht wirksam sind. Starkes Wachstum von Kahmhefen kann durch die

**Tab. 7.8 Fehler, die bei der Fermentation und während der Lagerung von Gurken auftreten können, ihre Ursachen und mögliche Gegenmaßnahmen (modifiziert nach BUCKENHÜSKES et al., 1990; MÜLLER, 1988)**

| Fehler | Ursache(n) | Maßnahmen |
|---|---|---|
| Verfärbungen[a] | | |
| – weiße/graue Flecken im Inneren | Hefen | Starterkulturen |
| – weiße Oberflächenverfärbung | Schimmelpilze | Anaerobiose/Abdeckung |
| – Rotfärbung | *Rhodotorula* spp. (aerob) | bessere Hygiene/Anaerobiose |
| – Braunfärbung | Hefen (?) Oxidation phenolischer Verbindungen | stärkere Säuerung (Starterkulturen) |
| – Schwarzfärbung | *Aureobasidium pullulans* | Anaerobiose |
| Weichwerden | Pektinasen:<br>1. z. T. sortenbedingt in Gurken<br>2. in jungen Gurken (mit Blüte)<br>3. Bildung durch Schimmelpilze (Gattungen wie *Penicillium, Fusarium, Alternaria, Mucor*) | <br>1. Selektion günstiger Sorten<br>2. Aussortierung/Blanchieren vorab<br>3. Handhabung guter Hygienepraktiken und anaerobe Bedingungen<br>4. Zusatz von NaCl und $CaCl_2$[b] |
| „Bloaters“ (hohle Gurken) | 1. Minderwertige Qualität der Rohware sowie Alter<br>2. sortenbedingt<br>3. Heterofermentative Laktobazillen (z. B. *Lb. brevis*)<br>4. Hefen<br>5. *Enterobacter* spp. | 1. strenge Auswahl der Rohwaren nach Spezifikation<br>2. Sortenauswahl und Festlegung der Anbau- und Erntebedingungen<br>3. Einsatz einer Starterkultur (z. B. *Lb. plantarum*) |
| Geschmacksfehler | 1. Wachstum unerwünschter Mikroorganismen<br>2. Pektinolytische Enzyme | 1. Beschleunigung der Fermentation<br>2. Blanchieren |
| Fehlgärungen: | | Gärtemperatur < 18 °C |
| – Buttersäure[a] | Buttersäurebakterien | Starterkulturen |
| – Alkohol | Hefen | beschleunigte Gärung |

[a] selten in Deutschland
[b] zur Hemmung der Polygalacturonasen

Veratmung von Milchsäure jedoch zu einem pH-Anstieg führen und somit auch das Risiko des Weichwerdens erhöhen. Insgesamt gilt daher auch hier das Ausschalten von Luftsauerstoff als wichtigste Maßnahme zur Vermeidung des Weichwerdens.

Hohle Gurken (engl.: „bloaters“) werden durch Auflösung des Kerngehäuses vor allem reifer oder länger gelagerter Gurken verursacht. Obwohl auch pectinolytische Mikroorganismen mit beteiligt sein können, sind vor allem Gasbildner wie Hefen, *Enterobacteriaceae* und heterofermentative Laktobazillen (insbesondere *Lb. brevis*) von Bedeutung. Auch hier unterdrückt der Ausschluß von Luftsauerstoff das Wachstum von Kahmhefen, die durch Veratmung der Milchsäure einen Anstieg des pH-Wertes verursachen und die Entwicklung von Fäulnisbakterien begünstigen können. Zucker-, Essig- und erhöhte Salzzugabe zu Beginn des Fermentationsprozesses können das Wachstum von Hefen selektiv fördern und sollten beim allgemeinen Auftreten von hohlen Gurken nur mit größter Vorsicht eingesetzt werden.

## 7.8.3 Zusammenfassung der wichtigsten Vorbeuge- und Korrekturmaßnahmen

Unter Hinweis auf das allgemeine Fließschema für die Herstellung milchsauer fermentierten Gemüses sind folgende Maßnahmen zur Sicherung des Prozeßablaufs und der Produktqualität am wichtigsten:

- Auswahl und Aussortieren der Rohware (vorbeugende Maßnahme)
- Lagerung und Vorbereitung der Rohware (vorbeugende Maßnahme)
- Zusatz von Salz und evtl. Zucker und Essig (bei Gurken) („CCP2“)
- Zugabe von Starterkulturen (vorbeugende Maßnahme)
- Abfüllen/Einstampfen (Ausschalten von Luftsauerstoff) („CCP2“)
- Fermentation einschließlich Temperatur und pH-Verlauf („CCP2“)
- Pasteurisieren (bei pasteurisierten Konserven) („CCP1“)
- Kühlen (< 5 °C; bei frischen, bedingt haltbaren Produkten; „CCP1“)

### Literatur

[1] Buckenhüskes, H.J. (1991): Stand und Perspektiven der Gemüsefermentation. Lebensmitteltechnik **6** (1991), 313–320.

[2] Buckenhüskes; H.J. (1993): Selection criteria for lactic acid bacteria to be used as starter cultures for various food commodities. FEMS Microbiol. Rev. **12**, 253–272.

[3] Buckenhüskes, H.J., Schneider, M., Hammes, W.P. (1986): Die milchsaure Vergärung pflanzlicher Rohware unter besonderer Berücksichtigung der Herstellung von Sauerkraut. Chem. Mikrobiol. Technol. Lebensm. **10**, 42–53.

[4] BUCKENHÜSKES, H.J., SABATKE, I., GIERSCHNER, K. (1992): Zur Frage des Vorkommens biogener Amine in milchsauer fermentiertem Gemüse. Critical Review. Industrielle Obst- und Gemüseverwertung **7/92**, 255–263.

[5] BUCKENHÜSKES, H.J., AABYE JENSEN, H., ANDERSON, R., GARRIDO FERNDANDEZ, A., RODRIGO, M. (1990): Fermented vegetables. In: P. ZEUTHEN, J.C. CHEFTEL, C. ERIKSSON, T.R. GORMLEY, P. LINKO, K. PAULUS (ed.): Processing and quality of foods. Vol. 2: Food Biotechnology: Avenues to healthy and nutritious products. Elsevier Appl. Science, London, New York.

[6] CHEN, K.H., MCFEETERS, R.F., FLEMING, H.P. (1983): Fermentation characteristics of heterolactic acid bacteria in green bean juice. J. Food Sci. **48**, 962–966.

[7] FRANK, H.K. (1990): Lexikon Lebensmittelmikrobiologie. Hamburg: Behr's Verlag.

[8] HAMMES, W.P., TICHACZEK, P.S. (1994): The potential of lactic acid bacteria for the production of safe and wholesome food. Z. Lebensm. Unters. Forsch. **198**, 193–201.

[9] HAMMES, W.P., WEISS, N., HOLZAPFEL, W.H. (1991): The genera *Lactobacillus* and *Carnobacterium*. In: BALOWS, A., TRÜPER, H.G., DWORKIN, M., HARDER, W. u. SCHLEIFER, K.-H. (eds.): The Prokaryotes. Vol. 2. Handbook on the Biology of Bacteria: Ecophysiology, Isolation, Identification, Applications. pp. 1535–1594, New York: Springer Verlag.

[10] HOLZAPFEL, W.H., SCHILLINGER, U. (1991): The genus *Leuconostoc*. In: A. BALOWS, TRÜPER, H.G., DWORKIN, M., HARDER, W. u. SCHLEIFER, K.-H. (eds.). The Prokaryotes. Vol. 2. Handbook on the Biology of Bacteria: Ecophysiology, Isolation, Identification, Applications. pp. 1508–1534, New York: Springer Verlag.

[11] MÜLLER, G. (1988): Mikrobiologie pflanzlicher Lebensmittel. Leipzig: VEB Fachbuchverlag.

[12] NIWA, M., MATSUOKA, M., NAKABAYASHI, A., SHINAGAWA, K., TSUCHIDA, F., SAITOH, Y., KATAYAMA, H. (1987): Zur sauren Vergärung von Fruchtsäften mit Milchsäurebakterien. Chem. Mikrobiol. Technol. Lebensm. **11**, 81–88.

[13] OMRAN, H., BUCKENHÜSKES, H., JÄCKLE, E., GIERSCHNER, K. (1991): Einige der Eigenschaften der Pectinesterase, der exo-Polygalacturonase und einer endo-ß-1,4-Glucanase aus Einlegegurken. Dtsch. Lebensm.-Rundschau **87**, 151–156.

[14] SPICHER, G., STEPHAN, H. (1982): Handbuch Sauerteig. Hamburg: Verlag BBV Wirtschaftsinformationen GmbH.

[15] STAMER, J.R., HRAZDINA, G., STOYLA, B.O. (1973): Induction of red color formation in cabbage juice by *Lactobacillus brevis* and its relationship to pink sauerkraut. Appl. Microbiol. **26**, 161–166.

[16] STETTER, H., STETTER, K.O. (1980): *Lactobacillus bavaricus* sp. nov., a new species of the subgenus *Streptobacterium*. Zbl. f. Bakteriol., Parasitenk., Infektionskrankh. u. Hyg. C1, 70–74.

[17] WALLHÄUSSER, K.H. (1988): Praxis der Sterilisation – Desinfektion – Konservierung. 4. überarb. Aufl., Stuttgart: Georg Thieme Verlag.

[18] WEISS, N. (1991): The genera *Pediococcus* and *Aerococcus*. In: A. BALOWS, H.G. TRÜPER, M. DWORKIN, W. HARDER, K.-H. SCHLEIFER (eds.) The Prokaryotes. Vol. 2. Handbook on the Biology of Bacteria: Ecophysiology, Isolation, Identification, Applications. pp. 1502–1507, New York: Springer Verlag.

[19] WOOD, B.J.B., HOLZAPFEL, W.H. (1995): The Genera of Lactic Acid Bacteria. Glasgow, Scotland: Blackie Academic & Professional.

# 8 Verpackung – Materialien, Atmosphären

W. HENNLICH

## 8.1 Einführung in die Thematik

### 8.1.1 Verpackung und Lebensmittelsicherheit

Vom Zeitpunkt der Rohstoffgewinnung bzw. Ernte bis zum Verzehr oder zur weiteren Zubereitung durch den Verbraucher muß ein Lebensmittel vor vielfachen Beeinträchtigungen durch Außeneinflüsse geschützt werden: Einwirkungen durch Wasserdampf, Licht, Sauerstoff und andere Gase, Temperaturschwankungen, Belastungen durch chemische Stoffe, z. B. Umweltchemikalien, unerwünschte Mikroorganismen und anderes biologisches Material sowie Befall mit Vorratsschädlingen. Andererseits gewährleistet eine Verpackung den Erhalt des vollen Ernährungs- und Genußwertes durch Verhinderung von Wasser- sowie Aromaverlust. Verlängerte Haltbarkeiten von teilweise leicht verderblichen Lebensmitteln, wie z. B. Frischkäse, Frischwurst oder Feinkostsalate, sind ohne die Entwicklung hochwertiger Packstoffe mit ausgezeichneten Barriereeigenschaften nicht vorstellbar. Die Sicherstellung funktionstauglicher Verpackungen ist daher ein wesentlicher Teil der wirksamen Qualitätssicherung von Lebensmitteln. Präventiv wirksam ist dabei das HACCP-Verfahren.

Jeder Abpackprozeß ist in die Gegebenheiten des Produktionsbetriebes zu integrieren. Er wird bestimmt durch das abzupackende Erzeugnis und die Sicherheits- und Qualitätsvorstellungen des Herstellers. Je höher diese angesetzt sind, desto höher müssen auch die an das Abpacken gestellten Anforderungen sein.

### 8.1.2 HACCP-Plan und Sicherheit der „Verpackung"

Über die mikrobiologische Kontamination von Lebensmitteln nach dem Verpackungsprozeß mit mikrobiellen Infektions- und Intoxikationserregern wird schon seit Jahrzehnten in der Literatur berichtet [MICHELS und SCHRAM, 1979; ANEMA und SCHRAM, 1980; STERSKY et al.,1980]. Vielfach konnte nachgewiesen werden, daß eine ganze Kette von packstoff- und verpackungstechnischen Fehlern und Schwachpunkten an solchen Unfällen beteiligt waren. Ihrer Vermeidung dient das HACCP-Konzept mit der präventiven Erfassung der praktisch wahrscheinlichen Gefährdungen, die sich aus dem Vorgang des überwiegend maschinellen Abpackens ergeben können.

In einem HACCP-Team ist die Mitarbeit eines Verpackungsspezialisten, ggf. eines Verpackungsingenieurs, vorteilhaft, der über gute mikrobiologisch-hygienische Kenntnisse verfügt. Andernfalls sollte ein Betriebsingenieur einbezogen werden, der das maschinelle Verpackungswesen einschließlich der hygienischen Aspekte beherrscht.

Das HACCP-Team muß sich Klarheit über Produkte, Materialien, Maschinen und prozeßtechnische Voraussetzungen verschaffen. Alle verpackungsrelevanten Prozeßschritte samt ihrem näheren Umfeld sind zu erfassen, zu ordnen und nach Möglichkeit in Form eines Fließschemas darzustellen. Dabei sind im Einzelfall die technischen Pläne der Verpackungsmaschinen für die Anfertigung der Fließschemen heranzuziehen.

## 8.2 Durchführung einer HACCP-Studie: Identifikation der Hygienegefährdung von Lebensmitteln durch die Verpackung

Die erste Aktivität dieser Studie besteht darin, die für das Verpacken von Lebensmitteln betriebsspezifischen Hygienegefahren zu bestimmen und zunächst in einer Risikoliste festzulegen (Identifizieren der Gefährdungen oder „Hazards"). Sie sind chemischer und mikrobiologischer Art einschließlich der Belastung von Packstoffen und Packmitteln durch Verunreinigungen (Schmutz, Staub, Fremdkörper).

Daneben müssen auch potentielle Risikofaktoren von der Maschinen- und der Personalseite den am Verpackungsprozeß Beteiligten bewußt werden.

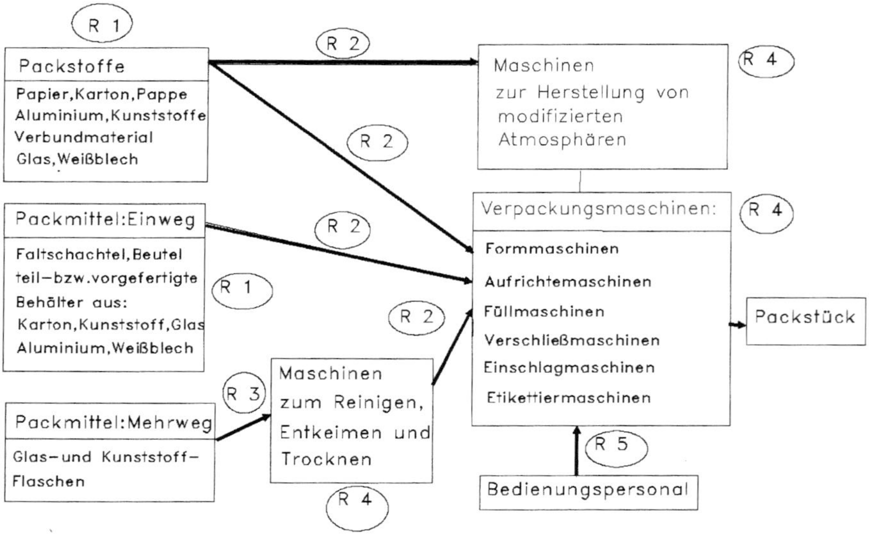


**Abb. 8.1 Fließschema zum schematischen Ablauf beim maschinellen Verpacken von Lebensmitteln mit prinzipiellen Risikostellen**

Ein Beispiel für ein Fließschema zur Ermittlung der Hauptrisikostellen eines Verpackungsprozesses gibt Abb. 8.1. Es sollte dem Grundanliegen einer HACCP-Analyse-Verpackung dienen: Systematische Verdeutlichung der Hygienerisiken im Verpackungsprozeß und Strategien zu ihrer Vermeidung:

**Risikostelle 1:** Durch den Hersteller (Lieferanten) verursachte material- u. fertigungsbedingte Hygienebelastungen während des Verpackungsprozesses, i. a. nicht mehr beeinflußbar (R 1).

**Risikostelle 2:** Hygienebelastungen am Verpackungsort **vor** dem Abpackprozeß, z. B. durch die Lagerung. Durch den Abpacker verursacht (R 2).

**Risikostelle 3:** Hygienebelastungen vor oder am Abpackort durch vorgeschaltete Verfahren. Fehler beim Reinigen, Entkeimen, Trocknen. Durch Lohnbeauftragte oder durch Abpacker verursacht (R 3).

**Risikostelle 4:** Fehlerhaftes Bedienen oder mangelnde Wartung von Verpackungsmaschinen und Apparaten a) durch Maschinenhersteller oder b) vom Abpacker (R 4).

**Risikostelle 5:** Hygienewidriges Verhalten des Bedienungspersonals am Abpackort (R 5).

## 8.2.1 Risikostelle Packstoff/Packmittel/Packhilfsmittel

Aus dem Packstoff werden zusammen mit den Packhilfsmitteln (Klebstoffe, Klebebänder u. ä.) beim Verpackungshersteller oder vor Ort mittels Verpackungsmaschine die erforderlichen Packmittel, z. B. Beutel, Faltschachteln, Kunststoffbecher, Behälterglas, hergestellt bzw. geformt.

Entscheidend für den Einsatz eines Lebensmittelpackstoffes sind folgende Fragen:

- Was soll verpackt werden?
- Welche Beschaffenheit hat das zu verpackende Gut?
- Vor welchen Einflüssen (physikalisch-chemisch-biologisch) ist das Produkt zu schützen?
- Welche Haltbarkeit wird für das zu verpackende Gut angestrebt?

### 8.2.1.1 Physikalisch-chemisch-toxikologisch-sensorische Risiken

Bezüglich der Wechselwirkungen zwischen Verpackung und Packgut werden Übergänge in ein benachbartes Medium als **Migration** (Packstoff/Packgut) und verpackungsdurchdringende Übergänge als **Permeation** bezeichnet. Bei solchen Stoffübergängen kann es auch zu chemischen Reaktionen kommen. Diese Wechselwirkungen können nicht nur die Lebensmitteleigenschaften, sondern auch die Eigenschaften des Packstoffes verändern.

Als Orientierungsgrundsatz gilt: Beste Qualität des Lebensmittels setzt eine minimale Wechselwirkung zwischen Lebensmittel und Verpackung voraus [PIRINGER, 1993].

Will man beurteilen, ob Packstoff für das Packgut eine Gefährdung darstellt, sind zuerst mögliche Stoffübergänge aus dem Packstoff abzuschätzen.

Deshalb ist zunächst zu fragen:

- Handelt es sich um eine Primär- oder Sekundärverpackung (Umverpackung)?
- Kommt das Füllgut in direkten Kontakt mit dem Packstoff?

Bei direktem Füllgutkontakt ist wesentlich, ob trockene, feuchte oder fett-/ölhaltige Produkte abgepackt werden sollen.

*Packstoffe auf Zellstoffbasis: Papier, Karton, Pappe*

Zu klären ist deren Zusammensetzung sowie weitere Verarbeitung bzw. Veredelung:

- Herstellung aus frischem Zellstoff
- aus Zellstoff + Altmaterial
- aus 100 % Altmaterial

  Materialien wurden:
- gestrichen
- imprägniert
- lackiert
- mit Kunststoff, Aluminium beschichtet, kaschiert.

Zur Risikoabschätzung ist zu klären, wie groß die Gefahr eines Stoffübergangs ist bei:

- Verwendung von saugfähigen, nicht veredelten Zellstofferzeugnissen, z. B. beim Abfüllen relativ feuchter oder öl- bzw. fetthaltiger Produkte
- Verwendung veredelter, z. B. gestrichener, lackierter oder beschichteter Kartons, z. B. mit Wachsen, Hotmelts, Kunststoffen (Heißsiegelschichten), Latex (Kaltsiegelschichten).

Daraus folgt die Risikoeinschätzung für ein Packgut: Die Wahrscheinlichkeit eines Stoffüberganges ist a) vorhanden (relativ groß), b) nicht vorhanden und c) relativ gering.

Für eine generelle Risikoeinschätzung für Packstoffe auf Zellstoffbasis hinsichtlich eines Stoffüberganges liefert die Empfehlung XXXVI des BGA (Stand vom 15.1.93) bis zu einer EG-einheitlichen Regelung die maßgebliche Beurteilungsgrundlage. Sie regelt die stoffliche Zusammensetzung von Papier, Karton und Pappe für den Lebensmittelkontakt hinsichtlich der Papierrohstoffe, der Fabrikationshilfsstoffe und der speziellen Papierveredelungsstoffe.

Im allgemeinen wird sich ein Lebensmittelabpacker von seinem Packstofflieferanten bzw. -hersteller die Eignung von Zellstoffmaterialien bestätigen lassen, d. h., er kann dann davon ausgehen, daß diese Packstoffe den Anforderungen der §§ 30, 31 des Lebensmittel- und Bedarfsgegenständegesetzes (LMBG v. 08.07.93) entsprechen.

Übergang qualitätsmindernder Störgerüche vom Packstoff auf das Packgut.

Packstoffe auf Zellstoffbasis, insbesondere Kartons und Pappen, weisen nicht selten Störgerüche auf, die im ungünstigsten Falle bei langen Lagerzeiten über Wochen und Monate auf das verpackte Lebensmittel übergehen können. Qualitätseinbußen sind dann die Folge. Verpackungskartons nehmen vor allem bei feuchter Lagerung einen modrig-schimmeligen Geruch (Muffton) an, wobei nicht selten Schimmelpilzwachstum (Stockflecken) sichtbar wird. Neben mikrobiologischen Ursachen können solche Störgerüche aber auch über chemische Begleitstoffe, u. a. durch Fabrikationshilfs- und Papierveredelungsstoffe, entstehen (von Bockelmann und von Bockelmann, 1974; Petermann 1979).

**Frage 1:**

Lagerdauer, -bedingungen (offen, geschlossen, Feuchte, Temperatur). Mikrobielles Wachstum möglich.

**Frage 2:**

Vorausgegangene technologische Prozesse, z. B. Kunststoffbeschichtungen (Informationsübermittlung durch den Hersteller).

Risikoeinschätzung zur Entstehung von mikrobiell-technologisch bedingten Störgerüchen

Risiko: vorhanden – nicht vorhanden – relativ gering

Qualitätsmindernde Aufnahme von Wasser bzw. Wasserdampf durch ein wasserarmes Lebensmittel

Eine Risikoermittlung sollte zudem klären, welche Wasseraufnahmen wasserarmer bzw. trockener Lebensmittel über das Verpackungsmaterial zu erwarten sind.

**Frage 1:**

Was bewirkt eine erhöhte Wasserdampfaufnahme bezüglich der Produktqualität?

**Frage 2:**

Ist dadurch ein erhöhtes mikrobiologisches Risiko durch Aktivierung von z. B. sporenbildenden Bakterien zu erwarten? Sind damit qualitätsmindernde Störgerüche möglich?

**Frage 3:**

Ist damit eine erhöhte Enzymaktivität verbunden mit den Folgen eines beschleunigten enzymatisch-bedingten Produktverderbs?

Risikoeinschätzung zum vorzeitigen (vor Ablauf des MHD)[1] mikrobiologisch-enzymatischen Produktverderb durch erhöhte Wasser/Wasserdampfaufnahme über die Verpackung. Risiko: vorhanden – nicht vorhanden – sehr gering (Festlegung der Wahrscheinlichkeit des Risikoeintritts, z. B. über ein Punktesystem).

*Packstoffe aus Kunststoffen*

Unter diesem Begriff werden hier alle synthetisch hergestellten hochmolekularen Stoffe verstanden. Wichtig für die Risikofindung ist die Frage nach den möglichen migrierfähigen Inhalts-, Hilfs- und Zusatzstoffen.

Zu nennen sind:

- Initiatoren, Vernetzer (wichtiger Hilfsstoff für Polymerisationsreaktionen), z. B. Peroxycarbonsäuren
- Katalysatoren (Beeinflussung der chemischen Reaktionsgeschwindigkeit)
- Stabilisatoren, Antioxidantien
- Gleitmittel
- Antistatika
- Weichmacher, z. B. Dibutylphthalat
- Füllstoffe, Verstärkungsmittel
- Farbmittel, Antibeschlagmittel.

Ein wichtiger Faktor beim Übergang von Inhaltsstoffen aus Kunststoffverpackungen in damit verpackte Lebensmittel ist die **Globalmigration**. Darunter versteht man die gesamte Stoffmenge, die aus dem Packstoff während seiner Kontaktzeit mit dem Lebensmittel in dieses übergeht. Bei Quellung eines Packstoffes durch Wechselbeziehungen mit einem Lebensmittel kann eine größere Stoffmenge in das Lebensmittel gelangen.

Unter **spezifischer Migration** versteht man die Stoffmenge einer bestimmten Substanz oder Substanzgruppe, z. B. der Epoxide, die aus dem Bedarfsgegenstand während seiner Kontaktzeit mit dem Füllgut auf dieses übergeht.

Für die Risikoermittlung im Sinne von HACCP ist bedeutsam:

- Besteht das Risiko eines erhöhten Stoffüberganges aus einer Kunststoffolie in ein Füllgut bei einer vorhersehbaren Lagerdauer unter bestimmten Lagerungsbedingungen (Temperatur/Luftfeuchtigkeit/Belichtung)?

  Risiko: ja – nein – unwahrscheinlich.

[1] Mindesthaltbarkeitsdatum

Eine hohe Löslichkeit organischer Verbindungen in Kunststoffen kann u. U. zur Sorption von Aroma-, Riech- oder Wirkstoffen durch den Packstoff und damit zu negativen Beeinflussungen des Füllguts führen.

Frage:

Ist bei einem gegebenen Kunststoff bei speziellen Lagerungsbedingungen, z. B. Packungen in Tankstellen-Shops, ein Übertritt (Permeation) von Lösungsmitteldämpfen in erhöhtem Umfang möglich?

Risiko: ja – nein – unwahrscheinlich.

Eine Erhöhung des Migrationsrisikos bei Kunststoffverpackungen folgt u. U. aus Rezepturumstellungen (z. B. pH-Verschiebung), durch Packstoffwechsel sowie durch Änderungen der Lagerbedingungen (z. B. erhöhte Lagerdauer bei erhöhter Temperatur). Auch in diesen Fällen sollte das HACCP-Team eine Risikoabschätzung vornehmen.

*Packstoffe aus Metall: Weißblech-Aluminium*

Um Wechselwirkungen zwischen Füllgut und Weißblech zu verhindern, werden Weißblechdosen häufig mit Schutzlacken, z. B. aus Epoxid-Harzen, überzogen. Die Schichtdicken der Innenlacke von Konservendosen betragen 3 – 20 µm.

Bei fehlerhaften Lack- bzw. Folienschichten (Löcher, Risse, ausgesetzte Stellen) ist das Risiko eines Stoffübergangs äußerst gering. Eine Abschätzung ist von Fall zu Fall und je nach Branche gesondert vorzunehmen.

Aluminium als Werkstoff für zahlreiche Packmittel zeichnet sich aufgrund einer festhaftenden Oxidschicht aus $Al_2O_3$ durch große Korrosionsbeständigkeit aus. Verschiedene Gase, Dämpfe und aggressive Flüssigkeiten sowie Schwermetalle können jedoch die Oxid-Schutzschicht angreifen. Deshalb werden Aluminiumoberflächen wie bei Weißblech durch Verfahren, wie anodische Oxidation, Lackieren oder Kunststoffbeschichten, zusätzlich geschützt.

Risiko: Ein Übergang der Metalle Fe, Sn, Al auf Füllgüter ist aufgrund der Schutzbeschichtungen nicht zu erwarten bzw. vernachlässigbar gering.

Aus Sicherheitsgründen sollten aber für spezielle Verpackungsaufgaben, insbesondere beim Abpacken neuartiger Produkte, mögliche Stoffübergänge aus den Schutzbeschichtungen in das Füllgut in Erwägung gezogen werden. Die im Abschnitt Kunststoffe angestellten Überlegungen gelten auch für beschichtete Weißblech- bzw. Alupackmittel.

*Packstoffe aus Glas*

Im Sinne einer HACCP-Risikoermittlung sind durch Glasverpackungen keine nennenswerten chemischen Risiken zu erwarten.

Nicht auszuschließen sind Stoffübergänge durch sog. Oberflächenvergütungsmittel. Man unterscheidet zwischen Heißendvergütung bei ca. 500 – 600 °C und Kaltendvergütung bei ca. 100 °C zur Erhöhung der Bruchsicherheit. Dabei werden wäßrige Dispersionen von Wachsen und Kunststoffen auf die Außenflächen der Glasbehälter gesprüht, wobei diese in das Innere der Hohlkörper gelangen können. Kaltendvergütungsmittel müssen zwar lebensmittelrechtlichen Anforderungen genügen, dennoch kann eine Überdosierung zu unerwünschten Kontaminationen auf den Innenseiten von Behälterglas führen.

Risikoermittlung: Welche Kaltendvergütungsmittel werden in welchen Konzentrationen eingesetzt? Kann es zu Überdosierungen und Innenkontaminationen kommen? Welche Endkonzentrationen werden erreicht?

Zusätzliches Risiko: Die Verschlußdeckel für Behälterglas, z. B. Schraub-, Twist-off- und Andruckverschlüsse, sind mit Dichtungsringen aus Kunststoffen ausgestattet, von denen eine Migration denkbar ist.

Risikoermittlung: Können aus den Dichtungsmassen überhöhte Stoffübergänge, z. B. Weichmacher, in Füllgüter, z. B. fetthaltige Produkte, erwartet werden?

Eine Risikoabschätzung ist nach Kenntnisstand vorzunehmen (Herstellerinformation einholen!).

### 8.2.1.2 Mikrobiologische Risiken

Packstoffe und Packmittel müssen frei von krankheitserregenden (pathogenen) Mikroorganismen sein. Sie sollen nicht höher als technisch unvermeidbar keimbelastet sein. Entsprechende Forderungen werden auch in den Hygiene-Verordnungen der Länder sowie in einer Reihe von Einzel-VO des LMBG, z. B. der Butter-VO vom 18.12.88 [Butter-VO, 1988], erhoben.

*Papier, Karton, Pappe*

Packstoffe auf Zellstoffbasis verlassen bereits den Produktionsprozeß im keimbelasteten Zustand. Die Sekundärverkeimung über die Raumluft tritt demgegenüber in den Hintergrund. Mikroorganismen werden über das Fabrikationswasser und die Rohstoffe, wie Zellstoff, Altpapier, eingeschleppt und finden meist gute Vermehrungsbedingungen [von Bockelmann und von Bockelmann, 1974].

Insbesondere Bakteriensporen überleben den Produktionsprozeß und können in Kartons und Pappen beträchtliche Zahlen erreichen u. U. $10^6$–$10^7$ Bakteriensporen pro g Trockenmasse).

In den häufig geschlossenen Wasserkreisläufen der Papierfabriken herrschen überwiegend sauerstoffarme Bedingungen vor, so daß anaerobe Sporenbildner, Clostridien, gute Wachstumsbedingungen vorfinden und zu Geruchsbildungen führen können [Geller, 1983]. Selbst Schimmelpilze, insbesondere Chlamydosporen von *Humicola fuscoatra*, können den Produktionsprozeß überstehen und sind in Zellstoffmaterialien häufig anzutreffen.

Aufgrund der meist relativ hohen Keimbelastung von Papier, Karton und Pappen dürfen diese nicht unmittelbar mit mikrobiell leicht verderblichen, relativ wasserhaltigen Lebensmitteln in Kontakt kommen [Cerny, 1978].

- Zur Ermittlung der mikrobiell bedingten Hygienerisiken durch Packstoff auf Zellstoffbasis ist besonderes Augenmerk auf dessen mikrobiologische Belastung durch Bakterien, Hefen und Schimmelpilze zu richten. Von besonderer Bedeutung sind dabei die bakteriellen Sporenbildner, aerobe Bazillen und anaerobe Clostridien, unter denen sich auch pathogene Vertreter, u. a. *C. perfringens*, befinden können.
- Bei kartonhaltigen Kombinationsverbundpackstoffen, wie sie z. B. bei H-Milchverpackungen eingesetzt werden, kann bei starker Knickbeanspruchung an den Bodenfalten die Aluminiumfolie reißen und die darüberliegende PE-Schicht durchschneiden. Sterilisiertes Füllgut kommt dann mit verkeimtem Karton in Berührung (Kontamination), was zum Verderb des Füllgutes oder ungünstigenfalls zu Lebensmittelvergiftungen führen kann.
- Ermittlung eines möglichen Hygienerisikos: Werden zur Verpackung sehr verderbsanfälliger, sehr keimarmer oder steriler Füllgüter Verbundpackstoffe mit Karton eingesetzt? Wie sind potentielle Kontaminationsrisiken in der Praxis einzustufen? Könnten schlimmstenfalls Gesundheitsgefährdungen für den Verbraucher eintreten?
- Eine entsprechende Risikoabschätzung ist aufgrund von Fakten und epidemiologischer Daten vorzunehmen.

*Kunststoffe*

Die Primärverkeimung erfolgt bei Kunststoffolien bereits zwischen Extruder und Aufwicklung über die Umgebungsluft. Häufig werden Folien aus Polyolefinen zur besseren Rollenaufwicklung mit Stärkemehlen bestäubt. Deren Keimbelastung ist dabei von entscheidender Bedeutung. Bei starker Schimmelbelastung kann es zu beträchtlichen Schadensfällen kommen, wenn anschließend schimmelanfällige Produkte, z. B. Schnittbrot, verpackt werden sollen.

Bei der Verkeimung von Kunststoffolien ist die Absetzgeschwindigkeit verkeimter Staubpartikel sehr bedeutsam, desgleichen Luftströmungen, z. B. durch Ventilatoren in Betriebsräumen. Bei Kunststoffen üben zudem elektrostatische Aufladungen einen nachteiligen Einfluß aus. Eine antistatische Ausrüstung von Kunststoffolien ist dann erforderlich [KAHLE, 1991].

Fragen zur Ermittlung der mikrobiell bedingten Hygienerisiken:

- Welche primäre Oberflächenkeimbelastung weisen Kunststoffolien bereits auf der Rolle auf?
- Welche Kontaminationsrisiken durch die Keim- und Staubpartikelbelastung der Umgebungsluft einer Abpackstation sind real gegeben?

Eine Risikoabschätzung umgebungsbedingter Keimbelastungen von Folienoberflächen sollte durchgeführt werden.

Die Kontaminationsrisiken für Folien durch die Verpackungsmaschine sowie durch das Behandlungspersonal werden an anderer Stelle behandelt.

*Metall: Weißblech und Aluminium*

Eine nachträgliche Oberflächenverkeimung findet fast ausschließlich über die keimbelastete Umgebungsluft statt.

- Ermittlung der mikrobiologischen Hygienerisiken für Packstoffe/Packmittel aus Weißblech/Aluminium.

**Fragen:**

Gibt es umgebungs(luft)-bedingte Rekontaminationsquellen für o. g. Packstoffe/ Packmittel, und wie hoch ist das jeweilige Rekontaminationsrisiko?

Eine situationsgerechte Risikoabschätzung durch das HACCP-Team sollte vorgenommen werden.

*Glas*

Bei Behältnissen aus Glas erfolgt die Primärverkeimung zwischen Kühlofen und Abpackstation über die Raumluft. Verstärkend auf diese Oberflächenbelastung wirkt schließlich noch die Kaltendvergütung, sofern die eingesetzten Vergütungsmittel stark verkeimt sind.

- Ermittlung eines möglichen mikrobiologischen Hygienerisikos für Behälterglas:

**Fragen:**

- Welches Mittel ist im Einsatz?
- Entsteht durch den Einsatz eines Kaltendvergütungsmittels ein zusätzliches, momentan unkontrollierbares Hygienerisiko für die abzupackenden Produkte?
- Wie hoch ist im ungünstigsten Fall die dadurch verursachte Keimbeaufschlagung pro 100 $cm^2$?
- Können über dieses Verfahren krankheitserregende Mikroorganismen übertragen werden?

## 8.2.2 Hygienerisiken durch vorratsschädliche Insekten

In gemäßigten Klimazonen, insbesondere in Mitteleuropa, werden Hygienerisiken und -probleme, durch vorratsschädliche Insekten verursacht, häufig unterschätzt und bei vorbeugenden Hygienemaßnahmen oft nicht berücksichtigt. Wie sich aber in der Praxis herausstellte, sind Packstoffe und Packmittel nicht selten mit **Käfern**, **Motten**, **Milben** und **Staubläusen** belastet. Betroffen sind dabei vor allem unhygienisch und feucht gelagerte Packstoffe/Packmittel auf Zellstoffbasis, also Papiere, Kartons und Pappen. Nachweislich können verschiedene, visuell meist nicht erkennbare Entwicklungsstadien von Insekten, also Eier, Eilarven, mit Verpackungsmaterial in einen Produktionsbetrieb eingeschleust werden. So konnte nachgewiesen werden, daß in den Wellen von Wellpappen ausgezeichnete Transport-, Vermehrungs- und Überlebensbedingungen gegeben sind. Insbesondere in über längere Zeit feucht gelagerten Wellpappen können sich Milben und Staubläuse ausgezeichnet vermehren. Dies wird durch verschimmelte Wellpappen (Wachstum im Innern der Wellen) zusätzlich noch gefördert, da Schimmelpilze eine hervorragende Nahrungsquelle für diese Insektenarten darstellen [SCHMIDT, 1979; WOHLGEMUTH, 1979].

**Risikoermittlung:**

- Sind die im Einsatz befindlichen Packstoffe/Packmittel Überträger (Vektoren) für vorratsschädliche Insekten?
- Welche vorratsschädlichen Insekten sind zu erwarten? Käfer – Motten – Milben – Staubläuse?
- Welche Hygienerisiken gehen von Insekten auf Packstoffen/Packmitteln auf Rohstoffe, Halberzeugnisse, Fertigerzeugnisse in der Produktion aus?
- Welche Risiken und Schäden sind bei Schädlingsbefall abgepackter Produkte zu erwarten?

Eine Risikoabschätzung sollte insbesondere bei Verpackungen für insektengefährdete Nahrungsmittel/Genußmittel durchgeführt werden.

## 8.2.3 Der Verpackungsprozeß als Risikostelle

### 8.2.3.1 Die Verpackungsmaschine

Als Arbeitsgrundlage zur Gewährleistung einer hinreichenden Maschinenhygiene können die Qualitätsmerkmale und Empfehlungen des VDMA-(Verband Deutscher Maschinen- und Anlagenbau e.V. Fachgemeinschaft Nahrungsmittel- und Verpackungsmaschinen)Einheitsblattes 24432 [VDMA, 1992] hinzugezogen werden. Dieses beinhaltet eine Zusammenstellung der Anforderungen, die bei der Entwicklung und Herstellung hochwertiger Ausrüstungen für keimarm oder steril zu betreibende Prozesse unbedingt zu beachten sind. Die Anwendung dieser Richtlinie zur Qualitätssicherung setzt das Vorhandensein und die ordnungsgemäße Anwendung eines Qualitätssicherungssystems, z. B. nach dem HACCP-Konzept in Verbindung mit DIN ISO 9001 voraus [DIN ISO, 1987].

Das HACCP-Team, insbesondere die Ingenieure, Maschinentechniker und Linienführer an den Verpackungsmaschinen, sollte sich vor allem darüber Klarheit verschaffen:

- Nach welchen verpackungstechnischen Grundprinzipien arbeiten die jeweiligen Verpackungsmaschinen? Welche Funktionen, z. B. Abfüllen, Wägen, Dosieren, Formen, Füllen, Verschließen, haben sie zu erfüllen?
- Wo befinden sich Kontakte bzw. Kontaminationsmöglichkeiten zwischen Packstoff/Packmittel und Maschine?

- Welche sonstigen risikobehafteten Stellen, Teile, Abschnitte, Sektoren weist eine Maschine auf?

Von einer zu prüfenden Verpackungsmaschine sollte eine möglichst übersichtliche Schemazeichnung angefertigt werden, auf der alle potentiellen Kontaminationsrisiken (Kontaktstellen) zwischen Mensch, Umgebung und unreinen Maschinenteilen mit keimarmem bzw.-freiem Verpackungsmaterial augenfällig und unmißverständlich, z. B. rot, markiert werden können.

Diese Hygiene-Warnpunkte sind für die spätere Festsetzung der sog. kritischen Kontrollpunkte (CCPs) von Bedeutung.

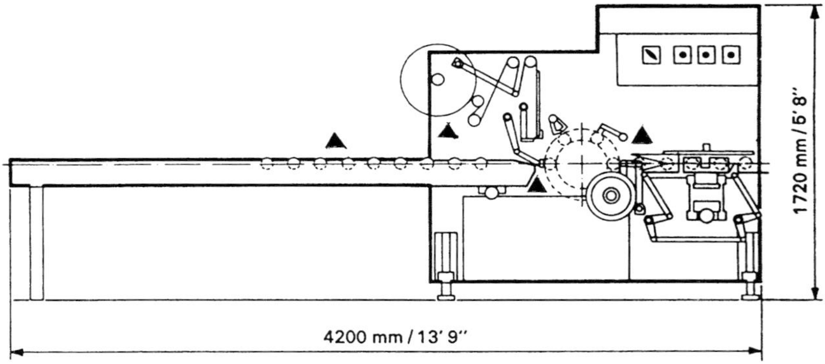


**Abb. 8.2 Schemazeichnung einer automatischen Einwickelmaschine für Backwaren[2] mit Markierungspunkten für potentielle Hygienegefahren. ▲ = Risikostelle**

### 8.2.3.2 Das Prozeßumfeld

*Bauseitige Risikostellen*

Alle bauseitigen, hygienerelevanten Faktoren sind in diesem Sinne zu erfassen, entsprechende Skizzen anzufertigen und ermittelte Risikostellen augenfällig zu markieren und ggf. mit praktischen Hinweisen zu versehen.

*Das Bedienungspersonal*

Dem Personal einer Abpackstation sollte im Rahmen einer HACCP-Analyse gebührende Aufmerksamkeit gewidmet werden.

Zur Identifizierung personalgebundener Risiken bringen folgende Fragen Aufklärung:

[2] aus: Typenblatt der SIG Schweizerische Industriegesellschaft, CH-Neuhausen. Typ GS. Die betriebliche Raum- und Umgebungsluft in Nachbarschaft zur Abpacklinie muß Teil einer gründlichen Risikoermittlung sein.

- Wo sind die Gefahrenschwerpunkte beim Kontakt zwischen Bedienungspersonal und Packstoff/Packmittel?
- Findet direkter Händekontakt unmittelbar vor dem eigentlichen Abfüllprozeß statt?
- An welchen Stellen der Verpackungsmaschine ist ein direkter Zu-/Eingriff durch das Bedienungspersonal möglich?
- Welche Konsequenzen ergeben sich aus diesen Erkenntnissen für das weitere Vorgehen im HACCP-Konzept?

### 8.2.4 Das Verpacken unter modifizierter Atmosphäre bzw. unter Schutzgas (Modified Atmosphere Packaging)

Man definiert verschiedene Verfahren bzw. Techniken zur Erzeugung von Schutzgasatmosphären [Parry, 1993].

**Definitionen:**

1. Verpacken unter modifizierter Atmosphäre (Modified Atmosphere Packaging = MAP). Austausch der Luft in einer Verpackung gegen einfache Gase bzw. definierte Gasgemische. Die Gasmischungen richten sich nach den abzupackenden Produkten. Die Gasatmosphären ändern sich während der Lagerdauer kontinuierlich, bedingt durch biogene Atmung, biochemische Veränderungen und langsames Entweichen der Gase durch die Packstoffe.
2. Verpacken unter kontrollierter Atmosphäre (Controlled Atmosphere Packaging = CAP). Wird oft synonym für MAP verwendet, was jedoch unkorrekt ist, da nach dem Versiegeln einer Verpackung eine Kontrolle der Gasatmosphäre nicht mehr möglich ist.
3. Vakuumverpackung (VP). Die einfachste und häufigste Methode, um die Gasatmosphäre innerhalb einer Packung zu modifizieren. Das Produkt wird in einer sauerstoffdichten Folie verpackt, die atmosphärische Luft abgesogen und die Packung luftdicht verschweißt oder versiegelt. Über Stoffwechselvorgänge kann sich die Gasatmosphäre in der Packung verändern (Übergang zur modifizierten Atmosphäre).

**Methoden zur Herstellung von Gasatmosphären**

1. Spülen mit Gas bzw. Gasmischungen

Ein kontinuierlicher Gasstrom wird in die noch unverschlossene Packung eingeleitet. Nach stattgefundenem Gasaustausch durch Verdünnung der Kopfraumluft wird die Packung versiegelt. Die typischen Restsauerstoffgehalte in gespülten Packungen betragen 2 – 5 %. Der Vorteil dieser Technik liegt in der Geschwindigkeit des kontinuierlichen Vorgangs.

2. Kompensiertes Vakuum

Im ersten Schritt wird innerhalb der vorgefertigten und vorgeformten Verpackung ein Vakuum angelegt. Zweiter Schritt: Einleiten des gewünschten Gases oder Gasgemisches über Kanülen oder Schleusen. Die Abfüllgeschwindigkeit dieses 2-Schritt-Prozesses ist niedriger als die von Verfahren 1; die Restsauerstoffgehalte sind jedoch niedriger.

3. Passive Modifikation der Gasatmosphäre
(Equilibrium Modified Atmosphere = EMA)

Wenn die Atmungsaktivitäten eines Füllgutes, z. B. Gemüse, an die Gaspermeationseigenschaften einer Verpackungsfolie (Mono- oder Verbundmaterial) möglichst genau angepaßt werden können, so kann eine passive Gasmodifikation innerhalb der Packung erreicht werden. Dabei stellen sich Gleichgewichtskonzentrationen von Sauerstoff und Kohlendioxid ein, z. B. 2–5 % $O_2$ und 3–8 % $CO_2$ verhindern die Welke und das Weichwerden von Gemüse, einen Chlorophyll-Abbau und einen vorzeitigen mikrobiellen Verderb.

4. Aktives Schutzgasverpacken

Das Einbringen von $O_2$-Absorbern, $CO_2$-Absorbern/Emittierern, EtOH-Emittierern und Ethylen-Absorbern in Verpackungsmaterial oder in Packmittel eignet sich zur Modifikation der Kopfraumatmosphäre und somit zur Haltbarkeitsverlängerung von Füll- oder Packgütern. Im Vergleich zu obigen Verfahren relativ teuer.

### 8.2.4.1 Schutzgasverpacken

Hinsichtlich der Sicherheit und hygienischen Unbedenklichkeit ist vor dem Einsatz zu klären:

- Entsprechen die einzusetzenden Schutzgase in chemisch-toxikologischer Hinsicht den geforderten Eigenschaften und Reinheitsgraden für Lebensmittel?
- Welche mikrobiellen Belastungen von technischen Gasen ($CO_2$, $N_2$, $O_2$) sind zu erwarten? Welche Risiken treten dabei für das abzupackende Produkt auf?
- Sind Analysenzeugnisse erforderlich?
- Welche technischen Auflagen bezüglich Sicherheit und Unbedenklichkeit eines Schutzgasverfahrens sind zu beachten?

An Packstoffeigenschaften sind zu fordern:

- Ausreichende Gasdichtigkeit bzw. angemessene Gaspermeabilität und Wasserdampfdichtigkeit sowie physikalisch-chemisch-biologische Verträglichkeit (Kompatibilität) mit dem Füllgut; ausreichende mechanische Festigkeit; Schutz vor mikrobiellen Kontaminationen,

- Siegelfähigkeit – Qualität und Festigkeit der Siegelnähte, Hitzebeständigkeit, Schutz vor lichtinduzierten Qualitätsdefekten, Schutz vor unzulässigen Stoffübergängen auf das Füllgut.

Alle Packstoffeigenschaften sind für jedes abzupackende Lebensmittel aufeinander abzustimmen und auf ihr jeweiliges Gefährdungspotential für das Packgut zu untersuchen.

Zusätzliche Hygienerisiken:

- Muß mit Fremdkörpern durch Schutzgasbeaufschlagung gerechnet werden? Sind beim Einsatz hoher $CO_2$-Anteile im Schutzgas bei Füllgütern mit hohen $a_w$-Werten pH-Verschiebungen durch Säurebildung ($H_2CO_3$) zu erwarten? Können dadurch erhöhte Stoffübergänge (Migrationen) aus den Packstoffen in das Packgut verursacht werden? Können dadurch Kunststoffe quellen mit damit verbundenen Packstoffundichtigkeiten (Erhöhung der Porosität, Permeabilität)?
- Mikrobiologische Risiken: Wachstum und Überleben von Verderbs- und ggf. gesundheitsschädlichen Erregern; Stoffwechselprodukte, z. B. Antibiotika, Bacteriocine, Toxine bei veränderten Gasatmosphären (z. B. *S. aureus*-Enterotoxin bei erhöhten $O_2$-Anteilen). Verhalten von z. B. Clostridien unter den Bedingungen mikro-aerober bzw. anaerober Gasatmosphären.
- Beeinflussung der Oberflächenflora der MAP-Packstoffe einschließlich Schimmelpilzsporen unter erhöhten $O_2$-Volumenanteilen.

### Gasspülen

Bedingt durch diese Technik verbleibt in den z. B. mit $CO_2$ kontinuierlich gespülten Packungen ein Restsauerstoffgehalt von 2–5 %. Zu prüfen ist, ob sich dieser auf die Produkte auswirken kann und welche mikrobiologischen Gefährdungen bei Unterbrechung der Produktkühlung entstehen können.

### Gasaustausch

Diese Methode eignet sich besonders für sauerstoffempfindliche Füllgüter.

Fragen zur Risikoanalyse betreffen auch hier mögliche Beeinflussungen der Produktqualität und der selektiven Förderung des Wachstums, evtl. auch der Toxinbildung von Risikokeimen. Auch unter Berücksichtigung dieser Bedingungen sind erforderliche Kühltemperaturen zu kalkulieren.

## 8.2.4.2 Vakuumverpacken

Durch den weitgehenden Entzug des Luftsauerstoffs wird die Entwicklung unerwünschter aerober Mikroorganismen, z. B. Schimmelpilze und Hefen, saprophytäre Pseudomonaden, gehemmt. Andererseits wird das Wachstum anaerober Bakterien, z. B. Clostridien und mikro-aerophile Verderbserreger, gefördert.

Potentielle Hygienerisiken:

Bei undichten Vakuumverpackungen, z. B. Vakuumbeutel für Frischwurst, dringt Luft-Sauerstoff in die Packung ein und fördert sauerstoffabhängige Verderbsorganismen, v. a. Schimmelpilze.

Fehlerursachen:

- undichte Siegel- oder Schweißnähte von Folienbeuteln, poröse bzw. gaspermeable Verpackungsfolien.

Innerhalb luftdicht verschlossener Vakuumverpackungen entstehen sauerstoffreduzierte bzw. -freie Verhältnisse und damit ein mögliches mikrobielles Risiko. Vergleichbar damit sind die Verhältnisse in sauerstofffreien Packungen mit modifizierter Atmosphäre aus $CO_2/N_2$.

Fragen zur Auffindung möglicher Hygienerisiken:

- Folgen nicht ausreichender Vakuumverhältnisse und mangelhafter Kühlung
- Muß bei kritischen Lebensmitteln mit Wachstum von Clostridien gerechnet werden?

## 8.3 Kritische Kontrollpunkte zur Beherrschung von verpackungsbedingten Risiken

### 8.3.1 Kontrollpunkt Verpackungsmaterial

Auf die stoffliche Zusammensetzung von Verpackungsmaterialien hat der Lebensmittelabpacker in der Regel keinen Einfluß. Er entscheidet sich entsprechend den Anforderungen seiner Produkte für einen geeigneten Packstoff.

In Tab. 8.1 sind die wichtigsten nationalen sowie EG-rechtlichen Empfehlungen, Richtlinien, Verordnungen und Gesetze zu Qualitätsanforderungen an Packstoffe aufgelistet.

Bei Änderung von Lebensmittelrezepturen, Lagerbedingungen und Haltbarkeitsfristen sollte der Abpacker mit dem Packstoffhersteller in Kontakt treten. Für Packstoffe sind versteckte Hygienegefahren und unberücksichtigte kritische Kontrollpunkte vorstellbar: z. B. der Einsatz von Packstoffen, Packmitteln, die sich von den vorgehenden Chargen nur in einer wesentlichen Eigenschaft, z. B. der Siegelschicht, unterscheiden.

### 8.3.2 Kontrollpunkte innerhalb eines Abpackprozesses

Beim Abpacken auf einer Maschine, z. B. ab Folienrolle, sind zusätzliche mikrobielle Belastungen zu vermeiden. Durch kontrollierende Maßnahmen ist zwar in der Regel keine sichere (CCP1) Ausschaltung, wohl aber eine weitgehende Minimierung der Gefahr zu erzielen (CCP2).

**Tab. 8.1 Gesetzliche Anforderungen an Lebensmittelverpackungen (national-EG-rechtlich) hinsichtlich ihrer stofflichen und hygienischen Beschaffenheit**

| Nationale Gesetzgebung und Empfehlungen nach BGA | EG-Richtlinien |
|---|---|
| 1. Das Lebensmittel- und Bedarfsgegenständegesetz (LMBG) vom 08.07.1993, §§ 5, 30, 31, 32<br>2. Die Bedarfsgegenstände-VO vom 10.04.1992<br>3. Das Produkthaftungsgesetz vom 15.12.1989<br>4. Die Empfehlungen der Kommission des Bundesgesundheitsamtes für die gesundheitliche Beurteilung von Kunststoffen und anderen Polymeren im Rahmen des LMBG; Teil A: 52 Empfehlungen, Teil B: Untersuchungsmethoden speziell für Papier, Karton, Pappe: Empfehlung XXXVI<br>5. Hygiene-VO der Länder bzw. in Zukunft nationale Hygiene-VO nach Umsetzung der RL Lebensmittelhygiene 93/43/EWG | Richtlinien bedürfen der Umsetzung in nationales Recht:<br><br>1. Richtlinie 89/109/EWG: Angleichung der Rechtsvorschriften der Mitgliedsstaaten über Materialien und Gegenstände, die dazu bestimmt sind, mit Lebensmitteln in Berührung zu kommen.<br>2. Richtlinie 90/128/EWG: Über Materialien und Gegenstände aus Kunststoff, die dazu bestimmt sind, mit Lebensmitteln in Berührung zu kommen. Positivlisten<br>3. Richtlinie 82/711/EWG: Über die Grundregeln für die Ermittlung der Migration aus Materialien und Gegenständen aus Kunststoff<br>4. Richtlinie 85/572 EWG: Über die Liste der Simulanzlösemittel für die Migrationsuntersuchungen von Materialien und Gegenständen aus Kunststoff |

**Als Grundregel gilt:** Materialien sind so keimarm wie möglich einzusetzen. Beim Abpacken keimbelasteter Produkte gilt als Orientierung: Die Keimbelastung des Packstoffes sollte möglichst um 2–3 Zehnerpotenzen niedriger als die des Packgutes liegen.

**Beispiel:** An einer Form-Füll- und Verschließmaschine zum Abfüllen eines nicht keimfreien Lebensmittels in Schlauchbeutel mit Schweißverschluß sollen zur Beherrschung der Oberflächenkeimbelastung geeignete kritische Kontrollpunkte eingerichtet werden.

Errichtung eines CCP2:

Packstoffentkeimung einer Polypropylen-Folie (PP) mittels UV-C-Bestrahlung. Voraussetzung für diese Oberflächenentkeimung ist eine möglichst staubfreie Packstoffbahn. Angestrebt wird eine Keimreduktion um ca. 2–3 Zehnerpotenzen, jedoch keine Sterilisation wie bei aseptischen Verfahren in Kombination mit $H_2O_2$ (CCP1).

Zur Packstoffreinigung bei stärker staubbelasteten Folien (z. B. mit Stärkepuder konditionierte Folien) sollte ein Entstaubungsgerät (CCP2) (Schwingungserreger + Absaugeeinrichtung) sinnvollerweise vor der UV-Bestrahlung installiert werden.

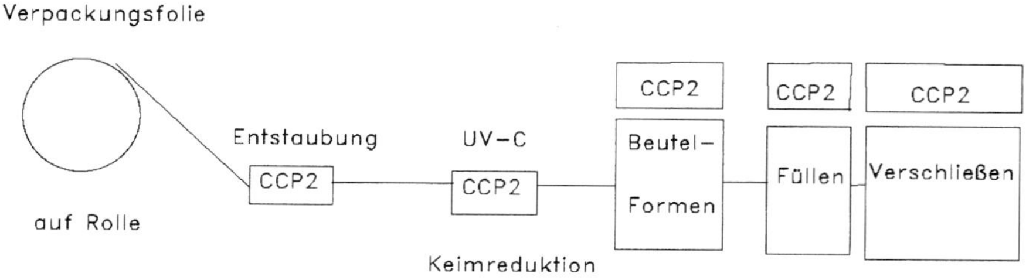


**Abb. 8.3 Fließschema zur Errichtung kritischer Kontrollpunkte an einer Verpackungslinie zur Keimreduzierung einer Packstoffbahn**

Modernes Abpacken von Lebensmitteln erfolgt auf automatischen Verpackungsmaschinen. Eine computergesteuerte Regelung und Kontrolle führt zu größeren Abpackleistungen (Packungen/Minute) und insgesamt zu standardisierbaren Qualitäten. Wichtiger Anspruch beim automatischen Abpacken ist die Gewährleistung der Produkthygiene während des gesamten Prozesses. Dieser gliedert sich in die Grundoperationen Formen-Füllen-Verschließen. Die zu befüllenden und zu verschließenden Packmittel, Beutel oder Faltschachteln werden auf horizontalen oder vertikalen Maschinen hergestellt, auf denen die Packstoffbahn (Folien) oder der Zuschnitt in horizontaler oder vertikaler Richtung läuft. Hygienerisiken beim automatischen Abpacken entstehen grundsätzlich durch a) verunreinigte, mikrobiell kontaminierte Packstoffe und b) maschinenseitig verursachte Verschmutzungs- und Kontaminationsquellen. Im Sinne eines effizienten HACCP-Systems sollen alle diesbezüglichen hygienerelevanten Risikostellen identifiziert, als kritische Stellen (CCP1/CCP2) festgelegt und wirksame Mittel und Wege zu deren Überwachung und Korrektur aufgezeigt werden.

In Tab. 8.2 sind wesentliche Hygieneverfahren beim automatischen Formen, Füllen und Verschließen dargestellt.

Zu beachten ist, daß bei den in der Regel sehr hohen Abpackleistungen automatischer Verpackungsmaschinen, z. B. bis zu 1300 Packungen pro Minute auf 3-Seiten-Siegelrand-Beutel-Maschinen, ein direktes Eingreifen in den Abpackprozeß zum Zwecke der Hygienekorrektur kaum zu verwirklichen ist. Auftretende Fehler werden in der Regel frühestens nach Stichproben-Kontrollen aus bereits fertigen Packungen oder noch später festzustellen sein. Die Höhe eines daraus evtl. resultierenden Risikos muß sehr sorgfältig abgewogen werden.

Beim maschinellen Abpacken können fehlerhafte Siegelnähte vorprogrammierte Produktgefährdungen zur Folge haben, insbesondere bei Einsatz der Schutzgastechnik.

- An einer nicht leicht einsehbaren Stelle einer Form-Füll- und Verschließmaschine findet eine unkontrollierbare Luftströmung statt, durch die staub- und keimbeladene Luft auf eine keimarme Packstoffbahn gelenkt wird.
- Für die Verpackung eines Produkts in einem Papierbeutel wird ein wasserhaltiger Dispersionskleber eingesetzt, der sich bei höheren Luftfeuchtigkeiten und Lagerzeiten als mikrobiell anfällig herausstellen kann.

### 8.3.3 Kontrollpunkte beim Reinigen, Desinfizieren und Trocknen von Mehrwegverpackungen aus Glas und Kunststoff

Als mögliche kritische Kontrollpunkte (CCP1) einer Reinigungslinie für Mehrwegbehälter (vgl. Risikostelle R3 des Fließschemas in Abb. 8.1) sind denkbar:

- Reinigung und Desinfizieren im Einweichverfahren (sog. Soaker-Anlagen) mit 3–5%iger Natronlauge bei 60 °C
- Gründliches Nachspülen mit Trinkwasser und anschließendes Trocknen im Heißluftstrom bei > 80 °C.

### 8.3.4 Kontrollpunkte beim Verpacken unter modifizierter Atmosphäre (MAP, Schutzgasverpacken)

Die beim MAP-Verfahren identifizierten Gefahren für die Sicherheit der abzupackenden Lebensmittel sind im wesentlichen (vgl. Abschnitt 8.2.4): 1. Die Lebensmittelverträglichkeit der Schutzgase; 2. die Unbedenklichkeit der Verpackungsmaterialien (Migration, Dichtigkeit) und 3. die Hygienesicherheit des maschinellen MA-Prozesses.

Zur wirksamen Beherrschung von Schutzgas-verursachten Gefährdungen sollten geeignete Gasmischgeräte, Durchflußmeßgeräte in den Gasstrom eingeschaltet werden. Insbesondere bei Einsatz von Luftseparatoren (Luftauftrennung in $N_2$ und $O_2$), wo mittels komprimierter Luft eine selektive $O_2$- oder $N_2$-Anreicherung stattfindet, empfiehlt sich der Einsatz von **Entkeimungsfiltern**. Dafür stehen funktionsgerechte Einwegfilter und sterilisierbare Mehrweg-Filtergehäuse zur Verfügung. Bei hintereinandergeschalteten Filtern (z. B. Tiefenfilter) können keimfreie Schutzgase erzeugt werden.

Je nach Verderbsanfälligkeit des abzupackenden Lebensmittels sind für MA-Verpackungen vorgesehene Packstoffe vor dem eigentlichen Abfüllschritt im Bedarfsfalle wirksam zu entkeimen (CCP2). Für Packstoffbahnen eignet sich dabei bevorzugt eine Behandlung mit energiereichen UV-C-Strahlen (200–280 nm). Staubreduzierende Maßnahmen (vgl. Abschnitt 8.3.2) mögen nach Bedarf vorgeschaltet werden.

**Tab. 8.2 Hygienegefahren sowie HACCP-Maßnahmen beim automatischen Abpacken von Lebensmitteln auf Form-Füll- und Verschließmaschinen**

| Mögliche Gefährdungen beim: | Kritische Kontrollpunkte (CCP1) | Überwachungsmaßnahmen u. deren Kriterien | Korrekturmaßnahmen bzw. Vorbeugungsmaßnahmen |
|---|---|---|---|
| A. Formen | | | |
| Verunreinigung der Formwerkzeuge (Staub, Feuchtigkeit) | Formstation mit Einzelformteilen, z. B. Formschulter von Schlauchbeutelmaschine | Hygiene- und Reinheitszustand überprüfen (z. B. durch regelmäß. Abstriche/Abklatschen von Maschinenteilen)<br>Interne Hygiene-Normen und Empfehlungen nach VDMA Einheitsblatt 24432<br>EG-Maschinenrichtlinie[1] | regelmäßige Reinigung und Funktionskontrolle |
| Kontakt zu anderen Maschinenteilen, zum Außenbereich (Luftansaugung) | Formstation mit benachbarten Bereichen, z. B. Klebstoffauftrag | | regelmäßige Reinigung und Kontrolle |
| Einbringung von verschmutzten, vorgefertigten Packmitteln, z. B. Faltschachtelzuschnitte | Magazin mit vorgefertigten Packmitteln, z. B. vorgeformte Becher | Prüfung auf Unversehrtheit und Reinheitszustand der vorgefertigten Packmittel und Packstoffe überprüfen (visuell) | Verwerfen von ungeeigneten Packmittelstapeln bzw. Einzelstücken |
| B. Füllen | | | |
| Verunreinigung von Maschinenteilen bei volumetrischer Füllung von flüssigen/viskosen Produkten: Kolbenfüllung mit Ventilen, Membranfüllung, Zeitfüllung | Kolben, Ventile, Rohrleitungen, Flansche, Vorratstank, Fülltank, Pumpen | Funktionstüchtigkeit und Hygienezustand überprüfen | regelmäßige Reinigung und technische Funktionskontrollen |

| Mögliche Gefährdungen beim: | Kritische Kontrollpunkte (CCP1) | Überwachungsmaßnahmen u. deren Kriterien | Korrekturmaßnahmen bzw. Vorbeugungsmaßnahmen |
|---|---|---|---|
| Verunreinigung von Trockenvolumenfüllern für trockene Produkte: Vakuumfüller, Schneckendosierer, Becherdosierer, Konstantstromfüller | Rührwerk, Schnecken, Wägeschale, Zählwerk, Förderband, Schleuderscheiben, Becher, Schaber | Technische Anweisungen, interne Hygienerichtlinien (Kontrolle über Abstriche und Abklatschverfahren), Qualitätsmerkmale und Empfehlungen nach VDMA Einheitsblatt 24432 EG-Maschinenrichtlinie[1] | |
| C. Verschließen | | | |
| Technische Defekte und Fehlfunktionen beim Falten, Einstecken von Laschen, Heften, Klipsen, Kleben, Siegeln, Schweißen u. a. Verschlußtechniken und dadurch bedingte Undichtigkeiten, Verunreinigungen und mikrobielle Belastungen; Insektenbefall | Werkzeuge zum Falten, Falzen, Einstecken, Heften<br>Maschinen und Apparate zur Klebstoffauftragung<br>Siegelwerkzeuge für Heiß- und Kaltsiegeln<br>Schweißwerkzeuge<br>Prüfung auf mikrobielle Belastung von Klebstoffen z. B. Kaltleim, Dispersions-Klebstoffe | Funktionstüchtigkeit und Hygienezustand überprüfen:<br>Technische Anweisungen, interne Hygienerichtlinien; Qualitätsmerkmale und Empfehlungen spezieller Maschinenhersteller und Branchen; u. a. VDMA Einheitsblatt 24 432<br>Kontrolle über Abstrich- und Abklatschverfahren<br>Dichtigkeitsüberprüfungen:<br>Prüfung auf Insektendichtigkeit | regelmäßige Reinigung und technische Funktionskontrollen |

[1] Richtlinie des Rates zur Angleichung der Rechtsvorschriften der Mitgliedsstaaten für Maschinen (89/392/EWG)

### 8.3.5 Kontrollpunkte zur Sanierung der Raumluft im Verpackungsbereich

Folgende lufthygienische Maßnahmen im Sinne eines kritischen Kontrollpunktes sind fallweise, insbesondere beim nicht aseptischen Abpacken von hauptsächlich schimmelpilzgefährdeten Produkten (z. B. Schnittbrot oder heißabgefüllte Konfitüren in Weithalsgläsern) empfehlenswert:

- Luftfiltersysteme zur Entstaubung und partiellen Entkeimung der Luft in unmittelbarer Nähe zur Abpacklinie (CCP1)
- Luftfiltersysteme mit integrierter Luftkonditionierung (Einstellung der Luftfeuchtigkeit und Lufttemperatur-Klimaanlagen-Effekt) (CCP2/CCP1).

**Achtung:** Häufig wird bei diesen Anlagen mit Luftwäschern gearbeitet: Bei Fehlfunktionen und mangelnder Wartung kann eine Anreicherung der konditionierten Luft u. a. mit pathogenen Mikroorganismen, z. B. *Legionella pneumophila*, entstehen.

Luftentkeimung an einer Abpacklinie durch UV-Bestrahlung (nicht UV-C-Bereich!) im direkten Umfeld zur Packstoffseite (CCP2).

**Achtung:** Regelung der Lebensmittel-UV-Bestrahlung nach § 2 Lebensmittelbestrahlungs-VO vom 19.12.1959 [LebBestr.VO, 1959] und berufsgenossenschaftliche Arbeitsschutzbestimmungen für Betriebspersonal.

Installierung von Luftionisationsanlagen zur elektrischen Erzeugung von keimabtötenden negativen Sauerstoffionen ($O_2$-Cluster oder Ionenflocken, kein Ozon). Diese Form der Luftentkeimung wurde bisher erfolgreich in Kühllagerräumen der Fleischindustrie zur Luftdesodorierung und -entkeimung eingesetzt. Im Gegensatz zu kontinuierlicher UV-Bestrahlung in Betriebsräumen ist durch Sauerstoffionen keinerlei gesundheitliche Gefährdung für Personen zu erwarten.

Auch auf dem Sektor „Raumhygiene“ sind versteckte Hygienegefahren bzw. kritische Kontrollpunkte vorstellbar. Gelegentliche Kontrollmaßnahmen zur laufenden Ermittlung der Luftkeimbelastung im Abpackbereich erweisen sich i. d. R. als unzureichend, d. h., sie vermögen nicht, plötzlich auftretende hohe Luftverkeimungen zu erfassen. Dadurch ergeben sich versteckte lufthygienische Risiken.

### 8.3.6 Kontrollpunkte zur Sicherstellung einer rekontaminationsfreien Zwischenlagerung von Verpackungsmaterialien

In einer Reihe von Rechtsvorschriften [EWG,1992; FlhV, 1993] wird gefordert, Verpackungen hygienisch einwandfrei zu lagern. Danach müssen Lagerräume für Verpackungsmaterial frei von Staub und Ungeziefer sein und dürfen keine Luftverbindung mit Räumen haben, in denen sich Stoffe befinden, die Fleischerzeugnisse kontaminieren könnten. Verpackungen dürfen nicht auf dem Boden abgestellt werden.

Für Lagerplätze für Lebensmittelverpackungen, z. B. Faltschachtelzuschnitte oder vorgeformte Kunststoffbehälter, sind planmäßig durchzuführende Reinigungen, Desinfektionen einschl. Schimmel- und Schädlingsbekämpfung obligatorisch.

Kritischer Kontrollpunkt – Verpackungslager (CCP2)

- Aufrechterhaltung einer trockenen Lagerraumluft von max. 60 % r. LF. bei Vorratshaltung von Papier, Karton, Pappen, im Bedarfsfall durch Heizmaßnahmen. Dadurch Vorbeugung gegen Wachstum von Schimmelpilzen, Milben und Staubläusen.
- Lager-Raumbegasung mit Phosphorwasserstoff zur aktiven Bekämpfung der Entwicklungsstadien von hygiene- und vorratsschädlichen Insekten, z. B. Ameisen, Schaben, Motten und Käfer.

## 8.3.7 Kontrollpunkte zur Sicherstellung der Personalhygiene beim direkten Umgang mit Lebensmittelverpackungen

Ein Personalhygieneplan im Bereich Verpackung ist integraler Bestandteil eines HACCP-Planes, wobei die Regelungen für den Umgang mit Lebensmitteln im Prinzip auch für Packstoffe gelten, soweit sie unmittelbar mit Lebensmitteln in Kontakt kommen [BuSeuG, 1979; EWG,1993b].

Maßnahmen zur Personalhygiene an der Verpackungslinie sollten beinhalten:

- Hygienegerechte Berufskleidung (Arbeitsanzüge, Kopfbedeckungen, ggf. Handschuhe bei direktem Packstoffkontakt sowie Verpflichtung zum mehrmaligen Handschuhwechsel (CCP2).
- Arbeitsbezogene Körperhygiene: häufiges Händewaschen, Haar- und Bartpflege, Hautpflege, sichere Wundbedeckung (CCP2).
- Sanitäre Einrichtungen, z. B. Handwaschbecken in nächster Nähe zur Abpacklinie, Einmalhandtücher, Reinigungs-, Desinfektions- und Hautpflegemittel (am besten Kombinationspräparate) (CCP2).

Die Personalhygiene spielt im gesamten Produktionsprozeß von Lebensmitteln eine übergreifende Rolle. Laufende Informationen und Schulungen sind notwendig, um bei allen Beteiligten hygienische Verhaltensmuster bewußt zu machen und zu entwickeln.

## 8.4 Kriterien, die anzeigen, inwieweit ein Abpackprozeß hygienisch unter Kontrolle ist

Richt- oder Grenzwerte, z. B. für die zulässigen Höchstmengen migrierender Packstoffbestandteile in Kunststoffen und Zellstoffmaterialien, sind Gegenstand zahlreicher Empfehlungen der Kunststoffkommission des Bundesgesundheitsamtes. Mehr und mehr treten EG-einheitliche Empfehlungen bzw. Richtlinien mit detaillierten Positivlisten für zulässige Packstoffinhaltsstoffe an deren Stelle (vgl. auch Bedarfsgegenstände-VO vom 10.04.92). „Hygienisch unter Kontrolle" erfordert weit mehr, nämlich die einwandfreie Gebrauchseignung, z. B. mechanische Eigenschaften, Dichtigkeit, einwandfreier Verschluß.

### 8.4.1 Erfassung hygienerelevanter Daten für ein normengerechtes Qualitätssicherungssystem

Ein verantwortlicher Produzent sollte jederzeit zur eigenen Sicherheit über die aktuellen Forderungsprofile der einzelnen Materialien informiert sein.

Die Kunststoffrichtlinie 90/128/EWG enthält für Kunststoffe eine Positivliste, in der die Monomere und sonstigen Ausgangsstoffe für Kunststoffe aufgeführt sind.

Die Beurteilung der lebensmittelrechtlichen Unbedenklichkeit von Packstoffen aus Papier, Karton, Pappe unterliegt derzeit noch der BGA-Empfehlung XXXVI [Empf. XXXVI].

Als wertvolle Hilfestellung für Abpacker hat die EG-Kommission den Practical Guide Nr. 1 verfaßt [EWG, 1993a].

#### 8.4.1.1 Die mikrobiologische Belastung von Verpackungsmaterial

Für Buttereinwickler-Oberflächen sind maximal zulässige Koloniezahlen pro 100 $cm^2$ Packstoff verbindlich festgelegt [vgl. Tab. 8.3]. Empirisch gewonnene Erfahrungswerte haben jedoch schon früher zu Richtwerten geführt, die vielfach in Vereinbarungen zwischen Packstofflieferant und Abnehmer Eingang gefunden haben. Diese Spezifikationen haben aber keinen rechtsverbindlichen Charakter. Die folgende Tab. enthält einige Richtwerte für Lebensmittelpackstoffe, die sich in der Praxis als sinnvoll erwiesen haben. Sie sind als Empfehlungen zu betrachten und geeignet, Hygienesicherungsmaßnahmen im Sinne des HACCP-Konzeptes nach Möglichkeit zu objektivieren (Tab. 8.3).

Allgemein wird die Ansicht vertreten, daß die Keimbelastung von Packstoffen etwa 2–3 Größenordnungen unter derjenigen des Füllgutes liegen sollte und sich Krankheitserreger nicht nachweisen lassen. Die mikrobiellen Anforderungen an ein Packmittel bewegen sich zwischen „keimarm" und „keimfrei".

**Tab. 8.3 Richt- und Grenzwerte für die Keimbelastung von Lebensmittelpackstoffen**

| Packstoff und Verwendungszweck | Richt- bzw. Grenzwerte |
|---|---|
| Buttereinwickler für Markenbutter | 6 Hefen + 2 Schimmelpilze pro 100 $cm^2$ keine Stockflecken nach § 6 Butter-VO (1988) und DIN 10082 |
| Kunststoff-Folien zum Abpacken von nichtsterilen Lebensmitteln | << 5 KBE/100 $cm^2$ (Gesamtoberflächenkoloniezahl) technisch machbar: < 2 KBE/100 $cm^2$ (nach Fh-ILV-internen Mitteilungen) |
| Packstoffe (Folien) für aseptisches Abpacken | << 10 KBE/100 $cm^2$ (Bakterien, Hefen, Schimmelpilze) |
| Papiere, Kartons, Pappen z. B. für Umverpackungen | je nach Produktionstechnik zu erwarten: ca. $10^2$–$10^6$ KBE/g Gesamtkeimbelastung |
| Versandschachteln für Lebensmittelverpackungen, z. B. Kunststoffbecher | ≤ 10 Schimmelpilze/100 $cm^2$ nach CERNY, 1987 |
| Zwischenlagen aus Wellpappe für Behälterglas-Paletten | < 30 Schimmelpilze/100 $cm^2$ nach CERNY, 1987 |

Auch für spezielle Verpackungsaufgaben im Lebensmittelbereich mag es fallweise erforderlich sein, die tolerierbare Gesamtkeimbelastung von Papier, Karton und Pappe mittels Spezifikationen einzugrenzen. Dies betrifft in erster Linie die Anzahl an aeroben und anaeroben Bakteriensporen, aber auch Schimmelpilzsporen, die bei Erhöhung der Packstoff-Feuchtigkeit reaktiviert werden können.

### 8.4.1.2 Migrationswerte für Inhaltsstoffe von Verpackungsmaterial

Für den Übergang von Umweltkontaminanten aus Verpackungsmaterialien in Füllgüter sollen beispielhaft einige angestrebte Orientierungswerte vorgestellt werden (Tab. 8.4).

Maß für die Inertheit eines Packstoffes aus Kunststoff ist die Globalmigration: Es gilt nach Art. 2 der Richtlinie 90/128/EWG ein Grenzwert von **10 mg/dm²** bzw. nach Umrechnung von **60 mg/kg im Lebensmittel**.

Auf die Limitierung von Metallen in Bedarfsgegenständen bezogen sich bisher nur wenige lebensmittelrechtliche Regelungen, z. B. das Farbengesetz und das Blei-Zinkgesetz, durch die die Verwendung und Zusammensetzung von bleihaltigem Lot in Konservendosen geregelt wurde.

**Tab. 8.4 Häufige organische Verunreinigungen in Papier, Karton und Pappe aus der Altpapierverwertung [PIRINGER, 1993]**

| migrierender Stoff (Verunreinigung) | angestrebte Zielgröße | in der Praxis erreichbare Konzentrationen |
|---|---|---|
| Polychlorierte Biphenyle (PCB, PCP) | 2 mg/kg (10 mg/kg)[1] | < 1 mg/kg |
| Polychlorierte Dibenzo-dioxine (PCDD) Dibenzo-furane (PCDF) (aus Altpapieren) | 1 ng/kg | < 1 ng/kg |

[1] ursprünglich festgelegte Grenze nach Empf. XXXVI (1994) der Kunststoff-Kommission des BGA

Um Wechselwirkungen zwischen Füllgut und Metallblech zu verhindern (Migration von Metallionen), werden insbesondere Weißblechdosen mit Schutzlacken überzogen, deren Mengen im Bereich von 3–15 g/m$^2$ liegen.

Ergänzend sei darauf hingewiesen, daß Papiere, welche Spuren von Schwermetallen enthalten, die oxidative Ranzigkeit darin verpackter fettender Lebensmittel beschleunigen können. Orientierende Daten zu Metallgehalten von Papier, Karton und Pappe können den umfangreichen Analysen von KNEZEVIC (1988) entnommen werden.

## 8.4.2 Kriterien zur Beurteilung der Raumluft am Ort des Verpackens

### 8.4.2.1 Mikrobiologische Belastung der Luft

Beim Abpacken von nicht sterilen Lebensmitteln kann die umgebende Raumluft eine zusätzliche mikrobielle Belastung verursachen. Insbesondere ein massives Auftreten von Hefen und Schimmelpilzsporen in der Umgebungsluft der Abpackstation kann sich auf die Haltbarkeit vieler Produkte nachteilig auswirken.

Die Belastung der Raumluft mit Mikroorganismen, insbesondere Schimmelpilzen und Hefen, am Ort des Abpackens sollte so niedrig wie technisch möglich gehalten werden. Insbesondere für den Molkereibereich wurde in den vergangenen Jahrzehnten verschiedentlich versucht, bracheninterne Richt- bzw. Orientierungswerte zur produktverträglichen Luftkeimbelastung zu erstellen (Tab. 8.5).

Exaktere Untersuchungen über die Zusammenhänge zwischen der mikrobiellen Belastung der Betriebsluft und den unterschiedlichen Produkt- und Prozeßbedingungen im Molkereibereich wurden von RADMORE et al. (1988) durchgeführt.

**Tab. 8.5 Empfehlungen für anzustrebende Luftkeimbelastungen in Molkereibetrieben (Sahne, Sauermilcherzeugnisse, Frisch- u. Trockenmilch)**

| Produkt/Bereich | Empfohlene Richtwerte Luftkeime pro $m^3$ | Quelle |
|---|---|---|
| Sauermilchprodukte und Sahne | < 1250 KBE (Gesamtkoloniezahl)<br>< 700 KBE (Hefen und Schimmelpilze) | HEDRICK und HELDMAN [1969] |
| Frischmilch und Trockenmilch | < 1400 KBE (Gesamtkoloniezahl)<br>< 1250 KBE (Hefen und Schimmelpilze) | |
| Molkereiprodukte (gesamter Herstellungs- und Abpackbereich) | < 200 KBE (Gesamtkoloniezahl)<br>< 100 KBE (Hefen und Schimmelpilze) | RADMORE und LÜCK [1984] |

Berücksichtigt wurden dabei die spezifischen Kontaminationsrisiken verschiedener Erzeugnisse, die Expositionszeiten der Packungen vor dem Verschließen sowie die Flächen der Behälteröffnungen.

Aufgrund der extrem voneinander abweichenden Richtzahlen für die Luftkeimbelastungen im Produktions- und Abpackbereich erscheint es um so sinnvoller, daß jeder Betrieb für sich individuelle Richt- bzw. Orientierungszahlen erarbeitet.

Für die Lebensmittelindustrie allgemein ausgesprochene Empfehlungen gibt Tab. 8.6 wieder.

**Tab. 8.6 Richtwerte für Luftkeimbelastungen in Lebensmittelbetrieben pro $m^3$ Raumluft (veröffentlicht durch Firma Biotest GmbH, Dreieich)**

| Ort | Keimbelastung in KBE[1] je $m^3$ Raumluft |
|---|---|
| Herstellung **leichtverderblicher** Lebensmittel in Räumen **mit** nachweisbarer Keimreduzierung | < 200 KBE |
| Herstellung von Lebensmitteln in Räumen **mit** nachweisbarer Keimreduzierung | < 500 KBE |
| Herstellung von Lebensmitteln in Räumen **ohne** Keimreduzierung (Belüftungsanlage) | ≤ 500 KBE |

[1] KBE = koloniebildende Einheit

#### 8.4.2.2 Der Wasserdampfgehalt der Raumluft

Der Wassergehalt von Packmaterialien, Zellstoff und Kunststoff beeinflußt einerseits die mechanischen Verarbeitungseigenschaften (Biegesteifigkeit, Aufrichtungsvermögen, z. B. von Faltschachtelkarton, Verklebbarkeit, Gleitfähigkeit). Die Einlagerung von Wassermolekülen wirkt sich wesentlich auf die Permeation von einfachen Gasen wie $O_2$, $CO_2$, $H_2O$-Dampf aus. Besonders groß ist z. B. die Wirkung auf die Sauerstoffdurchlässigkeit von Barriereschichten aus EVOH (Ethylvinylalkohol). Bei 20 °C und 100 % relativer Feuchte ist die Durchlässigkeit etwa 300 mal so hoch wie bei 0 % relativer Feuchte und gleicher Temperatur.

Erhöhte Wasserdampfgehalte in der Umgebungsatmosphäre führen zu Mikroorganismenwachstum, z. B. durch Auskeimung von Bakterien- und Schimmelsporen bis hin zur sichtbaren Ausbildung von Zellkolonien, und entsprechender Geruchsbildung, z. B. schimmelig-muffig. Derartige Packstoffe wirken ekelerregend und sind zum Verpacken von Lebensmitteln nicht mehr geeignet (§§ 30, 31 LMBG).

Zudem wirken erhöhte Wassergehalte, die von feuchten Packmaterialien auf Lebensmittel übertragen werden, in den meisten Fällen qualitäts- bzw. haltbarkeitsmindernd.

**Bestimmungsmethoden:**

Die Bestimmung der relativen Raumluftfeuchtigkeiten im Verpackungsbereich erfolgt in der Regel hygrometrisch durch Bestimmung des Wasserdampfdrucks.

Die Bestimmung der Wassergehalte von Papier, Karton, Pappe erfolgt nach DIN 54540, Teil 9 (DIN, 1989) und die der Wasserdampfdurchlässigkeit z. B. gravimetrisch nach DIN 53122, T 1 [27], vgl. Tab. 8.8.

#### 8.4.2.3 Die Zusammensetzung von modifizierten Atmosphären in Schutzgasverpackungen

Basierend auf verschiedenen Praxisanwendungen sowie publizierten Forschungsergebnissen enthält die folgende Tab. eine Auswahl von empfohlenen Schutzgasmischungen für verschiedene Lebensmittel.

## 8.5 Die Überwachung und Dokumentation von Kriterien (Monitoring)

Eine wirksame Überwachung (Monitoring) eines HACCP-Systems für den Verpackungsbereich soll sicherstellen, daß Verpackungsprozesse an dafür eingerichteten Kontrollpunkten (CCPs) störungsfrei ablaufen und unter Kontrolle sind. Dies setzt einwandfreie Verpackungen (Packstoffe, Packmittel, Packhilfsmittel) voraus.

**Tab. 8.7 Empfehlungen für industriell eingesetzte Schutzgasmischungen für Lebensmittel [Day, 1992]**

| Abzupackendes Produkt | Zusammensetzung der Gasmischung |
|---|---|
| 1. Frischfleisch | 20–40 % $CO_2$/60–80 % $O_2$ |
| 2. Frischfleisch | 35–45 % $CO_2$/25–35 % $O_2$/25–35 % $N_2$ |
| 3. Geflügel | 25–35 % $CO_2$/65–75 % $N_2$ |
| 4. Gekochtes/gepökeltes Fleisch | 20–35 % $CO_2$/65–80 % $N_2$ |
| 5. Brot und diverse Backwaren, z. B. Kuchen, Crepes, Pizzateig | 40–60 % $CO_2$/40–60 % $N_2$ |
| 6. Hart- und Weichkäse | 10–40 % $CO_2$/60–90 % $N_2$ |
| 7. Obst und Gemüse | 3–10 % $CO_2$/3–10 % $O_2$/80–94 % $N_2$ |
| 8. Getreide, Gewürze, Kräuter, Nüsse, Kaffee, Tee, Trockenmilch | 100 % $N_2$ |

In der bisherigen Praxis wurden im Lebensmittelbetrieb eigene Untersuchungen nur dann durchgeführt, wenn akute Störungen im Zusammenhang mit Verpackungen aufgetreten sind (Prinzip der Pannenbehebung). Demgegenüber soll HACCP eine vorausschauende Risiko- und Fehlervermeidung gewährleisten.

## 8.5.1 Verpackungsprüfungen

Zur Untersuchung der stofflichen Zusammensetzung von Packstoffen sowie zum spezifischen Verhalten zu Lebensmitteln (Füllgut) seien nur einige Beispiele aufgeführt (Tab. 8.8).

### 8.5.1.1 Mikrobiologische Untersuchungen

Schwieriger ist die Gewinnung mikrobiologischer Daten und Meßwerte zur Überwachung des Hygienestatus von Verpackungen bzw. Verpackungsprozessen.

Monitoring-Maßnahmen sollen möglichst schnell sein, um auf Störfälle des Abpackprozesses möglichst flexibel reagieren zu können. Mikrobiologische Methoden sind aber häufig zeitaufwendig. Physikalische Tests, biosensorische Analysen und Beobachtungen sind deshalb meist vorteilhafter (Tab. 8.9).

Mikrobiologische Prüfmethoden wurden von der Arbeitsgruppe „Mikrobiologie der Packstoffe“ am Frauenhofer-Institut für Lebensmitteltechnologie und Verpackung München in einer Sammelmappe zusammengefaßt [Fh-ILV, 1988].

**Tab. 8.8 Prüfmethoden zur Analytik von Packstoffen**

| Art der Untersuchung | Methoden |
|---|---|
| 1. Untersuchungen zur Permeation von Gasen, Wasserdampf und organischen Dämpfen durch Packstoffe | DIN 53380<br>DIN 53122 T 1 und T 2 |
| 2. Bestimmung der Migration aus Packstoffen (Folien) in Kontaktmedien (Simulanzmittel) | Richtlinien 82/711/EWG (Prüfbedingungen) [EWG,1982] und 85/572/EWG [EWG,1985] |
| 3. Bestimmung der Migration bei erhöhter Temperatur | Richtlinie 85/572/EWG |
| 4. Bestimmung von polychlorierten Biphenylen in Papier, Karton, Pappe | „Untersuchung von Papieren, Kartons und Pappen für den Lebensmittelkontakt – VDP Bonn". Zu Empfehlung XXXVI des BGA oder: Untersuchungsverfahren nach § 35 LMBG |
| 5. Bestimmung der wasserlöslichen Heiß-Extrakte aus Koch- und Heißfilterpapieren und Filterschichten | „Methoden zur Prüfung von Papieren, Kartons und Pappen." zur Empfehlung XXXVI BGA |
| 6. Prüfung von Weichmachern: Bestimmung der Wanderung von Weichmachern | DIN 53405 |

**Tab. 8.9 Mikrobiologische Untersuchung von Packstoffen nach DIN-Methoden**

| Norm | Untersuchungsmethoden |
|---|---|
| DIN 54378 | Prüfung von Papier, Karton, Pappe: Bestimmung der Oberflächenkoloniezahlen (OKZs) |
| DIN 10050 Blatt 3 | Prüfung von Buttereinwicklern: Keimzahlbestimmung |
| DIN 54379 | Prüfung von Papier, Karton, Pappe: Bestimmung der Gesamtkoloniezahl |
| DIN 54383 | Prüfung von Papier, Karton, Pappe: Bestimmung von Clostridiensporen |
| DIN 54380 | Prüfung von Papier, Karton und Pappe: Prüfung auf Zusatz von antimikrobiellen Bestandteilen |

#### 8.5.1.2 Test auf Widerstandsfähigkeit von Packstoffen gegenüber dem Angriff von Vorratsschädlingen

In einem Arbeitskreis der Industrievereinigung für Lebensmitteltechnologie und Verpackung (IVLV), München, wurden Prüfmethoden zur Insektenwiderstandsfähigkeit von Packstoffen erarbeitet [Fh-ILV Merkblätter Nr. 38 und Nr. 49, 1979, 1985].

Diese Prüfungen geben jedoch keinen Aufschluß über die Insektendichtigkeit von Fertigpackungen aus dem geprüften Verpackungsmaterial. Dies kann nur über eine Dichtigkeitsprüfung gegenüber eindringenden Vorratsschädlingen, sog. Invasoren, an der Fertigpackung selbst ermittelt werden.

Methode: Zwangsbefall mit Zuchten vorratsschädlicher Insekten (Motten, Käfer, Milben), BBA-Test [Khan, 1983]

#### 8.5.1.3 Überwachung des Hygienezustandes von Mehrwegverpackungen (Glas- und Kunststoffbehälter) nach einem Reinigungsverfahren

Um sicherzustellen, daß nur hygienisch einwandfreie Mehrwegbehälter zur Abfüllstation gelangen, sollten diese nach Möglichkeit zwei Kontrollstellen passieren. Die erste Kontrolle erfolgt nach einem US-Patent direkt nach Verlassen einer Reinigungsanlage. Dabei werden z. B. Flaschen optisch auf Beschädigung und Verunreinigung geprüft. Zur zweiten Kontrolle durchlaufen die Flaschen eine automatische Meßstation, den sog. „Snifter". Dabei wird aus jeder Flasche eine Luftprobe entnommen und diese gaschromatographisch auf aromatische Kohlenwasserstoffe, wie sie z. B. in Pflanzenschutzmitteln oder Haushaltschemikalien enthalten sind, untersucht. Weist die Analyse Spuren chemischer Verunreinigungen in einer Flasche nach, wird diese automatisch ausgeworfen [Heidenreich, 1978].

### 8.5.2 Die Überwachung der Raumluft

Zur wirksamen Eindämmung von luftbedingten Risiken sind kontinuierliche Untersuchungen der Raumluft vorzunehmen, und zwar auf

- sensorisch abträgliche chemische Belastungen, z. B. Lösungsmitteldämpfe aus benachbarten Betriebsbereichen,
- mikrobiologisch-hygienische Belastungen durch intern oder extern bedingtes Auftreten von Staub und daran adsorbierte Mikroorganismen, in erster Linie Bakterien- und Schimmelpilzsporen (air-borne microorganisms).

Methoden:

- Zur analytischen Bestimmung von flüchtigen, geruchsintensiven und/oder toxischen organischen Verbindungen in der Umgebungsluft von Abpackstationen eignen sich gaschromatographische Methoden (GC-Analytik).

Zur Kontrolle der Lufthygiene werden eingesetzt:

- Luftkeimzahlbestimmungen nach dem Beaufschlagungs(Impaktions-)verfahren. Dabei hat sich das Luftkeimsammelgerät RCS in der Praxis bisher sehr gut bewährt[3].

  Prinzip: Das elektronisch gesteuerte, stabförmige Gerät saugt pro Zeiteinheit über ein Lüfterrad ein definiertes Luftvolumen an (40 l/min, max. 320 l in 8 min) und schleudert diese Luft auf einsatzbereite Luftkeimindikatoren (Kunststoffstreifen mit selektiven und Gesamtkeimzahlmedien). Nach Auszählen der sichtbaren Kolonien auf den Nähragarstreifen kann die aktuelle Luftkeimzahl pro $m^3$ Luft ermittelt werden.
- Bei dem Luftkeimsammelgerät MD 8[4] wird die zu analysierende Luft über ein vorbereitetes Membranfilter gesaugt und nach Bebrütung ausgewertet. Das Gerät eignet sich zur Luftkeimzahlbestimmung in Reinräumen mit strömender Luft.
- Zur Bestimmung der Staubpartikelzahlen in der Betriebsluft gibt es praxisbewährte Analysengeräte, z. B. Partikelzähler von Coulter[5].

## 8.5.3 Überwachung der modifizierten Atmosphären zum Schutzgasverpacken

Routinemäßige Gasanalysen in Schutzgaspackungen sollten fester Bestandteil von Überwachungssystemen sein. Orientierungspunkte für Kontrollmaßnahmen sind dabei die in Tab. 8.7 vorgestellten modifizierten Gasatmosphären.

Analysen der Gaszusammensetzung in MA-Packungen können folgende Defekte anzeigen:

- Undichte Siegelnähte von MA-Beuteln
- Undichte Packstoffe
- Fehlerhaft arbeitende MA-Apparaturen, insbesondere der Gasmisch-Vorrichtung.

Bei Abweichungen in den Gasmischungen sind sofortige Korrekturmaßnahmen einzuleiten. Kontinuierlich arbeitende Gasanalysen werden deshalb empfohlen [EWG, 1993a].

[3] Biotest AG, Dreieich
[4] Sartorius GmbH, Göttingen
[5] Coulter Electronics GmbH, Krefeld

Gasanalysen von MA-Packungen beinhalten die Detektion von $O_2$, $CO_2$ und $N_2$.

Von Gasanalysatoren werden folgende Eigenschaften gefordert: Einfach zu kalibrieren, schnelle und reproduzierbare Ermittlung von Meßwerten.

**Sauerstoffanalyse:** Einsatz von spezifischen, paramagnetischen Zirkoniumoxid-Systemen.

**Meßprinzip:** Paramagnetische Wechselbeziehung zwischen Sauerstoff und Rezeptor.

**$CO_2$-Analyse:** Einsatz von spezifischen Infrarot-Absorptions-Detektions-Systemen, Wärmeleitfähigkeitsdetektoren.

Zur analytischen on-line-Erfassung von $CO_2$, $O_2$ und $N_2$ sind auch nichtspezifische Wärmeleitfähigkeitsdetektoren geeignet.

Untersuchungen zur Dichtigkeit und Unversehrtheit der Siegelnähte von Schutzgaspackungen geben Aufschluß über die Risiken einer sekundären mikrobiellen Kontamination sowie einer unerwünschten Veränderung der Gasmischungen durch Verdünnungs- bzw. Vermischungseffekte.

**Hinweis:** Prinzipiell sind Lebensmittelpackungen, an die hohe Dichtigkeitsanforderungen zu stellen sind (Dichtepackungen), nach den oben zitierten Prüfmethoden auf Dichtigkeit zu untersuchen (Detektieren von Leckstellen).

Man unterscheidet nicht-destruktive und destruktive Tests.

### Nicht-destruktive Tests

- Visuelle und manuelle Inspektion:

  Regelmäßige Beobachtungen der Heißsiegeloberflächen auf Sauberkeit und sichtbare Siegelnahtdefekte.
- In-line-Siegelnaht-Integritätstest:

  Prüfung jeder Einzelpackung auf Siegelnahtdichtigkeit durch eine automatische In-line-Dichtigkeitsprüfung:

**Methode:** Durch pneumatische Meßverfahren werden veränderte Druckwiderstände gemessen und undichte Packungen automatisch ausgestoßen.

### Destruktive Tests

- **Berst-Test:** Aussage über die Siegelnahtqualität (Stärke und Integrität). Eine Schutzgaspackung wird angestochen und mit Luft so weit aufgeblasen, bis die Siegelnaht platzt oder das Verpackungsmaterial zerreißt. Der interne Packungsdruck beim Zerbersten wird gemessen (Test analog zu DIN 53141: Berstversuch).
- **Der Leck- bzw. Sicherheitstest:** Eine Schutzgaspackung wird unter Wasser bei Unterdruck getestet. Undichte Stellen können durch aufsteigende Gasblasen aufgedeckt werden. Blasen aus dem Siegelnahtbereich zeigen dort Defekte an (Test analog zu DIN 55458: Prüfung von Verschlußsystemen auf Dichtigkeit).

- **Der elektrolytische Test:** Eine Schutzgaspackung wird mit einer Salzlösung befüllt und dann partiell in ein Salzbad getaucht. Leckstellen an der Packung werden durch einen meßbaren elektrischen Strom angezeigt.
- **Farb-Penetrationstest:** Auf der Innenseite einer Schutzgaspackung wird ein flüssiger Farbstoff aufgetragen. Undichte Stellen am Packstoff werden durch das Auftreten von Farbstoff auf der Packstoffaußenseite nachgewiesen.
- **Der Fall-Test:** Schutzgaspackungen läßt man aus einer definierten Höhe fallen, um mögliche mechanische Belastungen beim Handhaben von Packungen im voraus abschätzen zu können (Festlegung einer Belastungstoleranz für befüllte Verpackungen). Test entspricht Methode DIN EN 22248 (Vertikale Stoßprüfung).
- **Der Folien-Abziehtest** (Peel Test): Bestimmung der notwendigen Kraftaufwendung, um eine Deckelfolie abzuziehen. Ein Maß dafür, wie leicht (verbraucherfreundlich) eine Siegelfolie abgezogen werden kann (Analog zu Test nach ILV-Merkblatt 33: Bestimmung der Festigkeit von Heißsiegelnähten) [Fh-ILV Merkblatt 33, 1978].

### 8.5.4 Die Überwachung der Verpackungsmaschinen

Alle Maschinenfunktionen mit unmittelbarem Einfluß auf die hygienische Beschaffenheit von Packstoff, Packmittel und Füllgut während Verpackungsprozessen müssen an speziell auszumachenden kritischen Kontrollpunkten (CCP1/2) beherrschbar gemacht werden. Hilfreich dazu sind detaillierte maschinentechnische Skizzen oder Fließschemata, die am Ort des Abpackens deutlich sichtbar angebracht werden sollten. Die kritischen Hygienepunkte an den Apparaturen oder Abpackmaschinen sollten möglichst auffallend mit z. B. großen roten Punkten sowohl auf dem Fließschema als auch an der Maschine selbst markiert werden. Die so gekennzeichneten Stellen müssen unverstellt, d. h. jederzeit dem Bedienungs- oder Wartungspersonal leicht zugänglich sein.

Ein Prüfbuch ist anzulegen, in dem von den Verantwortlichen die regelmäßigen visuellen oder analytischen Hygienekontrollen einzutragen sind.

### 8.5.5 Dokumentation von Meßdaten zur Überwachung kritischer Kontrollpunkte von Verpackungen und Abpackprozessen

Meßdaten aus dem Verpackungsbereich können wie bei der HACCP-Analyse von Lebensmittelproduktionsprozessen auf verschiedene Weise erfaßt werden. Der einfachste Weg führt über ein Datenblatt.

Als Beispiel sei eine Meßwertaufzeichnung zur analytischen Überwachung des $CO_2$-Gehaltes einer Gasmischung für eine Schutzgasverpackung dargestellt (Abb. 8.4).

Datenblatt

| | |
|---|---|
| Abfüll-Linie 1<br>Produkt A | Abfüllen unter modifizierter Atmosphäre bei einem Mindest-$CO_2$-Gehalt von 60 %: Kritischer Grenzwert: 58 % |

| Zeit | $CO_2$-Gehalt (Vol %) |
|---|---|
| 8.00 | 59,3 |
| 8.30 | 59,1 |
| 9.00 | 60,2 |
| 9.30 | 58,9 |
| 10.00 | 59,7 |

Bemerkungen: Datum:
Maschinenführer:

**Abb. 8.4 Beispiel eines Datenblattes**

Die jeweilige Kontrollperson muß ausreichend geschult sein, um die Daten entsprechend bewerten zu können. Im obigen Beispiel muß der Datenerfasser wissen, daß $CO_2$-Konzentrationen in der Schutzgasmischung unter 58 % das Einleiten einer Korrekturmaßnahme zur Folge haben müssen.

Mikroprozessorsysteme können visuell oder akustisch anzeigen, ob kritische Grenzwerte überschritten oder unterschritten werden. Ob und in welchem Umfang diese Art der Risikoüberwachung im Verpackungsbereich einsetzbar ist, ist vom HACCP-Team abzuwägen und zu entscheiden. [HUDAK-ROOS und GARRETT, 1993].

## 8.6 Korrekturmaßnahmen, durch die fehlerhafte Prozesse, einschließlich Verpackungsmaterialien, wieder unter Kontrolle gebracht werden können

Sobald die Überwachungsdaten anzeigen, daß ein Kontrollpunkt seinen kritischen Grenzwert erreicht, sind Verpackungen und Verpackungsabläufe unverzüglich wieder unter Kontrolle zu bringen, noch bevor die Abweichung, z. B. mikrobiell hoch belastete Packmittel, zu einer ernsten Sicherheitsgefährdung für ein abgepacktes Lebensmittel wird. Verpackungen bzw. verpackte Produkte (Packstücke), die während einer Zeitspanne produziert wurden, in der Kontrollpunkte (CCPs) außer Kontrolle geraten waren, müssen eliminiert werden.

Die korrektiven Maßnahmen, die Aktionen zur Beseitigung und die Verfügung über die betroffenen Produktpartien müssen in einem HACCP-Plan unmißverständlich festgehalten und die Verantwortlichkeiten eindeutig festgelegt werden.

## 8.6.1 Korrekturmaßnahmen bei Packstoffen oder vorgefertigten Packmitteln

Fehler und sonstige Qualitätsabweichungen an vorgefertigten Packmitteln, die an konkret festgelegten Spezifikationen oder Normen gemessen werden sollten, können zum Zeitpunkt des maschinellen Abpackens in den meisten Fällen nicht mehr behoben werden.

In solchen Fällen müssen die fehler- und risikobehafteten Packstoffe und Packmittel ausgesondert, notfalls zwischengelagert und an den Hersteller zurückgesandt werden. Handelt es sich um einen systematischen Fehler, der in einer ganzen Liefercharge im Rahmen einer HACCP-Überwachung nachgewiesen werden konnte, sollten nach Möglichkeit Packstoffe anderer Chargen- bzw. Los-Nummern für das Abpacken eingesetzt werden.

Beim Auftreten erhöhter Belastungen von Packstoffen mit Mikroorganismen oder Staub- und Fremdstoffpartikeln wären u. U. nachgeschaltete Entstörungsmaßnahmen zu empfehlen. Zur raschen und effektiven Entstaubung von Kunststoffolien gibt es die Möglichkeit einer kombinierten Behandlung mittels hochfrequenter Bahnvibration und simultaner Partikel(Staub)-Absaugung durch automatisch arbeitende Bahnreinigungssysteme[6].

Zur gleichzeitigen Reduktion von erhöhten Oberflächenkeimbelastungen von Folien empfiehlt sich eine ggf. mit dem Entstaubungsverfahren gekoppelte Bestrahlung mit energiereicher UV-C-Bestrahlung.

Auch bei vorgefertigten Packmitteln, z. B. Becher oder Schalen aus Kunststoffen oder Aluminium, könnten bei akuten Störungen durch erhöhte Mikroorganismen- oder Partikelzahlen die o. g. Maßnahmen zur Entstörung eingesetzt werden. Verfahrenstechnisch dürften dabei aber je nach Behältergeometrie deutlich größere Schwierigkeiten zu erwarten sein.

Insgesamt gesehen dürften schnelle und durchgreifende Korrekturmaßnahmen bei Verpackungsmaterialien und -prozessen deutlich schwieriger durchzuführen sein, als vergleichsweise bei lebensmitteltechnologischen Prozessen.

## 8.6.2 Korrekturmaßnahmen zur Lufthygiene

Wird im Rahmen HACCP-konformer Überwachungsmaßnahmen eine Verschlechterung des Betriebsluftkeimgehaltes im Verpackungsbereich registriert (vgl. Abschnitt 8.5.2), so sind unverzüglich und planmäßig geeignete Korrekturmaßnahmen einzuleiten.

[6] Bahnreinigungssysteme, z. B. von AB Kelva[R], Lund/Schweden, oder Restatic Products AB, Amal/Schweden

Diese werden sich im wesentlichen auf die **Be- und Entlüftung** im Lager- und Abpackbereich konzentrieren. Bei Vorhandensein von lufthygienischen Einrichtungen (Filtersysteme, Klimaanlage) wird bei Auftreten von Störungen ein im HACCP-Plan spezifizierter und detaillierter Entstörungsplan in Aktion zu setzen sein. Er sollte vorrangig den Austausch von Filtersystemen und die wirksame Regeneration von Luftwäschern in Klimaanlagen umfassen.

### 8.6.3 Korrekturmaßnahmen an der Verpackungsmaschine

Korrekturmaßnahmen im Bereich der **Verpackungsmaschinen** müssen ebenfalls im HACCP-Plan definitiv festgelegt werden.

Im Falle einer maschinell bedingten Kontamination von Packstoffen, z. B. Kunststoffolien mit verpackungsfremden Stoffen (z. B. Schmutz, Maschinenöl, Chemikalien oder Mikroorganismen), muß möglichst rasch und wirksam eingegriffen und die Fehlfunktion behoben werden. Hygienerisiken bzw. -fehler, die durch Fehlfunktionen beim automatischen Formen, Füllen und Verschließen auftreten, müssen mit Hilfe von Krisen-Einsatzplänen (detaillierte Maschinenpläne mit Risikostellen) vom Maschinenpersonal möglichst umgehend aufgespürt und behoben werden (hohe Wirtschaftsverluste bei Maschinenausfall!).

### 8.6.4 Korrekturmaßnahmen bei Reinigung von Mehrwegverpackungen

Mit Hilfe des für Mehrwegflaschen bereits näher beschriebenen Überwachungssystems auf optischer sowie GC-analytischer Basis (sog. snifter) kann relativ schnell eine noch nicht vorhandene Verunreinigung nachgewiesen werden. Eine Verbesserung des Waschprozesses von Glas- bzw. Kunststoffflaschen kann erzielt werden:

- Durch Verlängerung der Einweichzeit bei sog. soaker-Anlagen
- Durch Erhöhung der Reinigungsmittelkonzentration, z. B. die Konzentration von NaOH-Lauge von z. B. 3 % auf 5 %
- Durch Erhöhung der Wassertemperatur des Waschprozesses von z. B. 60 °C auf 65 °C
- Durch Erhöhung des Wasserstrahldruckes bei den sog. „jet-spray“-Verfahren.

### 8.6.5 Korrekturmaßnahmen beim Schutzgas- und Vakuumverpacken

Korrekturmaßnahmen bei deutlich vom Sollwert abweichenden Gaskonzentrationen umfassen:

- Regelmäßige Leistungskontrollen von Vakuumkammern, Gasdosiergeräten, Verpackungsmaschinen, z. B. Füll- und Verschließmaschinen, Siegel- bzw. Schweißvorrichtung, Filtersysteme (Bei Aufdeckung systematischer Maschinen- und Gerätedefekte sind technische Konsequenzen zu ziehen: Austausch technisch fehlerhafter oder ungeeigneter Teile oder Module gegen leistungsfähige Elemente).
- Auswahl und alternativer Einsatz von MAP-geeigneten Packstoffen, z. B. Austausch bisher verwendeter Monofolien gegen Hochleistungs-Verbundfolien mit z. T. maßgeschneiderten Eigenschaften hinsichtlich: 1. Gaspermeabilität: hohe Sperreigenschaften oder spezifisches Durchlaßverhalten gegenüber Gasen in z. B. Gemüse- und Obst-Schutzgaspackungen (Equilibrium Modified Atmosphere – EMA), 2. Wasserdampfdurchlässigkeit, 3. Siegelbarkeit (Siegelnahtqualität) und 4. ggf. Eignung für Mikrowelle.

## 8.7 Nachprüfung und Bestätigung (Verifikation) der HACCP-Kriterien unter Praxisbedingungen

Zur effektiven Überprüfung der unter Punkt 8.5 beschriebenen Überwachung der kritischen Kontrollpunkte (Monitoring) gibt es eine Reihe von Aktivitäten:

- Inspektionen durch unabhängige Institutionen, z. B. im Rahmen eines externen Audits durch Sachverständige, durch TÜV oder ähnliche Einrichtungen
- Prüfungen des Verpackungszustandes am Verkaufsort mit Bewertung von evtl. Kundenreklamationen
- Bewertung von Prüfergebnissen der amtlichen Lebensmittelkontrolle (Teilbestätigung).

Die Überprüfung kann nur zusätzliche Informationen liefern, um dem Hersteller oder Abpacker anzuzeigen, daß durch die konsequente Anwendung von HACCP die Produktsicherheit auch von der Verpackungsseite gewährleistet ist.

## 8.8 Schlußbetrachtung

Die hier vorgelegte Studie über ein mögliches HACCP-Konzept für den Bereich der industriellen Lebensmittelverpackung ist vorrangig unter dem Aspekt der Beratung und Hilfe für die praktische Durchführung eines HACCP-Planes in einem lebensmittelabpackenden Betrieb zu sehen. Es sollte primär versucht werden, ein Arbeitsteam bei der Umsetzung eines HACCP-Systems auf eine Reihe wichtiger, grundsätzlicher Zusammenhänge zwischen der hygienischen Beschaffenheit von Verpackungen und der Endqualität des jeweiligen Packgutes hinzuweisen und nach Möglichkeit an Beispielen zu erläutern. Vorrangig sollte auf die hauptsächlichen Hygienerisiken im Ablauf eines Abpackprozesses aufmerksam gemacht werden. Dabei konnten nur die markantesten Risikobereiche behandelt werden. Der komplexe Bereich des keimfreien, aseptischen Abpackens von Lebensmitteln wird an anderer Stelle dieses Buches beschrieben.

Die am Verpackungsprozeß Beteiligten, insbesondere die Mitglieder eines HACCP-Teams, sollten ein geschärftes, stets aktualisiertes Bewußtsein entwickeln, das sie befähigt, die Verpackung als integralen Bestandteil im Gesamtzyklus eines zu vermarktenden Lebensmittels zu begreifen. Hierbei sollten die relevanten Einflußgrößen für den Hygienestatus von Pack- oder Füllgütern ihrer Bedeutung entsprechend in das HACCP-System einbezogen werden.

Dem Risikofaktor Raum- bzw. Umgebungsluft und deren mikrobiologischer Belastung wurde große Bedeutung beigemessen. Im Gegensatz zu den Verpackungsmaterialien, deren stoffliche Beschaffenheit i. d. R. vorgegeben ist, ergeben sich innerhalb eines HACCP-Systems eine Reihe von technischen Möglichkeiten, die Betriebsluft am Ort des Verpackens hygienegerecht zu konditionieren. Besonders auf dem Sektor des Verpackens unter modifizierter Atmosphäre spielen neben der Beschaffenheit der Packstoffe und der Schutzgase die technische Ausrüstung und deren Stand eine entscheidende Rolle.

Aufgrund der mannigfachen Gefahren und Störfaktoren, die beim unsachgemäßen maschinellen Abpacken von Lebensmitteln in Erscheinung treten können, sollten Produzenten und Abpacker bei Einführung eines HACCP-Systems bemüht sein, auch den Verpackungsprozeß in dieses voll zu integrieren. HACCP wird in Zukunft unverzichtbarer Bestandteil eines modernen Qualitätssicherungssystems, wie es schon in den Grund- und Leitsätzen der Guten Herstellpraxis (Good Manufacturing Practice) sowie des Qualitätssicherungskonzeptes nach DIN ISO 9000-9004 vorgestellt und nahegelegt wird [DIN ISO, 1987].

## Literatur


[1] Amtliche Sammlung von Untersuchungsverfahren nach § 35 LMBG, Band II/1 Allgem. Teil. Bedarfsgegenstände (B), Teil 1. Berlin – Köln: Beuth-Verlag.

[2] Anema, P.J., Schram, B.L. (1980): Prevention of post-process contamination of semirigid and flexible containers. J. Food Protection **43** (6), 461–464.

[3] Bedarfsgegenstände-VO vom 10.04.92. BGBl I S. 866.

[4] Bockelmann, I. von, Bockelmann, B. von (1974): Die Mikroflora in Papier. Alimenta **13** (5), 181–183.

[5] BuSeuG (1979): Gesetz zur Verhütung und Bekämpfung übertragbarer Krankheiten beim Menschen i. d. F. v. 18.12.79 (BGBl I S. 2262 bzw. BGBl I 1980 S. 151).

[6] Butterverordnung vom 18.12.88. BGBl I S. 512, 556.

[7] Cerny, G. (1978): Die Lebensmittelverpackung aus mikrobiologischer Sicht. RGV-Handbuch Verpackung. Band 1. Berlin: Erich Schmidt Verlag.

[8] Cerny, G. (1987): Anforderungen an Packstoffe zur Lebensmittelverpackung aus mikrobiologischer Sicht. Arbeitsmappe für die Verpackungspraktiker. Neue Verpackung 1/87 D 201.

[9] Day, B.P.F. (1992): Guidelines for the Good Manufacturing and Handling of Modified Atmosphere Packed Food Products. Ed. by The Campden Food and Drink Research Association. Technical Manual No. 34.

[10] DIN 53141. Teil 1 (ISO 2759-1983). Prüfung von Papier und Pappe. Berstversuch, Bestimmung der Berstfestigkeit von Pappe nach Mullen. Ausgabe 04/79.Berlin: Beuth Verlag GmbH.
[11] DIN 53141 Teil 2. (ISO 2759-1983). Prüfung von Papier und Pappe; Berstversuch, Bestimmung der Naßberstfestigkeit nach Mullen. Ausgabe 07/77. Berlin: Beuth Verlag GmbH.
[12] DIN 55458. Verpackungsprüfung, Behältnisse aus Kunststoff; Prüfung von Verschlußsystemen auf Dichtheit; Ausgabe 01/88. Berlin: Beuth Verlag GmbH.
[13] DIN EN 22248. Verpackung. Versandfertige Packstücke; Vertikale Stoßprüfung (freier Fall). Deutsche Fassung EN 22248; 1992. Ausgabe 02/93.Berlin: Beuth Verlag GmbH.
[14] DIN 10082. Packmittel. Buttereinwickler. Technische Lieferbedingungen. Ausgabe 08/89. Berlin: Beuth Verlag GmbH.
[15] DIN 10050, Blatt 3. Prüfung von Buttereinwicklern; Keimzahlbestimmung. Ausgabe 04/72. Berlin: Beuth Verlag GmbH.
[16] DIN 54540 Teil 9. Prüfung von Papier. Bestimmung des Feuchtigkeitsgehaltes. Ausgabe 06/89. Berlin: Beuth Verlag GmbH.
[17] DIN 53380. Prüfung von Kunststoff-Folien. Bestimmung der Gasdurchlässigkeit. Ausgabe 6/69. Berlin: Beuth Verlag GmbH.
[18] DIN 53122 Teil 1. (ISO 1924-2-1985, ISO/DIS 2528-1993, ISO/DIS 7783-1992). Prüfung von Kunststoff-Folien, Elastomerfolien, Papier, Pappe und anderen Flächengebilden; Bestimmung der Wasserdampfdurchlässigkeit; Gravimetrisches Verfahren. Ausgabe 11/74. Berlin: Beuth Verlag GmbH.
[19] DIN 53122 Teil 2. Prüfung von Kunststoff-Folien, Elastomerfolien, Papier, Pappe und anderen Flächengebilden; Bestimmung der Wasserdampfdurchlässigkeit; Elektrolyse-Verfahren. Ausgabe 07/82. Berlin: Beuth Verlag GmbH.
[20] DIN 53405 (ISO 177-1988). Prüfung von Weichmachern; Bestimmung der Wanderung von Weichmachern. Ausgabe 12/81. Berlin: Beuth Verlag GmbH.
[21] DIN 54378. Prüfung von Papier, Karton und Pappe; Bestimmung der Oberflächenkoloniezahl (OKZs). Ausgabe 04/93. Berlin: Beuth Verlag GmbH.
[22] DIN 54379. Prüfung von Papier, Karton und Pappe; Bestimmung der Gesamtkoloniezahl (GKZ). Ausgabe 04/92. Berlin: Beuth Verlag GmbH.
[23] DIN 54380. Prüfung von Papier, Karton und Pappe; Prüfung auf Zusätze von antimikrobiellen Bestandteilen. Ausgabe 09/78. Berlin: Beuth Verlag GmbH.
[24] DIN 54383. Prüfung von Papier, Karton und Pappe. Bestimmung von Clostridiensporen. Ausgabe 11/79. Berlin: Beuth Verlag GmbH.
[25] DIN ISO 9000. Leitfaden zur Auswahl und Anwendung der Normen zu Qualitätsmanagement-Elementen eines Qualitätssicherungssystems und zu Qualitätssicherungs-Nachweisstufen. Mai 1987. Berlin: Beuth Verlag GmbH.
[26] Empfehlung XXXVI (1994): Papiere, Kartons und Pappen für den Lebensmittelkontakt. 190. Mittlg., Ergänzung, BGBl. 37, 363.
[27] EWG (1982): Richtlinie 82/711/EWG des Rates vom 18.10.82 über die Grundregeln für die Ermittlung der Migration aus Materialien und Gegenständen aus Kunststoff, die dazu bestimmt sind, mit Lebensmitteln in Berührung zu kommen. ABl.EG Nr. L 297, S. 26, geänd. in Richtlinie 93/8/EWG v. 15.3.93.
[28] EWG (1985): Richtlinie 85/572/EWG des Rates vom 19.12.85 über die Liste der Simulanzlösemittel für die Migrationsuntersuchungen von Materialien und Gegenständen aus Kunststoff, die dazu bestimmt sind, mit Lebensmitteln in Berührung zu kommen. ABl. EG Nr. L 372, S. 14.
[29] EWG (1989): Richtlinie 89/109/EWG zur Angleichung der Rechtsvorschriften der Mitgliedsstaaten über Materialien und Gegenstände, die dazu bestimmt sind, mit Lebensmitteln in Berührung zu kommen. Vom 21.12.1988.
[30] EWG (1990): Richtlinie 90/128/EWG der Kommission v. 23.02.90 über Materialien und Gegenstände aus Kunststoff, die dazu bestimmt sind, mit Lebensmitteln in Berührung zu kommen. ABl EG Nr. L 75, S. 19, geänd. ABl .EG Nr. L 90, S. 26.
[31] EWG (1992): Richtlinie des Rates zur Regelung gesundheitlicher Fragen beim inner-

gemeinschaftlichen Handelsverkehr mit Fleischerzeugnissen (77/99/EWG, aktualisiert in 92/5/EWG v. 10.2.92).

[32] EWG (1993a): Kommission der Europäischen Gemeinschaften: Practical Guide N. 1, CS/PM/2024 vom 02.04.93.

[33] EWG (1993b): Richtlinie des Rates über Lebensmittelhygiene (93/43/EWG) vom 14.6.1993. Anhang Abschnitt XIII Personalhygiene.

[34] Fh-ILV (1978) Merkblatt 33: Bestimmung der Festigkeit von Heißsiegelnähten. Verpackungs-Rundschau **29** (9), Techn.wiss. Beilage, 72–73.

[35] Fh-ILV (1979) Merkblatt 38: Prüfung der mechanischen Widerstandsfähigkeit von Packstoffen (Folien, Papiere) gegen Insektenfraß. Verpackungs-Rundschau **30** (9), Techn.wiss. Beilage, 66–68.

[36] Fh-ILV (1985) Merkblatt 49: Prüfung der mechanischen Widerstandsfähigkeit geknickter Packstoffe (Karton, Pappe) gegen Insektenfraß. Verpackungs-Rundschau 36 (4), Techn. wiss. Beilage, 66–68.

[37] Fh-ILV (1988) Mikrobiologische Prüfmethoden von Packstoffen. Arbeitsgruppe „Mikrobiologie der Packstoffe" am Fh-Institut für Lebensmitteltechnologie und Verpackung, München (Ed.), Heusenstamm: Keppler Verlag.

[38] FlhV (1986) Fleischhygiene-Verordnung vom 30.10.1986 i. d. geänderten Fassung vom 27.04.1993.

[39] Franz, R. (1993): Permeation of Volatile Organic Compounds across Polymer Films. Part 1: Development of a Sensitive Test Method Suitable for High Barrier Packaging Films of very Low Permeant Vapour Pressures. Packaging Technology and Science **6** (2), 91–102.

[40] Geller, A. (1983): Mikrobiologie und Papierfabrikation. Verpackungs-Rundschau **34** (1), Techn.-wiss. Beilage, 1–6.

[41] Hedrick, T.I.; Heldman, D.R. (1969): Air quality in fluid and manufactured milk product plants. J. Milk Food Technol. **32**, 265–269.

[42] Heidenreich, K. (1978): Mehrweg-Milchflaschen aus Polycarbonat. Dt. Molkereizeitung **34**, 1184–85.

[43] Hudak-Roos, M.; Garrett, E.Sp. (1993): Überwachung kritischer Grenzwerte der kritischen Kontrollpunkte. In: HACCP. Grundlagen der produkt- und prozeßspezifischen Risikoanalyse. Pierson/Corlett jr.(Hrsg.): Hamburg: Behr's Verlag, S. 83–93.

[44] Kahle, W. (1991): Antistatika für Polypropylenbecher verhindern elektrostatische Aufladungen. Pack Report **6**, 87–88.

[45] Khan, M.A. (1983): Invasion von Vorratsschädlingen durch Verschlüsse. Anz. Schädlingskde., Pflanzenschutz, Umweltschutz **56**, 91–94.

[46] Knezevic, G. (1988): Migration von Metallspuren in Papier, Karton und Pappe in Prüflebensmittel. Verpackungs-Rundschau **39** (8), Techn. wiss. Beilage, 67–68.

[47] Lebensmittel-Bestrahlungs-VO vom 19.12.59. BGBl I S. 1281, ber. BGBl I S. 1859.

[48] LMBG. Lebensmittel- und Bedarfsgegenständegesetz i. d. F. der Bek. vom 8.07.93. BGBl I. S. 1169, geänd. BGBl I S. 3538.

[49] Michels, M.J.M.; Schram, B.L. (1979): Effect of handling procedures on the post-process contamination of retort pouches. J. Applied Bacteriology **47**, 105–111.

[50] Petermann, E.P. (1979): Mikrobiologie der Packstoffe aus Zellstoff. ZFL **30** (5), 209–211.

[51] Parry, R.T. (1993) in: Principles and Applications of Modified Atmosphere Packaging of Foods. Ed. R.T. Parry. Introduction. London: Blackie Academie & Professional. pp. 1–18.

[52] Piringer, O. (1993): Verpackungen für Lebensmittel. VCH Verlagsgesellschaft mbH, Weinheim.

[53] Radmore, K.; Holzapfel, W.H.; Lück, H. (1988): Proposed guidelines for maximum acceptable air-borne microorganisms levels in dairy processing and packaging plants. Int. J. Food Microbiol. **6**, 91–95.

[54] Radmore, K.; Lück, H. (1984): Microbial contamination of dairy factory air. S. Afr. J. Dairy Technol. **16**, 119–123.

[55] Schmidt, H.U. (1979): Verpackung und Vorratsschutz. Zur Widerstandsfähigkeit von Fertigpackungen und Packstoffen gegen Vorratsschädlinge. Süßwaren **23** (5), 34–40.

[56] Stersky, A.; Todd, E.; Pivnick, H. (1980): Food Poisoning Associated with Post-Process Leakage (PPL) in Canned Foods. J. Food. Protection **43** (6), 465–476.

[57] VDMA (1992): Einheitsblatt 24432. Komponenten und Anlagen für keimarme oder sterile Verfahrenstechniken – Qualitätsmerkmale und Empfehlungen. Berlin: Beuth Verlag.

[58] Wohlgemuth, R. (1979): Protection of stored food-stuffs against insect infestation by packaging. Chem. Ind. **19**, 330–334.

# 9 Fleischgewinnung/Frischfleisch

D. SEIDLER

## 9.1 Einleitung

Das HACCP-Konzept wird bei der nachstehenden Zusammenstellung als systematischer Ansatz zur Beherrschung von Gefährdungen durch Kontamination des Fleisches mit humanpathogenen Erregern aufgefaßt.

Die Einstufung der CCPs orientiert sich an Regeln des US Department of Agriculture und des Food Safety and Inspection Service (USDA/FSIS,1995), aufbauend auf dem HACCP-Konzept der NACMCF (1993) für Rindfleisch.

Daraus ergibt sich eine relativ hohe Zahl von CCPs. Für sie sind geeignete Kriterien zu ihrer Überwachung festzulegen. Dazu werden Vorschläge in der tabellarischen Übersicht gemacht.

Es gibt im Fleischgewinnungs- und Fleischbearbeitungsprozeß eine Vielzahl von Gefährdungspunkten, die im Sinne eines Qualitätssicherungskonzeptes von Bedeutung sind. Sie sind alle mit der Beherrschung hygienischer Risiken verbunden, erreichen jedoch nur zum Teil das Niveau eines CCP, bleiben ansonsten Elemente der „Guten Herstellungspraxis" (TOMPKIN, 1990; CORLETT und PIERSON, 1993; MACHEY und ROBERTS, 1993).

Wesentliche Elemente der Risikominimierung werden durch Beachtung und Befolgung der Tierhaltungs- und Transportverordnungen, des Futtermittelrechtes sowie der Seuchengesetzgebung im Vorfeld der Schlachtung berücksichtigt.

Der Abwendung von Gefahren, die von Fleisch ausgehen können, dient in besonderer Weise die Fleischhygiene-Gesetzgebung auf europäischer Ebene: Frischfleischrichtlinien 64/433/EWG und 91/497/ EWG sowie die Geflügelfleischrichtlinien 71/118/EWG und 92/116/EWG und deren nationale Umsetzung.

## 9.2 Mikrobiologische Risiken

Es muß davon ausgegangen werden, daß die Körpersubstanz der gesunden Schlachttiere unterhalb der äußeren Haut weitgehend keimfrei ist (BEM und HECHELMANN,1994). Für das Schlachten kranker oder krankheitsverdächtiger Tiere bzw. von Tieren, die wegen des Ausscheidens von Krankheitserregern geschlachtet werden, gelten besondere gesetzlich festgelegte Bedingungen.

Im Zusammenhang mit dem Gewinnen und Bearbeiten/Behandeln von frischem Fleisch sind nur CCP2-Elemente in Hinblick auf das Endprodukt „Frischfleisch" gegeben. Auch das sachgerechte Kühlen und Gefrieren ermöglichen nur ein CCP2-Niveau. Diese Prozesse machen lediglich ein Teilrisiko beherrschbar, die Vermehrung von Mikroorganismen. Eine unentdeckte pathogene Kontamination des klinisch gesunden Tieres oder eine Kontamination, die sich über den Gewinnungs- und Bearbeitungsprozeß möglicherweise einstellt, wird mit der Kühlung bzw. dem Gefrieren des Fleisches nicht beseitigt. Da bei Frischfleisch kein Sterilisationsprozeß gegeben ist, bleibt auch bei sorgfältigster Hygiene immer ein Risiko der Kontamination mit pathogenen Erregern erhalten.

Zum Rohverzehr bestimmtes Frischfleisch, insbesondere Hackfleisch, macht besondere Vorsichtsmaßnahmen erforderlich. Dem trägt u. a. die Richtlinie 88/657/EWG bzw. 92/110/EWG des Rates zur Festlegung der für die Herstellung und den Handelsverkehr geltenden Anforderungen an Hackfleisch, Fleisch in Stücken von weniger als 100 g und Fleischzubereitungen Rechnung. Insgesamt stellt der Rohverzehr von Frischfleisch, auch in zubereiteter Form, quantitativ ein untergeordnetes Segment des Gesamtfleischverzehrs dar. Dennoch erfordert diese mögliche Zweckbestimmung des frischen Fleisches – zum Genuß im frischen, rohen Zustand – bei der Gewinnung und weiteren Behandlung allgemein ein sehr hohes Hygieneniveau.

Frischfleisch ist ein potentiell mit pathogenen Keimen behaftetes Produkt, das im rohen Zustand nicht von Risikopersonen (Kleinkindern, Kranken, Senioren, Schwangeren, Personen mit gestörtem Immunsystem) konsumiert werden sollte.

Die Kontamination des Fleisches resultiert aus drei Bereichen:

1. Mikrobiologischer Status des Schlachttieres/des Schlachtgeflügels (Lebendbereich), z. B. *Salmonella, Campylobacter, E. coli* (O157:H7), Vorkommen in erster Linie im Darm und als fäkale Verunreinigung der äußeren Haut und ihrer Anhangsorgane.
2. Während der Schlachtung erfolgte mikrobiologische Kontamination neuer Oberflächen, z. B. mit *Salmonella, Campylobacter, E. coli* (O157:H7), *Staphylococcus aureus.*
3. Während der weiteren Behandlung und Bearbeitung erfolgte Kontamination bereits bestehender und neu entstehender Oberflächen des Fleisches, z. B. mit *Salmonella, Campylobacter, E. coli* (O157:H7), *Listeria monocytogenes* (KRUTSCH, 1993; NOACK und JÖCKEL, 1993; KARIB und SEEGER, 1994; MENG et al.,1994).

Die Gewinnung und zulässige Behandlung des Frischfleisches enthält keinen effektiven Schritt zur Keimabtötung.

Das Spektrum bakterieller Erreger, die durch Fleisch übertragen werden und zu Infektionen oder Intoxikationen führen können, ist relativ breit:

*Salmonella, Staphylococcus aureus, Clostridium botulinum, Clostridium perfringens, Bacillus cereus,* enteropathogene *E. coli* (O157:H7), *Campylobacter jejuni/coli, Yersinia enterocolitica, Listeria monocytogenes, Mycobacterium* spp., *Aeromonas hydrophila* (BAUMGART, 1990; LEISTNER, 1993).

Bezüglich der Häufigkeit des Vorkommens von Erkrankungen der Verbraucher über Fleisch stehen *Salmonella*-Kontaminationen an erster Stelle. Dabei sind zwei Wege, die zur Erkrankung führen, unterscheidbar. Der erste ist die direkte Infektion/Erkrankung über die Aufnahme des Erregers oder seines Toxins. Der zweite Weg führt über eine Kreuzkontamination, wobei z. B. ein aufgetautes Hähnchen in der Küche bearbeitet wird und mit dem Tropfsaft über Hände, Messer oder Schneidbrett Erreger auf andere Lebensmittel (z. B. Salat) gelangen. Für Salmonellen-Erkrankungen soll diese Kreuzkontamination der wichtigere Infektionsweg sein (USDA/FSIS, 1995).

Nach Schätzungen des US Department of Agriculture (USDA/FSIS, 1995) sind in den USA 50 bis 75 % der Lebensmittelinfektionen/-intoxikationen sowie der damit verbundenen Todesfälle auf Fleisch und Geflügel zurückzuführen. Für das Jahr 1993 wird die Zahl der Erkrankungen/Todesfälle geschätzt:

*Salmonella* 2 880 000/ 2 610; *Campylobacter jejuni/coli* 1 031 000 bis 1 312 500/ 83 bis 383; *E. coli* (O157:H7) 6 000 bis 12 000/ 120 bis 300; *Listeria monocytogenes* 763 bis 884/ 189 bis 243; *Staphylococcus aureus* 756 500/ 605.

In diesem Zusammenhang werden über das Vorkommen pathogener Erreger auf Rinderschlachtkörpern Angaben gemacht, die zwischen 1992 und 1994 von der FSIS (n = > 2050) landesweit zusammengetragen wurden. *Clostridium perfringens* wurde bei 2,6 %, *Staphylococcus aureus* bei 4,2 %, *Campylobacter jejuni/coli* bei 4 %, *E. coli* (O157:H7) bei 0,2 % und *Salmonella* bei 1 % der Schlachtkörperoberflächen von Ochsen und Färsen gefunden.

# 9.3 Schlachttierproduktion und Lebendbereich der Schlachttiere

## 9.3.1 Erzeugerbetrieb

### 9.3.1.1 Herkunft der Tiere

Beim Zukauf von Tieren können in die Produktionsbetriebe klinisch eventuell später erkennbare bzw. klinisch inapparente Infektionen eingeschleppt werden, die über das Fleisch auch den Verbraucher erreichen können. Der Betriebsinhaber oder sein Stellvertreter sind besonders gehalten, Herkunft und Identität der Tiere in Hinblick auf deren Gesundheitsstatus zu überprüfen.

### 9.3.1.2 Haltung der Schlachttiere

Die äußeren Haltungsbedingungen beeinflussen den Gesundheitsstatus sowie den Grad der Kontamination mit pathogenen Erregern nach Kontakt oder Infektion. Erde, Stallboden, Einstreu, Futter, Luft, andere Tiere usw. sind mögliche Quellen der Kontamination. Schlechte Stallhygiene und generelle Feuchtigkeit bieten den Erregern verbesserte Wachstumsbedingungen. Bei klinisch gesunden Schlachttieren können auf der Haut und deren Anhangsorganen, insbesondere, wenn diese kotverschmutzt sind, hohe Zahlen von Infektionserregern vorkommen. Ebenso ist davon auszugehen, daß solche Erreger auch im Darminhalt zu finden sind. Die Haltungsform, die Tierart und das Lebensalter wirken sich auf die Besiedelung der Schlachttiere aus. Während bei Kälbern *Salmonella*-Infektionen ganz im Vordergrund stehen, ist das Vorkommen entero-pathogener *E. coli* -Stämme (O157:H7) eher ein Problem bei Milchkühen (GRIFFIN und TAUXE, 1991; GALLIEN et al.,1994).

### 9.3.1.3 Fütterung

Die Kontamination des Schlachttier-/Schlachtgeflügelbestandes mit pathogenen Erregern über das Futter ist zu bedenken. Soweit es sich um Futterzukauf handelt, sind Garantien des Futtermittellieferanten – z. B. frei von *Salmonella* – möglich. Wie weit Eigenfutter dies sicherstellt, ist im Einzelfall zu prüfen. Ferner ist die Fütterungstechnik nicht ohne Einfluß. Das Verbleiben von Resten in Naßfutterautomaten ist bei der Schweinefütterung nicht selten. Sommerliche Temperaturen können so zu einer Anreicherung auch pathogener Keime im Fütterungssystem führen.

### 9.3.1.4 Gesundheitliche Betreuung und Überwachung im Tierbestand

Befunderhebungen an Schlachtkörpern haben zu Überlegungen geführt, die Tierbestände in integrierte Qualitätssicherungssysteme einzubeziehen (BLAHA, 1993; FRIES, 1993; DAVID, 1994). Prophylaxe und indizierte gezielte Therapie bleiben weiterhin Aufgaben der tierärztlichen Tätigkeit in den Beständen. Hinzu kommen Rückmeldungen der Ergebnisse der Schlachttier- und Fleischuntersuchung, auf dieser Basis erhobene Befunde sowie Diagnosestellungen. Im Zusammenwirken von Epidemiologie, Pathologie und Mikrobiologie soll eine Verbesserung der Bestandsgesundheit erzielt werden. Dies setzt eine lebenslange Identmarkierung von Schlachttieren und deren zweifelsfreie individuelle Identifikation voraus.

### 9.3.1.5 Nüchterung der Schlachttiere

Die Füllung des Magen-Darmtraktes, insbesondere des Enddarmes, ist im Zusammenhang mit der Evisceration des Schlachtkörpers von hygienischer Relevanz. Ein leerer Enddarm trägt dazu bei, die Kontamination des Schlachtkörpers und des Fleisches mit Darminhalt, somit einem breiten Spektrum von möglichen Krankheits- und Verderbniserregern, zu vermindern. Damit ist auch die Einhaltung der empfohlenen Nüchterungszeiten bei Schlachttieren von > 12 Stunden im Sinne eines Hygiene-Konzeptes ein wichtiger Kontrollpunkt (EICKELENBOOM et al., 1989; FRIES, 1994). Die diesbezügliche Beurteilung sollte jedoch erst nach der Evisceration erfolgen.

## 9.3.2 Schlachttiertransport

Das Ausstallen und Verladen, die Ladedichte, Transportdauer, Beschaffenheit der Transportmittel sowie das Entladen auf dem Schlachthof bedingen unterschiedliche Belastungen der Schlachttiere und schwächen generell deren Abwehrkräfte (SNIJDERS, 1988; TROEGER, 1995). Transportmittel und Be- bzw. Entladestellen sind epidemiologisch kritische Bereiche der Verbreitung von Infektionen. Die Konzentration der Tiere auf engstem Raum macht Kreuzkontaminationen sehr wahrscheinlich, die durch fäkale Verunreinigung der Körperoberflächen noch begünstigt werden. Auch aus diesem Grund empfiehlt es sich, Mastgruppen beim Transport und ggf. bei der Aufstallung auf dem Schlachthof gegeneinander abzuschotten. Die Reinigung und Desinfektion der Fahrzeuge sind gesetzlich vorgeschrieben.

## 9.3.3 Tierärztliche Lebenduntersuchung

Die amtliche tierärztliche Lebenduntersuchung entspricht einem Kontrollpunkt im Sinne des HACCP-Konzeptes.

In § 9 des Fleischhygienegesetzes, der die Schlachterlaubnis regelt, wird unter (5) dazu ausgeführt:

Tiere, die

1. von einer auf den Menschen übertragbaren Krankheit befallen sind oder bei denen Einzelmerkmale oder das Allgemeinbefinden den Ausbruch einer solchen Krankheit befürchten lassen,
2. eine Störung des Allgemeinbefindens zeigen oder
3. wegen Ausscheidens von Krankheitserregern geschlachtet werden, dürfen nur in besonderen Schlachtbetrieben (Isolierschlachtbetrieben) oder in besonderen Schlachträumen (Isolierschlachträumen) geschlachtet werden.

Sinngemäß gelten die gleichen Bedingungen für die Geflügelschlachtung.

Geänderte Schlachttechniken, insbesondere die Bandschlachtungen, machen es erforderlich, daß alles getan werden muß, um eine Kreuzkontamination zu vermeiden. Daher dürfen in einem normalen Schlachtband nur Tiere geschlachtet werden, die bei der Lebenduntersuchung – unter Berücksichtigung oben genannter Kriterien – keine Anzeichen erkennen lassen, die zu einer Versagung der Schlachterlaubnis führen.

Bestrebungen, durch Veränderung der Organisation und Intensität von Bestandsbetreuungen zu gesunderen und einheitlicheren Tierstapeln zu kommen, sind im Sinne einer Risikominimierung sicherlich von Nutzen. Sie lassen sich bei der derzeitigen hiesigen landwirtschaftlichen Struktur jedoch nicht flächendeckend durchsetzen und können deshalb die sachgerechte Lebenduntersuchung der Schlachttiere unmittelbar vor der Schlachtung nicht ersetzen (PREDOIU und

BLAHA, 1993; DAVID, 1994). Andererseits kann auch die sorgfältigste Lebenduntersuchung nicht verhindern, daß erregertragende Tiere geschlachtet werden.

# 9.4 „Unreine" Seite der Schlachtung

## 9.4.1 Umfeld der Schlachtung

Zur Fleischgewinnung gehört der Außenbereich des Schlachthofes, der umfriedet sein, bewachte Ein- und Ausgänge besitzen, Bereiche für Wagen-/Behältniswäsche und Dungablage aufweisen muß.

Der umbaute Teil der Anlage umfaßt auch den Lebendbereich. Hier müssen die Begleitpapiere der Schlachttiere sorgfältig kontrolliert und kranke Tiere ausgesondert werden. Die technischen Einrichtungen für die Entladung, vorübergehende Aufstallung und für den Zutrieb zur Betäubung müssen tierschutzgerecht sein und hygienischen Anforderungen entsprechen. Vergleichbares gilt für den Geflügelschlachtbetrieb. Auch innerhalb des Betriebes, z. B. zwischen Schlachttierstall und eigentlichem Schlachtbereich, ist der Personenverkehr zu kontrollieren und über eine Hygieneschleuse zu lenken. In Schlachtpausen sind Zwischenreinigungen sachgerecht vorzunehmen.

Nach Ablauf der Schlachtung sind Reinigungs- und Desinfektionsmaßnahmen zu treffen und an Räumen, Installationen und Geräten über Stichproben mikrobiologisch zu überprüfen. Während des Schlachtens sind Haken, Schalen, Rutschen, Einrichtungen, die mit Fleischteilen in Kontakt kommen, ebenso wie Messer und Geräte prozeßintegriert zu reinigen und zu desinfizieren. Hierzu sind in geeigneter Position Hygienekabinen zu installieren, die auch Reinigung der Hände und Arbeitsbekleidung während des Schlachtablaufes ermöglichen. Zu den hygienischen Rahmenbedingungen gehören weitere Vorsorgemaßnahmen, wie regelmäßige mikrobiologische Trinkwasseruntersuchung, Ungezieferbekämpfung bis zu sachgerechter Konfiskatbeseitigung.

Zentrale Bedeutung hat die allgemeine Personalhygiene. Neben Gesundheitsattesten, Sanitäreinrichtungen, Arbeitsbekleidung, Hygieneschleusen und deren sachgerechter Nutzung sind betriebsspezifische Einzelanweisungen, Ge- und Verbote zu berücksichtigen.

Arbeitsabläufe sind detailliert zu beschreiben, in Schulungsprogrammen einzuüben und plausibel zu machen (SCHÜTZ, 1991). Die Verschmutzung der Haut der zu schlachtenden Tiere birgt erhebliche Gefährdungen. Eine Vorreinigung auf dem Schlachthof ist aber in Hinblick auf eine effektive Keimreduktion der Schlachtkörperoberflächen nicht praktikabel.

Bei der Schlachtung von Schweinen kommen unterschiedliche Wascheffekte zusammen. Brühen und Enthaaren, Abflammen und Polieren auf der „unreinen" Seite der Schlachtung bestimmen das Ausmaß der Oberflächenverkeimung am Übergang zur „reinen" Seite der Schlachtung (TROEGER, 1993a).

Zusätzlich wird in Abhängigkeit von der Brühtechnologie über die Stichstelle eine innere Kontamination des Schlachtkörpers begünstigt (TROEGER, 1993b).

Die enthäutete Oberfläche des Rinderschlachtkörpers wird durch starke Verschmutzung des Fells hygienisch gefährdet, insbesondere dann, wenn Personalschulung und Verfahrensablauf sowie technische Ausrüstung des Schlachtbetriebes Mängel in der Enthäutetechnik bedingen (HESSE, 1991; TROEGER, 1993c). Die Erzeugerbetriebe sind unabhängig davon gefordert, nur saubere Schlachttiere abzuliefern, um den Schlachtbetrieb so wenig wie möglich zu gefährden. Visuelle Beurteilung und Dokumentation der Abweichungen sowie Rückmeldungen mit entsprechenden Forderungen an den Erzeugerbetrieb sind zweckdienlich.

Ziel der Arbeitsabläufe auf der „unreinen“ Seite ist es, Schlachttierkörper zu gewinnen, deren Oberflächen möglichst gering mikrobiologisch kontaminiert sind. Das Ergebnis hängt von verschiedenen Faktoren ab, die zusätzlich durch tierartspezifische Bearbeitungsmethoden beeinflußt werden.

Der Prozeß des Gewinnens und Bearbeitens von Fleisch ist durch den gesetzlichen Rahmen nicht so eng begrenzt, daß verfahrenstechnische Schritte jeweils im einzelnen vorgeschrieben sind. Die angewandte Technik in den Betrieben variiert beträchtlich. Automatisierte Bearbeitungshilfen beim Fleischgewinnungs- und Fleischbearbeitungsprozeß nehmen an Bedeutung zu (PAARDEKOOPER et al., 1994). Bei der Geflügelschlachtung sind sie am weitesten fortgeschritten. Die Unterschiedlichkeit der Schlachttiere auch innerhalb einer Spezies erschwert die Mechanisierung und Automatisierung. Eine Verringerung des Personeneinsatzes kann zu einer Verbesserung der hygienischen Rahmenbedingungen führen. Andererseits entstehen z. B. bei Nachlässigkeiten im Zusammenhang mit Reinigungs- und Desinfektionsmaßnahmen daraus neue Gefahrenmomente.

## 9.4.2 Zuführung zur Betäubung/Betäubung

Die Behandlung der Schlachttiere im Zusammenhang mit den Vorgängen der Betäubung und Entblutung beeinflußt in sehr starkem Maße die biochemischen Vorgänge in den Geweben des Tierkörpers und damit die Fleischbeschaffenheit. Indirekt kann es, z. B. durch Verarmung der Muskulatur an Glykogen, zu abnormer Beschaffenheit kommen, die über mangelnde Säuerung (DFD) das Wachstum von Mikroorganismen begünstigt.

Bei prämortalen Belastungen kann das Retikulo-Endotheliale-System in seiner Schutzfunktion eingeschränkt sein, dadurch können innere Kontaminationen des Schlachtkörpers begünstigt werden. In diesem Zusammenhang wird auch häufig die Überwindung der „Darmbarriere“ durch Mikroorganismen erwähnt. Experimentell fand sich bei Schweinen kein Hinweis darauf, daß der Betäubungsstreß eine erhöhte Durchlässigkeit der Darmwand zur Folge hat, auch nicht bei deutlich verzögerter Entblutung (TROEGER, 1993c).

## 9.4.3 Entblutung

Die Stichstelle ist bei Rindern durch einen Hautschnitt freizulegen. Für das Öffnen der Blutgefäße ist bei jedem Tier ein frisch gereinigtes Messer zu verwenden.

Insbesondere beim Schwein besteht ein erhöhtes Kontaminationsrisiko durch starke Verschmutzung der Haut im Stichbereich. Experimentelle Untersuchungen von TROEGER (1993c) an einer begrenzten Anzahl von Schweinen bestätigten allerdings die hämatogene Ausbreitung von Markerkeimen nicht. Anders verhält es sich jedoch, wenn ungereinigte und nicht desinfizierte Messer Verwendung finden. Dann sind hämatogene Ausbreitungen von Mikroorganismen im Schlachtkörper sehr wahrscheinlich. Somit ist die Beachtung der gesetzlichen Vorgabe eine wichtige Vorbeugemaßnahme.

Die Schulung des Schlachtpersonals im Sinne einer strengen Hand- und Messerhygiene ist für die folgenden Arbeitsabläufe besonders wichtig. Alle notwendigen Maßnahmen sollten für jeden Arbeitsplatz verbindlich vorgeschrieben und von den Mitarbeitern quittiert werden.

## 9.4.4 Bearbeitung der äußeren Haut und ihrer Anhangsorgane

Die verschiedenen Abläufe der Hautbearbeitung bedingen in Abhängigkeit von der Tierart (Rind, Schwein, Pute und Huhn) sowie den im einzelnen praktizierten Techniken unterschiedliche hygienische Gefährdungen.

### 9.4.4.1 Rind

Beim Rind sind das manuelle Vorenthäuten der Gliedmaßen, der Ventralseite des Tierkörpers, das Lösen des Analausschnittes, bei Kühen zusätzlich die Bearbeitung des Euters besonders risikobelastet (HESSE, 1991; HAPPE, 1993).

Das Vorenthäuten erfolgt in mehreren Arbeitsschritten im Rahmen der üblichen Bandschlachtung durch unterschiedliche Personen. Die Gefahr, daß sich gelöste Hautabschnitte einrollen und dabei das Fell mit der bereits enthäuteten („reinen“) Schlachtkörperoberfläche in Kontakt bringen, ist sehr groß. Besonders gilt dies auch im Zusammenhang mit der auf das Lösen der Haut folgenden maschinellen Enthäutung. Nach dem Einrollen der Haut wurden auf dem Schlachtkörper an der entsprechenden Stelle > $10^6$ KBE/$cm^2$ gefunden (HECHELMANN, 1995).

Die maschinelle Enthäutung des Rindes wird in den einzelnen Betrieben mit Rollenthäutern durchgeführt, wobei die Verfahren auf unterschiedlichen Prinzipien aufbauen: Mit und ohne Kopfenthäutung, kranio-kaudale oder kaudo-kraniale Zugrichtung. Eindeutige hygienische Vorteile sind nicht sicher zu erkennen. Die maschinelle Mitenthäutung des Kopfes ist jedoch vorteilhaft.

Visuelle Kontrolle des Hygienebeauftragten in kurzen Abständen schärft das Problembewußtsein der Fachkräfte.

Die Enthäutung hat das Niveau eines CCP2 (HACCP-Konzept der NACMCF für Rindfleisch, 1993).

#### 9.4.4.2 Schwein

Bei der Schweineschlachtung sind Brühen und Enthaaren im Sinne der mikrobiologischen Risikobeherrschung unter zwei Aspekten zu betrachten:

a) Ergebnis der Keimreduzierung auf der äußeren Haut nach Beendigung der Arbeitsschritte: Vorwäsche, Brühen, Enthaaren, Nachbearbeiten, Trockenpeitschen, Abflammen, Naßpeitschen (Polieren) sowie

b) Einflüsse des Brüh- und Enthaarungsvorganges auf eine mögliche innere Kontamination des Schlachtkörpers (Troeger, 1993a).

Zu a): Keimreduzierung auf der äußeren Haut

Eine Vorwäsche, bei der die Schweineschlachtkörper vor dem Brühen hängend durch eine Peitschenwaschanlage gefördert werden, mindert die Verschmutzung erheblich. Das Brühen übt neben dem thermischen Einfluß ebenfalls unabhängig davon, ob im Brühbad oder hängend durchgeführt, einen Wascheffekt aus. Eine Vorwäsche sollte allgemein eingeführt werden.

Beim Brühen im Brühbad kommt der Schlachtkörper mit Wasser in intensiven Kontakt, das im Laufe des Schlachtprozesses mit den Verschmutzungen vieler Tiere belastet ist. Die Verkeimung der Schlachtkörperoberfläche am Ende des Schlachtvorganges der „unreinen“ Seite wird durch das Brühen weniger gemindert als durch die nachfolgenden Bearbeitungsschritte der Enthaarung und Nachbehandlung.

Bei der Enthaarung besteht ein Hygienerisiko, wenn die Enthaarungsmaschinen Warmwasser (30–40 °C) im Umlauf fahren und das Waschen mit kaltem Trinkwasser entweder völlig fehlt oder Trinkwasser am Ende des Vorganges nur in zu geringen Mengen eingesetzt wird (Troeger, 1993c). Die mechanische Belastung des Schlachtkörpers führt bei Tieren mit gefülltem Enddarm auch in der Endphase des Enthaarungsvorganges zu Kotaustritt. In diesem Zusammenhang ist auf die Beachtung ausreichender Nüchterungszeiten hinzuweisen.

Die Nachbearbeitung nach der Enthaarung (Entfernung der Augen, Ohrausschnitte, Klauen-Hornschuhe) muß auf einer Fläche geschehen, die das Rekontaminationsrisiko der Schlachtkörperoberfläche möglichst klein hält (Rohrtisch mit geschlossenem Abflußsystem oder besser ein Plattenband, wobei dieses durch eine Wasch- und Heißwasserdesinfektion geführt wird, die integraler Bestandteil dieser Anlage sind).

Das Abflammen nach der Trockenpeitsche ist ein sehr effektiver Schritt der Keimreduzierung der Schlachtkörperoberfläche (Verminderung um 1–2 Zehnerpotenzen). Dieser Bereich hat damit CCP2-Charakter.

Die erwünschte Keimreduktion tritt nur ein, wenn die Haut so intensiv hitzebehandelt wird, daß sie anschließend deutlich abgetrocknet ist. Durch Inspektion und Betasten läßt sich das leicht feststellen.

Die Naßpeitsche, die sich diesem Prozeß anschließt, birgt das Risiko erneuter Rekontamination (HESSE und TROEGER, 1991). Die derzeit angebotenen Lösungswege über Ersatz der schwer zu reinigenden und zu desinfizierenden Gummipeitschen durch rotierende Bürsten stellt einen Fortschritt dar. Bei der prozeßintegrierten Selbstreinigung des Systems sollten weitere technische Verbesserungen erzielt werden.

Zu b): Einflüsse des Brüh- und Enthaarungsvorganges auf die innere Kontamination des Schweineschlachtkörpers

In diesem Zusammenhang sei auf die notwendigen Wartezeiten zwischen Entblutung und Brühvorgang hingewiesen (ca. 5 min), die das Risiko mindern. Brühmethoden, die sicher verhindern, daß Brühwasser in den Schlachtkörper eindringt, sind derzeit noch eine Ausnahme. Wenn sich Brühwasser in beträchtlicher Menge im Stichwundenbereich befindet und sogar über den noch teilweise intakten Blutkreislauf in den Körper gelangt, ist die hygienische Gefährdung offensichtlich. Die Gefahr ist ganz besonders beim Brühen im Brühbad gegeben. Das Brühen im Brühbad ist hygienisch nicht mehr zu vertreten. Es ist demgemäß kein kritischer Kontrollpunkt, sondern die Verfahrenstechnik ist zu ändern.

### 9.4.4.3 Geflügel

Im Brühwasser des Brühtanks und damit auf der Vogeloberfläche sind auch bei hoher Brühtemperatur (60 °C) *Bacillus* und *Listeria* zu beachten, beim Brühen im Niedrigtemperaturbereich kommen *Salmonella* und *Enterobacteriaceae* hinzu (FRIES, 1993).

## 9.5 „Reine“ Seite der Schlachtung

Die „reine“ Seite der Schlachtung setzt im Zusammenhang mit der Ausschlachtung der Tierkörper in besonderem Maße die Beherrschung hygienischer Arbeitsabläufe voraus. Im Vordergrund steht die Hand- und Messerhygiene, hinzu kommt die Gerätehygiene mit Reinigungs- und Desinfektionsschritten nach jedem einzelnen Tierkörper. Diese Vorgehensweise, die sich in den Bereich der amtlichen fleischhygienischen Untersuchung fortsetzt, soll potentielle Kreuzkontaminationen verhindern. Aus diesem Grund dürfen sich die Tierkörper auf der „reinen“ Seite nicht mehr untereinander berühren oder in Kontakt mit festen Einrichtungen des Schlachtbandes kommen. Wo letzteres unvermeidbar ist, sind besondere „Schleifbänder“ vorzusehen, die kontinuierlich gereinigt und desinfiziert werden.

## 9.5.1 Evisceration

Wegen der möglichen Kontamination des Schlachtkörpers und seiner Teile mit potentiell pathogenen Mikroorganismen durch austretenden Magen- und Darminhalt ist die Evisceration ein besonders kritischer Vorgang (Hechelmann, 1995).

Von der Entnahme des Magen-Darmtraktes gehen weit größere Gefahren für die Kontamination des Fleisches aus als von der Herausnahme der Brusthöhlenorgane.

Die Entnahme des Magen-Darmtraktes hat das Niveau eines CCP2.

### 9.5.1.1 Rind

Beim Rind sind im Zusammenhang mit der Evisceration mehrere Arbeitsschritte hygienisch schwer auszuführen:

Bereits auf der „unreinen“ Seite der Schlachtung ist das sachgerechte „Rodding“, der Verschluß des Panseneinganges, hygienisch wichtig. Sägen, die das Brustbein durchtrennen, sind so zu handhaben, daß nicht versehentlich das Magen-System verletzt wird.

Eine hygienisch befriedigende Herausnahme des Darmes ist ohne Rektumligatur (Umhüllen und Verschließen des Anus mit Teilen des Rektums mit einem geeigneten Kunststoffbeutel) nicht möglich.

Auch hier ist die korrekte Handhabung Teil eines CCPs.

Nach dem Herauslösen des Magen-Darmtraktes sollten im Großbetrieb die Organe vorzugsweise auf ein Förderband mit kontinuierlich arbeitender Reinigung gleiten. Durch Ausgleich von Höhenunterschieden läßt sich eine Spritzkontamination vermeiden.

### 9.5.1.2 Schwein

Beim Schwein ist die Entnahme der Baucheingeweide prinzipiell mit ähnlichen hygienischen Gefährdungen wie beim Rind verbunden. In jüngerer Zeit werden als Hilfe, den Vorgang hygienisch besser zu beherrschen, maschinelle Einrichtungen angeboten, die, vergleichbar mit der Kloakenpistole beim Geflügel, den Enddarm entleeren, den Anus umschneiden und den gelösten Enddarm fixieren. Diese teilautomatisierte Anlage ist mit einem Selbstreinigungs- und -desinfektionssystem kombiniert.

Bei rein manuellem Arbeiten ist nur bei besonderer Sorgfalt ein hygienisches Vorgehen gewährleistet.

Die Herausnahme des Magens wirft bei genüchterten Schweinen weniger Probleme als beim Rind auf.

#### 9.5.1.3 Geflügel

Die Evisceration der Körperhöhle des Geflügels erfolgt maschinell/automatisch. Der Prozeß gliedert sich in mehrere Unterabschnitte. Das hygienische Problem ist auch hier die Kontamination des Schlachtkörpers mit Darminhalt, sei es durch Zerreißungen oder durch Kotaustritt aus der herausgelagerten Kloake. Bei den relativ häufigen Zerreißungen kommt es zusätzlich zu einer Kontamination des Entnahmelöffels (Fries, 1994).

### 9.5.2 Spalten des Schlachtkörpers (Ausnahme Geflügel)

Im Gesamtgeschehen auf der „reinen“ Seite der Schlachtung ist die Spaltung der Schlachtkörper in Schlachthälften ebenfalls hygienisch sensibel. Sägen arbeiten zumeist so, daß Spritzeffekte und Aerosolwolken auftreten sowie Knochenabrieb den Schlachtkörper kontaminiert. Der Wassereinsatz bei Hackmaschinen gefährdet zumindest den gerade in Bearbeitung befindlichen Schlachtkörper. Durch geeignete Sägekabinette ist eine Abschirmung zu erzielen.

Soweit nicht als CIP-System integriert, ist darauf zu achten, daß das Gerät nach jedem Schlachtkörper gereinigt und mit heißem Wasser entkeimt wird.

Die Bearbeitungsschritte auf der „reinen“ Seite der Schlachtung können nicht ohne Kontrollen ablaufen. Sie sind als Teil der „Guten Herstellungspraxis“ aufzufassen.

### 9.5.3 Amtliche Fleischuntersuchung

Die amtliche Fleischuntersuchung ist als ein herausgehobener Bereich der Abwendung gesundheitlicher Gefahren für den Verbraucher als CCP2 im Sinne des HACCP-Konzeptes auffaßbar. Das gilt auch für die amtliche Überwachung bei Geflügelfleisch.

Die amtliche Fleischuntersuchung ist gesetzlich vorgegeben. Ihr unterliegen alle Teile des geschlachteten Tieres, einschließlich des Blutes. Im Rahmen der Fleischuntersuchung sind zusätzlich durchzuführen:

- eine bakteriologische Untersuchung
- die Untersuchung auf Trichinen
- stichprobenweise sowie bei begründetem Verdacht eine Rückstandsuntersuchung
- sonstige Untersuchungen, wenn noch Zweifel an der Genußtauglichkeit des Fleisches bestehen.

Die Fleischuntersuchung erstreckt sich auf

- Feststellung pathologisch-anatomischer Veränderungen
- Krankheitserreger oder sonstige Keime, die Fleisch nachteilig beeinflussen können
- sonstige Mängel, wie mangelhafte Ausblutung, abweichende Fleischreifung, Wäßrigkeit, Abweichung in Geruch, Geschmack, Farbe, Konsistenz
- Stoffe mit pharmakologischer Wirkung, deren Umwandlungsprodukte sowie auf andere Stoffe, die auf Fleisch übergehen und gesundheitlich bedenklich sein können.

Bei den modernen Bandschlachtungen ist es wichtig, daß die an verschiedenen Untersuchungsstellen erhobenen Einzelbefunde koordiniert ausgewertet werden. Im Sinne eines Qualitätssicherungskonzeptes sind die Dokumentation der Befunde der Fleischhygieneuntersuchung und deren Auswertung in Hinblick auf Information des Erzeugerbetriebes unerläßlich.

## 9.5.4 Kühlen

Das Kühlen des erschlachteten Fleisches hat CCP2-Niveau.

### 9.5.4.1 Kühlen von Schlachtkörpern gemäß der Fleischhygieneverordnung

Nach Anlage 2, Kapitel IX der Fleischhygieneverordnung ist bei Tierkörpern von Rindern (und Pferden) die Innentemperatur (thermischer Mittelpunkt) nach 36 Stunden, bei den übrigen Schlachttieren spätestens nach 24 Stunden auf mindestens +7 °C und bei Nebenprodukten der Schlachtung alsbald auf +3 °C herunterzukühlen. Gekühlt wird bei Großtieren im kalten Luftstrom, qualitätsorientierte Schlachtbetriebe kühlen die Schlachtkörper häufig auf (0 < +3 °C Kerntemperatur.

Kühltemperaturen unter +5 °C verzögern nicht nur den Verderb, sie bewirken auch, daß wichtige Krankheitserreger (*Salmonella, S. aureus*) sich nicht mehr vermehren. Es bleibt jedoch festzuhalten, daß bestimmte Infektions- (*Listeria monocytogenes*) und Verderbniserreger (Pseudomonaden) durch Kühlung in der Vermehrung nicht vollständig gehemmt werden können (Bem und Hechelmann, 1994).

Wachstum und Stoffwechsel der Mikroorganismen auf und in Schlachtkörpern sind neben der Temperatur von weiteren Faktoren abhängig, vornehmlich vom $a_w$-Wert und vom pH-Wert (Sinell,1992).

Eine Senkung des $a_w$-Wertes ist bei Frischfleisch ($a_w$ 0,99) mit Ausnahme des Gefrierens nur auf der Oberfläche durch Abtrocknen zu erreichen. Die $a_w$-Wertsenkung hat einen starken Einfluß auf die wichtigsten psychrotrophen Verderbniserreger. Somit ist ein Besprühen der Schlachtkörper mit kaltem Trinkwasser vor der Kühlung nur dann fleischhygienisch akzeptabel, wenn sich daran eine forcierte Kühlung anschließt, die in kurzer Zeit zur oberflächlichen Abtrocknung führt. Um eine ausreichend trockene Schlachtkörperoberfläche zu gewährleisten, ist die relative Luftfeuchte im Kühlbereich < 85 % zu halten, so daß kurzfristige Temperaturabsenkungen nicht mit der Gefahr der Kondensation verknüpft sind.

Bei Fleischtemperaturen unter +5 °C und einer relativen Luftfeuchte des Kühlraumes von < 85 % kommt es innerhalb einer Woche nicht zu relevanter Keimvermehrung. Eine „Abtrocknung“ der Schlachtkörper in der relativ feuchten und warmen Schlachthalle nach der Beendigung des Schlachtprozesses unter Nutzung der für Schlachttiere maximal zulässigen Zeitspanne von 45 Minuten bis zur Verwiegung ist hygienisch bedenklich. Sie ist allein durch wirtschaftliche Überlegungen motiviert, wobei bezüglich der Totvermarktung Gewichtsverluste kalkuliert werden. Häufig sind die Schlachtkörper dabei durch Aerosolbildung zusätzlich mikrobiologisch gefährdet.

Der pH-Wert der Muskulatur der lebenden Schlachttiere liegt bei pH 7,2. Er sinkt bei normal ausgeruhten Schlachttieren, bedingt durch die postmortale anaerobe Glykolyse, auf pH < 5,5. Erschöpfung der Glykogenreserven vor dem Tode kann zu pH-Endwerten pH > 6,0 führen. Bei diesem sogenannten DFD-Fleisch muß mit beschleunigtem mikrobiologischem Verderb gerechnet werden. Die weitere Verwendung des Fleisches ist durch Verderbnisanfälligkeit erheblich eingeschränkt.

Dem hygienischen Bedürfnis, die Schlachtkörper möglichst schnell und effektiv zu kühlen, stehen biochemische Prozesse im Fleisch entgegen, die u. a. die Zartheit beeinflussen (cold shortening). Um den Genußwert des Fleisches durch Kühlung nicht in Frage zu stellen, sind Kompromisse zu suchen bzw. die Schlachtkörper (von Rindern und Schafen) vor der Kühlung zur Beeinflussung des Eintrittes der Totenstarre einer Elektrostimulation zu unterziehen.

Als Hauptverderbniserreger des Frischfleisches müssen angesehen werden:

*Enterobacteriaceae,* Mikrokokken, *Lactobacillaceae, Enterococcus faecalis, Enterococcus faecium* sowie einige *Bacillus*- und Clostridien-Arten (Hechelmann und Leistner, 1977; Baumgart, 1990) und vor allem bei Kühltemperaturen psychrotrophe Bakterien, wie insbesondere die *„Pseudomonas-Acinetobacter-Moraxella*-Assoziation“ und *Enterobacteriaceae* (Bem und Hechelmann, 1994).

Angaben über Oberflächenkeimzahlen auf den Schlachtkörpern werden allgemein als Durchschnittszahlen, die sich aus der Beprobung mehrerer Lokalisationen des Schlachtkörpers als Mittelwert ergeben, errechnet. Zur Beherrschung von hygienisch problematischen Einzelschritten des Schlachtvorganges erscheint es sinnvoller, Problemregionen getrennt bakteriologisch zu untersuchen (z. B. Stichprobe von x Schlachthälften à 5 $cm^2$ aus der Analregion, Stichprobe derselben Hälften à 5 $cm^2$ aus der Sternalregion usw., jeweils als Sammelproben). So können betriebsspezifische, schlachttechnologisch bedingte Hygienerisiken gezielter erkannt werden.

Die Gesamtkeimzahl der Schlachtkörperoberfläche kann bei Rind und Schwein unter ausreichender Beachtung der Schlachthygiene $< 1 \times 10^4/cm^2$ gehalten werden (destruktive Entnahmetechnik). Bei sachgemäßer Herabkühlung im gesetzlich vorgegebenen Zeitrahmen auf die vorgeschriebene Kerntemperatur erhöht sich die Oberflächenkeimzahl nicht.

Erhöhte Risiken sind in diesem Abschnitt der Schlachthälftenbehandlung dann gegeben,

- wenn Kühlräume nicht nach dem Rein/Raus-Prinzip genutzt werden,
- nicht die sorgfältige Reinigung und Desinfektion nach jeder Leerung erfolgt,
- eine manuelle Förderung bei unzureichender Personal-/Handhygiene betrieben wird,
- die Schlachthälften zu eng gehängt werden, unzureichend von Kaltluft umströmt werden, sich flächig berühren,
- die Anordnung und Leistung der Kaltluftzufuhr unzureichend ist,
- die Klimasteuerung versagt,
- die Kühlraumtüren zu lange geöffnet stehen, so daß die Klimaregulation dies nicht überbrücken kann,
- Wasser auf Fleischoberflächen kondensiert,
- sich Kondenswassertropfen an Kühleinrichtungen bilden und herabtropfen,
- beschickte Kühlräume unsachgemäß zwischengereinigt werden.

### 9.5.4.2 Kühlen von Schlachtgeflügel

Geflügelfleisch ist entsprechend gesetzlichen Vorgaben unmittelbar auf Temperaturen < +4 °C zu kühlen.

Abweichend von dem Kühlverfahren, das bei Schlachttieren im Sinne der Fleischhygiene-Gesetzgebung praktiziert wird, sind beim Geflügel drei Kühlmethoden üblich:

- Kaltluftstrom (Kühlen im Kaltluftstrom, ohne Wasserzusatz),
- Luft-Sprühkühlung (Kühlen im Kaltluftstrom, dem zur Erhöhung der Kühlleistung und zur Erhaltung von Oberflächenfeuchtigkeit vernebeltes Wasser zugesetzt wird),
- Tauchkühlung (Kühlen von Geflügelschlachtkörpern in Behältern mit Wasser oder Eiswasser im Gegenstromverfahren).

  Dieses Verfahren ist mit hygienischen Risiken belastet.

  Auf dem Endprodukt sind bei Tauchkühlung Oberflächengesamtkeimzahlen zwischen $1 \times 10^4/cm^2$ und $1 \times 10^5/cm^2$ zu erwarten, für die Luft-Sprühkühlung liegen sie im vergleichbaren Bereich.

Auch bei der Geflügelschlachtung bietet sich die Ermittlung der Oberflächen-Gesamtkeimzahl als regelmäßig zu nutzendes Kontrollelement an, wegen des erheblichen Zeitverzuges jedoch nur im Sinne der Verifikation.

## 9.6 Zerlegung

Die Anlage 2 zur Fleischhygieneverordnung legt in Kapitel I die Beschaffenheit und Ausstattung der Räume fest, in denen Fleisch gewonnen, zubereitet oder behandelt wird. Sonstige allgemeine Hygienevorschriften für Personal, Einrichtungsgegenstände und Arbeitsgeräte in Räumen, in denen Fleisch gewonnen, zubereitet oder behandelt wird, enthält Kapitel II.

Kapitel IV beinhaltet besondere Vorschriften für das Zerlegen von Fleisch:

In den Betrieben muß ausreichend Kühlraum sowie ein Raum oder ein geeigneter Platz vorhanden sein, an dem Fleisch ohne nachteilige Beeinflussung zerlegt werden kann.

Im Schlachtraum darf nicht zerlegt werden.

Die Innentemperatur des Fleisches von +7 °C darf nur bei „Warmzerlegung" überschritten werden.

Der Zerlegebetrieb ist eine eigenständige Betriebseinheit, zentraler Bereich ist der Zerlegeraum.

Die Arbeitsbedingungen sind, über die allgemeinen gesetzlichen Auflagen hinausgehend, im Sinne der Risikominimierung zu organisieren. Die Personalhygiene ist auch hier besonders wichtig.

Für Personen, die den Zerlegebereich betreten, ist eine Hygieneschleuse zu fordern.

Beschaffenheit und Ausstattung der Räume und der darin befindlichen Gegenstände müssen uneingeschränkt den Erfordernissen einer „Reinzone" im Lebensmittelbereich entsprechen. Sinngemäß gilt dies auch für die Arbeitsbekleidung und -ausstattung.

Die normale Arbeitstemperatur sollte unter +10 °C liegen. Sie wird von den Mitarbeitern zumeist toleriert, wenn der Kaltluftstrom < 0,2 m/sec liegt und die relative Luftfeuchte unter 70 % gehalten wird.

Die Forderung, die relative Luftfeuchte niedrig zu halten, ist vor allem der Fleischhygiene zuträglich. Dem stehen nicht selten Maßnahmen entgegen, die ebenfalls darauf zielen, eine Keimvermehrung auf den Zuschnittoberflächen zu vermeiden, die aber die Luftfeuchtigkeit erhöhen. So werden Transportbänder installiert, die im Umlauf unter Wassereinsatz Reinigungs- und Desinfektionsbehandlung prozeßintegriert ermöglichen. Bei Verwendung von z. B. Eurokisten auf Förderbändern, die zuvor gereinigt, desinfiziert, getrocknet und vorgekühlt werden, erübrigt sich der Wassereinsatz an den Transportbändern.

Die Ausstattung mit Notdesinfektionsbecken für Messer sollte auf ein Minimum reduziert werden, zumal der daraus aufsteigende Wasserdampf nicht selten die Hauptquelle für Kondenswasserbildung ist. Die Mitarbeiter sind mit Messerbehältnissen auszustatten, die ausreichend Reservemesser enthalten. Die Messer sind zentral, außerhalb des Zerlegeraumes zu reinigen und zu desinfizieren.

Entsprechend sind auch Ersatzsägen vorrätig zu halten. Die Verweildauer des Fleisches im Raum ist so kurz wie möglich zu halten. Eine Erwärmung der Oberflächen darf nicht toleriert werden. Dies schließt auch aus, daß zur Zerlegung anstehende Hälften/Viertel als Arbeitsmaterialvorrat in den Zerlegeraum in relativ großer Menge verbracht werden. Ebenso ist zerlegtes Material alsbald aus dem Zerlegeraum zu entfernen und in einen Kühlraum zu verbringen. Die Oberflächentemperatur darf +7 °C nicht überschreiten.

Die Einhaltung dieser Temperatur hat das Niveau eines CCP2 und ist dementsprechend kontinuierlich zu überwachen.

Materialanhäufungen an einzelnen Arbeitsplätzen sind zu vermeiden. Die Fleischzuschnitte dürfen nicht übereinandergestapelt werden, sie sollen gelegt und nicht geworfen werden.

Frische Anschnittflächen dürfen nicht über Arbeitsflächen gewälzt werden, mit denen stärker kontaminierte Altoberflächen zuvor Kontakt hatten. Die Bearbeitungsschritte sind durch Arbeitsorganisation darauf abzustimmen.

Die Schneidunterlagen müssen weitgehend glatte Oberflächen haben, die leicht zu reinigen und zu desinfizieren sind. Bei starken Gebrauchsspuren sind sie entsprechend zu behandeln.

In den Arbeitspausen ist der Zerlegeraum von Fleisch zu räumen und eine trockene Grobreinigung vorzunehmen.

Die Schneidunterlagen sind in den Arbeitspausen zu wenden bzw. auszutauschen, zu reinigen und zu desinfizieren.

Der Boden ist in den Arbeitspausen trocken einer Grobreinigung zu unterziehen.

Alle im Zerlegeraum genutzten Behältnisse sind außerhalb zu reinigen, zu desinfizieren, vollständig zu trocknen und vorzukühlen.

Die „Grobzerlegung" ist zeitlich oder räumlich von der Feinzerlegung zu trennen.

Zur Kontrolle sind Keimzahlbestimmungen auf den neu entstandenen Oberflächen des Fleisches zweckdienlich. Die Gesamtkeimzahl sollte unter $1 \times 10^3/cm^2$ liegen.

## 9.7 Anhang

### 9.7.1 Tabellen: CCPs, Dokumentation

**Tab. 9.1 Lebendbereich (Rind, Schwein, Geflügel)**

| Prozeßstufe | CP*/CCP | Gefahren/ Gefahrengrenzen | Überwachung/ Verantwortlicher | Vorbeugung/ Korrektur | Aufzeichnung | Bestätigung/ Sicherung |
|---|---|---|---|---|---|---|
| Erzeugerbetrieb | CP | undefinierte Herkünfte, ggf. aus mit pathogenen Erregern kontaminierten Beständen | Überprüfung der Identkennzeichnung / Betriebsinhaber oder dessen Stellvertreter | nur Tiere definierter, pathogenfreier Herkunft aufstallen | Stallbuch, Eintragung der Herkunft | Belege/Lieferscheine |
| Haltung | CP | nicht tiergerechte Haltung (sauber, trocken etc.), Vermehrung von pathogenen Erregern | visuell / Betriebsinhaber oder dessen Stellvertreter | regelmäßige Säuberung, ggf. Klimakorrektur, Reinigung und Desinfektion nach dem Ausstallen | Stallbuch, Stallklimaaufzeichnungen | Inaugenscheinnahmen, ggf. mikrobiol. Überprüfung der Desinfektion |
| Fütterung | CP | Futter nicht frei von pathogenen Keimen (z. B. Salmonellen; *E. coli* O157:H7) | Futtermittellieferant, qualifiziertes mikrobiologisches Labor / Betriebsinhaber oder dessen Stellvertreter | Garantie der Pathogenfreiheit des Futters von Futtermittellieferanten einfordern | Eintragung von Futter-Chargen-Nr. in das Stallbuch | Dokumentation von Analysenergebnissen |
| gesundheitliche Vorsorge | CP | Vermehrung pathogener Erreger, Vernachlässigung der vorgeschriebenen Wartezeiten nach Medikamenteneinsatz | individuelle oder Chargenkennzeichnung behandelter Tiere / Tierarzt sowie Betriebsinhaber oder dessen Stellvertreter | tiermedizinische Prophylaxe, Wartezeiten einhalten | Medikamenteneinsatzbuch führen | tierärztliche Kontrolle |

| Prozeßstufe | CP*/CCP | Gefahren/ Gefahrengrenzen | Überwachung/ Verantwortlicher | Vorbeugung/ Korrektur | Aufzeichnung | Bestätigung/ Sicherung |
|---|---|---|---|---|---|---|
| gesundheitliche Überwachung | 1. CCP2 | humanpathogene Erreger als Bestands-Kontamination / Einzeltier | Blut- / Kotproben etc. / Tierarzt, Betriebsinhaber oder dessen Stellvertreter | Kennzeichnung betroffener Tiere, ggf. besondere Auflagen bezüglich der Schlachtung | ggf. Aufzeichnungen des amtl. Tierarztes | amtl. tierärztliche Überwachung |
| Nüchterung der Schlachttiere | CP | Gefährdung durch Darminhalt / Kot / Hautverschmutzung | Betriebsinhaber oder dessen Stellvertreter des Schlachttierproduktionsbetriebes | ca. 12 h vor Transport keine Fütterung mehr, jedoch Tränke | Stallbuch | visuell, u. a. auch nach der Exenteration |
| Transport | CP | Verschmutzung der Haut und ihrer Anhangsorgane mit Kot / pathogenen Keimen / Kreuzkontamination | visuell / Transporteur sowie Schlachthofleiter oder dessen Stellvertreter | tiergerechte Transportbedingungen gewährleisten, verschmutzte Tiere zuletzt schlachten | Transportbegleitpapiere; Ladedichte, Transportzeit, Verschmutzung | amtl. tierärztliche Überwachung |
| tierärztliche Lebenduntersuchung | 2. CCP2 | klinisch kranke, mit humanpathogenen Erregern infizierte, gestreßte, aus Problemhaltung stammende Tiere; Kontamination der Schlachtlinie | klinische tierärztliche Untersuchung; Kontrolle der Herkunft und des Vorberichtes durch amtl. Tierarzt | kranke, mit pathogenen Erregern kontaminierte Tiere der Isolierschlachtung zuführen | tierärztl. Aufzeichnungen der Lebenduntersuchung | Auswertung von pathologisch-anatomischer sowie mikrobiologischer Befundung durch den amtl. Tierarzt |

* CP = „Kontrollpunkt“ (vgl. Kap. 2.2.2, S. 20)

**Tab. 9.2 Betäubung und Entblutung (Rind, Schwein, Geflügel)**

| Prozeßstufe | CP/CCP | Gefahren/ Gefahrengrenzen | Überwachung/ Verantwortlicher | Vorbeugung/ Korrektur | Aufzeichnung | Bestätigung/ Sicherung |
|---|---|---|---|---|---|---|
| Zuführung zur Betäubung, Betäubung, Auswurf aus der Betäubung | CP | Kreuzkontamination durch Kotverschmutzung | visuell / Betriebsinhaber des Schlachthofes oder dessen Stellvertreter | saubere Tiere der Schlachtung zuführen / Nüchterung, Zwischenreinigung | diesbezüglich auffällige Tiere zur Benachrichtigung des Lieferanten erfassen | tägliche Reinigung und Desinfektion, Zwischenreinigung in Schlachtpausen |
| Einhängestation und Zuführung zur Betäubung (Geflügel) | CP | Kreuzkontamination unterschiedlicher Tierchargen | visuell / Betriebsinhaber des Geflügelschlachtbetriebes oder dessen Stellvertreter | Zwischenreinigung, ggf. Reinigung und Desinfektion | Schlachtchargenreihenfolge festhalten | amtl. Überwachung |
| „Rückenmarkzerstörung" (Rind) | CP | Kontamination durch das Gerät | visuell / Temperaturkontrolle (> +82 °C) des Desinfektionsbades / Betriebsinhaber oder dessen Stellvertreter | Reinigung und Desinfektion des Gerätes nach jedem Tier | Temperaturkontrolle des Desinfektionsbades gemäß Kontroll-Checkliste | Kontrolle durch amtl. tierärztliche Überwachung |
| Hautvorschnitt (Rind) und Entblutung | CP | Kontamination des Blutes durch Gerät/Messer GKZ < $10^3$/ml Blut | visuell / Temperaturkontrolle (> +82 °C) Desinfektion; mikrobiologische Stichproben / Betriebsinhaber oder dessen Stellvertreter | Reinigung und Desinfektion nach jedem Tier; (CIP) geschlossenes System | Ergebnisse bakteriologischer Stichproben | Überprüfung der Eigenkontrolle des Schlachtbetriebes durch den amtl. Tierarzt |

| Prozeßstufe | CP/CCP | Gefahren/ Gefahrengrenzen | Überwachung/ Verantwortlicher | Vorbeugung/ Korrektur | Aufzeichnung | Bestätigung/ Sicherung |
|---|---|---|---|---|---|---|
| Entblutung und Nachtropf-strecke (Geflügel) | CP | Kreuzkontamination über Entblutegerät/ -messer (Puten) | visuell / Betriebs-inhaber oder dessen Stellvertreter | Reinigung und Desinfektion auch in Schlacht-pausen | Checkliste | Checkliste über tägl. Reinigung und Desinfektion |
| Nachtropf-strecke | CP | Verunreinigung durch Tropfblut, Gefahr der Kreuzkontamination | visuell / Betriebs-inhaber oder dessen Stellvertreter | Zwischenreinigung, Installationen so gestalten, daß eine Kontamination unterbleibt | Checkliste betreffs Zwischenreinigung | Checkliste über tägliche Reinigung und Desinfektion; amtl. Überwachung |

**Tab. 9.3 Schlachtkörperbearbeitung „unreine Seite“ / Rind**

| Prozeßstufe | CP/CCP | Gefahren/ Gefahrengrenzen | Überwachung/ Verantwortlicher | Vorbeugung/ Korrektur | Aufzeichnung | Bestätigung/ Sicherung |
|---|---|---|---|---|---|---|
| Absetzen der distalen Gliedmaßenenden / Teilvorenthäutung (Rind) | CP | Kontamination enthäuteter Bezirke durch Hauteinrollen, mangelhafte Personen- und Gerätehygiene | visuell / Temperaturkontrolle der Desinfektionseinheit für Geräte (> +82 °C) / Betriebsinhaber oder dessen Stellvertreter | Schulung, 2-Messertechnik, Arbeitsplatzoptimierung, kontaminierte Flächen durch Schnitt entfernen | Überprüfung der Desinfektionseinheiten gemäß Checkliste des Hygieneplanes / Stichprobenbefund über visuelle Überprüfung | mikrobiologische Stichproben von den bearbeiteten Schlachttierkörperbezirken / amtl. tierärztl. Überwachung |
| Absetzen von Euter / männl. Geschlechtsorganen (Rind) | CP | insbesondere Gefahr durch nicht erkannte Mastitis. Kontamination des Schlachtkörpers mit Sekret | visuell / Temperaturkontrolle der Desinfektionseinheit für Geräte (> +82 °C) / Betriebsinhaber oder dessen Stellvertreter | Schulung, 2-Messertechnik, Arbeitsplatzoptimierung, kontaminierte Flächen durch Schnitt entfernen | Überprüfung der Desinfektionseinheiten gemäß Checkliste des Hygieneplanes / Stichprobenbefund über visuelle Überprüfung | mikrobiologische Stichproben von den bearbeiteten Schlachttierkörperbezirken / amtl. tierärztl. Überwachung |
| Absetzen und Bearbeiten des Kopfes (Rind) | CP | Kontamination des Schlachtkörpers beim Absetzen; Kontamination des Kopfes während der Bearbeitung | visuell / Temperaturkontrolle der Desinfektionseinheit für Geräte (> +82 °C) / Betriebsinhaber oder dessen Stellvertreter | Schulung, 2-Messertechnik, Arbeitsplatzoptimierung, kontaminierte Flächen durch Schnitt entfernen; sachgerechte Nasen-/Rachenspülung | Überprüfung der Desinfektionseinheiten gemäß Checkliste des Hygieneplanes / Stichprobenbefund über visuelle Überprüfung | mikrobiologische Stichproben von den bearbeiteten Schlachttierkörperbezirken / amtl. tierärztl. Überwachung |

| Prozeßstufe | CP/CCP | Gefahren/ Gefahrengrenzen | Überwachung/ Verantwortlicher | Vorbeugung/ Korrektur | Aufzeichnung | Bestätigung/ Sicherung |
|---|---|---|---|---|---|---|
| Rodding (Pansenverschluß) | CP | Kontamination des Vorderviertels durch ausfließenden Panseninhalt | visuell / Temperaturkontrolle der Desinfektionseinheit für Geräte (> +82 °C) / Betriebsinhaber oder dessen Stellvertreter | Schulung, 2-Messertechnik, Arbeitsplatzoptimierung, kontaminierte Flächen durch Schnitt entfernen | Überprüfung der Desinfektionseinheiten gemäß Checkliste des Hygieneplanes / Stichprobenbefund über visuelle Überprüfung | mikrobiologische Stichproben von den bearbeiteten Schlachttierkörperbezirken / amtl. tierärztl. Überwachung; visuelle Kontrolle des Roddings nach Evisceration (Stichprobenplan) |
| Enddarmumschneidung und -umhüllung (Rind) | CP | Kontamination der Analregion, der Becken- u. Bauchhöhle durch Kot / pathogene Erreger | visuell / Temperaturkontrolle der Desinfektionseinheit für Geräte (> +82 °C) / Betriebsinhaber oder dessen Stellvertreter | Schulung, 2-Messertechnik, Arbeitsplatzoptimierung, kontaminierte Flächen durch Schnitt entfernen | Überprüfung der Desinfektionseinheiten gemäß Checkliste des Hygieneplanes / Stichprobenbefund über visuelle Überprüfung | mikrobiologische Stichproben von den bearbeiteten Schlachttierkörperbezirken / amtl. tierärztl. Überwachung; visuelle Kontrolle nach Evisceration (Stichprobenplan) |
| Vorenthäutung und Enthäutung (Rind) | 3. CPP2 | Kontamination des Schlachttierkörpers durch Einrollen der Haut mit pathogenen Erregern | visuell / Temperaturkontrolle der Desinfektionseinheit für Geräte (> +82 °C) / Betriebsinhaber oder dessen Stellvertreter | Schulung, 2-Messertechnik, Arbeitsplatzoptimierung, kontaminierte Flächen durch Schnitt entfernen | Überprüfung der Desinfektionseinheiten gemäß Checkliste des Hygieneplanes / Stichprobenbefund über visuelle Überprüfung | mikrobiologische Stichproben von den bearbeiteten Schlachttierkörperbezirken / amtl. tierärztl. Überwachung; visuelle Kontrolle nach Enthäutung (Stichprobenplan) |

**Tab. 9.4 Schlachtkörperbearbeitung „unreine" Seite / Schwein**

| Prozeßstufe | CP/ CCP | Gefahren/ Gefahrengrenzen | Überwachung/ Verantwortlicher | Vorbeugung/ Korrektur | Aufzeichnung | Bestätigung/ Sicherung |
|---|---|---|---|---|---|---|
| Vorwäsche (Schwein) | CP | Kontamination der Schlachtlinie durch stark verschmutzte Schlachttierkörper | visuell / Schlachthofinhaber oder dessen Stellvertreter | Vorwäsche vor Verbringen in den Brühbereich, stark verschmutzte Tiere am Ende der Schlachtzeit schlachten | Liste Anlieferer stark verschmutzter Tiere | Rückmeldung an Transporteur und Erzeuger, ggf. mit Auflagen |
| Brühen (Schwein) | CP | Kreuzkontamination über das Brühwasser, Eintritt von Brühwasser in den Schlachttierkörper | Temp. Herzblut < 44 °C, mikrobiologische Stichproben (z. B. Herzblut) / Schlachthofinhaber oder dessen Stellvertreter | Kleine Stichwunden; 5 min.-Abstand: Stich-Brühen; technische Voraussetzungen verbessern | Stichproben der Herzbluttemperatur | mikrobiologische Stichproben (Herzblut) |
| Enthaaren (Schwein) | CP | Kreuzkontamination / Kontamination des Schlachtkörpers durch Kotaustritt | visuell (Auffangbereich) / Schlachthofinhaber oder dessen Stellvertreter | Ausreichende Nüchterung der Schlachtschweine, Plattenband mit (CIP) als „Auffangtisch" | Herkunft zu wenig genüchterter Schweine | Rückmeldung an Erzeuger, ggf. mit Auflagen über unzureichend genüchterte Schweine |
| Nachbehandlung Trockenpeitsche, Flämmen, Naßpeitsche (Schwein) | 3. CCP2 | Kreuzkontamination durch die Trocken-, Naßpeitsche, Rekontamination in der Naßpeitschenanlage | visuell / palpatorisch nach Flämmprozeß / Schlachthofinhaber oder dessen Stellvertreter | Intensives Flämmen; tägl. Reinigung und Desinfektion der Peitschen; Naßpeitsche durch selbstreinigende Bürsten ersetzen | Checkliste bezüglich Reinigung / Desinfektion | mikrobiol. Stichproben nach Stichprobenplan (Installationen nach Reinigung und Desinfektion) |

**Tab. 9.5 Geflügelschlachtkörperbearbeitung „unreine“ Seite und Vorschnitte**

| Prozeßstufe | CP/ CCP | Gefahren/ Gefahrengrenzen | Überwachung/ Verantwortlicher | Vorbeugung/ Korrektur | Aufzeichnung | Bestätigung/ Sicherung |
|---|---|---|---|---|---|---|
| Brühen (Geflügel) | CP | Kreuzkontamination von Herkunftschargen (Brühtank); bei Brühtemperatur < 60 °C Gefahr der Vermehrung und Ausbreitung pathogener Keime | visuell / Temperaturerfassung (Brühtank) / Betriebsinhaber oder dessen Stellvertreter | Optimierung der Brühtechnik; Zwischenreinigung des Brühbereiches nach jeder Charge | Zwischenreinigung/Chargenherkunft | amtl. tierärztl. Überwachung |
| Rupfen (Geflügel) | CP | Kreuzkontamination über Rupffinger | visuell / Betriebsinhaber oder dessen Stellvertreter | Zwischenreinigung nach jeder Herkunftscharge, tägliche Reinigung und Desinfektion | Checkliste bezüglich Reinigung und Desinfektion; Ergebnis von mikrobiologischen Stichproben | amtl. tierärztl. Überwachung |
| Übergabeband (Geflügel) | CP | Kreuzkontamination und Kontamination des Geflügelschlachtkörpers durch Blut und Kot | visuell / Betriebsinhaber oder dessen Stellvertreter | Nüchterung des Schlachtgeflügels, Übergabeband durchläuft Reinigung und Desinfektion > + 82 °C | Checkliste bezüglich Reinigung und Desinfektion; Ergebnis von mikrobiologischen Stichproben; Temperatur des Desinfektionsbades (Stichproben) | amtl. tierärztl. Überwachung |

**Tab. 9.5 Geflügelschlachtkörperbearbeitung „unreine" Seite und Vorschnitte *(Fortsetzung)***

| Prozeßstufe | CP/ CCP | Gefahren/ Gefahrengrenzen | Überwachung/ Verantwortlicher | Vorbeugung/ Korrektur | Aufzeichnung | Bestätigung/ Sicherung |
|---|---|---|---|---|---|---|
| Nackenhaut-schnitt, Kloaken-schneider, Bauchdecken-schnitt, Entfernen der Halshaut (Geflügel) | CPs | Kreuzkontamination durch mangelhafte Zwischenreinigung, tägliche Reinigung und Desinfektion | visuell / Betriebs-inhaber oder dessen Stellvertreter | Einhaltung und Über-wachung des Hygiene-planes | Checkliste bezüglich Reinigung und Desinfektion; Ergebnis von mikrobiologischen Stichproben | amtl. tierärztl. Überwachung |

**Tab. 9.6 Schlachtkörperbearbeitung „reine“ Seite Rind/Schwein**

| Prozeßstufe | CP/ CCP | Gefahren/ Gefahrengrenzen | Überwachung/ Verantwortlicher | Vorbeugung/ Korrektur | Aufzeichnung | Bestätigung/ Sicherung |
|---|---|---|---|---|---|---|
| Exenteration von Magen und Darm | 4.CCP2 | Kontamination des Schlachttierkörpers durch Darminhalt, mangelhafte Personal- und Gerätehygiene | visuell / Temperatur der Desinfektionsbecken > + 82 °C / Schlachthofinhaber oder dessen Stellvertreter | Beherrschung der hygienischen Handhabungstechnik; Abschneiden kontaminierter Flächen; Schulung der Mitarbeiter; Optimierung der Arbeitsbedingungen | Stichprobenkontrolle des Rodding und des Umhüllens des Enddarmes (Rind), Kontrolle der Desinfektionsgegebenheiten | Stichprobenplan zur visuellen Befundung / amtl. tierärztl. Überwachung |
| Evisceration der Brusthöhlenorgane | CP | Kontamination des Schlachtkörpers durch mangelhafte Personal- und Gerätehygiene | visuell / Temperatur der Desinfektionsgegebenheiten > + 82 °C / Schlachthofinhaber oder dessen Stellvertreter | Beherrschung der hygienischen Handhabungstechnik; Abschneiden kontaminierter Flächen; Schulung der Mitarbeiter; Optimierung der Arbeitsbedingungen | Kontrolle der Desinfektionsgegebenheiten | amtl. tierärztliche Überwachung |
| Organ- und Schlachtkörperförderung | CP | Kreuzkontamination durch Schleifen, mangelhafte Zwischenreinigung und Desinfektion der Förderanlage | visuell / Temperatur der Desinfektionsbecken > + 82 °C / Schlachthofinhaber oder dessen Stellvertreter | Optimierung der Installationen | Kontrolle der Desinfektionsgegebenheiten | amtl. tierärztliche Überwachung |

**Tab. 9.6 Schlachtkörperbearbeitung „reine" Seite Rind/Schwein *(Fortsetzung)***

| Prozeßstufe | CP/ CCP | Gefahren/ Gefahrengrenzen | Überwachung/ Verantwortlicher | Vorbeugung/ Korrektur | Aufzeichnung | Bestätigung/ Sicherung |
|---|---|---|---|---|---|---|
| Hälftentrennung | CP | Kreuzkontamination durch Spritzeffekte/ Aerosol, mangelhafte Desinfektion der Säge nach jedem Tier | visuell / Temperatur der Sägendesinfektion > + 82 °C / Schlachthofinhaber oder dessen Stellvertreter | Optimierung der Installation | Kontrolle der Desinfektionsgegebenheiten | amtl. tierärztliche Überwachung |
| amtl. Fleischuntersuchung | 5. CCP2 | Mängel bei der Beseitigung pathologisch-anatomisch erkennbarer Gefahren unter Einbeziehung weiterer Untersuchungen, einschließlich der bakteriologischen Untersuchung | amtl. Tierarzt | Einhaltung gesetzlicher Vorgaben | gemäß gesetzlicher Vorgaben | Amtstierarzt |
| Schlachtkörperbearbeitung und Klassifizierung | CP | Kontamination durch mangelhafte Geräte- und Personalhygiene | visuell-bakteriologisch / Schlachthofinhaber oder dessen Stellvertreter | Hygiene-Schulung des Personals, Reinigung und Desinfektion | Quittierung der Schulung | Statistische Aufarbeitung der Ergebnisse der bakteriologischen Untersuchungen |

| Prozeßstufe | CP/ CCP | Gefahren/ Gefahrengrenzen | Überwachung/ Verantwortlicher | Vorbeugung/ Korrektur | Aufzeichnung | Bestätigung/ Sicherung |
|---|---|---|---|---|---|---|
| Kühlung der Schlachtkörper und Organe | 6. CCP2 | Vermehrung der durch Kontamination auf die Fleischoberfläche verbrachten pathogenen Keime. Beim Verbringen in den Kühlbereich < $10^4$ aerobe GKZ/$cm^2$; < $10^2$ *Enterobacteriaceae*/ $cm^2$ (destruktive Methode < 45 Minuten p. m.), keine Keimvermehrung im Kühlbereich | Temperaturmessung / Schlachthofinhaber oder dessen Stellvertreter | Einhaltung der gesetzlich vorgeschriebenen Kühlbedingungen (Organe sofort auf < + 3 °C; Schweine-Kerntemperatur in 24 h < + 7 °C/ Rinder-Kerntemperatur in 36 h < + 7 °C) Oberflächentemperatur bei mehrtägiger Kühllagerung vorzugsweise < + 5 °C | Registrierthermometer | regelmäßige (ca. 5 Hälften/Zufallsstichproben) Befundung der verfahrenstechnisch bedingten Problemzonen der Schlachttierkörperoberfläche; Schwein: Analregion; Rücken, ventraler Bauch/ Brustregion, Schulter/Eisbein; Rind: Analregion, Keulenvorenthäutungsfläche, Sternalbereich, Schultergliedmaßen, Vorenthäutungsfläche |
| Transport von gekühlten Schlachtkörperhälften/-vierteln | 7. CCP2 | Kondensatbildung, Temperaturerhöhung bei Beladung, Transport, Entladung | Registrierthermometer, Schlachtbetriebs- / Transportunternehmen / Betriebsinhaber oder dessen Stellvertreter | Kontinuität der Kühlkette, geeignete Andockmöglichkeit, so daß Temperaturschwankungen und Kondensatbildung entfallen | Kerntemperatur < + 7 °C, Umgebungstemperatur < + 5 °C | Kontrolle der Temperaturaufzeichnungen, Stichproben-, Temperaturmessungen / amtl. Überwachung |

**Tab. 9.6 Schlachtkörperbearbeitung „reine" Seite Rind/Schwein *(Fortsetzung)***

| Prozeßstufe | CP/ CCP | Gefahren/ Gefahrengrenzen | Überwachung/ Verantwortlicher | Vorbeugung/ Korrektur | Aufzeichnung | Bestätigung/ Sicherung |
|---|---|---|---|---|---|---|
| Zerlegung | 8. CCP2 | Erwärmung der Fleischoberfläche > 7 °C, Kontamination durch tropfendes Kondenswasser und Mängel der Personal-, Arbeits-, Betriebshygiene | Registrierthermometer Raum < + 12 °C Fleisch visuell: Kondenswassertropfen, Personal-, Arbeits-, Betriebshygiene; zusätzlich mikrobiologische Stichproben (Wareneingangskontrollen/ Warenausgangskontrollen), Arbeitsplatz (Geräte, Schneidunterlagen) / Betriebsleiter oder dessen Stellvertreter | Kontinuität der Kühlkette, Zerlegung von Schweinen nicht vor 24 h, Rindern nicht vor 36 h. Sorgfältige Materiallogistik, kurze Verweildauer im Zerlegeraum (< 1 h); Luftfeuchte < 70 %, Temperatur < 12 °C, hygienische Schulung des Personals | lieferantenbezogene Aufzeichnungen über mikrobiologische Stichproben und visuell festgestellte Mängel | mikrobiologische Stichproben/GKZ/ $cm^2$ (neuer Anschnitt, destruktive Methode/ < $10^3$ KBE) |

**Tab. 9.7 Geflügelschlachtkörperbearbeitung „reine“ Seite**

| Prozeßstufe | CP/ CCP | Gefahren/ Gefahrengrenzen | Überwachung/ Verantwortlicher | Vorbeugung/ Korrektur | Aufzeichnung | Bestätigung/ Sicherung |
|---|---|---|---|---|---|---|
| Evisceration (Geflügel) | 3. CCP2 | Zerreißung der Wand des Magen-Darm-kanals/Kontamination des Geflügelschlacht-körpers mit Darminhalt | visuell / Schlacht-betriebsinhaber oder dessen Stellvertreter | Wartung, Reini-gung, Desinfek-tion, Zwischen-reinigung der Anlage | Erfassung von Fehlfunktionen | Optimierung der Funktion der Anlage/ Stichprobenplan zur visuellen Befundung |
| Amtliche Geflügelfleisch-untersuchung (Geflügel) | 4. CCP2 | Mängel bei der Besei-tigung pathologisch-anatomisch erkenn-barer Gefahren unter Einbeziehung weiterer Untersuchungen, ein-schließlich bakterio-logischer Untersu-chungen | amtl. Tierarzt | Verbesserung der Ausbildung/ Schulung der Untersucher | gemäß gesetzlicher Vorgaben | Amtstierarzt |
| Bearbeitung/ Nachbearbei-tung des Ge-flügelschlacht-körpers und der Organe (Geflügel) | CP | Kontamination durch mangelhafte Maschinen- und Personalhygiene | visuell / bakteriolo-gisch / Schlachthof-inhaber oder dessen Vertreter | Hygieneschulung des Personals; Reinigung und Desinfektion | Quittierung der Schulung, bakteriolo-gische Kon-trolle der Fleisch-berührungs-flächen | Statistische Aufar-beitung der bakterio-logischen Unter-suchungen |

**Tab. 9.7 Geflügelschlachtkörperbearbeitung „reine“ Seite *(Fortsetzung)***

| Prozeßstufe | CP/ CCP | Gefahren/ Gefahrengrenzen | Überwachung/ Verantwortlicher | Vorbeugung/ Korrektur | Aufzeichnung | Bestätigung/ Sicherung |
|---|---|---|---|---|---|---|
| Kühlung der Geflügelschlachtkörper (Geflügel) | 5. CCP2 | Vermehrung der durch Kontamination auf die Fleischoberflächen verbrachten Keime; < 1 x $10^5$/$cm^2$ aerobe Gesamtkeimzahl; keine Keimvermehrung im Kühlbereich | Temperaturmessung / Schlachthofinhaber oder dessen Stellvertreter | Einhaltung der gesetzlich vorgegebenen Kühltechnologie und Kühlbedingungen; Kühltemperatur < + 4 °C | Registrierthermometer | regelmäßige Zufallsstichprobenbefundung der Geflügelschlachtkörperoberflächen und statistische Auswertung der Befunde |

## 9.7.2 Fließbildschemata: Fleischgewinnung

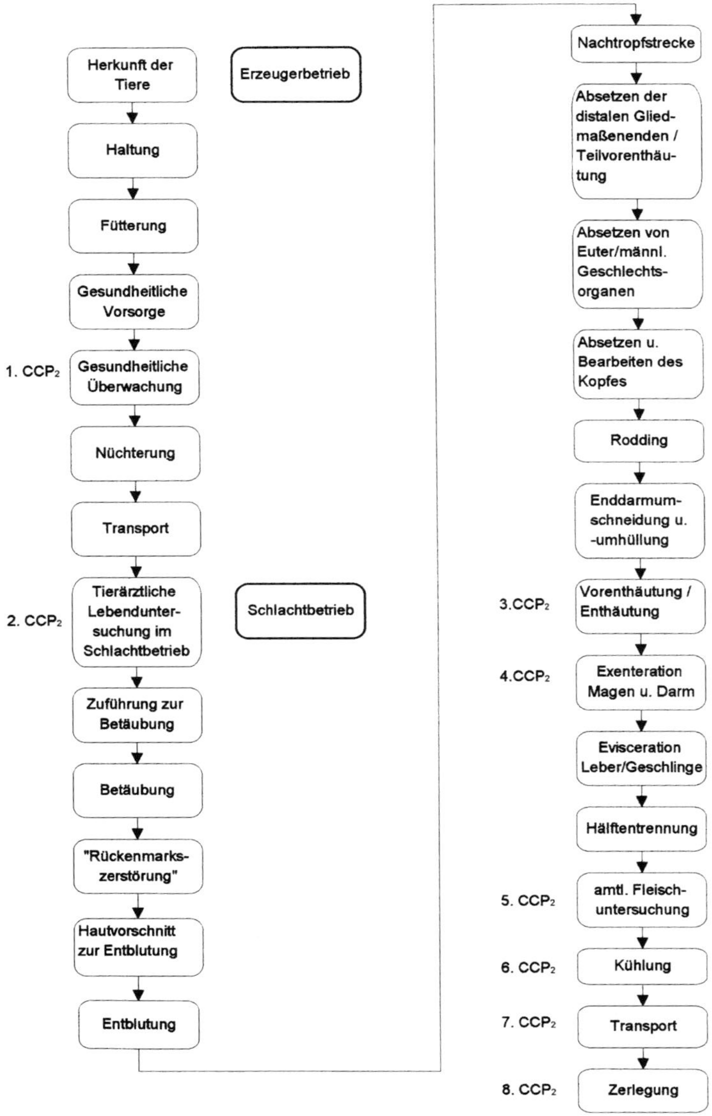


**Abb. 9. 1 Fließbildschema: Fleischgewinnung – Rind**

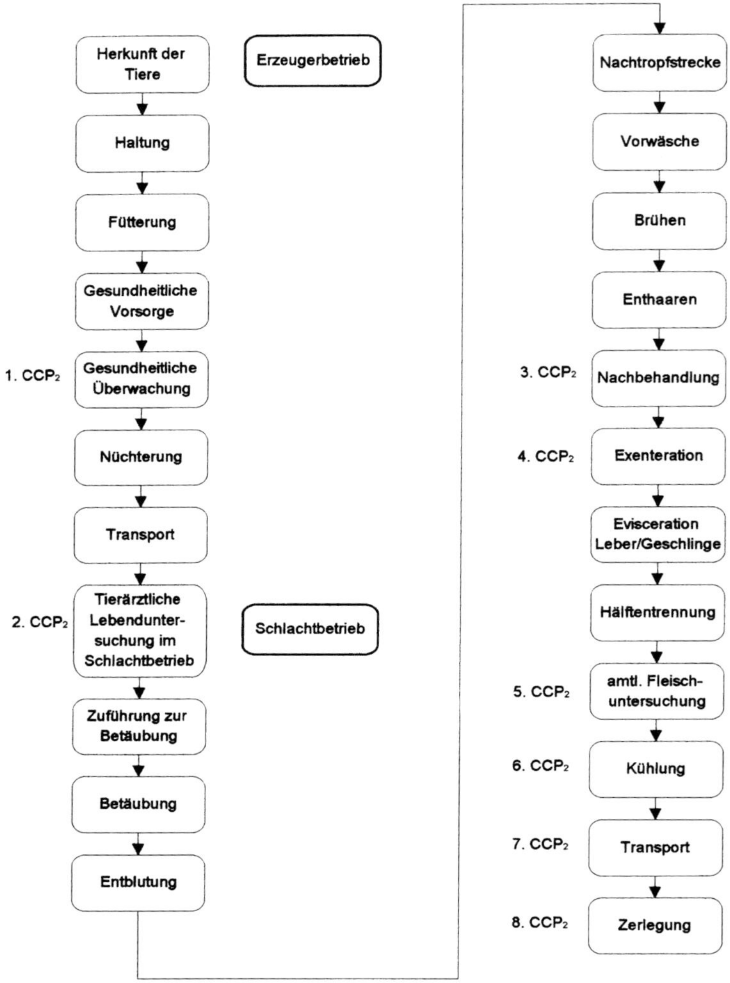
Herkunft der Tiere
Erzeugerbetrieb
Haltung
Fütterung
Gesundheitliche Vorsorge
1. CCP2
Gesundheitliche Überwachung
Nüchterung
Transport
2. CCP2
Tierärztliche Lebenduntersuchung im Schlachtbetrieb
Schlachtbetrieb
Zuführung zur Betäubung
Betäubung
Entblutung
Nachtropfstrecke
Vorwäsche
Brühen
Enthaaren
3. CCP2
Nachbehandlung
4. CCP2
Exenteration
Evisceration Leber/Geschlinge
Hälftentrennung
5. CCP2
amtl. Fleischuntersuchung
6. CCP2
Kühlung
7. CCP2
Transport
8. CCP2
Zerlegung

**Abb. 9.2 Fließbildschema: Fleischgewinnung – Schwein**

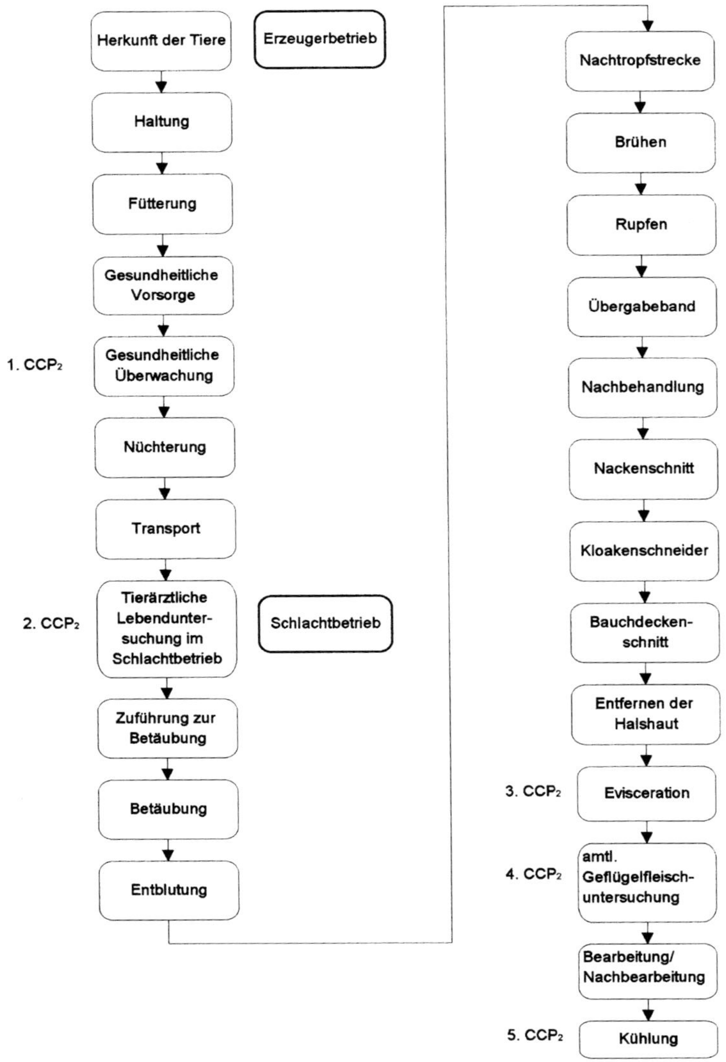
Herkunft der Tiere
Erzeugerbetrieb
Haltung
Fütterung
Gesundheitliche Vorsorge
1. CCP2
Gesundheitliche Überwachung
Nüchterung
Transport
2. CCP2
Tierärztliche Lebenduntersuchung im Schlachtbetrieb
Schlachtbetrieb
Zuführung zur Betäubung
Betäubung
Entblutung
Nachtropfstrecke
Brühen
Rupfen
Übergabeband
Nachbehandlung
Nackenschnitt
Kloakenschneider
Bauchdecken-schnitt
Entfernen der Halshaut
3. CCP2
Evisceration
4. CCP2
amtl. Geflügelfleisch-untersuchung
Bearbeitung/ Nachbearbeitung
5. CCP2
Kühlung

**Abb. 9.3 Fließbildschema: Fleischgewinnung – Geflügel**

## Literatur


[1] BAUMGART, J. (1990): Mikrobiologische Untersuchung von Lebensmitteln, Hamburg: Behr's Verlag.

[2] BEM, Z., HECHELMANN, H. (1994): Kühlung und Kühllagerung von Fleisch, Fleischwirtsch. **74**, 916–924,1046–1050.

[3] BLAHA, T. (1993): Erfassung pathologisch-anatomischer Organbefunde am Schlachthof, 1. Ansatz zu neuen Wegen bei der Wahrnehmung der Verantwortung für Verbraucherschutz und Tiergesundheit, Fleischwirtsch. **73**, 877–881.

[4] CORLETT, D.A. JR., PIERSON, M.D. (1993): Risikoanalyse und Festlegung von Risikogruppen, in: PIERSON, M.D., CORLETT, D.A. jr.: HACCP – Grundlagen der produkt- und prozeßspezifischen Risikoanalyse, Hamburg: Behr's Verlag.

[5] DAVID, H. (1994): Tierärztliches alternatives Fleischuntersuchungsprogramm bei Mastschweinen, Fleischwirtsch. **74**, 1281–1285.

[6] EICKELENBOOM, G., BOLINK, A.H., SYBESMA, W. (1989): Effect of fasting delivery on pork quality and carcass yield, Proc. 35. ICO MST, Vol. III, 999–1005.

[7] FRIES, R. (1993): Sachgerechte Kontrollsysteme in der Fleischgewinnung, Fleischwirtsch. **73**, 1150–1155.

[8] FRIES, R. (1994): Broiler – Technische Prozeßkontrolle in der Fleischgewinnung, Fleischwirtsch. **74**, 933–938.

[9] GALLIEN, P., KLIE, H., LEHMANN, S., PROTZ, D., HELMUTH, R., SCHÄFER, R., EHRLICHER, M. (1994): Nachweis verotoxinbildender *E. coli* in Feldisolaten von Haus- und landwirtschaftlichen Nutztieren in Sachsen-Anhalt, Berl. Münch. Tierärztl. Wschr. **107**, 331–334.

[10] GRIFFIN, P.M., TAUXE, R.V. (1991): The epidemiology of infections caused by *Escherichia coli* O157/H7, other enterohemorrhagic *E. coli*, and the associated hemolytic uremic syndrome, Epidemiologic Reviews **13**, 60–98.

[11] HAPPE, B. (1993): Hygienestatus von Rinderschlachtkörpern nach Vorenthäutung auf einem Schragenband im Vergleich zur vertikalen Bandschlachtung, Vet. med. Diss., FU Berlin.

[12] HECHELMANN, H. (1995): Schlacht- und Zerlegebereich – Auffindung kritischer Kontrollpunkte, Fleischwirtsch. **75**, 267–271, 418–423.

[13] HECHELMANN, H., LEISTNER, L. (1977): Mikrobiologische Vorgänge beim Kühlen von Fleisch und Fleischerzeugnissen, Mittbl. Bundesanstalt für Fleischforschung Nr. 56, 3088–3094.

[14] HESSE, S. (1991): Mikrobiologische Prozeßkontrolle am Rinderschlachtband unter besonderer Berücksichtigung technologisch bedingter Hygieneschwachstellen, Vet. med. Diss., FU Berlin.

[15] HESSE, S., TROEGER, K. (1991): Mikrobiologischer Aspekt eines neuen Nachbearbeitungsverfahrens für Schweineschlachtkörper nach dem Abflammen, Proc. 32. Arbeitstag. Arbeitsgebiet „Lebensmittelhygiene" der DVG, Garmisch-Partenkirchen, S.118–127.

[16] KARIB, H., SEEGER, H. (1994): Vorkommen von Yersinien- und Campylobacter-Arten in Lebensmitteln, Fleischwirtsch. **74**, 1104–1106.

[17] KRUTSCH, H.W. (1993): Zur Problematik der Salmonellen, Fleischwirtsch. **73**, 1368–1371

[18] LEISTNER, L. (1993): Stellenwert der Mikrobiologie in der modernen Qualitätssicherung, Fleischwirtsch. **73**, 719–722.

[19] MACHEY, B.M., ROBERTS, T.A. (1993): Verbesserung der Schlachthygiene durch HACCP und Überwachung, Fleischwirtsch. **73**, 34–43.

[20] MENG, J., DOYLE, M.P., ZHAO, T., ZHAO, Z. (1994): Detection and control of *Escherichia coli* O157/H7 in foods. Trends in Food Science and Technology **5**, 179–185.

[21] NACMCF (National Advisory Committee on Microbiological Criteria for Foods) (1993): Generic HACCP for raw beef, Food Microbiology **10**, 449–488.

[22] NOACK, D.J., JÖCKEL, J. (1993): *Listeria monocytogenes* – Vorkommen und Bedeutung

in Fleisch und Fleischerzeugnissen und Erfahrungen mit den Empfehlungen zum Nachweis und zur Beurteilung, Fleischwirtsch. **73**, 581–584.

[23] Paardekooper, E., Hoorn, R.v.d., Dijk, R.v. (1994): Schlachtlinie „2000", Fleischwirtsch. **74**, 133–138.

[24] Predoiu, J., Blaha, T. (1993): Erfassung pathologisch-anatomischer Organbefunde am Schlachthof, Fleischwirtsch. **73**, 1187–1188.

[25] Schütz, F. (1991): Hygienekonzept für Schlachthöfe, Stuttgart: Verlag Friedrich Enke.

[26] Sinell, H.-J. (1992): Einführung in die Lebensmittelhygiene, 3. Auflage, Berlin: Verlag Paul Parey.

[27] Snijders, J. (1988): Good Manufacturing Practices an Schlachttieren, Fleischwirtsch. **68**, 709–717.

[28] Tompkin, R.B. (1990): The use of HACCP in the production of meat and poultry, products, Food Protection **53**, 795–803.

[29] Troeger, K. (1993a): Brüh- und Enthaarungstechnik – Einfluß auf den Keimgehalt von Schweineschlachtkörpern, Fleischwirtsch. **73**, 128–133.

[30] Troeger, K. (1993b): Keimzahlentwicklung im Brühwasser im Schlachtablauf: Auswirkungen auf die Oberflächenkeimgehalte der Schweineschlachtkörper, Fleischwirtsch. **73**, 816–819.

[31] Troeger, K. (1993c): Gewichtung von Hygienerisiken im Schlachtprozeß, Fleischwirtsch. **73**, 1102–1116.

[32] Troeger, K. (1995): Schlachttiertransport – Behandlung auf dem Transport und die Folgen für die Produktqualität, Fleischwirtschaft. **75**, 415–418.

[33] USDA/FSIS (US Department of Agriculture/Food Safety and Inspection Service) (1995): Pathogen Reduction, Hazard Analysis and Critical Control Point (HACCP) Systems – Proposed rule, Federal Register, Vol. 60, No. 23.

Gesetze:

[34] Richtlinie 64/433/EWG des Rates vom 26.6.1964 zur Regelung gesundheitlicher Fragen beim innergemeinschaftlichen Handelsverkehr mit frischem Fleisch, Abl. Nr. L 121 vom 29.7.1964, 2012.

[35] Richtlinie 91/497/EWG zur Änderung und Aktualisierung der Richtlinie 64/433/EWG des Rates vom 26.6.1964 zur Regelung gesundheitlicher Fragen beim innergemeinschaftlichen Handelsverkehr mit frischem Fleisch zwecks Ausdehnung ihrer Bestimmungen auf die Gewinnung und das Inverkehrbringen von frischem Fleisch sowie zur Änderung der Richtlinie 72/462/EWG, Abl. Nr. L 268 vom 24.9.1991, 69.

[36] Richtlinie 88/657/EWG des Rates vom 14.12.1988 zur Festlegung der für die Herstellung und den Handelsverkehr geltenden Anforderungen an Hackfleisch, Fleisch in Stücken von weniger als 100 g und Fleischzubereitungen sowie zur Änderung der Richtlinien 64/433/EWG, 71/118/EWG und 72/462/EWG, Abl. Nr. L 382 vom 31.12.1988, 3.

[37] Richtlinie 92/110/EWG des Rates vom 14.12.1992 zur Änderung der Richtlinie 88/657/EWG zur Festlegung der für die Herstellung und den Handelsverkehr geltenden Anforderungen an Hackfleisch, Fleisch in Stücken von weniger als 100 g und Fleischzubereitungen, Abl. Nr. L 394 vom 31.12.1992, 26.

[38] Richtlinie 71/118/EWG des Rates vom 15.2.1971 zur Regelung gesundheitlicher Fragen beim Handelsverkehr mit frischem Geflügelfleisch, Abl. Nr. L 55 vom 8.3.1971, 23.

[39] Richtlinie 92/116/EWG des Rates vom 17.2.1992 zur Änderung und Aktualisierung der Richtlinie 71/118/EWG zur Regelung gesundheitlicher Fragen beim Handelsverkehr mit frischem Geflügelfleisch, Abl. Nr. L 62 vom 15.3.1993, 1.

[40] Fleischhygiene-Gesetz vom 24.2.1987 (BGBl./ S.649).

[41] Fleisch-Hygiene-Verordnung vom 30.10.1986 (BGBl./S.1678).

[42] Verordnung über die amtlichen Untersuchungen des Schlachtgeflügels vom 3.11.1976 (BGBl./S.373).

[43] Verordnung über die hygienischen Mindestanforderungen an Geflügelfleisch vom 8.11.1976 (BGBl./S.3097).

# 10 Fleischerzeugnisse

A. Stiebing

## 10.1 Einleitung

Fleischerzeugnisse lassen sich nach den wichtigsten Haltbarmachungsverfahren, dem Erhitzen und dem Salzen/Trocknen, gliedern. Je nach Rohstoffen und Herstellungsverfahren gibt es verschiedene Qualitätsstufen und Sorten. In der Regel sind in Würsten Rind- und Schweinefleisch verarbeitet. Bei Verwendung anderen Fleisches (zum Beispiel Pute) muß die Tierart in der Verkehrsbezeichnung genannt werden. Im Norden Deutschlands essen die Menschen relativ mehr Rohwaren, zum Beispiel Salami, Cervelatwurst und Rohschinken, im Süden dagegen mehr Brühwürste und Kochwürste. In Nordeuropa werden Rohschinken und Rohwürste überwiegend geräuchert. In den südlichen Ländern (Italien, Frankreich, Spanien) sind ungeräucherte, luftgereifte Produkte beliebter. Beispiele dafür sind der italienische Parmaschinken und die französische Ringsalami. Der Verbrauch an Fleischerzeugnissen ist in Deutschland beachtlich: Er beträgt ca. 30 kg/Kopf und Jahr. Die Verzehrsanteile betragen: Brühwurst 47 %, Kochwurst 22 %, Rohwurst 19 %, Rohe Pökelfleischerzeugnisse 7 %, Gegarte Pökelfleischerzeugnisse 5 %.

Rohpökelwaren (Knochenschinken, Schinkenspeck) sind haltbar gemachte, rohe, abgetrocknete, geräucherte oder ungeräucherte Fleischstücke von stabiler Farbe, typischem Aroma und typischer Konsistenz. Gegarte Pökelfleischerzeugnisse (Kochschinken) sind in der Regel spritzgepökelte Fleischstücke, die zur besseren Salzverteilung und zum Eiweißaufschluß oftmals während der Pökelzeit mechanisch behandelt (gepoltert) und danach erhitzt und ggf. geräuchert werden. Rohwürste sind entweder schnittfest, z. B. Salami, oder streichfähig, z. B. Teewurst. Es handelt sich um Gemenge aus zerkleinertem rohen Fleisch und Fettgewebe unter Zusatz von Salz, Pökelstoffen, Gewürzen und Zucker in wasserdampfdurchlässigen Därmen. Sie machen einen bakteriellen Reifungsprozeß durch, der auch als Fermentierung bezeichnet wird. In dieser Zeit kommt es zur Säuerung und Trocknung der Produkte, so daß sie anschließend ungekühlt lagerfähig sind.

Brühwürste (Würstchen, Fleischwurst, Lyoner, Mortadella) sind die bei uns am häufigsten verzehrten Fleischerzeugnisse. Bei der Herstellung werden rohes Fleisch und Fettgewebe unter Zugabe von Eis und Salz in einem Kutter intensiv zerkleinert. Dadurch tritt Fleischeiweiß aus, das mit dem Fett und dem Wasser eine homogene zähe Masse, das Brät, bildet. Durch Erhitzen verfestigt sich das Eiweiß irreversibel zu einem zusammenhängenden Gerüst, so daß die Brühwürste sowohl im kalten als auch im heißen Zustand schnittfähig sind. Zu den Kochwürsten zählen Leberwürste, Blutwürste und Sülzwürste. Typisch für diese Gruppe ist die Verwendung von vorgekochtem Fleisch, Fett und Innereien. Im

Gegensatz zu Brühwürsten bleiben Kochwürste beim Wiedererwärmen nicht schnittfest, sondern sie zerfließen mehr oder weniger.

Seit langem gibt es bewährte, empirische Verfahren (Erhitzen, Trocknen, Pökeln, Räuchern, Kühlen, Gefrieren, Fermentieren), mit denen Fleisch und Fleischerzeugnisse für längere Zeit haltbar gemacht werden. Von den üblichen Verfahren sind in den vergangenen Jahrzehnten vorwiegend die Kühlung und die Erhitzung, also die Konservierung durch niedrige Temperaturen (*T*-Wert) oder hohe Temperaturen (*F*-Wert), angewandt worden. Es gibt jedoch eine Reihe von traditionellen und neuentwickelten Fleischerzeugnissen, die auch ohne Kühlung mikrobiologisch stabil und sicher sind. Die Haltbarkeit und gesundheitliche Unbedenklichkeit derartiger Produkte beruht nicht nur auf dem *T*-Wert und *F*-Wert, sondern meist auf weiteren Hürden ($a_w$-Wert, pH-Wert, Eh-Wert, Konservierungsmitteln, Konkurrenzflora), die in einer abgestimmten Art und Weise eingesetzt werden (LEISTNER, 1978, 1984, 1985). Zu den ungekühlt lagerfähigen und dennoch stabilen und sicheren Fleischerzeugnissen gehören rohe Erzeugnisse (Rohschinken, Rohwurst) und erhitzte Erzeugnisse (Konserven, SSP (Shelf-Stable-Products).

Durch die schon verabschiedeten bzw. in Vorbereitung befindlichen EU-Richtlinien (Loskennzeichnung, amtliche Lebensmittelüberwachung, Frischfleisch, Fleischerzeugnisse, allgemeine Produktsicherheit und Lebensmittelhygiene) werden zukünftig weitergehende Maßnahmen bezüglich der betrieblichen Kontrolle gefordert. Die fleischspezifischen Richtlinien fordern ein Eigenkontrollsystem des Betriebes. So müssen z. B. die kritischen Punkte (Hygiene) im Betrieb ermittelt werden. Es müssen ein Überwachungs- und Kontrollverfahren eingerichtet und die Entnahme sowie die Kontrolle von Proben sichergestellt werden. Die Ergebnisse dieser Überprüfungen sind, gestaffelt nach Fristen, aufzubewahren und auf Verlangen der Behörde vorzulegen. Signalisieren die eigenen Laborergebnisse gesundheitliche Gefahren, so besteht gegenüber der Behörde Informationspflicht. Vorgeschrieben ist auch ein Schulungsprogramm zur Verbesserung des Hygieneverhaltens von Mitarbeitern. In Anbetracht der dargelegten Aspekte und gesetzlichen Forderungen reicht die früher und in der überwiegenden Zahl der Betriebe noch heute praktizierte Qualitätskontrolle, die fälschlicherweise oft auch als Qualitätssicherung bezeichnet wird, nicht mehr aus.

Beispielhaft für die Vielzahl der Fleischerzeugnisse soll für die Herstellung von Roh- und Brühwurst jeweils ein HACCP-Konzept hinsichtlich mikrobiologischer Risiken dargestellt werden.

## 10.2 Mikrobiologische Risiken der Rohstoffe

Fleischerzeugnisse werden überwiegend aus Muskelfleisch, Fettgewebe und Innereien hergestellt. Zutaten sind Trinkwasser, Kochsalz, Nitritpökelsalz (z. T. Kochsalz und Kaliumnitrat), Zucker, organische Säuren und ihre Salze, Phosphate und Emulgatoren. Pflanzenproteine, Hydrokolloide und Stärken werden bisher in der Bundesrepublik Deutschland nicht allgemein zur Herstellung von Fleischerzeugnissen verwendet (ausgenommen bei regionalen Besonderheiten, wie: Grützwurst, Kartoffelwurst usw.). Dies wird sich im Rahmen der EU-Harmonisierung der Zutaten und Zusatzstoffe ändern. Für uns werden neue, ggf. mit anderen Mikroorganismen kontaminierte Rohstoffe zur Verfügung stehen. Hier ist besondere Sorgfalt bei der Auswahl geboten.

## 10.2.1 Fleisch

Mikrobielle Verunreinigungen des Schlachttierkörpers haben eine große Bedeutung für die Qualität und Haltbarkeit von Fleisch. Hygienisch wichtig sind pathogene und toxinogene Bakterien sowie Verderbniserreger. Wesentliche Kontaminationen mit diesen Mikroorganismen finden unmittelbar im Zusammenhang mit dem Schlachtprozeß statt. Von gesunden Schlachttieren hygienisch gewonnenes Fleisch ist normalerweise in der Tiefe keimfrei bzw. es enthält höchstens 100 Keime pro Gramm. Dazu gehören mitunter *Clostridium-*, *Bacillus-*, *Streptococcus-* und *Lactobacillus*-Arten und eventuell auch einige Vertreter der Familie der *Enterobacteriaceae.* Fleisch gesunder Tiere enthält Mikroorganismen vorwiegend auf der Fleischoberfläche, und zwar als Folge einer sekundären Kontamination durch den Schlacht- und Zerlegeprozeß, die auch bei hygienischer Gewinnung des Fleisches unter Beachtung der Bestimmungen der fleischhygienerechtlichen Vorschriften nicht zu vermeiden ist. Sinnvolle Hygiene muß also schon bei der Schlachtung beginnen und sich durch alle weiteren Bereiche der Verarbeitung fortsetzen.

Erfolgt der Schlachtprozeß unter hygienischen Bedingungen, so sind auf der Oberfläche des Frischfleisches etwa $10^3$ bis $10^4$ Mikroorganismen pro $cm^2$ zu erwarten; werden dagegen die erforderlichen Hygienemaßnahmen nicht beachtet, sind nach Beendigung des Schlachtprozesses höhere Keimzahlen nachweisbar. Nach Literaturangaben schwanken die Keimzahlen auf Rinderhälften zwischen $10^1$ bis $10^4/cm^2$, auf Schweinehälften sind normalerweise $10^3$ bis $10^6$ und bei Schafhälften $10^2$ bis $10^5$ Keime pro $cm^2$ zu erwarten. Die Verteilung der Mikroorganismen auf den Schlachttierkörpern ist je nach Schlachtmethode und Tierart sehr unterschiedlich. Einer standardisierten Probennahme kommt daher große Bedeutung zu. Verderbnisorganismen, die im allgemeinen auf der Fleischoberfläche anzutreffen sind, gehören zu den Gattungen *Pseudomonas, Moraxella, Acinetobacter, Flavobacterium, Aeromonas, Enterobacteriaceae, Staphylococcus, Micrococcus*, Milchsäurebakterien (meist Genus *Lactobacillus*), *Brochothrix, Carnobacterium, Brevibacterium,* coryneforme Bakterien, Hefen und Schimmelpilze. Die Hauptflora von frisch zerlegtem Fleisch wird repräsentiert durch Pseudomonaden, Mikrokokken und Staphylokokken (Hechelmann und Leistner, 1977; Baumgart, 1990; Gill, 1990; Bem und Hechelmann, 1994).

Während der Kühlung und Kühllagerung des Fleisches kommt es zu einer deutlichen Änderung der Milieubedingungen (Temperatur, $a_w$-Wert, pH-Wert usw.), wodurch sich die Zusammensetzung der Flora ändert. So können z. B. die Pseudomonaden zu Beginn der Kühlung mit 4 %, nach 14tägiger Lagerung mit 84 % und zu Beginn des Fleischverderbs mit über 90 % am Gesamtkeimgehalt vertreten sein (SCHREITER, 1981). Auf gekühltem Fleisch sind zu Beginn in geringen Anfangskeimzahlen Mikroorganismen wie *Moraxella-, Acinetobacter-, Lactobacillus*-Arten, *B. thermosphacta* und *Enterobacteriaceae* anwesend. Selten werden *Flavobacterium-, Alcaligenes-, Vibrio-, Aeromonas-* und *Arthrobacter*-Arten isoliert (GILL, 1983). Auf den angetrockneten Oberflächen sind dagegen *Lactobacillaceae* und *Micrococcaceae* dominierend sowie vereinzelt auch Hefen. Auf vakuumverpacktem Fleisch dominieren fakultativ anaerobe Keime, insbesondere der Gattungen *Lactobacillus, Streptococcus* und *Enterobacter* sowie *B. thermosphacta* (HECHELMANN und LEISTNER, 1977)

Das Entbeinen, Zerkleinern und besonders das maschinelle Separieren führen zu einer sehr starken Verteilung der Mikroorganismen auf den neu geschaffenen Oberflächen. Durch erhöhte Temperaturen bei der Fleischbehandlung und durch zusätzliche Kontamination durch Hände, Kettenhandschuhe, schlecht gereinigte Schneidunterlagen, Transportbänder, Maschinen und sonstige Gerätschaften kommt es zu einer Verteilung der Mikroorganismen und zusätzlichen Kontamination bzw. Keimvermehrung.

Auf den Fleischoberflächen sind nicht selten auch Lebensmittelvergifter in sehr unterschiedlicher Menge vorhanden. So werden Salmonellen, enteropathogene *Escherichia coli* (O157:H7), *Campylobacter jejuni* und *C. coli, Yersinia enterocolitica, Pseudomonas aeruginosa, Aeromonas hydrophila, Aeromonas sobria, Plesiomonas shigelloides, Staphylococcus aureus, Clostridium perfringens, C. botulinum, Bacillus cereus* und *Listeria monocytogenes* in der Literatur beschrieben. Unter den klassischen „Lebensmittelvergiftern" haben für Frischfleisch und Fleischerzeugnisse eine besondere Bedeutung: Salmonellen, *Staphylococcus aureus* und *Listeria monocytogenes* (BAUMGART, 1990; LEISTNER, 1993; TOMPKIN, 1994). *E. coli* O157:H7 kommt vor allem bei Milchkühen und den davon stammenden Lebensmitteln vor; der Serotyp ist erst seit 1982 als Lebensmittelvergifter bekannt (MENG et al., 1994). Problematisch ist die hohe Säuretoleranz (pH $\geq$ 4,0; CONNOR und KOTROLA, 1995).

Der konservierende Einfluß der Kühlung wirkt sich vor allem auf eine Verlängerung der lag-Phase und auf die Generationszeit der Mikroorganismen aus und verzögert somit das Wachstum. Die Vermehrungsfähigkeit hängt von vielen inneren und äußeren Faktoren ab und läßt sich durch gezielte Kombination wesentlich beeinflussen. Im Bereich der Fleischkühlung sind besonders psychrophile und psychrotrophe Mikroorganismen von Bedeutung. Für die Erstellung von HACCP-Konzepten sind die Kenntnis der minimalen Wachstumsbedingungen der Verderbniserreger und gesundheitsschädlichen Mikroorganismen von ausschlaggebender Bedeutung. Krankheitserregende Bakterien wie Salmonellen und *Staph. aureus* sind bis 5 °C und *C. botulinum* Typ E und einige Stämme von Typ B bis 3 °C, *L. monocytogenes* bis 0 °C, *Y. enterocolitica* und *A. hydrophila* bis –2 °C unter sonst optimalen Bedingungen vermehrungsfähig. Die minimalen Wachstumstemperaturen von Fleischverderbs-Organismen werden angegeben mit: *B. thermosphacta* –2 °C, *Pseudomonas-, Flavobacterium-* und *Moraxella-*Arten bei –5 °C, *P. putida* und *P. putrefaciens* bei -6 °C (Hechelmann und Leistner, 1977; Leistner, 1989; Bem und Hechelmann, 1994).

Für das fleischverarbeitende Gewerbe wird eine Lagertemperatur von –1 bis +2 °C empfohlen. Beim Transport und Handel darf die Kühlkette nicht unterbrochen werden. In den von der EU erlassenen Rechtsvorschriften wird für Fleisch eine Temperatur von 7 °C und für Innereien und Blut von 3 °C zwingend vorgeschrieben. Die Transportmittel müssen so beschaffen sein, daß diese Temperatur während der Beförderung nicht überschritten wird. Unter Praxisbedingungen benötigen Schweineschlachttierkörper etwa 15 Stunden, um die geforderten 7 °C im Kern zu erreichen. Bei Rinderhälften werden, abhängig von Gewicht und Fettabdeckung, 24 Stunden (selbst bei Schnellkühlung) nicht immer ausreichen, um im Kern eine Temperatur von 7 °C zu gewährleisten. Eine weitere Abkühlung der Schlachttierkörper während des Transports ist im allgemeinen nicht möglich, da die Kühlleistung der Aggregate der Fahrzeuge gewöhnlich so bemessen ist, daß die Temperatur des Fleisches nach dem Verladen lediglich gehalten wird.

Niedrige Temperaturen haben auch Einfluß auf die Enzymaktivität. Bei manchen Mikroorganismen kann jedoch die Kälte zu einer Intensivierung enzymatischer Aktivitäten führen. So bildet *Pseudomonas* Lipasen und Proteinasen vorzugsweise bei Temperaturen erheblich unter dem Wachstumsoptimum. Dies mag die Beobachtung erklären, daß sich Veränderungen in einem Lebensmittel zeigen, ohne daß die Zahl der vermehrungsfähigen Keime gegenüber der Norm zugenommen hat (Sinell, 1992).

Die Vermehrungsgeschwindigkeit der Mikroorganismen sowie die Zusammensetzung der Mikroflora hängen auch von der Wasseraktivität ($a_w$-Wert) ab. Die meisten Lebensmittelvergifter und Verderbnisorganismen vermehren sich auf Fleisch in einem $a_w$-Wert-Bereich zwischen 1,0 und 0,95. (Ausnahme *Staph. aureus* aerob bis 0,86; anaerob bis 0,9, *L. monocytogenes* 0,93). Der Einfluß von niedriger Temperatur und relativer Luftfeuchtigkeit auf die Haltbarkeit ist sehr groß. Bei niedrigen Luftfeuchten trocknen freie Oberflächen, vor allem im Bereich der Bindegewebs- und Fettabdeckungen, schnell ab, und durch die gesenkte Oberflächenwasseraktivität wird die Keimvermehrung in diesen Bereichen stark eingeschränkt.

Neben dem $a_w$-Wert ist der pH-Wert gleichfalls ein bedeutender Faktor für die Haltbarkeit, Qualität und hygienische Beurteilung des Fleisches. Unmittelbar nach der Ausblutung hat das Fleisch einen pH-Wert von ca. 7,0. Nach der Reifung sinkt der pH-Wert von Rindfleisch auf Werte von 5,6 bis 5,8. Bei Schweinefleisch werden pH-Werte zwischen 5,4 und 5,7 gemessen. Bei DFD-Fleisch bleibt der pH-Wert größer 6,2. Da sich die meisten Mikroorganismen bei pH-Werten über 6,0 durch eine bessere Vermehrungsfähigkeit auszeichnen, verdirbt DFD-Fleisch dementsprechend schneller (Bem et al., 1975). Mit Senkung des pH-Wertes verlangsamt sich die Vermehrung der meisten Bakterien entsprechend.

Im Innern des Fleisches oder in großen Stücken können sich wegen des Sauerstoffmangels (Redoxpotential) nur anaerobe oder fakultativ anaerobe Arten vermehren. In vakuum- oder schutzgasverpacktem (ohne Sauerstoff) Fleisch vermehren sich vor allem Milchsäurebakterien und mitunter kältetolerante *Enterobacteriaceae.* Durch den Zusatz von $CO_2$ als Schutzgas kann die Haltbarkeit besonders bei niedrigen Lagertemperaturen erhöht werden (GILL, 1990). Der Einfluß der antagonistischen Wirkung verschiedener Mikroorganismen ist gleichfalls für die Zusammensetzung der Fleischflora bedeutsam. So inhibieren z. B. *Lactobacillus*- und *Pseudomonas*-Arten die Vermehrung von *Staph. aureus, L. monocytogenes, B. cereus* und Salmonellen. Seit einigen Jahren versucht man, sich diese positive Wirkung in Form von Schutzkulturen nutzbar zu machen. Während Starterkulturen primär die erwünschten sensorischen Eigenschaften (Aussehen, Geruch und Geschmack, Konsistenz) gewährleisten sollen, wird von Schutzkulturen eine Unterdrückung der möglicherweise vorhandenen lebensmittelvergiftenden Bakterien erwartet. Im Idealfall sollte eine Starterkultur auch Schutzkultur sein (LEISTNER, 1990).

Der Verderb von vakuumverpacktem Fleisch wird meist durch *B. thermosphacta, Achromobacter putrefaciens* und *E. liquefaciens* verursacht. *B. thermosphacta* vermehrt sich in Abwesenheit von Sauerstoff nur bei höheren Temperaturen, vor allem dann, wenn es sich um DFD-Fleisch handelt. Der Verderb geht einher (pH-Wert über 6,0) mit einem säuerlichen, leicht dumpfigen Geruch. *A. putrefaciens* wächst nur bei hohen pH-Werten (DFD-Fleisch) mit grünlichen Fleischfarbveränderungen und der Ausbildung eines unangenehmen Geruchs. *E. liquefaciens* verursacht ebenfalls Verderb mit einem unangenehmen, leicht säuerlichen Geruch, vor allem auf DFD-Fleisch. *Lactobacillaceae* können unter bestimmten Umständen gleichfalls Verderb mit säuerlichem Geruch hervorrufen.

Unter aeroben Bedingungen werden die Verderbnismerkmale auf der Fleischoberfläche sichtbar, wenn Gesamtkeimzahlen von $5{,}0 \times 10^7/cm^2$ überschritten werden. Die am häufigsten vorkommenden aeroben Verderbniserreger sind die Vertreter der Gattungen *Pseudomonas, Alteromonas, Moraxella, Acinetobacter* und *Flavobacterium.* Bei höheren Temperaturen und höheren pH-Werten rücken als Fleischverderber *Klebsiella*- und *Acinetobacter*-Arten in den Vordergrund. Psychrotolerante *Enterobacteriaceae* sind bei Frischfleisch, einschließlich Geflügel, häufig nachweisbar. Sie tragen maßgeblich zum Verderb bei. Untersuchungen zeigten, daß zahlreiche Stämme von *Enterobacter* unter 5 °C vermehrungsfähig sind, während das bei den Gattungen *Klebsiella* und *Serratia* nicht immer der Fall war. Bei einem $a_w$-Wert von 0,94 und einer Temperatur von 30 °C wurden alle geprüften Stämme gehemmt. *E. hafniae, E. aerogenes,* alle *Klebsiella*- und *Serratia*-Arten tolerierten als Minimum $a_w$-Werte von 0,96 (ref. in BEM und HECHELMANN, 1994).

In der Literatur gibt es zahlreiche unterschiedliche Angaben über die Haltbarkeit von Frischfleisch. Sie läßt sich durch eine Reihe von Qualitätssicherungsmaßnahmen verbessern:

- bessere hygienisch-technologische Bedingungen während Gewinnung, Kühlung, Lagerung und Transport des Fleisches

- Dekontamination der Oberfläche (heißes Wasser (Dampf), organische Säuren, Bestrahlung (z. Z. nicht erlaubt)).

### 10.2.2 Zutaten

Der Keimgehalt der traditionellen Zutaten und Zusatzstoffe hat je nach Art der Fleischerzeugnisse unterschiedliche Bedeutung. Wichtig aber ist die zweckmäßige Dosierung der Zusatzstoffe (Salz, Pökelstoffe), denn die Art und Menge beeinflussen eine Vielzahl von inneren Stabilitätsparametern. Während der Keimgehalt der üblicherweise verwendeten Zutaten (z. B. Gewürze) bei der Rohwurstreifung nur eine geringe Bedeutung hat, ist dies bei den erhitzten Fleischerzeugnissen differenzierter zu sehen. Durch die übliche Erhitzung bei Frischware werden im allgemeinen nur die nicht versporten (vegetativen) Mikroorganismen abgetötet, während die sporenbildenden Bakterien in Sporenform überleben können. Keimen die Sporen im Verlauf der Lagerung der Fleischerzeugnisse aus und vermehren sich, dann können sie zum Verderb oder sogar zu Lebensmittelvergiftungen führen. Daher sollten Sporenbildner, die zu den Gattungen *Bacillus* (aerob, fakultativ anaerob) oder *Clostridium* (anaerob) gehören, in möglichst geringer Zahl in die Fleischerzeugnisse gelangen. Während Fleisch allgemein niedrige Sporenzahlen aufweist (Kopffleisch kann etwas höher kontaminiert sein), sind bei Naturgewürzen die Sporenzahlen vielfach hoch, dagegen bei Gewürzextrakten sehr niedrig. Aber auch in Magermilchpulver, Milcheiweiß usw. kann die Sporenbelastung merklich sein. Generell sind in Fleisch und auch in den verschiedenen Zutaten viel häufiger *Bacillus*sporen als *Clostridium*sporen anzutreffen (HECHELMANN und KASPROWIAK, 1991).

## 10.3 Rohwurst

### 10.3.1 Herstellung

Die Herstellung von Rohwurst erfordert ein hohes Maß an Wissen, Erfahrung und Aufmerksamkeit. Ziel bei der Herstellung von Rohwurst ist es, durch entsprechende Rohmaterialauswahl und Hygiene möglichst wenig unerwünschte Mikroorganismen in das Produkt gelangen zu lassen bzw. diese möglichst an der Vermehrung während der Be- und Verarbeitung zu hindern. Das Grundkonzept besteht darin, daß durch eine ausreichende Verminderung von pH-Wert und/oder $a_W$-Wert ein stabiles Erzeugnis erreicht wird, wobei die Qualität und Stabilität der Endprodukte durch eine Vielzahl von inneren und äußeren Parametern beeinflußt werden:

- Innere Parameter
  - Fleisch (pH-Wert, Myoglobingehalt, Bindegewebsgehalt, Vorbehandlung (Kühlen, Gefrieren, Ablaken), Verarbeitungstechnologie)
  - Speck (Gehalt an ungesättigten Fettsäuren, Wassergehalt, Alter, Vorbehandlung (Kühlen, ‚Auskristallisieren', Gefrieren))
  - Keimgehalt des Rohmaterials und der Zutaten (Art, Menge)
  - Rezeptur (Fett- bzw. Wassergehalt, Kochsalzgehalt, Pökelstoffe (Art, Menge) Zuckerart und -menge, Pökelhilfsstoffe, Glucono-delta-Lacton, Starterkulturart und -menge, Gewürze)
  - Zerkleinerungsart und Zerkleinerungsgrad
  - Füllbedingungen (Füllerart (Vakuum), Temperatur), Hüllenkaliber und -art.
- Äußere Parameter
  - Temperatur, relative Luftfeuchtigkeit, Luftbewegung
  - Reifezeit
  - Rauch, Schimmelpilzbelag, Sauerstoff.

Die Eignung des Rohmaterials ist u. a. abhängig vom Keimgehalt, Myoglobingehalt und pH-Wert des Fleisches (möglichst < 5,8) sowie dem Polyensäuregehalt des Fettgewebes. Der Keimgehalt des Rohmaterials ist bedeutend für die Spontanflora der Wurst. Die Standardisierung des Fett- und Bindegewebsgehaltes ist Voraussetzung für eine gleichbleibende Rezeptur und für ein reproduzierbares Reifeverhalten. Für mittelfristig zu lagernde Rohwürste sollte der Polyensäuregehalt 14 % (langfristig 12 %) bezogen auf die Gesamtfettsäuren nicht übersteigen (Stiebing et al., 1993).

Fleisch und Fettgewebe werden je nach angestrebter Zerkleinerungsmethode entweder gekühlt und/oder gefroren verwendet. Die Gefrierlagerdauer des Rohmaterials sollte so kurz wie möglich gehalten werden, um Fettoxidationen einzuschränken. Bei schnittfester Rohwurst erfolgt die Zerkleinerung des Rohmaterial größtenteils im Kutter (besseres Schnittbild). In Italien und Frankreich wird bei schnittfesten Rohwürsten und bei uns bei groben Mettwürsten die Zerkleinerung oft mittels Wolf vollzogen und anschließend das so zerkleinerte Material in Mischern gemengt. Schnittfesten Rohwürsten werden etwa 2,8 – 3,2 % Nitritpökelsalz bzw. Kochsalz und Nitrat (max. 300 ppm), 0,2 – 1,0 % Zucker, Pökelhilfsmittel (Ascorbate), ggf. Starterkulturen (Laktobazillen und Mikrokokken) oder Glucono-delta-Lakton (Säuerungsmittel) und Gewürze zugegeben. Nach dem Zerkleinern wird das Brät im kalten Zustand (–5 °C bis +4 °C) in Naturdärme oder wasserdampfdurchlässige Kunstdärme gefüllt. Durch die Standardisierung der Temperatur der Rohstoffe kann die gewünschte Kutterendtemperatur variiert werden.

Bei der Rohwurstreifung wird, abhängig von der benötigten Zeitdauer, von einer schnellen, mittleren und einer langsamen Reifung gesprochen. Die Reifung und Trocknung der Rohwürste erfolgt heutzutage in Klima-Rauchanlagen. Unter Roh-

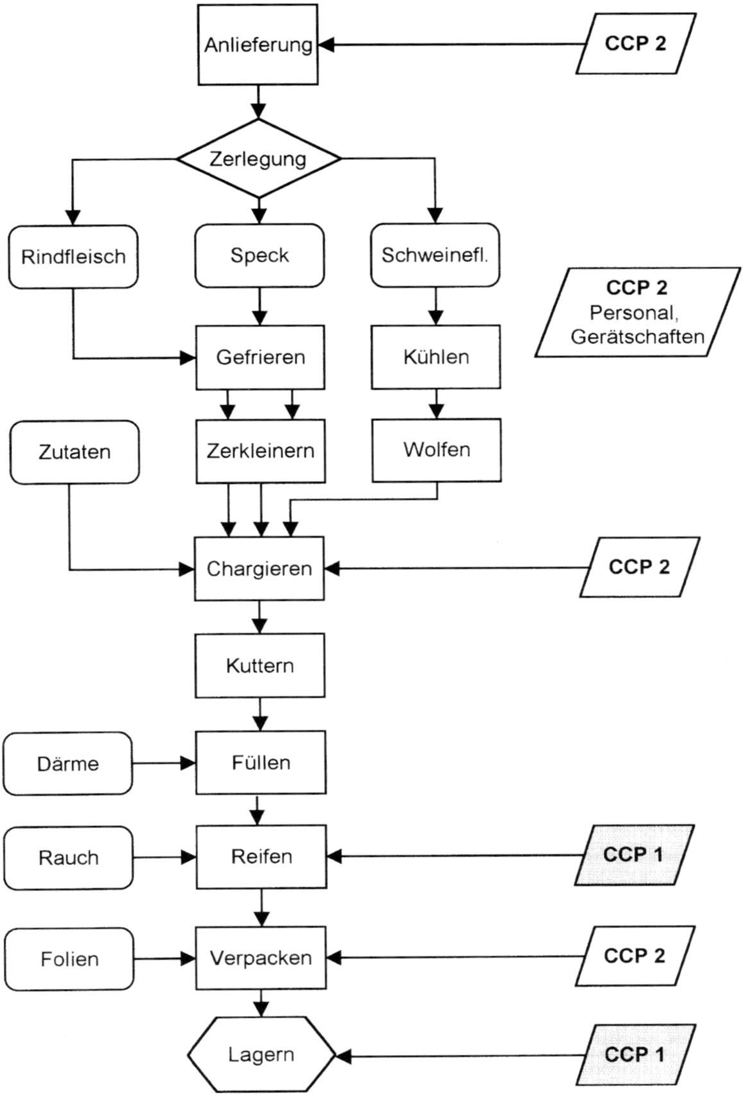


**Abb. 10.1 Herstellung schnittfester Rohwurst**

wurstreifung versteht man einen mikrobiell beeinflußten Säuerungs- und Aromatisierungsprozeß. In der Abb. 10.1 ist eine normale Rohwurstherstellung schematisch dargestellt. Gramnegative Bakterien, insbesondere der Familien *Pseudo-*

*monadaceae* und *Enterobacteriaceae,* sind regelmäßig zu Beginn der Reifung im Rohwurstbrät nachweisbar. Sie sollen jedoch bereits nach wenigen Stunden oder Tagen stark in der Keimzahl zurückgehen, während sich die Milchsäurebakterien zur gleichen Zeit stark vermehren. Vertreter der Familie *Micrococcaceae,* also Mikrokokken und Staphylokokken, sowie auch Hefen, sind zu Beginn der Rohwurstreifung ebenfalls, in Abhängigkeit vom Reifungsgrad des Fleisches, stets nachweisbar. In ausgereiften Produkten finden sie allerdings nur noch in den Randpartien günstige Bedingungen, da sie zur Vermehrung Sauerstoff benötigen.

Während der Reifung ist der Wassergehalt der Wurst möglichst gleichmäßig zu vermindern. Dies wird erreicht durch Steuerung der relativen Luftfeuchtigkeit, Temperatur, Luftbewegung und Behandlungszeit. Bei der industriellen und auch der handwerklichen Reifung werden eine Vielzahl von unterschiedlichen Reifeverfahren angewendet. Die Temperatur wird, je nach Verfahren, von anfangs etwa 25 °C bis 20 °C auf 15 °C, die relative Luftfeuchtigkeit von anfänglich 95 bis 90 % auf 75 % und die Luftgeschwindigkeit von etwa 1,0 bis 0,2 m/sec abgesenkt. Je nach gewünschter Säuerungsgeschwindigkeit und gewünschtem End-pH-Wert werden in Abhängigkeit von den zugesetzten Starterkulturen und Zuckermenge die Behandlungstemperaturen und -zeiten variiert. Die Steuerung der relativen Luftfeuchtigkeit und Luftgeschwindigkeit muß in engem Bezug zur Wasseraktivität der Rohwurst erfolgen. Wird das Wasserdampfpartialdruckgefälle zwischen Rohwurst und Kammer zu groß oder auch zu klein, sind Fehlproduktionen (Trockenrand oder Schmierbildung) die Folge. Je nach Kaliber, Fett-, Wassergehalt und gewünschtem Abtrocknungsgrad variiert der Trocknungsverlust der Rohwürste von 5 bis 40 %.

Die alleinige Beobachtung und Festlegung des Verlaufes der Gewichtsabnahme während der Reifung ist nicht optimal, da der Gewichtsverlust keine Aussagen darüber zuläßt, ob die Wurst gleichmäßig von innen heraus getrocknet ist. Die kontinuierliche Messung des Reifungsverlaufes sowohl des umgebenden Klimas als auch des pH-Wertes, des Gewichtsverlustes und der Oberflächen-Wasseraktivität der Rohwürste bietet die optimale Kontrolle der Reifung (STIEBING und RÖDEL, 1987 a, b, 1989, 1992).

Bei streichfähiger Rohwurst (Salzzugabe 2,0 – 2,4 %) werden die Zerkleinerungs- und Herstellungsbedingungen so abgestimmt, daß eine frühzeitige Festigkeitszunahme möglichst vermieden wird, indem weicheres Fett verwendet, dieses intensiver zerkleinert und eine geringere Säuerung (weniger Zucker) angestrebt wird. Außerdem ist die Reifezeit (Abtrocknung) geringer.

In Ländern der gemäßigten Klimazonen werden Rohwürste meist geräuchert, während dies in wärmeren Ländern nur selten der Fall ist. Durch das Räuchern wird das Aroma der Würste im erwünschten Sinne beeinflußt. Es wird aber auch zu Anfang der Reifung eingesetzt, um ein Wachstum von Bakterien („Schmierigwerden") oder von Hefen und Schimmelpilzen auf der Darmoberfläche zu vermeiden. Die Räucherung darf aber nicht zu intensiv sein, damit die erwünschten mikrobiellen Reifungsvorgänge in der Wurst, vor allem in den Randschichten, nicht gestört werden. Nichtgeräucherte Rohwürste unterteilt man in luftgetrocknete und schimmelpilzgereifte Produkte. Die Oberfläche von luftgetrockneten Würsten weist entweder einen erwünschten Hefebelag („Wurstblüte") oder überhaupt kein sichtbares Wachstum von Mikroorganismen auf. Die Beimpfung von schimmelpilzgereiften Rohwürsten sollte nicht zufällig über die „Hausflora" der Reiferäume erfolgen (Gefahr des Wachstums toxinogener Schimmelpilze), sondern über ausgewählte mykotoxinfreie Starterkulturen (LEISTNER und ECKARDT, 1981). Die Beimpfung geschieht dabei am sinnvollsten direkt nach dem Füllen der Därme durch Besprühen oder Tauchen mittels einer Schimmelpilzdispersion.

## 10.3.2 Mikrobiologie der Rohwurstreifung

Die mikrobiologischen Vorgänge bei der Herstellung von Rohwurst sind von LÜCKE (1985) ausführlich beschrieben worden. Für die Haltbarkeit der Rohwürste sind nicht nur der Abtrocknungsgrad, sondern auch andere haltbarkeitsverlängernde Faktoren von Bedeutung, die von LEISTNER (1978) als Hürden-Effekt veranschaulicht werden. Für die mikrobiologische Stabilität von Rohwurst während der Reifung und Lagerung sind folgende Faktoren von Bedeutung (geordnet entsprechend der zeitlichen Reihenfolge ihrer Wirksamkeit): Nitrit, Redoxpotential, Konkurrenzflora (Milchsäurebakterien), Säuregrad, Rauch und Wasseraktivität.

Der Zusatz von Kochsalz dient der Geschmacksgebung, ist jedoch auch wesentlich für die während der Reifung der Rohwürste ablaufenden mikrobiologischen und chemisch-physikalischen Vorgänge, insbesondere die $a_w$-Wert-Senkung. Zur Umrötung, Aromatisierung und zur Verzögerung des Ranzigwerdens werden der Rohwurst entweder Nitritpökelsalz oder Kochsalz und Nitrat zugesetzt. Der Nitritzusatz ist besonders zu Beginn der Reifung für die Hemmung der unerwünschten Bakterien wichtig. Bei der Rohwurstreifung sind besonders die ersten Stunden und Tage kritisch, denn dann ist das Brät noch nicht über den pH-Wert und $a_w$-Wert stabilisiert. Gerade in dieser ersten Reifephase laufen in der Rohwurst komplexe mikrobiologische Vorgänge ab, die einerseits zur erwünschten Umrötung, Gelbildung und Aromatisierung der Produkte, aber andererseits auch zu Fehlfabrikaten führen können. Mit Kochsalz und Nitrat hergestellte Rohwürste weisen eine geringere mikrobiologische Stabilität als beim Zusatz von NPS auf, da aus dem Nitrat erst durch bakterielle Reduktion das keimhemmende Nitrit gebildet werden muß (HECHELMANN et al., l974).

Durch das weitgehend luftfreie Füllen des Brätes in Därme, den Zusatz von Ascorbinsäure bzw. Ascorbat und Zuckern (reduzierende) sowie durch die sofort einsetzende Keimvermehrung (Sauerstoffzehrung) wird das Redoxpotential (Eh-Wert) vermindert und wirkt sich durch Hemmung der aeroben Bakterien (insbesondere *Pseudomonadaceae*) positiv auf die Stabilisierung des frischen Brätes aus. Die erwünschten Milchsäurebakterien vermehren sich aufgrund des Selektionsvorteiles stark (LEISTNER, 1990).

Durch den Zusatz von Starterkulturen (*Lactobacillus plantarum, L. sake, L. curvatus, Pediococcus acidilactici, P. pentosaceus, Staphylococcus carnosus, S. xylosus, Micrococcus varians, Debaryomyces hansenii*), die je nach Produkt und gewünschtem Reifungsverlauf ausgewählt werden müssen, sowie angepaßter Zuckerdosierung (Menge und Art) und Salzmenge kann der Reifungsverlauf der Rohwurst gezielt beeinflußt und gesteuert werden. Die Laktobazillen bilden Milchsäure und tragen damit zum typischen Geschmack und zur Verbesserung der Trocknungseigenschaften (Verringerung der Wasserbindung) bei. Milchsäurebakterien unterdrücken aber auch unerwünschte Mikroorganismen (z. B. Listerien, Salmonellen, pathogene Staphylokokken) durch pH-Wert-Senkung und möglicherweise auch durch Bacteriocinbildung. Damit kommt den Milchsäurebakterien eine wesentliche Bedeutung bei der Stabilisierung unserer mitteleuropäischen Rohwurst zu. Die *Micrococcaceae* reduzieren Nitrat zu Nitrit und verhindern bzw. verzögern durch Bildung von Katalase die Entwicklung von Farbfehlern und frühzeitiger Ranzigkeit. Bei höheren Redoxpotentialen tolerieren *Micrococcaceae* besser einen niedrigen pH-Wert und sind daher auch im Randbereich in größerer Zahl zu finden. Hefen befinden sich ebenfalls vorwiegend in den Randpartien, zu Anfang allerdings auch im Kern.

Der pH-Wert ist eine sehr wichtige Hürde für viele Rohwürste, vor allem bei kurzgereiften oder fettreduzierten Produkten, die nur eine geringe $a_w$-Wert-Senkung erfahren. Der pH-Wert des Brätes sollte zu Anfang < 5,8 betragen. Bei der teilweisen Verwendung von DFD-Fleisch muß der daraus resultierende höhere pH-Wert innerhalb 24 Stunden auf Werte unter 5,8 sinken (GdL oder schnell säuernde Mikroorganismen), um mikrobiologische Stabilität zu gewährleisten (STIEBING, 1994). Durch den Zusatz von Glucono-delta-Lacton (GdL) können die pH-Wert-Senkung stark forciert und schnellgereifte Produkte damit stabilisiert werden (SCHMIDT, 1988). Im weiteren Verlauf der Rohwurstreifung steigt der pH-Wert bei geräucherten Rohwürsten durch Proteolyse wieder langsam an.

Unterdrückung unerwünschter Mikroorganismen

Die mikrobiell verursachten Fehlfabrikate bei Rohwürsten sind von HECHELMANN (1985) und die Bedeutung der Lebensmittelvergifter von SCHMIDT (1985) und KATSARAS et al. (1985) ausführlich beschrieben worden. Ein mikrobieller Verderb tritt bei gut ausgereiften und abgetrockneten Würsten, im Gegensatz zu schnellgereiften Rohwürsten, die primär über die Absenkung des pH-Wertes stabilisiert werden müssen, nur selten auf. Solche Produkte sind zwar nicht für eine längere Lagerung bestimmt, aber bei richtiger Anwendung der Technologie auch ohne Kühlung lagerfähig. Gerade bei derartigen Produkten sind die ersten Stunden und Tage der Reifung kritisch, besonders dann, wenn aufgrund einer starken mikrobiellen Belastung des Rohmaterials eine Vermehrung von Verderbniserregern oder sogar von Lebensmittelvergiftern möglich wird. Zu diesen riskanten Produkten gehören die frische Mettwurst (Zwiebelmettwurst), die Rohpolnische und nicht zuletzt Erzeugnisse mit einem verminderten Zusatz von Fett, Kochsalz oder Nitrit, die in großkalibrige Därme abgefüllt und bei relativ hohen Temperaturen gereift und nur mäßig abgetrocknet werden.

Die wichtigsten Ursachen für Fehlfabrikate bei Rohwürsten sind gegenwärtig unerwünschte Milchsäurebakterien, die zu Fehlsäuerung und Gasbildung (heterofermentative), Verfärbungen (peroxidbildende) und Übersäuerung führen. Schmierbildung auf der Oberfläche und Randvergrauungen (nach dem Abwaschen) verursachen vor allem Mikrokokken und Staphylokokken. Schimmelpilze können zu dumpfigem Geschmack und Hüllendefekten führen. Nur noch selten tritt Kernfäulnis auf, die durch *Enterobacteriaceae* verursacht werden kann (Hechelmann, 1985).

Von den lebensmittelvergiftenden Bakterien sind derzeit Salmonellen, Listerien und *Staphylococcus aureus* von Bedeutung. Pathogene Stämme von *Yersinia enterocolitica* erwiesen sich in der Rohwurst als nicht vermehrungsfähig, auch nicht bei langsamer Säuerung (Kleemann und Scheibner, 1993). Verschiedene Untersuchungen zeigen auch, daß pathogene Sporenbildner (z. B. *Clostridium botulinum*) in Rohwurstbrät keine Gefährdung darstellen (Lücke, 1985), das gleiche gilt für aerobe Sporenbildner (Neumayr et al., 1983). Salmonellen sollen, wenn überhaupt, nur in geringer Keimzahl (neg. in 1g) und nur zu Beginn der Reifung nachweisbar sein. *Listeria monocytogenes* findet sich häufig im Rohfleisch und damit auch in der Rohwurst, darf aber während der gesamten Reifezeit eine Keimzahl von $10^2$/g nicht übersteigen. *Staphylococcus aureus* ist ebenfalls häufig im Rohmaterial nachweisbar, darf sich jedoch in der Rohwurst nicht über $10^4$/g vermehren.

Während einer typischen Rohwurstreifung wird die Salmonellenvermehrung zunächst durch Salz und Nitrit und durch den für sie ungünstig niedrigen pH-Wert des rohen Fleisches und die suboptimalen Reifetemperaturen um 22 °C unterbunden. Später hemmt dann die gebildete Milchsäure die Vermehrung bis schließlich durch die zunehmende Trocknung die für Salmonellenvermehrung minimale Wasseraktivität unterschritten wird. Die Kombination folgender Bedingungen minimiert das Risiko einer Salmonellenvermehrung in Rohwurst (Schmidt, 1988; Hechelmann und Kasprowiak, 1991):

- anfänglicher pH-Wert unter 5,8
- anfängliche Wasseraktivität unter 0,965
- Nitritzusatz (über Nitritpökelsalz) 100–125 mg $NaNO_2$/kg
- Säuerung auf pH 5,3 innerhalb ca. 3 Tagen (erreichbar durch Zusatz von etwa 0,3 % eines rasch vergärbaren Zuckers und von Milchsäurebakterien)
- Reifungstemperatur (in den ersten 3 Tagen) nie über 25 °C.

Ist die anfängliche Wasseraktivität infolge verminderten Salz- und/oder Fettgehalts höher, muß die Säuerung beschleunigt und/oder die Reifungstemperatur gesenkt werden. Ist die Säuerung unerwünscht, muß die Fermentationstemperatur auf unter 18 °C gesenkt werden, wie es empirisch bei vielen traditionellen Produkten erfolgt.

In den vergangenen Jahren sind viele Untersuchungen über das Verhalten von *Staph. aureus* während der Rohwurstreifung durchgeführt worden (Übersicht bei

GENIGEORGIS, 1989). Auslöser waren Ausbrüche von Lebensmittelintoxikationen nach Verzehr von Rohwurst amerikanischen Typs (summer sausage), die kurze Zeit bei hohen Reifetemperaturen fermentiert wird. Vom American Meat Institute sind Grenzwerte zur Verhinderung des Wachstums von *Staph. aureus* bei Rohwürsten im Hinblick auf die maximal möglichen Reifetemperaturen veröffentlicht worden (1982; vgl. BACHUS, 1984). Beträgt die Reifungstemperatur 24 °C , so sollte der pH-Wert in maximal 80 Stunden auf 5,3, bei 30 °C in 48 und bei 35 °C in 28 Stunden abgesenkt werden.

Traditionelle Rohwürste mit einem erwünschten Schimmelpilzbelag, wie die italienische oder ungarische Salami, sind qualitativ hochwertige, stabile und sichere Produkte, die aber auch längere Zeit bei niedrigeren Temperaturen gereift werden. Werden jedoch schimmelgereifte Rohwürste zu Anfang bei Temperaturen über 20 °C gereift, nur mild gesäuert, mit Nitrat oder verminderter Nitritmenge hergestellt, dann sind sie mikrobiologisch riskant. Das ist vor allem darauf zurückzuführen, daß der oberflächlich wachsende Edelschimmel infolge Säureabbaus und Proteolyse, vor allem im Randbereich der Produkte, zu hohen pH-Werten führt, die eine Vermehrung von *Staphylococcus aureus* begünstigen. Durch das Fehlen der antimikrobiellen Inhaltsstoffe des Räucherrauches im Randbereich wird das Risiko zusätzlich erhöht. Der Anfangs-$a_w$-Wert des Brätes sollte nicht unter 0,955 abgesenkt werden (z. B. durch gefriergetrocknetes Fleisch, Proteine, hoher Fettgehalt), da je nach $a_w$-Toleranz der verwendeten Starterkultur die Vermehrungsrate und Säuerungsleistung mehr oder weniger stark abnehmen und die Gefahr besteht, daß *Staph. aureus* aufgrund des abgesenkten $a_w$-Wertes einen Selektionsvorteil bekommt. Das Wachstum von *Staph. aureus* kann bei Einhaltung folgender Parameter unterdrückt werden (HECHELMANN et al., 1988):

- Das Brät muß einen pH-Wert unter 5,8 und einen $a_w$-Wert zwischen 0,955 und 0,965 aufweisen sowie weniger als $10^4$ *Staph. aureus*/g enthalten.
- Die Reifetemperatur darf nie über 23 °C liegen und muß bei Beginn einer Beschimmelung auf höchstens 15 °C abgesenkt werden.
- Bei Reifetemperaturen über 18 °C muß eine rasche Senkung des pH-Wertes auf 5,3 durch Zugabe von 0,2 % eines leicht vergärbaren Zuckers und von rasch säuernden Milchsäurebakterien gewährleistet sein. Zwischen 15 ° und 18 °C reicht die spontane Säuerung des Brätes in der Regel aus, während bei Reifetemperaturen unter 15 °C die Bräte überhaupt nicht gesäuert werden müssen.
- Eine Temperatur von 15 °C darf bei der Reifung und Lagerung der Würste erst dann unterschritten werden, wenn ihr $a_w$-Wert unter 0,90 liegt.

Das Vermehrungspotential von *Listeria monocytogenes* ist bei geräucherten Rohwürsten gering, sofern der anfängliche pH-Wert unter 5,8 liegt. Um das Wachstum zuverlässig zu unterbinden, gelten die gleichen Empfehlungen wie bei Salmonellen (SCHILLINGER und LÜCKE, 1989). Im Gegensatz zu den Salmonellen vermehrt sich *Listeria monocytogenes* in Rohwurst noch bis zu einer Wasseraktivität von 0,93. Es besteht ein Risiko, wenn zu schwach gesäuerte frische Rohwürste ohne Kühlung gelagert werden (Ozari, 1991). In den Randschichten schimmelgereifter Rohwürste kann sich *L. monocytogenes* vermehren, wenn das Schimmelwachstum zu rasch einsetzt und der pH-Wert stark ansteigt, bevor ein $a_w$-Wert von 0,93 unterschritten ist (Rödel et al., 1992). Besonders kritisch wird es, wenn gleichzeitig auch ohne Starterkulturen und Pökelstoffe gearbeitet wird. Die Autoren empfehlen nach einer kurzen Fermentationsphase bei höheren Temperaturen (20–24 °C), um eine Aktivierung der Laktobazillen zu erreichen, eine Temperaturabsenkung auf ca. 10 °C bis der $a_w$-Wert unter 0,93 gefallen ist. Eine Alternative ist, die Beimpfung der Oberfläche mit Schimmelpilzen zu einem späteren Zeitpunkt der Reifung vorzunehmen oder durch höhere Zuckermengen einen pH-Anstieg über die stärkere Milchsäurebildung zu vermeiden.

Über das Verhalten von *Escherichia coli* O157:H7 in deutscher Rohwurst liegen bisher keine Untersuchungsergebnisse vor. Glass et al. (1992) berichten, daß *E. coli* O157:H7 bis zu Kochsalzgehalten von 6,5 % und bis zu pH-Werten von 4,6 wachsen kann. In Rohwürsten amerikanischer Herstellungsart (Starterkulturen, Zucker, 150 ppm Nitrit, Reifungstemperatur von 35 °C auf 12 °C sinkend) konnte der Mikroorganismus auch noch nach Lagerung der abgetrockneten Würste (Wasser 37 %, Eiweiß 21 %, Kochsalz 4,9 %) bei 4 °C überleben. Während der Reifung und Lagerung kam es aber zu keiner Vermehrung.

Unerwünschtes Schimmelpilzwachstum auf der Oberfläche der Würste während der Reifung läßt sich durch Räuchern, schnelles Absenken der Oberflächen-Wasseraktivität zu Beginn der Reifung (Angleichzeit) und die Vermeidung von Kondensation (zu große Temperatur- und Feuchteschwankungen während der Regelung des Klimas) verhindern. Zum Teil werden die Würste auch vor dem Verpacken mit Kaliumsorbat oberflächlich behandelt. Durch Vakuum- und Schutzgasverpackung kann das Wachstum von Schimmelpilzen verhindert bzw. verzögert werden. Wichtig ist dabei, daß der Restsauerstoffgehalt in der Packung sehr niedrig liegt (< 0,5 %) und die Sauerstoffdurchlässigkeit des Folienmaterials, je nach gewünschter Lagerzeit, entsprechend gewählt wird.

Der $a_w$-Wert einer Rohwurst fällt mit zunehmender Reifungszeit immer weiter ab und ist damit die einzige Hürde in einer Rohwurst, die ständig an Bedeutung zunimmt. Wie schnell und wie weit der $a_w$-Wert in einer Rohwurst abfällt, ist abhängig von der Rezeptur, dem Kaliber und Zerkleinerungsgrad, dem Klima und der Reifungszeit. In der Wurst ergeben sich während der Trocknung aufgrund der hygroskopischen Eigenschaft starke $a_w$-Wert-Unterschiede zwischen Kern- und Randzone. Bei Abschätzung von mikrobiologischen Risiken ist dies entsprechend zu berücksichtigen.

Die mögliche mikrobiologische Haltbarkeit während der Lagerung ist bei schnittfesten abgetrockneten Rohwürsten vor allem abhängig von der Wasseraktivität und dem pH-Wert sowie natürlich auch der beabsichtigten Lagertemperatur und der Art der Verpackung:

- $a_w$-Wert: < 0,95 > 0,90 und pH-Wert < 5,4
  - unverpackte Würste < 15 °C
  - verpackte an(auf)geschnittene Würste < 7 °C
- $a_w$-Wert < 0,90
  - verpackt ungekühlt lagerfähig.

### 10.3.3 HACCP-Konzept für schnittfeste Rohwurst

Es empfiehlt sich zunächst, den Herstellungsgang in einem detaillierten und exakten Fließschema darzustellen (s. Abb. 10.1), um damit die verschiedenen Abschnitte der Produktion zu verdeutlichen. Gegebenfalls sind Unterschemen zur besseren Gliederung und Übersichtlichkeit zu erstellen. Sodann sollte eine Expertengruppe aus möglichst unterschiedlichen Bereichen des Betriebes (Geschäftsleitung, Produktion, Vertrieb, Labor, Werkstatt) den Herstellungsprozeß aus unterschiedlichen Blickwinkeln beleuchten (was wäre wenn ... oder was könnte schiefgehen?), um eine Gefahrenanalyse durchzuführen und kritische Punkte aufzuzeigen. Kritische Kontrollpunkte (CCP) können Rohmaterialien, Zutaten, Gerätschaften, Prozesse oder Personen sein. Dabei ist ein Kontrollpunkt nicht zwangsläufig eine Stelle, an der Untersuchungen (Kontrollen) vorgenommen werden müssen, sondern ein Punkt, an dem ein besonderes Risiko unter Kontrolle zu bringen ist. Bei der Festlegung der kritischen Kontrollpunkte tritt oftmals das Problem auf, daß auch normale Kontrollpunkte als kritisch eingestuft werden. Dies kann dazu führen, daß das System überfrachtet wird und an Effektivität verliert. Deshalb ist eine genaue Differenzierung von Kontrollpunkten wichtig (STIEBING, 1994).

Die tabellarische Übersicht (Tab. 10.1) des HACCP-Planes berücksichtigt die allgemein akzeptierten Verlaufsstufen: Identifizierung des Hazards, Festlegung des CCP, Kriterien und Methoden zur Überwachung der Gefahr und Korrekturmaßnahmen.

Auf den allgemeinen Hygienezustand des Herstellungsprozesses sowie Reinigungs- und Desinfektionsmaßnahmen wird nicht näher eingegangen. Die saubersten Rohstoffe und Verarbeitungstechnologien stoßen an ihre Grenzen, wenn Kontaminationen seitens der Betriebseinrichtungen, der Menschen oder der Prüfmittel den erreichten Hygienezustand zunichte machen. Für Räume, Maschinen und Behältnisse müssen Hygiene- und/oder Wartungspläne erstellt werden, um Risiken zu minimieren. Den Mitarbeitern sind durch Schulungen, die regelmäßig ein- bis zweimal im Jahr durchgeführt werden, die notwendigen Grundkenntnisse über die mikrobiologischen Zusammenhänge zu vermitteln.

Wie in den vorhergehenden Kapiteln ausgeführt, hat der mikrobiologische Status des Rohmaterials einen entscheidenden Einfluß. Eine mikrobiologische Eingangskontrolle mit konventionellen Untersuchungsmethoden nach § 35 LMBG ist nur eingeschränkt möglich. Zahlreiche Verfahren sind für die betriebliche Praxis sogar ungeeignet, da die Ergebnisse erst nach 3 bis 4 Tagen, in Ausnahmefällen erst nach 10 Tagen vorliegen. Nicht nur die Nachweiszeiten sind zu lang, sondern die traditionellen Methoden sind zu arbeitsaufwendig und dadurch die Laborleistung zu gering. Für die betriebliche Kontrolle wird daher seit Jahren nach schnelleren Verfahren gesucht. Zahlreiche Methoden werden bereits in der Industrie, wenn auch vorwiegend im Ausland, eingesetzt (Baumgart, 1993). Auf mikrobiologische Untersuchungen kann aber nicht verzichtet werden. Für die Definition der biologischen Gefahren, die mit einem bestimmten Produkt verbunden sind, sowie auch für die Identifizierung der CCPs sind die mikrobiologischen Untersuchungen unabdingbar. Mikrobiologische Kontrollen werden dabei im Vorfeld der Qualitätssicherung durchgeführt, aber nicht mehr bei der unmittelbaren Prozeßkontrolle (Leistner, 1993). Ebenso sind sie wichtiger Bestandteil der stichprobenartigen, nachprüfenden Qualitätskontrolle. So z. B. kann durch einfache Abklatsch- oder Tupferverfahren der Erfolg einer Reinigung und Desinfektion bei Maschinen, Geräten, Arbeitsflächen und auch der Hände des Personals überprüft werden.

In der Abb. 10.2 ist ein Formblatt für die Warenannahme dargestellt, wie es in modifizierter Form von einigen Betrieben der Fleischwarenindustrie schon angewendet wird (Krug, 1995). Ausgang war, daß sich eine Arbeitsgruppe gebildet hatte, die einheitliche Beurteilungsschemen erarbeitete. Kernpunkt ist eine visuelle Prüfung der Art der Anlieferung (Fahrer, LKW, Behältnisse), des Zuschnitts und Zustandes des Fleisches, der Anlieferungstemperatur und des pH-Wertes anhand einer Checkliste, wobei Mängel mit unterschiedlichen Punkten belegt werden. Die Mikrobiologie wird stichprobenartig von unabhängigen Labors in den verschiedenen Betrieben geprüft. Die Ergebnisse stehen den Mitgliedern zur Verfügung. Bei der Eingangskontrolle des Rohmaterials und der Zutaten werden mikrobiologische Methoden herangezogen, um die Einhaltung der festgelegten Spezifikationen stichprobenartig zu überprüfen. Diese Ergebnisse, gepaart mit den Ergebnissen der sensorischen Eingangskontrolle, der Zuverlässigkeit der Lieferungen und von Lieferanten-Audits werden dazu benutzt, um durch kontinuierliche Bewertung und Dokumentation der Mängel eine Klassifizierung der Lieferanten (‚Rankingliste') zu erstellen.

Während der Zerlegungs- und Bearbeitungsschritte ist es sehr wichtig, daß die Vermehrung der Mikroorganismen eingeschränkt wird. Hierzu ist die Einhaltung der angegebenen Temperaturen Voraussetzung, und die Verweilzeiten des Materials außerhalb der Kühlräume sind stark einzuschränken. Durch kleinere Behältereinheiten und konsequente Steuerung des Warenflusses können die Verweilzeiten drastisch gesenkt werden. Aus mikrobiologischen Gründen ist die Lagerzeit des zerkleinerten Fleisches auf maximal 48 h zu begrenzen.

Die exakte Chargenzusammenstellung (Wiegen) ist von fundamentaler Bedeutung für die spätere Stabilität der Erzeugnisse. Denn nur wenn sichergestellt wird, daß auch alle Zutaten in der vorgesehenen Art und Menge im Brät tatsächlich enthalten sind, kann das Risiko einer Vermehrung von unerwünschten Bakterien während der Reifung minimiert werden. Durch Maßnahmen, wie z. B. automa-

**Tab. 10.1 HACCP-Plan für die Herstellung von schnittfester Rohwurst (Typ Salami)**

| Produkt/Prozeß | Hazard | CCP | Grenz-/Toleranzwert | Vorbeugende Maßnahmen, Monitoring | Korrekturmaßnahmen |
|---|---|---|---|---|---|
| Personal | Kontamination mit pathogenen und toxinogenen MO | Basis CCP2 | starke Erkältungen, offene Wunden, unsaubere Kleidung und Hände usw. | Hygieneschleusen, Hygieneplan, Schulung, visuelle Kontrollen | andere Tätigkeiten, hermetischer Verband, Kleiderwechsel, Reinigung und Desinfektion |
| Räume, Maschinen, Behältnisse | Kontamination mit pathogenen und toxinogenen MO | Basis CCP2 | aerobe Kolonienzahl nach Reinigung: < 10/20 $cm^2$, frei von pathogenen und toxinogenen Keimen | Reinigungsplan, tägliche ggf. zwischenzeitliche Reinigung und Desinfektion, Tupfer- und Abklatschproben von Schwachstellen, lfd. Bewertung des Reinigungspersonals, der -firma | Nachreinigung |
| | | | Temperaturen<br>Gefrierr. < −18 °C<br>Kühlraum < 2 °C<br>Zerlegung < 12 °C<br>Gewürze, Pökelsalze usw. < 20 °C und trocken, Mindesthaltbarkeit | kontinuierliche Registrierung der Temperaturen<br>Lagerverwaltung | Umlagerung, Reparatur |
| Rohmaterial Anlieferung | Kontamination mit pathogenen und toxinogenen MO | CCP2 | Punktsystem für sensorische Hygienebewertung (Lkw, Fahrer, Behältnisse, Fleisch) | Lieferantenaudit, Lieferspezifikation festlegen | geringfügige Abw. (s. Arbeitsanweisung) nacharbeiten, merkliche Abw. Rückgabe |
| | | | aerobe Kolonienz.<br>< 5 x $10^5$/$cm^2$<br>*Enterobacteriaceae*<br>< 5 x $10^3$/$cm^2$ | Keimgehalt stichprobenartig nach Zufallsplan und bei Verdacht | Rankingliste der Lieferanten: bei wiederholten Mängeln auslisten |
| | | | Temperatur<br>< 7 °C Frischfleisch<br>< −15 °C Gefrierfleisch | Messung Temperatur | Zurückweisung |
| | | | pH-Wert < 6,0 | Messung pH-Wert | pH 6,0–6,2 Eintrag der Bewertung, darüber Rückgabe |

| Produkt/Prozeß | Hazard | CCP | Grenz-/Toleranzwert | Vorbeugende Maßnahmen, Monitoring | Korrekturmaßnahmen |
|---|---|---|---|---|---|
| Bearbeitung und Lagerung Rohmaterial und Zutaten | Kontamination und Vermehrung pathogener und toxinogener MO | CCP2 | Temperaturen s. Basis CCP | Temperaturregistrierung | Umlagerung, Reparatur |
| | | | Verweilzeit in Zerlegung < 2 h | kleine Behältereinheiten, „first in – first out", Behälterreinigung und -trocknung vor Wiederbefüllung | |
| | | | Lagerzeit gekühltes Fleisch max. 48 h | Chargenkennzeichnung | Einfrieren, Verarbeitung in gefr. Zustand |
| Wiegen | fehlerhafte Zutatendosierung | CCP2 | Rezepturvorgaben strikt einhalten<br>pH-Wert Brät < 5,8<br>$a_w$-Wert 0,965–0,955 | Waagen mit EDV-Anschluß (Bilanzierung), chargenweise Vorbereitung der Zutaten | |
| | | | Nitritpökelsalz > 2,4 %<br>Starterkulturen<br>Zucker > 0,3 % | ‚Kontrollcheck d. Zugabe' (Loskennzeichnung) | Identifizierung verdächtiger Lose, sperren, bis analytische Kontrollen abgeschlossen |
| Reifen | Vermehrung lebensmittelvergiftender MO während Reifung | CCP1 | Beschickung (Anzahl der Würste/Spieß und insges.) | Arbeitsanweisung | Umhängen |
| | | | betriebsspezifische Reifeprogramme | festprogrammierte Reifeprogramme, Eingriff durch Benutzer wird registriert | |
| | Staphylokokken, Salmonellen | | Angleichzeit 5 h trocken | | |
| | | | max. mögliche Temp. abhängig v. pH-Verlauf: < 25 °C, sofern pH innerhalb 72 h unter 5,3 sinkt | Kontrolle von pH | Temperatur senken |
| | Schimmelpilze; unzureichende Säuerung durch MO im Randbereich | | Kondensation vermeiden, rel. Luftfeuchte langsam absenken, | Kontrolle Gewichtsverlust, stichprobenartig $a_w$-Wert | Klima und/oder Zeit verändern |
| | | | Räuchern erst nach oberflächlicher Umrötung | Reifeprogramm, visuell | |

**Tab. 10.1 HACCP-Plan für die Herstellung von schnittfester Rohwurst (Typ Salami)** ***(Fortsetzung)***

| Produkt/Prozeß | Hazard | CCP | Grenz-/Toleranzwert | Vorbeugende Maßnahmen, Monitoring | Korrekturmaßnahmen |
|---|---|---|---|---|---|
| Verpacken | Kontamination mit und Vermehrung von Pathogenen und Verderbniserregern | CCP2 | Abtrocknungsgrad<br>Abpackhygiene | Reifeprg., Gewichtsverlust, stichprobenartig $a_w$-Wert, Lagertemp. und Mindesthaltbarkeit<br>Schulung, Reinigungsplan, (s. Basis CCP) | Trocknungszeit verlängern |
| | | | Gasdurchlässigkeit Folie < 10 cm$^3$ $O_2$/m$^2$/Tag | Lieferspezifikation | Maschineneinstellung |
| | | | Siegelnaht lt. Prüfspezifikation | | |
| | | | Restsauerstoffgehalt < 0,5 % | Messungen lt. Prüfplan | Gaszusammensetzung, Entlüftungszyklen |
| Lagern | Vermehrung pathogener MO während Lagerung | CCP1 | $a_w$-Wert < 0,95 > 0,90 und pH-Wert < 5,4<br>ganze W. < 15 °C<br>aufgeschnittene W. < 7 °C<br>$a_w$-Wert < 0,90<br>ungekühlt lagerfähig | Kennzeichnung,<br>Auditing der Vertriebswege | |

Datum: ............................ Uhrzeit: ............................ Kontrollperson: ..................

Lieferant: .......................... Veterinärkontroll-Nummer: ES .............. EZ ..............

Fahrer: ............................ LKW - Kennzeichen: ..........................................................

Begleitdokumente:

Genußtauglichkeitsbescheinigung: ................ Zertifikat: .......................... Lieferschein: .......................

Lieferung

| | | | | | | |
|---|---|---|---|---|---|---|
| Tierart | | | | | | |
| Teilstück | | | | | | |
| Versandart[1] | | | | | | |
| Temperatur | | | | | | |

Beanstandungen

| | | | | | | |
|---|---|---|---|---|---|---|
| Grund[2] | | | | | | |
| Anteil (%) | | | | | | |
| Retouren (%) | | | | | | |
| Fehlmenge (%) | | | | | | |

Hygiene:

| Fahrer | Ja | Nein |
|---|---|---|
| sauberer Mantel | | |
| Kopfbedeckung | | |
| hygienische Handschuhe | | |
| hygienische Schuhe | | |
| Gesundheitszeugnis | | |

| LKW | Ja | Nein |
|---|---|---|
| Boden, Wände sauber | | |
| Haken, Behältnisse sauber | | |
| Holzpaletten geladen | | |
| | | |
| | | |

Sonstiges: ..........................................................................................................................

.....................................................................................................................................

.....................................................................................................................................

| | | | |
|---|---|---|---|
| Beanstandungen: | Ja | Nein | Unterschrift/Kurzzeichen: |

[1] h=hängend; KK = Kunststoffkasten; GB = Gitterbox
[2] Fehlerkennziffereintrag entsprechend Fehlerliste

**Abb. 10.2 Formblatt Warenannahme Fleisch (mod. nach Krug, 1995)**

tisch gesteuerte Kutterprogramme, die zu vorgegebenen Zeiten (Umdrehungen) auffordern, bestimmte Tätigkeiten auszuführen (z. B. Zugabe der Gewürzmischung), kann die Sicherheit erhöht werden. Checklisten haben den Nachteil, daß sie oftmals für mehrere Chargen vorher oder nachher ausgefüllt werden. Besser ist, die Zutatenbeutel und -behältnisse mit Chargennummern zu kennzeichnen, wodurch jederzeit ein ‚Zwischencheck' möglich wird.

Die Wahl geeigneter Reifebedingungen ist die wichtigste Maßnahme bei der Herstellung von Rohwurst auf dem Weg zu sicheren Endprodukten. Bedingung ist, daß die Funktionstüchtigkeit der Klima-Rauch-Anlagen in regelmäßigen Abständen kontrolliert wird. Hierzu zählen vor allem die Temperatur- und Feuchteanzeigen bzw. die Regelungen. Eine standardisierte Beschickung der Anlagen ist notwendig, um eine gleichmäßige Abtrocknung der Würste zu gewährleisten. Sehr oft werden die Würste zu Anfang zu feucht gefahren, wodurch die Gefahr der Schimmelbildung sehr groß ist. Im Gegensatz dazu führt eine zu hohe Trocknungsrate zu Beginn, aber auch ein zu frühes, intensives Räuchern (problematisch sind vor allem kleinere Kaliber) zu einer schnellen Absenkung der Oberflächenfeuchtigkeit und damit zu einer Beeinflussung der Vermehrungsrate der Mikroorganismen in den Randschichten, wodurch die Säuerungsrate hier geringer ist und das Wachstum unerwünschter Keime begünstigt wird. Durch hohe Temperaturen kann die Reifung beschleunigt werden, allerdings wird dadurch gleichzeitig auch das Risiko einer Vermehrung von Salmonellen und *Staphylococcus aureus* erhöht. Festlegung von Temperaturen muß daher immer unter Berücksichtigung der erzielten pH-Wert-Senkung erfolgen.

Der Abtrocknungsgrad der schnittfesten Rohwürste ist im Handel sehr unterschiedlich. Um eine Vermehrung unerwünschter Keime auszuschließen, sind je nach gewünschter Angebotsform und Lagertemperatur die angegebenen Wasseraktivitäten einzuhalten. Je geringer der Restsauerstoffgehalt in den Packungen, um so geringer ist die Möglichkeit einer Vermehrung von Schimmelpilzen.

## 10.4 Brühwurst

### 10.4.1 Herstellung

Zur Herstellung von Brühwurst werden rohes Fleisch und Fettgewebe unter Zugabe von Wasser, Salz, ggf. Kutterhilfsmitteln und Gewürzen intensiv zerkleinert (z. B. Kutter). Dabei entsteht eine zähe pastenartige Masse (Brät), die bei Erhitzung (Räuchern, Brühen, Sterilisieren) zusammenhängend koaguliert und auch nach Wiederwärmen schnittfest bleibt. Die Brühwürste bestehen entweder nur aus einer homogenen Masse (z. B. Würstchen, Lyoner) oder enthalten einen Teil grobe Einlagen (z. B. Jagdwurst, Bierschinken). Die wichtigsten sensorischen Merkmale sind neben Geruch, Geschmack und Farbe die Stabilität (Wasserbindung, Fettbindung) und Konsistenz des Brätes sowie die entsprechende mikrobiologische Haltbarkeit.

Da die Stabilität der Brühwurst stark durch das Wasserbindungsvermögen des verwendeten Fleisches beeinflußt wird, kommt diesem eine besondere Bedeutung zu. Durch den Zusatz von Warmfleisch (hoher ATP-Gehalt), Phosphat, höheren Salzkonzentrationen, funktionellen Proteinen (z. B. Milcheiweiß, Blutplasma, Eiklar) und zukünftig auch Stärke und Hydrokolloide kann die Erhitzungsstabilität des Brühwurstbrätes verbessert werden. Ein höherer pH-Wert des Rohmaterials verbessert die Wasserbindung, ist aber aus mikrobiologischen Gründen problematisch. Durch das Abfüllen des rohen Brätes in Natur-, Kunstdärme, Dosen, Gläser oder Weichpackungen erhalten die Brühwurstprodukte ihre typische Form und sind nach dem Erhitzen, je nach Sperreigenschaften des verwendeten Materials, mehr oder weniger gegen nachteilige Einflüsse während der Lagerung geschützt (Austrocknung, Oxidation, Mikroorganismen).

Die Erhitzung von Brühwürsten wird angewandt, um die Festigung (Koagulation) des für das Fleischerzeugnis charakteristischen Eiweißgerüstes zu erreichen, um Mikroorganismen möglichst auszuschalten und die erwünschten sensorischen Eigenschaften zu erlangen (Farbe, Geschmack, Konsistenz). Gegebenenfalls erfolgt vorher eine Heißräucherung (z. B. Würstchen) in Klima-Rauch-Anlagen. Die Erhitzung geschieht überwiegend in feuchtigkeitsgesättigter Atmosphäre in Koch(schrank)anlagen, im Handwerksbereich noch oft in Kesseln (Wasserbad), wobei bei Frischware Erhitzungstemperaturen von 70 ° bis 85 °C angewendet werden. Nach dem Erhitzen erfolgt die Kühlung durch Duschen mittels Trinkwasser auf Raumtemperatur und anschließende Luftkühlung im Kühlraum auf ca. 2–7 °C. Traditionelle Brühwurstkonserven werden durch Erhitzung im Autoklaven oder Kessel (Handwerk) für eine ungekühlte Lagerung stabilisiert.

## 10.4.2 Haltbarkeit

Die Haltbarkeit von Brühwürsten und damit die Gefahr einer Vermehrung von pathogenen und/oder toxinogenen Mikroorganismen ist von einer Vielzahl von Faktoren abhängig:

- Anfangskeimgehalt vor dem Erhitzen
  Rohmaterial, Zusammensetzung, Keimart, Personal- und Arbeitshygiene, Lagertemperatur, Lagerdauer
- Hitzebehandlung
  Temperaturverteilung in der Erhitzungsanlage, Erhitzungsverfahren, Beschikkung, Erhitzungstemperatur und -zeit (F-Wert)
- Rekontamination
  - Produkt im Darm oder in Packung erhitzt
    (Verschlußdichte, Darm- und Verpackungsmaterialeigenschaften)
  - Produkt nach Erhitzung portioniert und verpackt
    (Restkeimgehalt und -art nach Erhitzen, Abpackhygiene)
  - Produkt nach Erhitzung portioniert, verpackt und nacherhitzt
    (Verschlußdichte, Verpackungsmaterial)

- Keimhemmung
  Keimgehalt, -art, Rezeptur, Nährstoffe, pH-Wert, Wasseraktivität, Redoxpotential, Zusatzstoffe (Nitrit, Säuren, Rauch), Lagertemperatur, relative Luftfeuchtigkeit, Atmosphäre, Sauerstoffdurchlässigkeit.

### 10.4.2.1 Frischware

Unerhitztes Brühwurstbrät hat etwa die gleiche Mikroflora wie frisches Fleisch. Der Keimgehalt des rohen Brätes liegt zwischen $10^3$ und $10^6$ Keimen/g. Vorhanden sind Sporenbildner, wie Bazillen und Clostridien, Enterobacteriaceen, Pseudomonaden, Mikrokokken, Staphylokokken, Streptokokken, Laktobazillen, Hefen und Schimmelpilze. Neben der Fleischflora spielen die Mikroorganismen der Gewürze (vorwiegend aerobe Sporenbildner) sowie die Keimflora der Naturdärme eine Rolle. Brühwurstbrät ist aufgrund des hohen $a_w$-Wertes (0,98–0,96) und des pH-Wertes (5,8–6,5) sehr verderbnisanfällig.

Die Erhitzung erfolgt in der Praxis in vielen Betrieben noch weitgehend empirisch. So werden festgesetzte Erhitzungswerte dann als optimal angesehen, wenn keine größeren Verluste in Form von Fehlfabrikationen, Verderbnis oder Bombagen auftreten. Auf der einen Seite sollen Übererhitzungen vermieden werden, die die Qualität des Produktes unnötig schädigen, auf der anderen Seite sind Untererhitzungen auszuschließen, die die Haltbarkeit herabsetzen. Um den optimalen Kompromiß zwischen Genußwert, einer ausreichenden Haltbarkeit und Wirtschaftlichkeit bei der Erhitzung zu finden, müssen die zu erwartende Keimzahl, die Keimarten, die angestrebte Haltbarkeit bei einer definierten Lagerungstemperatur und eventuell weitere „Hürden", wie pH-, $a_w$-, Eh-Wert und Nitritgehalt berücksichtigt werden. Empirische Verfahren sind ungeeignet (Stiebing, 1984).

Durch die bei Frischware übliche Erhitzung (< 100 °C) werden in Fleischerzeugnissen im allgemeinen die nicht-versporten (vegetativen) Mikroorganismen abgetötet bzw. stark vermindert, während sporenbildende Bakterien in Sporenform überleben können. Bei Frischware sind vor allem hitzeresistente Laktobazillen, wie *Lactobacillus viridescens* und Fäkalstreptokokken, wie *Enterococcus faecalis* und *E. faecium*, und gelegentlich Mikrokokken zu beachten. Die Produktion von Frischware wird auch bei industrieller Fertigung bisher vielfach nur auf das Erreichen einer festgelegten Kerntemperatur abgestellt. Empfehlenswert ist es jedoch, auch bei Frischware das *F*-Wert-Konzept anzuwenden. In der Bundesrepublik Deutschland wird zunehmend die von Reichert (1985) für Brühwurst, Kochwurst und Kochschinken empfohlene *F*-Wert-Berechnung angewandt. Bei dieser Berechnung wird die Hitzeresistenz von D-Streptokokken mit einem $D_{70}$ = 2,95 min bei einem *z*-Wert von 10 °C zugrunde gelegt. Da es sich bei D-Streptokokken nicht um Lebensmittelvergifter, sondern um Verderbniserreger handelt, wird eine Keimreduktion um $10^5$ als ausreichend angesehen ($F_{70}$-Werte von 30 bis 60 min).

Die vegetativen Lebensmittelvergifter, wie Salmonellen, *Staph. aureus* und *Listeria monocytogenes*, werden in Fleischerzeugnissen sicher abgetötet, wenn in allen Teilen des Produktes wenige Minuten Temperaturen von 70 °C erreicht sind und es zu keiner Rekontamination kommt.

Trotz noch bestehender Unwägbarkeiten, die aus stark schwankenden Angaben über die Hitzeresistenz der bei der Pasteurisation relevanten Mikroorganismen verschiedener Autoren resultieren (s. Tab. 10.2), ist die Anwendung der F-Wert-Berechnung zu empfehlen. Die in der Praxis noch häufig übliche Angabe der Kerntemperatur allein läßt keine exakte Aussage über die Höhe des gesamten Erhitzungseffektes zu. Werden Würste oder Schinken unterschiedlichen Kalibers auf die gleiche Kerntemperatur erhitzt, so ist das größere Kaliber aufgrund des langsameren Temperaturanstieges im Kern zwangsläufig einer höheren Hitzeeinwirkung ausgesetzt. Unterschiedliche Produkteigenschaften sind die Folge. Die Differenzen werden mit steigendem Kaliberunterschied immer größer.

**Tab. 10.2 Resistenzwerte für nicht sporenbildende Bakterien in Fleisch und Fleischerzeugnissen (mod. nach Stiebing, 1984; Müller, 1988)**

| Mikroorganismen | Resistenzwerte | | | Autor |
|---|---|---|---|---|
| | *D*-Werte | | *z*-Werte | |
| | °C | min | °C | |
| *Lactobacillus* | 66 | 0,5–1,0 | 4,4–5,5 | Stumbo, 1973 |
| *Lactobacillus plantarum* | 65 | 4,4–16,6 | | Vrchlabsky und Leistner, 1971 |
| *Leuconostoc* spp. | 66 | 0,5–1,0 | 4,4–5,5 | Stumbo, 1973 |
| *Streptococcus faecalis* var. *zymogenes* | 67 | 0,5–2,9 | | Muider et al., 1975 |
| *Staphylococcus aureus* | 66 | 0,2–2,0 | 4,4–6,0 | Stumbo, 1973 |
| *Pseudomonas fluorescens* | 50 | 0,9 | | Senhaji und Loncin, 1977 |
| *Moraxella-Acinetobacter* | 70 | 4,6 | 7,3–8,1 | Fürstenberg-Eden et al, 1980 |
| *Salmonella* spp. | 66 | 0,02–0,3 | 4,4–5,5 | Stumbo, 1973 |
| *Salmonella senftenberg* | 66 | 0,8–1,0 | 4,4–6,6 | Stumbo, 1973 |
| *Streptococcus faecium* | 69 | 70,0 | 10,0 | Houben, 1982 |
| *D-Streptococcus* sp. | 70 | 2,95 | 10,0 | Reichert et al., 1985 |
| *Streptococcus faecalis* 509 | 70 | 31,2 | 42,0 | Wojciechowski, 1980, 1981 |
| *Streptococcus faecium* 1861 | 70 | 37,8 | 42,0 | Wojciechowski, 1980, 1981 |

Die Herstellung von ungekühlt lagerfähigen Brühdauerwürsten (Tiroler, Kochsalami, Krakauer, italienische Mortadella) ist lange bekannt. Die Haltbarkeit beruht auf der Absenkung des $a_w$-Wertes (< 0,95) durch Trocknung während oder nach dem Erhitzungsprozeß, sie fallen unter die Gruppe der $a_w$-SSP. Bei der Brühdauerwurst nach deutscher Herstellung wird mit einem geringen Wasserzusatz zum Brät gearbeitet, und nach Erhitzen (Kerntemperatur > 75 °C, $F_{70}$-Wert > 80) werden die Würste so lange getrocknet, bis der erforderliche $a_w$-Wert erreicht ist. Solange der $a_w$-Wert > 0,95 ist, muß die Trocknungstemperatur < 10 °C betragen, um ein Auskeimen von Sporenbildnern zu vermeiden. Bei der italienischen Mortadella wird die $a_w$-Wert-Minderung vor allem über die Rezeptur (wenig Schüttung, z. T. vorgekochtes Material, Zusatz von Milcheiweiß, höhere Salzmenge) und durch eine lange Erhitzung mit entsprechendem Gewichtsverlust erreicht. Da beide Herstellungsvarianten wasserdampfdurchlässige Därme erfordern, ist es notwendig, daß das Wachstum von Schimmelpilzen auf der Oberfläche durch Räucherung oder Behandlung mit Kaliumsorbat, geeignete klimatische Bedingungen oder sauerstofffreie Verpackung verhindert wird.

### 10.4.2.2 Konserven

In Fleischkonserven sollen die vorhandenen Mikroorganismen durch die angewandte Hitzebehandlung soweit wie möglich abgetötet und eine erneute mikrobielle Kontamination des Füllgutes nach der Erhitzung durch einen dichten Verschluß der Behältnisse verhindert werden. Nach Höhe und Dauer der Erhitzung kann man Kessel-, Dreiviertel-, Voll- und Tropenkonserven und SSP-Produkte unterscheiden (Leistner et al., 1970; Leistner, 1979, 1987). Keimen überlebende Sporen im Verlauf der Lagerung der Produkte aus und wachsen zu Kulturen heran, dann können sie zum Verderb der Erzeugnisse oder sogar zu Lebensmittelvergiftungen führen. Daher sollten Sporenbildner, die zu den Gattungen *Bacillus* (aerob oder fakultativ anaerob) oder *Clostridium* (anaerob) gehören, in möglichst geringer Keimzahl in die Fleischerzeugnisse gelangen. Die Sporenbelastungen von Fleisch, Schwarten und Leber sind im allgemeinen relativ gering, Kopffleisch kann dagegen erhöhte Sporengehalte enthalten. Bei den Zusätzen sind unterschiedliche Sporenzahlen zu erwarten; bei den Naturgewürzen ist die Sporenzahl im allgemeinen hoch, dagegen bei Gewürzextrakten niedrig. Folglich sollten Fleischerzeugnisse, für die eine Sporenbelastung kritisch sein kann, unter Verwendung von Gewürzextrakten hergestellt werden. Generell sind im Fleisch und auch in den Zusätzen viel häufiger *Bacillus*-Sporen als *Clostridium*-Sporen anzutreffen, dabei liegt das Verhältnis zwischen 10 : 1 und 1000 : 1 (Hechelmann und Kasprowiak, 1991). Trotz überlebender Sporen in Fleischerzeugnissen kann dennoch eine lagerfähige Fleischkonserve resultieren, wenn die Auskeimung der Sporen oder die Vermehrung der daraus entstehenden vegetativen Keime im Füllgut durch eine niedrige Lagertemperatur, einen niedrigen $a_w$-Wert, einen niedrigen pH-Wert oder den zulässigen Nitritzusatz gehemmt wird („Hürdenkonzept", Leistner, 1978).

Bei der Herstellung von hocherhitzten Erzeugnissen (Voll-, Dreiviertelkonserven) im industriellen Bereich hat sich die Festlegung der Erhitzungsbedingungen mittels *F*-Wert (Bezugstemperatur 121,1 °C) allgemein durchgesetzt. In kleineren Betrieben überwiegt dagegen nach wie vor die Herstellung aufgrund festgelegter Daten (Wassertemperatur, Haltezeit).

Seit einigen Jahren werden im SB-Bereich Fleischerzeugnisse (Brüh- und Kochwurst) im Darm ohne Kühlung angeboten (‚autoklavierte Darmware'). Es handelt sich dabei um Erzeugnisse, die in undurchlässige Kunstdärme abgefüllt und im Autoklaven erhitzt werden. Diese werden auch bezeichnet als F-SSP, da ihre Stabilität sich am *F*-Wert orientiert und also primär auf der Erhitzung (Abtötung oder subletale Schädigung der Bakteriensporen) beruht. Die überlebenden Sporen von Bazillen und Clostridien werden durch den erniedrigten $a_w$-Wert, pH-Wert und Eh-Wert gehemmt. Für die mikrobiologische Stabilität dieser Erzeugnisse ist zwingend erforderlich, daß der erreichte *F*-Wert > 0,4, der pH-Wert < 6,5 und der $a_w$-Wert bei gepökelten Brühwürsten (Nitrit wirksam als Hürde) < 0,97 und bei ungepökelten Erzeugnissen < 0,96 beträgt (Hechelmann und Kasprowiak, 1991). Ein pH-Wert von < 6,5 ist in Brühwürsten normaler Zusammensetzung in der Regel gewährleistet, problematisch können jedoch höhere Zusätze von Blutplasma (Stiebing und Wirth, 1986) oder z. B. Sojaprotein (Katsaras und Dresel, 1994) sein. Zur Vermeidung von Rekontaminationen, z. B. während der Kühlphase, muß die Dichtigkeit der Clips gewährleistet sein und das Kühlwasser Trinkwasserqualität aufweisen. Vorteilhaft ist es, die Erhitzung unter höherem Gegendruck zu fahren, um eine ausdehnungsbedingte Belastung der Därme/ Verschlüsse zu minimieren. Ein schnelles Trocknen der Därme nach der Erhitzung erhöht die mikrobiologische Stabilität deutlich. Untersuchungen von Hechelmann et al. (1985) zeigten, daß F-SSP in Därmen stabiler sind als in Behältnissen mit Kopfraum, da bei wechselnden Lagertemperaturen im Kopfraum durch Kondensation örtlich höhere $a_w$-Werte resultieren können.

Brühwurst als Kesselkonserven (Erhitzung bei 100 °C, *F*-Werte 0,2–0,4), wie sie oftmals im Handwerksbereich noch hergestellt werden, sind ungekühlt nur haltbar, wenn der $a_w$-Wert bei gepökelten Erzeugnissen unter 0,97 (ungepökelt 0,96) liegt, ansonsten müssen sie bei Lagertemperaturen < 10 °C bevorratet werden (Lücke, 1984). Durch Erniedrigung der Wasserschüttung und/oder Erhöhung der Fett- und Salzzugabe ist eine Absenkung des $a_w$-Wertes auch bei handelsüblicher Brühwurst unter 0,97, nicht aber unter 0,96, möglich.

### 10.4.2.3 SB-verpackte Brühwurst

Bei den vorverpackten Produkten bereiten, sofern entsprechende Abtrocknungsgrade vorliegen, die rohen Produkte (Rohwurst, Rohschinken) geringere Schwierigkeiten als die erhitzten Produkte (Brühwurst, Kochwurst, Kochschinken). Brühwürste sind entweder in Scheiben geschnitten, fächerförmig oder gestapelt angeordnet oder als Anschnittstücke bzw. ganze Würste portioniert, vakuum- oder begast verpackt. Die Verpackungen sind vorgefertigte Siegelrand- oder Schlauchbeutel oder von der Rolle gefertigte Schlauchbeutel und tiefgezogene, mehr oder weniger starre und meist ebenfalls transparente Behälter. Vereinzelt finden auch flächenversiegelte und neuerdings Skinpackungen oder durch Stülpdeckel wiederverschließbare Packungen Verwendung. Als Griffschutzverpackungen werden bei Rohwürsten vermehrt Zellglasfolien, die eine hohe Wasserdampfdurchlässigkeit besitzen, durch hochgasdichte Verbundfolien ersetzt (Schutzgaspackungen). Die Sauerstoffdurchlässigkeit der verwendeten Folienmaterialien hat einen starken Einfluß auf das Lagerverhalten der Fleischerzeugnisse.

Wenn die Produkte ausreichend erhitzt sind, ist für die Haltbarkeit weniger die Restflora vor dem Verpacken maßgebend als vielmehr die Kontaminationsflora, die während des Aufschneidens, Portionierens und Verpackens auf die Produkte gebracht wird. Hier sind eine strikte Betriebs- und Personalhygiene sowie eine ununterbrochene Kühlkette entscheidend:

- Bei Beschaffung auf leichte Reinigungsmöglichkeit der Anlagen achten
- Raumklima (Temperatur, Luftfeuchtigkeit), Kondensation vermeiden
- Kühlkette (nur gut ausgekühlte Ware aufschneiden)
- Verweilzeit so kurz wie möglich
- Mehrmalige Zwischenreinigung, Slicer, Bänder und sonstige Kontaktflächen wenn möglich austauschen und in separatem Reinigungsraum reinigen (Vermeidung von Aerosolbildung und Verspritzen von Mikroorganismen)
- Personal- und Arbeitshygiene, Arbeitsbekleidung und Handschuhe häufig wechseln
- unverpackte Produkte so wenig wie möglich berühren
- abends gründliche Reinigung und Desinfektion, Maschinen vollständig zerlegen, reinigen, ggf. desinfizieren, gut nachspülen, gut trocknen.

Die Erfahrungen aus der Praxis zeigen leider, daß in diesem Bereich noch einige Lücken zu schließen sind. Ignoranz bei der Verpackungshygiene führt unweigerlich zu Verlusten und stark eingeschränkter Lagerstabilität.

Die nachträgliche und zusätzliche Erhitzung von vorverpackten Fleischwaren ist eine hervorragende Methode zur Haltbarkeitsverlängerung. Bei vielen Produkten läßt sich schon durch relativ kurze Einwirkzeiten (z. B. 10 min 80 °C) eine starke Reduzierung der Kontaminationsflora (Oberflächenkeimgehalt) erreichen.

Da mit den derzeit gebräuchlichen Vorverpackungsmethoden eine Kontamination der Fleischerzeugnisse mit Mikroorganismen nicht gänzlich zu vermeiden, sondern nur mehr oder weniger einzuschränken ist, muß die Vermehrung der Mikroorganismen in der Packung während der Lagerung so weit wie möglich eingeschränkt bzw. hinausgezögert werden. Pathogene oder toxinogene Mikroorganismen dürfen keine Vermehrungsmöglichkeiten haben.

Für den Verderb von vorverpackten Brühwursterzeugnissen spielen neben den Laktobazillen und Enterokokken auch kältetolerante, gramnegative Bakterien eine Rolle (Baumgart, 1990). Aerobe Mikroorganismen wie z. B. Pseudomonaden haben bei sauerstofffreien Packungen keine Bedeutung. Je niedriger die Lagertemperatur ist, desto langsamer vermehren sich die Mikroorganismen. Überwiegend sind die Produkte im Handel mit einer vorgesehenen Lagerungstemperatur von 4 °C bis 7 °C ausgezeichnet. Temperaturen von 7 °C sind aber nicht geeignet, das Keimwachstum auch bei sehr niedrigen Anfangskeimgehalten genügend einzuschränken. Sehr häufig werden die Produkte im Handel auch in ungeeigneten Truhen angeboten, die sehr große Temperaturschwankungen aufweisen bzw. die erforderlichen Temperaturen bei höheren Außentemperaturen aufgrund einer zu schwachen Kälteleistung nicht erreichen. Hier muß durch immerwährende Aufklärung des Handels Abhilfe geschaffen werden.

Bei vorverpackter Brühwurst stellen Salmonellen und *Staph. aureus* keine Gefährdung dar, da sie sich bei entsprechender Kühllagerung (< 7 °C) auf Fleischerzeugnissen nicht vermehren können. Im Gegensatz dazu ist *L. monocytogenes* ein besonderes Risiko, da sie noch bis zu Temperaturen von 0 °C vermehrungsfähig ist (SCHMIDT und KAYA, 1990). Bei fehlender oder nicht ausreichend wirksamer Konkurrenzflora ist daher eine Vermehrung möglich. Kommt es beim Aufschneiden und Verpacken durch mangelnde Hygiene zu einer mehr oder weniger starken Kontamination mit Milchsäurebakterien, so kann je nach Art und Menge der gebildeten Stoffwechselprodukte im Laufe der Lagerung eine Hemmung von *L. monocytogenes* eintreten, die besonders ausgeprägt ist, wenn es sich um eine stark säuernde oder bacteriocinbildende Flora handelt (SCHMIDT und LEISTNER, 1993). Über die erfolgreiche Hemmung des Listerienwachstums durch bacteriocinbildende *Lactobacillus sake*-Stämme wurde von SCHILLINGER et al. (1991) und KRÖCKEL (1992, 1993) berichtet.

Die bakterizide Wirkung von Kohlendioxid ist schon lange bekannt. Sie wird mit sinkender Temperatur und steigender Konzentration erhöht, wobei $CO_2$ sowohl obligat aerobe Mikroorganismen als auch anaerobe Bakterien hemmt. In Schutzgaspackungen konnte das Wachstum von *L. monocytogenes* ab Konzentrationen von 80 % $CO_2$ bei Lagertemperaturen von 4° , 7° und 10 °C gehemmt werden. In Proben, die mit 50 % $CO_2$ begast wurden, konnte sich *L. monocytogenes* innerhalb 3 Wochen bei 4 °C nicht und bei 7 °C um 1,5 Zehnerpotenzen vermehren (KRÄMER und BAUMGART, 1992). Höhere $CO_2$-Konzentrationen (40–60 %) können jedoch, je nach Volumenanteil des Schutzgases bezogen auf das Produkt, zu sensorischen Veränderungen, wie Aussaften und säuerlicher Geschmack, führen (STIEBING, 1992). Um das Risiko von Listeriosen durch den Verzehr von vakuumverpacktem Brühwurstaufschnitt zu vermeiden, empfiehlt SCHMIDT (1995), diese Produkte mit einem Zusatz von 0,1 % Natriumacetat herzustellen, möglichst keimarm zu verpacken, die Lagertemperatur auf maximal 5 °C und die Lagerzeit auf maximal 3 Wochen zu beschränken.

## 10.4.3 HACCP-Konzept für SB-verpackten Brühwurstaufschnitt

Die Abb. 10.3 zeigt beispielhaft ein Fließschema für die Herstellung SB-verpackter Brühwurst und die kritischen Kontrollpunkte. Bezüglich der Rohmaterialanlieferung, Zerlegung und Bevorratung gelten die gleichen Punkte wie unter Punkt 10.3.2 der Rohwurst ausgeführt. Die tabellarische Übersicht (Tab. 10.3) des

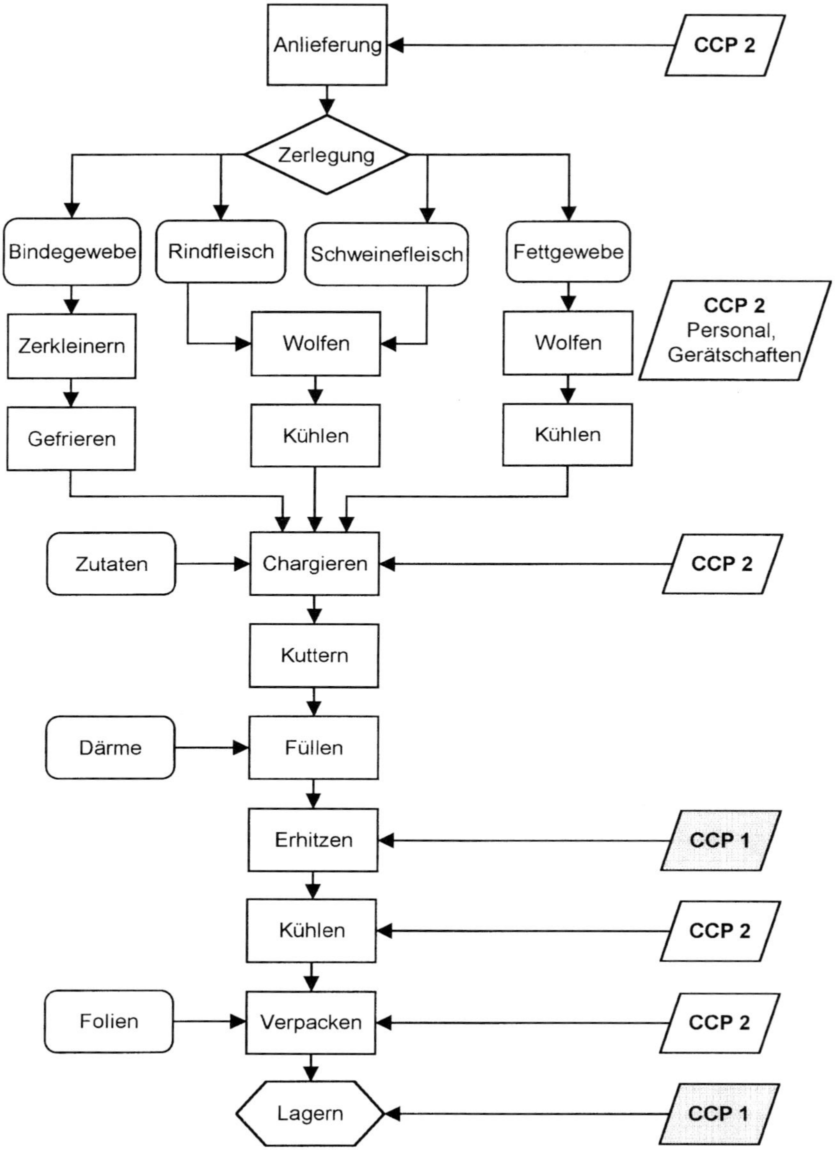


**Abb. 10.3 Herstellung SB-verpackter Brühwurst**

**Tab. 10.3 HACCP-Plan für die Herstellung SB-verpackter Brühwurst (Typ Lyoner)**

| Produkt/Prozeß | Hazard | CCP | Grenz-/Toleranzwert | Vorbeugende Maßnahmen, Monitoring | Korrekturmaßnahmen |
|---|---|---|---|---|---|
| Personal | Kontamination mit pathogenen und toxinogenen MO | Basis CCP2 | starke Erkältungen, offene Wunden, unsaubere Kleidung und Hände usw. | Hygieneschleusen, Hygieneplan, Schulung, visuelle Kontrollen | andere Tätigkeiten, hermetischer Verband, Kleiderwechsel, Reinigung und Desinfektion |
| Räume, Maschinen, Behältnisse | Kontamination mit pathogenen und toxinogenen MO | Basis CCP2 | aerobe Kolonienzahl nach Reinigung: < 10/20 $cm^2$, keine path. und toxinogenen Keime nachweisbar | Reinigungsplan, tägliche ggf. zwischenzeitliche Reinigung und Desinfektion, Tupfer- und Abklatschproben von Schwachstellen, lfd. Bewertung des Reinigungspersonals, der -firma | Nachreinigung |
| | | | Temperaturen<br>Gefrierr. < –18 °C<br>Kühlraum < 2°C<br>Zerlegung < 12 °C<br>Gewürze, Pökelsalze usw. < 20 °C und trocken, Mindesthaltbarkeit | kontinuierliche Registrierung der Temperaturen<br>Lagerverwaltung | Umlagerung, Reparatur |
| Rohmaterial Anlieferung | Kontamination mit pathogenen und toxinogenen MO | CCP2 | Punktsystem für sensorische Hygienebewertung (Lkw, Fahrer, Behältnisse, Fleisch) | Lieferantenaudit, Lieferspezifikation festlegen, Bewertung visuell jeder Anlieferung | geringfügige Abw. nacharbeiten, merkliche Abw. Rückgabe |
| | | | aerobe Kolonienz.<br>$< 5 \times 10^5/cm^2$<br>*Enterobacteriaceae*<br>$< 5 \times 10^3/cm^2$ | Keimgehalt stichprobenartig nach Zufallsplan und bei Verdacht | Rankingliste der Lieferanten: bei wiederholten Mängeln auslisten |
| | | | Temperatur<br>< 3 °C Blutplasma<br>< 7 °C Frischfleisch<br>< –15 °C Gefrierfleisch | Messung Temperatur | Zurückweisung |
| | | | pH-Wert < 6,2 | Messung pH-Wert | pH 6,0–6,2 Eintrag der Bewertung, darüber Rückgabe |

**Tab. 10.3 HACCP-Plan für die Herstellung SB-verpackter Brühwurst (Typ Lyoner)** ***(Fortsetzung)***

| Produkt/Prozeß | Hazard | CCP | Grenz-/Toleranzwert | Vorbeugende Maßnahmen, Monitoring | Korrekturmaßnahmen |
|---|---|---|---|---|---|
| Bearbeitung und Lagerung Rohmaterial und Zutaten | Kontamination und Vermehrung pathogener und toxinogener MO | CCP2 | Temperaturen s. Basis CCP | Temperaturregistrierung | Umlagerung, Reparatur |
| | | | Verweilzeit in Zerlegung < 2 h | kleine Behältereinheiten, „first in – first out", Behälterreinigung und -trocknung vor Wiederbefüllung | |
| | | | Lagerzeit gekühltes Fleisch gewolft, 48 h gesalzen<br>24 h ungesalzen | Chargenkennzeichnung | Einfrieren, Verarbeitung in gefr. Zustand |
| | | | Auftauen:<br>Temp. Oberfl. < 0 °C<br>Raumtemp. < 15 °C<br>Temp. Oberfl. > 0 °C<br>Raumtemp. > 4 ° C | kontinuierliche Temperaturkontrolle der Randschicht | |
| Chargieren | fehlerhafte Zutatendosierung | CCP2 | Rezepturvorgaben strikt einhalten<br>pH-Wert Brät < 6,2<br>Na-Acetat > 0,1 % | Waagen mit EDV-Anschluß (Bilanzierung), chargenweise Vorbereitung der Zutaten | Identifizierung verdächtiger Lose, sperren, bis analytische Kontrollen abgeschlossen |
| | | | | Kontrollcheck d. Zugabe (Loskennzeichnung) | |
| Erhitzen | Überleben lebensmittelvergiftender vegetativer MO | CCP1 | Clip-Dichtigkeit | Spezifikation Material, Messung | Clipper korrigieren |
| | | | Standzeit vor Erhitzung < 2 h Beschickung (Anzahl der Würste/Spieß und insges.) | Loskennzeichnung Arbeitsanweisung | Erhitzungszeit verlängern, Umhängen |
| | | | betriebsspezifische Erhitzungsprogr. | festprogrammierte Erhitzungsprogramme, Eingriff durch Benutzer wird registriert | |
| | | | Kerntemperatur > 72 °C bzw. $F_{70}$-Wert > 40 | Kontrolle von Erhitzungszeit und Kerntemperatur, Fühlerplazierung | Erhitzungszeit verlängern |

| Produkt/Prozeß | Hazard | CCP | Grenz-/Toleranzwert | Vorbeugende Maßnahmen, Monitoring | Korrekturmaßnahmen |
|---|---|---|---|---|---|
| Kühlen | Kontamination/ Vermehrung lebensmittelvergiftender MO | CCP2 | Trinkwasserqualität Abkühlen auf < 25 °C mit Wasser; | Stichprobenuntersuchung Kerntemperatur | Reinigung der Duscheinrichtung (Düsen usw.) |
| | | | Luftkühlung auf < 4 °C innerhalb 4 h | Standzeit, Temperaturüberwachung Kühlraum (Basis CCP) | |
| Verpacken | Kontamination mit lebensmittelvergiftenden und verderbniserregenden MO | CCP2 | Abpackhygiene | Schulung, Reinigungsplan, (s. Basis CCP) | Trocknungszeit verlängern |
| | | | Gasdurchlässigkeit Folie $< 10\ cm^3\ O_2/m^2/Tag$ | Lieferspezifikation | |
| | | | Siegelnaht lt. Prüfspezifikation | Messungen lt. Prüfplan | Maschineneinstellung |
| | | | Restsauerstoffgehalt < 0,5 % | | Gaszusammensetzung, Entlüftungszyklen |
| Lagerung | Vermehrung lebensmittelvergiftender MO während Lagerung | CCP1 | Temperatur < 5 °C Zeit < 21 Tage | Auditing der Vertriebswege, Temperatur stichprobenartig (Datenlogger) | Verkürzung Mindesthaltbarkeit |

HACCP-Planes berücksichtigt die allgemein akzeptierten Verlaufsstufen: Identifizierung des Hazards, Festlegung des CCP, Kriterien und Methoden zur Überwachung der Gefahr und Korrekturmaßnahmen. Die Maßnahmen sind so gewählt, daß neben Lebensmittelvergiftern auch Verderbnisorganismen berücksichtigt werden, da beide Organismengruppen im Zusammenhang gesehen werden müssen.

Die exakte Chargenzusammenstellung hat bei der Brühwurst Bedeutung im Hinblick auf pH-Wert des Rohmaterials, Nitritpökelsalzzusatz (sofern vorgesehen) und einen Zusatz von Acetat, um Voraussetzungen zu gewährleisten, die das Wachstum von *L. monocytogenes* in der Vakuumpackung ausschließen.

Der Erhitzungsprozeß stellt den wirksamen kritischen Kontrollpunkt im Produktionsablauf dar, an dem das mikrobiologische Risiko hinsichtlich vegetativer Mikroorganismen minimiert werden kann. Ein reproduzierbarer Erhitzungsprozeß ist zwingend erforderlich. Eine Überprüfung und Justierung der Temperaturregelungen bzw. -anzeige ist in regelmäßigen Abständen (Aufnahme in Prüfplan) notwendig. Vor Festlegung der Erhitzungsbedingungen ist die Erhitzungsanlage hinsichtlich ihrer Temperaturverteilung zu untersuchen und der Prozeß darauf abzustimmen. Eine Kontrolle des Erhitzungsprozesses nur aufgrund des Kerntemperaturverlaufes bietet keine umfassende Sicherheit, da bei unsachgemäßer Plazierung des Kerntemperaturfühlers starke Untererhitzungen resultieren. Eine optimale Kontrolle der Erhitzung ermöglicht ein kombiniertes Verfahren: Durch mehrmalige Bestimmung des Kerntemperaturverlaufes wird durch Probekochungen eine Mindesterhitzungszeit für die vorgegebene Erhitzungstemperatur und den gewünschten *F*-Wert (Kerntemperatur) ermittelt. Die Erhitzungsanlage wird für die Produktion so programmiert, daß die Erhitzung erst dann beendet ist, wenn sowohl die festgesetzte Erhitzungszeit als auch der *F*-Wert (Kerntemperatur) erreicht wurde. Dieses Verfahren gewährleistet eine größtmögliche Sicherheit gegen Untererhitzungen. Bei zu starker Unterschreitung der Erhitzungstemperatur-Sollwerte muß die Anlage die „Störung" akustisch melden. Wichtig ist auch, daß alle manuellen Eingriffe dokumentiert werden.

Beim Kühlen sollte die Kontamination so gering wie möglich gehalten werden, da beim späteren Portionieren die Gefahr besteht, daß die zuvor auf den Darm aufgebrachten Keime über den Anschnitt verteilt werden. In Verbindung mit der Abpackhygiene ist dies ein sehr kritischer Produktionsschritt.

Da eine nachträgliche Kontamination mit den z. Z. üblichen Verpackungsmethoden nicht ausgeschlossen werden kann, kommt der Kühllagerung entscheidende Bedeutung zur Verhinderung des Wachstums von pathogenen und toxinogenen Mikroorganismen zu. Die Temperatur sollte daher für SB-verpackten Brühwurstaufschnitt unter 5 °C und die Lagerzeit maximal 21 Tage betragen. Richtkeim ist hierbei *L. monocytogenes*. Durch entsprechendes Auditing der Vertriebswege ist sicherzustellen, daß diese Bedingungen gewährleistet sind. Die im Handel momentan angewandten Temperaturen und Zeiten sind nicht geeignet, das Wachstum von *L. monocytogenes* bei SB-verpackter Frischware mit letzter Sicherheit auszuschließen.

## Literatur

[1] BACHUS, J. (1984): Meat fermentation. Food Technol. **38**, (6) 59–63.
[2] BAUMGART, J. (1990): Mikrobiologische Untersuchung von Lebensmitteln. Hamburg: Behr's Verlag.
[3] BAUMGART, J. (1993): Lebensmittelüberwachung und -qualitätssicherung – Mikrobiologisch-hygienische Schnellverfahren. Fleischwirtschaft **73**, 392–396.
[4] BEM, Z., HECHELMANN, H., LEISTNER, L. (1975): Mikrobiologie des DFD-Fleisches. Mittbl. Bundesanstalt für Fleischforschung **50**, 2585–2589.
[5] BEM, Z., HECHELMANN, H. (1994): Kühlung und Kühllagerung von Fleisch. Fleischwirtschaft **74**, 916–924, 1046–1050.
[6] CONNOR, D., KOTROLA, S. (1995): Growth and survival of *Escherichia coli* O157:H7 under acidic conditions. Appl. Environ. Microbiol. **61**, 382–385.
[7] GENIGEORGIS, C. A. (1989): Present state of knowledge on staphylococcal intoxication. Int. J. Food Microbiol. **9**, 327–360.
[8] GILL, C. (1983): Meat spoilage and evaluation of the potential storage life of fresh meat. J. Food Protect. **46**, 444–452.
[9] GILL, C. (1990): Controlled atmosphere packaging of chilled meat. Food Control **1**, 74–78.
[10] GLASS, K. A., LOEFFELHOLZ, J. M., FORD, J. P., DOYLE, M. P. (1992): Fate of *Escherichia coli* O157:H7 as affected by pH or sodium chloride and in fermented, dry sausage. Appl. Environ. Microbiol. **58**, 2513–2516.
[11] HECHELMANN, H. (1985): Mikrobiell verursachte Fehlfabrikate bei Rohwurst und Rohschinken. Kulmbacher Reihe Bd. **5**, 103–127.
[12] HECHELMANN, H., KASPROWIAK, R. (1991): Mikrobiologische Kriterien für stabile Produkte. Fleischwirtschaft **71**, 374–389.
[13] HECHELMANN, H., LEISTNER, L. (1977): Mikrobiologische Vorgänge beim Kühlen von Fleisch und Fleischerzeugnissen. Mittbl. Bundesanstalt für Fleischforschung Nr. **56**, 3088–3094.
[14] HECHELMANN, H., BEM, Z., LEISTNER, L.: (1974): Mikrobiologie der Nitrat/Nitritminderung bei Rohwurst. Mittbl. Bundesanstalt für Fleischforschung **46**, 2282–2286.
[15] HECHELMANN, H., LEISTNER, L., ALBERTZ, R. (1985): Ungleichmäßiger $a_w$-Wert als Ursache für mangelnde Stabilität von F-SSP. Jahresbericht der Bundesanstalt für Fleischforschung C27.
[16] HECHELMANN, H., LÜCKE, F.-F., SCHILLINGER, U. (1988): Ursachen und Vermeidung von *Staph. aureus*-Intoxikationen nach Verzehr von Rohwurst und Rohschinken. Mittbl. Bundesanstalt für Fleischforschung **100**, 7956–7964.
[17] KATSARAS, K., DRESEL, J. (1994): Einfluß des Sojaeiweißzusatzes auf das Bakterienwachstum in vakuumverpacktem Brühwurstaufschnitt. Fleischwirtschaft **74**, 1317–1319.
[18] KATSARAS, K., HECHELMANN, H., LÜCKE, F.-K. (1985): *Staphylococcus aureus* und *Clostridium botulinum* – Bedeutung bei Rohwurst und Rohschinken. Kulmbacher Reihe Bd. **5**, 152–172.
[19] KLEEMANN, J., SCHEIBNER, G. (1993): Verhalten von *Yersinia enterocolitica* in frischen Rohwürsten. Fleischwirtschaft **73**, 783–785.
[20] KRÄMER, K.-H., BAUMGART, J. (1992): Brühwurstaufschnitt – Hemmung von *Listeria monocytogenes* durch eine modifizierte Atmosphäre. Fleischwirtschaft **72**, 666–668.
[21] KRÖCKEL, L. (1992): Bacteriocine von Milchsäurebakterien für Fleischerzeugnisse. Mittbl. Bundesanstalt für Fleischforschung **31**, 207–215.
[22] KRÖCKEL, L. (1993): Einfluß von Sakazin P aus *Lactobacillus sake* Lb 674 auf die Säuerungsaktivität von *Listeria innocua* Li1. Mittbl. Bundesanstalt für Fleischforschung **32**, 21–25.
[23] KRUG, E. U. (1995): Rohstoff-Wareneingangskontrollen – Arbeitsgemeinschaft Qualitätssicherung in der Bayerischen Fleischwarenindustrie. Fleischwirtschaft **75**, 20–23.

[24] LEISTNER, L. (1978): Hurdle effect an energy saving. In: W. K. DOWNEY (ed.): Food Quality and Nutrition. London: Applied Science Publ., pp. 553–557.
[25] LEISTNER, L. (1979): Mikrobiologische Einteilung von Fleischkonserven. Fleischwirtschaft **59**, 1452–1455.
[26] LEISTNER, L. (1984): Hürden-Technologie für die Herstellung stabiler Fleischerzeugnisse. Mittbl. Bundesanstalt für Fleischforschung **84**, 5882–5889.
[27] LEISTNER, L. (1985): Hurdle-technology applied to meat products of the shelf stable products and intermediate moisture food types. In: D. SIMATOS and J.L MULTON (eds.): Properties of Water in Foods. Dordrecht: Martinius Nijhoff Publishers, pp. 309–329.
[28] LEISTNER, L. (1987): Zur Mindesthaltbarkeit von Fleischerzeugnissen. Fleischerei **38**, 372–376.
[29] LEISTNER, L. (1989): Bedeutung des Vorkommens von Listerien bei Fleisch und Fleischerzeugnissen. Mittbl. Bundesanstalt für Fleischforschung **28**, 440–445.
[30] LEISTNER, L. (1990): Stabilität und Sicherheit von Rohwurst. Fleischerei **41**, 570–582.
[31] LEISTNER, L. (1993): Stellenwert der Mikrobiologie bei der modernen Qualitätssicherung. Fleischwirtschaft **73**, 719–722.
[32] LEISTNER, L., ECKARDT, C. (1981): Schimmelpilze und Mykotoxine in Fleisch und Fleischerzeugnissen. In: J. Reiss (Hrsg.): Mykotoxine in Lebensmitteln , Stutgart: Gustav Fischer Verlag, S. 297–341.
[33] LEISTNER, L., WIRTH, F., TAKACS, J. (1970): Einteilung der Fleischkonserven nach der Hitzebehandlung. Fleischwirtschaft, **50**, 216–217.
[34] LÜCKE, F.-K. (1984): Mikrobiologische Stabilität im offenen Kessel erhitzter Wurstkonserven. Mittbl. Bundesanstalt für Fleischforschung **84**, 5900–5905.
[35] LÜCKE, F.-K. (1985): Fermented sausages. In: B.J.B. WOOD (ed.): Microbiology of Fermented Foods. Vol. 2, London: Elsevier Applied Science, pp. 41– 83
[36] MENG, J., DOYLE, M. P., ZHAO, T., ZHAO, Z. (1994): Detection and control of *Escherichia coli* O157:H7 in foods. Trends in Food Science & Technology **5**, 179–185.
[37] MÜLLER, W. D. (1988): Erhitzen und Räuchern. In: Technologie der Kochwurst und Kochpökelware. Hrsg. Bundesanstalt für Fleischforschung, Kulmbach, 144–164.
[38] NEUMAYR, L., LÜCKE, F.-K., LEISTNER, L. (1983): Fate of *Bacillus* spp. from spices in fermented sausages. Proceedings, 29. European Congress of Meat Research Workers, Salsomaggiore, Italien, Vol. I. C/2.5., pp. 418–424.
[39] OZARI, R. (1991): Untersuchungen zur Wirkung von Starterkulturen des Handels auf das Wachstum von *Listeria monocytogenes* in frischen Mettwürsten. Fleischwirtschaft **71**, 1450–1453.
[40] REICHERT, J.-E. (1985): Die Wärmebehandlung von Fleischwaren. Schriftenreihe Fleischforschung und Praxis, Bd. 13, Bad Wörishofen: Hans Holzmann Verlag.
[41] RÖDEL, W., STIEBING, A., KRÖCKEL, L. (1992): Reifeparameter für traditionelle Rohwurst mit Schimmelbelag. Fleischwirtschaft **72**, 1375–1385.
[42] SCHILLINGER, U., KAYA, M., LÜCKE, F.-K. (1991): Behaviour of *Listeria monocytogenes* in meat and its control by bacteriocin-producing strain of *Lactobacillus sake.* J. Appl. Bacteriol. **70**, 473–478.
[43] SCHILLINGER, U., LÜCKE, F.-K. (1989): Einsatz von Milchsäurebakterien als Schutzkulturen bei Fleischerzeugnissen. Fleischwirtschaft **69**, 1581–1585.
[44] SCHMIDT, U. (1985): Salmonellen-Bedeutung bei Rohwurst und Rohschinken. Kulmbacher Reihe Bd. **5**, 128–151.
[45] SCHMIDT, U. (1988): Verminderung des Salmonellenrisikos durch technologische Maßnahmen bei der Rohwurstherstellung. Mittbl. Bundesanstalt für Fleischforschung Nr. **99**, 7791–7793.
[46] SCHMIDT, U. (1995): Vakuumverpackter Brühwurstaufschnitt – Hemmung des Listerienwachstums durch technologische Maßnahmen. Fleischwirtschaft **75**, 24–27.
[47] SCHMIDT, U., KAYA, M. (1990): Verhalten von *Listeria monocytogenes* in vakuumverpacktem Brühwurstaufschnitt. Fleischwirtschaft **70**, 236–240.
[48] SCHMIDT, U., LEISTNER, L. (1993): Verhalten von *Listeria monocytogenes* bei unverpacktem Brühwurstaufschnitt (Bedienungsware). Fleischwirtschaft **73**, 733–740.

[49] SCHREITER, R. (1981): Mikrobiologie des Fleisches und der Fleischprodukte. In: Mikrobiologie tierischer Lebensmittel. Thun, Frankfurt: Verlag Harri Deutsch, S. 319–440.

[50] SINELL, H.-J. (1992): Einführung in die Lebenmittelhygiene. 3. Aufl., Berlin: Verlag Paul Parey.

[51] STIEBING, A. (1984): Erhitzen und Haltbarkeit. In: Technologie der Brühwurst. Hrsg. Bundesanstalt für Fleischforschung, Kulmbach, 165–186.

[52] STIEBING, A. (1992): Verpackung – Anforderung bei Fleisch und Fleischerzeugnissen Fleischwirtschaft **72**, 564–575.

[53] STIEBING, A. (1994): Kritische Kontrollpunkte bei der Herstellung von Rohwurst. Fleischerei-Technik **10**, Nr. 1, 6–11.

[54] STIEBING, A., RÖDEL, W. (1987 a): Einfluß der Luftgeschwindigkeit auf den Reifungsverlauf von Rohwurst. Fleischwirtschaft **67**, 236–240.

[55] STIEBING, A., RÖDEL, W. (1987 b): Einfluß der relativen Luftfeuchtigkeit auf den Reifungsverlauf von Rohwurst. Fleischwirtschaft **67**, 1020–1030.

[56] STIEBING, A., RÖDEL, W. (1989): Einfluß des pH-Wertes auf das Trocknungsverhalten von Rohwurst, Fleischwirtschaft **69**, 1530–1538.

[57] STIEBING, A., RÖDEL, W. (1992): Kontinuierliches Messen der Oberflächen-Wasseraktivität von Rohwurst. Fleischwirtschaft **72**, 432–438.

[58] STIEBING, A., WIRTH, F. (1986): Blutplasma IV – Technologische Wirkung bei Brühwurst. Fleischwirtschaft **66**, 1346–1362.

[59] STIEBING, A., KÜHNE, D., RÖDEL, W. (1993): Fettqualität: Einfluß auf die Lagerstabilität schnittfester Rohwurst. Fleischwirtschaft **73**, 1169–1172.

[60] TOMPKIN, R.B. (1994): HACCP in the meat and poultry industry. Food Control **5**, Nr. 3, 153–161.

# 11 Fischereierzeugnisse

K. PRIEBE

## 11.1 Einführung

Als Lebensmittel werden Erzeugnisse der Fischerei und Aquakultur aus den verschiedenartigsten Habitaten (Meeresgewässer, Binnengewässer, Brackwasserbereiche, polare, gemäßigte, subtropische und tropische Zonen, Flach- und Tiefengewässer) gewonnen. Bereits durch diese unterschiedliche Originalität sind bestimmte mikrobielle, parasitäre oder chemisch-physikalische Gefährdungen der Brauchbarkeit als Lebensmittel vorgegeben.

Ganz entscheidend spielen aber die Zubereitungs- und Verzehrsgewohnheiten für die Bedeutung solcher Gefahren eine Rolle. Von Lebensmitteln aquatischer Herkunft werden in vielen Teilen der Welt und verschiedentlich auch bei uns häufig lediglich **be**arbeitete Fischereierzeugnisse (durch Zerlegen morphologisch-strukturell, nicht aber in der physiko-chemischen Beschaffenheit verändert) roh oder nahezu roh verzehrt. **Ver**arbeitete Fischereierzeugnisse (technologisch, chemisch oder physikalisch durch Salzen, Marinieren, Räuchern, Erhitzen oder Gefrieren behandelt) gelangen dagegen als mehr oder weniger denaturierte Zubereitung zum Verzehr.

Bei der Verarbeitung einzelner Fischereierzeugnisse gibt es bezüglich der Identifizierung von CCPs überhaupt keine Prozeßschritte, die in der Lage wären, potentielle Gefahren völlig zu **beseitigen** (wie z. B. durch Sterilisation). Nur bei wenigen Prozeßabläufen gibt es solche, von denen die **Verminderung** des Risikos **auf ein annehmbares Maß** – oft auch nur zeitlich beschränkt – erwartet werden darf.

Der Schwerpunkt der gezielten Kontroll- und Korrekturmaßnahmen bei den nicht hitzebehandelten oder schwach denaturierten Fischereierzeugnissen wird deshalb in der **Verhinderung** von Hygienerisiken auf den verschiedenen Stufen der Herstellung und des Vertriebs liegen und sich besonders auf laufende und sorgfältige Reinigungsmaßnahmen, auf ständige Beobachtung und Kontrolle der Kühltemperaturen, auf möglichst kurzfristige, aber technologisch erforderliche Unterbrechungen der Kühlkette und die Vermeidung zusätzlicher Kontaminationen konzentrieren (HUSS, 1992). Gerade die zuletzt genannten Eingriffsmöglichkeiten lassen sich bei vielen althergebrachten Technologien nicht immer örtlich und zeitlich punktuell eingrenzen, so daß im Einzelfall bei der Herstellung bestimmter Erzeugnisse versucht werden sollte, die Technologie einem praktikablen Eigenkontrollsystem anzupassen.

Ebenso gibt es aber auch Fischereierzeugnisse, bei denen bestimmte biologische Gefahrenpotentiale selbst durch konsequente Sterilisierung nicht zu beseitigen sind (Histamin, Algentoxine).

Nur selten liegen Urproduktion (Fang, Zucht, Mast, Tötung, Schlachtung) und die Be- oder Verarbeitung bis zur Abgabe an den Konsumenten in einer Hand des Qualitäts-Management-Systems. Da die Rohware (meist tiefgefroren) auch für die heimische Verarbeitung heute größtenteils auf den internationalen Märkten und i. d. R. nach wochenlangem Seetransport erworben wird, ist die Kontrolle vor der Verarbeitung in den meisten Fällen einer der wichtigsten Kontrollpunkte. Auch durch Zertifikate und Audits beim Urerzeuger ist sie nicht zu ersetzen.

Schließlich trägt der Hersteller und Distributor auch Verantwortung für die Aufklärung des Verbrauchers, indem er sachdienliche Hinweise für die Lagerung und Haltbarkeit der Lebensmittel (besonders bei bereits verzehrsfertigen, z. B. heißgeräucherter Fisch, mildgesalzene Heringe) oder für die Zubereitung (Auftauen zum Verzehr, Erhitzen zum Verzehr) gibt.

Eine Übersicht über Risiken, die beim Verzehr von Fischereierzeugnissen möglich sind, geht aus der Tab. 11.1 hervor.

**Tab. 11.1 Mikroorganismen, Parasiten und Biotoxine in Erzeugnissen der Fischerei und Aquakultur, die beim Verzehr durch Menschen ein Gesundheitsrisiko darstellen**

**1. Bakterien** [71]

*Salmonella* spp.: Frischfisch, Räucherfisch, Krebstiere, Muscheln [3, 11, 12, 23, 34, 46, 48, 54, 68, 72]
*Shigella* spp.: Fisch, Garnelen [9]
*Klebsiella pneumoniae* var. *pneumoniae*: Süßwassergarnelen [78]
*Yersinia enterocolitica*: Krebstiere, Muscheln [3, 47, 59]
*Listeria monocytogenes*: Frischfisch, Räucherfisch, Salzfisch [3, 22, 41, 58, 83]
*Staphylococcus aureus*: Frischfisch, Räucherfisch, Salzfisch [50, 76, 82]
*Clostridium botulinum*: Frischfisch, Räucherfisch, Kochfischwaren, Bratfischwaren, Salzfisch, Heringsfilet, matjesartig gesalzen [32, 33, 37, 55, 69, 74]
*Clostridium perfringens*: Frischfisch, Salzfisch [1, 13]
*Vibrio cholerae*: Frischfisch, Krebstiere, Muscheln [19, 49, 67, 68, 73, 77]
*Vibrio vulnificus*: Frischfisch, Muscheln [17, 73]
*Vibrio parahaemolyticus*: Frischfisch, Krebstiere, Muscheln, Schnecken, Tintenfisch [10, 18, 21, 43, 73, 77]
*Aeromonas hydrophila*: Frischfisch, Muscheln [1, 38, 60]
*Plesiomonas shigelloides*: Frischfisch, Tintenfisch, Muscheln [27, 35, 38, 70]
*Campylobacter jejuni*: Muscheln [2, 3, 5]

**2. Viren**

*Norwalk* (SRSV) *Virus*: Muscheln [16, 28, 57]
*Norwalk-like* (SRFV) *Virus*: Muscheln [16, 62]
*Hepatitis A Virus*: Muscheln [4]
*Polio Virus* [63]

## 3. Parasiten

### Bandwürmer

*Diphyllobothrium latum*: Süßwasserfische [14, 61]
*Diphyllobothrium pacificum*: Meeresfische [7]
*Diplogonophorus balaenoptera und D. grandis*: Meeresfische [42]

### Saugwürmer

*Clonorchis sinensis*: Süßwasserfische [26, 61]
*Opisthorchis felineus*: Süßwasserfische [81]
*Opisthorchis viverrini*: Süßwasserfische [86]
*Heterophyes heterophyes*: Süß-/Brackwasserfische [80]
*Metagonimus yokogawai*: Süßwasserfische [40]
*Paragonimus westermani, P. kellicotti, P. africanus*: Süßwasserkrebse [61]
*Haplorchis* sp.: Süßwasser-/Brackwasserfische [40]
*Nanophyetes schikhobalowi*: Pazifik-Lachs [20]
*Nanophyetes salmincola*: Pazifik-Lachs [20]

### Fadenwürmer

*Gnathostoma spinigerum*: Süßwasserfisch [79, 86]
*Angiostrongylus cantonensis, A. costaricensis:* Wasser- und Landschnecken, Süßwassergarnelen, Landkrabben [15, 56]
*Capillaria philippinensis*: Süßwasserfische [84]
*Anisakis* sp.: Seefische [39]
*Pseudoterranova* sp.: Seefische [51]
*Eustrongylides* spp.: Süßwasserfische [75]

## 4. Biotoxine [29, 52]

*Histamin*: Seefische überwiegend aus den zoologischen Familien *Scombroidae* und der *Clupeidae* [6, 24]

### Algentoxine

*Paralytic Shellfish Poisoning Toxin* (Saxitoxin, Gonyautoxine): Muscheln [52]
*Diarrhetic Shellfish Poisoning Toxin* (Okadasäure, Pectenotoxin, Yessotoxin): Muscheln [44]
*Neurotic Shellfish Poisoning Toxin* (Brevetoxine): Muscheln [52]
*Amnesic Shellfish Poisoning Toxin* (Domosäure): Muscheln, Krebse [52, 87]
*Ciguatera-* und *Maito-Toxin* (Polyether): Meeresfische, Meeresschnecken [52]

### Andere Toxine

*Tetrodotoxin*: Kugel-, Igel- und Mondfische, Meeresschnecken, Krabben [52]
*Palytoxin*: Krabben [52]
*Aplysiatoxin*: Meeresschnecken [29]
*Surugatoxin*: Elfenbeinschnecken [29]
*Tetramethylammonium-Hydroxid*: Trompetenschnecken [30, 31]

## 11.2 Gefährdungen bei der Urerzeugung von Fischereierzeugnissen

### 11.2.1 Mikrobiologische Risiken infolge natürlicher Kontamination der Fanggewässer

*Clostridium botulinum* Typ E ist praktisch an den Küsten (Sediment) fast aller Meere verbreitet (Ausnahme: Australien, Neuseeland; HUSS und PEDERSEN 1979), ebenso auch in vielen Binnenseen. *V. parahaemolyticus* kommt dagegen häufig in Meeresgewässern tropischer und subtropischer Zonen vor und gehört dort zur Originalflora besonders von Krebs- und Weichtieren. Dieser Umstand hat zu der Vermutung geführt, daß diese Gewässer auch das natürliche Reservoir für *Vibrio cholerae* und *V. vulnificus* (RIPPEN und HACKNEY, 1992) sind. Verschiedene humanpathogene Parasiten kommen ebenso natürlicherweise in Fischen bestimmter Gewässer (meist Binnengewässer) vor und werden alimentär übertragen (Fischbandwurm, Katzenleberegel).

### 11.2.2 Kontaminationen durch Siedlungsabwässer

Abgesehen davon, daß Siedlungsabwässer häufig die Quelle verschiedener Schwermetalle (Quecksilber, Blei, Cadmium), Metalloide (Arsen), Pestizide, Arzneimittel und anderer „Errungenschaften" der Zivilisation sind, spielen sie als Ursache der Kontamination von Binnen- und Küstengewässern, letztere besonders im Bereich von Flußmündungen, eine Rolle als Ursache vieler biologisch bedingter Erkrankungen infolge des Verzehrs von Meerestieren. Zu erwähnen sind die verschiedenen Enterobakteriazeen, aber auch *Staphylococcus aureus, Aeromonas hydrophila, Plesiomonas shigelloides, Yersinia enterocolitica, Campylobacter jejuni* und die insbesondere nach Rohverzehr von Krebs- und Weichtieren zu Erkrankungen führenden Virus-Arten (Hepatitis A, Norwalk und Norwalk-like Virus; MORSE et al. 1986, APPLETON 1991, CLIVER 1991).

### 11.2.3 Risiken durch humansensitive Toxine, die in der natürlichen Nahrungskette des Gewässers akkumuliert werden

- Tetrodotoxische Fische
- Ciguatera-toxische Fische (meist geschätzte Speisefische von saisonaler Giftigkeit)
- Von Muscheln akkumulierte Mikroalgentoxine.

### 11.2.4 Einfluß der Fangtechnik auf potentielle Risiken

Die schnelle und schonende Gewinnung bei möglichst niedrigen Temperaturen leistet einen wesentlichen Beitrag dazu, mögliche Gefährdungen a priori zu vermindern. Das Ziel beim Fang oder Abfischen muß sein, einen Fisch zu gewinnen, der nach dem Schlachten eine Totenstarrephase aufweist, die lange und intensiv andauert. Eine durch reichlich Milchsäurebildung und damit durch tiefe pH-Werte (6,1 bis 6,7) während einer mehr als 24 Stunden andauernden Muskelstarrephase (MESSTORFF, 1954) verhindert nicht nur das Anwachsen und die Vermehrung von Verderbserregern, sondern hemmt auch Vermehrung und Toxinbildung von Lebensmittelvergiftungserregern.

Die Fangtechnik muß sowohl von der apparativen Ausstattung (Kühleinrichtung, leicht zu reinigende und gut wärmeisolierte Stauräume, Bordhygiene, Personalhygiene etc.) wie vom betrieblichen Ablauf (kurze Schleppdauer mit den Schleppnetzen, kurzfristige Kontrollen beim Stellnetz- oder Langleinenfang, sorgfältiges Schlachten, Spülen, Vereisen und Verstauen, rechtzeitiger Antritt der Heimreise etc.) die Rohware schonen. Auf die natürlichen Gegebenheiten muß sachgerecht reagiert werden: Fangtemperatur, Wetterlage, Ernährungszustand, Fortpflanzungsstadium, Gesundheitszustand, Schwarmdichte, Zusammensetzung der Schwärme. Werden weichschuppige Fische (Seelachs) mit hartschuppigen (Rotbarsch) zusammen im Netz gefangen, werden sie infolge der gegenseitigen Reibung im Netz mehr oder weniger entschuppt („abgefischt"). Infolge mechanischer Beeinträchtigung bildet sich keine ausreichende Totenstarrephase mehr aus, z. B. wenn das Netzschleppen („Hol") mehrere Stunden dauert oder, wenn das volle Netz über Geröll-Untergründe gezogen wird, so daß die Fische bereits in verendetem Zustand auf das Deck gehievt werden („wassertot").

Bei der schwierigen Arbeit an Bord der Fischereifahrzeuge spielt es ferner für den Frischegrad und damit für die zu erwartende mikrobielle Unbedenklichkeit eine große Rolle, wann und in welchem Zustand die Fische ausgenommen und damit entblutet werden. Bereits verendete Fische entbluten unzureichend und sind damit mikrobiell ein günstiges Nährsubstrat. Ebenso ist das Spülen der geschlachteten Fische eine nicht zu vernachlässigende Notwendigkeit, da auch hier die Blutreste zu einer schnelleren Keimvermehrung beitragen. Nicht ausgenommene Fische neigen ausgehend von den enzymreichen Verdauungsorganen zu einer fortschreitenden Autolyse, die das Eindringen der Mikroorganismen in die Gewebe begünstigt. Außerdem neigt der Inhalt des Magendarmtraktes zu einer schnellen Fäulnis. Zum Erhalt der mikrobiellen Unbedenklichkeit ist die unmittelbare, unverzügliche Kühlung der geschlachteten Fische, je nach Witterung insbesondere bei mehrstündigen Fangreisen, unbedingt erforderlich. Dies geschieht in althergebrachter Weise durch Vermengung des geschlachteten Fisches (auch des ungeschlachteten Rotbarsches) mit grobstückigem Wassereis.

Eine wesentliche Rolle dabei spielt die initiale Körpertemperatur der als Frischfisch an Bord zu bearbeitenden Fänge. Seefische aus flacheren Gewässern

(Wassertiefe < 60 m) weisen auch bei sorgfältiger Ausschlachtung und Vereisung i. d. R. eine geringere Eislagerreserve auf als Fische aus Fangtiefen von mehreren 100 m. Dies hängt zweifellos mit der unterschiedlichen Fangtemperatur zusammen, die in flachen Fanggebieten wesentlich höher ist (> 10 °C) als in Fanggründen von 500 bis über 1000 m Tiefe (~ 3 °C).

Die leicht zu reinigenden Stauräume müssen dazu nicht nur vertikal durch Schotten abgeteilt werden (zur Verhinderung des Verrutschens des Fanges), sondern auch horizontal, da diese Abschottung besonders zum Auffangen des Gewichtsdruckes dient, der die Fische zerquetschen und damit der mikrobiellen Kontamination Vorschub leisten würde. Viele Fischereifahrzeuge verwenden heute statt Schotten Kunststoffbehälter, die mit dem Fisch-Stückeneis-Gemisch beschickt werden. Es handelt sich vorwiegend um Behälter von 100–500 kg Fassungsvermögen, die direkt übereinander in den Laderäumen gestapelt werden können. Oft werden die Laderäume zusätzlich mit Hilfe von Kühlaggregaten gekühlt (sog. superchilling).

Zu erwähnen ist ferner das Aufbewahren der Fische in Meerwassertanks, die mit Eis oder Kühlaggregaten gekühlt werden können. Dies wird besonders bei der Ringwadenfischerei von Heringen und Makrelen praktiziert, wobei mit sog. Fischpumpen der Fisch aus der im Wasser schwimmenden Ringwade mechanisch relativ unversehrt an Bord kommt. Diese Tanks müssen mit automatischen Temperaturaufzeichnungsgeräten versehen sein und sicherstellen, daß spätestens 6 Stunden nach dem Beschicken das Fisch-Meerwasser-Gemisch eine Temperatur von 3 °C und nach 16 Stunden eine Temperatur von 0 °C erreicht (Fischhygiene-Verordnung 1994 = FischHV). Ebenso müssen die Tanks, die Umlaufsysteme und die Behälter nach jeder Anlandung vollständig geleert und gründlich mit Trinkwasser oder sauberem Meerwasser gereinigt werden.

## 11.2.5 Risiken bei der Anlandung und Erstvermarktung

Das Löschen der angelandeten Seefische muß unter Ausschluß von Witterungseinflüssen und von Verschmutzung erfolgen. Eine Quelle mikrobieller Kontamination stellen die mit dem Löschen und der Vermarktung befaßten Personen dar. Der Personenverkehr ist deshalb im Bereich der Lösch- und Vermarktungshallen zu beschränken (Verbot des Spuckens, des Rauchens; Schutzkleidung). Ebenso müssen Schädlinge (Ratten) und unerwünschte Tiere (Möwen, Hunde und Katzen) ferngehalten werden, die als Überträger verschiedener Krankheiten in Frage kommen.

Der Lösch- und Vermarktungsvorgang stellt in jedem Falle eine Unterbrechung der Kühlkette dar. Daher müssen alle Maßnahmen darauf ausgerichtet sein, diese Unterbrechung nicht zu einem unkontrollierten Risiko werden zu lassen. Die sog. Topvereisung der Auktions- und Transportbehälter kann die Einhaltung der Kühlkette nicht gewährleisten, wenn bei sommerlicher Wärme auch während der Nacht das Eis schon innerhalb von 2–4 Stunden abgeschmolzen oder im Winter auch bei niedrigeren Temperaturen infolge Zugluft vollständig sublimiert ist. Es muß Vorsorge insbesondere für die Vereisung der Fische bis zum Zeitpunkt der Auktion, während der Auktion und für den Transport in die Verarbeitungsbetriebe getroffen werden. Dazu ist es notwendig, Kenntnis über die zu erwartenden Tages- und Nachttemperaturen zu haben (Wetterbericht), den erforderlichen Eisvorrat zu beschaffen und den Zeitpunkt und das Personal für eine zusätzliche Vereisung zu bestimmen. Ebenso muß Zugluft in den Auktionshallen unterbunden werden.

Bei winterlichen Außentemperaturen ist Frischfisch vor dem Gefrieren zu schützen.

Die Aussortierung und Entfernung nicht vermarktungsfähiger Ware (faulig zersetzte, verschmutzte oder zerquetschte Fische) hat vor der Auktion zu erfolgen. Besucherverkehr muß so geregelt sein, daß das Auktionsgut nicht beeinträchtigt wird.

Nach der Auktion ist der Fisch unverzüglich unter Wahrung der Kühlkette und ohne Beeinträchtigung durch äußere Einflüsse (Staub, Möwen) in die Kühlräume der Verarbeitungsbetriebe zu bringen.

## 11.3 Gefährdungen bei der Be- und Verarbeitung von Fischereierzeugnissen

Für die Abschätzung potentieller Risiken und ihre Beherrschung während der Verarbeitung müssen die Bedingungen des Vertriebs (verpackt oder unverpackt; gekühlt oder gefroren etc.) und des Verzehrs (direkt oder nach Zubereitung durch Erhitzen etc.) bekannt sein. Im folgenden sind einige Beispiele aufgeführt.

### 11.3.1 Frischfisch-Bearbeitung

Aus der Abb. 11.1 gehen wichtige Prozeßstufen bei der Bearbeitung von Frischfisch hervor. Bei diesem Lebensmittel ist vorauszusetzen, daß es vor dem Verzehr durch Braten oder Kochen gar gemacht wird. Dadurch werden Parasiten aller Art abgetötet, so daß dieses Gesundheitsrisiko für den Konsumenten vernachlässigt werden kann und daher auch keine Berücksichtigung in gesetzlichen Vorschriften findet.

Der Frischegrad der verwendeten Rohware ist eine entscheidende Voraussetzung für die gesundheitliche Unbedenklichkeit und für die in Aussicht genommene Haltbarkeitsdauer. Er gewinnt noch an Bedeutung, wenn der Frischfisch luftdicht verpackt, evakuiert oder unter modifizierter Atmosphäre vertrieben werden soll. Die Überprüfung der Frische kann sensorisch (visuell-olfaktorisch) im rohen Zustand erfolgen. In Verdachtsfällen müssen sich aber weitergehende Untersuchungen (Kochprobe, Bestimmung des Gehaltes an flüchtigem, basischem Stickstoff [TVB-N] oder an Trimethylamin-Stickstoff [TMA-N]) anschließen. Bei Fischen, die den zoologischen Familien der *Scombridae* und *Clupeidae*

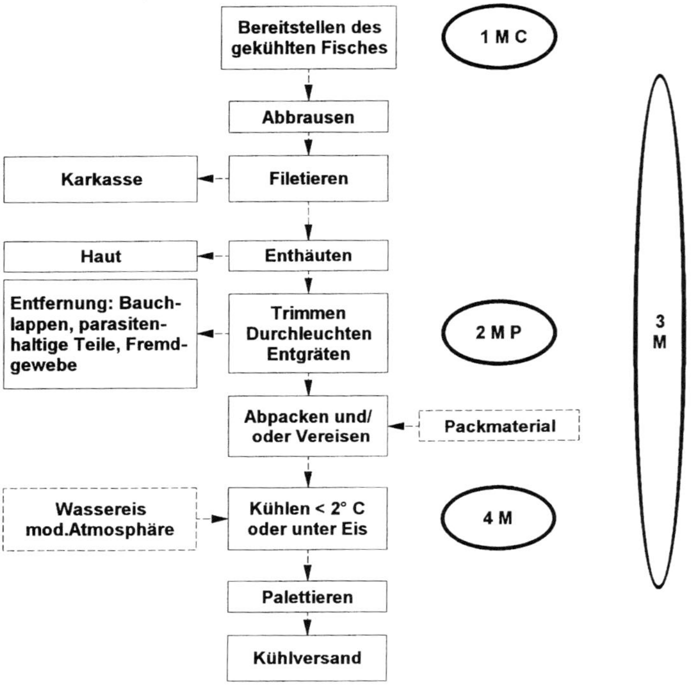


**Abb. 11.1 Schematische Darstellung wichtiger Prozeßschritte bei der Zerlegung von Frischfisch (Filetieren).**

Prozeßschritte, die als kritische Kontrollpunkte zu identifizieren sind, sind rechts neben dem Prozeßdiagramm fortlaufend numeriert und durch ein Queroval oder schmales Längsoval (wenn während mehrerer Prozeßstufen zu beachten) fett umrandet. **M** bedeutet die Kontrolle für eine mikrobiologische, **C** für eine chemische und **P** für eine physikalische Gefahr.

1MC: Der Frischegrad der Rohware und ihre Sauberkeit sind Maßstab für die mikrobiologische Unbedenklichkeit. Beim Vorliegen von beginnender Fäulnis ist auch eine Vermehrung von möglicherweise kontaminierenden pathogenen Mikroorganismen nicht ausgeschlossen. Bei Makrelen- und Heringsfischen muß außerdem das Risiko einer Histaminanreicherung ausgeschlossen werden. Bei der Vermarktung von Fischen aus Gewässern, bei denen mit dem Vorhandensein von Tetrodo- und Ciguatera-Toxin zu rechnen ist, muß auch dieses beachtet werden.

2MP: Bei grätenfrei vermarkteten Fischteilen ist die Entgrätung Bestandteil der laufenden Kontrolle zum Ausschluß von Verletzungen beim Verzehr (physikalische Gefährdung).

3M: Während des gesamten Prozeßablaufes sind die Sauberkeit der Geräte und des Personals sowie die Standzeiten ohne Kühlung unter Kontrolle zu halten.
4M: Sofortige Kühlung durch Zerlegung und Verpackung.

angehören, ist außerdem ein wichtiger kritischer Kontrollpunkt die Überprüfung des Gehaltes an Histamin. Die Probenentnahme und die Bewertung des Histamingehaltes erfolgen nach den Vorgaben der FischHV 1994. Der für den Vertrieb von Frischfisch von der Küste aus festzulegende kritische Grenzwert muß wesentlich niedriger (z. B. < 20 mg/kg) liegen als der amtlich festgelegte Höchstwert von 200 mg/kg ( § 16 Abs. 1 Nr. 2 FischHV), damit dieser bei Abgabe an den Verbraucher nicht überschritten wird. Auf den weiteren Bearbeitungsstufen ist Sauberkeit der Räume, der Geräte und der Personen oberstes und ständiges Gebot, besonders beim manuellen Filetieren, Trimmen, Durchleuchten und Verpacken. Kritisch zu beachten sind:

- Standzeiten des Fisches ohne zusätzliche Kühlung,
- als Kontaminationsquelle die beim Handfiletieren üblichen Gefäße mit warmem Wasser zum Abspülen und Anwärmen der erkalteten Hände,
- das Packmaterial,
- das Wassereis für die Kühlung der Fische (Zukauf oder Selbstherstellung),
- die Absonderung, Lagerung und Beseitigung von Abfällen (u. a. auch die Entfernung von mit Nematoden befallenen Fischteilen).

Soweit Frischfisch unter der Bezeichnung „praktisch grätenfrei" vermarktet werden soll, muß die Entgrätung wegen des Risikos einer möglichen Verletzungsgefahr durch zweckentsprechende Bearbeitung sichergestellt sein.

## 11.3.2 Herstellung seegefrosteter Fischereierzeugnisse

Neben der Beachtung der baulichen Voraussetzungen und der Überprüfung der fang- und bearbeitungstechnischen Abläufe muß an Bord von Fabrikschiffen wegen der räumlichen Enge mehr als in Landbetrieben der Gesundheit der Besatzung und der Personalhygiene Beachtung geschenkt werden. Der Ausbruch einer Infektionskrankheit unter den Mitgliedern der Besatzung dürfte im allgemeinen den Abbruch der Produktion von Gefrierfisch nach sich ziehen und auch die Verwertung des produzierten Gefrierfisches je nach Lage des Falls einschränken oder verbieten. Da die Verwendung von sauberem Meerwasser erlaubt ist, muß durch Kontrollmaßnahmen (wer? wie?) auch ständig (wann?) dessen einwandfreie Beschaffenheit sichergestellt sein.

Der Betriebsablauf ähnelt dem der Frischfischbearbeitung. Bei Übernahme von Fängen anderer Fischereifahrzeuge auf See müssen auch hier der Frischegrad, besonders aber bei Makrelen- und Heringsartigen der Histamingehalt überwacht werden. Letzterer kann bei Temperaturen von > 15 °C schon innerhalb weniger

Tage Konzentrationen erreichen, die eine Gefahr für den Konsumenten bedeuten.

Ein besonderes Problem ist die Herstellung „praktisch grätenfreier", seegefrosteter Filetblockware. Der Schlüssel zur Vermeidung der Gefährdung durch Verletzung mit Gräten liegt nahezu ausschließlich bei der Kontrolle auf See.

Auf den Verarbeitungsdecks ist Sorge dafür zu tragen, daß Handwerkszeug, Kleinmaterial für Reparaturen, Schmierfette oder Verpackungsmaterial aller Art nicht in das Produkt geraten (Fremdkörperproblem!). Bei der späteren Verarbeitung an Land können solche Risiken nur ausnahmsweise (Eisenteile) beherrscht werden.

## 11.3.3 Herstellung von tiefgefrorenen Fischereierzeugnissen

Soweit Filetblocks durch Zersägen und/oder andere Verfahren portioniert werden, empfiehlt sich die planmäßige mikrobiologische Stichprobenuntersuchung, insbesondere, wenn kein weiterer keimvermindernder Prozeßschritt vorgesehen ist (z. B. Verarbeitung zu Vollkonserven).

Soweit bei der Verarbeitung das Fischfleisch gefroren bleibt oder nur kurzfristig höheren Temperaturen (Vorbraten) ausgesetzt wird, muß die Aufmerksamkeit auf die Vermeidung der Kontamination des Lebensmittels durch Personen, Verarbeitungsanlagen und auf die einwandfreie Beschaffenheit der Zutaten (Glasur, Panade, Soßen, Cremes etc.) ausgerichtet sein. Auch bei der Verarbeitung von TK-Erzeugnissen müssen die Standzeiten, besonders aber auch die Temperaturen unter Kontrolle sein und Anweisungen für Korrekturmaßnahmen (Verwerfen, Umdeklaration, andere Verwertung etc.) vorliegen und durchgeführt werden.

## 11.3.4 Auftauen von Fischen und Teilen davon

Das Auftauen von gefrorenen und tiefgefrorenen Fischen ist abgesehen von der Frischverwertung ein Prozeß, der in keinem Bereich der Verarbeitung fehlt. Der Abb. 11.2 sind beispielhaft die wichtigsten Prozeßstufen beim Auftauen zu entnehmen. Das Spektrum reicht von einfachem Auftauen an der Luft, über Verbringen in Trinkwasser, Besprenkeln mit Leitungswasser mit programmierter Unterbrechung bis zu modernsten geschlossenen Anlagen mit automatisch gesteuerter Dampfanwendung (max. 30 °C).

Das Verpackungsmaterial des Auftaugutes ist eine beachtliche Kontaminationsquelle. Auftauen in der Transportverpackung begünstigt eine Kontamination durch die Außenflora oder sonstige Stoffe. Die Gefrierrohware ist deshalb vor dem Auftauen unter Vermeidung zusätzlicher Kontamination auszupacken. Das Verpackungsmaterial ist sofort unschädlich zu entfernen. Apparate oder Räume, die ausschließlich dem Auftauen dienen, müssen leicht zu reinigen und mit Vorrichtungen ausgestattet sein, die das Abfließen der Auftauflüssigkeit ohne Kon-

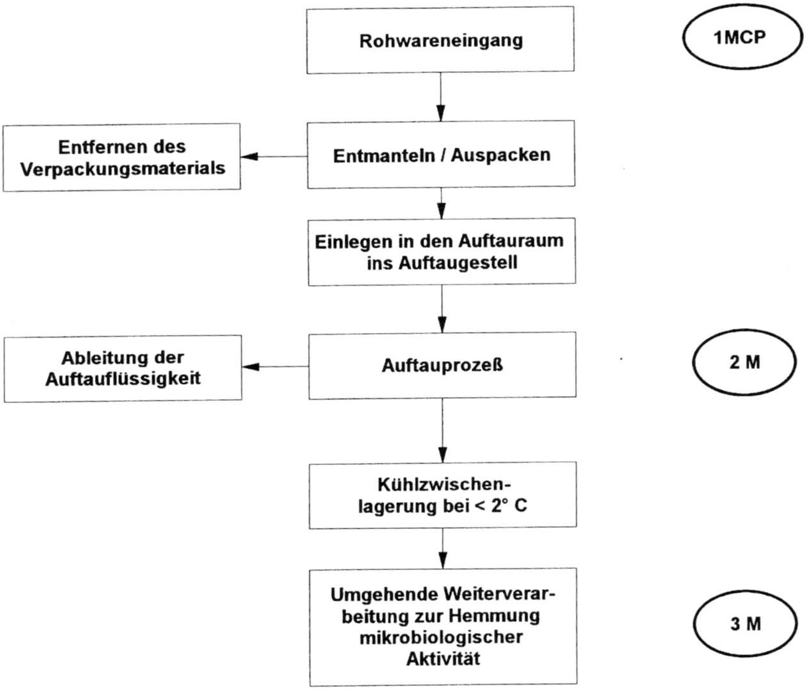


**Abb. 11.2 Schematische Darstellung wichtiger Prozeßstufen beim Auftauen von Gefrierfisch.**
Symbole vergl. Abb. 11.1
1MCP: Die Gefrierrohware ist auf das Vorliegen mikrobieller (Frischegrad, Verschmutzung, Entfernung der Umverpackung), chemischer (Histamin) und physikalischer Gefährdungen (zur Verletzung geeignete Fremdkörper) zu überprüfen.
2M: Zur Vermeidung der Vermehrung pathogener Mikroorganismen ist der Auftauprozeß durch geeignete Kontrollmaßnahmen sofort nach Erreichen des Taupunktes im Kern des Gefriergutes abzubrechen.
3M: Die geschlossene Kühlkette ist unverzüglich wieder herzustellen, um mikrobielles Wachstum zu hemmen (Festlegung kritischer Grenzen für die Temperatur und die Zeitdauer der Kühlunterbrechung).

takt zum Auftaugut selbst oder zum Inhalt anderer Packstücke sicherstellen. Das geschieht mit Vorteil in Gestellen mit einer Bodenneigung, die das Abfließen des Tauwassers ermöglicht, ohne daß es auf darunter liegendes Material tropft.

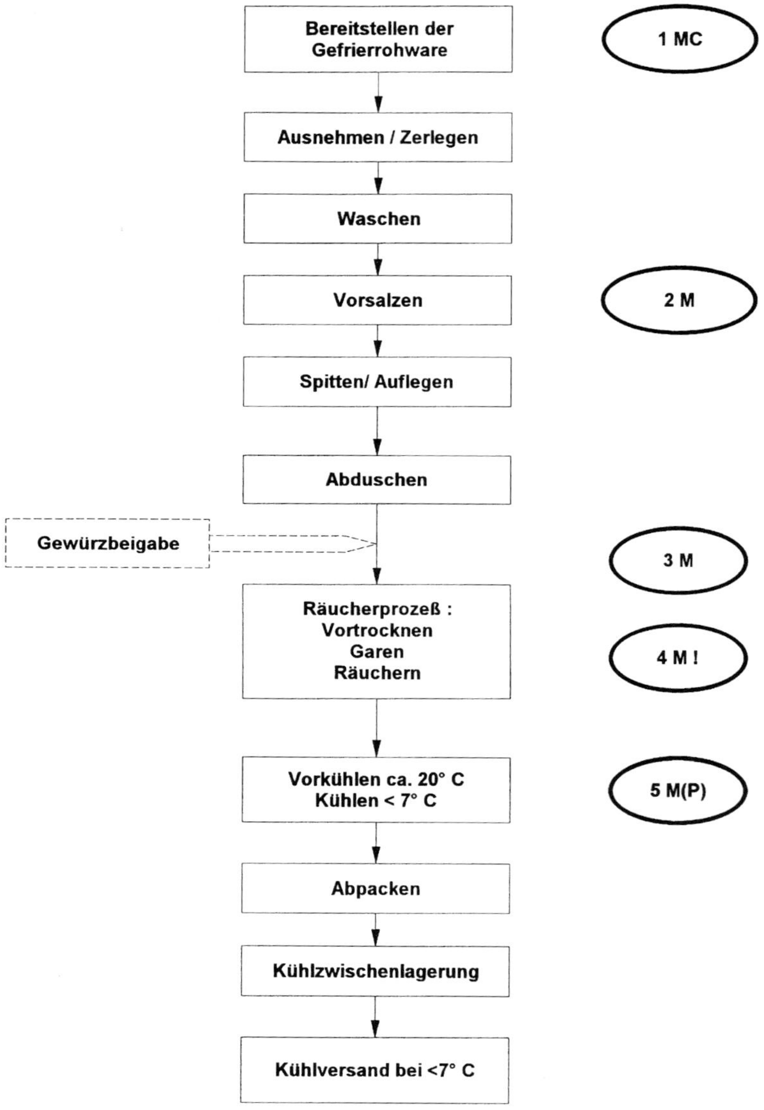


**Abb. 11.3 Schematische Darstellung wichtiger Prozeßstufen bei der Herstellung von heißgeräucherten Fischereierzeugnissen.**
Symbole vergl. Abb. 11.1
1MC: Überwachung des Frischegrades und bei Makrelen- und Heringsfischen des Histamingehaltes.

2M: Prüfung der Kochsalzaufnahme (Festlegung eines Sollwertes im Fischgewebewasser entsprechend der beabsichtigten Haltbarkeitsdauer und einer luftdichten Verpackung).
3M: Ausschluß der Kontamination der Gewürze mit pathogenen Keimen.
4M: Lenkung der Kerntemperatur und deren Dauer. Gare-Prüfung. Prüfung des Kochsalzgehaltes im Fischgewebewasser ($a_w$-Wert!).
5M: Beachtung aseptischer Abkühlung (ohne Berührung durch Personen; bei Kühlluftumwälzung Verhinderung von Staubverwirbelung) und Verpackung.

Der Tauwasserfluß ist je nach Stapelart regelmäßig zu kontrollieren. Ein kritischer Kontrollpunkt beim Auftauen ist die Zeitspanne, die aufgetautes Fischgewebe bei Temperaturen lagert, die die Vermehrung und Stoffwechselaktivität von gesundheitlich bedeutsamen Mikroorganismen erlauben, also bei ca. 15–30 °C. Sie hängt wesentlich von der Geometrie des Auftaugutes ab. Bis der Kern aufgetaut ist, können im ungünstigen Fall in den Randschichten des Auftaugutes je nach Praxis bereits mehrere Stunden, manchmal auch länger als 1 Tag Bedingungen für die Vermehrung von Mikroorganismen gegeben sein. Um dies zu vermeiden, sollte nur solche Rohware erworben werden, deren Schichtdicke ca. 3–5 cm nicht überschreitet.

Die Ware muß nach Beendigung des Auftauprozesses so bald wie möglich wieder wie Frischfisch gekühlt (< 2 °C oder unter schmelzendem Eis) oder einer Verarbeitung zugeführt werden. Die Verweildauer der aufgetauten Fischteile bis zum erneuten Einfrieren oder sonstiger Behandlung bei Temperaturen, die das Wachstum von Bakterien ermöglichen, sollte möglichst nur auf die Dauer der Verzögerungsphase (ca. 30 Minuten) beschränkt bleiben.

## 11.3.5 Herstellung von Heißräucherfischwaren

Es handelt sich um Lebensmittel aus Fischen oder Fischteilen, die nach Vorsalzung und anschließender Heißgarung durch Räucherung verzehrsfertig hergestellt werden und dann bei Kühltemperaturen (< 7 °C) eine beschränkte Haltbarkeit von einigen Tagen bis etwa 2 Wochen aufweisen. Sie kommen unverpackt oder verpackt (meist wasserdampfdicht) in den Verkehr. Die Technologie geht beispielhaft als Fließdiagramm aus der Abb. 11.3 hervor. Haltbarkeit und gesundheitliche Unbedenklichkeit ergeben sich besonders aus folgenden Prozeßschritten: Frischegrad der Rohware, Histamingehalt der Rohware (nach der Heißräucherung bilden sich in Makrelen auch bei hohen Lagertemperaturen keine bedeutsamen Histaminmengen, Priebe 1984), Kochsalzaufnahme beim Vorsalzen, Kerntemperatur und Dauer beim Garen und Räuchern, Abkühlen und Verpacken unter möglichst aseptischen Bedingungen (Verarbeitungs- und Personalhygiene) sowie konsequente Einhaltung der Kühlkette bis zur Abgabe.

Lebensmittelvergiftungen werden besonders beobachtet infolge Befalls mit Salmonellen und enterotoxinbildenden Staphylokokken. Häufig wird auch eine Kontamination mit *Listeria monocytogenes* registriert.

Für eine zeitlich beschränkte Haltbarkeit, während der auch die Vermehrung pathogener Keime verzögert sein soll, ist als wichtiger „intrinsic factor" besonders eine Kochsalzkonzentration von mindestens 4,5 % im Fischgewebewasser anzusehen. Da das Kochsalz durch Vorsalzung ohne Erreichen eines Konzentrationsgleichgewichtes in den verschiedenen Teilen des Fisches oder Fischteiles von außen zugeführt wird, spielt die Dauer und die Temperaturhöhe während der Hitzegarung insofern eine besondere Rolle, weil dadurch

- das Kochsalz in der Gewebeflüssigkeit aller Regionen des Fisches gleichmäßig verteilt wird und
- gleichzeitig durch den Feuchtigkeitsverlust (15–30 % Gewichtsverlust) die Kochsalzkonzentration im Gewebewasser die notwendige Höhe erreicht.

Zur Abtötung von Nematoden ist eine Kerntemperatur von 60 °C erforderlich (FischHV); für eine merkliche Keimreduktion sind aber höhere Kerntemperaturen anzustreben.

Als Kontrollmaßnahme (CCP) für eine ausreichende Garung und das Erreichen einer ausreichenden Kochsalzkonzentration bietet sich die Messung des $a_w$-Wertes im Fertigprodukt an, weil er direkt mit der Kochsalzkonzentration in der Gewebefeuchtigkeit korreliert.

Die Überprüfung der Garung hat regelmäßig zu erfolgen, da davon die Abtrocknung mit der Absenkung des $a_w$-Wertes abhängig ist.

Eine physikalische Gefährdung besteht durch Verwendung von Metallklammern zum Verschließen der Räucherfischkistchen. Beim Verpacken von Räucherfisch sollte daher auf solche Verschlüsse verzichtet werden.

## 11.3.6 Herstellung von Kalträucherfischwaren

Es handelt sich um verzehrsfertige Erzeugnisse, die außer einer Vorsalzung und einer Räucherung bei maximal etwa 30 °C keinem stabilisierenden Behandlungsverfahren ausgesetzt werden. Mit Ausnahme weniger Erzeugnisse (Lachshering) liegt der Kochsalzgehalt im Fertigerzeugnis fast regelmäßig unter 6 % in der Wasserphase (überwiegend zwischen 3–4 % ). Das Kochsalz wird durch Trockensalzung mit anschließender Wässerung, durch Naßsalzung oder Spritzung mit Lake zugefügt. Das Kalträuchern, das i. d. R. 5–12 Stunden dauert, muß auch als thermische Belastung bewertet werden, die sofort nach der Räucherphase von einer strikten Kühlung (< 2 °C) abgelöst werden muß.

Aus der Abb. 11.4 gehen die hauptsächlichen Prozeßschritte bei der Fertigung von kaltgeräuchertem Lachs in Scheiben hervor. Wie ersichtlich, gibt es keine Herstellungsstufe, bei der mikrobiologische Gefährdungen auch nur annähernd auf ein annehmbares Maß reduziert würden. Die Rohwarenkontrolle ist damit der zunächst wichtigste kritische Kontrollpunkt, von dem die Bekömmlichkeit des verzehrsfertigen Produktes abhängig ist. Alle weiteren Prozeßschritte, die mehrmals auch manuellen Kontakt durch Personal erfordern, müssen daher unter peinlichster Sauberkeit (Kontamination mit enterotoxinbildenden Staphylokokken, mit Salmonellen, mit Listerien etc.) ablaufen. Dazu gehören auch die Standzeiten ohne Kühlung außerhalb des Räucherprozesses. Nahezu jeder Verfahrensschritt muß als kritischer Kontrollpunkt aufgefaßt und entsprechenden Maßregeln (kritischer Grenzwert für Beobachtungen bezüglich der Konzentration der Kochsalzlake, Dauer der Vorsalzung, Räucherung, der Unterbrechung der Kühlkette, Korrekturmaßnahmen) unterworfen werden. Da keiner der Prozeßschritte zur Abtötung eventuell vorhandener Nematodenlarven führt, muß entweder die Rohware bereits einem Gefrierverfahren unterzogen worden sein, oder das Fertigprodukt ist entsprechend zu behandeln (CCP).

Ein bedeutender Gewichtsverlust, wie er bei der Heißräucherung zu registrieren ist, findet hier mit Ausnahme der Abtrocknung an der Oberfläche (Räucherhautbildung) nicht statt. Daher kommt es hier nicht wie bei der Heißräucherung zu einer deutlichen Konzentrationserhöhung des Kochsalzes im Gewebewasser mit einer entsprechenden $a_w$-Wert-Absenkung.

Bei Scheibenware wird i. d. R. erwartet, daß sämliche Gräten entfernt sind. Soweit solche wenig denaturierten Produkte nach der Kalträucherung einer Gefrierbehandlung unterzogen werden (z. B. zum Scheibenschneiden), sollte zur Verringerung der Gefahr einer Keimvermehrung durchaus überlegt werden, ob das Produkt nicht grundsätzlich als TK-Erzeugnis vertrieben werden sollte. Ein Postversand kann nur unter Einhaltung der Kühlkette erfolgen.

### 11.3.7 Herstellung von Marinaden

Marinaden sind verzehrsfertige Erzeugnisse, überwiegend aus Hering, die durch Einwirkung einer wäßrigen Lösung aus Essigsäure und Kochsalz (Garbad) denaturiert und dadurch spezifisch aromatisiert sind. Nach Überführung in einen milden, gewürzten Aufguß werden die Essigsäure- und Kochsalzkonzentration auf ein sensorisch akzeptables Maß reduziert. Die Haltbarkeit ist beschränkt und wird bestimmt durch den initialen Keimgehalt im Fertigerzeugnis (Laktobazillen), durch den Gehalt an Essigsäure und Kochsalz, durch die Einhaltung der Kühlkette und durch den Zusatz von chemischen Konservierungsstoffen oder/und anderen Genußsäuren. Unter diesen spezifischen Herstellungsbedingungen bleibt die fischgewebseigene Peptid-Hydrolase-Aktivität der Kathepsine erhalten und wird durch das niedrige pH-Niveau nahezu optimiert. Sie führt im Heringseiweiß zur Freisetzung von Peptiden und Aminosäuren, so daß der Gehalt an freien Aminosäuren im Aufguß des Fertigproduktes mit Fortschreiten der Zeit und in Abhängigkeit der verschiedenen extrinsic und intrinsic factors ansteigt (Meyer, 1956). Dies ist die Vorbedingung für die Decarboxylaseaktivität von heterofermentativen Laktobazillen (*Betabacterium* spp.), die zur $CO_2$ -Bombage führt und mit dem Zerfall der Fischmuskulatur einhergeht.

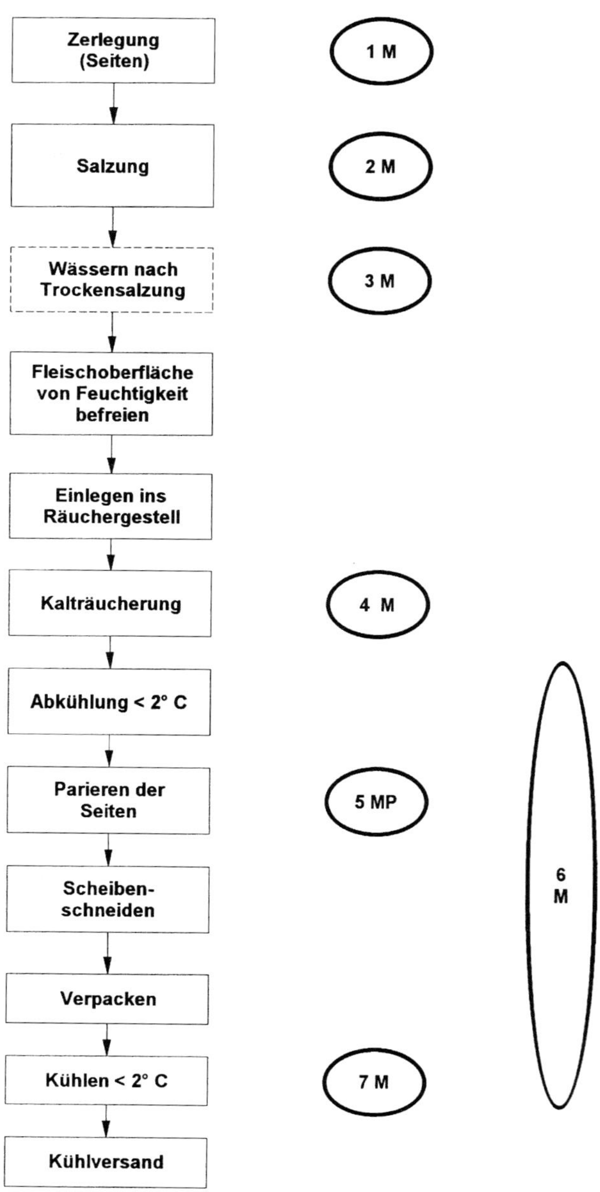


**Abb. 11.4** Schema wichtiger Prozeßschritte bei der Herstellung mildgesalzener, kaltgeräucherter Fischereierzeugnisse (kaltgeräucherter Lachs in Scheiben).

Symbole vergl. Abb. 11.1
1M: Frischegradprüfung mit höchstem Anspruch (Extra-Qualität!).
2M und 3M: Ausreichende Kochsalzaufnahme nach Festlegung des Sollwertes.
4M: Temperatur-/Zeit-Überwachung, damit Kalträucherung (27–30 °C) nicht zur unverwünschten Keimvermehrung führt.
5MP: Unterbindung von Personenkontakt! Prüfung der Entgrätung!
6M: Während des weiteren Prozeßverlaufes sind peinlichst sauberer Umgang bis zur Verpackung und permanente Kühlung zu regeln (Zeitpunkt von Zwischenreinigungen, Verweildauer bis zur Kühlung).
7M: Verzögerungsfrei in die Kühlung oder gefrieren.

Als Beispiel für den Herstellungsprozeß einer typischen Kaltmarinade geht aus der Abb. 11.5 ein Fließdiagramm mit den wichtigsten Angaben für Rollmops in Aufguß hervor.

Wichtigster Prozeßschritt ist, abgesehen von der Rohwarenbeschaffenheit (Frische, Histamingehalt), die sachgerechte Durchführung des Garbad-Verfahrens, die neben der Denaturierung der Fischmuskulatur (Opakwerden, Verfestigung) zu einer erheblichen Reduzierung der originären Keimflora führt. Es werden vor allem gramnegative Keimarten, zu denen wichtige Lebensmittelvergifter gehören, abgetötet. Ein sorgfältiges Einklatschen der Heringslappen in das Garbad und ein wiederholtes Umrühren des Gemisches (Rollen der verschlossenen Fässer bei Faßgarung) muß bewirken, daß sich die Essigsäure und das Kochsalz schnell und gleichmäßig im Gewebewasser der Heringsmuskulatur verteilen (von der Essigsäure werden ca. 10 % vom Fischeiweiß chemisch gebunden). Damit wird Fäulnis (sog. „rote Stellen“) vermieden, die auch das Überleben von pathogenen Keimen signalisieren würde. Wenn am Ende der Garungszeit im Fischgewebewasser bei einem pH-Wert von < 4,2 mindestens 6 % NaCl und 2,4 % Essigsäure enthalten sind, kann davon ausgegangen werden (MEYER, 1956), daß eine mikrobiologisch sichere Behandlung erfolgt ist. Darüber hinaus ist bei einer solchen Garung nach einer Behandlungsdauer von 35 Tagen sichergestellt, daß etwa vorhandene Nematoden abgetötet sind. Die kontrollierte Lenkung dieser Behandlung über die Auswahl der NaCl- und Essigsäure-Konzentration im frisch angesetzten Garbad und über das Mengenverhältnis Hering : Garbad erlauben es (bei Kenntnis des Wassergehaltes im Hering), diese Konzentrationen im voraus zu berechnen. Sie und die Dauer ihrer Einwirkung sind das klassische Beispiel für einen kritischen Kontrollpunkt. Bei Nichterreichen dieser kritischen Grenzwerte muß korrigierend eingegriffen werden.

Wichtig ist ebenso bei der Verwendung von Zutaten, daß insbesondere Fremdkörper aus Metall oder Glas, die ein physikalisches Risiko darstellen, durch Vermeidung des Umganges mit solchen Gegenständen beim Bereitstellen der Zutaten (Sauergurke, Stäbchen) oder beim Abpacken ausgeschlossen werden.

Die Prüfung der für die Haltbarkeit entscheidenden Parameter (gegebenenfalls einschließlich des Konservierungsstoffgehaltes) geschieht vorteilhaft etwa 3–4

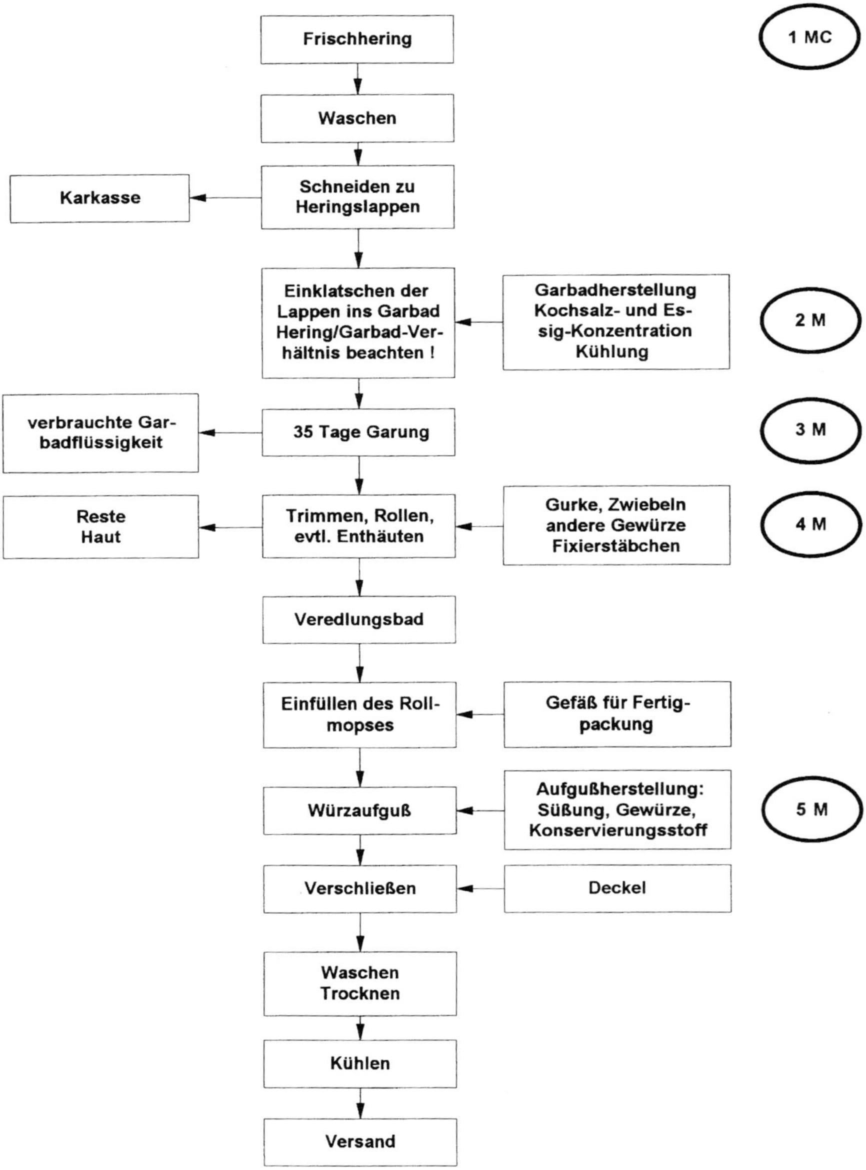


**Abb. 11.5 Schematischer Prozeßverlauf bei der Herstellung von Kaltmarinaden (Rollmops).**
Symbole siehe Abb. 11.1

1MC: Frischegrad- und Histaminbestimmung.
2M: Essigsäure- und Kochsalzkonzentrationen im frischen Garbad; Abschätzung des Mengenverhältnisses Hering zu Garbad, damit nach Konzentrationsausgleich am Ende der Garmachezeit im Fischgewebewasser bei einem pH von 4,2 mindestens 2,4 % Essigsäure und 6 % Kochsalz enthalten sind.
3M: Garungszeit von mindestens 35 Tagen, Essigsäure-, Kochsalzkonzentration und pH-Wert im Garbad!
4M: Zutaten: Freisein von pathogenen Keimen.
5M: Nach Festlegung entsprechender Sollwerte Überprüfung der Konzentrationen an Kochsalz, Essigsäure und gegebenenfalls an Konservierungsstoff (am zuverlässigsten erst 2–4 Tage nach der Abfüllung) im Fertigerzeugnis.

Tage nach dem Abfüllzeitpunkt der Fertigpackungen (Glas, Dose), wenn sicher ist, daß sich die höheren Konzentrationen im sauren Heringsfleisch mit den geringeren im Gewürzaufguß ausgeglichen haben. Die Überprüfung dieser Konzentrationen (gegebenenfalls einschließlich des Konservierungsstoffgehaltes) ist damit ebenfalls als kritischer Kontrollpunkt zu bewerten. Die Sollwerte für diesen CCP bewegen sich je nach erwarteter Haltbarkeitsdauer für den Kochsalzgehalt um etwa 3,5 % und für den Essigsäuregehalt zwischen 1,8–2,2 % im Fischgewebewasser bei einem pH-Wert von ca. 4,5 ( Verkehrsauffassung < 4,8).

## 11.3.8 Herstellung von Heringsfilet, matjesartig gesalzen (mildgehaltene Anchose)

Es handelt sich um ein verzehrsfertiges Heringserzeugnis, das durch eine Reifung (Beizung) in einer niedrig konzentrierten Kochsalzlösung mit dem Zusatz von Genußsäuren (auch Glukonsäure-delta-Lakton) und Traubenzucker eine sehr milde Denaturierung erfährt und meist unter Speiseöl verpackt in den Verkehr kommt. Die verwendeten Rezepturen sind im einzelnen sehr verschieden; manche Hersteller verwenden auch Enzyme und Starterkulturen.

Aus der Abb. 11.6 geht beispielhaft als Fließdiagramm die Herstellung eines solchen Erzeugnisses hervor. Prozeßschritte, die mikrobiologische Risiken bei der Herstellung oder Lagerung auf ein vertretbares Maß reduzieren, sind nicht deutlich ausgewiesen. Eine gewisse Haltbarkeitsstabilisierung des durch den Glucosezusatz leicht gequollenen Heringsfleisches wird durch die Säuerungsmittel, den Kochsalzgehalt ($a_w$-Wertsenkung) und gegebenenfalls durch den Zusatz von Konservierungsstoffen (Benzoesäure) erreicht. Abgesehen von hohen Ansprüchen an den Frischegrad der Rohware und an den Histamingehalt bedürfen praktisch alle Verfahrensschritte sorgfältiger Überwachung, insbesondere bei denen das Risiko einer Verunreinigung besteht (Personal, Geräte) oder die Kühlkette unterbrochen wird. Kritischer ist, daß die milde Garung i. d. R. mit einer 24- bis 48stündigen Reifung bei Raumtemperatur begonnen und erst danach unter

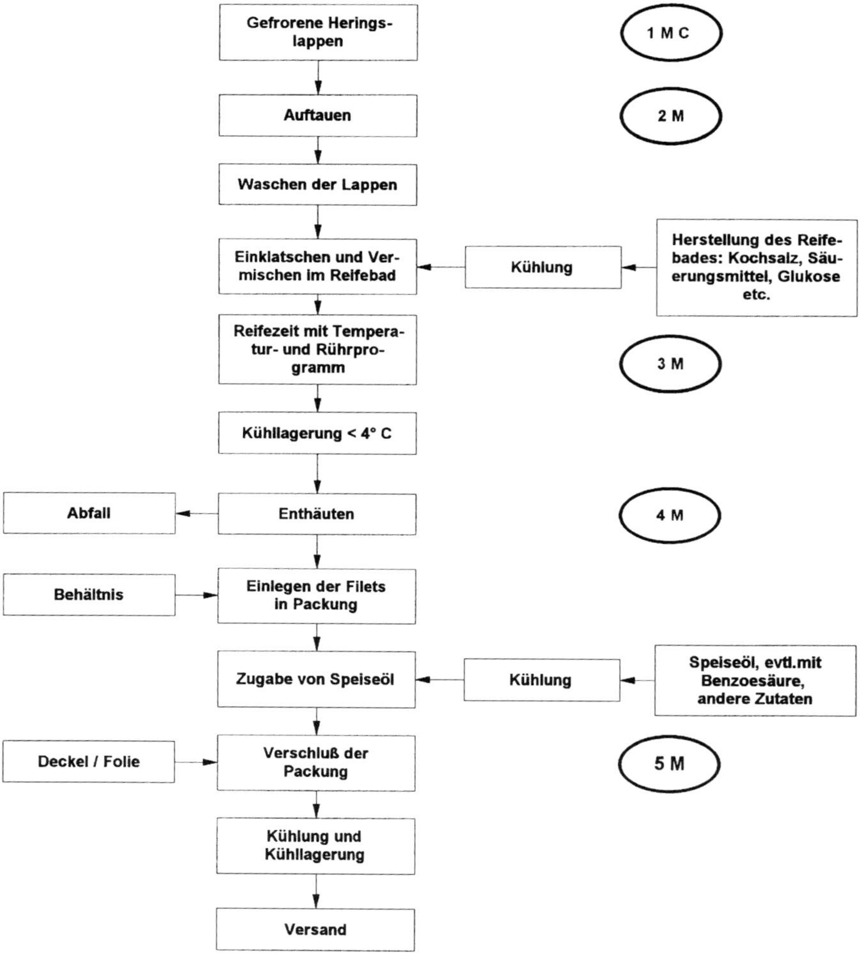


**Abb. 11.6 Schematische Darstellung wichtiger Prozeßschritte bei der Herstellung schnellgereifter Heringsfilets, matjesartig gesalzen (Anchose).**

Symbole vergl. Abb. 11.1

1MC: Kontrolle der Frische und des Histamingehaltes; es muß sachgerecht tiefgefrorene Rohware zum Ausschluß lebender Nematoden verwendet werden! Hohe Ansprüche an Frische.

2M: Kontrolle nach Maßregeln wie in Abb. 11.2 dargestellt.

3M: Durch Kontrolle der Gehalte des Reifebades an Kochsalz und Säuerungsmitteln muß während der Reifezeit eine mikrobielle Vermehrung verhindert werden. Festlegung von Sollwerten!

4M: Beachtung der Enthäutung unter aseptischen Bedingungen.
5M: Sollwerte festlegen und prüfen: Kochsalz-, Essig- und Benzoesäuregehalt, pH-Wert. Fortsetzung der Kühlkette (< 4 °C)!

Kühlbedingungen weitergeführt wird. Dabei ist darauf zu achten, daß zwischenzeitlich keine Fäulnis eintritt („Rote Lappen"). Neben der Sauberkeit bei der Verarbeitung sind die Einhaltung der Kühlkette, der Kochsalzgehalt sowie die verwendeten Säuerungs- und Konservierungsmittel bei diesem Erzeugnis CCPs. Da unter den angewandten Verarbeitungsbedingungen Nematodenlarven nicht abgetötet werden, ist in jedem Falle die Anwendung und Kontrolle des vorgeschriebenen Gefrierverfahrens notwendig.

## 11.3.9 Herstellung von Bratfischwaren

Bratfischwaren sind überwiegend Heringserzeugnisse, die durch Braten gar gemacht werden und i. d. R. nach Einlegen in einen gewürzten Essigaufguß (im engeren Sinne Bratmarinade) für den direkten Verzehr vorbereitet sind. Zum Zwecke einer längeren Haltbarkeit kommen sie auch pasteurisiert oder sterilisiert in den Verkehr. Abb. 11.7 gibt ein Beispiel für die Herstellung eines beschränkt haltbaren, marinierten Bratheringserzeugnisses. Ein wichtiger kritischer Kontrollpunkt ist wie bei anderen Fischereierzeugnissen der mikrobiologische Zustand der Rohware. Die Anforderungen sind hier ebenfalls hoch zu bemessen, da auch der Bratvorgang keine 100 %ige Abtötung pathogener Keime herbeiführt.

Auch die Kontrolle des Histamingehaltes darf nicht unterlassen werden, wie Erfahrungen leider belegen (Fücker et al., 1974). Histamin wird durch die Erhitzung beim Braten nicht oder nur unzureichend zerstört. Das Waschen der geköpften und ausgeweideten Heringe erfolgt vorzugsweise in einem Bad mit 5–10 % Kochsalzzusatz, um neben einer Verfestigung des Gewebes bereits zu diesem Zeitpunkt eine Vorsalzung zu erzielen. Die Auswahl des Mehles mit dem richtigen Klebergehalt hat zwar vordergründig keine Bedeutung für die Risikoanalyse. Da Mehl kein Sterilprodukt ist, muß der Umgang mit dem Mehl so gelenkt werden, daß Mehlstaub nicht das fertig gebratene Erzeugnis mit toxinogenen Keimen (Schimmelpilze, Staphylokokken) oder Verderbniserregern (schleimbildende Streptobakterien; Priebe, 1970) kontaminiert. Nachdem Zeit für das Quellen und/oder Nachmehlen verstrichen ist, erfolgt der eigentliche Bratprozeß. Dessen Dauer und Temperaturhöhe sind entscheidend für die Reduzierung des vorhandenen Keimgehaltes, also auch für das Überleben pathogener Mikroorganismen. Höhe und Dauer der Temperatur sind als Sollwerte zu bestimmen und zu messen. Sie müssen der jeweiligen Größe des Herings angepaßt werden. Zu bedenken ist dabei, daß unabhängig von der Öltemperatur die Kerntemperatur im Brathering 100 °C nicht übersteigt, da das im Brathering verbleibende Wasser diese Siedetemperatur höchstens erreichen, aber nicht überschreiten kann. Daher muß an diesem Punkt zusätzlich auch das Erreichen der Gare (Auftreiben im Öl oder Brüchigkeit des Heringsschwanzes) kontrolliert werden.

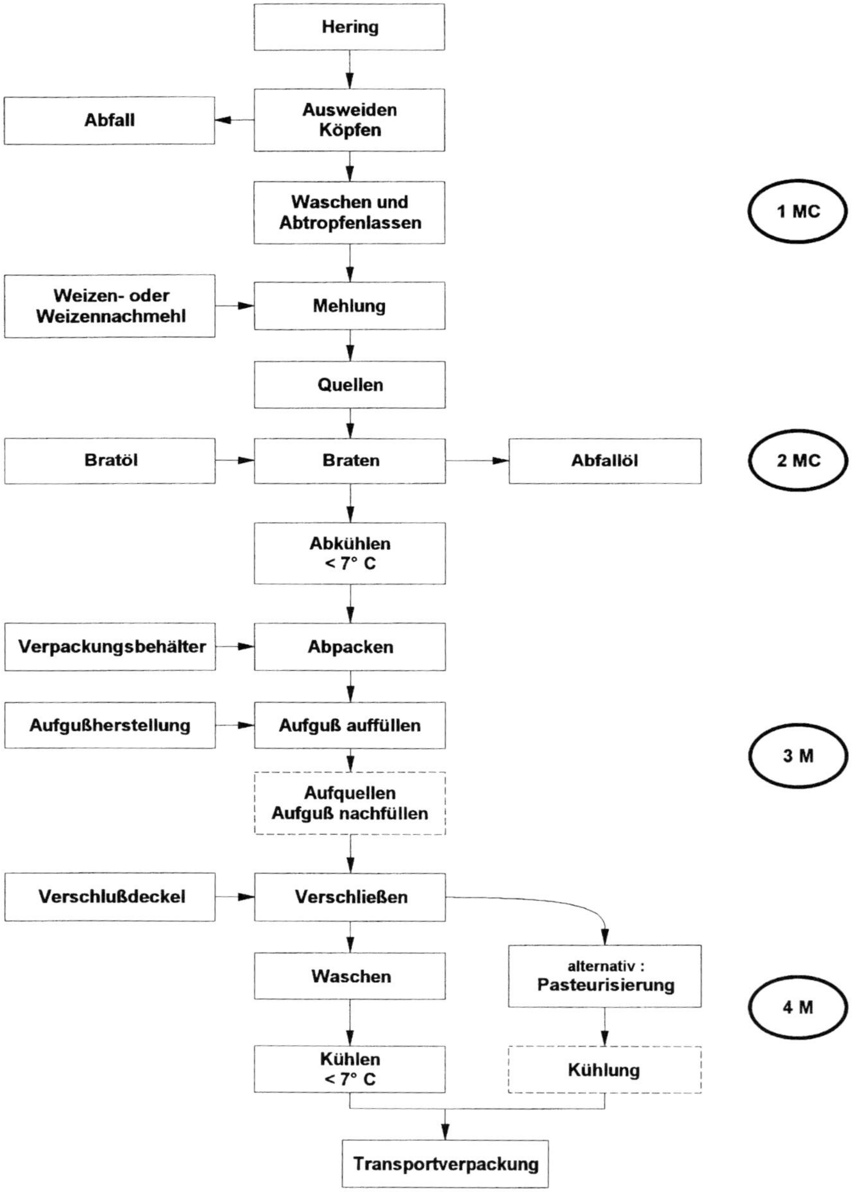


**Abb. 11.7** Schematische Darstellung wichtiger Verarbeitungsstufen bei der Herstellung von Bratfischwaren.

Symbole vergl. Abb. 11.1
1MC: Frischegrad und Histamingehalt. Gegebenenfalls auch Vorsalzen mit entsprechender Beobachtung der Dauer und der Höhe des Kochsalzgehaltes.
2MC: Brattemperatur (< 180 °C) und -dauer, Garung im Innern des Herings prüfen. Regelmäßige Entfernung der Bratrückstände und rechtzeitiger Wechsel des Bratöls wegen Anreicherung von Oxidationsprodukten und Polymeren.
3M: Kochsalz- und Essigsäurekonzentration im Frischaufguß, Festlegung des Mengenverhältnisses gebratener Hering zu Aufguß.
Sollwerte des Kochsalz- und Essigsäuregehaltes im Fischgewebewasser des Fertigerzeugnisses überprüfen.
Zuverlässige Werte sind erst nach Quellung des Herings und nach Erreichen des Konzentrationsgleichgewichtes (2–4 Tage nach Abfüllung) zu erhalten.
4M: Pasteurisierung (Temperatur-/Zeitverlauf), Behälterverschluß!

Durch zahlreiche Tierversuche ist hinreichend belegt, daß Fette, die unter extremen Bedingungen hinsichtlich der Einwirkung von Temperatur, Sauerstoff und Zeitdauer Veränderungen erfahren (Autoxidation, thermische Polymerisation und thermische Oxidation), toxische Wirkungen zeigen (LANG, 1978). Solange sensorische Auffälligkeiten (starke Rauchbildung, verstärkte Dunkelfärbung, übermäßiges Schäumen, Viskositätszunahme, Absetzen dunkler Ausfällungen oder schwarzer, lackartiger Ablagerungen) fehlen, kann damit gerechnet werden, daß toxische Substanzen in bedenklicher Konzentration nicht entstanden sind.

Es wird daher die Beachtung folgender Regeln empfohlen

- eine Maximaltemperatur von 180 °C in keinem Falle zu überschreiten
- die Entfernung von Bratrückständen so häufig und sorgfältig wie möglich vorzusehen
- und verbranntes Fett schnell durch neues zu ersetzen.

Ob eine solche Kontrolle des Bratöls und diese Korrekturen als CCP zu bewerten sind, ist im konkreten Fall zu überprüfen und gegebenenfalls auch als Kriterium für eine „good manufacturing practice“ festzulegen.

Nach dem Bratakt muß der heiße Hering möglichst schnell und unter Vermeidung nachträglicher mikrobieller Kontamination abgekühlt werden (Mehl!). Essigsäure- und Kochsalzkonzentration in der Wasserphase des Fertigproduktes sichern die mikrobiologische Stabilität und resultieren im wesentlichen aus den Konzentrationen, die im Aufguß vorgegeben werden, aus dem Kochsalzgehalt, der bei vorgesalzenem Hering bereits vorliegt, und aus dem Wasseranteil im gebratenen Hering. Um die kritischen Grenzwerte im Fertigprodukt zu erreichen, muß das Verhältnis von Aufguß : Bratheringsmenge beachtet werden, damit besonders bei nicht oder wenig vorgesalzener Ware der Gehalt an Essigsäure und Kochsalz im Aufguß des Fertigproduktes nach Ausgleich der Konzentrationen nicht zu

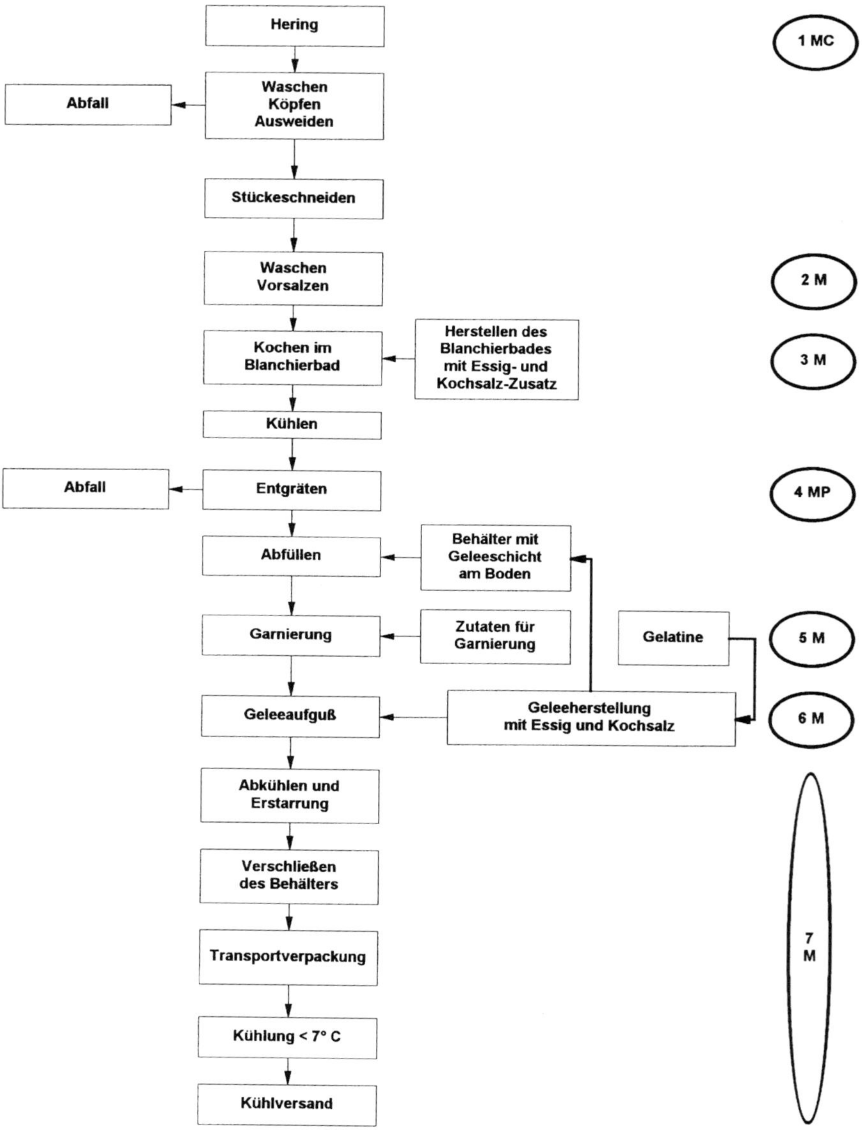


**Abb. 11.8 Schematischer Ablauf des Herstellungsprozesses von Kochfischwaren (Hering in Gelee).**
Symbole siehe Abb. 11.1
1MC: Frischegrad- und Histaminkontrolle.
2M: Überprüfung der Kochsalzaufnahme.

3M: Einstellen des Essigsäure- und Kochsalzgehaltes im Blanchierbad. Kochtemperatur und -dauer. Garungskontrolle.
4MP: Manuelle Entgrätung: Personalhygiene! Überprüfung des Restgrätengehaltes.
5M: Mikrobiologie der Zutaten (Karotte, gekochtes Ei).
6M: Gelee (mikrobielle Kontamination der Gelatine); Essigsäure- und Kochsalzkonzentration; Erstarrungsphase des Gelees nicht zu schnell, nicht zu langsam.
7M: Kontinuierliche Beachtung von Sauberkeit und Kühlung.

stark verdünnt ist. Nach der Verkehrsauffassung (Leitsätze des deutschen Lebensmittelbuches 1994) liegt der pH-Wert im Aufguß des Fertigproduktes < 4,8. Als kritischer Grenzwert im Sinne von HACCP ist ein niedrigerer Wert zu empfehlen. Eine Kontrollmessung kann erst nach dem Konzentrationsausgleich, der mit einem Aufquellen des Bratherings verbunden ist, verwertbare Ergebnisse erbringen (nach 2–4 Tagen).

Für pasteurisierte oder sterilisierte Bratfischwaren ist der Prozeßschritt der Pasteurisierung oder der Sterilisierung (neben der Kontrolle des Kochsalzgehaltes, des pH-Wertes und der Behälterdichtigkeit) der entscheidende CCP.

## 11.3.10 Herstellung von Kochfischwaren

Kochfischwaren sind verzehrsfertige, überwiegend gekochte (blanchierte) Heringserzeugnisse, die zum Zwecke der Geschmacksgebung und der Haltbarkeitsverlängerung von einem Gelee, das Essigsäure und Kochsalz enthält, umgeben sind. Als Beispiel ist in der Abb. 11.8 die Herstellung von Hering in Gelee mit den wichtigsten Prozeßstufen in einem Fließdiagramm dargestellt.

Als Rohware geprüfte Heringe (Frische, Histamin) werden geköpft, ausgeweidet, gewaschen und in Stücke geschnitten (Karbonadenschnitt). Es erfolgt das Waschen der Heringsstücke vorzugweise in einer 6- bis 10 %igen Kochsalzlösung zur Vorsalzung. Der Kochprozeß erfolgt in der Regel auf Sieben in einem Kochsalz und Essigsäure enthaltenden Blanchierbad und entspricht einem kritischen Kontrollpunkt. Die kontrollierte Garung (Temperatur, Dauer, Essigsäure- und Kochsalzkonzentration, z. B. 6 % resp.10 %) sichert Haltbarkeit und gesundheitliche Unbedenklichkeit (einschneidende Reduzierung der Keimbelastung, Inaktivierung fischgewebseigener Enzyme, Basiskonzentration für Essigsäure und Kochsalz im Heringsfleisch). Nach Abtrocknung und Abkühlung der blanchierten Heringsteile erfolgt die manuelle Entgrätung (Kontaminationsgefahr!).

Ein wichtiger Prozeßschritt ist die Herstellung und Zusammensetzung des Gelees. Die Auswahl der Gelatine muß sich zur Beherrschung eines mikrobiologischen Risikos an der Keimbelastung der i. d. R. als Trockenpulver vorliegenden Zutat orientieren (z. B. Gesamtkeimzahl $<10^4$/g; Coliforme negativ/ 0,1 g; *E. coli* und Clostridien negativ/g). Wichtig ist das Gelee für die endgültige Essigsäure-

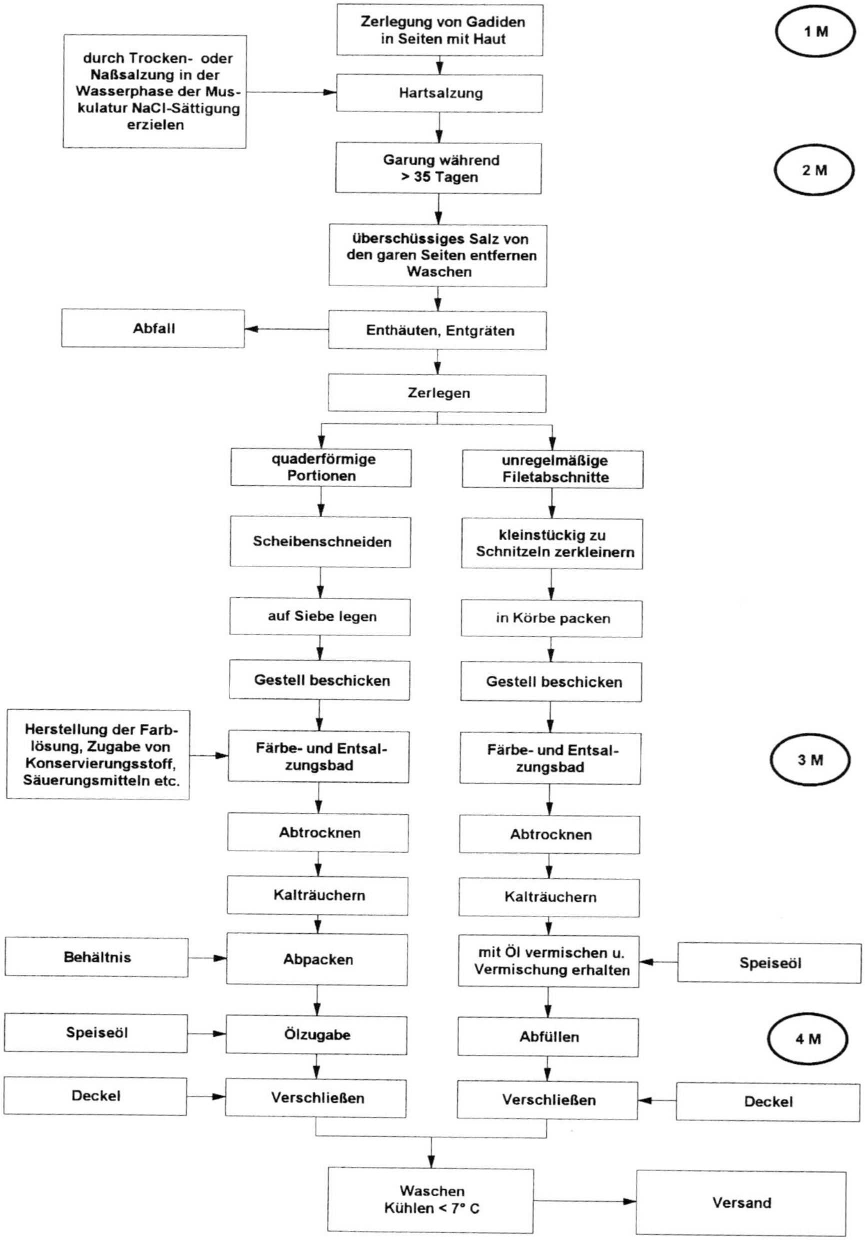
Zerlegung von Gadiden in Seiten mit Haut
1 M
durch Trocken- oder Naßsalzung in der Wasserphase der Muskulatur NaCl-Sättigung erzielen
Hartsalzung
Garung während > 35 Tagen
2 M
überschüssiges Salz von den garen Seiten entfernen Waschen
Abfall
Enthäuten, Entgräten
Zerlegen
quaderförmige Portionen
unregelmäßige Filetabschnitte
Scheibenschneiden
kleinstückig zu Schnitzeln zerkleinern
auf Siebe legen
in Körbe packen
Gestell beschicken
Gestell beschicken
Herstellung der Farblösung, Zugabe von Konservierungsstoff, Säuerungsmitteln etc.
Färbe- und Entsalzungsbad
Färbe- und Entsalzungsbad
3 M
Abtrocknen
Abtrocknen
Kalträuchern
Kalträuchern
Behältnis
Abpacken
mit Öl vermischen u. Vermischung erhalten
Speiseöl
Speiseöl
Ölzugabe
Abfüllen
4 M
Deckel
Verschließen
Verschließen
Deckel
Waschen Kühlen < 7° C
Versand

**Abb. 11.9 Schematische Darstellung wichtiger Prozeßschritte bei der Herstellung von Erzeugnissen aus Salzfisch (Seelachs, Lachsersatz).**
Symbole vergl. Abb. 11.1
1M: Frischegradkontrolle
2M: Hartsalzung während 35 Tagen führt zu einer wesentlichen Floraveränderung, durch die die meisten pathogenen Keimarten und lebenden Parasiten abgetötet oder inaktiviert werden. Die Überprüfung einer gleichmäßigen Salzgarung ist angezeigt.
3M: Die Entsalzung muß so gelenkt werden, daß ein Kochsalzgehalt von 8 g in 100 ml Fischgewebewasser nicht unterschritten wird! Falls ein Benzoat-Zusatz über das Bad erfolgt, muß auch für eine Ansäuerung gesorgt werden (pH-Wert < 5,3).
4M: Der Ölzusatz bedingt anaerobe Verhältnisse in der Fertigpackung! Daher laufende Kühlung und Beachtung von 1–3M erforderlich. Falls über das Öl der Benzoesäure-Zusatz erfolgt, ist dieser hier zu prüfen.

und Kochsalzkonzentration in den verschiedenen Komponenten des Fertigproduktes. Bei der Festsetzung der kritischen Grenzwerte für Essigsäure und Kochsalz im angesetzten Gelee sind die bereits im Fisch vorhandenen Konzentrationen (nach Vorsalz- und Blanchierbad) zu berücksichtigen und dem Gelee-Hering-Mengenverhältnis anzupassen. Mit dem Gelee können ebenfalls auch Konservierungs- und Süßstoff zugegeben werden. Aus dem flüssigen Gelee diffundieren Kochsalz und vor allem Essigsäure zusätzlich ins Heringsgewebe. Der Diffusionsprozeß wird mit dem Erstarren im wesentlichen abgeschlossen, dennoch kommt es erst etwa nach 14 Tagen zu einem Gleichgewicht (Biegler, 1960). Es muß darauf geachtet werden, daß das gesamte Füllgut vom Gelee umschlossen wird, da in unbedeckten Teilen keine ausreichende antimikrobielle Hemmkonzentration erzielt wird. Ziel muß sein, mindestens 2 % Essigsäure und 3 % Kochsalz im Fertigprodukt zu erreichen, wobei dann entsprechend dem Heringsanteil ein pH-Wert von < 4,8 resultiert (Wille, 1949). Diese Werte sind Mindestanforderungen bei der Überwachung dieses CCPs. Ihre Messung (Monitoring) hat erst nach Konzentrationsausgleich zu erfolgen, d. h. nach >14 Tagen. Ferner muß darauf geachtet werden, daß die verwendeten Zutaten (Garnierung) keimarm gewonnen sind (z. B. nach Pasteurisierung), was entsprechend zu prüfen ist.

## 11.3.11 Herstellung von Seelachs, Lachsersatz

Es handelt sich um ein Erzeugnis, welches aus hartgesalzenem Fisch aus der Familie der *Gadidae* hergestellt wird und ausnahmsweise mit wasserlöslichen Farbstoffen rotgefärbt werden darf. Nach Kochsalzverminderung auf ein sensorisch vertretbares Maß und Kalträucherung wird es unter Öl verpackt zum Direktverzehr beschränkt haltbar in den Verkehr gebracht. In der Abb. 11.9 sind die wichtigsten Prozeßschritte des Herstellungsverfahrens beispielhaft dargestellt.

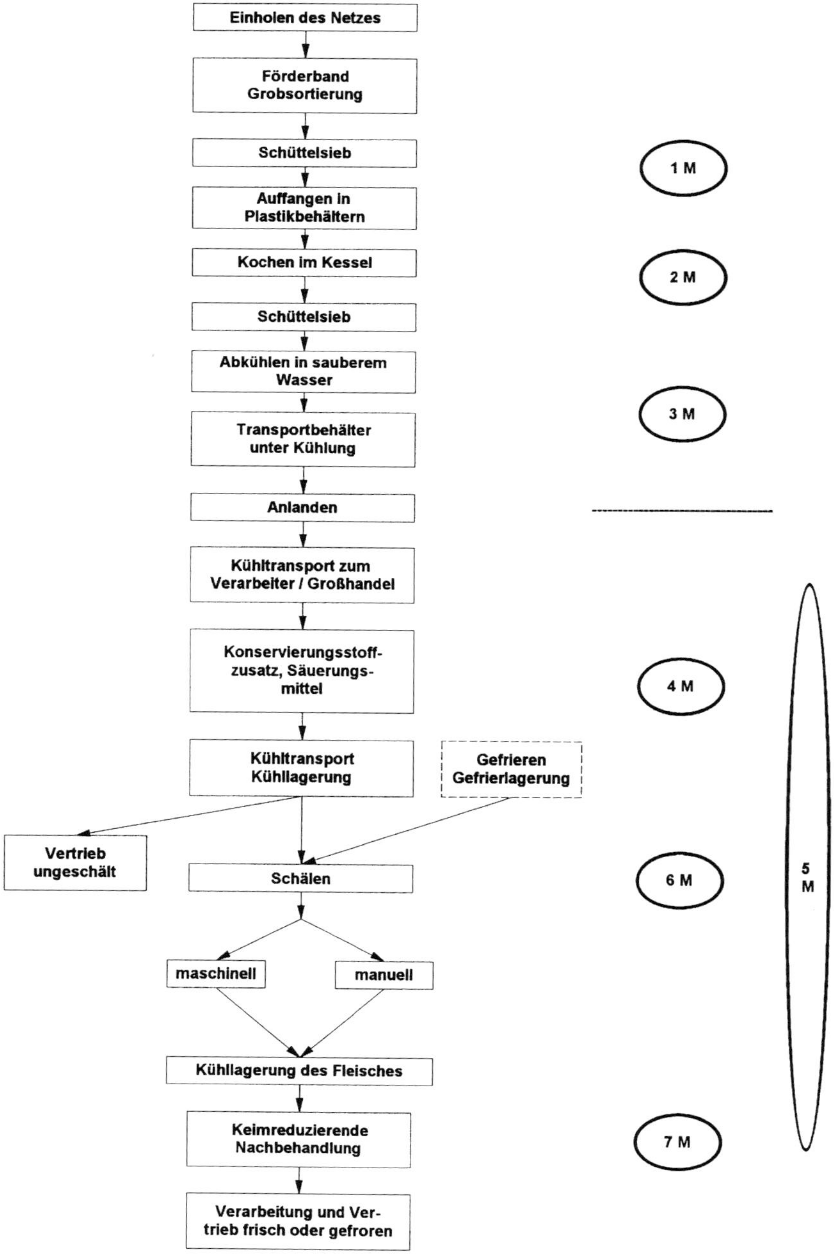
Einholen des Netzes
Förderband Grobsortierung
Schüttelsieb
Auffangen in Plastikbehältern
Kochen im Kessel
Schüttelsieb
Abkühlen in sauberem Wasser
Transportbehälter unter Kühlung
Anlanden
Kühltransport zum Verarbeiter / Großhandel
Konservierungsstoffzusatz, Säuerungsmittel
Kühltransport Kühllagerung
Gefrieren Gefrierlagerung
Vertrieb ungeschält
Schälen
maschinell
manuell
Kühllagerung des Fleisches
Keimreduzierende Nachbehandlung
Verarbeitung und Vertrieb frisch oder gefroren
1 M
2 M
3 M
4 M
5 M
6 M
7 M

**Abb. 11.10 Schematische Darstellung wichtiger Prozeßschritte beim Fang und bei der Bearbeitung von Nordseegarnelen zur Gewinnung des Fleisches.**

Symbole vergl. Abb. 11.1

1M: Prüfung der ausreichenden Erhitzung in sauberem Wasser.

2M: Abkühlung der erhitzten Garnelen darf nicht in mikrobiell kontaminiertem Küstenwasser erfolgen.

3M: Die gekochten Garnelen sind an Bord gekühlt bis zur Anlandung zu halten.

4M: Falls Benzoesäure-Zusatz erfolgt, ist auch für eine Ansäuerung zu sorgen.

5M: Laufende Kühlhaltungsüberprüfung vor, während und nach der Schälarbeit.

6M: Überwachung strikter Personal- und Gerätehygiene.

7M: Einhaltung der amtlichen mikrobiologischen Normen für gekochte Krebstiere nach der Entscheidung 93/51/EWG (BAnz. 1994, S. 6994); gegebenenfalls Nachbehandlung oder unschädliche Beseitigung.

Wie bei den anderen Beispielen bestimmt der Frischegrad der Rohware die mikrobiologische Beschaffenheit des Produktes im weiteren Verlauf der Herstellung. Die Hartsalzung ist ein weiterer CCP, der sicherstellen soll, daß Verderbserreger und pathogene Keimarten entweder abgetötet oder zumindest geschädigt oder inaktiviert werden. Auch etwa vorhandene Nematodenlarven werden nach 21 Tagen abgetötet. Dabei wird durch Naß- oder Trockensalzung in der Wasserphase der Muskulatur eine Kochsalzsättigung und ein Wasserverlust (ca. 54 %) erreicht. Die Muskulatur muß gleichmäßig unter Verlust der Transparenz salzgar werden. Fäulnisherde infolge verzögerter Diffusion des Kochsalzes in die Muskulatur dürfen nicht entstehen. Auch tiefgefrorene Filetblocks (Alaska Pollock) werden heute zur Hartsalzung als Rohware eingesetzt.

Färben und Entsalzen finden simultan in einer wäßrigen Lösung statt. Dabei ist ein Kochsalzgehalt auf einem Niveau von mindestens 8 g pro 100 ml Fischgewebewasser erforderlich (Priebe et al., 1992). Das Bad muß laufend z. B. mit einer Dichtespindel kontrolliert und im Bedarfsfalle verdünnt oder ausgewechselt werden. Auch Konservierungsstoffe und andere Zutaten (Säuerungsmittel, Geschmacksverstärker) können über das Bad zugeführt werden. Da der Kochsalzgehalt im Fertigprodukt neben dem Konservierungsstoff das Kriterium für die Kontrolle einer mikrobiologischen Gefährdung darstellt, ist die geregelte Entsalzung als CCP zu überwachen.

Beim Einsatz von Benzoesäure oder ihrer Salze muß auch der Grad der Säuerung durch Zusatz von Säuerungsmitteln (Essigsäure, Citronensäure, GdL) kontrolliert werden ($pH < 5{,}3$), um die zur Konservierung notwendige Konzentration an nicht dissoziierter Säure zu erreichen. Der Zusatz von Benzoesäure kann wegen ihrer Fettlöslichkeit auch über das zugesetzte Speiseöl erfolgen.

### 11.3.12 Gewinnung und Herstellung des Fleisches der Nordseegarnele *Crangon crangon* (Abb. 11.10)

Die Nordseegarnele wird im Bereich der deutschen Nordseeküste von sog. Krabbenkuttern gefangen, die sie nach 6- bis 12stündiger Fangzeit anlanden. Wegen der schnellen Verderblichkeit hat es sich für eine wirtschaftlich vertretbare Vermarktung als nützlich erwiesen, die Garnelen bereits an Bord zu kochen. Die Rohware ist in den Küstengewässern einer nicht unbedeutenden mikrobiellen Kontamination u. U. auch mit Lebensmittelvergiftungserregern ausgesetzt. Das Kochen an Bord ist deshalb ein wichtiger Prozeßschritt. Das bezieht sich auf die Höhe der Kochtemperatur ebenso wie auf die Dauer der Kochung (GALLHOFF, 1987). Die heißen Garnelen müssen danach ohne Verweilzeiten bei Temperaturen, die eine Vermehrung von pathogenen Mikroorganismen begünstigen (10–56 °C), auf < 2 °C abgekühlt werden (Anlage 6 FischHV). Dies geschah früher durch Eintauchen der gekochten Garnelen in Netzen außenbords ins Meerwasser. Erfahrungen zeigten aber, daß durch dieses „Taufen" eine Kontamination mit Mikroorganismen des Küstenwassers, auch mit z. B. Salmonellen, erfolgen kann (LÜTJE, 1949). Die hygienisch einwandfreie Abkühlung ist daher eine Stufe der Gewinnung dieses Lebensmittels, die an Bord bis zur Anlandung gewährleistet sein muß.

Soweit die Garnelen ungeschält vermarktet werden, ist die ununterbrochene Kühlung oberstes Gebot. Dies gilt insbesondere für die Beförderung zu den Schälbetrieben und die weitere Lagerung. Die gekochten, ungeschälten Garnelen werden auch gefriergelagert. Erst nach Wochen erfolgt dann im aufgetauten Zustand (oft auch in Drittländern) die Schälung. Das Schälen selbst ist ein kritischer Prozeß. Sauberes Vorgehen ist unbedingte Voraussetzung für die Beherrschung des Risikos einer gesundheitsgefährdenden Kontamination der Garnelen. Bei manuellem Schälen muß neben dem sauberen Umgang mit dem Schälgut besonderer Wert auf die Gesundheit des Personals gelegt werden (z. B. Ausschluß von Kontaminationen mit Salmonellen oder *Staphylococcus aureus*). Die wiederholte Untersuchung solcher Personen nach den Bestimmungen des Bundesseuchengesetzes (§ 18), besonders aber auch aus besonderem Anlaß (zwischenzeitlich überstandene Erkrankungen oder andere latente Infektionsrisiken) sind zu beachten.

Als mikrobiologische Norm für gekochte Krebs- und Weichtiere sind hier für geschälte oder ungeschälte Produkte die Vorschriften der Entscheidung der Kommission Nr. 93/51/EWG (BAnz. Nr.125 vom 7.7.94, S. 6994) mit Grenzwerten für pathogene Keime und ihre Toxine oder für Hygienemangel-Nachweiskeime zu beachten. Außerdem ist der Gehalt an aeroben mesophilen Bakterien (30 °C) als Überwachungshilfe (Indikatorkeim-Leitlinie) für den Erzeuger festgelegt. Ob eine keimreduzierende Nachbehandlung (Pasteurisierung) möglich und statthaft ist, muß sich nach den Umständen und den jeweiligen Rechtsvorschriften richten. Dann wäre eine solche Wärmebehandlung ebenfalls ein kritischer Kontrollpunkt. Der Verminderung mikrobiologischer Gefährdungen dient auch der Zusatz von Benzoesäure. Er kann sowohl nach dem Kochen an Bord wie auch vor dem

Schälen und schließlich auch nach dem Schälen erfolgen und bedarf der Überwachung auf der jeweiligen Prozeßstufe. Dabei ist die Ansäuerung des Garnelenfleisches mit Genußsäuren auf ein pH-Wert-Niveau von etwa < 5,3 sicherzustellen (s. o.).

## Literatur


[1] Abeyta, C., Kaysner, C.A., Wekell, M.M., Sullivan, J.J., Stelma, G.N. (1986): Recovery of *Aeromonas hydrophila* from oysters implicated in an outbreak of foodborne illness. J. Food Protect. **49**, 643–651.

[2] Abeyta, C.jr., Deeter, F.J., Kaysner, C.A., Stott, R.F, Wekell, M.M. (1993): *Campylobacter jejuni* in a Washington State shellfish growing bed associated with illness. J. Food Protect. **56**, 323–325.

[3] Aldesiyun, A.A. (1993): Prevalence of *Listeria* spp., *Campylobacter* spp., *Salmonella* spp., *Yersinia* spp. and toxigenic *E.coli* on meat and seafood in Trinidad. Food Microbiol. (London) **10**, 395–403.

[4] Appleton, H. (1991): Hepatitis. Vet. Med. Hefte (Berlin) **1**, 109–116.

[5] Arumugaswany, R.K., Prondford, R.W. (1987): Das Vorkommen von *Campylobacter jejuni* und *C. coli* in der Sydney Rock Auster. Int. J. Food Microbiol. **4**,101–104.

[6] Askar, A., Treptow, H. (1986): Biogene Amine in Lebensmitteln. Stuttgart: Ulmer Verlag.

[7] Baer, C.G. (1969): *Diphyllobothrium pacificum*, a tapeworm from sea lions, endemic in man along the coastal area of Peru. J. Fish. Res. Bd. Canada **26**, 717–723.

[8] Biegler, P. (1960): Fischwaren-Technologie. in : Der Fisch. Herausg. C. Baader, Bd. **5**, Lübeck: Verlag Der Fisch.

[9] Bijkerk, H., van Os, M. (1984): Bacillaire dysenterie (*Shigella flexneri* type 2) door garnaalen. Nederlandsche Tijdschr. voor Geneesk. **128**, 431–432.

[10] Broek, M.J.M. van den, Mossel, D.A.A., Eggenkamp, A.E. (1979): Vorkommen von *Vibrio parahaemolyticus* in niederländischen Muscheln. Appl., Environm. Microbiol. **39**, 438–442.

[11] Bryan, F.L. (1980): Epidemiologie der durch Lebensmittel verursachten Erkrankungen, die durch Fische, Muscheln und marine Krebse übertragen werden, in den USA 1970–1978. J. Food Protect. **43**, 859-876.

[12] Bryan, F.L. (1988): Risks associated with vehicles of food borne pathogens and toxins. J. Food Protect. **51**, 498-512.

[13] Burow, H. (1974): Untersuchungen zum *Clostridium perfringens* Befall bei gekühlten Seefischen und Miesmuscheln. Archiv Lebensmittelhyg. **25**, 39–42.

[14] Byland, B.G. (1982): *Diphyllobothrium*. In: Handbook Series on Zoonoses, Section C: „Parasitic Zoonoses" ed. M.G. Schultz, Vol. **III**, p.217, CRC Press, Boca Raton, Florida.

[15] Campbell, B.C., Little, M.D. (1988): The finding of *Angiostrongylus cantonensis* in rats in New Orleans, Louisiana, USA. Amer. J. Trop. Med. Hyg. **38**, 568.

[16] Cliver, D.O. (1991): Viral gastroenteritis, others. Vet. Med. Hefte (Berlin) **1**, 117–120.

[17] Cook, D.W., Rupple, A.D. (1992): Cold storage and mild heat treatment as processing aids to reduce the number of *Vibrio vulnificus* in raw oysters. J. Food Protect. **55**, 985–989.

[18] Davis, J.W., Sizemore, R.K. (1982): Vorkommen von Vibrio-Arten zusammen mit Blaukrabben (*Callinectes sapidus*) aus der Galvestone Bay, Texas. Appl. Environm. Microbiol. **43**, 1092–1097.

[19] De Paola, A. (1981): *Vibrio cholerae* in Lebensmitteln aus dem Meer und dem sie umgebenden Wasser. Eine Literaturübersicht. J. Food Sci. **46**, 66–70.

[20] Eastburn, R.L., Fritsche, T.R. Terhune, C. A. (1987): Human intestinal infection with *Nanophyetus salmincola* from salmonid fishes. Amer. J. Trop. Med. Hyg. **36**, 586–589.

[21] EYLES, M.J., DAVEY, G.R., ARNOLD, G. (1985): Behavior and incidence of *Vibrio parahaemolyticus* in Sydney Rock oysters. Int. J. Food Microbiol. **1**, 327–334.
[22] FARBER, J.M.(1991): *Listeria monocytogenes* in fish products. J. Food Protect. **54**, 922–934.
[23] Food and Agriculture Organisation: Review of the occurrence of *Salmonella* in cultured tropical shrimps. FAO circular Nr. 851, 1992.
[24] FÜCKER, K., MEYER, R.A., PIETSCH, H.P. (1974): Dünnschichtelektrophoretische Bestimmung biogener Amine in Fisch und Fischprodukten im Zusammenhang mit Lebensmittelvergiftungen. Nahrung **18**, 663–669.
[25] GALLHOFF, G. (1987): Untersuchungen zum mikrobiellen und biochemischen Status hand- und maschinengeschälter Nordseegarnelen (*Crangon crangon).* Inaug. Diss. Tierärztliche Hochschule Hannover.
[26] GIBSON, J.B., SUN, T. (1971): Clonorchiasis. In: R.A. MARCIAL-ROJAS (ed): Pathology of Protozoal and Helminthic Diseases with Clinical Correlation. Williams and Wilkins Co., Baltimore, pp. 546–566.
[27] GILBERT, R.J. (1991): Bacterial pathogens transmitted by seafood. Vet. Med. Hefte (Berlin) **1**, 121–128.
[28] GUNN, R.A., JANKOWSKI, H.T., LIEB, S., PRATHER, E.C., GREENBERG, H.B. (1982): Norwalk virus gastroenteritis following raw oyster consumption. Am. J. Epidemiol. **115**, 348–351.
[29] HABERMEHL, G. (1983): Gifttiere und ihre Waffen. 3. Aufl., Berlin & Heidelberg: Springer Verlag.
[30] HALSTEAD, B.W., COURVILLE, D.A. (1965): Poisonous and Venomous Marine Animals of the World. Vol. I, Invertebrates. US Government Printing Office, Washington D.C.
[31] HASHIMOTO, Y. (1979): Marine Toxins and other Bioactive Marine Metabolites. Japan Scientific Societies Press, Tokyo.
[32] HAUSSCHILD, A.H.W., HILSHEIMER, R. (1979): Wirkung des Salzgehaltes und des pH-Wertes auf die Toxinbildung von *Clostridium botulinum* in Kaviar. J. Food Protect. **42**, 245–248.
[33] HECK, I., KIKIS, D., ESSER, H., SCHALLEHN, G., VOGEL, P. (1984): Inkomplette Parese der quergestreiften Muskulatur, Atemlähmung und komplette Magen-Darm-Atonie bei einem jugendlichen Patienten nach einer Fischkonservenmahlzeit. Internist **25**, 514–516.
[34] HEUSCHMANN-BRUNNER, G. (1974): Experimentelle Untersuchungen über Möglichkeiten und Verlauf einer Infektion mit *Salmonella enteritidis* und *Salmonella typhi murium* bei Süßwasserfischen. Zbl. Bakt. Hyg. I. Abt., Orig. B **158**, 412–431.
[35] HOLMBERG, S.D., WACHSMUTH, J.K., HICKMAN-BREMNER, F.W., BLAKE, P.A., FARMER, J.J. (1986): Darminfektionen durch *Plesiomonas* in den USA. Ann. Int. Med. **105**, 690–694.
[36] HUSS, H.H. (1992): Development and use of the HACCP concept in fish processing. Intern. J. Food Microbiology **15**, 33–44.
[37] HUSS, H.H., PEDERSEN, A. (1979): *Clostridium botulinum* bei Fisch. Nord. Vet.-Med. **31**, 214–221.
[38] INGHAM, St.C. (1990): Growth of *Aeromonas hydrophila* and *Plesiomonas shigelloides* on cooked crayfish tails during cold storage under air, vaccuum, and modified atmosphere. J. Food Protect. **53**, 665–667.
[39] ISHIKURA, H., NAKAMIKI, M. (eds.) (1989): Gastric Anisakiasis in Japan. Tokyo: Springer Verlag.
[40] ITO, J. (1964): Metagonimus and other human heterophyid trematodes. Progr. med. Parasit. Japan **1**, 315–393.
[41] JEMMI, T. (1993): *Listeria monocytogenes* in Räucherfisch, eine Übersicht. Archiv Lebensmittelhyg. **44**, 10–13.
[42] KAMO, H., HATSUSHIKA, R., YAMANE, Y. (1971): Diplogonoporiasis and diplogonadic cestodes in Japan. Yonago Acta Med. **15**, 234–246.
[43] KARUNASAGAR, J., VENUGOPAL, M.N., KARUNASAGAR, I. (1984): Gehalt an *Vibrio parahämolyticus* in indischen Garnelen bei der Verarbeitung zum Export. Canad. J. Microbiol. **30**, 713–715.

[44] KAT, M. (1987): Diarrhetic mussel poisoning. Measures and consequences in the Netherlands. Rapp. P.-v. Reun. Cons.int. Explor. Mer **187**, 83–88.
[45] LANG, K. (1978): Ernährungsphysiologische Eigenschaften von Fritierfetten Zschr. Ernährungswissenschaft Suppl. **21**, Darmstadt: Steinkopff Verlag.
[46] LEWIS, D.H. (1975): Retention of *Salmonella typhimurium* by certain species of fish and shrimp. J. Amer. Vet. Med. Assoc. **167**, 551–552.
[47] LÖTSCH, G. (1986): Untersuchungen zum Vorkommen von *Yersinia enterocolitica* bei Speisefischen und ausgewählten Fischprodukten. Mhefte Vet.-Med. **41**, 496–498.
[48] LÜTJE, (1949): Rückblick auf Nahrungsmittelvergiftungen in Niedersachsen nach dem Genuß von Nordseekrabben. Deutsche Tierärztl. Wschr. **56**, 17–24.
[49] MADDEN, J.M., MCCARDELL, B.A., READ, R.B. (1982): *Vibrio cholerae* in Muscheln aus Küstengewässern der USA. Food Technol. **36**, 93–96.
[50] MADDEN, R.H., KINGHAM, S. ( 1977): Veränderungen der mikrobiologischen Qualität von *Nephrops norwegicus* während der Verarbeitung zu kleinverpackten Erzeugnissen. J. Food Protect. **50**, 460-463.
[51] MARGOLIS, L. (1977): Public Health aspects of „Codworm" infection: a review. J. Fish. Res. Can. **34**, 887–898.
[52] MEBS, D. (1992): Gifttiere. Stuttgart: Wissenschaftl. Verlagsgesellschaft.
[53] MESSTORFF, J. (1954): Über den Totenstarreverlauf einiger Seefischarten. Kurze Mitteilungen Inst. Fischereibiol. Univers. Hamburg **5**, 1–21.
[54] MEYER, V. (1956): Aminosäurendecarboxylase durch Organismen der *Betabacterium buchneri*-Gruppe als Ursache bombierter Marinaden. Veröff. Inst. Meeresforschung Bremerhaven **4**, 1–16.
[55] MEYER, V., KIETZMANN, U. (1958): Das Verhalten von Botulismuskeimen in Geleeheringen. Archiv Lebensmittelhyg. **9**, 280–286.
[56] MORERA, P. (1973): Life history and redescription of *Angiostrongylus costaricensis* MORERA and DESPEDES 1971. Am. J. Trop. Med. Hyg. **22**, 613.
[57] MORSE, D.L., GUZEWICH, J.J., HAURAHAN, J.P., HERRMANN, J.E. (1986): Widespread outbreaks of clam- and oysters-associated gastroenteritis. Role of the Norwalk virus. N. Engl. J. Med. **314**, 678–681.
[58] MOTES, M.L. jr. (1991): Incidence of *Listeria* spp. in shrimp, oysters and estuarine waters. J. Food Protect. **54**, 170–173.
[59] PAIXOTTO, S.S., FINNE, G., HANNA, M.O., VANDERZANT, C. (1979): Vorkommen, Wachstum und Überleben von *Yersinia enterocolitica* in Austern, Garnelen und Krabben. J. Food Protect. **42**, 974–981.
[60] PALUMBO, S., ABEYTA, C., STELMA, G. (1992): *Aeromonas hydrophila* group. In: VANDERZANT, C. & D.F. SPLITTSTOESSER (eds): Compendium of Methods for the Microbiological examination of Foods. 3rd. ed., American Public Health Association, Washington D.C.
[61] PIEKARSKI, G. (1975): Medizinische Parasitologie in Tafeln. Berlin, Heidelberg, New York: Springer Verlag.
[62] PONTEFRACT, R.D., BISHAI, F.A., HOCKIN, J., BERGERON, D., PARENT, R. (1993): Norwalk-like viruses associated with gastroenteritis outbreak following oyster consumption. J. Food Protect. **56**, 604–607.
[63] POWER, U.F., COLLINS, G.K. (1989): Differential depuration of Poliovirus, *E.coli*, and a coliphage by the common mussel *Mytilus edulis*. Appl. Environm. Microbiol. **55**, 1386–1390.
[64] PRIEBE, K. (1970): Untersuchungen zur Vermeidung des Auftretens von Fadenziehen bei Bratheringsmarinaden. Archiv Lebensmittelhyg. **21**, 13–23.
[65] PRIEBE, K. (1984): Beitrag zur Eignung des Histamingehaltes als Maßstab der Verderbnis von Fischen. Archiv Lebensmittelhyg. **35**, 123–128.
[66] PRIEBE, K., BOISELLE, C., LINDENA, U. (1992): Bedeutsame Prozeßfaktoren bei der Herstellung von Seelachsschnitzeln, Lachsersatz, und Bemerkungen zur Untersuchung und Deklaration dieses Feinkosterzeugnisses. Archiv Lebensmittelhyg. **43**, 144–148.
[67] REILY, L.A., HACKNEY, C.R. (1985): Survival of *Vibrio cholerae* during cold storage in artifically produced seafood. J. Food Sci. **50**, 838–839.

[68] Reilly, P.J.A., Twiddy, D.R. (1992): *Salmonella* and *Vibrio cholerae* in brackish-water cultured tropical prawns. Int. J. Food Microbiol. **16**, 293–301.
[69] Rippen, T.E., Hackney, C.R. (1992): Pasteurization of seafood: Potential for shelflife extension and pathogen control. Food Technol. **46**, 88–94.
[70] Rutala, W.A., Sarunbi, F.A. jr., Finch, C.S., McCarmack, J.N., Steinkraus, G.E. (1982): Oyster-associated outbreak of diarrheal disease possibly caused by *Plesiomonas shigelloides*. Lancet **1**, 739.
[71] Saupe, C. (1989): Mikrobiell bedingte Gefährdung des Menschen durch Fisch und Fischerzeugnisse und Möglichkeiten ihrer Verhinderung (Übersichtsreferat). Mhefte Vet.-Med. **44**, 54–59.
[72] Schönberg, F. (1959): Die Untersuchung von Tieren stammender Lebensmittel. 7. Aufl., Hannover, Schaper Verlag.
[73] Schüppel, H., Nostitz, B. (1995): Zur Bedeutung von Vibrionen unter besonderer Berücksichtigung lebensmittelhhygienischer Aspekte. Amtstierärztlicher Dienst und Lebensmittelkontrolle **2**, 18–22.
[74] Schulze, K. (1986): Botulismus nach dem Verzehr von selbst eingelegten Heringen. Toxin- und Keimnachweis. Archiv Lebensmittelhyg. **37**, 125.
[75] Shirazan, D., Schiller, F.L., Glasser, C.A., Vonderfecht, S.L. (1984): Pathology of larvae *Eustrongylides* in rabbits. J. Parasitol. **70**, 803–806.
[76] Sinell, H.J. (1992): Einführung in die Lebensmittelhygiene. 3. Aufl., Berlin: Paul Parey Verlag.
[77] Sindermann, C.J. (1990): Principal Diseases of Marine Fish and Shellfish. Vol. II, 2nd ed., San Diego, Academic Press.
[78] Singh, B.R., Kulshreshtha, S.B. (1992): Preliminary examination on the enterotoxigenity of isolates of *Klebsiella pneumoniae* from seafoods. J. Food Microbiol. **16**, 349-352.
[79] Swanson, V.L. (1971): Gnathostomiasis. In: Marcial-Rojas, R.A. (ed.): Pathology of Protozoal and Helminthic Diseases with Clinical Correlation. Baltimore: Williams & Wilkens Co., 871–879.
[80] Taraschewski, H. (1984): Heterophyiasis, an intestinal fluke infection of man and vertebrates transmitted by euryhaline gastropods or fishes. Helgoländer Meeresuntersuchungen **37**, 463–478.
[81] Transurat, P. (1971): Opisthorchiasis. In : Marcial-Rojas, R.A. (ed): Pathology of Protozoal and Helminthic Diseases with Clinical Correlation. Baltimore: Williams & Wilkens, 536–545.
[82] Untermann, F. (1972): Zum Vorkommen von enterotoxinbildenden Staphylokokken bei Menschen. Zbl. Bakt.Hyg. Abt. I Orig. **222**, 18–26.
[83] Weagant, S.D., Sado, P.N., Colburne, K.G., Torkelson, J.D., Stanley, F.A., Krane, M.H., Shields, S.C., Thayer, C.F. (1988): The incidence of *Listeria* species in frozen seafood products. J. Food Protect. **51**, 655-657.
[84] Wiesmann, F. (1982): Medizinische Mikrobiologie. Stuttgart, New York: Thieme Verlag, 447.
[85] Wille, O. (1949): Handbuch der Fischkonservierung. Hrsg. R. Baader, Lübeck: Keune Verlag.
[86] World Health Organisation (1993): Foodborne parasite infections: a serious health problem linked to environment. The Fish Inspector Nr. **25**, FAO/Rom.
[87] - , - (1992): Giftige Krabben und Muscheln. Informationen Fischwirtschaft des Auslandes (Hamburg) Heft **1**, p. 21.
[88] - , - : Verordnung über die hygienischen Anforderungen an Fischereierzeugnisse und lebende Muscheln vom 31.03.94 (FischHV), BGBl. I, v. 20.04.94, S.7 37.
[89] - , -: Mikrobiologische Normen für gekochte Krebs- und Weichtiere. Entscheidung der Kommission Nr. 93/51/EWG, Bekanntmachung im Bundesanzeiger Nr. 125 vom 07.07.1994, S. 6994.

# 12 Milch und Milchprodukte

P. Hammer und W. Heeschen

## 12.1 Einleitung

Der Einsatz von HACCP-Systemen oder vergleichbaren Konzepten im Rahmen der Qualitätssicherung entspricht heutzutage, zumindest in größeren Unternehmen der milchverarbeitenden Industrie, allgemeinem Standard. Dies ist zum einen durch den Druck des Marktes, der immer bessere, „hygienischere“ Produkte fordert, entstanden, zum anderen spätestens nach Inkrafttreten der Richtlinie 92/46/EWG des Rates vom 16. Juni 1992 mit Hygienevorschriften für die Herstellung und Vermarktung von Rohmilch, wärmebehandelter Milch und Erzeugnissen auf Milchbasis (Milchhygienerichtlinie). Unternehmen, die durch Vermarktung innerhalb der Europäischen Union (EU) bzw. Exporttätigkeit auf das hier definierte Genußtauglichkeitskennzeichen (engl. „health mark“) angewiesen sind, müssen nach Art. 14 der Richtlinie in eigener Verantwortung Systeme zur Gewährleistung der Produktsicherheit aufbauen und unterhalten, wobei „Ermittlung, Überwachung und Kontrolle kritischer Punkte“ explizit genannt sind. Diese Regelungen finden auch Eingang bei der Umsetzung dieser Richtlinie in deutsches Recht. In der „Milchverordnung 1995“ heißt es in § 16 Abs. 1: „Wer Milch oder Erzeugnisse auf Milchbasis in Be- oder Verarbeitungsbetrieben herstellt oder behandelt, hat

- durch betriebseigene Kontrollen die nach dem jeweils angewandten Herstellungsprozeß zu bestimmenden kritischen Punkte zu ermitteln,
- Überwachungs- und Kontrollmethoden für diese kritischen Punkte[1] in Abhängigkeit von der Menge der verarbeiteten Milch und der hergestellten Erzeugnisse auf Milchbasis festzulegen und durchzuführen,
- das Ergebnis der Untersuchungen zur Einhaltung der in dieser Verordnung festgelegten Normen zu überwachen und
- einen Reinigungs- und Desinfektionsplan für die Räume, Einrichtungsgegenstände und Arbeitsgeräte aufzustellen und das Ergebnis der angewandten Reinigungs- und Desinfektionsverfahrens zu überprüfen sowie
- Nachweise zu führen über die Maßnahmen und Kontrollergebnisse und diese der zuständigen Behörde auf Verlangen vorzulegen.“

Wegen der großen Vielfalt der Milchprodukte sollen im folgenden HACCP-Systeme an einzelnen Beispielen mit bestimmten pathogenen oder verderbniserregenden Keimen dargestellt werden. Dabei wird aus Gründen der Übersichtlichkeit jeweils nur ein Keim pro Beispiel behandelt. Einen Überblick zu Vorkommen und Bedeutung pathogener Keime in Milch und Milchprodukten gibt Tab. 12.1 (anaerobe Sporenbildner und Viren sind nicht berücksichtigt).

[1] Im Zusammenhang mit der vorliegenden Darstellung identisch mit „kritischen Kontrollpunkten“ (CCPs).

**Tab. 12.1 Überblick zum Vorkommen pathogener Keime in Milch und Milchprodukten (Daten aus „Foodborne Bacterial Pathogens" ed. by M. P. DOYLE (1989) und IDF Monograph on the Significance of Pathogenic Microorganisms in Raw Milk (International Dairy Federation, 1994a))**

| Keime | Infektions-erreger | Toxin-bildner | Milchprodukt[a] | Vorkommen | Gesundheitsgefährdung/ Erkrankungsschwere |
|---|---|---|---|---|---|
| *Brucella abortus/* | + | – | Rohmilch, | regional abhängig[b] | groß/schwer |
| *Brucella melitensis* | + | – | Frischkäse | häufig | groß/schwer |
| *Bacillus cereus* | – | + | Trinkmilch, Milchpulver | häufig | gering/moderat |
| *Campylobacter jejuni* | + | – | Rohmilch, Trinkmilch | häufig | gering/moderat |
| *E. coli* | + | + | alle Milchprodukte | häufig | gering – groß/moderat – schwer, je nach Typ |
| *L. monocytogenes* | + | – | Weichkäse, Sauermilchkäse | selten | gering/schwer |
| *Salmonella* | + | – | Milchpulver | selten | groß/moderat |
| *S. aureus* | (+) | + | alle Milchprodukte | häufig | groß/moderat |
| *Y. enterocolitica* | + | – | Rohmilch, Trink-milch, Milchpulver | selten | gering/moderat |
| Mycobakterien | + | – | Rohmilch | regional abhängig[b] häufig | groß/schwer |
| *Coxiella burnetii* | + | – | Rohmilch | selten | gering/moderat |

a) nach häufigster Beschreibung
b) nicht in Deutschland

Neben den in diesem Beitrag zu behandelnden Mikroorganismen sind als weitere mögliche Gefahren – oder engl. besser „hazards“ – noch Rückstände, Kontaminanten und vor allem Fremdkörper zu erwähnen. Gerade letztere gewinnen durch zunehmende Verwendung von Glasverpackungen an Bedeutung.

## 12.2 Trinkmilch

Im Zusammenhang mit Trinkmilch kommt von den pathogenen Keimen nur *C. jejuni* und *B. cereus* größere Bedeutung zu. Insbesondere für *C. jejuni* sind in der Literatur eine große Zahl von Ausbrüchen beschrieben worden. Fast alle dieser Fälle beziehen sich jedoch auf Rohmilch, da C. *jejuni* die Hitzebehandlung bei der Konsummilchherstellung nicht übersteht und auch ansonsten in Milch nicht lange lebensfähig ist. Für Trinkmilch, als „elementarer“ Verzehrsform der Milch, soll hier jedoch beispielhaft entsprechend der Philosophie des HACCP-Konzeptes die Darstellung vom Produzenten (der Kuh) bis zum Verbraucher erfolgen (eine sehr ausführliche Darstellung des gesamten Komplexes findet sich im IDF-Bulletin 292 (International Dairy Federation, 1994)). Als zu kontrollierender Keim wird daher *B. cereus* besprochen, da dieser durch die Hitzeresistenz seiner Sporen und mögliche Rekontaminationen wesentlich länger im Produktionsverlauf von Trinkmilch persistiert. *B. cereus* hat sowohl als Verderbniserreger (sweet curdling, ca. 80 % der Verderbnisfälle bei aseptisch abgepackter Milch) als auch als Toxinbildner Bedeutung. Vergiftungserscheinungen durch *B. cereus*-Toxine treten jedoch erst bei Keimzahlen ab $10^6$/g Lebensmittel auf, einer Zahl, bei der die Milch in aller Regel bereits organoleptisch verändert ist. Der Keim ist für Trinkmilch daher sicher als Verderbnisverursacher wichtiger als als Intoxikationserreger. Dennoch sind auch durch *B. cereus* in Milch und Milchprodukten verursachte Erkrankungsausbrüche in der Literatur beschrieben (Tab. 12.2).

### 12.2.1 Vorbereitende Schritte

Das Team zur Einsetzung eines HACCP-Systems für Trinkmilch sollte je nach Werksstruktur aus dem verantwortlichen Produktions- oder Abteilungsleiter, Hygienemeister, Laborleiter, Werkstatt- oder Technikleiter sowie möglicherweise einem externen Fachmann (Wissenschaftler) bestehen. Gegebenenfalls sind für Detailprobleme Vertreter von Vertrieb/Lager und Marketing hinzuzuziehen.

Trinkmilch wird in Deutschland in erster Linie als UHT-Milch (ca. 50 % Marktanteil) sowie als „frische Trinkmilch“ homogenisiert und pasteurisiert mit unterschiedlichem Fettgehalt angeboten. Sterilmilch und die nicht als Trinkmilch zu bezeichnende Kondensmilch sind weniger bedeutend. Die Milch wird von allen Bevölkerungsgruppen direkt verzehrt bzw. zu Speisen verarbeitet (Pudding, Brei etc.). Eine definierte Zielgruppe ist somit nicht festlegbar. Als „Nebenprodukt“ der Trinkmilchherstellung muß auch Sahne (Schlagsahne, Kaffeesahne) für den direkten Verzehr sowie als Bestandteil in Desserts, Torten, Eis etc. hier abge-

**Tab. 12.2 Durch *B. cereus*-Toxin in Milch und Milchprodukten verursachte Erkrankungen des Menschen**

| Produkt | Anzahl | Erkrankte | Typ | Bakt. Befund | Land/Jahr | Autor |
|---|---|---|---|---|---|---|
| Milch | 221 | Schulkinder | diarrhoeisch | $2 \times 10^7$ *B. cereus*/ml | Rumänien 1972 | zit. n. IDF, 1992 |
| Milch | 1 | Säugling | emetisch | $2{,}6 \times 10^6$ *B. cereus*/ml | Dänemark 1981 | zit. n. IDF, 1992 |
| past. Milch | 280 | Personen | emetisch | $4 \times 10^5$ *B. cereus*/ml | Niederlande 1989 | VAN NETTEN et al., 1990 |
| Sahne | 2 | Kinder | emetisch u. diarrhoeisch | $5 \times 10^6$ *B. cereus*/ml | England 1975 | zit. n. IDF, 1992 |
| Sahne | 62 | Personen | k. A. | k. A. | Bulgarien 1987 | WHO, 1992 |
| Vanille-Sauce | 61 | Personen | diarrhoeisch | $2{,}5 \times 10^7 - 1{,}1 \times 10^8$/ml *B. cereus* | Norwegen 1955 | zit. n. GILBERT, 1979 |
| Vanille-Sauce | 127 | Soldaten | diarrhoeisch | $1 \times 10^7$ *B. cereus*/ml | Deutschland 1970 | zit. n. GILBERT, 1979 |

k. A. = keine Angabe

handelt werden. Tab. 12.3 zeigt ein Fließschema zur Verarbeitung von Milch ab der Erzeugung auf dem Bauernhof bis zum Verbraucher, wobei auf technologischer Seite die UHT-Milch-Herstellung im kontinuierlichen Verfahren berücksichtigt ist.

### 12.2.2 Identifizierung der Hazards

Die Identifizierung der Gefahren (Hazards) erfolgt in der Reihenfolge der Numerierung der einzelnen Stufen in Tab. 12.3. Die Hazards ergeben sich durch Abweichung von der Norm oder Nichtbeachtung der in der Tabelle aufgeführten Einflußfaktoren. Eine Wahrscheinlichkeit des Eintreffens der angegebenen Gefahr (Risiko) ist nur schwer anzugeben, ist aber sicher abhängig vom Maß der Abweichung bei den Einflußfaktoren.

### 12.2.3 Kritische Kontrollpunkte (CCP)

CCPs lassen sich anhand der Gefahrenanalyse überall dort festlegen, wo durch Kontrolle und Korrektur der Einflußfaktoren das unerwünschte Ereignis, d. h. entweder die Kontamination/Rekontamination mit vegetativen *B. cereus*-Zellen oder -Sporen bzw. die Vermehrung bereits vorhandener Zellen, verhindert (CCP1) oder vermindert (CCP2) werden kann. Zur Darstellung der CCPs wird wiederum die Numerierung der Stufen aus Tab. 12.3 herangezogen.

Die Kontrolle der CCPs wird in aller Regel nicht aus mikrobiologischen Untersuchungen bestehen, da diese naturgemäß viel zu lange dauern. Es werden daher in erster Linie physikalische und chemische Einflüsse mit bekannter Wirkung herangezogen. Zur Beurteilung dieser Einflüsse enthält die Monographie der ICMSF (1988) die notwendige Information (s. weiterführende Literatur).

Die Angabe „nicht praktikabel" in der Tabelle bedeutet daher nur, daß während der laufenden Produktion eine kontinuierliche Überwachung nicht möglich ist, ebensowenig daher eine direkt eingreifende Korrektur. Es sollte jedoch selbstverständlich sein, daß an Punkten mit erkannten Gefahren entweder Maßnahmen zur Abwendung, d. h. auch baulicher oder produktionstechnischer Art, oder zur Kontrolle bereits im Vorfeld ergriffen werden.

1. Kuh: Hier ist kein CCP definierbar, da die angegebenen Einflußfaktoren nur schwer zu überwachen und zu korrigieren sind.
2. Melken/Melkanlage: Eine regelmäßige Wartung der Anlage sowie die fachgerecht durchgeführte Reinigung können die Gesamtkeimzahl (GKZ) der Milch (und damit auch von *B. cereus*) vermindern. Die Messung der GKZ durch Molkerei und/oder Kontrollverbände führt bei Grenzwertüberschreitung zu Milchgeldabzug, womit zumindest die Möglichkeit besteht, den Landwirt zu Korrekturmaßnahmen zu bewegen. Diese Produktionsstufe kann daher mit Einschränkung als CCP2 bezeichnet werden.

**Tab. 12.3 Produktionsablauf für UHT-Milch unter Berücksichtigung von Einflußfaktoren, Gefahren, kritischen Kontrollpunkten (CCP) sowie Überwachung und Korrektur**

| Verant-wortung | Produktionsstufe | Einflußfaktoren | „Hazard" | CCP | Überwachungskriterium | Korrektur |
|---|---|---|---|---|---|---|
| Landwirt | 1. Kuh | Haltungsform, Jahreszeit, Futterration, Stall-/Euterhygiene | Kontamination | / | Verhalten des Landwirtes | kaum möglich (Milchpreis?) |
| | 2. Melken/ Melkanlage | technischer Zustand, Bedienung, Wartung, Art (Eimer, Rohr), Ort (Stall, Melkstand, Koppel), Melk-, Melkerhygiene, Milchreinigung, Anlagenreinigung | Kontamination der Milch beim Melkvorgang | CCP2 | Wartungsintervall (-vertrag) für Melkanlage, Gesamtkeimzahl | bei Grenzwertüberschreitung = Milchgeldabzug |
| | 3. Hoftank | Kapazität, Kühlleistung, Reinigung | Vermehrung bzw. Kontamination | CCP2 | Gesamtkeimzahl | bei Grenzwertüberschreitung = Milchgeldabzug |
| Molkerei | 4. Milchsammeln/ Sammelwagen | Abholintervall, Tourlänge, Kühlleistung, Wetter, Fahrerhygiene, Anfahrtflächen auf dem Hof, Reinigung | Vermehrung bzw. Kontamination | / | nicht praktikabel | Optimierung nach Einflußfaktoren |
| | 5. Milchannahme/ Vorstapeltanks | Temperatur 6 °C, Milchverarbeitung maximal 72 h nach Melken, tägliche Reinigung | Vermehrung | CCP2 | Temperaturschreibung | Kühltemperatur korrigieren, Standzeit verkürzen |
| | 6. Milchreingiung/ Bactofugation/ Separierung | Separatoren-, Filterleistung, Durchflußgeschwindigkeit | nicht ausreichende Reinigung der Milch | / | Durchflußmenge und -geschwindigkeit nicht rechtzeitig steuerbar | Kapazität einhalten |
| | 7. Pasteurisierung von Magermilch und Sahne | Temp. 71–72 °C, Zeit 30–40 sec, CIP getrennt von Rohmilchseite, Anlagendruck bei erhitzter Milch höher als bei Rohmilch, Druck auf Produktseite höher als beim Erhitzungsmedium | Erwärmung unzureichend, keine Abtötung vegetativer Zellen | CCP2 | Temperaturmeßschreiber, automatischer Schutz gegen Vermischen mit Rohmilch, tägliche Kontrolle der Automatik | Temperatursteuerung mit automatischem Rückflußventil (+ Schreiber) |
| | 8. Standardisierung/ Homogenisierung (Abfüllung von pasteurisierter Milch/Sahne) | Standzeit und -temperatur | Vermehrung | / | nicht praktikabel | ggf. kühlen |

| Verantwortung | Produktionsstufe | Einflußfaktoren | „Hazard" | CCP | Überwachungskriterium | Korrektur |
|---|---|---|---|---|---|---|
| | 9. Ultrahocherhitzung | je nach Anlage, direkt oder indirekt, 135–150 °C > 1 sec (s. auch 7.) | keine Sporenabtötung bei Temperatur < 134 °C | CCP1 | Temperaturschreiber | Temperatursteuerung und automatisches Rückflußventil |
| | 10. Kühler | 18–22 °C | Rekontamination | / | nicht praktikabel | / |
| | 11. Steriltank | Lagerzeit bis 24 h, Temp. 18–24 °C, Reinigung mit Dampf und Lauge/Säure bei 70 °C | Rekontamination, Vermehrung | / | CIP-Reinigungsprogramm | nach Fehlermeldung |
| | 12. Abfüllung von UHT-Milch und H-Sahne | Aseptikanlage mit Kapselung und Überdruck (Sterilluft), Verpackung mit $H_2O_2$ desinfiziert | Rekontamination | CCP2 | Dichtigkeit Sterilluftfilter, $H_2O_2$-Konzentration | Filter nach Wartungsintervall wechseln, $H_2O_2$ täglich einstellen |
| | 13. Lager | Raumtemperatur | Vermehrung nach Rekontamination | / | / | / |
| Handel | 14. Transport zur Verkaufsstelle | Raumtemperatur | Vermehrung nach Rekontamination | / | / | / |
| | 15. Lager | Raumtemperatur | Vermehrung nach Rekontamination | / | / | / |
| | 16. Verkaufsregal | Raumtemperatur | Vermehrung nach Rekontamination | / | / | / |
| Verbraucher | 17. Transport nach Hause | Raumtemperatur | Vermehrung nach Rekontamination | / | / | / |
| | 18. Anwendung/Verbrauch | Raumtemperatur, Kühlschrank | Rekontamination beim Öffnen | / | Kühlung nach Öffnung, baldiger Verzehr | Einhaltung der „GKP" (Gute Küchenpraxis) |

3. Hoftank: Hier gilt das zur Melkanlage Gesagte.
4. Sammelwagen: Eine Überwachung ist nicht praktikabel. Da die Sammelwagen meistens nicht aktiv kühlen, besteht keine technische Korrekturmöglichkeit, und eine bakteriologische Kontrolle schließt sich wegen des Zeitaufwandes aus. Die Optimierung der Touren wird jedoch von den Molkereien aus Eigeninteresse vorgenommen.
5. Milchannahme: Hier kann durch entsprechende Kühlung die Vermehrung von *B. cereus* unterbunden werden (es gibt jedoch zunehmend psychrophile Stämme!). Die Kühlung wird durch Schreiber überwacht und ist jederzeit korrigierbar, d. h., hier liegt ein echter CCP2 vor.
6. Milchreinigung: Bei Überschreiten der Kapazität der Reinigungsseparatoren wird die Zahl an *B. cereus*-Sporen, die z. B. an Schmutzpartikeln haften, nicht ausreichend reduziert. Der Schritt ist jedoch kaum zu überwachen, und Korrekturen können nur eingeschränkt durchgeführt werden. Ein CCP ist demnach nicht zu definieren.
7. Pasteurisierung: Die Bedingungen der Erhitzung ebenso wie die Überwachungs- und Korrekturmaßnahmen sind gesetzlich festgelegt und unterliegen automatisierter Überwachung. Die Pasteurisierung führt zwar zu einer Eliminierung von vegetativen *B. cereus*-Zellen, die Sporenzahl wird jedoch nicht beeinflußt, es handelt sich insoweit also nur um einen CCP2. Neben der Automatik sollte als zusätzliche Sicherheitsmaßnahme ein Kontrollthermometer täglich abgelesen werden sowie die Temperaturdifferenz zwischen Produkt und Erhitzungsmedium als Indikator für Fouling bestimmt werden. Alle Funktionen der Automatik sind täglich zu kontrollieren.
8. Standardisierung/Homogenisierung: Die Einstellung des Fettgehaltes erfolgt im kontinuierlichen Verfahren normalerweise ohne Standzeiten. Sollten Verzögerungen auftreten, besteht jedoch die Gefahr, daß über durch den Hitzeschock der Pasteurisierung zum Auskeimen angeregte Sporen erneut eine Vermehrung von *B. cereus* stattfinden kann. Eine Überwachung ist nicht praktikabel. Technologisch nutzbar wird eine eventuelle Lagerzeit vor der UHT-Erhitzung, wenn sie so bemessen ist, daß nur vegetative Zellen vorliegen und Sporen noch nicht gebildet wurden.
9. Ultrahocherhitzung: Die Bedingungen der Hocherhitzung unterliegen einer automatisierten Überwachung und Korrektur. Bei Temperaturen über 134 °C ist eine sichere Abtötung von *B. cereus*-Sporen gewährleistet (International Dairy Federation, 1992), hier handelt es sich somit um einen CCP1. Ein eventuelles Überleben von sog. „super-dormant"-Sporen (besonders hitzeresistent) ist möglich, die genauen Zusammenhänge sind jedoch noch nicht erforscht.
10. Kühler: Nach der Hocherhitzung darf die Milch nur noch im geschlossenen System bewegt werden. Mögliche Plattendurchbrüche im Kühler könnten zu einer Rekontamination mit Keimen aus dem Kühlmedium führen, eine Über-

wachung ist jedoch abgesehen von fortlaufenden Druckmessungen im Kühlsystem nicht praktikabel. Somit läßt sich auch kein CCP festlegen.

11. Steriltanks: Die Steriltanks mit Standzeiten bis zu 24 Stunden bei Raumtemperatur sind ideale Vermehrungsstätten für *B. cereus*, falls es zu einer Rekontamination des Produktes gekommen ist. Besonders wichtig ist bei solchem geschlossenen System, daß die CIP programmgemäß abläuft und keine Rekontamination durch unzureichende Reinigung zustande kommt. Die Überwachung des Reinigungsprogrammes sowie Wiederholung bei Fehlermeldungen sind daher wichtig. Ein CCP liegt nicht vor, da eine Kontamination im Steriltank kaum feststellbar ist und vor allem nicht korrigierend eingegriffen werden kann.

12. Abfüllung: Das Betreiben der Abfüllanlage unter Überdruck mit Sterilluft sowie die ständige Kontrolle der $H_2O_2$-Konzentration für das Tauchbad des Verpackungsmaterials gewährleisten die Überwachung und ggf. Korrektur der aseptischen Abfüllung. Eine Rekontamination läßt sich so wirkungsvoll verhindern (CCP2).

13.–17. Lager und Transport: Falls keine Rekontamination nach dem Erhitzen stattgefunden hat, sind Lagerung und Transport von UHT-Milch auch bei Raumtemperatur unproblematisch.

18. Anwendung/Verbrauch: Beim Öffnen der Milchpackung zum Verbrauch kann es leicht zur Rekontamination des Produktes nicht nur mit *B. cereus* kommen. Mangelnde Kühlung der Milch bzw. daraus hergestellter Produkte und zu lange Standzeit erlauben eine Vermehrung von *B. cereus*. Überwachung und Korrektur sind kaum möglich, da das Verbraucherverhalten nicht berechenbar ist. Hilfreich sind die Einhaltung der vielleicht in Anlehnung an die GHP (GMP) zu definierende „gute Küchenpraxis“ (GKP) und der Kühlhaltehinweis bei der Kennzeichnung.

## 12.2.4 Bestätigung

Die „Verifikation“ des umfassend beschriebenen Plans erfolgt durch externe Gutachter. Eine für alle Schritte der HACCP-Implementierung vorgesehene Dokumentation ist dazu unabdingbar. Diese ist z. B. auch der Überwachungsbehörde (Veterinäramt) vorzulegen. Die sog. Audits durch Fachleute, z. B. von Forschungseinrichtungen der Milchwirtschaft, sollen regelmäßig stattfinden, um die Einhaltung des gewünschten Sicherheitsstatus zu gewährleisten und der „Betriebsblindheit“ vorzubeugen.

Zur Beurteilung des bisher vorgestellten Beispiels kann man sagen, daß sich so ein relativ sicheres Produkt herstellen läßt. Defizite für pasteurisierte Trinkmilch, die wegen des Überlebens der Sporen nur als CCP2 zu beherrschen sind, lassen sich über die kurze Haltbarkeit ausgleichen. Gleiches gilt für pasteurisierte Sahne.

# 12.3 Frischprodukte

Frischprodukte aus Milch erfreuen sich zunehmender Beliebtheit, entsprechend groß ist die Angebotspalette. Die Vielfalt reicht von Quark mit und ohne Gewürz- oder Obstbeimischung, Frischkäse, Hüttenkäse, Joghurts in zahlreichen Variationen bis Frucht-Milchshakes, Milchreisdesserts, Puddings und vielem anderen mehr. Pathogene Mikroorganismen spielen hier praktisch keine Rolle, da sowohl durch die Technologie, wie auch durch kurze Haltbarkeitszeiten eine Gefahr für den Verbraucher weitgehend auszuschließen ist. Dennoch soll nochmals mit *B. cereus* das Beispiel der Quarkproduktion vorgestellt werden. Die Beschreibung weiterer Produktionsverfahren für Frischprodukte würde den Rahmen dieses Beitrages sprengen.

## 12.3.1 Vorbereitende Schritte

Die Zusammensetzung des HACCP-Teams entspricht dem für die Trinkmilchherstellung. Aufgrund der ausführlichen Darstellung dort, wird hier auf die Bereiche Erzeugung, Handel und Verbraucher verzichtet und der Produktionsablauf nur auf Molkereiebene beschrieben (Tab. 12.4). Auch für Quark läßt sich, wie bei Trinkmilch, keine Verbrauchergruppe als Ziel festlegen, er wird von allen Bevölkerungsteilen verzehrt.

## 12.3.2 Identifizierung der Hazards

Die Identifizierung der Hazards erfolgt in Reihenfolge der Numerierung der Produktionsstufen in Tab. 12.4.

1. Kulturentank: Der Ansatz zur Verkäsung erfolgt mit pasteurisierter Magermilch sowie Lab und Betriebskultur. Über die Magermilch kommt es mit hoher Wahrscheinlichkeit zum Eintrag von Sporen, die durch die Pasteurisierung nicht abgetötet wurden. Wenn die Säuerung durch die Betriebskultur nicht ausreichend ist, kann es zur Vermehrung von *B. cereus* kommen. Als sekundäre Gefahr müßte daher auch ein Phagenbefall der Betriebskultur angesehen werden.
4. Silos: In Silos kann es bei langer Standzeit und nicht ausreichendem pH-Wert evtl. zu einer Vermehrung von psychrophilen *B. cereus*-Stämmen kommen. Da die maximale Standzeit sicher im Bereich unter einer Generationszeit liegt, ist eine Gefährdung des Produktes jedoch unwahrscheinlich.
5. Quarkmischer: Die Erhitzung im Quarkmischer reicht zu einer Sporenabtötung nicht aus. Wenn die Zumischung z. B. aus Zwiebeln, Gurken, Schnittlauch oder Paprika oder pulverisiertem Knoblauch und Pfeffer oder aus Früchten besteht, ist die Wahrscheinlichkeit eines Sporeneintrages sehr hoch. Auch über die pasteurisierte Sahne können ebenso wie über die Magermilch (s. o.)

**Tab. 12.4 Produktionsablauf für Quark unter Berücksichtigung von Einflußfaktoren, Gefahren, kritischen Kontrollpunkten (CCP) sowie Überwachung und Korrektur, nur auf Molkereiebene**

| Produktionsstufe | Einflußfaktoren | „Hazard“ | CCP | Überwachungskriterium | Korrektur |
|---|---|---|---|---|---|
| 1. Kulturentank | pasteurisierte Magermilch, Lab, Betriebskultur, Standzeit bis 18 h bei 30 °C und Erreichen von pH 4,5 | Magermilch enthält Sporen, pH-Wert zu hoch (Phagen in Betriebskultur), Vermehrung | CCP2 | kontinuierliche pH-Wert-Messung | Standzeit verlängern, Kulturenwechsel |
| 2. Quarkseparatoren | 30 °C, 2000 l/h und mehr | / | / | / | / |
| 3. Kühler | 6 °C | / | / | / | / |
| 4. Silos | Standzeit bis 5 h bei 6 °C | Vermehrung psychrophiler *B. cereus* | / | nicht praktikabel (pH-Wert) | / |
| 5. Quarkmischer | 70–80 °C bis 1 min, Zusatzstoffe, pasteurisierte Sahne, Gewürze, Obst, Gemüse | Eintrag von Sporen über Zumischung | CCP1 | Spezifikationen für Zumisch-Komponenten oder Freigabe nach eigener Untersuchung | beanstandete Chargen bzw. nicht ausreichend spezifizierte Chargen nicht verwenden |
| 6. Kühler | 6 °C | / | / | / | / |
| 7. Abfüllung | Aseptikanlage mit Kapselung und Überdruck (Sterilluft), Verpackung mit $H_2O_2$ desinfiziert | Rekontamination | CCP2 | Dichtigkeit Sterilluftfilter, $H_2O_2$-Konzentration | Filterwechsel (regelmäßig), $H_2O_2$-Konzentration täglich überprüfen |
| 8. Kühllager | 6 °C | Vermehrung nach Rekontamination | CCP2 | Temperaturschreibung | automatische Korrektur der Temperatur |

Sporen eingebracht werden. Zu beachten ist auch der pH-Wert-Anstieg bei Zumischung.

7./8. Abfüllung und Kühllager: Bei Versagen der Überdruckbelüftung bzw. Undichtigkeiten im Sterilluftfilter sowie zu geringer $H_2O_2$-Konzentration im Tauch- oder Sprühbad für die Verpackung kann es zu Rekontaminationen kommen. Die Qualität moderner Abfüllinien macht dies jedoch relativ unwahrscheinlich. Sollten dennoch Sporen während der Herstellung oder durch Rekontamination in das Produkt gelangt sein, ist eine ununterbrochene Kühlung zur Verhinderung der Vermehrung unabdingbar (siehe jedoch psychrophile Stämme).

## 12.3.3 Kritische Kontrollpunkte (CCP)

Es wird wiederum die Numerierung aus Tab. 12.4 herangezogen.

1. Kulturentank: Durch kontinuierliche Messung des pH-Wertes kann der Säuerungsverlauf überwacht werden und rechtzeitig durch z. B. Verlängerung der Standzeit oder Kulturenwechsel (alternierend bei Phagenproblemen) korrigiert werden. Vorhandene Sporen werden zwar nicht abgetötet, eine Vermehrung jedoch wirkungsvoll verhindert (CCP2).

5. Quarkmischer: Ein Sporeneintrag in das Produkt über Beimischung von Gewürzen, Obst und ähnlichem läßt sich vermeiden, wenn nur Ware eindeutiger Spezifikation verwendet wird bzw. nicht ausreichend zertifizierte Chargen z. B. im eigenen Betriebslabor untersucht werden. Die Korrekturmaßnahmen bestehen in entsprechender Sperrung oder Freigabe von Chargen. Bei Einhaltung dieser Maßnahmen läßt sich ein neuer Sporeneintrag nahezu ausschließen (CCP1).

7. Abfüllung: Hier gilt das bei „Trinkmilch" Gesagte.

8. Kühllager: Durch ununterbrochene Kühlung des Produktes (bis zum Verbraucher) wird eine Vermehrung während oder nach der Herstellung in den Quark gelangter Sporen reduziert oder sogar verhindert (CCP2). Heutzutage übliche Techniken in der Lagerhaltung und des Versandes gewährleisten eine durchgängige Kühlkette zumindest bis zur Verkaufsstelle.

## 12.3.4 Bestätigung

Auch hier sollte das Funktionieren des HACCP-Plans mit regelmäßigen externen Audits überprüft werden. Aus dem Fließschema wird deutlich, daß *B. cereus*-Sporen immer im Endprodukt vorkommen können. Die Einhaltung der Kühlkette in Verbindung mit relativ kurzen Haltbarkeitszeiten sowie dem niedrigen pH-Wert machen auch Quark zu einem sicheren Produkt, vorausgesetzt, die beschriebenen CCPs sind unter Kontrolle.

## 12.4 Käse

Bei Käse bieten sich mehrere pathogene Keime als Beispiel für ein HACCP-System an. Zu nennen sind vor allem *S. aureus*, *E. coli* und *L. monocytogenes*. Gerade der letztgenannte Keim hat in den vergangenen Jahren für Schlagzeilen gesorgt. Durch Krankheitsausbrüche, die von Listerien-haltigen Käsen verursacht wurden, ist überhaupt erst die Bedeutung von *L. monocytogenes* als Erreger von durch Lebensmittel übertragenen Infektionskrankheiten erkannt worden. Eine Zusammenstellung durch Milchprodukte verursachter Listerioseausbrüche zeigt Tab. 12.5.

Besonders Weichkäse war durch den Vacherin Mont d'Or-Ausbruch sehr in Verruf geraten. Bei zahlreichen Untersuchungen konnte dann auch in deutschen Weichkäsen, und hier vor allem in Rotschmierekäse vom Typ Romadur und Limburger sowie in Sauermilchkäse vom Typ Harzer, *L. monocytogenes* nachgewiesen werden. Die daraufhin in den Betrieben eingeleiteten Sanierungsmaßnahmen zeigten sehr schnell Erfolge, woran auch der Einsatz von HACCP beteiligt war. Im folgenden wird daher ein HACCP-Beispiel für Harzer-Käse zur Kontrolle von *L. monocytogenes* vorgestellt (Tab. 12.6).

### 12.4.1 Vorbereitende Schritte

Auch das Beispiel Harzer Käse soll erst ab der Bereitstellung von pasteurisierter Magermilch zur Herstellung von Sauermilchquark besprochen werden. Zu bedenken ist hierbei, daß oftmals der Quark in den Molkereien hergestellt und dann an entsprechende Käsefabrikanten verkauft wird. Harzer findet durch seinen niedrigen Fettgehalt auch Verwendung in Diätküchen oder bei der Altenverpflegung, die Gefährdung bestimmter Zielgruppen wäre hier also durchaus denkbar.

Das HACCP-Team sollte ähnlich strukturiert sein wie bereits bei Trinkmilch beschrieben. Eine enge Zusammenarbeit zwischen Molkerei und Käsehersteller müßte bei dieser Fragestellung selbstverständlich sein.

### 12.4.2 Identifizierung der Hazards

Grundsätzlich muß gesagt werden, daß Listerien als Bestandteil der Hausflora praktisch bei jeder Produktionsstufe als Rekontaminationskeim auftreten können. Der Eintrag über erhitzte Rohprodukte ist zu vernachlässigen. Wie bei den vorhergehenden Abschnitten werden die Punkte entsprechend der Numerierung in Tab. 12.6 besprochen.

1. Quarkherstellung: Da der Quark aus pasteurisierter Magermilch hergestellt wird und dieser Schritt für die Listerienabtötung ausreichend ist, kann hier

**Tab. 12.5 Durch Verzehr von Milch und Milchprodukten ausgelöste Listerioseepidemien**

| Erkrankte | Patienten | | Tote | | verurs. Lebensm. | Jahr | Ort | Autor |
|---|---|---|---|---|---|---|---|---|
| | Neugeb. Säugl. | Erw. | abs. | % | | | | |
| 279 | 203 | 76 | 109 | 39,1 % | evtl. Milch u. Milch-produkte | 1966 | Halle | ORTEL, 1968 |
| 49 | 7 | 42 | 14 | 28,6 % | vermutlich past. Milch | 1983 | Massach. USA | FLEMING et al., 1985 |
| 142 | 88 Mutter-Kind-Paare, keine Mutter gestorben | | 47 | 33,1 % | Labkäse mexik. Art | 1985 | Kalifornien USA | HIRD, 1987 |
| 10 | – | 10 | 3 | 30,0 % | Vacherin Mont d'Or | 1987 | Kanton Waad Schweiz | SCHÖNBERG, 1988 |
| 111 | k. A. | k. A. | 31 | 27,9 % | vermutlich Vacherin | 1983–87 | Kanton Waad Schweiz | SCHÖNBERG, 1988 |

k. A. = keine Angabe

**Tab. 12.6 Produktionsablauf für Harzer Käse unter Berücksichtigung von Einflußfaktoren, Gefahren, kritischen Kontrollpunkten (CCP) sowie Überwachung und Korrektur auf Molkereiebene/Fabrikationsebene**

| Produktionsstufe | Einflußfaktoren | „Hazard" | CCP | Überwachungskriterium | Korrektur |
|---|---|---|---|---|---|
| 1. Sauermilchquark-Herstellung | pasteurisierte Magermilch, meso- (25 °C) oder thermophile (40 °C) Kultur, pH 4,7 ± 1 | Rekontamination durch Listerien der Hausflora | CCP2 | pH-Wert, Spezifikation | z. B. Säuerungszeit verlängern, nur „freie" Chargen verwenden |
| 2. Verpackung | Plastiktüten, Füllmaschine | Rekontamination | / | GHP | / |
| 3. Quarkmühle | Entsäuerung durch Milchsäure-abbauende Hefen, (Starterkultur) | Rekontamination, Vermehrung bereits vorhandener Listerien | / | nicht praktikabel | / |
| 4. Quarkmischer | Salze und Gewürze | Kontamination durch z. B. Kümmel | CCP1 | Chargenspezifikation, Freigabe nach Untersuchung | nur freie Chargen verwenden |
| 5. Quarkmühle | pH ca. 5,4 | Rekontamination, Vermehrung | / | nicht praktikabel | / |
| 6. Formmaschine | Reinigungsintervall | Rekontamination, Vermehrung | / | nicht praktikabel | |
| 7. Schwitzraum | bis 48 Stunden bei 25–27 °C, Luftfeuchte bis 98 %, pH 5,9 | Vermehrung | / | nicht praktikabel (bakteriologischer Nachweis mindestens 4 Tage) | / |
| 8. Sprühen/ Schmieren | 10 % NaCl + Rotschmierekultur, pH ca. 6,0 | Rekontamination durch Kultur oder Maschine | CCP1 | einwandfreie Kultur (Herstellerspezifikation), Maschinenreinigung | / |
| 9. Verpackung | / | / | / | / | / |
| 10. Kühlung | 6 °C | Vermehrung | CCP2 | Temperatur, Haltbarkeitszeit | kurzes Haltbarkeitsdatum, Einhalten der Kühlkette |

über das Rohprodukt kein Eintrag erfolgen. Der niedrige pH-Wert macht eine Vermehrung von Listerien nach einer eventuellen Rekontamination unmöglich, ein Absterben erfolgt jedoch gar nicht oder nur sehr langsam. Da in vielen Molkereien Listerien fester Bestandteil der Hausflora sein können, ist eine Rekontamination möglich, insbesondere wenn gegen die Regeln der GHP produziert wird.

2. Verpackung: Der fertige, trockene Quark wird zum Versand in Plastiksäcke oder ähnliche große Gebinde verfüllt. Auch hier ist durch Packmaterial oder unachtsames Verhalten eine Kontamination möglich.
3. Quarkmühle: Mit Verarbeitungsbeginn kommt es zur Vermehrung einer säureabbauenden Flora (Hefen), die oftmals auch als Starter zugegeben wird. Hier werden pH-Werte erreicht, bei denen eine Vermehrung vorhandener Listerien eingeschränkt möglich wird.
4. Quarkmischer: Hier erfolgt die Zugabe von Salzen und Gewürzen, insbesondere Kümmel. Bei unklarer Herkunft oder unzureichender Spezifikation der Chargen besteht hier eine große Gefahr für einen Eintrag u. a. von *L. monocytogenes*.

5./6. Quarkmühle/Formmaschine: Im Verlauf der weiteren Verarbeitung kommt es zu einer immer stärker werdenden Entsäuerung, womit ein Ansteigen der Vermehrungsrate evtl. vorhandener Listerien einhergeht.

7. Schwitzraum: Die Bedingungen im Schwitzraum sind für eine Listerienvermehrung optimal. Falls kontaminierte Käse zum Schwitzen gelangen, ist mit hoher Wahrscheinlichkeit zu erwarten, daß Keimzahlen erreicht werden, bei denen eine akute Gesundheitsgefährdung des Verbrauchers vorliegt (vorausgesetzt eine entsprechende Virulenz des Stammes).
8. Sprühen/Schmieren: Zum Aufbringen der Oberflächenkultur werden die Käse mit 10% NaCl-Lösung und einer Rotschmierekultur besprüht. Die Folgen einer Kontamination dieser Kultur mit Listerien sind leicht auszumalen, wobei zu bedenken ist, daß auch der 10 %ige Salzgehalt *L. monocytogenes* in keiner Weise hemmt. Insbesondere das Weiterziehen der Kultur anstelle von jeweils frischem Ansatz vor Gebrauch stellt hier eine große Gefahr dar.

10. Kühlung: Listerien können sich bei Kühltemperatur vermehren, dies jedoch nur langsam. War bereits vor dem Schwitzen eine Kontamination vorhanden, ist die Gefährdung größer, als wenn sie erst nachträglich beim Sprühen oder Verpacken aufgetreten ist.

## 12.4.3 Kritische Kontrollpunkte (CCP)

Die Abhandlung der kritischen Kontrollpunkte erfolgt in Reihenfolge der Numerierung in Tab. 12.6.

1. Quarkherstellung: Der bei der Quarkherstellung zu erreichende pH-Wert ist in der Lage, die Listerienvermehrung zu hemmen. Dieser Schritt kann

kontinuierlich überwacht und z. B. durch Verlängerung der Säuerungzeit beeinflußt werden. Hier kann auf Molkereiebene ein CCP2 definiert werden. Wird in einer Käsefabrikation zugekaufter Quark verwendet, muß die Listerienfreiheit des Rohproduktes entweder über Spezifikation oder eigene Kontrolle sichergestellt werden. Für die Käsefabrik läßt sich hier ein CCP1 festlegen.

4. Quarkmischer: Die Gefahr eines Listerieneintrages über Gewürze läßt sich kontrollieren, indem nur Chargen mit einwandfreier Spezifikation bzw. nach Untersuchung durch ein entsprechendes Labor verwendet werden (CCP1).

8. Sprühen/Schmieren: Wenn bei diesem Schritt jeweils frische Kulturen anerkannter Hersteller verwendet werden, kann, entsprechende Reinigung der Maschine vorausgesetzt, eine Listerienkontamination ausgeschlossen werden (CCP1). Das oft aus Kostengründen praktizierte Weiterziehen von Kulturen (womöglich über Monate) birgt eine nicht abzuschätzende und zu kontrollierende Gefahr.

10. Kühlung: Listerien können sich bei Kühlschranktemperatur (bis +1 °C) vermehren. Dies geschieht jedoch naturgemäß relativ langsam, und bei Einhaltung der Kühlkette, verbunden mit einer relativ kurzen Haltbarkeit, läßt sich eine eventuelle Gefahr vermindern und kontrollieren (CCP2).

### 12.4.4 Bestätigung

Zur Verifikation des HACCP-Plans gilt das gleiche wie bei den vorhergehenden Kapiteln. Es sei jedoch darauf hingewiesen, daß Harzer Käse sich hier als ein sehr anfälliges Produkt zeigt, das sicher nicht mit HACCP alleine kontrolliert werden kann. Dies kommt vor allem durch die sehr kurze Herstellungs- und Reifezeit, bei der kaum Eingriffsmöglichkeiten in die Produktion bestehen. Eine parallel durchzuführende Umfeldprobenanalyse und Stufen- sowie Endproduktuntersuchungen sind unabdingbar.

## 12.5 Milchpulver

Als pathogene Keime in Milchpulver haben nach wie vor Salmonellen die größte Bedeutung. Daneben können noch *S. aureus, B. cereus, E. coli*, Enterokokken sowie Clostridien Probleme bereiten. In bezug auf Salmonellen erscheint es erstaunlich, daß gramnegative Keime in einem Produkt, das mit mehrfacher erheblicher Hitzeeinwirkung hergestellt wird, überhaupt überleben können. Die hierzu bekannten Mechanismen werden im Abschnitt „Identifizierung der Hazards" erläutert. Weiterhin ist bemerkenswert, daß meist sehr niedrige Keimzahlen noch zu einer Vielzahl von Einzelerkrankungen und sogar Epidemien führen können. Eine kleine Auswahl von Ausbrüchen zeigt Tab. 12.7.

**Tab. 12.7 Durch Verzehr von Milchpulver ausgelöste Salmonelloseepidemien**

| Erkrankte | verursachendes Produkt | Serovar | Jahr | Ort | Autor |
|---|---|---|---|---|---|
| 5 | Trockenmilch, kont. mit Mäusefaeces | *S. typhimurium* | 1935 | GB | JONES und WRIGHT, 1936 |
| 29 | instant. Magermilchpulver | *S. newbrunswick* | 1965/66 | USA | COLLINS et al., 1968 |
| 32 | Magermilchpulver | *S. newport* | 1968 | USA | MARTH, 1969 |
| ca. 3000 | Trockenmilch | *S. derby* | 1973 | Trinidad | WEISSMANN et al., 1977 |
| 287 | Kindernährmittel (Trockenhefe kont.) | *S. newington* *S. tennessee* | 1975 | CH | BRODHAGE, 1975 |
| 60–100 | Instant Heilnahrung (Kaseinat kont.) | *S. panama* | 1976/77 | D | KIENITZ et al., 1977 |
| 76 | Trockenmilch u. Säuglingsmilchpulver | *S. ealing* | 1985 | GB | ROWE et al., 1987 |
| ca. 30 | Magermilchpulver | *S. infantis* | 1986 | D | KIELWEIN, 1987 |

Gerade die Ausbrüche, die durch Babynahrung verursacht wurden, zeigen, welch hoher Sicherheitsanspruch an Milchpulver zu stellen ist. Diesem Anspruch versuchen Probenahmepläne zur Endproduktkontrolle, wie der von Foster (1971) oder Habraken et al. (1986), Rechnung zu tragen. Die dort angestellten statistischen Erhebungen machen jedoch deutlich, daß auch bei ausgefeilter Probenahmetechnik immer ein relativ hohes Restrisiko für den Verbraucher verbleibt. Hinzu kommt der mögliche wirtschaftliche Schaden, wenn Salmonellen erst im Endprodukt festgestellt werden. Die Möglichkeiten des HACCP-Systems zur Prävention bereits im Vorfeld werden im folgenden erläutert.

## 12.5.1 Vorbereitende Schritte

Die Herstellung von Magermilchpulver soll ab der Bereitstellung von pasteurisierter Magermilch bis zur Verwendung als Bestandteil von Säuglingsnahrung durch den Verbraucher besprochen werden, da eventuell vorhandene Salmonellen meist erst durch Fehlverhalten des Verbrauchers zu einer akuten Gesundheitsgefährdung führen (s. unten). Neben Säuglingen als Zielgruppe kommen auch alle anderen Bevölkerungsteile in Frage, da Milchpulver in großer Vielfalt hergestellt werden und Bestandteile in einer Vielzahl von Nahrungsmitteln sind. Dazu gehören Schokolade, Schokoriegel, Desserts, Fertiggerichte, Eis und Instant-Getränke, um nur einige zu nennen.

Die Zusammensetzung des HACCP-Teams ist bereits bei Trinkmilch besprochen worden. Für Molkerei und Abnehmer von Milchpulver ist eine Zusammenarbeit von Vorteil, insbesondere wenn hochempfindliche Produkte wie Säuglingsnahrung hergestellt werden sollen. Dies gilt um so mehr, als auf Seite dieser Abnehmer oftmals hochkompetente Fachleute beschäftigt werden. Den Produktionsablauf zur Herstellung von Magermilchpulver durch Sprühtrocknung zeigt Tab. 12.8.

## 12.5.2 Identifizierung der Hazards

Die Beschreibung der möglichen Gefahren erfolgt nach der Numerierung in Tab. 12.8.

1. Pasteurisierte Magermilch: Die Gefahr eines Salmonelleneintrages über die pasteurisierte Magermilch kann beim heutigen Stand der Technik nahezu ausgeschlossen werden. Dennoch kann es z. B. bei Plattendurchbrüchen oder ungewollten sog. „cross-connections“ zwischen pasteurisierter und Rohmilchseite zu Kontaminationen kommen. Der größte beschriebene Salmonelloseausbruch bei Trinkmilch mit 16.000 Erkrankten in den USA ließ sich auf eine cross-connection zurückführen, die durch ein Vakuum bei Anlaufen einer Förderpumpe mit zu hoher Leistung entstand (Lecos, 1986).

2./3. Eindampfer/Konzentratbehälter: Dringen Salmonellen durch Rekontamination in den Eindampfer ein, erhöht sich hier ihre Hitzeresistenz. Dies ist ver-

**Tab. 12.8 Produktionsablauf für Magermilchpulver zur Herstellung von Säuglingsnahrung unter Berücksichtigung von Einflußfaktoren, Gefahren, kritischen Kontrollpunkten (CCP) sowie Überwachung und Korrektur**

| Verantwortung | Produktionsstufe | Einflußfaktoren | „Hazard" | CCP | Überwachungskriterium | Korrektur |
|---|---|---|---|---|---|---|
| Molkerei | 1. pasteurisierte Magermilch | Temp. 72–75 °C, Zeit 15–30 sec (s. auch „Trinkmilch") | Temperatur- oder Zeitabweichung | CCP1 | automatische Kontrolle über Meßfühler u. -schreiber | automatisch über Rückflußventil |
| | 2. Eindampfer | meist mehrstufig bis auf ca. 45–50 % Trockenmasse auf bis zu 90 °C, Dauer 20–30 min | Rekontamination, Zunahme der Hitzeresistenz von Salmonellen | / | nicht praktikabel | / |
| | 3. Konzentratbehälter | Lagerzeit bis 24 h | Rekontamination aus dem Umfeld, Vermehrung | / | nicht praktikabel | / |
| | 4. Konzentraterhitzung | bis 95 °C – high heat bis 65 °C – low heat | Überleben von Salmonellen mit erhöhter Hitzeresistenz | CCP2 | Temperaturschreibung | nach Schreiberwerten (meist zu spät) |
| | 5. Sprührocknung | Temp. 180–230 °C, gefilterte Luft | Rekontamination aus Turmisolierung, Rekontamination aus Feuerlöschanlage, Überleben in Pulverklümpchen, Durchbruch Luftfilter | CCP2 | Messung im Turmkopf bei Lufteinlaß automatisiert, Wechselintervall Luftfilter, Turmdichtigkeit | automatische Regelung nach Meßwert, Dokumentation Luftfilterwechsel |
| | 6. Fließbett | Sterilluft, Rückführung von Filterpulver | Rekontamination aus Filterpulver, Feuerlöschanlage, Filterdurchbruch | CCP1 | Rückführung von Filterpulver vor Eindampfung, Luftfilterwechselintervall | Dokumentation Luftfilterwechsel |

| Verantwortung | Produktionsstufe | Einflußfaktoren | „Hazard“ | CCP | Überwachungskriterium | Korrektur |
|---|---|---|---|---|---|---|
| | 7. Zyklone/Filter | Dichtigkeit der Filteranlage | Rekontamination z. B. über Manndichtung beim Zyklon, Filterpulver über Undichtigkeiten im Filter (Rückschlag) | / | nicht praktikabel | / |
| | 8. Sieb (Rüttel-, Taumel-) | Entfernen von Pulverklumpen | Aufbrechen kontaminierter Klumpen | / | nicht praktikabel | / |
| | 9. Silos | $a_w$-Wert, Lagerzeit | höhere Resistenz bei niedrigem $a_w$-Wert | / | / | / |
| | 10. Absackung/ Versand | Packmaterial, Rückführung von Aspirationspulver | Kontamination durch Aspirationspulver oder Packmaterial | CCP1 | Rückführung des Aspirationspulvers vor Eindampfung, Verwendung spezifizierten Packmaterials | / |
| Babynahrunghersteller | 11. Verarbeitung zu Babynahrung | Betriebsspezifische Einflußfaktoren durch Produktionstechniken und Zutaten werden hier nicht diskutiert | „Nullhypothese“ (s. Text) | / | / | / |
| Verbraucher | 12. Fertigstellung zum Verbrauch | Menge, Lagerzeit u. -temperatur, Wiederaufwärmen | Vermehrung, Rekontamination | CCP2 | Kühlung, kein Wiederaufwärmen | Einhalten der GKP (gute Küchenpraxis) |

mutlich durch die verminderte Wasseraktivität bedingt. Eine Vermehrung konnte bei bis zu 44 °C in Konzentrat mit bis zu 60 % Trockenmasse beobachtet werden (BECKER und TERPLAN, 1986).

4. Konzentraterhitzung: Bei Herstellung von high heat-Pulver wird bis zu 95 °C erhitzt, ein Überleben auch hitzeresistenter Salmonellen ist hier sehr unwahrscheinlich. Anders kann es bei low heat-Pulvern aussehen, wo nur 65 °C erreicht werden. Die Erhitzung erfolgt meist im kontinuierlichen Verfahren bis zum Erreichen der gewünschten Temperatur ohne anschließende Heißhaltezeit, ist dadurch naturgemäß sehr kurz (1 sec).
5. Sprühtrocknung: Für den Trockenturm sind zahlreiche Möglichkeiten der Rekontamination beschrieben. Die wichtigste ist sicherlich das Eindringen von Salmonellen aus der evtl. besiedelten Isolierung durch Ermüdungsrisse (z. B. in der Nähe von Hammeranlagen). Eine weitere Möglichkeit besteht über Undichtigkeiten im Feuerlöschsystem. Bei Versagen der Luftfilter können Salmonellen (z. B. vom Dach) über die Turmluft angezogen werden, wobei sie durch die trockene Hitze nicht schnell genug abgetötet werden. Selbst im kontaminierten Konzentrat kann die Sprühtrocknung überstanden werden. Zum einen ist die Hitzeresistenz durch die Absenkung des $a_w$-Wertes erhöht, zum anderen werden im Inneren von Pulverklümpchen meist nur Temperaturen von 65–70 °C erreicht, die kurzfristig überlebt werden können (BECKER und TERPLAN, 1986).
6. Fließbett: Auch im Fließbett wird sterile Luft benötigt, das Problem Luftfilter gilt also auch hier. Ebenso kann die Feuerlöschanlage Kontaminationen verursachen. In vielen Betrieben ist es üblich, Filterpulver, das nach dem Zyklon anfällt, direkt wieder ins Fließbett zurückzuführen. Bei Kontaminationen in der Abluftfilteranlage wird hier ein Kreislauf aufgebaut.
7. Zyklone/Filter: Bei Zyklonen sind schadhafte oder unzureichend gereinigte Mannlochdichtungen als Kontaminationsquelle bekannt. Filter zur Milchpulverrückgewinnung aus der Zyklonluft haben oft sehr lange Standzeiten, Undichtigkeiten von Filterröhren im Inneren des Bündels werden praktisch nicht bemerkt.
8. Sieb: Durch bauartlich unterschiedliche Siebe werden Pulverklümpchen und im Turm abgefallene Pulververkrustungen entfernt. Dabei besteht auch die Gefahr, daß in Klumpen überlebende Salmonellennester durch mechanische Einwirkungen freigesetzt werden.
9. Silos: Die Lagerzeit in Silos ist meistens nicht sehr lang. Zu beachten ist jedoch, daß die Überlebenszeit von Salmonellen (und anderen Keimen) im Pulver um so länger ist, je niedriger der Wassergehalt ist.
10. Absackung/Versand: Auch hier kann es zu Rekontaminationen, z. B. durch Packmaterial, kommen. Die oftmals übliche Rückführung von Aspirationspulver direkt in die Wägebehälter kann ebenfalls einen Kontaminationskreislauf bewirken (s. auch Filterpulver).

11. Verarbeitung zu Babynahrung: Die Weiterverarbeitung des Milchpulvers zu Babynahrung in Spezialbetrieben ist sehr komplex, zumal eine Vielzahl von Zutaten eingesetzt werden. Produktionsabläufe sind zudem auch gut gehütete Betriebsgeheimnisse. Für diese Darstellung wird daher angenommen, daß der Hersteller perfekt arbeitet und es dort nicht zu einer zusätzlichen Salmonellenkontamination kommen kann (Nullhypothese). Es ist jedoch bekannt, daß über das Milchpulver eingetragene Kontaminationen bis ins Endprodukt durchgeschleppt werden.
12. Fertigstellung zum Verbrauch: Die Handhabung durch den Verbraucher ist meistens erst die Ursache für Erkrankungsausbrüche. Oftmals wird zuviel Babynahrung angerührt, die unzureichend gekühlt und/oder zu lange aufbewahrt, womöglich sogar wieder aufgewärmt wird. Hierbei kommt es zur explosionsartigen Vermehrung der in Milchpulver meist nur in sehr geringer Zahl vorhandenen Salmonellen. Es muß allerdings auch erwähnt werden, daß bei empfindlichen Personen Infektionsdosen von 10 oder weniger Keimen/g zum Auslösen der Erkrankung ausreichen können.

## 12.5.3 Kritische Kontrollpunkte (CCP)

Die Abhandlung der kritischen Kontrollpunkte erfolgt ebenfalls nach der Numerierung in Tab. 12.8.

1. Pasteurisierte Magermilch: Bei bestimmungsgemäßer Durchführung der Pasteurisierung werden Salmonellen sicher abgetötet. Der Schritt wird vollautomatisch überwacht und ebenso automatisch kontrolliert. Dies entspricht einem klassischen CCP1.
2. Eindampfer: Es werden zwar Temperaturen erreicht, die Salmonellen abtöten können, der Schritt ist jedoch kaum zu überwachen, entsprechend sind Korrekturen nicht durchzuführen. Ein CCP ist daher nicht zu definieren. Die Gefahr der Rekontamination kann nur über Umfeldprobenanalysen und GHP kontrolliert werden, d. h. nicht direkt während des Prozesses.
3. Konzentratbehälter: Findet nach einer eventuellen Rekontamination in einem Konzentratbehälter eine Salmonellenvermehrung statt, ist dies nicht feststellbar. Eine Kontrolle erfolgt erst im nächsten Schritt (hier kein CCP).
4. Konzentraterhitzung: Die Konzentraterhitzung wird zur Kontrolle der im vorherigen Schritt beschriebenen Gefahr durchgeführt. Insbesondere bei low heat-Pulver werden jedoch keine Temperaturen erreicht, die zuverlässig Salmonellen abtöten. Die Temperatur wird überwacht und kann ggf. kontrolliert und reguliert werden. Bei nichtautomatisierter Regelung geschieht dies jedoch meist zu spät. Für diese Produktionsstufe ist nur ein CCP2 definierbar.
5. Sprühtrockung: Wegen der bei der Gefahrenanalyse besprochenen Mechanismen können bei der Sprühtrocknung, auch bei den dort erreichten

hohen Temperaturen, Salmonellen nicht zuverlässig abgetötet werden. Dennoch kommt es natürlich zu einer erheblichen Reduktion der Keimzahl. Die Temperatur der einströmenden Heißluft wird automatisch überwacht und nachgeregelt, somit ist ein CCP2 festzulegen. Durch ordnungsgemäße Wartung und Auswechselung der Luftfilter kann eine Kontamination auf diesem Wege reduziert werden (CCP2). Die Kontrolle muß hier über eine entsprechende Dokumentation erfolgen. Ebenso zu dokumentieren ist die regelmäßig durchzuführende Prüfung der Turminnenwand und Feuerlöschanlage auf Dichtigkeit.

6. Fließbett: Für das Sterilluftfilter gilt das bei der Sprühtrocknung Gesagte (CCP1). Eine mögliche Kontamination über ins Fließbett zurückgeführtes Filterpulver läßt sich zuverlässig verhindern, wenn das Pulver wiederaufgelöst und vor der Eindampfung zurückgeführt wird (CCP1). Auch am Fließbett ist die Dichtigkeit der Feuerlöschanlage zu kontrollieren.
7. Zyklone/Filter: Von Zyklonen und Pulverfiltern ausgehende Gefahren lassen sich zwar analysieren, können parallel zur Produktion jedoch nicht überwacht werden. CCPs lassen sich somit nicht definieren.

8./9. Sieb/Silos: Hier gilt das für Zyklone und Filter Gesagte. Die vom Pulversieb ausgehenden Gefahren sind im Vergleich zum Vorteil der Entfernung der Klümpchen zu vernachlässigen.

10. Absackung/Versand: Bei Verwendung von spezifiziertem Packmaterial unter Vermeidung der Aspirationspulverrückführung läßt sich eine Rekontamination mit Salmonellen zuverlässig verhindern (CCP1). Für das Aspirationspulver gilt das gleiche wie beim Filterpulver, es sollte wiederaufgelöst und vor dem Eindampfen zurückgeführt werden.
11. Verarbeitung zu Babynahrung: Die hier möglicherweise festzulegenden CCPs werden aus oben angegebenen Gründen nicht diskutiert.
12. Fertigstellung zum Verbrauch: Bei Vermeidung der in der Gefahrenanalyse besprochenen Fehler kann eine Vermehrung evtl. vorhandener Salmonellen wirksam unterbunden werden (CCP2). Die von geringen Keimzahlen dennoch ausgehende Gefahr kann nicht kontrolliert werden, da Babynahrung aus Gründen der Nährwerterhaltung meist nicht ausreichend erhitzt wird. Eine intensive Verbraucheraufklärung ist wünschenswert. Die bereits bei Trinkmilch erläuterte „gute Küchenpraxis“ sollte Standard sein. Daß dies machbar ist, läßt sich z. B. bei der Behandlung von Gefrierhähnchen nachweisen: Getrenntes Auftauen und Verwerfen des Tauwassers sind übliche Praxis geworden.

## 12.5.4 Bestätigung

Wegen des bereits erwähnten hohen Sicherheitsanspruchs an Milchpulver findet die Bestätigung nach wie vor durch Endproduktkontrolle statt (insbesondere auch wegen der langen Haltbarkeit). Es ist davon auszugehen, daß keine Charge Milchpulver ohne diese Untersuchung in den Handel gelangt. Hinzu kommen die Ergebnisse der amtlichen Lebensmittelüberwachung sowie von Milchpulverabnehmern, die meist auf eine Eingangsuntersuchung nicht verzichten. Das HACCP-System erhöht die Wahrscheinlichkeit, daß das negative Ergebnis der Endproduktkontrolle „richtig“ ist. Der Nutzen liegt auf ökonomischem Gebiet durch Vermeidung von Fehlproduktionen, die verworfen oder wiederaufgelöst werden müssen.

## Literatur


[1] Becker, H., Terplan, G. (1986): Salmonellen in Milch und Milchprodukten. J. Vet. Med. B **33**, 1–25.

[2] Brodhage, H. (1975): Epidemiologie der Salmonellosen in der Schweiz. Bundesgesundhbl. **18**, 399–402.

[3] Collins, R.N., Treger, M.D., Goldsby, J.B., Borning, J.B., Coohon, D.B., Barr, R.N. (1968): Interstate outbreak of *Salmonella newbrunswick* infection traced to powdered milk. JAMA **203**, 118–124.

[4] Doyle, M.P. (Ed.) (1989): Foodborne Bacterial Pathogens. New York and Basel: Marcel Dekker, Inc.

[5] Fleming, D.W., Cochi, S.L., MacDonald , K.L., Brondum, J., Hayes, P.S., Plikaytis, B.D., Holmes, M.D., Audurier, A., Broome, C.V., Reingold, A.L. (1985): Pasteurized milk as a vehicle of infection in an outbreak of listeriosis. New Eng. J. Med. **312**, 404–407.

[6] Foster, E.M. (1971): The control of *salmonellae* in processed foods: A classification system and sampling plan. J. AOAC **54**, 259-266.

[7] Gilbert, R.J. (1979): *Bacillus cereus* gastroenteritis. In: K. Riemann, F.L. Bryan (Eds.), Food-borne Infections and Intoxications. 2nd. ed., New York: Acad. Press, 495–518.

[8] Habraken, D.J.M., Mossel, D.A.A., van den Reek, S. (1986): Management of *Salmonella* risks in the production of powdered milk products. Neth. Milk Dairy J. **40**, 99–116.

[9] Hird, D.W. (1987): Review of evidence for zoonotic listeriosis. J. Food Prod. **50**, 429–433.

[10] International Dairy Federation (1992): *Bacillus cereus* in milk and milk products. Bulletin No. 275.

[11] International Dairy Federation (1994): Recommendations for the hygienic manufacture of milk and milk based products. Bulletin No. 292.

[12] International Dairy Federation (Ed.) (1994a): The significance of pathogenic microorganisms in milk. (Int.-Nr. SI 4905).

[13] Jones, E.R., Wright, H.D. (1936): *B. aetrycke* (*S. typhimurium*) food poisoning. Lancet (Jan. 1936), 22–23.

[14] Kielwein, G. (1987): Milchpulver als Ursache einer Salmonellose in Hessen – auch ein Anlaß zu einer kritischen Standortbestimmung der tierärztlichen Überwachung des Verkehrs mit Milch. Tagungsbericht 28. Arbeitstagung des Arbeitsgebietes Lebensmittelhygiene der DVG, Garmisch-Partenkirchen 29.9.–2.10.1987, 2–9.

[15] Kienitz, M., Licht, W., Richter, M. (1977): Kleinraumepidemie durch *Salmonella panama* im Bereich einer Pflegeeinheit. Med. Klin. **72**, 806–808.

[16] Lecos, C. (1986): Of microbes and milk: Probing America's worst *Salmonella* outbreak. Dairy and Food Sanitation **6**, 136–140.

[17] Marth, E.H. (1969): *Salmonellae* and Salmonellosis associated with milk and milk products. A review. J. Dairy Sci. **52**, 283–315.

[18] Ortel, S. (1968): Bakteriologische, serologische und epidemiologische Untersuchungen während einer Listeriose-Epidemie. Dtsch. Gesundh.wes. **23**, 753–759.

[19] Rowe, B., Gilbert, R.J., Begg, N.T., Hutchinson, D.N., Dawkins, H.C., Jacob, M., Hales, B.H., Rae, F.A., Jepson, M. (1987): *Salmonella ealing* infections associated with consumption of infant dried milk. Lancet, 17. Okt., 900–903.

[20] Schönberg, A. (1988): Zur aktuellen Situation der Listeriose – eine Übersicht. Berl. Münch. Tierärztl. Wschr. **101**, 82–84.

[21] van Netten, P., van de Moosdijk, A., van Hoensel, P., Mossel, D.A.A. (1990): Psychrotrophic strains of *Bacillus cereus* producing enterotoxin. J. Appl. Bact. **69**, 73–79.

[22] Weissmann, J.B., Dong Deen, R.M.A., Miles Williams, B.S., Swanston, N., Ali, S. (1977): An island-wide epidemic of salmonellosis in Trinidad traced to contaminated powdered milk. W. Indian Med. J. **16**, 135–143.

[23] WHO (1992): Surveillance Programme for Control of Foodborne Infections and Intoxications in Europe. 5th Report (1985–1989), Institut für Veterinärmedizin des BGA 1992.

Weiterführende Literatur

[24] Early, R. (Ed.) (1992): The Technology of Dairy Products. New York: Blackie and Son Ltd.; USA and Canada: VCH Publishers, Inc.

[25] ICMSF (1980): Microbial Ecology of Foods. 1. Factors affecting life and death of microorganisms. London: Academic Press.

[26] ICMSF (1988): Microorganisms in Foods. 4. Application of the Hazard Analysis Critical Control Point (HACCP) system to ensure microbiological safety and quality. Oxford: Blackwell Scientific.

[27] International Dairy Federation (1992): Hygiene management in dairy plants. Bulletin No. 276.

# 13 Eier, Eiprodukte und Erzeugnisse mit Eizusatz

K. FEHLHABER

## 13.1 Eier

### 13.1.1 Bedeutung

Die Bedeutung der Eier als Lebensmittel ergibt sich aus ihrem hohen ernährungsphysiologischen Wert und den vielfältigen Verwendungsmöglichkeiten im Haushalt, in der Lebensmittelindustrie und weiteren Industriezweigen. Eine Überbewertung des Cholesteringehaltes im Ei sowie die Rolle der Eier bei der Übertragung der Salmonellose haben in den letzten Jahren zu einer deutlichen Reduzierung des Verbrauches geführt (von 285 Stück je Kopf und Jahr 1980 auf 218 im Jahre 1994 in Deutschland). Dennoch werden mit etwa 13 kg je Kopf und Jahr noch immer vergleichsweise beträchtliche Mengen dieses wichtigen Lebensmittels verbraucht.

Eier besitzen gegenüber vielen anderen vom Tier gewonnenen Lebensmitteln den Vorteil des natürlichen Schutzes durch die Schale. Sie lassen sich dadurch relativ einfach längere Zeit frisch erhalten. Von den zur Zeit in Deutschland pro Jahr etwa 17 Milliarden verbrauchten Eiern werden ungefähr 60 % im privaten Haushalt verzehrt; etwa 10 % werden zu Eiprodukten verarbeitet. Die übrigen 30 % werden direkt in der Nahrungsmittelindustrie, vor allem in der Teigwaren- und Backwarenindustrie sowie für Produkte, die keine Lebensmittel sind (z. B. chemische, kosmetische, lederverarbeitende Branchen), verwendet. Eier werden heute ganzjährig in ausreichender Menge produziert, so daß die früher übliche Langlagerung der Eier und der damit verbundene Verlust an Frische ihre Bedeutung verloren haben.

Aus sensorischen Gründen und aus Tradition werden Eier zum Teil nicht oder nicht ausreichend erhitzt (noch fließfähiges Eiweiß bzw. Eidotter) verzehrt bzw. anderen Produkten, die vor Verzehr nicht nochmals erhitzt werden, zugesetzt. Letzteres hat vor allem technologische Gründe, denn erhitzungsbedingte Veränderungen können erwünschte Eigenschaften der Eier, wie Schaumbildungsvermögen oder Emulgierfähigkeit, beeinträchtigen. Die lebensmittelhygienischen Risiken ergeben sich vorwiegend dadurch, daß Eier und eihaltige Erzeugnisse mit humanpathogenen Keimen kontaminiert sein können, die vor dem Verzehr nicht abgetötet werden. Über zwei Drittel der 1992 in Deutschland registrierten 195 000 Salmonellose-Fälle waren direkt oder indirekt durch Eier bedingt. Im Jahre 1992 war der vorläufige Höhepunkt erreicht, mehr als 200 Todesfälle traten auf. Größere Gruppenerkrankungen wurden oft dann festgestellt, wenn sich die in eihaltige Zubereitungen hineingelangten Salmonellen vor dem Verzehr noch vermehren konnten. Etliche beschriebene Fälle belegen, daß *Salmonella*-Infektionen auch nach Einzeleiverzehr aufgetreten sind. Salmonellen kommen auf bzw. in Eiern im Vergleich mit anderen vom Tier stammenden Lebensmitteln mit etwa 0,1 % nicht sehr häufig vor. Doch bedingen der noch immer hohe Verbrauch und die vielfach mangelnde Sorgfalt beim Umgang mit diesem Lebensmittel ein beträchtliches Risiko.

## 13.1.2 Eigewinnung

Der überwiegende Teil der in den Handel gelangenden Eier stammt von speziellen Legehennenrassen (Wirtschaftsrassen), die auf Legeleistung und Eiqualität gezüchtet worden sind. Ein schematischer Überblick zur Ei-Erzeugung wird in Abb. 13.1 gegeben. Die Bodenintensivhaltung erfolgt in meist fensterlosen Ställen mit Tiefstreuhaltung (z. B.: Torf, gehäckseltes Stroh, Hobelspäne) und geeigneten Lichtregimen. Der größte Teil der Stallbodenfläche ist mit Lattenrosten abgedeckt, darunter befindet sich der Kotbunker. Zur Eiablage werden Nester an schwächer beleuchteten erhöhten Stellen benötigt. Sie werden mit sauberer, trockener Einstreu versehen oder besitzen als Nesteinlage beispielsweise eine Gummimatte. Weniger verbreitet ist die Volierenhaltung als eine Form der Bodenhaltung, bei der Nester und die Futterversorgung in mehreren Ebenen angeordnet sind. Wird die Bodenhaltung mit einer begrenzten Auslauffläche kombiniert, spricht man von intensiver Auslaufhaltung. Am weitesten verbreitet ist die Käfighaltung, wobei die Käfige in drei und mehr Etagen aufeinanderstehen (Legehennenbatterien). Die Eier werden auf den geneigten Käfigboden gelegt und rollen in die außerhalb des Käfigs befindliche Sammelrinne. Diese Haltung ist wegen der geringen Standfläche je Tier am wenigsten tierartgerecht. Gute Erfahrungen gibt es inzwischen mit der als Alternative dazu entwickelten Get-Away-Käfighaltung (zweietagige größere Käfige mit Sitzstangen und Nestern; PINGEL, 1994).

Die Eiersammlung geschieht dort, wo die Eier in Nester gelegt werden, per Hand, bei Käfigbatterieanlagen meist automatisiert über Fließbänder. Offensichtlich veränderte Eier müssen durch Handauslese entfernt werden (OOSTERWOUD, 1994). Die Transportbänder werden kontinuierlich mit Bürsten und durch Absaugen gereinigt. Ein Stau größerer Eimengen auf den Bändern wird durch Sensoren eingeschränkt.

Die wichtigsten Wege der Eier vom Erzeuger zum Verbraucher sind in Abb. 13.2 schematisch erfaßt. Sie sind mitunter wenig überschaubar. Eier werden in großen Mengen importiert (etwa 25 % der in Deutschland verbrauchten Eier sind Importware) und auch an Handelsketten abgegeben, die ihrerseits ein verzweigtes Verteilernetz besitzen. Sofern Eier nicht direkt an Endverbraucher oder die Lebensmittelindustrie gelangen, müssen sie Sammelstellen und von dort Packstellen oder direkt den Packstellen zugeführt werden. Sammel- und Packstellen bedürfen einer amtlichen Zulassung, die vor allem hygienische Mindestanforderungen voraussetzt (VO (EWG) Nr. 1274/91). Eier-Erzeuger, die selbst vermarkten wollen, müssen als Packstelle zugelassen sein. Werden in einer Sammelstelle Eier vieler Kleinerzeuger erfaßt, können Eialter und sonstige Eiqualität der Partie sehr inhomogen sein.

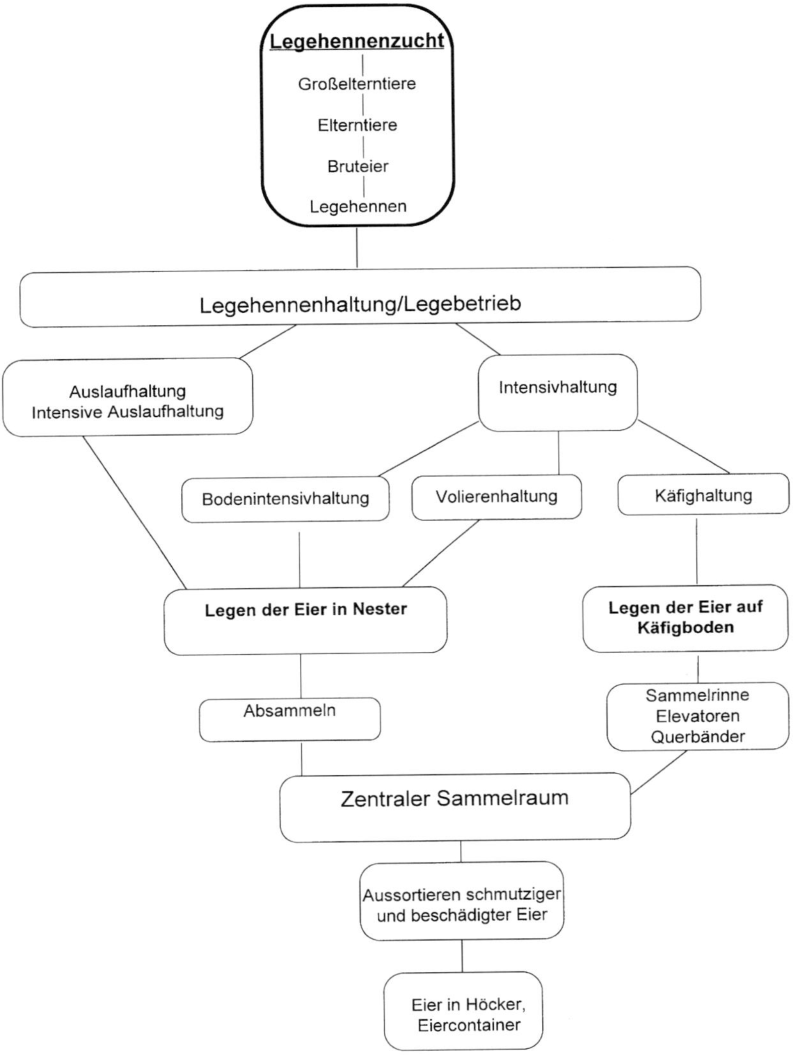


**Abb. 13.1 Fließschema Eiererzeugung**

Die Eier müssen beim Erzeuger und auf dem Transport zur Sammel- und Packstelle „auf einer Temperatur gehalten werden, die ihre Qualität bestens gewährleistet“. Sie müssen in sauberen, trockenen und von Fremdgerüchen freien Räumen gelagert und sollen vor starken Außentemperaturschwankungen geschützt werden. Hier und da wird bereits eine Kühlung der Eier bis zum Handel auf frei-

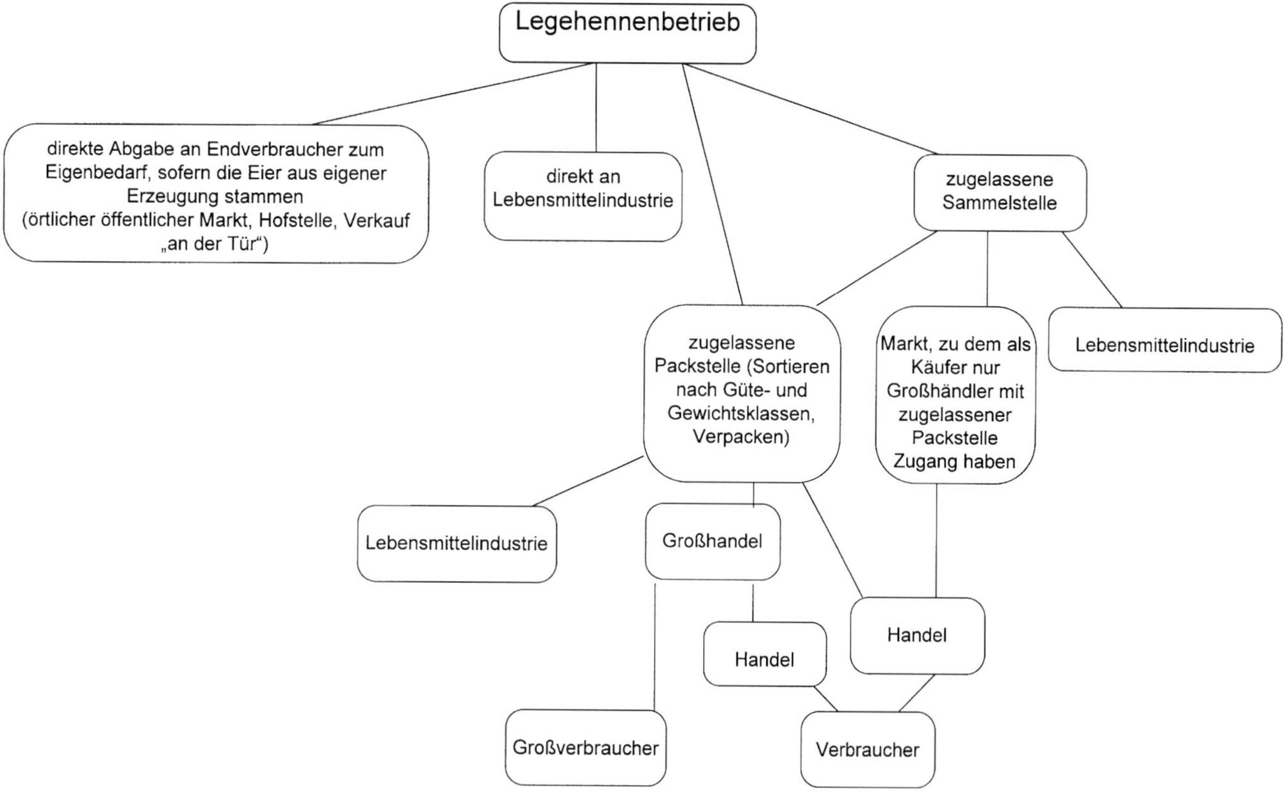


**Abb. 13.2 Wege des Eies vom Erzeuger zum Verbraucher**

williger Basis vorgenommen. Am hygienisch günstigsten wäre eine Temperatur < 7 °C. Aber auch 12–15 °C erhöhen schon die Sicherheit (die Generationszeit von Salmonellen beträgt hier bereits 3–5 h, bei 20–22 °C nur ca. 1 h). Zur Erhaltung des Frischegrades legt die VO (EWG) Nr. 1274/91 die maximalen Fristen der Aufbewahrung beim Erzeuger sowie in Sammel- und Packstellen fest (Tab. 13.1).

**Tab. 13.1 Aufbewahrzeiten für Eier nach VO (EWG) Nr. 1274/91**

**Lieferung vom Erzeuger an Sammelstelle**
- mindestens jeden 3. Arbeitstag oder einmal wöchentlich, wenn Eilagerung ≤ 18 °C
- Güteklasse „EXTRA“ täglich oder jeden 2. Arbeitstag, wenn Eilagerung ≤ 18 °C
- Eier mit Legedatum am Legetag, wenn Legedatum in Packstelle aufgedruckt wird
- Eier mit Legedatum spätestens am Arbeitstag nach Legetag, wenn Legedatum beim Erzeuger aufgedruckt wird

**2. Lieferung von Sammelstelle an Packstelle**
- spätestens am Arbeitstag nach Erhalt der Eier

**3. Sortieren und Verpacken in Packstelle**
- spätestens 2 Arbeitstage nach Erhalt der Eier; Eier, die Legedatum erhalten sollen: am Legetag

Die in der Packstelle eintreffenden Eier werden meist über Rollentransportbänder den Sortiermaschinen zugeführt. Zuvor werden Eier mit Qualitätsmängeln mittels auffallenden Lichts und Durchleuchtung aussortiert. Leuchttische müssen blendfrei und möglichst abgedunkelt sein. Jedes Ei ist zu prüfen. Das Aussortieren erfolgt vorwiegend manuell. Neuerdings werden auch Lasermarkierer verwendet. Nach Markierung kann das Ei mit der betreffenden Veränderung dann durch ein Sensorgerät erkannt und ausgesondert werden (Scholtyssek, 1994). Gewichtssortierung und Abpacken in Kleinpackungen oder Großgebinden (Kartons) erfolgen automatisiert. Das gebräuchlichste Verpackungsmaterial ist Pappmaché; daneben kommen PVC, Polystyrol und Pappe zum Einsatz. Kleinpackungen dürfen nicht wiederverwendet werden, Großpackungen nur, wenn sie neuwertig und sauber sind.

Klein- und Großpackungen sind obligatorisch wie folgt zu kennzeichnen (VO (EWG) Nr. 1907/90, 1274/91, 2617/93 und 3300/93):

Name oder Firma der Verpackung, Kenn-Nr. der Packstelle, Güteklasse, Gewichtsklasse, Anzahl der verpackten Eier, Mindesthaltbarkeitsdatum (MHD), gefolgt von der Angabe der empfohlenen Lagerungsbedingungen im Haushalt (Kühlschranktemperatur) für A-Eier; für Eier anderer Güteklassen: Verpackungsdatum. Fakultativ kann zusätzlich angegeben werden: Empfohlenes Verkaufsdatum (bis dahin können die Eier im Angebot bleiben, danach noch 7 d aufbewahrbar ohne Qualitätsverlust; MHD entspricht dem Ende dieser Aufbewahrungsfrist), Legedatum (auch auf den Eiern), Angaben zur Haltungsform.

Nach der Entscheidung des Rates (94/371/EG) vom 20. Juni 1994 muß die Lieferung der Eier an Verbraucher innerhalb einer Frist von max. 21 d nach dem Legen erfolgen. Das äußerste Verkaufsdatum entspricht dem MHD abzüglich 7 d.

Die am 5. Juli 1994 in Kraft getretene deutsche Hühnereier-VO fixiert als äußerstes MHD eine Frist von 28 d nach dem Legen. Damit kann der Verbraucher das Legedatum ermitteln. Eier dürfen nur innerhalb von höchstens 21 d nach dem Legen an den Verbraucher abgegeben werden; nach dem 21. d können sie nur noch als Eier der Klasse C gelten.

Nach EU-Recht wird keine Kühlung im Handel, sondern lediglich eine „vorzugsweise konstante Temperatur" verlangt. Für Deutschland gibt es nach der Hühnereier-VO die Pflicht zur Kühlhaltung auf +5 °C bis +8 °C ab dem 18. Tag nach dem Legen des Eies bis zur Abgabe an den Verbraucher. In die Kennzeichnung muß zusätzlich der Vermerk aufgenommen sein: „Nach Ablauf des MHD durcherhitzen".

## 13.1.3 Gefährdungen

Nach dem Verzehr von Eiern, Eiprodukten oder Lebensmitteln mit Eizusatz auftretende Erkrankungen werden nahezu ausschließlich durch Mikroorganismen verursacht. Gesundheitsschädigungen durch in diesen Lebensmitteln eventuell vorhandene chemische Umweltkontaminanten, Tierarzneimittel u. a. Rückstände scheinen ausgesprochen selten zu sein. Die folgende Darstellung der Gesundheitsgefahren bezieht sich deshalb nur auf die mikrobiellen Risiken. Hierbei sind in erster Linie Bakterien von Bedeutung.

### Kontamination

Das Vorhandensein von Mikroorganismen auf oder in Lebensmitteln bezeichnet man als mikrobielle Kontamination. Eier lassen sich nicht kontaminationsfrei produzieren. Auch beim frisch gelegten Ei finden sich auf der Schale immer Keime. Das Innere von Eiern gesunder Hennen ist hingegen im Regelfall keimfrei (Kontaminationsrate < 1 %). Bei Eiern lassen sich die primäre und die sekundäre Kontamination unterscheiden.

### Primäre Kontamination

Sie führt dazu, daß bereits im Inneren des gelegten Eies Mikroorganismen präsent sind. Wichtigste Ursache dafür ist die Übertragung der Erreger auf dem Blutwege in das Ovar, so daß Eifollikel schon vor der Ovulation kontaminiert sind (= transovarielle Übertragung). Voraussetzung ist das Vorliegen einer Infektion der Henne, die mit oder ohne Auftreten von Krankheitserscheinungen verlaufen kann. Die transovarielle Besiedlung des Eiinhaltes ist für einige Virus- und Bakterienarten nachgewiesen worden, so z. B. für die Erreger der Infektiösen Bronchitis, der Aviären Encephalomyelitis, für *Staphylococcus aureus, Pasteurella haemolytica,* für Mycoplasmen, *Salmonella pullorum,* Mykobakterien, *Clostridium perfringens* u. a. Eine Infektion des Ovars oder des Legeapparates kann auch durch Aufsteigen von Keimen, die von außen eingedrungen sind, zustande kommen. Ebenso ist eine Keimausscheidung über die Drüsen, die im Legeapparat das Eiklar produzieren, möglich. Für die meisten kongenital übertragenen Erreger wird eine zeitlich eng begrenzte Ausscheidung über das Ei beschrieben. Ein länger anhaltender Carrier-Status dürfte die Ausnahme sein. Im allgemeinen führen infektiöse Erkrankungen am Ovar alsbald zum Einstellen der Legetätigkeit, so daß sich die Gefahr der Erregerübertragung auf den Menschen dadurch in engen Grenzen hält. Von großer Bedeutung scheint allerdings die vor wenigen Jahren gemachte Entdeckung zu sein, daß *Salmonella enteritidis*, speziell Phagtyp 4, auf transovariellem Wege in die Eier gelangen kann, wobei die Legetätigkeit der Tiere offenbar unbeeinflußt bleibt. Es wird angenommen, daß die Infektion der Küken, die zu Legehennen aufgezogen werden, mit diesem Erreger vorwiegend transovariell verläuft. Funde von *Salmonella enteritidis* im Dotter frischgelegter Eier sind allerdings relativ selten.

Generell wird der **sekundären** Kontamination der Eier die größere Bedeutung beigemessen. Dies trifft auch für *Salmonella enteritidis* zu, die bei frischgelegten Eiern am häufigsten auf der Schale, seltener im Eiweiß und mit Abstand am seltensten im Dotter gefunden wurde. Erhebungen aus deutschen Untersuchungseinrichtungen ergaben für 1993 eine *Salmonella enteritidis*-Kontaminationsrate von 0,32 % (n = 44 843) auf der Schale, 0,11 % (n = 41 360) im Eiklar, 0,09 % (n = 13 324) im Dotter (HARTUNG, 1994).

### Sekundäre Kontamination

Die beim Legen sehr keimarme Schalenoberfläche wird mit dem Austritt in die Außenwelt stärker kontaminiert (sekundäre Kontamination). Zu den Kontaminationsquellen zählen: Stallstaub, Schmutz der Käfige, der Hühner und der Legenester, Kot, ggf. Einstreu, das gesamte System des Weitertransportes (Sammelbänder, Elevatoren, Transportbänder), Maschinen zur Eiersortierung, Verpackungsmaterial, Hände der Arbeitskräfte sowie die Flora in Lagern, Handelseinrichtungen bzw. Haushaltskühlschränken.

Eine Überbelegung der Ställe geht mit einer deutlichen Erhöhung der Luftkeimbelastung einher. Besonders die Kotpartikel stellen ein hochkonzentriertes heterogenes Gemisch an Mikroorganismen dar. Frischgelegte Eier weisen durchschnittlich $10^5$–$10^7$ Keime (= ca. $10^3$–$10^5$ x $cm^{-2}$) je Schale auf. Unter anderem werden nachgewiesen: aerobe und anaerobe Sporenbildner, *Enterobacteriaceae,* Pseudomonaden, Aeromonaden, Mikrokokken, Staphylokokken, Laktobazillen, Streptokokken, Schimmelpilze und Hefen. Neben solchen Verderbnis verursachenden Keimen sind auch Verursacher von Lebensmittelvergiftungen, wie Salmonellen, *Campylobacter jejuni* und *coli, Staphylococcus aureus, Clostridium perfringens* und weitere fakultativ pathogene Keime (z. B. *E. coli* u. a. *Entero-*

*bacteriaceae),* zu erwarten. *Salmonella-* und *Campylobacter*-Keime sind als wichtige Erreger von Lebensmittelinfektionen in den Fäzes von Geflügel sogar durchschnittlich häufiger anzutreffen als bei den Haussäugetieren. Die Gefährdung für den Verbraucher ergibt sich aus der Kontamination des Eiinhaltes beim Aufschlagen der Eier und aus der Potenz der Keime, allmählich durch die Schale in das Innere vorzudringen (FEHLHABER, 1994).

Bakterien und Pilze können in angetrocknetem Zustand, z. B. auf der Schale oder in trockenem Staub, lange Zeit überdauern. *Salmonella enteritidis* überlebte in eigenen Versuchen auf der trockenen Schale bei 20 °C etwa 2 Wochen, bei 3–6 °C über 4 Monate. Die Überlebensfähigkeit von *Campylobacter jejuni* betrug nach KOLLOWA und KOLLOWA (1989) bei 22–24 °C und einer relativen Luftfeuchte (r. F.) von 50–55 % nur 34 h, bei 4–7 °C und einer r. F. von 78–80 % mehr als 10 Tage. Mit einer Vermehrung auf der Schale befindlicher Bakterien ist wegen der zu geringen Wasserverfügbarkeit bei sauberen Eiern nicht zu rechnen. Sobald genügend Feuchtigkeit zur Verfügung steht, ist der größte Teil der Keime wieder vermehrungsfähig. Bei kotverschmutzten Schalen bietet die organische Substanz des Kotes den Keimen einen ergänzenden Schutz gegen Austrocknung und die bakterizide Wirkung des Lichts.

Feucht-klebrige Eischalen oder Eischalenbezirke absorbieren besonders leicht viel Schmutz und Staub. Ursache dafür können nicht erkannte Schalenschäden oder das Auslaufen bzw. Zerbrechen von Eiern auf den Transportwegen sein, so daß die auf den Transportbändern nachfolgenden Eier beschmutzt werden. Auch schlecht gesäuberte Käfige, Legenester, Maschinen und Anlagen können zu einer ständigen Kontaminationsquelle werden. Gummiteile, die z. B. der Abpufferung in Kurven der Transportbänder oder als Sauggummis zum Umsetzen der Eier dienen, werden nach längerem Gebrauch porös, sind nicht mehr gründlich zu reinigen und werden zum Ort der Keimanreicherung. Überall dort, wo über größere Zeiträume hinweg bei Anwesenheit von organischem Material (Futterreste, Einstreu, zerbrochene Eier) zu viel Feuchtigkeit vorhanden ist, sind Keimanreicherungen feststellbar. Insbesondere deswegen sind sie ein Risiko für die Eischalenkontamination, weil sich dabei auch pathogene Keime anreichern können, die von klinisch gesunden Hennen oft in geringer Zahl ausgeschieden werden.

Verpackungsmaterial leistet in sauberem Zustand einen nur unbedeutenden Beitrag zur Eischalenkontamination. Verschmutzte und feucht gewordene Packstoffe (Witterungseinflüsse, Kondenswasser durch Temperaturschwankungen, ausgelaufene Eiinhalte) können hingegen zur wichtigen Kontaminationsquelle werden. Bakterien vermögen durchfeuchtete Pappe auch von außen zu durchdringen.

### Antimikrobielle Barrieren des Eies

Die natürliche Schutzwirkung der **Eischale** gegenüber der Penetration von Bakterien in das Ei ist begrenzt. Das Eindringen von Bakterien ist offenbar nicht an die Beweglichkeit gebunden, sie beschleunigt es aber. Pilzmyzelien können durch Längenwachstum allmählich die Schale durchwachsen. An der Abwehr gegen mikrobielle Besiedlung sind die Schalenbestandteile und das Eiklar beteiligt. Unter natürlichen Bedingungen reichen diese Barrieren aus, den sich entwickelnden Embryo für die Dauer der Bebrütung (21 d) zu schützen. In umfangreichen Untersuchungen an schalenintakten Eiern fand Beer (1991), daß selbst verschmutzte Eier bei ungekühlter Lagerung mindestens bis zu 20 Tagen Lagerzeit im Inneren nicht mikrobiell kontaminiert waren. Bei Kühllagerung ist diese erstaunliche Stabilität noch deutlicher. Dennoch kann es in seltenen Fällen zur Besiedlung des Inhaltes kommen. So erhöhen z. B. unentdeckte Schalenschäden die Kontaminationsrate. Wegen der oft nicht genügenden Schalenstabilität muß regelmäßig mit Schalenschäden gerechnet werden. Insbesondere die Feuchtigkeit fördert die Penetration (Kondenswasserbildung, frische Kotverschmutzung).

Beweis für das Eindringen von Mikroben in das Ei ist die bekannte Beobachtung, daß im Verlaufe der Lagerung der Anteil im Inneren keimhaltiger Eier zunimmt. Aus einer Vielzahl experimenteller Untersuchungen zu dieser Frage (Überblick s. Williams et al., 1968) kann abgeleitet werden, daß Salmonellen unter günstigen Bedingungen (hohe Temperatur, hohe Luftfeuchtigkeit) schon innerhalb von 1–2 Tagen das Eiinnere besiedeln. Kühlung verzögert den Prozeß erheblich. Nach Kontamination der Schale mit *Salmonella enteritidis* waren die Erreger bei 23 °C und 30 % r. F. nach 15 Tagen Lagerzeit immerhin in 5,1 % der Eier nachweisbar. Bei 85 % r. F. steigerte sich dieser Anteil bei sonst gleichen Bedingungen sogar auf 38,8 %. Auch mit steigender Kontaminationsdichte auf der Schale erhöhte sich die Penetrationsrate (Wicke, 1995).

Von Interesse für die Risikobewertung ist auch der Nachweis des Eindringens von *Yersinia enterocolitica* und *Campylobacter jejuni* in Eier. Letztere sind wie auch Listerien allerdings gegenüber der Bakterizidie des Eiklars sehr sensibel.

Penetrationsbegünstigende Faktoren sind ebenso wie bei anderen Bakterien:

- ungekühlte Lagerung
- hohe Luftfeuchtigkeit, feuchte Schalenoberflächen
- Schalendefekte
- lange Lagerungsdauer
- Schalenverschmutzungen
- hohe Keimkonzentrationen.

Die **Schalenbestandteile** haben für die **Keimabwehr** folgende Funktion:

Die **Kutikula** ist wasserabweisend und verschließt einen großen Teil der Poren in der Kalkschale. Nur etwa 1 % der Poren bleiben unverschlossen. Fehlt die Kutikula oder wurde sie z. B. durch Abreiben, Bürsten oder Waschen entfernt, so wird die Mikrobenpenetration beschleunigt. In den ersten Minuten nach dem Legen des Eies dringen Keime leichter ein. Zu diesem Zeitpunkt besitzt die Kutikula noch eine offene, granulierte Struktur, die sich erst danach dichter schließt (Sparks und Board, 1985). Ein möglichst keimarmes Milieu beim Legen (saubere Nester) ist darum besonders wichtig.

In der Literatur wird als Ursache der Keimeinwanderung bei frischgelegten Eiern immer wieder die „Sogwirkung" durch Erkalten der Eier nach dem Legen herausgestellt. Ein eindeutiger Beleg dafür fehlt. Im Verlaufe der Lagerung trocknet die Kutikula mehr und mehr ab, so daß sie porös und rissig wird. Damit nimmt die Zahl offener Poren zu. Nach 3 bis 5 Tagen ist die Kutikula nicht mehr intakt. Die nun mögliche Penetration wird durch Temperaturdifferenzen zwischen dem wärmeren Ei und der kälteren Umgebung noch gefördert.

Erste Beschädigungen der Kutikula entstehen bereits beim Abrollen im Käfig, auf Transportbändern, beim Sortieren. Maßnahmen der Eierreinigung führen zu ihrer weiteren Zerstörung. Eier zu waschen ist nur sinnvoll, wenn sie alsbald verarbeitet werden. Vor dem Einschlag muß die Schale getrocknet sein, denn sonst gelangen die in Wasserresten befindlichen Mikroben in die Eimasse. Das Waschen von Eiern der Güteklasse A ist in der EU nicht erlaubt, wenn sie als Frischeier in den Verkehr gebracht werden sollen. Das beste Mittel zur Verzögerung der initialen Phase der Keimpenetration sind mechanisch schonender Umgang sowie ununterbrochene Kühlung.

Das Keimabwehrvermögen der **Kalkschale** ist im Vergleich zu dem der innen anliegenden Schalenmembran gering, insbesondere bei vorangeschrittener Porenöffnung. Die Porenkanälchen haben mit 6 bis 23 µm einen für das Durchwandern der Mikroben ausreichenden Innendurchmesser. Bakterien vermehren sich dort wegen des Wassermangels wahrscheinlich nicht. Dies wird erst nach Erreichen des Porenausganges in unmittelbarer Nähe der Schalenhaut möglich. Die Qualität der Kalkschale vermindert sich mit zunehmendem Alter der Hennen, u. a. kann die feste Verbindung der Schalenmembran an die Kalkschale teilweise verlorengehen. Dies fördert die bakterielle Besiedlung (NASCIMENTO et al., 1992). Streßeinfluß führt zu ultrastrukturellen Veränderungen in der Kalkschale, die die Keimabwehr beeinträchtigen (SOLOMON et al., 1987). Belastungen in der Haltung beeinflussen somit auch die mikrobielle Qualität der gelagerten Eier.

Die sich an die Kalkschale innen anschließenden beiden Blätter der **Schalenmembran** gelten als die wirksamste Abwehrbarriere. Es ist deshalb aus mikrobiologischer Sicht gerechtfertigt, Eier mit Kalkschalendefekten, aber intakter Schalenmembran noch als Lebensmittel zu verwenden, wenn sie kühl und nicht zu lange aufbewahrt werden. Das dichte Fasergeflecht der Schalenmembran bildet ein Maschenwerk, das für die Keime kaum durchdringbar ist. Besonders kompakt ist das innere Blatt dieser Membran. Hohe Keimzahlen bei warmer Umgebung können allerdings auch diese Abwehr überfordern.

Die Schutzfunktion des **Eiklars** besteht zunächst darin, das Dotter durch seine gallertige Beschaffenheit in zentraler Lage und damit in größtmöglichem Abstand von der Schale als Quelle drohender Kontamination zu halten. Andererseits besitzt das Eiklar eine vermehrungshemmende und z. T. keimabtötende Wirkung durch den Gehalt an Conalbumin (Ovotransferrin), Lysozym, Ovomukoid und Avidin. Ergänzt wird die Wirkung dieser Bestandteile durch den normalerweise im alkalischen Bereich liegenden pH-Wert. Im frischgelegten Ei beträgt er 7,6–7,9, steigt in den Tagen danach durch $CO_2$-Abgabe bis auf etwa 9,6 und fällt dann wieder etwas ab. Besonders werden grampositive Bakterien gehemmt, während die Wirkung auf gramnegative Keime, darunter auch Salmonellen, relativ gering ist. Bei massiver Kontamination bietet die Abwehr im Eiklar nur einen begrenzten Schutz. Die antimikrobielle Wirksamkeit des Eiklars bleibt zunächst bis zu etwa 4 Wochen erhalten und wird dann mit zunehmendem Eialter geringer. *Salmonella enteritidis*-Stämme konnten im Eiklar nicht nur überleben, sondern vermehrten sich bei ungekühlter Lagerung (20 °C) bereits nach wenigen Tagen (innerhalb von 3 Wochen um 2 Zehnerpotenzen). Ein Überleben konnte auch bei geringer Keimkonzentration im Eiklar (ca. 10 Keime/ml) registriert werden (REGLICH und FEHLHABER, 1992; FEHLHABER und BRAUN, 1993; BRAUN und FEHLHABER, 1995). Auch *Yersinia enterocolitica* reicherte sich in kühlgelagerten Eiern langsam an (SCHEIBNER et al., 1992).

Das **Eidotter** besitzt keine antimikrobielle Aktivität, sondern ist im Gegenteil ein besonders gutes Medium zur Keimvermehrung.

Aus Erkrankungen von Legehennen mit Einfluß auf die Eischalenbildung resultiert ein Risikofaktor, der grundsätzlich auch die mikrobielle Besiedlung des Eies unterstützt (Tab. 13.2).

Bei der Ursachensuche für Schalenqualitätsmängel ist weiterhin an Fütterungsfehler und Rückstände aus der Umwelt oder nach Arzneimittelverabfolgung zu denken. Die Langzeitaufnahme chlorierter Kohlenwasserstoffe oder Sulfonamidgaben können die Eischalenbildung beeinträchtigen.

**Tab. 13.2 Legehennenerkrankungen mit Einfluß auf die Schalenqualität (nach HEIDER und MONREAL, 1993)**

| Erkrankung | Eischalenqualität |
|---|---|
| Aviäre Adenovirus-Salpingitis (Egg drop syndrom) | Störung der Eischalenbildung |
| Newcastle Disease | dünne bis fehlende Kalkschale |
| Influenza-A-Infektion | Verringerung der Schalendicke |
| Infektiöse Bronchitis | dünnschalige, mißgebildete Eier |
| Osteomalazie | dünne bis fehlende Kalkschale |
| Eileiterregel-Befall | Windeier, deformierte Eier |
| Eileiterentzündung | Windeier |
| Eileitervorfall, Kloakenentzündung | blutverschmutzte Eier |
| Ödemkrankheit | gestörte Schalenbildung |
| Enteritiden verschiedener Genese | Erhöhung des Anteils kotverschmutzter, z. T. blutiger Eischalen |

Wegen der überragenden Bedeutung der *Salmonella enteritidis*-Infektionen durch Eier und eihaltige Produkte werden im folgenden die 4 wichtigsten Wege dieser Erreger in das Ei und die Möglichkeiten ihrer Anreicherung dargestellt.

**1. Übertragungsweg**

Auf der Schalenoberfläche befindliche Salmonellen kommen beim Aufschlag der Eier mit dem Eiinhalt in Kontakt und gelangen so (meist in geringer Anzahl) in Eiprodukte oder sonstige Zubereitungen mit Ei. Hier erhalten sie dann bei fehlender Kühlung oder Erhitzung Gelegenheit zur massenhaften Vermehrung. Dies dürfte ein wichtiger Infektionsweg sein. Küchentechnische Fehler sind hierbei also mitentscheidend. Bei Temperaturen < 6 °C kann sich *Salmonella enteritidis* nicht mehr vermehren. Erhitzungen auf 60 °C überdauert der Erreger bei hohen $a_W$-Werten höchstens 5 min.

Die Kontamination beim Eieinschlag ist auch bei sehr sorgfältigem Vorgehen nicht vermeidbar. Eine Eierreinigung reduziert zwar den Keimbesatz, bringt aber keine zufriedenstellende mikrobiologische Sicherheit. Letztlich ist diese Gefährdung nur durch Eliminierung der Salmonellen im Hennenbestand bzw. einen ausreichenden Erhitzungsprozeß auszuschließen.

**2. Übertragungsweg**

Einzelne *Salmonella*-Keime gelangen nach dem Legen unter Überwindung des Barrieresystems der Schale in das Eiklar. Dies geschieht insbesondere, wenn die erwähnten penetrationsfördernden Bedingungen gegeben sind. Damit wächst nicht nur das Risiko der Übertragung von *Salmonella*-Keimen in eihaltige Produkte, sondern auch die Wahrscheinlichkeit, daß die Erreger allmählich in das Dotter migrieren. Der sicherste Weg, diesen Prozessen vorzubeugen, ist die permanente Kühlung der Eier auf ≤ 6 °C, wodurch sowohl die Penetration und die Vermehrung im Eiklar als auch die Migration in das Dotter stark eingeschränkt werden.

**3. Übertragungsweg**

Die Migration der Salmonellen aus dem Eiklar in das Dotter ist besonders gefährlich, da sich wenige Salmonellen im Dotter innerhalb von Stunden zu maximalen Keimzahlen entwickeln ($10^9$/ml). Je wärmer und je länger die Aufbewahrung der Eier ist, desto größer wird dieses Risiko. Ein einziges solches Ei würde genügen, 100 kg eines Lebensmittels mit einer für den Menschen infektiösen Dosis von $10^5$/g zu versehen. Erkrankungen nach Verzehr eines einzelnen Eies sind im wesentlichen nur durch derart hochkontaminierte Eier erklärbar. Das gleiche betrifft Erkrankungsausbrüche, bei denen eine Phase der Salmonellenanreicherung im Lebensmittel (z. B. durch unterlassene Kühlung) bei der Klärung des Geschehens nicht ermittelt wurde. Im Dotter sistiert die Vermehrung von *Salmonella enteritidis* erst unter 6 °C; bei 8 °C kann sich aus ursprünglich 10 ins Dotter eingedrungenen Keimen innerhalb von 8 bis 10 Tagen eine infektiöse Dosis entwickeln. Bei 18 °C dauert dies etwa 28 h. Extrem hohe *Salmonella*-Konzentrationen kommen bei Eiern offensichtlich sehr selten vor. Nur einzelne Eier einer großen Charge sind betroffen. Vielfach bleiben Nachuntersuchungen im Verfolg von Lebensmittelvergiftungen bei den noch vorhandenen Eiern deshalb ohne Erfolg. Hochkontaminierte Eier sind eine erhebliche Gesundheitsgefährdung. Sie ließe sich am besten durch eine geschlossene Kühlkette und den Verbrauch der Eier in möglichst frischem Zustand beherrschen.

## 4. Übertragungsweg

*Salmonella enteritidis* kann durch transovarielle Übertragung bereits im Dotter frisch gelegter Eier vorhanden sein. Dem Risiko einer sich anschließenden ungehemmten Vermehrung ist wie bei Weg 3 nur durch unmittelbare Kühlung nach dem Legen abzuhelfen. Die epidemiologische Bedeutung dieses Übertragungsweges darf jedoch nicht überschätzt werden, da dotterkontaminierte frische Eier sehr selten gefunden werden.

Der Gefahr einer *Salmonella*-Präsenz in oder auf Eiern wird gegenwärtig durch Impfungen gegen Salmonellen in Aufzuchtbetrieben für Legehennen entgegengewirkt. Laut Hühner-Salmonellen-VO vom 11.4.1994 hat der Tierbesitzer darüber Nachweise zu führen. Inhaber von Zuchtbetrieben und Brütereien müssen regelmäßig Untersuchungen auf Salmonellen, ebenfalls mit Nachweisführung, vornehmen lassen. Bei amtlicher Salmonellenfeststellung erfolgt eine Sperre des Betriebes.

Zusammenfassend ist abzuleiten, daß das Risiko einer mikrobiellen Belastung durch verschiedene Qualitätsmängel am Ei begünstigt wird. Bei der Festlegung der kritischen Kontrollpunkte sind deshalb Lagerungsdauer (Eialter) und -bedingungen sowie die Intaktheit und Sauberkeit der Schale zu berücksichtigen. Alle Maßnahmen, die zur Optimierung dieser Faktoren beitragen, erhöhen somit gleichermaßen die Verbrauchersicherheit. So ist beispielsweise die Zeitspanne zwischen Legedatum und Abgabe an den Verbraucher zu minimieren, was bekanntlich auch für weitere Qualitätseigenschaften der Eier von Vorteil ist. Die durch die VO (EWG) Nr. 1274/91 vorgegebenen Fristen (s. Tab. 13.1) sollten möglichst nicht ausgeschöpft werden. Die wirksamste Maßnahme zur Verhütung einer Salmonellenanreicherung im Ei ist die Errichtung einer geschlossenen Kühlkette vom Erzeuger bis zum Konsumenten. Unter dieser gegenwärtig von den Rechtsnormen nicht geforderten Voraussetzung wäre auch die Angabe des Legedatums eine wichtige Information.

Absolute Sicherheit gibt es für den Verbraucher allerdings nur, wenn er Eier ausschließlich ausreichend erhitzt verzehrt, also auf weichgekochte Eier, Spiegeleier (einseitig gebraten), rohe Eier in nicht erhitzten Zubereitungen (Cremes, Tatar-Schabefleisch, Mayonnaisen, Eiscremes) verzichtet.

## 13.1.4 Kritische Kontrollpunkte (Eierzeugnisse)

| Stufen | Gefährdung | Überwachung | Korrekturmaßnahme |
|---|---|---|---|
| Legehenne | *Salmonella*-Ausscheidung | Information über *Salmonella*-Freiheit im Herkunftsbetrieb (Zucht/Brüterei), Information über durchgeführte Impfung gegen Salmonellen im Aufzuchtbetrieb für Hennen | Legehennen aus *Salmonella*-freier Zucht und geimpftem Aufzuchtbetrieb einstallen |
| | Erkrankungen mit Beeinträchtigung der Schalenqualität; mangelnde Ca-Versorgung, Belastungen mit Beeinträchtigung der Schalenqualität | lückenlose visuelle Kontrolle der Eier im zentralen Sammelraum; bei Schalenschäden von mehr als 1–5 % können Erkrankungen eine Ursache sein; aussortieren nach Tab. 13.3 | Tierärztliche Kontrolle, ggf. Therapie; Überprüfung von Fütterung, Stallklima |
| | Schalenschäden durch Eierpicken, Eierfressen (Verhaltensstörung) | lückenlose visuelle Kontrolle der Eier im zentralen Sammelraum; typ. Schalenschäden gehäuft; aussortieren nach Tab. 13.3 | Optimierung Tier – Umwelt; Erneuerung des Bestandes |
| Legestall/ Erzeugerbetrieb | Schalenschäden | lückenlose visuelle Kontrolle der Eier im zentralen Sammelraum; Schalenschäden über 1–5 %; aussortieren nach Tab. 13.3 | Ursachen ermitteln und abstellen, z. B. Käfig: Boden mit zu geringer Drahtdicke, zu hoher Maschenweite, zu starkem Neigungswinkel (zu hohe Abrollgeschwindigkeit der Eier); mechanisierter Eitransport: unzureichende Polsterung, ungeeignete Größe der Umlenkradien, nicht abgestimmte Bandgeschwindigkeiten, Eierstau, unsanftes Umsetzen usw.; Eiersammeln aus Nestern: unzureichende Sorgfalt |

| Stufen | Gefährdung | Überwachung | Korrekturmaßnahme |
|---|---|---|---|
| | Schalenverschmutzung | lückenlose visuelle Kontrolle der Eier im zentralen Sammelraum; erhöhter Schmutzeieranteil; aussortieren nach Tab. 13.3 | Ursachen ermitteln und abstellen, z. B.: unzureichende Stallhygiene; unsaubere Käfige oder Nester, verschmutzte Transportbänder; Enteritiden im Tierbestand |
| | Keimpenetration durch die Schale, Vermehrung von Keimen im Inneren der Eier | laufende Buchführung über Ei-Erzeugung, -Lagerung und -Lieferung; tägliche Kontrolle von Lagerbestand und Lagerbedingungen | möglichst kurzfristige Eierlieferung (s. Tab. 13.1). Zwischenlagerung unter konstanten, möglichst trockenen und kühlen Bedingungen |
| Sammel- und Packstellen | Schalenschäden, Verschmutzung, unzureichender Frischegrad | lückenlose visuelle Kontrolle der Eier sowie Durchleuchtung; im Bedarfsfall Bestimmung der Luftkammerhöhe (Güteklasse A ≤ 6 mm; „Extra" ≤ 4 mm); aussortieren nach Tab. 13.3 | Ursachen ermitteln und abstellen, z. B.: mechanische Belastungen bei Ei-Sortierung und -Verpackung; verschmutzte Bänder und Sortiermaschinen, ungeeignete Verpackung (der Eigröße nicht entsprechend) |
| | Keimpenetration durch die Schale, Vermehrung von Keimen im Inneren der Eier | laufende Buchführung über Empfang, Lagerung und Lieferung der Eier; tägliche Kontrolle von Lagerbestand und Lagerbedingungen; lückenlose visuelle Kontrolle der Beschaffenheit des Verpackungsmaterials | möglichst kurze Zwischenlagerung (s. Tab. 13.1) bei konstanten, möglichst trockenen und kühlen Bedingungen |
| Transport an Industrie / Handel / Verbraucher | Schalenschäden, Keimpenetration durch die Schale, Vermehrung von Keimen im Inneren der Eier | tägliche Kontrolle der Verladung und Eignung der Fahrzeuge | Temperaturschwankungen vermeiden, schonenden Transport gewährleisten; möglichst kühl transportieren |
| Industrie / Handel / Verbraucher | Keimpenetration durch die Schale, Vermehrung von Keimen im Inneren der Eier | lückenlose Kontrolle der Kennzeichnung, laufende Buchführung über Lieferer, Lagerung, Menge der Eier; stichprobenweise Kontrolle der Ei-Beschaffenheit; bei gewerblicher Verarbeitung Durchleuchten aller Eier | möglichst kühle, nur wenige Tage währende Lagerung (keine zu umfangreiche Bevorratung); mangelhafte Kennzeichnung reklamieren |

In der VO (EWG) Nr. 1274/91, Art. 29 und 31 sind Mindest-Stichprobenumfänge für die Kontrolle von Groß- und Kleinpackungen von Eiern sowie Toleranzwerte für Mängel angegeben (s. dort).

Unter Praxisbedingungen wird der Frischegrad der Eier mittels Durchleuchten geprüft (Luftkammerhöhe messen). Im Zweifelsfalle sollten stichprobenweise Eier geöffnet werden. Eine Objektivierung durch Messung von Eiklarhöhe, Dotterhöhe, Bestimmung von Eiklar- und Dotterindex sowie HAUGH-Einheiten kommt nur in Einzelfällen, z. B. bei zu erwartenden Rechtsstreitigkeiten, in Betracht (Näheres s. SCHOLTYSSEK, 1994). Gewichtsverlust-Feststellung und sog. Schwimmprobe sind unsichere Verfahren zur Bestimmung des Frischegrades. Zur exakten Altersbestimmung mit taggenauer Ermittlung des Legedatums gibt es gegenwärtig keine Untersuchungsmethode.

**Tab. 13.3 Beurteilungsschema für Eier mit Veränderungen**

| Veränderung | Beurteilung |
|---|---|
| Schmutzeier | Kl. B |
| Luftkammer > 6 mm bis 9 mm | Kl. B |
| Eiweiß dünnflüssig | Kl. B |
| Dotter entfernt sich von zentraler Lage | Kl. B |
| gereinigte Eier | Kl. B |
| bewegliche Luftkammer (Läufer, Schwimmer) | Kl. B |
| Deformation der Kalkschale | Kl. C |
| Auflagerungen auf der Kalkschale | Kl. C |
| feuchte Eier (Regen, Tau) | Kl. C |
| Lichtsprünge | Kl. C |
| Eihaltersprünge | nicht zu beanstanden |
| Knickeier | Kl. C |
| Blutflecken | Kl. C |
| Fließeier | Kl. C |
| ungelegte Eier mit Kalkschale | Kl. C |
| Bluteier | Kl. C (besser: untauglich) |
| angeschlagene Eier (Brucheier) | untauglich |
| verdorbene Eier | untauglich |
| Dotter- und/oder Eiklarverfärbung | untauglich |
| bebrütete Eier (befruchtet und unbefruchtet) | untauglich |
| ungelegte Eier, ohne Kalkschale | untauglich |

# 13.2 Eiprodukte

## 13.2.1 Bedeutung

Eiprodukte sind im Sinne der Eiprodukte-VO vom 17.12.1993 „Erzeugnisse, die aus Eiern, ihren verschiedenen Bestandteilen oder deren Mischungen hergestellt worden sind; die Erzeugnisse können flüssig, konzentriert, getrocknet, kristallisiert, gefroren, tiefgefroren oder fermentiert sein; sie dürfen nur aus Eiern von Hühnern, Enten, Gänsen, Truthühnern (Puten), Perlhühnern oder Wachteln hergestellt worden sein". Wenn ihnen andere Lebensmittel oder Zusatzstoffe beigegeben werden, so gelten sie weiterhin als Eiprodukt, solange der Anteil dieser Zusätze nicht überwiegt.

Die wichtigsten Produkte sind dementsprechend Flüssigeiprodukte (Vollei, Eiweiß, Eigelb), Gefrierei (Vollei, Eiweiß, Eigelb) und Trockenei (Eipulver aus Vollei, Eiweiß, Eigelb).

Eiprodukte werden in steigendem Umfang vor allem in der Lebensmittelindustrie zur Herstellung von Teigwaren, Backwaren, Nährmitteln, Süßwaren, Speiseeis u. a. eingesetzt. In der EU nimmt die Eiprodukteherstellung jährlich um etwa 2–5 % zu. Der Verbrauch an pasteurisierten Kleinabpackungen für Gemeinschaftsverpflegung und individuelle Konsumenten steigt im Vergleich mit den USA relativ langsam. Nach Ros (1994) werden in der EU jährlich pro Kopf etwa 2 kg Ei in Form von Eiprodukten verzehrt.

Gegenüber dem Frischeier-Einsatz bietet die Eiprodukteverwendung einige Vorteile:

- Eiprodukte, vor allem Eipulver und Gefrierei, sind relativ lange lagerfähig.
- Eiprodukte reduzieren den Bedarf an Transport- und Lagerungskapazitäten.
- Der Arbeitsaufwand bei der Verarbeitung von Eiprodukten ist geringer als bei Verwendung von Schaleneiern.
- Eiprodukte stellen eine Verwertungsmöglichkeit für Eier mit bestimmten Qualitätsmängeln dar.
- Eiprodukte lassen sich heute wegen des hohen Automatisierungsgrades kostengünstig produzieren.
- Sie lassen sich in mikrobiologisch spezifizierter Qualität liefern, und es wird die Gefahr einer Einschleppung von pathogenen Keimen vermieden, die sich auf der Oberfläche von Schaleneiern befinden können.

Durch die Pflicht zur „Vorbehandlung" der Eiprodukte erhöht sich die hygienische Sicherheit. Allerdings stellen die meisten Eiprodukte ein sehr günstiges Keimvermehrungsmedium dar, so daß im Falle einer Rekontamination rasch eine Gefährdung entstehen kann. Eiprodukte sind deshalb oft am Zustandekommen von Lebensmittelvergiftungen, vor allem Salmonellosen, aber auch z. B. durch *Staphylococcus aureus* oder *Bacillus cereus* verursachte Erkrankungen, beteiligt (s. 13.1.1).

## 13.2.2 Herstellung

Rechtsgrundlage ist die Eiprodukte-VO vom 17.12.1993. Die Prozeßschritte bei der Herstellung von Eiprodukten sind in Abb.13.3 schematisch dargestellt.

Als **Rohware** kommen nur für den menschlichen Verzehr geeignete Eier mit voll entwickelter, unbeschädigter Schale (ausgenommen Knick- und Lichtsprungeier) gemäß VO (EWG) Nr. 1907/90 in Frage. Die Eier dürfen nicht angebrütet sein.

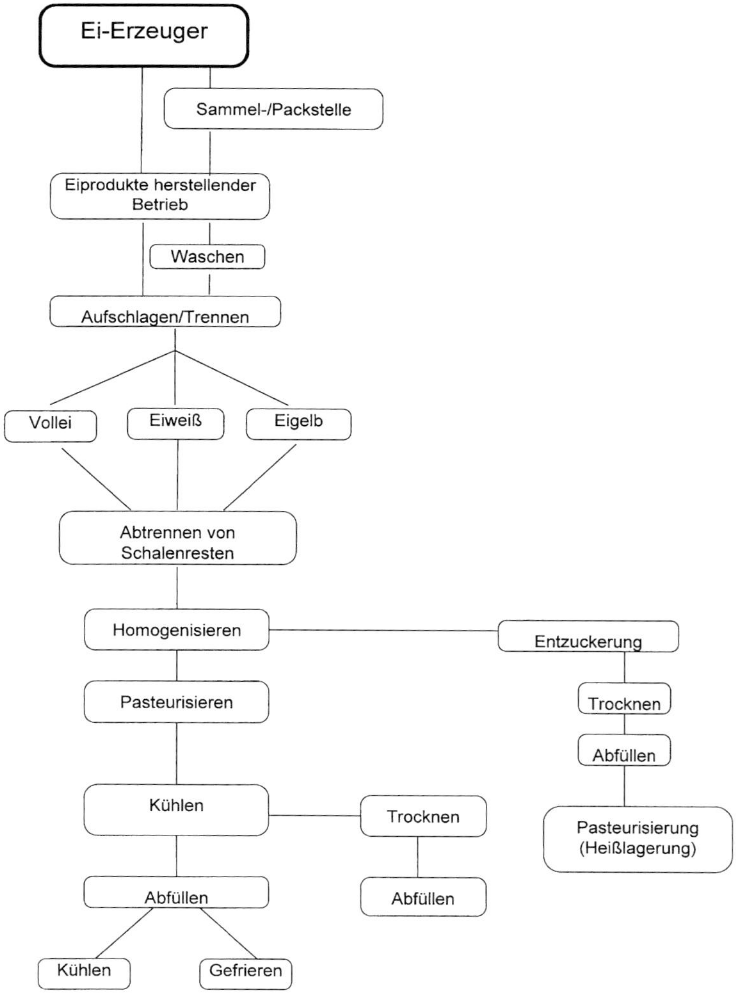


**Abb. 13.3 Fließschema der Eiproduktherstellung (nach Ruppert, 1993)**

Aber auch Knickeier oder Eier mit Lichtsprüngen können eingesetzt werden. Diese müssen umgehend nach Anfallen aufgeschlagen bzw. bis dahin bei höchstens +4 °C gelagert werden. Damit sind grundsätzlich Eier der Güteklassen A, B und C für Eiprodukte verwendungsfähig.

Verschmutzte Eier müssen vor dem Einschlag **gereinigt** werden. Dies geschieht in den größeren Betrieben mittels Eierwaschmaschinen, wobei eine warme Waschmittellösung (40–42 °C) und Bürsten verwendet werden. Zur Verhinderung einer Temperaturdifferenz, wodurch die Bakterienpenetration gefördert würde, soll die Waschwassertemperatur nach KIEFER (1976) 5–10 °C über der Eitemperatur liegen. Die Waschlösung wird in der Regel mehrfach benutzt (Rezirkulation). Wichtig ist die anschließende Lufttrocknung bei 50–55 °C. Konkrete Anforderungen an die Aufbewahrtemperatur der Eier bis zum Einschlag werden in der Eiprodukte-VO nicht erhoben, sondern hier heißt es: „Die Innentemperatur der Räume muß gewährleisten, daß die Eier nicht nachteilig beeinflußt werden". Aus mikrobiologischer Sicht wäre die Schaffung einer geschlossenen Kühlkette bis zur Verarbeitung am günstigsten.

Die technologisch beste Temperatur für den **Ei-Einschlag** liegt bei 15 °C: es bleiben kaum Reste in den Schalen, und die Trennung von Eiweiß und Dotter geschieht ausreichend gründlich. Bei höheren Temperaturen reißt die Dottermembran leichter ein.

Der Einschlag mit der Hand wird mehr und mehr durch Einschlagmaschinen verdrängt. Die Eier gelangen auf Transportbänder und müssen vor dem Einschlag kontrolliert und durchleuchtet werden, um nichtzulässige Eier aussortieren zu können. Mit dem Einschlag beginnt die „reine Seite" des Prozesses; er muß aus hygienischen Gründen deshalb räumlich getrennt von der Eianlieferung oder Eierreinigung erfolgen. Um die Kontamination der Eimasse gering zu halten, darf der Eiinhalt nicht durch Zerdrücken, Zentrifugieren oder sonstige Technik, bei der verstärkt Schalenteile in die Eimasse gelangen, gewonnen werden. Eine visuelle Kontrolle der einzelnen aufgeschlagenen Eier, unterstützt durch Fotozellen, die Trübungen im Eiklar signalisieren, ist anzuraten. Schalenteilchen, Membranstückchen oder Hagelschnüre werden durch Siebe (Rotationssiebe) oder Zentrifugieren entfernt. Anschließend wird die Eimasse **homogenisiert**. Das Pasteurisieren sollte sich unverzüglich anschließen. Ist dies nicht möglich, muß die Eimasse eingefroren oder bei höchstens +4 °C gelagert werden. Die gekühlte Lagerung darf 24 h nicht überschreiten.

Eine **Pasteurisation** kann nur ausnahmsweise unterbleiben, z. B. für Hersteller von eihaltigen Lebensmitteln, bei denen die aufgeschlagenen Eier am selben Tag verbraucht werden und bis dahin bei +4 °C gehalten wurden (Weiteres s. Eiprodukte-VO). Das Ziel der Pasteurisierung ist die weitgehende Abtötung der pathogenen Keime und die Reduzierung der Anzahl vegetativer aerober Keime, die Verderbnisprozesse verursachen können. Die Verfahren und angewandten Anlagen bedürfen einer behördlichen Zulassung. Verwendet werden Erhitzungsanlagen, die meist aus einem Plattenerhitzer, Röhrenheißhalter, Durchflußmengenregler sowie einer automatischen Temperaturüberwachung mit Umschalteinrichtung bestehen. Ein Temperaturfühler mißt am Ende des Röhrenheißhalters ständig die Temperatur. Unzureichend erhitzte Eimasse wird automatisch umgeleitet und erneut dem Erhitzer zugeführt.

Die Pasteurisation von Eigelb und Vollei kann bei Temperaturen von 63–65 °C mit vierminütiger Haltezeit durchgeführt werden. Eiklar ist deutlich hitzeempfindlicher, anwendbar sind 52–58 °C mit dreiminütiger Haltezeit. Zucker- oder Salzzusätze erlauben höhere Temperatur-Zeit-Regime. Vorschriften über Temperaturen und Heißhaltezeiten existieren in der EU nicht. Entscheidend ist die Einhaltung mikrobiologischer Normen für das Produkt. An die Erhitzung schließt sich die rasche **Abkühlung** auf ≤ +4 °C bzw. das Einfrieren an. Großabnehmer erhalten die gekühlte Eimasse in Edelstahltanks, auch Abfüllungen in Eimer oder Beutel aus Kunststoff und Kleinverpackungen (Bricks) sind üblich. Wichtig für die Haltbarkeit ist die Vermeidung von Rekontaminationen (Verwendung aseptischen Verpackungsmaterials!).

Flüssigem Vollei und Eigelb dürfen die Konservierungsmittel Sorbinsäure bzw. Benzoesäure in einer Höchstmenge von je 10 g/kg zugesetzt werden (Zusatzstoff-Zulassungs-VO). Dem zu pasteurisierenden Eiweiß können zur Verbesserung der Stabilität (Verbesserung des Pasteurisierungseffektes) Aluminium-Ammoniumsulfat, Aluminiumsulfat bzw. Ammoniumhydroxid in einer Konzentration von höchstens 0,3 g/l zugesetzt werden (Eiprodukte-VO). Das **Gefrieren** von Eimasse soll zur Vermeidung mikrobieller Aktivität und anderer Qualitätsmängel im Schnellgefrierverfahren bei –40 °C und hoher Luftgeschwindigkeit erfolgen.

Eipulver aus Vollei und Eigelb wird durch **Trocknung** des zuvor pasteurisierten Flüssigeies erzeugt, indem die Flüssigkeit unter hohem Druck, meist in Sprühtürmen, mit Heißluft (165 °C für Eigelb, 185 °C für Vollei) versprüht (zerstäubt) wird. Vor dem Versprühen wird die Eimasse auf 63–64 °C erwärmt. Der Sprühtrocknungsprozeß führt zu keiner Keimzahlreduzierung, da die Heißluft innerhalb kürzester Zeit abkühlt. Um Fettveränderungen zu vermeiden, müssen die Pulver rasch auf 25–30 °C heruntergekühlt werden. Auch beim heute kaum noch üblichen Verfahren der Trocknung auf heißen Walzen wird in der Eimasse keine keimabtötende Temperatur erreicht. Die Verpackung (Kunststoffsäcke) muß zur Vermeidung der Rekontamination keimarm erfolgen.

Bei der Herstellung von Pulver aus Eiklar muß zunächst die Glucose entfernt werden, um eine unerwünschte Bräunung durch die Maillardreaktion zu vermeiden. Dies dient auch der besseren Aufrechterhaltung der Schlagfähigkeit des Eiweißes. Die **Entzuckerung** geschieht durch Enzyme, die dem pasteurisierten Eiklar zugesetzt werden, z. B. Glucose-Oxidase, bei 10–30 °C oder durch Kulturen von Bakterien oder Hefen. Die mikrobielle Entzuckerung dauert einige Tage und ist wegen der erforderlichen Temperatur von 20–25 °C risikoreich. Unerwünschte Keime könnten sich vermehren, insbesondere dann, wenn man den Glucoseabbau nur der unkontrollierten Wildflora überläßt. Das Versprühen geschieht dann mit Heißluft (165 °C). Nach dem Abpacken erfolgt die Pasteurisation durch trockene Lagerung über 2 bis 3 Wochen bei 55–70 °C (Heißlagerung).

Kristalleiweiß entsteht, wenn Eiklar auf Metallplatten in dünner Schicht bei 35–50 °C über ein bis zwei Tage getrocknet wird. Für spezielle Zubereitungen (Schaumwaren) ist dieses Produkt besser geeignet als das Pulver.

Bei Eiklar und Vollei wird vor der eigentlichen Trocknung vielfach eine **Vorkonzentrierung** vorgenommen, um Energie zu sparen. Moderne Verfahren stellen die Ultrafiltration und die umgekehrte Osmose (Reverse Osmose) dar. Da bei Temperaturen von 30–40 °C gearbeitet wird, muß auf unerwünschtes mikrobielles Wachstum geachtet werden.

Gefriergetrocknete Eipulver haben sich wegen der höheren Herstellungskosten bei vergleichsweise etwa gleichen Produkteigenschaften nicht durchgesetzt. Bei Neuentwicklungen von Produkten wird versucht, die Hitzeempfindlichkeit der Ei-Proteine zu senken, um unerhitzte Eiprodukte (z. B. bei Speiseeis, Mayonnaisen) durch pasteurisierte Ware ersetzen zu können. Dem hygienisch-prophylaktischen Gesichtspunkt dienen u. a. auch kleinverpackte, pasteurisierte Eiprodukte mit mehrwöchiger Haltbarkeit bei +4 °C zum Einsatz in Küchen der Gemeinschaftsverpflegung (Acker und Ternes, 1994). Günstige Pasteurisationseffekte ergaben sich bei Versuchen zur Einführung von Hochtemperatur-Pasteurisierungsverfahren (70 °C, 90 sec) mit Vorsterilisation der Erhitzungsanlage.

## 13.2.3 Gefährdungen

Der Schwerpunkt gesundheitlicher Risiken liegt auch bei Eiprodukten im wesentlichen im mikrobiologischen Bereich. Wegen der Partiegröße wird unter Umständen ein großer Verbraucherkreis gefährdet. Im Gegensatz zu den Schaleneiern ist die Eimasse mechanisch ungeschützt. Die bakteriostatischen Eigenschaften des Eiklars sind in Volleimasse durch Verdünnung unwirksam. Das Inverkehrbringen, Herstellen und Behandeln von Eiprodukten ist deshalb in der Eiprodukte-VO, die eine Umsetzung der RL (EWG) Nr. 89/437 in deutsches Recht darstellt, vergleichsweise streng reglementiert. Entsprechende Betriebe bedürfen einer behördlichen Zulassung; die Anforderungen an Räumlichkeiten, Personal, Prozesse bis hin zur Laborkontrolle sind in dieser Rechtsnorm geregelt.

Die Mikroflora der Eiprodukte stammt größtenteils vom Ei selbst (vor allem von der Eischalenoberfläche), aber auch von Anlagen, Maschinen und Verpackungsmaterialien im Eiproduktewerk, eventuell sogar vom dort tätigen Personal.

Beim Ei-Einschlag ist ein geringer Kontakt von Inhalt und Schale unvermeidbar (s. Kap. 13.1.3). Eischalenreste werden in der Eimasse regelrecht ausgewaschen und können den Keimgehalt erhöhen. Unsaubere Teile der Einschlagmaschinen, die engen Kontakt zum Eiinhalt haben, können eine ständige Kontaminationsquelle sein. Gleichzeitiges Aufschlagen von mehreren Eiern in einer Hand (Zerdrücken) erhöht den Keimgehalt ebenso wie die Verwendung schmutziger bzw. länger gelagerter Ware.

Durch einzelne Eier können auch menschenpathogene oder fakultativ pathogene Erreger in die Eimasse gelangen, z. B. Salmonella-Keime, *Campylobacter jejuni,*

*Listeria monocytogenes, Yersinia enterocolitica,* enterotoxigene *Staphylococcus aureus*- und pathogene *Escherichia coli*-Stämme. Der Gehalt an aeroben Keimen liegt in unpasteurisierter Eimasse etwa zwischen $10^3$ und $10^7$/ml. Bei ungekühlter Aufbewahrung erhöht sich die Keimzahl innerhalb weniger Stunden beträchtlich. Zudem besteht das Risiko der Anreicherung pathogener Keime. Nach der Eiprodukte-VO darf die unpasteurisierte Eimasse bei +4 °C höchstens 24 h aufbewahrt werden. Bei längerer Lagerung können sich auch bei dieser Temperatur psychrotrophe Keime vermehren.

Die wichtigste gegen Mikroben gerichtete Barriere in der Eiprodukteerzeugung ist die Pasteurisierung. Der Effekt hängt nicht allein vom Temperatur-Zeit-Regime ab, sondern auch von der Ausgangskeimbelastung. Ein unhygienisch gewonnenes, stark keimhaltiges Rohprodukt kann durch die Pasteurisierung nicht in eine hochwertige Ware gewandelt werden. Die Pasteurisierung erreicht eine Keimzahlreduzierung auf etwa 1 % des Ausgangswertes (Moore et al., 1988). Weiter ist zu bedenken, daß in stark keimhaltiger Rohware sich auch unerwünschte mikrobielle Stoffwechselprodukte bilden können, die durch die Pasteurisierungstemperaturen nicht inaktiviert werden, z. B. Amine, Enterotoxine von *Staphylococcus aureus.* Eine Abtötung von Viren ist durch die Eipasteurisierung nicht sicher erreichbar. Bakteriensporen überleben den Erhitzungsprozeß.

Das pasteurisierte Produkt (Flüssigei und Eipulver) ist wegen der nur teilweisen Eliminierung der Mikroflora noch immer ein Risikoprodukt. Rekontaminationen setzen bereits bei der Abfüllung in keimhaltige Behältnisse oder bei schmutz- bzw. staubhaltiger Luft im Abfüllbereich ein. Viele der in Anlage 1 zur Eiprodukte-VO aufgeführten Forderungen an die Räume und Prozeßgestaltung dienen dem Ziel der keimarmen Gewinnung der Produkte (s. dort). Aber auch bei nicht erfolgender Rekontamination ist normalerweise mit einer beachtlichen Keimflora (etwa $10^2$–$10^5$ Keime/ml) und einem breiten Keimspektrum zu rechnen. Wichtig ist demzufolge, auch nach der Pasteurisierung die Vermehrung dieser Keime zu verhindern.

Zu langsames Einfrieren bringt die Gefahr der Keimvermehrung im Zentrum der Ware mit sich, beispielsweise bei zu großen Gebinden (10-kg-Behältnisse sind zu empfehlen) oder zu geringer Gefrierleistung. Ausreichend rasches Gefrieren geschieht mit einer Geschwindigkeit von $\geq$ 1 cm/h. Werden die Gefrierprodukte auf den vorgeschriebenen Temperaturen von –18 °C (tiefgefroren) bzw. –12 °C (gefroren) gehalten, kann es auch bei monatelanger Lagerung keine Keimvermehrung geben. Nach dem Auftauen aber sind Verderbs- und auch pathogene Keime, wie Shigellen, Salmonellen, *Yersinia enterocolitica* oder *Campylobacter jejuni*, größtenteils wieder vermehrungsfähig. Keimanreicherungen erfolgen mitunter bei zu langsamem Auftauen. Der Auftauprozeß sollte bei +15 °C innerhalb von 24–36 h abgeschlossen sein. Danach muß das Produkt umgehend verbraucht werden.

Gekühltes pasteurisiertes Flüssigei ist sehr verderbsanfällig. Es muß bei $\leq$ +4 °C gelagert werden. Verbrauchsfristen sind in der Eiprodukte-VO nicht festgelegt. Zu beachten ist, daß sich psychrotrophe Keime (z. B. auch *Yersinia* spp.) in diesem Temperaturbereich allmählich vermehren (bei 0 °C kommt es bei Pseudomonaden etwa alle 20 h zur Zellteilung, bei 4 °C alle 7–8 h). Die psychrotrophe *Listeria monocytogenes* wird in Flüssigvollei und -eiklar gehemmt, nicht jedoch in Eigelb. Eine möglichst kurze Lagerung bei etwa 0 °C ist zu empfehlen.

Da die Trocknung den Keimgehalt der Eimasse nur unwesentlich senkt, entspricht die Mikroflora des Pulvers weitgehend der der pasteurisierten Eimasse. Auch mit dem vereinzelten Vorkommen pathogener Keime kann gerechnet werden, z. B. Salmonellen (zumeist als Folge einer Rekontamination) und enterotoxigene Staphylokokken, die sich auch in langgelagertem Eipulver halten können. Solange der Wassergehalt des Pulvers im Normbereich (5 %) bleibt, ist eine Keimvermehrung zu verhindern. Dies entspricht bei Eipulver einem $a_W$-Wert von 0,4, bei dem ein mikrobielles Wachstum auch ohne Kühlung sicher unterdrückt wird. Die trockene Lagerung in feuchtigkeitsundurchlässiger Verpackung ist deshalb wichtig. Eine kühle Lagerung ist dennoch erforderlich, um Qualitätsveränderungen, die nicht mikrobiell bedingt sind, vorzubeugen.

Eine noch höhere mikrobielle Sicherheit könnte durch die Anwendung ionisierender Strahlung in Dosen von 1–5 kGy erzielt werden (in Deutschland nicht zulässig).

Bei der Eipulverherstellung ist die Vermeidung einer Kontamination der zuvor bereits pasteurisierten Flüssigeimasse im Trocknungsprozeß besonders zu beachten. Verunreinigte und vor allem feuchte Sprühtürme können die mikrobielle Qualität des Pulvers beeinträchtigen oder sogar Quelle der Kontamination mit pathogenen Keimen sein.

Nach den Vorschriften über betriebliche Eigenkontrollen (s. § 9 der Eiprodukte-VO) ist jede Partie (= „Menge der Eiprodukte, die unter gleichen Bedingungen hergestellt, insbesondere in einem einzigen zusammenhängenden Arbeitsgang vorbehandelt und behandelt wird“) mikrobiologisch zu kontrollieren. Folgende Anforderungen sind zu erfüllen (Anlage 1 Eiprodukte-VO):

| Keimart oder Keimgruppe | n | c | m | M | Bezugsgröße |
|---|---|---|---|---|---|
| *Salmonella* | 10 | 0 | 0 | | 25 g oder ml |
| Aerobe mesophile Keimzahl | 5 | 2 | $10^4$ | $10^5$ | 1 g oder ml |
| *Enterobacteriaceae* | 5 | 2 | 10 | $10^2$ | 1 g oder ml |
| *Staphylococcus aureus* | 5 | 0 | 0 | | 1 g oder ml |

Daneben sind die Konzentrationen an Bernstein- und Milchsäure als Ausdruck mikrobieller Aktivität festzustellen: In keiner Probe einer Partie darf der Bernsteinsäuregehalt mehr als 25 mg/kg Ei-Trockenmasse betragen. Bei Bestimmung des Milchsäuregehaltes darf von fünf Proben einer nicht behandelten Eiproduktepartie nur eine Probe zwischen 600 und 1000 mg/kg Ei-Trockenmasse aufweisen. Keine Probe darf einen Milchsäuregehalt von mehr als 1000 mg/kg Ei-Trockenmasse besitzen. Als nicht obligatorisch durchzuführende Untersuchung der Belastung des unpasteurisierten Flüssigeies mit gramnegativen Keimen bietet sich der Limulus-Mikrotiter-Test an. Er ermöglicht eine Aussage über die Keimbelastung der Rohware noch nach der Pasteurisation.

Für den Nachweis des verbotenen Einsatzes von bebrüteten, befruchteten Eiern wird die Bestimmung des β-Hydroxi-Buttersäuregehaltes verlangt (Grenzwert: 10 mg/kg Ei-Trockenmasse).

Reste von Schalen, Membranen und anderen Teilchen in den Eiprodukten dürfen 100 mg/kg des Eiproduktes nicht überschreiten. Alle Methoden sind in der Amtlichen Sammlung von Untersuchungsverfahren nach § 35 LMBG vorgegeben.

Durch die detaillierte Regelung der hygienischen Fragen in der Eiprodukte-VO kann bei Einhaltung aller dort erhobenen Forderungen ein risikoarmes Produkt gesichert werden. In der nachfolgenden Zusammenstellung der kritischen Kontrollpunkte sind nur die wichtigsten erfaßt. In jedem Fall sind bei der Erarbeitung eines HACCP-Konzeptes die Vorgaben der Eiprodukte-VO zugrunde zu legen.

## 13.2.4 Kritische Kontrollpunkte (Eiprodukte)

| Stufen | Gefährdung | Überwachung | Korrekturmaßnahme |
|---|---|---|---|
| Personal | Kontamination der Produkte mit pathogenen Keimen | jährliche Kontrolle, Gesundheitszeugnisse | Personen ohne Gesundheitszeugnis dürfen nicht tätig sein |
| Rohware eig- | hohe mikrobielle Belastung des Produktes | Herkunft jeder Eierlieferung inkl. Kennzeichnung kontrollieren, Eignung zur Herstellung von Eiprodukten prüfen; jedes Ei durchleuchten; Buchführung über Bevorratung an Eiern | Sendung zurückweisen bzw. ungenete Eier aussortieren, schmutzige Eier waschen und trocknen; Knickeier sofort einschlagen oder bis dahin kühlen (≤ +4 °C); Bevorratung niedrig halten, möglichst kühl lagern |
| Eierwaschen | hohe mikrobielle Belastung des Produktes | laufende Prüfung des Reinigungseffekts; Kontrolle des Verschmutzungsgrades der Waschlösung; laufende Temperaturkontrolle des Wassers (Wasser wärmer als die Eier, ca. 40 °C); tägliche Reinigung und Desinfektion der Waschmaschine kontrollieren (visuell und bakteriologisch) | Temperaturkorrektur; Waschlösung wechseln<br>Nachreinigung und -desinfektion veranlassen |
| Einschlag | hohe mikrobielle Belastung des Produktes | laufende visuelle Kontrolle der Funktionsfähigkeit und Sauberkeit der Einschlagmaschine und der anschließenden Abtrennung von Schalenteilchen; möglichst visuelle Bewertung jeden Eiinhaltes | Maschine korrigieren, falls Schalenanteil in Eimasse steigt; verdorbene Eiinhalte beseitigen |
| Standzeit des unpasteurisierten Flüssigeies | Keimvermehrung | laufende Temperaturkontrolle (≤ +4 °C), Information über Herstellungszeit dokumentieren (Flüssigei max. 24 h aufbewahrbar) | Kühlung veranlassen, Eimasse der Pasteurisation zuführen |

## 13.2.4 Kritische Kontrollpunkte (Eiprodukte) *(Fortsetzung)*

| Stufen | Gefährdung | Überwachung | Korrekturmaßnahme |
|---|---|---|---|
| Pasteurisation | unzureichende Reduzierung der Keimzahl | Prüfung der Funktionsfähigkeit, insbesondere der Temperaturüberwachung und Umschalteinrichtung sowie Temperatur-Zeit-Einstellung vor Arbeitsbeginn; an Meßstellen stichprobenweise Temperaturmessung während des Betriebs; Auswertung der Temperaturaufzeichnungsprotokolle, für jede Partie als Nachweis aufheben; laufende Raum-Temperaturaufzeichnung bei Pasteurisation durch Heißlagerung | korrekte Einstellung des Erhitzungsregimes; Sperren des Gerätes, ggf. reparieren, reinigen (techn. Sachverständige einbeziehen) |
| Weitertransport, Abfüllen | Rekontamination | Kontrolle von Reinigung und Desinfektion der Rohrleitungen, Abfüllgeräte, Räume; bakteriologische Kontrolle (lt. Kontrollplan des Betriebes, möglichst täglich) | Nachreinigung und -desinfektion veranlassen |
| Gefrieren | Keimvermehrung | kontinuierliche Temperaturaufzeichnung im Gefrierraum (-tunnel), zu langsam gefrorene Eimasse evtl. bakteriologisch untersuchen | Temperatur korrigieren |
| Lagerung | Keimvermehrung | kontinuierliche Temperaturaufzeichnung im Lagerraum (–18, –12 bzw. +4 °C als Grenzwerte) | Temperatur korrigieren, Eimasse ggf. bakteriologisch untersuchen |
| Trocknen | Rekontamination | bakteriologische Kontrolle nach jeder Reinigung und Desinfektion der Trockenanlage; regelmäßige Wassergehaltsbestimmung des Pulvers | gründliche Naßreinigung bis Keimgehalt niedrig und keine pathogenen Keime mehr vorhanden; Trocknungstemperatur korrigieren |

| Stufen | Gefährdung | Überwachung | Korrekturmaßnahme |
|---|---|---|---|
| Abfüllen | Rekontamination | kontinuierliche Kontrolle der Sauberkeit der Abfüllräume und des Verpackungsmaterials; stichprobenweise bakteriologische Kontrolle | Reinigung und Desinfektion veranlassen |
| Produktkontrolle | Inverkehrbringen nicht verkehrsfähiger Produkte | Untersuchung jeder Eiproduktpartie lt. Anlage 1 Eiprodukte-VO, Grenzwerte: s. Kap. 13.2.3, Methoden lt. Amtlicher Sammlung nach § 35 LMBG; Ursachenanalyse im gesamten Herstellungsprozeß; bei Verdacht auf zu keimhaltige Rohware: Limulus-Test | bei Grenzwertüberschreitung Zurückhaltung bzw. Sperrung der Partie |

## 13.3 Erzeugnisse mit Eizusatz

### 13.3.1 Bedeutung

Zu den Erzeugnissen mit Eizusatz gehören Teigwaren (Nudeln), Backwaren, Mayonnaise, Remouladen, Speiseeis, Cremes, Tiramisu, bestimmte Saucen (z. B. Sauce Hollandaise), Eierlikör u. a. Während Nudeln und Backwaren bereits traditionell einen bedeutenden Platz in der Lebensmittelpalette einnehmen, gewinnen die anderen genannten Produkte weiter an Bedeutung, insbesondere solche, die in vielfältigen Varianten Bestandteil von Feinkosterzeugnissen sind. Teigwaren und durchgebackene Backwaren sind nur in seltenen Fällen die Ursache von Lebensmittelinfektionen. Nichterhitzte Cremes, die mit rohen Eiern hergestellt sind, oder rohes geschlagenes Eiweiß, das erkaltenden Puddings oder Cremes zugegeben wurde, waren hingegen als Bestandteil von Backwaren überdurchschnittlich häufig Anlaß für Einzel- und Gruppenerkrankungen, meist Salmonellosen. Auch die anderen erwähnten Produkte, die größtenteils unerhitztes Ei enthalten, können bei küchentechnischen Fehlern (Anreicherung von Erregern durch ausbleibende Kühlung) Lebensmittelvergiftungen verursachen.

Im folgenden können nur einige wichtige Erzeugnisse behandelt werden, wobei das Schwergewicht auf den Eiern und Eiprodukten als Zutat liegt.

### 13.3.2 Herstellung und Gefährdungen

**Teigwaren** werden aus Getreidemahlerzeugnissen, Eiern, Wasser und Gewürzen hergestellt. Verwendet werden neben Frischeiern Eiprodukte aller Art. Um zu vermeiden, daß im nudelherstellenden Betrieb vom Schalenei stammende Keime angereichert werden, sollte das pasteurisierte Flüssigei möglichst nicht im gleichen Betrieb erzeugt, sondern zugeliefert werden. Unzureichend pasteurisierte Eimasse kann Salmonellen in den Nudelteig einbringen. Aber auch die anderen Rohstoffe sind teilweise sehr keimhaltig. So fand Spicher (1987) in Weizenmehl, Hartweizengrieß und Weizendunst bis zu $10^6$ aerob wachsende Keime sowie je bis zu $10^4$ coliforme Keime, Fäkalstreptokokken, Hefen und Schimmelpilze je g. Daneben leisten Gewürze, Zusätze wie Spinat- und Tomatenpulver oder Fleischfüllungen (Tortellini, Ravioli) ihren Beitrag zur Gesamtflora. Der entscheidende Schritt zur Keimabtötung ist bei der Nudelherstellung der Trocknungsprozeß. Die dazu angewandten Temperaturen variieren zwischen 50 und 120 °C. Handwerklich hergestellte Nudeln werden teilweise bei noch geringerer Temperatur getrocknet, d. h., es kann beim Trocknen je nach Verfahren nicht immer eine Keimverminderung erwartet werden. Es besteht sogar die Möglichkeit der Keimanreicherung. In der ausreichend getrockneten Ware (12–13 % Wassergehalt) ist eine Keimvermehrung nicht möglich; vegetative Keime und Sporen können jedoch eine wochen- und monatelange Lagerung überstehen. Teigwaren sind im Durchschnitt wegen der oft geringen Trocknungstemperaturen relativ keimreich ($10^3$–$10^6$/g). Als Erreger von Lebensmittelinfektionen werden – wenn auch selten –

Salmonellen, *Staphylococcus aureus, Bacillus cereus* und *Clostridium perfringens* isoliert. Bei nachlässiger Reinigung im Herstellerbetrieb können sich pathogene Keime in Teigwaren an den Maschinen (Rohrleitungen, Rührwerke, Pressen) anreichern und eine ständige Kontaminationsquelle darstellen. Vakuumverpackte feuchte, vorgegarte oder nicht vorgegarte Teigwaren sind mikrobiologisch oft sehr belastet und verderbsanfällig (ZSCHALER, 1987).

Der in der Regel durchgeführte Kochprozeß bei der Zubereitung tötet vegetative Formen pathogener Keime sicher ab. Im Nudelteig vorgebildete hitzestabile Enterotoxine von *Staphylococcus aureus* können beim Kochen in das Wasser abgegeben werden und teilweise aktiv bleiben. Falls das Wasser als Brühe mitverzehrt wird, so ist das Risiko wegen der großen Verdünnung dennoch sehr gering. Derartig verursachte Vergiftungen wurden bislang nicht beobachtet. Ein hoher Keimgehalt bzw. die Präsenz pathogener Keime ist trotzdem nicht zu tolerieren, zumal getrocknete Nudeln nicht selten gerade auch von Kindern roh verzehrt werden. Die Kommission Lebensmittelmikrobiologie und Hygiene der Deutschen Gesellschaft für Hygiene und Mikrobiologie hat folgende Richt- und Warnwerte (1988) für rohe, getrocknete Teigwaren veröffentlicht (Keime/g):

| | Richtwert | Warnwert |
|---|---|---|
| Salmonellen | – | nicht nachweisbar in 25 g |
| *Staphylococcus aureus* | $10^4$ | $10^5$ |
| *Bacillus cereus* | $10^4$ | $10^5$ |
| *Clostridium perfringens* | $10^4$ | $10^5$ |
| *Escherichia coli* | $10^3$ | – |
| Enterokokken | $10^4$ | – |
| Schimmelpilze | $10^4$ | $10^5$ |

**Mayonnaise** besteht aus Speiseöl, Eigelb (mindestens 7,5 % bezogen auf den Ölanteil) sowie Kochsalz, Zucker, Gewürze, Senf, Essig und Genußsäuren. Fettärmere Produkte erfordern den Zusatz von Dickungsmitteln. Mayonnaise und mayonnaise-artigen Erzeugnissen dürfen lt. Zusatzstoff-Zulassungs-VO die Konservierungsstoffe Sorbinsäure, Benzoesäure (bis 2,5 g/kg) bzw. para-Hydroxibenzoesäureester (bis 1,2 g/kg) zugegeben werden. Meist kommen in Haushalten und Gastronomie noch immer rohe Eier zum Einsatz. Im großtechnischen Betrieb allgemein üblich und hygienisch günstiger ist die Verwendung pasteurisierten Eigelbs. Beim Roheizusatz besteht das Risiko der Kontamination mit Salmonellen. Der Säurezusatz soll den pH-Wert auf 4,0 senken. Je nach Kontaminationsdosis, Serovar und Temperatur überleben Salmonellen 3–10 Tage. Ein größeres Risiko entsteht, wenn die mikrobiologische Stabilität durch steigenden pH-Wert beeinträchtigt ist. Das geschieht z. B. bei nicht ausreichender Säuerung (selbst hergestellte Mayonnaise ist eine häufige Ursache für Salmonellosen!) oder bei Anhebung des pH-Wertes durch Verarbeitung der Mayonnaise (Verdünnung) in Tunken, Remouladen, Salaten usw. Lebensmittelhygienisch zu beachten ist auch, daß in fettärmeren Mayonnaisen der $a_W$-Wert steigt und dadurch die

Vermehrungsbedingungen für Keime verbessert werden. Bei Mayonnaise mit ca. 80 % Fett beträgt der $a_W$-Wert etwa 0,93, in Salatmayonnaise 0,96.

**Cremes und Puddings**, die rohe Eier enthalten, ohne nach dem Eizusatz nochmals erhitzt zu werden, besitzen im allgemeinen höhere pH-Werte. Permanente Kühlung ist deshalb der wichtigste risikomindernde Faktor.

Produkte, die ihre spezifische Beschaffenheit durch schaumig geschlagenes Eigelb erhalten, z. B.: **Sauce Hollandaise** oder **Sauce Béarnaise**, müssen bei höheren Temperaturen hergestellt werden. Ein stabiler Schaum entsteht erst bei beginnender Denaturierung des Eigelbs. Der Optimalbereich liegt bei 72 °C; entsprechende Säurezugaben ermöglichen die Überschreitung dieser Temperatur, was heute bei industrieller Herstellung kochstabiler Sauce Hollandaise ausgenutzt wird (Ternes und Acker, 1994). In Küchen selbst produzierte Saucen stellen ein Risiko dar, wenn sie über Eier mit Salmonellen oder anderen pathogenen Keimen kontaminiert und nicht genug erhitzt bzw. mit zu geringen Säurezusätzen hergestellt und möglicherweise längere Zeit warm (< 50 °C) aufbewahrt werden. Untersuchungen von Mayer (pers. Mittlg., 1994) ergaben, daß *Salmonella enteritidis* in hoher Kontaminationsdosis eine Herstellung von Sauce Hollandaise bei 60 °C überlebte.

**Eierlikör** wird im allgemeinen aus rohem Eigelb, Saccharose und 17–20 Vol.% Ethanol hergestellt. Eine Vermehrung von Salmonellen ist hier nicht zu erwarten; zur Überlebensdauer liegen unterschiedliche experimentelle Ergebnisse vor (1–28 d). Bei Kühlung dauert der Absterbeprozeß länger als bei ungekühlter Aufbewahrung. Auch *Bacillus cereus*-Sporen werden durch den Alkoholgehalt in kurzer Zeit inaktiviert (Bolder et al., 1987). Lebensmittelinfektionen durch industriell hergestellten Eierlikör oder Eierflip (egg nog) gehören zu den Seltenheiten.

**Speiseeis**-Zutaten wie Milch, Sahne, Wasser und Eier werden bei industrieller Herstellung als Mix pasteurisiert. Unerwünschte Kontaminationen durch von Eiern stammende pathogene oder fakultativ pathogene Keime können vor allem dort erfolgen, wo Eier dem pasteurisierten Ansatz noch zugesetzt werden oder wo der Ansatz nicht pasteurisiert wurde. Bleibt der Ansatz vor dem Gefrieren unerhitzt über Stunden stehen, so bietet er eine gute Anreicherungsmöglichkeit für solche Keime wie *Staphylococcus aureus, Salmonella* oder pathogene *Escherichia coli*. Nach der Richtlinie 92/46/EWG vom 16.6.1992 gelten als mikrobiologische Normen für Eis und Eiscreme auf Milchbasis:

**Grenzwerte**

| | |
|---|---|
| *Listeria monocytogenes* | keine in 1 g |
| Salmonellen: | keine in 25 g, n = 5, c = 0 |

**Nachweis Hygienemängel (je g oder ml)**

| | |
|---|---|
| *Staphylococcus aureus* | m = 10, M = 100, n = 5, c = 2 |

**Richtwerte (je g oder ml)**

| | |
|---|---|
| Coliforme Keime (30 °C): | m = 10, M = 100, n = 5, c = 2 |
| Keimgehalt (30 °C): | m = $10^5$, M = 5 x $10^5$, n = 5, c = 2. |

## 13.3.3 Kritische Kontrollpunkte (Erzeugnisse mit Zusatz von Eiern oder Eiprodukten)

| Stufen | Gefährdung | Überwachung | Korrekturmaßnahme |
|---|---|---|---|
| **Teigwaren** | | | |
| Rohstoffe (Eier und Eiprodukte) | hoher Keimgehalt, Auftreten pathogener Keime | für jede verwendete Flüssigei-Partie Nachweis der Erfüllung der mikrobiologischen Anforderungen lt. Eiprodukte-VO kontrollieren | Nichtverwendung (Zurückweisung) von Flüssigei-Partien bei fehlendem Nachweis der mikrobiologischen Untersuchung |
| Trocknungsprozeß | nicht ausreichende Keimabtötung; nicht ausreichende Trocknung (Gefahr der Keimvermehrung) | kontinuierliche Kontrolle der Temperatur (Registrierthermometer); chargenweise Untersuchung des Wassergehaltes (12–13 % gelten als ausreichend) | Temperaturkorrektur; Chargen mit zu hohem Feuchtigkeitsgehalt sperren |
| Maschinen und Anlagen | Keimanreicherung | tägliche visuelle Kontrolle der Reinigung und Desinfektion (möglichst auch bakteriologisch) | Nachreinigung und Desinfektion veranlassen |
| Produkte | zu hoher Keimgehalt | stichprobenweise mikrobiologische Untersuchung; Bewertung: s. Richt- und Warnwerte; Ermittlung der Ursachen für zu hohe Keimgehalte (Rohstoffe untersuchen) | Partie sperren |
| feuchte Produkte | Keimanreicherung | ständige Kontrolle permanenter Kühlung | geschlossene Kühlkette bis zum Handel einrichten |

### 13.3.3 Kritische Kontrollpunkte (Erzeugnisse mit Zusatz von Eiern oder Eiprodukten) *(Fortsetzung)*

| Stufen | Gefährdung | Überwachung | Korrekturmaßnahme |
|---|---|---|---|
| **Produkte mit Roheizusatz** | | | |
| Rohware Ei | alt, keimhaltig, *Salmonella*-haltig | alle Eier durchleuchten, evtl. stichprobenweise öffnen, Einzeleikontrolle nach Aufschlag; Information über *Salmonella*-Freiheit der Eilieferbetriebe | Eier mit Mängeln nicht verwenden; geschlossene Kühlkette vom Ei-Erzeuger bis zum Verwender aufbauen; Eier direkt vom Erzeuger beziehen; Angabe des Legedatums fordern |
| Mayonnaise | Anreicherung pathogener Keime | pH-Wert-Kontrolle jeder Charge | pH-Wert-Korrektur |
| Rohei-haltige Cremes | Anreicherung pathogener Keime | permanente Kühlung von der Herstellung bis zum Handel kontrollieren | ungekühlte Ware nicht in Verkehr geben |
| Sauce Hollandaise | unzureichende Abtötung pathogener Keime | laufende Temperaturkontrolle bei der Herstellung (> 70 °C) | unzureichend erhitzte Ware nicht in Verkehr geben |
| Eierlikör | Überleben pathogener Keime | bei jeder Charge Alkoholgehalt kontrollieren | zu geringen Alkoholgehalt korrigieren |
| Speiseeis | Anreicherung pathogener Keime | permanente Kühlung im Herstellungsprozeß kontrollieren; stichprobenweise bakteriologische Kontrolle | stundenlang ungekühlte Ansätze nicht verwenden; bei Überschreitung der mikrobiellen Normen: Charge nicht in Verkehr geben; Kontaminationsquellen bzw. Anreicherungsmöglichkeiten ermitteln und beseitigen. |

## Literatur


[1] ACKER, L., TERNES, W. (1994): Physikalisch-chemische Eigenschaftsveränderungen bei der Alterung von Hühnereiern. In: W. TERNES, L. ACKER, S. SCHOLTYSSEK (Hrsg.): Ei und Eiprodukte, Berlin u. Hamburg: Paul Parey.

[2] BEER, R. (1991): Untersuchungen zur mikrobiellen Kontamination von Hühnereiern aus lebensmittelhygienischer Sicht. Vet. med. Diss., Leipzig.

[3] BOLDER, N.M., VAN DER HULST, M.C., MULDER, R.W.A.W. (1987): Survival of spoilage and potentially pathogenic microorganisms in egg nog. Lebensmittelwiss. u. Technologie **20**, 151–154.

[4] BRAUN, P., FEHLHABER, K. (1995): Migration of *Salmonella enteritidis* from the albumen into the egg yolk. Intern. J. Food Microbiol. **25**, 95–99.

[5] FEHLHABER, K. (1994): Mikrobiologie von Eiern und Eiprodukten. In: W. TERNES, L. ACKER, S. SCHOLTYSSEK (Hrsg.): Ei und Eiprodukte. Berlin u. Hamburg: Paul Parey.

[6] FEHLHABER, K., BRAUN, P. (1993): Untersuchungen zum Eindringen von *Salmonella enteritidis* aus dem Eiklar in das Dotter von Hühnereiern und zur Hitzeinaktivierung beim Kochen und Braten. Arch. Lebensmittelhyg. **44**, 59–63.

[7] HARTUNG, M. (1994): Ergebnisse der Jahreserhebung 1993 über Salmonellenbefunde in tierärztlichen Institutionen. Vortrag ALTS-Tagung am 21.6.1994, Berlin.

[8] HEIDER, G., MONREAL, G. (1993): Krankheiten des Wirtschaftsgeflügels. Bd. I u. II. Jena, Stuttgart: Gustav Fischer Verlag.

[9] KIEFER, H. (1976): Mikrobiologie der Eier und Eiprodukte. Arch. Lebensmittelhyg. **27**, 218–223.

[10] KOLLOWA, C., KOLLOWA, T. (1989): Vorkommen und Überlebensverhalten von *Campylobacter jejuni* in Eieinschlagmasse. Mh. Vet.-med. **44**, 236–239.

[11] MOORE, K.J., WARREN, M.W., DAVIS, D.R., JOHNSON, M.G. (1988): Changes in bacterial cell and spore counts of reduced-fat egg products as influenced by pasteurization and spray drying. J. Food. Protect. **51**, 565–568.

[12] NASCIMENTO, V.P., CRANSTOUN, S., SOLOMON, S.E. (1992): Relationship between shell structure and movement of *Salmonella enteritidis* across the eggshell wall. Brit. Poultry Sci. **33**, 37–48.

[13] OOSTERWOUD, A. (1994): Eiersammlung, Verpackung und Lagerung. In: W. TERNES, L. ACKER, S. SCHOLTYSSEK (Hrsg.): Ei und Eiprodukte, Berlin u. Hamburg: Paul Parey.

[14] PINGEL, H. (1994): Eiproduktion. In: W. TERNES, L. ACKER, S. SCHOLTYSSEK (Hrsg.): Ei und Eiprodukte, Berlin u. Hamburg: Paul Parey.

[15] REGLICH, K., FEHLHABER, K. (1992): Experimentelle Untersuchungen zum Verhalten von *Salmonella enteritidis* in Eiklar. Arch. Lebensmittelhyg. **43**, 101–104.

[16] ROS, J. (1994): Technologie der industriellen Verarbeitung von Eiern und Eiprodukten. In: W. TERNES, L. ACKER, S. SCHOLTYSSEK (Hrsg.): Ei und Eiprodukte, Berlin u. Hamburg: Paul Parey.

[17] RUPPERT, M. (1993): Rechtliche und betriebliche Anforderungen an die Herstellung von Eiprodukten. Rundschau Fleischhyg., Lebensmittelüberw. **45**, 266–269.

[18] SCHEIBNER, G., KLEEMANN, J.U., BEUTLING, D. (1992): Verhalten von *Yersinia enterocolitica* in Hühnereiern, Rohwurst und fermentierten, proteinreichen Soßen. 3rd World Congress Foodborne Infections and Intoxications. 16.–19.6.1992, Berlin, Proc. S. 428–433.

[19] SCHOLTYSSEK, S. (1994): Charakteristische Merkmale des Eies und ihre Prüfungsverfahren. In: W. TERNES, L. ACKER, S. SCHOLTYSSEK (Hrsg.): Ei und Eiprodukte, Berlin u. Hamburg: Paul Parey.

[20] SOLOMON, S.E., HUGHES, B.O., GILBERT, A.B. (1987): Effect of a single injection of adrenalin on shell ultrastructure in a series of eggs from domestic hens. Brit. Poultry Sci. **28**, 585–588.

[21] SPARKS, N.H.S., BOARD, R.G. (1985): Bacterial penetration of the recently oviposited shell of hen's eggs. Austral. Vet. J. **62**, 169–170.

[22] SPICHER, G. (1987): Beiträge der Getreidemahlerzeugnisse zur mikrobiologischen Qualität von Teigwaren. In: Hohenheimer Arbeiten „Eier, Eiprodukte, Teigwaren.“, Stuttgart, Ulmer Verlag, S. 68–77.

[23] TERNES, W., ACKER, L. (1994): Physikalisch-chemische Eigenschaften. In: W. TERNES, L. ACKER, S. SCHOLTYSSEK (Hrsg.):Ei und Eiprodukte, Berlin u. Hamburg: Paul Parey.

[24] WICKE, A. (1995): Experimentelle Untersuchungen zum Einfluß exogener Faktoren auf das Penetrationsverhalten von *Salmonella enteritidis* durch die Schale von Hühnereiern. Vet. med. Diss., Leipzig.

[25] WILLIAMS, J.E., DILLARD, L.H. u. HALL, G.O. (1968): The penetration patterns of *Salmonella typhimurium* through the outer structures of chicken eggs. Avian Dis. **12**, 445–466.

[26] ZSCHALER, R. (1987): Mikrobiologische Untersuchungen zu Teigwaren. In: Hohenheimer Arbeiten „Eier, Eiprodukte, Teigwaren.“, Stuttgart, Ulmer Verlag, S. 78–88.

[27] Richt- und Warnwerte für rohe, getrocknete Teigwaren (1988): In: Veröffentlichungen der AG mikrobiologische Richt- und Warnwerte für Lebensmittel der Kommission Lebensmittelmikrobiologie und Hygiene der Deutschen Gesellschaft für Hygiene und Mikrobiologie. Dtsch. Lebensmittel-Rundschau **84** (1988), 127–128.

[28] RL (EWG) Nr. 89/437 zur Regelung hygienischer und gesundheitlicher Fragen bei der Herstellung und Vermarktung von Eiprodukten, vom 20.6.1989. Amtsbl. der Europ. Gem. Nr. L 212 vom 22.7.1989, S. 37.

[29] RL (EWG) Nr. 92/46 mit Hygienevorschriften für die Herstellung und Vermarktung von Rohmilch, wärmebehandelter Milch und Erzeugnissen auf Milchbasis, vom 16.6.1992. Amtsbl. der Europ. Gem. Nr. L 268 vom 14.9.1992, S. 1.

[30] VO über die Zulassung von Zusatzstoffen zu Lebensmitteln (Zusatzstoff-Zulassungs-VO), vom 22.12.1981. BGBl. I (1981), S. 1633; zuletzt geändert durch ÄndV vom 20.12.1993 BGBl. I, S. 2369.

[31] VO über die hygienischen Anforderungen an Eiprodukte (Eiprodukte-VO), vom 17.12.1993. BGBl. I (1993), S. 2288.

[32] VO zum Schutz gegen bestimmte Salmonelleninfektionen beim Haushuhn (Hühner-Salmonellen-VO), vom 11.4.1994. BGBl. I. (1994), S. 770.

[33] VO über die hygienischen Anforderungen an das Behandeln und Inverkehrbringen von Hühnereiern und roheihaltigen Lebensmitteln (Hühnereier-VO), vom 5.7.1994. Bundesanzeiger 46 (1994), S. 6973.

[34] VO (EWG) Nr. 1907/90 über bestimmte Vermarktungsnormen für Eier, vom 26.6.1990. Amtsbl. der Europ. Gem. Nr. L 173 vom 6.7.1990, S. 5.

[35] VO (EWG) Nr. 1274/91 mit Durchführungsvorschriften für die VO (EWG) Nr. 1907/90 des Rates über bestimmte Vermarktungsnormen für Eier, vom 15.5.1991. Amtsbl. der Europ. Gem. Nr. L 121 vom 16.5.1991, S. 11.

[36] VO (EWG) Nr. 2617/93 zur Änderung der VO (EWG) Nr. 1907/90 über bestimmte Vermarktungsnormen für Eier, vom 21.9.1993. Amtsbl. der Europ. Gem. Nr. L 240 vom 25.9.1993, S. 1.

[37] VO (EWG) Nr. 3300/93 zur Änderung der VO (EWG) 1274/91 mit Durchführungsvorschriften für die VO (EWG) Nr. 1907/90 des Rates über bestimmte Vermarktungsnormen für Eier, vom 30.11.1993. Amtsbl. der Europ. Gem. Nr. L 296 vom 1.12.1993, S. 52.

[38] Entscheidung des Rates vom 20.6.1994 zur Festlegung spezifischer Hygienevorschriften für die Vermarktung bestimmter Eier-Kategorien (94/371/EG). Amtsbl. der Europ. Gem. Nr. L 168 vom 2.7.1994, S. 34.

# 14 Feinkosterzeugnisse

J. BAUMGART

## 14.1 Einleitung

Ursprünglich waren Feinkosterzeugnisse Delikatessen oder Leckerbissen, die nach Art, Beschaffenheit, Geschmack und Qualität dazu bestimmt waren, besonderen Ansprüchen bzw. verfeinerten Eßgewohnheiten zu dienen. Heute sind Feinkosterzeugnissse Convenience-Produkte und ein Sammelbegriff für Mayonnaisen, Ketchup, Salate auf der Grundlage von Mayonnaise oder Ketchup, Soßen, Dressings, Salatcremes, Krusten- und Schalentieren, Wurst- und Fleischspezialitäten, Pasteten usw. Hauptsächlich werden jedoch unter dem Begriff Feinkosterzeugnis folgende Produktgruppen verstanden: Mayonnaise, Salatmayonnaise, Salatcreme, Ketchup, Salat auf Mayonnaise- oder Ketchupgrundlage, Remoulade und Salat- bzw. Würzsauce. In der Bundesrepublik Deutschland wurden 1994 306.609 t Feinkostsaucen und 169.358 t Feinkostsalate hergestellt. Die prozentualen Anteile bezogen auf Feinkostsaucen betrugen: Tomaten- und Gewürzketchup 30,2, Salatmayonnaise und Remoulade u. ä. 36,1, Salatsoße 18,4, Mayonnaise 7,6, Würzsoße 7,7. Bei den Feinkostsalaten ergab sich folgende Reihenfolge: Fleischsalat 35,8 %, sonstige Feinkostsalate (mit Obst oder Gemüse) 30,1 %, Kartoffelsalat 18,3 %, Fischsalat 9,6 %, Erzeugnisse aus Krebs- und Weichtieren 6,1 % (Anon., 1995).

Aufgrund der wirtschaftlichen Bedeutung werden nur folgende Feinkosterzeugnisse besprochen: Mayonnaise und Salatmayonnaise, Ketchup, Feinkostsalat und Salatsoße.

## 14.2 Herstellung, Mikrobiologie und prozeßhygienische Daten

### 14.2.1 Mayonnaisen und Salatmayonnaisen

#### 14.2.1.1 Begriffsbestimmungen

Mayonnaise besteht aus Hühnereigelb und Speiseöl pflanzlicher Herkunft. Außerdem werden Kochsalz, Zuckerarten, Gewürze, Würzstoffe, Essig und andere Genußsäuren zugesetzt. Sie enthält Eigelb, jedoch keine Verdickungsmittel. Der Mindestfettgehalt beträgt 80 %. Eigelb wird auch in Form von Eiprodukten verwendet. Salatmayonnaise besteht aus Speiseöl pflanzlicher Herkunft und aus Hühnereigelb. Außerdem kann sie Hühnereiklar, Milcheiweiß, Pflanzeneiweiß oder Vermengungen dieser Stoffe, Kochsalz, Zuckerarten, Gewürze, Würzstoffe, Essig und andere Genußsäuren sowie Verdickungsmittel enthalten. Der Mindestfettgehalt beträgt 50 %. Als Verdickungsmittel werden unterschiedliche Stärkearten oder die zugelassenen Verdickungsmittel verwendet (Anon., 1968).

### 14.2.1.2 Herstellung

Mayonnaisen sind Emulsionen vom Typ Öl in Wasser. Da dieses Flüssigkeitspaar eine Grenzflächenspannung von etwa 23 Dyn/cm aufweist und nur Flüssigkeiten mit einer Grenzflächenspannung von Null mischbar sind, muß durch den Zusatz eines Emulgators (z. B. Eigelb oder Milcheiweiß) die Grenzflächenspannung herabgesetzt werden. Ausgehend von dem Emulsionskern Eigelb wird die Öl- und Wasserphase (verdünnter Essig) verrührt. Dabei ist auf eine möglichst gleiche Temperatur der Zutaten zu achten, da sonst Probleme bei der Emulsionsbildung auftreten können. Bei der handwerklichen oder industriellen Herstellung entsteht die Mayonnaise diskontinuierlich (Batch-Verfahren) oder kontinuierlich in ähnlicher Weise.

#### Diskontinuierliche Herstellung

Mayonnaisen und Dressings werden unterschiedlich hergestellt. Für kleine Batchgrößen von 100 kg bis 800 kg werden vielfach Anlagen, wie z. B. Koruma, Fryma oder Stephan, eingesetzt. Diese Anlagen produzieren bis zu 4 Batches pro Stunde. Prinzipiell erfolgt die Herstellung folgendermaßen:

Herstellung einer Mayonnaise (80 % Fettgehalt)

- Eigelb, Gewürze und Wasser vorlegen und vermischen
- Öl langsam einziehen und emulgieren
- Essig zum Schluß einziehen und vermischen
- Vakuum brechen, ablassen und unter Vakuum abfüllen

Herstellung einer Mayonnaise ohne Couli (50 % bis 65 % Fettgehalt) oder einer Salatcreme (z. B. 25 % Fettgehalt)

- Wasser und Gewürze vorlegen
- Dispersionsphase (Öl + Stärke + Stabilisator) einziehen, vermischen und quellen lassen
- Emulgator einziehen
- Öl langsam einziehen und emulgieren
- Essig zum Schluß einziehen und vermischen
- Vakuum brechen, ablassen und unter Vakuum abfüllen

Verdickungsmittel: Kaltquellende Stärken

Stabilisatoren: Johannisbrotkernmehl, Guarkernmehl, Xanthan, Alginat

Emulgator: Eigelb, Milcheiweiß

#### Herstellung einer Salatmayonnaise mit Couli (Abb. 14.1)

Bei der Herstellung von Salatmayonnaise, die als Dickungsmittel keine kaltquellende Stärke enthält, wird diese vor dem Einmischen in die Mayonnaise durch

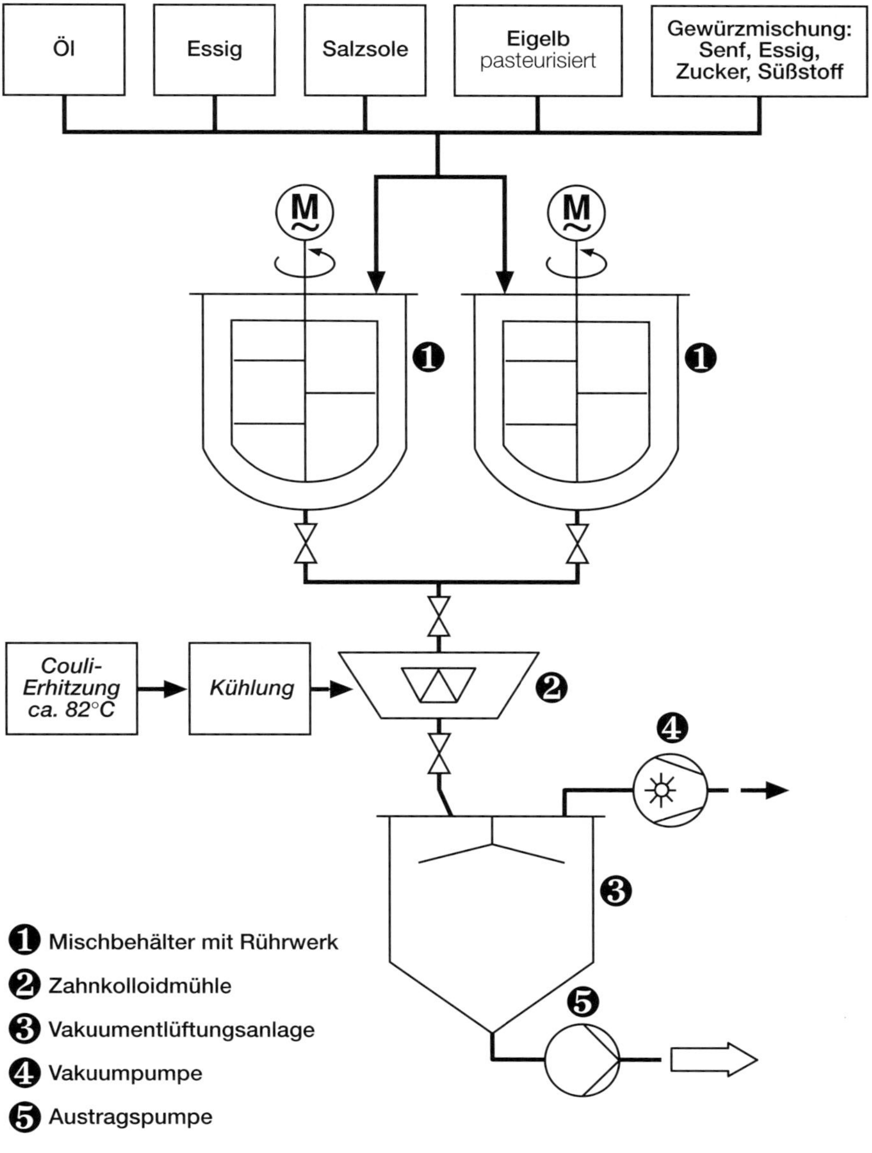


**Abb. 14.1 Halbkontinuierliche Herstellung von Mayonnaisen und Saucen**

Kochen aufgeschlossen. In den meisten Fällen wird der Stärkebrei (Couli oder Kuli) in geschlossenen Behältern gekocht, anschließend gekühlt und im geschlossenen System über ein Puffergefäß der Salatmayonnaiseproduktion zugeführt. Vielfach wird der Stärkebrei, besonders in kleineren Betrieben, nach dem Kochen in offene Behälter abgefüllt, die Oberfläche mit einer Folie abgedeckt und nach dem Auskühlen der Voremulsion zugesetzt. Diese Voremulsion wird in einem Mischbehälter mit Hilfe eines geeigneten Rührwerkes oder Schnellmischers gebildet. Sie besitzt die Konsistenz einer flüssigen Creme. Anschließend erfolgt die Emulgierung in einer Zahnradkolloidmühle, wobei die typische Mayonnaisekonsistenz erreicht wird. Sofern Mayonnaisen hergestellt werden, die nicht für den unmittelbaren Verzehr bestimmt sind, schließt sich eine Entlüftung auf der Vakuumentlüftungsanlage an, oder die Herstellung der Voremulsion ist unter Vakuum vorzunehmen. Vom mikrobiologischen Standpunkt aus hat diese diskontinuierliche Mayonnaise-Herstellung folgende Nachteile:

- Möglichkeit der Verunreinigung durch Herstellung im offenen Behälter
- Aufwendige Reinigung der verschiedenen Apparate, Rohrleitungen und Dichtungen.

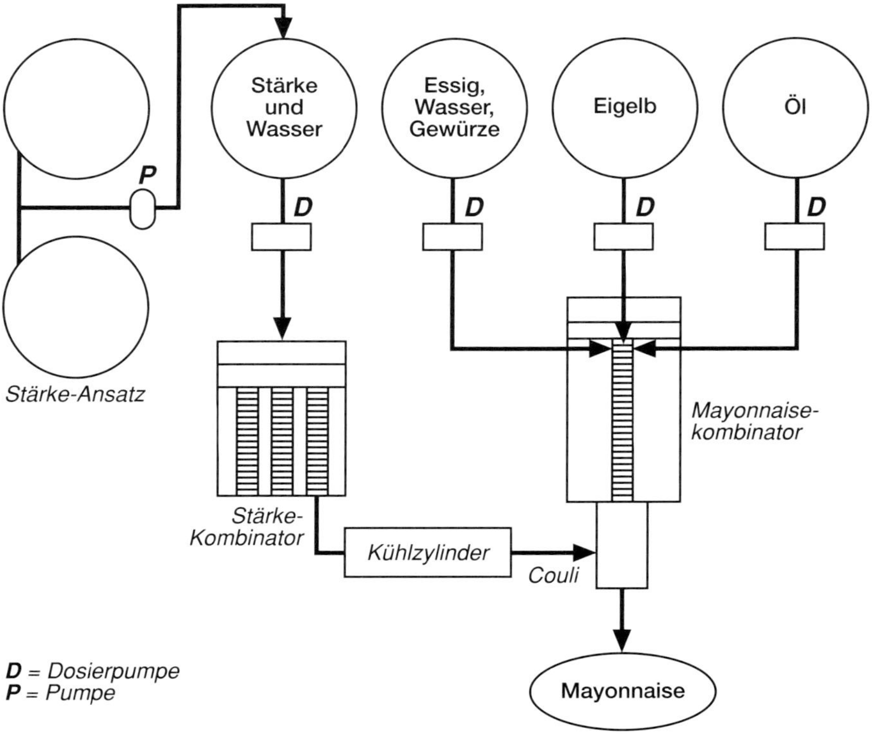


**Abb. 14.2 Kontinuierliche Herstellung von Mayonnaisen und Saucen**

Mayonnaisen und emulgierte Saucen werden vielfach kontinuierlich hergestellt (Abb. 14.2), da alle Bestandteile flüssig sind oder (wie z. B. Salz, Zucker, Süßstoff, Gewürze, Milcheiweiß, Spezialstärken und Stabilisatoren) in flüssiger Form dispergiert oder gelöst dargeboten werden können. Ob eine Mayonnaise kontinuierlich oder diskontinuierlich hergestellt wird, ist eine wirtschaftliche Entscheidung. Das diskontinuierliche Verfahren wird allerdings häufig bevorzugt, da es flexibler ist bei einer größeren Rezepturvielfalt und kleineren Produktionsgrößen. Bei der kontinuierlichen Herstellung einer reinen Mayonnaise mit einem Ölgehalt von 76–85 %, z. B. mit dem von der Fa. Schröder & Co. in Lübeck entwickelten Verfahren, werden die drei Phasen Öl, Eigelb und Gewürzmischung entweder im Vormischbehälter zusammengerührt oder sie werden separat dosiert. Die einzelnen Komponenten werden von einer Dosierkolbenpumpe dem Emulgierzylinder zugeführt. Der Emulgierzylinder ist mit drei Reihen feststehender Stifte versehen. In ihm rotiert eine ebenfalls mit Stiften besetzte Welle. In diesem Zylinder wird eine grobe Voremulsion hergestellt. Aus dem Emulgierzylinder wird diese Voremulsion in den Visco-Rotor gedrückt. Dieser dient der Verfeinerung der groben Voremulsion auf eine gleichmäßige Ölverteilung (90 % der Tröpfchen 1–10 µm Durchmesser), wobei die endgültige Viskosität erreicht wird. Der Visco-Rotor besteht aus dem Stator und Rotor, die mit unterschiedlichen Verzahnungen ausgerüstet sind. Das Produkt wird durch den einstellbaren Spalt zwischen Rotor und Stator gedrückt und dabei Scherkräften unterworfen. Die hohe mechanische Bearbeitung ergibt die feine Ölverteilung. Bei der kontinuierlichen Herstellung von Salatmayonnaisen (Ölgehalt 50 %) und Saucen (10–45 % Öl) werden zur Emulsionsbildung zusätzlich Stärke oder andere Dickungsmittel eingesetzt. Die Wasser-/Stärke-Suspension muß dabei erhitzt werden, damit das Stärkekorn aufgeschlossen wird. Durch eine Dosierkolbenpumpe wird die Wasser-/Stärkesuspension in den Stärke-Kombinator befördert. In diesem erfolgt die Erhitzung auf Temperaturen von 80 ° bis 88 °C für 1–2 min und eine Abkühlung auf 20 ° bis 28 °C. Das Produkt wird mittels des Stärkepumpenkopfes der Dosierpumpe durch die Zylinder gedrückt und kontinuierlich dem reinen Salat-Mayonnaisestamm im Emulgierzylinder zugeführt. Im Visco-Rotor erfolgt anschließend eine Vermischung bis zur endgültigen Viskosität.

### 14.2.1.3 Zur Mikrobiologie von Mayonnaisen und Salatmayonnaisen

Da das Vorkommen pathogener und toxinogener Mikroorganismen in Feinkosterzeugnissen wesentlich von den Verderbsorganismen abhängt und beeinflußt wird, sind Kenntnisse über die Verderbsorganismen und die Möglichkeiten ihrer Hemmung bzw. Abtötung notwendige Voraussetzung für eine Risikobetrachtung im Rahmen der Erstellung eines HACCP-Konzeptes.

Nachfolgend werden deshalb Verderbsorganismen und pathogene Mikroorganismen sowie Möglichkeiten ihrer Beeinflussung in einzelnen Feinkosterzeugnissen und deren Rohstoffen gemeinsam besprochen.

## Ausgangsprodukte

**Eigelb** als Emulgator wird als pasteurisiertes Produkt eingesetzt. Zur Stabilisierung enthält es außerdem Kochsalz (Verringerung der Wasseraktivität). Die Mikroflora der rohen Flüssigeiprodukte ist durch ein weites Spektrum verschiedenster Keimgruppen charakterisiert: Arten der Genera *Micrococcus* und *Staphylococcus, Bacillus, Pseudomonas, Aeromonas, Acinetobacter, Alcaligenes, Flavobacterium, Lactobacillus, Enterococcus,* verschiedene Gattungen der Familie *Enterobacteriaceae* sowie Hefen und Schimmelpilze. Durch einzelne Eier können auch pathogene Bakterien in die Eimasse eingebracht werden, wie z. B. Salmonellen, *Campylobacter jejuni, Listeria monocytogenes, Yersinia enterocolitica.* Der Gehalt aerob anzüchtbarer Bakterien liegt in unpasteurisierter Eimasse etwa zwischen 1000/ml und 10 Mill./ ml. Durch die Pasteurisierung wird eine Reduzierung auf etwa 1 % des Ausgangswertes erreicht, wobei dieser Keimgehalt abhängig ist von der Temperatur und Zeit. Bei einer heute möglichen Hochtemperatur-Pasteurisierung (z. B. Ovotherm-Verfahren) bei 70 °C und einer Heißhaltezeit von 90 sec ist ein Restkeimgehalt von unter 100/g zu erzielen, so daß eine aseptisch abgefüllte Ware bei einer Lagerungstemperatur von 4 °C mehrere Wochen haltbar ist.

**Öle** stellen für die Entwicklung von Mikroorganismen ein ungeeignetes Milieu dar, da die erforderliche Wasserphase fehlt. Jedoch besitzen Mikroorganismen im Öl eine gewisse Überlebenszeit. Die mikrobiologische Qualität der Feinkosterzeugnisse wird durch das Öl allerdings nicht nachteilig beeinflußt. Dies gilt auch für den **Essig** (mit mindestens 10 % Säure) sowie für die Zusätze Sorbit, Saccharin, Salz, Wasser, modifizierte Stärken, Stabilisatoren (z. B. Xanthan, Johannisbrotkernmehl, Guarkernmehl, Alginat), Salze der organischen Säuren und für die Salze der Konservierungsstoffe. Obwohl die aufgeführten Stoffe meist mikrobiologisch unkritisch sind, sollte dennoch eine Kontrolle erfolgen, da bei Temperaturschwankungen während des Transports oder der Lagerung sich Kondenswasser auf der Oberfläche bilden und eine Vermehrung der Mikroorganismen einsetzen kann. Auch **Senf** ist kein Risikoprodukt. Aus Senf wurden besonders Bazillen, Clostridien und Laktobazillen isoliert. Eine wesentlich größere Bedeutung als der Senf haben die **Gewürze**. Gewerblich eingesetzt werden Naturgewürze, Gewürzmischungen und Gewürzextrakte. Hinsichtlich ihres mikrobiologischen Status sind diese verschiedenen Produktgruppen unterschiedlich zu beurteilen. Unbehandelte Gewürze und Gewürzmischungen enthalten eine hohe Anzahl von Mikroorganismen, Verderbsorganismen von Feinkosterzeugnissen (Laktobazillen, Hefen und Schimmelpilze) sowie auch häufiger pathogene Bakterien (Salmonellen und *Listeria monocytogenes*). Zur Herstellung von Feinkosterzeugnissen sollten deshalb Gewürzextrakte eingesetzt werden, die praktisch keimfrei sind. Der gewerbliche Einsatz von Gewürzen, die den empfohlenen Richt- und Warnwerten der Deutschen Gesellschaft für Hygiene und Mikrobiologie entsprechen (u. a. Schimmelpilze unter $10^6$/g), ist zur Herstellung von Mayonnaisen und Salatmayonnaisen nicht empfehlenswert, es sei denn, der Keimgehalt wird durch Essigsäure vermindert, wobei der Essigsud mitverarbeitet werden kann.

## Mikrobieller Verderb

**Mayonnaisen** mit einem Mindestfettgehalt von 80 % sind infolge der niedrigen Wasseraktivität mehrere Monate auch ohne Kühlung stabil, wenn bei hygienischer Herstellung bestimmte Bedingungen eingehalten werden (Tab. 14.1).

**Tab. 14.1 Mikrobiologische Haltbarkeit von Mayonnaisen und Salatmayonnaisen**

| Produkt | Ölgehalt in % | $a_W$-Wert | pH-Wert | Essigsäure in wäßriger Phase | Konservierungsstoffe | Keimgehalt des Frischproduktes | Haltbarkeit |
|---|---|---|---|---|---|---|---|
| Mayonnaise | über 80 | 0,92–0,93 (0,928–0,935 bei 78–79 % Fett)[1] | unter 4,1 | 2,0 % | ohne | unter 100/g | 5 bis 12 Monate ohne Kühlung |
| Salatmayonnaise | 50 | 0,95–0,96 (0,95 bei 41 % Fett)[1] | unter 4,3 | 0,5–1,3 % | ohne | unter 100/g | etwa 6 Monate bei Kühlung |

[1] CHIRIFE et al., 1989

Besonders wichtig sind hygienische Verhältnisse bei der Abfüllung, damit Sekundärverunreinigungen vermieden werden. Bei Abfüllungen in Eimer oder 1kg-Becher, die in kleineren Betrieben per Hand erfolgen, müssen neben den Packungen auch die Folien, die auf die Oberfläche der Mayonnaisen gelegt werden, frei von Schimmelpilzen sein (Hefen und Schimmelpilze negativ/20 $cm^2$). Sonst sind eine Schimmelbildung auf der Oberfläche und ein vorzeitiger Verderb unvermeidlich. Auch sollte der Schimmelpilzgehalt in der Luft im Bereich der Abfüllung gering sein (keine Hefe- und Schimmelpilzkolonie; Sedimentationsmethode, 30 Minuten). Werden Abdeckpapiere mit der Hand aufgelegt (häufiger in Kleinbetrieben), muß auf eine besonders intensive Händedesinfektion (Gummi-Handschuhe) geachtet werden. Bei Abfüllung von Mayonnaisen in Gläser wird der Kopfraum in der Regel vakuumiert. Die Haltbarkeit dieser Produkte beträgt ohne Kühlung etwa 5 bis 12 Monate.

**Salatmayonnaisen** sind aufgrund ihrer Zusammensetzung mikrobiologisch anfälliger als Mayonnaisen, obgleich bei hygienischer Herstellung und unter Beachtung der optimalen Säurekonzentration Haltbarkeitszeiten zu erzielen sind, die denen der reinen Mayonnaisen entsprechen. Durch den Einsatz keimarmer Rohstoffe (Gehalt an Verderbsorganismen unter 100/g oder ml) ist bei hygienischer Herstellung ein Endprodukt zu erreichen, das einen Keimgehalt von unter 100/g aufweist. Ein Verderb von Salatmayonnaisen tritt meist durch Schimmelpilze auf.

Besonders bei größeren Packungen kommt es durch die Folienauflage oder durch die Luft zur Verunreinigung. Das Produkt verschimmelt auf der Oberfläche im Randbereich, da die Folie die Oberfläche nicht voll abdecken kann. Auch dort, wo die Folie der Mayonnaise nicht fest anliegt und Luftinseln entstehen, vermehren sich Schimmelpilze. Neben den Schimmelpilzen können in den sauren Erzeugnissen (pH-Werte unterhalb von 4,5) Hefen und Milchsäurebakterien zum Verderb führen. Ein Verderb durch Hefen äußert sich in Gärungserscheinungen (Bombage, meist große Gasblasen) oder oberflächlichen Hautbildungen durch Filmhefen (*Pichia membranaefaciens*). Milchsäurebakterien führen zur Säuerung, obligat heterofermentative Arten (z. B. *Lactobacillus buchneri, Lactobacillus brevis*) und Arten des Genus *Leuconostoc* auch zur Gasbildung. Im Gegensatz zu den Hefen sind die durch den Gärungsprozeß der Laktobazillen entstehenden Gasblasen sehr klein. Nicht immer ist bei einer Mischflora (Hefen und Laktobazillen) der pH-Wert gegenüber der Kontrolle erniedrigt, da Hefen vielfach Essigsäure verstoffwechseln und somit eine „Säurezehrung" auftritt. Ob in Mayonnaisen Amylase-positive, d. h. Stärke verflüssigende Laktobazillen vorkommen, wie *L. amylophilus, L. amylovorus, L. cellobiosus* oder Stämme von *L. plantarum*, ist bisher nicht untersucht worden.

### Mikrobiologische Sicherheit

Als mikrobiologisch sicher gilt ein Erzeugnis, wenn es keine Mikroorganismen enthält, die zur Erkrankung führen, oder wenn diese Mikroorganismen nur in geringer Zahl vorhanden sind, so daß die Entstehung einer „Lebensmittel-Vergiftung" ausgeschlossen ist. Kommen geringe Keimzahlen pathogener oder toxinogener Mikroorganismen vor, muß sichergestellt sein, daß diese sich im Produkt nicht vermehren können. Von den zahlreichen Mikroorganismen, die über das Lebensmittel zur Erkrankung führen können, spielen nur wenige bei Feinkosterzeugnissen eine Rolle: Salmonellen, *Staphylococcus aureus, Bacillus cereus, Listeria monocytogenes* und enterohaemorrhagische *E. coli*, wie z. B. *E. coli* 0157:H7. Eine aktuelle Bedeutung haben Salmonellen und *Staphylococcus aureus.* Wenn Salatmayonnaisen als Ursache von Erkrankungen aufgeführt werden, sind es ausschließlich im Haushalt oder Restaurant hergestellte Produkte, bei denen rohe Hühnereier verwendet wurden. Isoliert wurden *S. enteritidis* PT 4 und PT 8 (Radford und Board, 1993). Im Jahre 1992 waren bei 94 Ausbrüchen in der Bundesrepublik Deutschland mit 3464 Erkrankungen Feinkostsalate und Mayonnaisen mit 11 Ausbrüchen und 329 Erkrankungen beteiligt (Zastrow und Schöneberg, 1993). Stärker zu beachten ist in Zukunft aufgrund der hohen Säuretoleranz auch *E. coli* 0157:H7 (Meng et al., 1994; Zhao und Doyle, 1994; Conner und Kotrola, 1995; Raghubeer et al., 1995). In den USA traten durch verunreinigte Mayonnaisen und Dressings bereits mehrere Erkrankungsfälle auf (Weagant et al., 1994).

## 14.2.2 Salatcremes und andere fettreduzierte Produkte sowie emulgierte Saucen

### 14.2.2.1 Herstellung

Die Herstellung der Salatcremes u. a. fettreduzierter mayonnaiseähnlicher Produkte sowie der emulgierten weißen Saucen (Fettgehalte meist zwischen 15 % und 35 %) erfolgt prinzipiell wie die der Salatmayonnaisen. Die Basis ist eine Mayonnaise, oder es werden dem Produkt Joghurt oder Buttermilch zugesetzt. Durch den niedrigen Fettgehalt steht eine relativ kleine Ölphase einer großen Wasserphase gegenüber, so daß Emulgatoren und Dickungsmittel hinzugegeben werden müssen (z. B. Molkeneiweiß, modifizierte Spezialstärken, Guarkernmehl, Johannisbrotkernmehl, Xanthan). Die Produkte werden kalt oder heiß (ca. 82 °C), diskontinuierlich (z. B. Koruma-Anlage) oder kontinuierlich (z. B. Kombinator) hergestellt. Bei der diskontinuierlichen Herstellung im Batch-Konti-Verfahren werden die einzelnen Phasen getrennt angesetzt und nach ihrer Zusammenführung kontinuierlich durch den Röhrenerhitzer geführt. Auch werden Verfahren verwendet, bei denen alle Zutaten vermischt und danach durch Direktdampf erhitzt werden. Die meisten Salatsaucen werden heiß hergestellt und heiß abgefüllt. Nach US-Standard haben die Produkte einen pH-Wert zwischen 3,2 und 3,9 und einen Essigsäuregehalt von 0,9–1,2 % bezogen auf das Gesamtprodukt. Der $a_W$-Wert sollte unterhalb von 0,93 liegen (SMITTLE und FLOWERS, 1982). In der Bundesrepublik hergestellte Produkte weisen ähnliche Essigsäurekonzentrationen (etwa 1 % bezogen auf das Gesamtprodukt, pH-Wert 4,2) auf (PHILIPP, 1985a, b). Jedoch sind die $a_W$-Werte höher (Salatcreme mit 20 % Fett = 0,96–0,97, gemessen mit Kryometer Fa. Nagy).

### 14.2.2.2 Mikrobielle Belastung

Viele Hersteller verzichten auf eine chemische Konservierung von Salatcremes, fettreduzierten mayonnaiseähnlichen Produkten und emulgierten Saucen. Eine ausreichende Haltbarkeit (ca. 9 Monate) und Sicherheit wird bei hygienischer Herstellung durch den Zusatz von Essigsäure, Essigsäure und Puffersalzen oder Natriumacetat erzielt (Essigsäuregehalt ca. 0,8 bis 1,0 % bezogen auf das Gesamtprodukt). Zu den Verderbsorganismen von Salatsaucen zählen Laktobazillen (z. B. *Lactobacillus fructivorans*) und Hefen (*Zygosaccharomyces bailii, Torulopsis* sp., *Rhodotorula* sp., *Debaryomyces* sp.). Die Verderbsorganismen *Lactobacillus fructivorans* und *Zygosaccharomyces bailii* wurden in Salatsaucen erst bei einem pH-Wert von 3,6 (Einstellung mit Essigsäure) und einer Wasseraktivität von 0,89 (*Z. bailii*) bzw. 0,91 (*L. fructivorans*) gehemmt (MEYER et al., 1989).

## 14.2.3 Nichtemulgierte Saucen und Dressings

### 14.2.3.1 Herstellung

Die Erzeugnisse können diskontinuierlich oder kontinuierlich wie emulgierte Saucen hergestellt werden.

### 14.2.3.2 Mikrobielle Belastung

Durch den Essigsäureanteil (ca. 0,8–1,2 % bezogen auf das Gesamtprodukt) haben die Saucen und Dressings pH-Werte von meist unter 4,0 bis 2,8, so daß sie besonders bei Erhitzung der Wasserphase oder einer Heißherstellung ohne Kühlung bei Abfüllung in Gläser ca. 9 Monate, bei Heißherstellung und Heißabfüllung in Eimer etwa 4-6 Monate haltbar und sicher sind.

## 14.2.4 Tomatenketchup und Würzketchup

### 14.2.4.1 Begriffsbestimmungen

Zu den Würzketchups sind u. a. zu rechnen: Curry-Ketchup, Grill-Sauce, Barbecue-Sauce, Zigeuner-Sauce, Schaschlik-Sauce (= Rote Saucen). Rechtlich geregelt ist die Zusammensetzung von Tomatenketchup und Tomatenkonzentrat. Die Würzketchups unterliegen nur den allgemeinen lebensmittelrechtlichen Bestimmungen. Nach der „Richtlinie zur Beurteilung von Tomatenketchup" (Anon., 1980) ist Tomatenketchup eine Würzsauce aus dem Mark und/oder dem Saft reifer Tomaten ohne Schalen und Kerne, mehr oder weniger konzentriert. Tomatenketchup wird gewürzt mit Kochsalz, Essig, Gewürzen und anderen Zutaten, wie z. B. Zwiebeln und/oder Knoblauch. Tomatenketchup ist gesüßt mit Saccharose, einer Mischung aus Saccharose und anderen Zuckerarten oder mit süßstoffgesüßtem Essig. Ein Zusatz von Dickungsmitteln, Stärken und Konservierungsstoffen ist verkehrsüblich. Die Tomatentrockenmasse des Endprodukts ist nicht geringer als 7 % (Mürau, 1980). Weitere Anforderungen für Tomatenkonzentrat sind in der Verordnung der EU (Anon., 1986) enthalten. Danach darf der Schimmeltest (Howard Mould Count, HMC) nach dem Aufgießen mit Wasser (= erreichter Trockenstoffgehalt von 8 %) höchstens 70 % an positiven Feldern ergeben.

### 14.2.4.2 Herstellung

Die Herstellung von Tomatenketchup erfolgt diskontinuierlich kalt unter Vakuum in der Kolloidmühle (meist aus pasteurisiertem Tomatenmark, Essig und Compounds in Pulverform aus Zucker, Salz, modifizierter Stärke, Natriumglutamat, Verdickungsmittel, Guarkernmehl, Xanthan, Johannisbrotkernmehl und Säureregulatoren) oder heiß in der Kolloidmühle (z. B. Koruma, Beheizung mit Dampf im Kern auf ca. 82 °C). Vielfach werden auch Röhrenerhitzer eingesetzt. Bei den Saucen werden die stückigen Zutaten (z. B. Gemüse für Zigeuner-Sauce) in einem der Kolloidmühle nachgeschalteten Puffergefäß mit Rührwerk mit dem Ketchup vermischt und unter Vakuum kalt oder heiß abgefüllt. Die kalt hergestellten Produkte werden häufiger mit Sorbin- und Benzoesäure konserviert. Die kontinuierliche Herstellung erfolgt in der Kombinatoranlage, wobei eine Erhitzung auf 90 ° bis 95 °C durchgeführt wird. Nach der Erhitzung durchläuft das Produkt eine Vakuumentlüftungsanlage und wird in Gläser heiß (90 °C) oder nach Kühlung auf etwa 70 °C in Eimer abgefüllt.

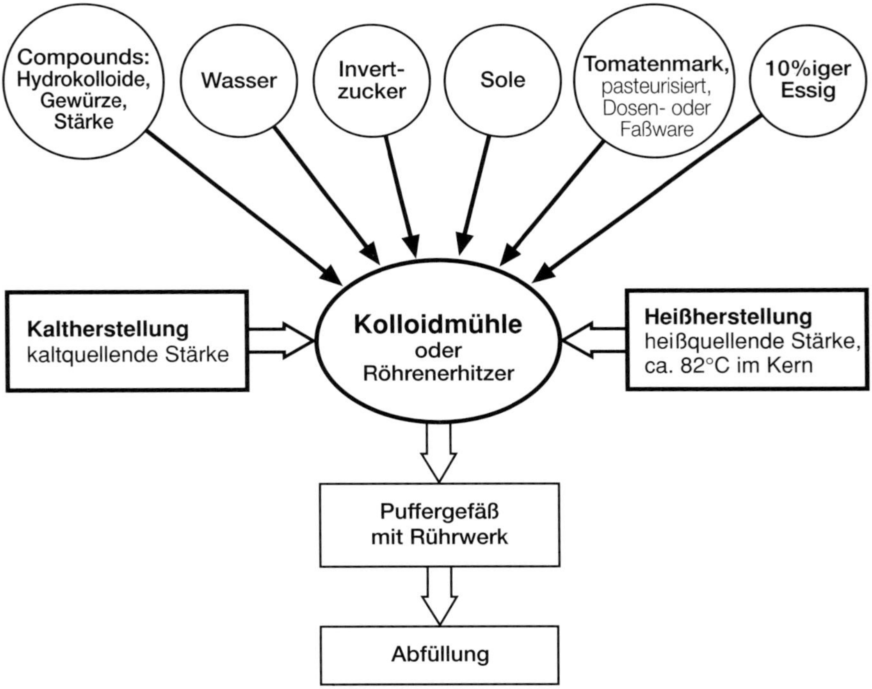


**Abb. 14.3 Herstellung von Ketchup**

### 14.2.4.3 Mikrobielle Belastung

Ein Verderb der sauren Ketchup-Produkte (pH-Werte ca. 3,8–4,0, Essigsäuregehalt etwa 0,9 %, Citronensäure ca. 0,2 %) ist selten, wenn auch nicht ausgeschlossen. Zum Verderb der kalt hergestellten Erzeugnisse können führen: Essigsäurebakterien der Genera *Acetobacter* und *Gluconobacter*, Milchsäurebakterien der Genera *Lactobacillus* und *Leuconostoc* sowie Hefen und Schimmelpilze. Die Vermehrung der Essigsäurebakterien des Genus *Acetobacter* kann besonders bei Abfüllung in Kunststoffflaschen Bombage verursachen. Bei gasdurchlässigen Kunststoffen entweicht jedoch das Kohlendioxid nach einer gewissen Standzeit, und das Produkt ist sensorisch nicht wahrnehmbar verändert. Ein Verderb durch heterofermentative Milchsäurebakterien äußert sich ebenfalls durch Gasbildung. Beobachtet wurde auch bei sehr starker Vermehrung von homofermentativen Laktobazillen (*L. plantarum*) eine Koloniebildung im Produkt (weiße, nadelkopfgroße Partikel). Bei kalt abgefüllter Eimerware tritt gelegentlich eine Deckenbildung durch Schimmelpilze oder eine Verhefung auf (Kahmhefen auf der Oberfläche oder Gärungserscheinungen). Bei heiß hergestellten und heiß abgefüllten Erzeugnissen ist ein Verderb möglich durch das Überleben hitzeresistenter Sporen von Bakterien oder Konidien von Schimmelpilzen. Ein bakterieller Verderb kann vorkommen durch *Bacillus coagulans* und *Bacillus stearothermophilus* („flat sour"-Verderb). Dieser äußert sich in einer milden Säuerung, wobei der pH-Wert um etwa eine halbe Einheit gegenüber dem Frischprodukt während der Lagerung abfällt. Es gibt jedoch auch einen Stamm von *Bacillus stearothermophilus*, der unter anaeroben Verhältnissen und bei Temperaturen zwischen +40 °C und +54 °C Nitrat reduzieren und Gas bilden kann. Die Endosporen von *Bacillus coagulans* keimen bei pH-Werten oberhalb von 4,0 und die von *Bacillus stearothermophilus* bei pH-Werten über 4,6 aus. Die minimale Vermehrungstemperatur von *Bacillus coagulans* liegt bei 25 °C und die von *Bacillus stearothermophilus* bei 40 °C. Bei warmer Lagerung über 40 °C kann es auch bei sehr niedrigem pH-Wert (über 3,0) zum Verderb durch *Alicyclobacillus acidoterrestris* kommen. Ein solcher Verderb ist gekennzeichnet durch Geruchs- und Geschmacksabweichungen. Möglich ist auch ein Verderb von Ketchup durch Amylasen (Verflüssigung durch Stärkeabbau). Nachgewiesen wurden solche Amylasen in Gewürzen (FELDMANN, 1985). Wird der Ketchup unterhalb einer Temperatur von 85 °C pasteurisiert, ist mit Restenzymaktivität zu rechnen. Entscheidend für ein einwandfreies Endprodukt Tomatenketchup ist auch die mikrobiologische Ausgangsqualität des verwendeten Tomatenmarks. So wiesen Produkte aus Italien, Portugal, Griechenland und der Türkei eine geringe Schimmelpilzbelastung auf. Nur in 4–40 % der Felder (HMC 4–40 %, Mittelwert 18,8 %) wurden Schimmelpilzhyphen ausgezählt (ZIMMER, 1993), so daß der in der EG-VO 1764/86 (Anon., 1986) angegebene Grenzwert von 70 % positiven Feldern weit unterschritten wurde. Der Ergosterolgehalt der gleichen Proben (n = 20) schwankte zwischen 0,82 µg/g und 4,24 µg/g bzw. 2,72 und 12,92 µg pro Gramm Trockensubstanz. Frische Tomaten hatten einen Ergosterolgehalt von 0,04 µg/g bis 0,13 µg/g (ZIMMER, 1993).

Pathogene und toxinogene Bakterien können sich in den stark sauren Erzeugnissen nicht mehr vermehren. Nur bei verschimmelter Ware entsteht neben einer möglichen Mykotoxinbildung auch die Gefahr der Vermehrung von *Clostridium botulinum*. Durch Nutzung der organischen Säuren im Stoffwechsel (Säurezehrung) kommt es durch Schimmelpilze zur Erhöhung des pH-Wertes (ROBINSON et al., 1994). Nach Beimpfung von Tomatensaft mit Schimmelpilzen der Genera *Cla-*

*dosporium* und *Penicillium* stieg z. B. der pH-Wert von 4,2 unterhalb der Schimmelpilzdecke nach 6 Tagen auf pH 5,8 und nach 9 Tagen auf 7,0 (HUHTANEN et al., 1976). Bereits bei einem pH-Wert von 5,0 konnte in Tomatensaft nach Beimpfung mit *Cl. botulinum* A Toxin nachgewiesen werden (ODLAUG und PFLUG, 1979). In der ehemaligen UdSSR kam es 1972 zu 9 Botulismusfällen (2 Todesfälle) durch Tomatensaft (HUHTANEN et al., 1976).

## 14.2.5 Feinkostsalate auf Mayonnaise- und Ketchupbasis

### 14.2.5.1 Begriffsbestimmungen

„Zu den Feinkostsalaten gehören verzehrsfertige Zubereitungen von Fleisch- und Fischteilen, von Ei, ferner von Gemüse-, Pilz- und Obstzubereitungen, einschließlich Kartoffelsalat, die mit Mayonnaise oder Salat-Mayonnaise oder einer anderen würzenden Sauce oder mit Öl und/oder Essig und würzenden Zutaten angemacht sind" (Anon., 1972). Nach den enthaltenen wertbestimmenden Bestandteilen können die zahlreichen Feinkostsalate eingeteilt werden in: Salate auf Fleischgrundlage (z. B. Fleischsalat, Geflügelsalat, Wildsalat, Ochsenmaulsalat und sonstige Salate mit mind. 10 % Fleisch- oder Brätanteil), Salate auf Fisch-, Weichtier- (Schnecken-, Muschel- u. ä.), Krustentiergrundlage (z. B. Fischsalat, Heringssalat, Matjessalat, Krabbensalat), Fischmarinaden als Zubereitung in Salatsoßen (z. B. Heringsstipp), Salate auf Gemüsegrundlage (z. B. Gemüsesalat, Kartoffelsalat, Waldorfsalat, Pilzsalat), Salate auf Obstgrundlage (z. B. Frucht-Cocktailsalat).

### 14.2.5.2 Herstellung

Die Salatherstellung erfolgt chargenweise im Mischer (Abb. 14.4), wobei die Salatmayonnaise, auch unter Zugabe von Joghurt oder Crème fraîche oder einer würzenden Soße mit den tierischen und/oder pflanzlichen Zutaten vermengt wird. Bei der Herstellung unkonservierter Salate werden Zusätze, soweit dies möglich ist, als pasteurisierte oder sterilisierte Ware zugesetzt (z. B. gekochte und geschnittene Kartoffeln oder Geflügelfleisch, pasteurisiert im Folienbeutel; Schnitzelgurken und Champignons als Dosenware). Bei konservierten Salaten, teilweise auch bei unkonservierten Produkten, werden dagegen aus Kostengründen meist Schnitzelgurken aus dem Faß oder gekochte, geschnittene Kartoffeln verwendet, die im Transport-Behältnis nur mit Folie eingeschlagen, aber nicht in geschlossener Folie pasteurisiert wurden. Teilweise werden die Zutaten in ein Säurebad getaucht und nach dem Abtropfen in den Mischer gegeben. Die Abfüllung erfolgt maschinell, bei Großpackungen auch vielfach von Hand. Seltener wird unter Vakuum abgefüllt, oder der Kopfraum wird mit Stickstoff und Kohlendioxid begast. Bei entsprechender Auslegung der Kombinatoranlage können Salate auch pasteurisiert und sterilisiert werden.

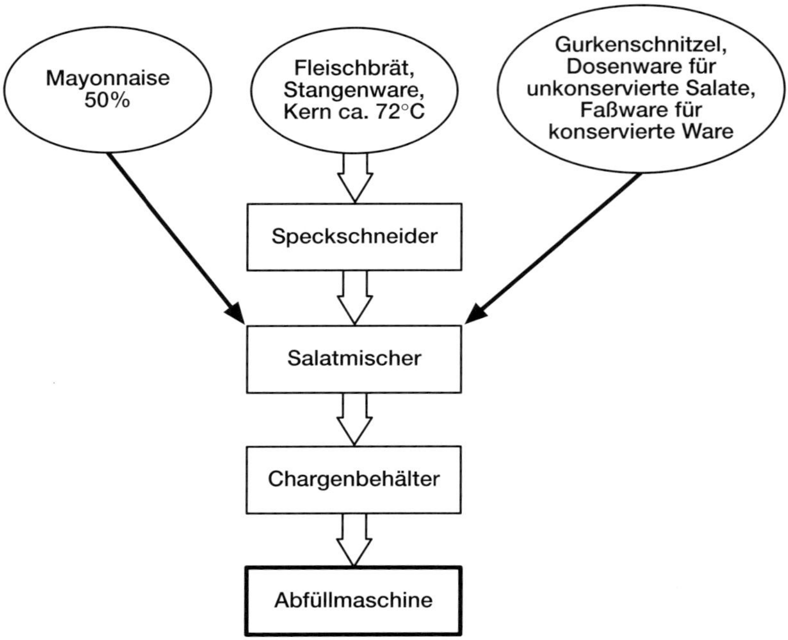


**Abb. 14.4 Herstellung von Fleischsalat**

### 14.2.5.3 Zur Mikrobiologie von Feinkostsalaten

#### Mikrobiologische Haltbarkeit

Die Haltbarkeit der Feinkostsalate ist besonders von der hygienischen Herstellung, der Zusammensetzung (Säuregehalt, pH-Wert), dem Anfangskeimgehalt, der Lagerungstemperatur und der Art der Mikroorganismen abhängig. Die dominierenden und die Haltbarkeit beeinflussenden Mikroorganismen sind aufgrund des Säuregehaltes der Salate die Milchsäurebakterien der Genera *Lactobacillus, Leuconostoc* und *Pediococcus* sowie Hefen und Schimmelpilze (Tab. 14.2).

Allerdings ist bei nicht ausreichender Säuredosierung zur Salatmayonnaise oder Salatsoße daran zu denken, daß es während der Lagerung zur Säurediffusion in die zugesetzten Fleisch- oder Gemüsebestandteile kommt und der Säuregehalt in der Salatmayonnaise sinkt. So veränderte sich z. B. der Essigsäuregehalt der Mayonnaise von 0,34 % im frischen Kartoffelsalat bei 10 °C nach einem Tag bereits auf 0,08 % und erreichte nach 14 Tagen einen Wert von 0,09 % (BROCKLEHURST und LUND, 1984). Bei nicht ausreichender Säuerung (pH-Werte über 4,6) oder noch fehlender Säuerung, z. B. an der Grenzphase Mayonnaise/Kartoffeln oder Brätfleisch oder bei anderen Zusätzen, können bei frischen Produkten

**Tab. 14.2 Verderbsorganismen in Feinkostsalaten**

| Milchsäurebakterien | Hefen | Quelle |
|---|---|---|
| *Lactobacillus (L.) plantarum, L. buchneri, L. casei, L. leichmannii, L. brevis, L. delbrueckii, L. lactis, L. fructivorans, L. confusus, Leuconostoc (Lc.) mesenteroides, Lc. dextranicum, Pediococcus damnosus* | *Saccharomyces (S.) cerevisiae, S. exiguus, Pichia membranaefaciens, Geotrichum candidum, Candida (C.) lipolytica, C. sake, C. lambica, Zygosaccharomyces (Z.) rouxii, Z. bailii, Trichosporon beigelii, Yarrowia lipolytica, Torulaspora delbrueckii* | BAUMGART, 1965, TERRY und OVERCAST, 1976, BAUMGART et al., 1983, BROCKLEHURST und LUND, 1984, ERICKSON et al., 1993 |

neben Milchsäurebakterien und Hefen auch andere Mikroorganismen, wie gramnegative Bakterien, Mikrokokken und Staphylokokken, nachgewiesen werden. Für die Haltbarkeit sind sie jedoch nicht entscheidend. Gleiches gilt für coryneforme Bakterien in Gemüsesalaten, in denen häufiger hohe Zahlen dieser Bakterien nachweisbar sind.

Auf die mikrobiologische Haltbarkeit bei kühler Lagerung hat der Zusatz von Sorbin- und Benzoesäure nur einen geringen Einfluß. Während diese Konservierungsstoffe die Vermehrung einiger Hefearten und Schimmelpilze hemmen, bleiben sie bei Milchsäurebakterien ohne jeden Effekt. Bei guter hygienischer Herstellung und Anfangskeimzahlen unter 100/g lassen sich bei kühler Lagerung auch bei unkonservierten Produkten Haltbarkeiten von 21–28 Tagen erzielen (bei sehr guter Hygiene sogar 40–42 Tage). Dennoch ist aus der Höhe der Keimzahl nicht auf die Haltbarkeitsfrist zu schließen, da die Stabilität von der Stoffwechselaktivität abhängt. Diese ist bei den einzelnen Species sehr unterschiedlich. So sind bei einzelnen Hefearten trotz einer Keimzahl von $10^5$/g keine merkbaren Verderbserscheinungen wahrnehmbar, während bei anderen Species (z. B. *Zygosaccharomyces bailii*) Gärungserscheinungen schon bei $10^3$/g auftreten können. Auch bei den übrigen Verderbsorganismen korreliert die Keimzahl nicht mit dem Zeitpunkt des Verderbs. Besonders häufig treten sehr hohe Keimzahlen an Pediokokken und obligat homofermentativen und fakultativ heterofermentativen Laktobazillen (keine Gasbildung) auf, ohne daß es zu sensorisch erkennbaren Veränderungen kommt. Andererseits ist es nicht selten, daß trotz sehr niedriger Keimzahlen im Salat (z. B. $10^3$/g) das Produkt muffig, sauer oder alt schmeckt. Neben der mikrobiologischen Analytik kommt deshalb der sensorischen eine besondere Bedeutung zu.

### Mikrobiologische Sicherheit

Von den zahlreichen pathogenen und toxinogenen Mikroorganismen haben in Feinkost-Salaten nur wenige eine aktuelle Bedeutung: Salmonellen, *Staphylococcus aureus* und *Listeria monocytogenes*. Wenn auch bisher keine Erkrankungsfälle bekannt geworden sind, so sind dennoch in Zukunft besonders die enteropathogenen *E. coli* zu beachten, wie *E. coli* 0157:H7. Die Ursachen der Verunreinigung mit diesen pathogenen Mikroorganismen sind unterschiedlich. Bei den Salmonellen sind es meist unpasteurisierte Eiprodukte oder im Restaurant bzw. Haushalt eingesetzte Frischeier. Dagegen gelangt *Staphylococcus aureus* vornehmlich durch das Personal (Hand, Nasenrachenraum) in die Produkte, während eine Verunreinigung durch *Listeria monocytogenes* besonders durch den Einsatz nicht pasteurisierter oder nicht blanchierter Gemüseprodukte erfolgt. Die pathogenen Bakterien werden bei ausreichendem Säuregehalt abgetötet. Zu berücksichtigen ist allerdings, daß dieser Abtötungsprozeß nicht schlagartig erfolgt. In einem Kartoffelsalat, der mit einer Salatmayonnaise angemacht war (pH-Wert 4,3, Einstellung mit Branntweinessig), wurde *Listeria monocytogenes* bei einer Lagerungstemperatur von 10 °C erst nach 10 Tagen abgetötet (Verminderung um 6 Zehnerpotenzen). Besonders säuretolerant erwies sich auch *E. coli* 0157:H7 (ZHAO und DOYLE, 1994; RAGHUBEER et al., 1995). In einer Mayonnaise mit einem pH-Wert von 3,7 (Einstellung mit Essigsäure) war bei einer Ausgangsverunreinigung von $10^7$/g und einer Lagerungstemperatur von 7 °C nach 20 Tagen noch eine Keimzahl von $10^4$/g nachweisbar (WEAGANT et al., 1994). Aus Sicherheitsgründen sollte die zur Herstellung von Salaten eingesetzte Mayonnaise oder Salatsauce einen pH-Wert unter 4,1 bis < 4,4 haben und mindestens einen Essigsäuregehalt von 0,25 % bezogen auf das Gesamtprodukt (Soße bzw. Mayonnaise) aufweisen (GLASS und DOYLE, 1991; ERICKSON et al., 1993; RADFORD und BOARD, 1993).

Bei Fischsalaten oder Fischfeinkost sind neben den pathogenen und toxinogenen Mikroorganismen auch die biogenen Amine zu beachten. Bereits der Rohstoff Fisch kann biogene Amine enthalten (vorwiegende Bildung durch gramnegative Bakterien im Frischfisch), oder es kommt im Salat zur Decarboxylierung von Aminosäuren durch Laktobazillen, z. B. *Lactobacillus* (*L.*) *buchneri, L. brevis, L. plantarum* oder *Pediococcus damnosus* (HALASZ et al., 1994).

## 14.2.6 Beeinflussung der Haltbarkeit und Sicherheit durch äußere und innere Faktoren

Die Haltbarkeit und Sicherheit von Feinkostprodukten wird durch verschiedene Faktoren beeinflußt: hygienische, physikalische und chemische.

### 14.2.6.1 Hygienische Faktoren

Wesentlich sind: Verwendung mikrobiologisch einwandfreier Rohstoffe mit geringem Keimgehalt (wichtig ist eine gute Prozeßhygiene, damit die Rohstoffe ohne zusätzliche Verunreinigung in den Mischbehälter kommen) oder Verminderung des Ausgangskeimgehaltes durch Erhitzung der Wasserphase, Einsatz von keimarmen oder keimfreien Gewürzextrakten, gründliche Reinigung und Desinfektion der Anlagen. Bei Abfüllmaschinen, die im CIP-Verfahren gereinigt und desinfiziert werden können, sollte das letzte Spülwasser bei Wochenendreinigungen eine Temperatur von ca. 90 °C aufweisen. Meist wird jedoch folgendes Programm gefahren:

- Warmes Vorspülen, ca. 40 °C
- Heiße Laugenreinigung, über 85 °C
- Mehrstufiges Zwischenspülen, dabei Abkühlung
- Kaltdesinfektion, z. B. mit Peressigsäure
- Kaltes Nachspülen.

Das mikrobiologisch einwandfreie Produkt muß in keimfreie (frei von Mikroorganismen, die sich im Produkt vermehren können) Behältnisse abgefüllt werden. Die Folienauflagen bei größeren Bechern oder Eimern dürfen pro 20 $cm^2$ keine Schimmelpilze oder Hefen enthalten. Im Abfüllbereich soll der Luftkeimgehalt gering sein. So sollten nach einer 30minütigen Standzeit mit der Sedimentationsmethode (Malzextrakt-, Bierwürze- oder MRS-Agar, Bebrütung bei 25 °C 72 Std.) keine Schimmelpilze oder Hefen nachweisbar sein. Unerläßlich ist eine gute Personalhygiene (Kopfschutz, Handschuhe). Eine besondere Bedeutung kommt dabei den Handschuhen zu. Bewährt haben sich lange, über das Handgelenk hinausgehende, innen angerauhte Gummihandschuhe, die nach wechselnden und eine Verunreinigung ermöglichenden Handgriffen desinfiziert werden müssen. Dazu sollten an den Maschinen oder in unmittelbarer, gut erreichbarer Distanz zum Arbeitsplatz Desinfektionsmöglichkeiten vorhanden sein (Spender oder Eimer mit einem schnell und gut wirkenden Desinfektionsmittel, z. B. Mittel auf Peressigsäurebasis).Voraussetzung für eine gute Personalhygiene und eine konsequente Umsetzung der notwendigen Hygieneanweisungen für das Personal ist eine ständige Hygieneschulung.

### 14.2.6.2 Physikalische Faktoren

- Temperatur: Mayonnaisen werden ohne Kühlung aufbewahrt. Bei Salatmayonnaisen sind je nach Herstellung ungekühlte wie auch gekühlte Produkte auf dem Markt. Im Haushalt angebrochene Erzeugnisse sind jedoch prinzipiell zu kühlen. Kann durch die Herstellung eine Verunreinigung mit Verderbsorganismen (Milchsäurebakterien, Hefen und Schimmelpilze) nicht sicher ausgeschlossen werden, sollten die Salatmayonnaisen gekühlt gelagert werden, d. h. bei Temperaturen unter 7 °C. Bei dieser Temperatur wird zwar der Verderb nicht verhindert, jedoch durch Verlängerung der Generationszeit der Mikroorganismen verzögert, so daß die deklarierte Mindesthaltbarkeit eingehalten werden kann.

Einige Feinkost-Salate werden auch pasteurisiert (tiefgezogene Alu-Becher oder Dosen, Kerntemperatur ca. 85 °C). Auch besteht die Möglichkeit, kalt vermischte Salate mit Direktdampf zu pasteurisieren und heiß abzufüllen (versiegelte Kunststoffbecher). Wenn die Salateinlagen (z. B. Geflügelfleisch oder Kartoffeln) vor der Vermischung mit der Mayonnaise nicht in ein Genußsäurebad kurz getaucht werden, kann es zum Verderb durch Clostridien kommen, obwohl der pH-Wert der Mayonnaise unterhalb von 4,5 liegt. Der an der Grenzphase Mayonnaise/Einlage höhere pH-Wert kann dazu führen, daß Sporen auskeimen und sich die Clostridien vermehren. So wurden aus bombierten pasteurisierten Geflügel- und Kartoffelsalaten *Cl. felsineum, Cl. scatologenes* und *Cl. tyrobutyricum* isoliert (Baumgart et al., 1984).

- Emulsionsaufbau: Bei Mayonnaisen, Salatmayonnaisen und Salatcremes sowie den emulgierten Saucen ist das Öl in Tropfenform in der Wasserphase emulgiert. Bei der 80 %igen Mayonnaise liegen die Öltröpfchen in dichter Kugelpackung vor (Öltröpfchen überwiegend ca. 1–2 µm). In den kleinen Zwischenräumen zwischen den Tröpfchen befindet sich die Wasserphase. Hieraus ergeben sich sehr schlechte Vermehrungsmöglichkeiten für Mikroorganismen. Wenn der Fettgehalt sinkt, d. h. der Anteil der Wasserphase in den Salatmayonnaisen, Salatcremes und Salatsaucen zunimmt, können sich Mikroorganismen besser vermehren.
- Wasseraktivität: Durch den Anteil an Kochsalz, Zucker, Stärke, modifizierter Stärke, Xanthan oder anderen Inhaltsstoffen kommt es zur Verminderung der Wasseraktivität. Die von Smittle (1977) und Smittle und Flowers (1982) für Mayonnaisen angegebenen $a_w$-Werte von 0,925 konnten in eigenen Messungen mit dem Kryometer (Fa. Nagy) bestätigt werden. Folgende Wasseraktivitäten wurden gemessen:

  Mayonnaisen mit 80 % Öl : 0,92
  Mayonnaisen mit 65 % Öl: 0,94
  Salatmayonnaisen mit 50 % Öl: 0,96–0,97
  Salatcreme mit 17 % Öl: 0,97.

  Die verschiedenen $a_w$-Werte sind auf die unterschiedliche Zusammensetzung (Ölgehalt), aber auch auf variierende Kochsalzkonzentrationen in den Produkten verschiedener Herstellerfirmen zurückzuführen.

### 14.2.6.3 Chemische Faktoren

Feinkosterzeugnisse sind sauer, d. h., sie haben vielfach pH-Werte unterhalb von 4,5. Dadurch kommt es zur Selektion der Mikroorganismenflora, da sich nur noch wenige Mikroorganismen vermehren können, wie Milchsäurebakterien, Essigsäurebakterien, Hefen und Schimmelpilze. Entscheidend für die Haltbarkeit und

Sicherheit ist allerdings die Auswahl der richtigen Säure oder Säurekombination. Nicht nur der pH-Wert entscheidet über die Vermehrung von Mikroorganismen, sondern auch die Art der organischen Säure, mit der ein niedriger pH-Wert erzielt wird.

### Einfluß organischer Säuren

Essigsäure und Acetate

Die Hemmung bzw. Abtötung von Mikroorganismen durch organische Säuren hängt ab von der Konzentration der Wasserstoffionen ($H^+$), d. h. dem pH-Wert, der Art und der Konzentration der Säure und von ihrem Anion. Die in Feinkosterzeugnissen eingesetzten organischen Genußsäuren (Essig-, Wein-, Milch-, Äpfel- und Citronensäure) sind schwache Säuren. Ihre pK-Werte (pH-Wert, bei dem 50 % der Säure in der wirksameren undissoziierten Form vorliegen) bewegen sich im Bereich zwischen 4,7 und 2,98 (Tab. 14.3).

**Tab. 14.3 pK-Werte organischer Säuren (Doores, 1993)**

| Säuren | pK-Wert |
|---|---|
| Essigsäure | 4,75 |
| Citronensäure | 3,14 |
| Milchsäure | 3,08 |
| Äpfelsäure | 3,40 |
| Weinsäure | 2,98 |

Die Wirksamkeit der organischen Säuren beruht nicht nur auf der H-Ionenkonzentration, sondern auch auf dem Anteil an undissoziierter Säure. In undissoziierter Form sind die Säuren lipophil und dringen so besser und schneller durch die Zellmembran. Dadurch erniedrigt sich der interne pH-Wert der Zelle, es kommt zu Enzymhemmungen und Stoffwechselbeeinflussungen, die Vermehrung wird gehemmt, oder die Mikroorganismen sterben ab. Die stärkste antimikrobielle Wirkung hat die Essigsäure (Tab. 14.4).

**Tab. 14.4 Antimikrobielle Wirkung organischer Säuren bei verschiedenen pH-Werten**

| Mikroorganismen | Essigsäure | Milchsäure | Äpfelsäure | Citronensäure | Quelle |
|---|---|---|---|---|---|
| *Staph. aureus* | 5,0–5,2 | 4,6–4,9 | o. A. | 4,5–4,7 | Minor und Marth, 1970 |
| *Listeria monocytogenes* | 4,8–5,0 | 4,4–4,6 | 4,4 | 4,4 | Sorrells et al., 1989 |

Erklärungen: o. A. = ohne Angabe; die Zahlen geben die entsprechenden pH-Werte an.

Wenn auch die in der Literatur angegebenen Werte für eine Hemmung bzw. Abtötung der Mikroorganismen durch organische Säuren schwer zu vergleichen sind (Abhängigkeit der Wirkung von Medium, Temperatur, Stamm, Keimzahl), so ergab sich dennoch in nahezu allen Prüfungen, daß die Essigsäure die stärkste Wirkung hat (Collins, 1985; Debevere, 1988; Doores, 1993; Lock und Board, 1995; Richards et al., 1995). In der Wirksamkeitsabstufung der übrigen Säuren sind die Berichte dagegen unterschiedlich. So fanden Nunheimer und Fabian (1940) gegenüber *Staph. aureus* eine Abstufung in der Wirksamkeit: Essigsäure > Citronensäure > Milchsäure > Äpfelsäure > Weinsäure, während Minor und Marth (1970) für den gleichen Organismus die Reihenfolge Essigsäure > Milchsäure > Citronensäure angeben. Bezogen auf den gleichen pH-Wert war die Abstufung in der Hemmwirkung gegenüber *Listeria monocytogenes* in einer Tryptonbouillon: Essigsäure > Milchsäure > Citronensäure. Basierend auf gleicher Molarität wurde folgende Abstufung ermittelt: Essigsäure > Milchsäure > Citronensäure > Äpfelsäure (Sorrells et al., 1989).

Sichere unkonservierte Mayonnaisen, Salatmayonnaisen und Salatcremes müssen einen bestimmten Mindestessigsäureanteil enthalten. Dies ist besonders dann erforderlich, wenn diese Produkte als Grundlage für die Salatherstellung dienen (Tab. 14.5).

**Tab. 14.5 Notwendige Essigsäurekonzentrationen für sichere Mayonnaisen, Salatmayonnaisen und fettreduzierte Produkte**

| Essigsäure in % | pH-Wert | Quelle |
|---|---|---|
| Mayonnaisen und Salatmayonnaisen | | |
| 0,25 (bezogen auf Gesamtprodukt) | 4,1 oder niedriger | ICMSF, 1980<br>Smittle, 1977 |
| 0,46 (bezogen auf Gesamtprodukt) | 4,2 oder niedriger | Collins, 1985 |
| 0,7 (bezogen auf wäßrige Phase | unter 4,1 | Radford und Board, 1993 |
| 0,8–1,0 (bezogen auf wäßrige Phase) | unter 4,1 | Zschaler, 1976 |
| Fettreduzierte Produkte<br>0,7 (bezogen auf Gesamtprodukt) | unter 4,1 | Radford und Board, 1993 |

Bei einem Essigsäuregehalt oberhalb von 1,4 % in der wäßrigen Phase und bei einem pH-Wert unterhalb von 4,1, wie dies die Food and Drug Administration (FDA, 1990) bei der Verwendung unpasteurisierten Eigelbs fordert, schmeckt das Produkt allerdings stark essigsauer.

Eine Gesundheitsgefährdung des Konsumenten ist auszuschließen, wenn folgende Bedingungen erfüllt werden:

Frischeimayonnaisen, Mayonnaisen, Salatmayonnaisen, Salatcremes u. a. fettreduzierte Produkte, die mit unpasteurisiertem Eigelb hergestellt werden, sollten einen Mindestessigsäuregehalt von 0,7 % (bezogen auf das Gesamtprodukt =

1,4 % in der wäßrigen Phase bei einer 50 %igen Salatmayonnaise) aufweisen, und der pH-Wert sollte 4,1 nicht übersteigen (FDA, 1990; LOCK und BOARD, 1995). Da gewerblich hergestellte Produkte ausschließlich mit pasteurisiertem Eigelb und auch unter Verwendung von Gewürzextrakten oder behandelten Gewürzen (erhitzte oder mit Dampf behandelte Gewürze) hergestellt werden, kann der Essigsäureanteil geringer sein:

Mayonnaisen, Salatmayonnaisen, Salatcremes u. a. fettreduzierte Produkte, hergestellt mit pasteurisiertem Eigelb und Gewürzextrakten oder behandelten Gewürzen sollten einen Gesamtsäuregehalt von mindestens 0,45 % und einen Essigsäureanteil von mindestens 0,2 % bezogen auf das Gesamtprodukt aufweisen, wobei der pH-Wert unterhalb von 4,2 liegen sollte.

Die zur Hemmung oder Abtötung von Verderbsorganismen notwendigen Säurekonzentrationen sind wesentlich höher als die für die pathogenen Bakterien (Tab. 14.6).

**Tab. 14.6 Hemmung von Verderbsorganismen durch Essigsäure (EKLUND, 1989)**

| Mikroorganismen | Hemmender pH-Wert | Minimale Hemmkonzentration Gesamtessigsäure in % |
|---|---|---|
| *Saccharomyces cerevisiae* | 3,9 | 0,59 |
| *Saccharomyces ellipsoides* | 3,5 | 1,0 |
| Saccharomyces uvarum | 4,5 | 2,4 |
| *Geotrichum candidum* | 4,5 | 2,4 |
| *Aspergillus fumigatus* | 5,0 | 0,2 |
| *Aspergillus parasiticus* | 4,5 | 1,0 |
| *Aspergillus niger* | 4,1 | 0,27 |
| *Penicillium glaucum* | 3,5 | 1,0 |

Verderbsorganismen wie *Zygosaccharomyces bailii* und *Lactobacillus fructivorans* vermehrten sich in emulgierten Salatsaucen noch bei pH-Werten von 3,6 (MEYER et al., 1989). Ein Verderb durch Hefen, Schimmelpilze und Milchsäurebakterien ist, eine Verunreinigung vorausgesetzt, auch bei Kühltemperaturen durchaus möglich.

Die Salze der Essigsäure (z. B. Natriumacetat) haben die gleiche Wirkung wie die Essigsäure. Die Pufferung hat den Vorteil, daß die Essigsäurekonzentration erhöht werden kann, ohne daß sich geschmackliche Nachteile ergeben. So konnte einer unkonservierten Salatmayonnaise bis 1,4 % Essigsäure zugesetzt werden, ohne daß das Erzeugnis einen zu spitzen Essigsäuregeschmack aufwies. Außerdem wird der undissoziierte, antimikrobiell wirksamere Säureanteil durch den Einsatz von Natriumacetat erhöht (STÖLTZING, 1987). Während *Yarrowia lipolytica* sich bei pH 4,5 bei einer Essigsäurekonzentration von 1 % vermehrte, trat eine deutliche Hemmung durch eine Pufferung mit NaOH ein. Dieser Einfluß war jedoch gegenüber *Lactobacillus brevis* unter gleichen Bedingungen nicht festzustellen (DEBEVERE, 1987).

Milchsäure und Lactate
In Mayonnaisen und anderen Feinkosterzeugnissen wird Milchsäure oder Na-Lactat in Kombination mit Essigsäure eingesetzt. Die Angaben über die Wirksamkeit im Vergleich zur Essigsäure sind unterschiedlich (DOORES, 1993). In einem Geflügelsalat, der mit einer 50 %igen Mayonnaise (2 % Essigsäure, 2 % Milchsäure, 50 : 50, Pufferung mit 10 N NaOH) hergestellt wurde (pH-Wert des Salates 4,95), kam es zur Hemmung von Hefen bei einer Lagerung von 6 °C, nicht jedoch im ungepufferten Milieu (DEBEVERE, 1987). Sensorisch akzeptable Konzentrationen von 0,4 % Milchsäure und 0,75 % Essigsäure (Branntweinessig) in Fleischsalaten (pH-Wert 4,3) oder 0,75 % Milchsäure und 1,6 % Essigsäure in Geflügelsalaten (pH-Wert 4,3) führten bei einer Anfangsbelastung von 500 Hefen/g (*Zygosaccharomyces bailii* und *Saccharomyces exiguus*) nach 14tägiger Lagerung bei 7 ° und 10 °C zum Verderb (LEHR, 1993). Gegenüber Milchsäurebakterien (*Lactobacillus brevis*) kam es bei einer Anfangsverunreinigung von $10^3$/g zu einer Verzögerung der Vermehrung. In einer Bouillon bei pH 6,5 und 20 °C lagen die minimalen Hemmkonzentrationen von Na-Lactat gegenüber Milchsäurebakterien zwischen 268 und 1161 mM und die gegenüber *Zygosaccharomyces* sp. bei 1339 mM (HOUTSMA et al., 1993). Auf keinen Fall sollte Essigsäure durch Milchsäure ersetzt werden. Kombinierte Einsätze sind möglich, jedoch in mikrobieller Hinsicht nicht besser als optimale Kombinationen von Essigsäure mit anderen Genußsäuren wie Wein-, Äpfel- oder Citronensäure.

Weinsäure, Äpfelsäure, Citronensäure und ihre Salze
Diese Säuren werden häufiger als Säureregulatoren (Erniedrigung des pH-Wertes) und zur Geschmacksabrundung eingesetzt. Salzmischungen dieser Säuren sind häufig in Handelsmischungen enthalten, z. B. Bioserval, ACS-Fruchtsäurekombinationen. Eine antimikrobielle Wirkung wird durch die Erniedrigung des pH-Wertes erzielt. Die Verderbsorganismen Hefen werden jedoch nicht gehemmt. Bei einer sensorisch nicht mehr akzeptablen Weinsäurekonzentration von 1 % kam es in einem Waldorfsalat bei 8 °C noch zum Verderb durch *Pichia membranaefaciens* (BAUMGART und HAUSCHILD, 1980).

### Konservierungsstoffe

Nach der Zusatzstoff-Zulassungs-VO vom 22.12.1981 (ZZulV, 1981) dürfen Mayonnaisen und mayonnaiseartigen Erzeugnissen 2,5 g Sorbin- oder Benzoesäure pro kg Endprodukt und 1,2 g PHB-Ester zugesetzt werden, Feinkostsalaten 1,5 g Sorbin- oder Benzoesäure sowie 0,6 g PHB-Ester. Üblicherweise werden jedoch nur Sorbin- und Benzoesäure bzw. ihre Salze eingesetzt. Da sich die Vermehrung der Mikroorganismen in der Wasserphase abspielt, muß das Konservierungsmittel in der Wasserphase konzentriert werden. Sorbin- und Benzoesäure sind mit ihrem geringen Verteilungsquotienten (Sorbinsäure 3,0 und Benzoesäure 6,1) sehr günstig für die Konservierung von Feinkosterzeugnissen, weil sie sich vorwiegend in der Wasserphase lösen (Verteilungsquotient 3,0: Von 100 Teilen Konservierungsstoff lösen sich 3 Teile in der Fettphase). Da auch bei den Konservierungsstoffen Sorbin- und Benzoesäure vorwiegend nur die undissoziierte Säure antimikrobiell wirksam ist, muß durch Ansäuern mit einer Genußsäure (Essigsäure, Milch-, Wein-, Äpfelsäure) der Dissoziationsgrad vermindert werden. Damit steigen der undissozierte Anteil und die konservierende Wirkung.

Sorbin- und Benzoesäure haben eine unterschiedliche Wirkung auf Mikroorganismen (Tab. 14.7). Die Sorbinsäure wirkt besonders gegenüber Hefen und Schimmelpilzen, Benzoesäure hemmt Milchsäurebakterien stärker als Sorbinsäure. Dies ist der Grund für eine Kombination beider Stoffe in Feinkosterzeugnissen. Die Wirksamkeit der Konservierungsstoffe hängt jedoch nicht nur von der Konzentration, der Temperatur und dem pH-Wert ab, sondern auch vom Keimgehalt im Produkt. Er sollte möglichst gering sein. Den Verderb durch Konservierungsstoffe zu verhindern, ist jedoch nicht möglich, allenfalls ihn zu hemmen. Teilweise

**Tab. 14.7 Wirkung von Sorbin- und Benzoesäure gegenüber Verderbsorganismen von Feinkost**

| Mikroorganismen | pH-Wert | Sorbinsäure MHK | Benzoesäure MHK | Quelle |
|---|---|---|---|---|
| *Lactobacillus* sp | 4,3 | n. a. | 300–1800 ppm | CHIPLEY, 1993 |
| *Lactobacillus plantarum* und *Lactobacillus buchneri* | 3,5 | > 1000 ppm | n. a. | EDINGER und SPLITTSTOESSER, 1986 |
| *Lactobacillus buchneri* in 50 %iger Salatmayonnaise mit 0,5 % Essigsäure | 4,6 | 3500 ppm | 4000 ppm | BAUMGART und LIBUDA, 1977 |
| *Zygosaccharomyces bailii* | 4,8 | n. a. | 5000 ppm | JERMINI und SCHMIDT-LORENZ, 1987 |
| *Zygosaccharomyces bailii* | 3,5 | 6 mM | 6 mM | WARTH, 1985 |
| *Saccharomyces cerevisiae* | 3,5 | 3 mM | 3 mM | WARTH, 1985 |
| *Rhizopus* sp. | 3,6 | 120 ppm | n. a. | EKLUND, 1989 |
| *Geotrichum candidum* | 4,8 | 1000 ppm | n. a. | EKLUND, 1989 |
| *Aspergillus* sp. | 3,9 | n. a. | 20–300 ppm | CHIPLEY, 1993 |

Erklärungen: n. a. = Nicht angegeben; MHK = Minimale Hemmkonzentration liegen die minimalen Hemmkonzentrationen sogar höher als die in der Zusatzstoff-Zulassungs-Verordnung (ZZulV, 1981) erlaubten Konzentrationen. Eine vollständige Haltbarkeit von Feinkosterzeugnissen ist durch Konservierungsstoffe also nicht erreichbar, jedoch eine Verzögerung des Verderbs bei kühler Lagerung. Gehemmt werden Hefen und Schimmelpilze, Milchsäurebakterien bleiben nahezu unbeeinflußt (SINELL und BAUMGART, 1966). Auch gegenüber pathogenen Bakterien ist die Wirkung von Sorbin- und Benzoesäure unterschiedlich. So wurde *Listeria monocytogenes* durch 0,15 % Sorbat (pH 5,0, eingestellt mit Essigsäure) bei 13 °C gehemmt (EL-SHENAWY und MARTH, 1991), *Salmonella blockley, E. coli* und *Staph. aureus* bereits durch 0,05 % Sorbin- und Benzoesäure (pH 4,8, eingestellt mit Essigsäure) bei 22 °C (DEBEVERE, 1988). In mit Sorbin- und Benzoesäure konservierten Feinkosterzeugnissen werden pathogene Bakterien gehemmt, wenn der pH-Wert unterhalb von 4,8 liegt und mit Essigsäure eingestellt wird.

## 14.3 HACCP-Konzepte für Feinkosterzeugnisse

(IAMFES, 1991; NACMCF, 1992; ILSI, 1993; Anon., 1994; MORTIMORE und WALLACE, 1994)

Nach der Durchführung vorbereitender Schritte durch das HACCP-Team (Beschreibung der Produktherstellung, Angabe der mikrobiologischen Risiken und Festlegung der vorgesehenen Verwendung der Endprodukte) schließt sich die eigentliche Hazard-Analyse an, die von der Aufstellung eines HACCP-Planes begleitet wird.

### 14.3.1 Zusammensetzung und Herstellung von Salatmayonnaise und Kartoffelsalat

Aufgrund der Vielzahl von Feinkosterzeugnissen werden beispielhaft nur zwei Produkte ausgewählt: Salatmayonnaise und Kartoffelsalat.

Mayonnaisen und Saucen werden halbkontinuierlich oder kontinuierlich (Abb. 14.1 und 14.2) hergestellt, Kartoffelsalat im Chargenbetrieb.

### 14.3.2 Verwendungszweck der Feinkosterzeugnisse

Mit Ausnahme von Kleinstkindern werden Feinkosterzeugnisse von nahezu allen Personen verzehrt, von Kleinkindern, Senioren, Kranken und auch von Personen mit gestörtem Immunsystem. In Restaurantbetrieben, Krankenhäusern, Senioren- und Kinderheimen stehen Feinkosterzeugnisse häufig auf dem Speisezettel, sind Teil eines Gerichtes oder dienen als Zutat.

## 14.3.3 Mikrobiologische Gefahren

Folgende pathogene und toxinogene Mikroorganismen können in Feinkosterzeugnissen bzw. ihren Rohstoffen bei Herstellungsfehlern vorkommen oder haben bereits zu Erkrankungen geführt: Salmonellen, *Campylobacter jejuni, E. coli* 0157: H7, *Shigella* spp., *Vibrio parahaemolyticus, Vibrio vulnificus, Staphylococcus aureus, Listeria monocytogenes, Clostridium botulinum* A, B, E, *Clostridium perfringens, Bacillus cereus* und toxinogene Schimmelpilze. Eine Beherrschung der mikrobiologischen Gefahren erfordert Kenntnisse über prozeßhygienische Daten (NOTERMANS et al., 1994), um eine Hemmung oder Abtötung der Krankheitserreger zu erreichen (Tab. 14.8).

## 14.3.4 Hazard-Analyse

### 14.3.4.1 Salatmayonnaise

Die Rohstoffe Öl und Essig haben keinen nachteiligen Einfluß auf die mikrobiologische Stabilität und Sicherheit von Mayonnaisen. Dies gilt auch für kaltquellende

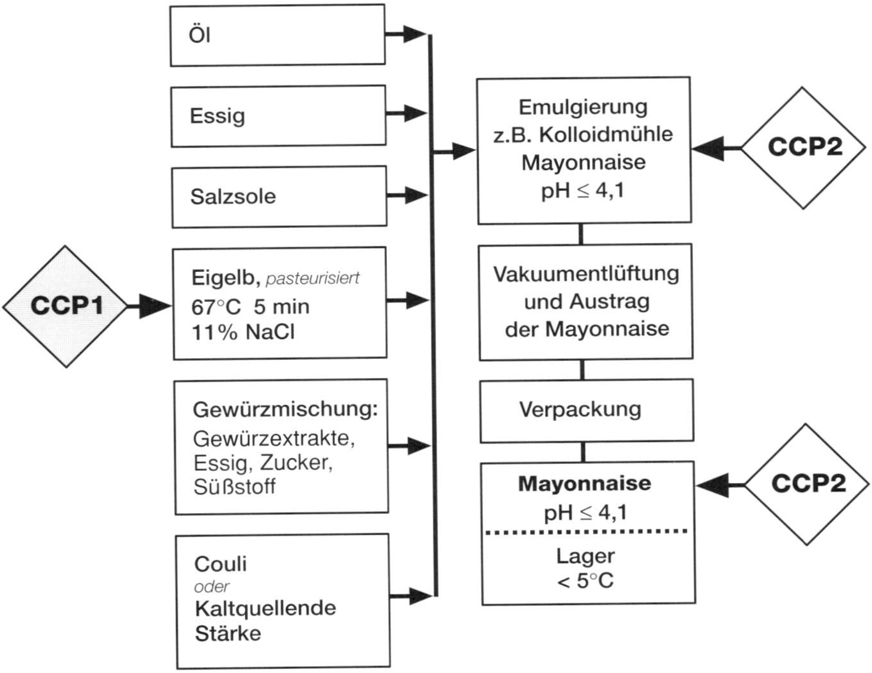


**Abb. 14.5 Herstellung von Salatmayonnaise: Fließschema**

**Tab. 14.8 Prozeßhygienische Daten für Mikroorganismen in Feinkosterzeugnissen**

| Mikroorganismen | Minimale Temperatur °C | Minimaler pH-Wert | Minimaler $a_w$-Wert | Vermehrung | *D*- und *z*-Wert °C |
|---|---|---|---|---|---|
| *Salmonella* spp. | 7 | 4,1 Ci<br>4,4 Mi<br>5,4 Es | 0,93 | fakultativ anaerob | $D_{60}$ = 31 s<br>$z$ = 3,3<br>*S. enteritidis* im Vollei |
| *Campylobacter jejuni* | 32 | 4,9–5,3 | Hemmung bei 2 % NaCl | obligat mikroaerophil | $D_{65}$ = 1,0 s<br>$z$ = 5,8–6,7 in Magermilch |
| *E. coli* 0157:H7 | 1–4 | 4,4 | 0,95 | fakultativ anaerob | $D_{62,8}$ = 0,4 min, Rindfleisch 17–20 % Fett |
| *Vibrio parahaemolyticus* und | 3 | 4,5–5,0 | 0,94 | fakultativ anaerob | $D_{65}$ = 2,8 s<br>$z$ = 14,8 in Muscheln |
| *Vibrio vulnificus* | 8 | 5,0 | 0,94 | fakultativ anaerob | unbekannt |
| *Staph. aureus* | 6<br>Toxinbildung oberhalb 10 | 4,7 anaerob Fleisch | 0,86 aerob<br>0,90 anaerob | fakultativ anaerob | $D_{60}$ = 0,34 min im Vollei, $z$ = 8,2 |
| *Listeria monocytogenes* | 0 | 5,0 bei 4 °C | 0,92 | fakultativ anaerob | $D_{66}$ = 0,2 min im Vollei, $z$ = 7,2 |
| *Clostridium botulinum,* Typ B, F, E, nicht proteolytisch | 3,3–4,0, proteolytische Stämme 10 | 5,0, proteolytische Stämme A, B, F 4,6 | 0,97, proteolytische Stämme 0,94 | obligat anaerob | Typ E:<br>$D_{82,2}$ = 1,2 min in Surimi, $z$ = 9,8;<br>$D_{121}$ = 0,17 min (Typ A, B) in Krabbenfleisch, $z$ = 10 |

| Mikroorganismen | Minimale Temperatur °C | Minimaler pH-Wert | Minimaler $a_w$-Wert | Vermehrung | *D*- und *z*-Wert °C |
|---|---|---|---|---|---|
| *Clostridium perfringens* | 5–15 | 5,0 | 0,95 | anaerob | $D_{100}$ = 0,3– 37,0 min |
| *Bacillus cereus* | 4–10 | 4,3 | 0,91 | fakultativ anaerob | $D_{100}$ = 3,1 min in Magermilch, $z$ = 9,2 |
| Toxinogene Schimmelpilze | 0 | 1,6 | 0,70 | aerob | $D_{60}$ = 1 min (*A. flavus*), $z$ = 4,1 |
| *Yersinia enterocolitica* | 0–1 | 4,6 | 0,95 | fakultativ anaerob | $D_{65}$ = 21 s, $z$ = 5,5 in Milch |
| *Shigella* spp. | 7 | 5,5 | unbekannt | fakultativ anaerob | $D_{65}$ = 3 s, $z$ = 4,7 in Milch |

Erklärungen: Ci Citronensäure; Mi Milchsäure; Es Essigsäure; min Minuten; s Sekunden

Stärke, Couli, Milcheiweiß, Stabilisatoren (Johannisbrotkernmehl, Guarkernmehl, Xanthan oder Alginat), soweit der Keimgehalt unter $10^2$/g liegt und nur Bazillen nachgewiesen werden. Diese Rohstoffe sowie auch die Würzmischung aus Essig, Zucker, Süßstoff, Senf oder Senfmehl und Gewürzextrakten hergestellt sind kein mikrobiologisches Risiko, wenn der pH-Wert unterhalb von 4,0 liegt. Durch die Pasteurisierung von Eigelb (67 °C, 5 min oder höher) werden Salmonellen abgetötet, so daß bei kontinuierlicher Messung der Temperatur und Zeit und bei Abfüllung in sterile Behälter (Zertifikat vom Lieferanten) ein sicheres Produkt vorliegt (Anon., 1993). Während der Mayonnaiseherstellung ist eine Verunreinigung mit Verderbsorganismen (Milchsäurebakterien, Hefen, Schimmelpilze) und auch pathogenen Mikroorganismen durch das Personal, Maschinen oder die Luft möglich. Pathogene Bakterien (z. B. Salmonellen, *Staph. aureus*), die eventuell durch Verunreinigung in das Produkt gelangen, werden gehemmt bzw. abgetötet, wenn folgende Bedingungen eingehalten werden:

- Essigsäuregehalt in der wäßrigen Phase 1,4 %
- pH-Wert < 4,1

Der Keimgehalt des frisch hergestellten Fertigproduktes sollte $10^3$/g nicht überschreiten.

Folgende weitere Werte sind zu erfüllen (Kontrolle von Stichproben):

- Salmonellen negativ in 25 g
- *Staph. aureus* und *E. coli* unter 100/g

### 14.3.4.2 Kartoffelsalat mit Ei, unkonserviert

Die verschiedenen Rohstoffe und Verarbeitungsschritte bieten unterschiedliche Gefahren:

- **Salatmayonnaise:** In einer Salatmayonnaise mit einem pH-Wert von 4,1 oder niedriger und einem Essigsäureanteil von 0,5–1,4 % in der wäßrigen Phase werden pathogene Bakterien gehemmt bzw. innerhalb weniger Tage abgetötet. Nach der Herstellung und vor dem Zusatz zum Mischer sollte die Mayonnaise jedoch gut durchgekühlt sein ( t < 7 °C).
- **Kartoffelscheiben:** Zur Herstellung von unkonserviertem Kartoffelsalat werden vielfach vakuumverpackte, pasteurisierte Kartoffelscheiben (Kerntemperatur etwa 94 °C ca. 5 min) eingesetzt, aus Kostengründen allerdings auch pasteurisierte lose Kartoffeln (eingeschlagen in Kunststoffbeutel). Bis auf Sporen von *Clostridium botulinum* A und B sowie solcher von *Bacillus cereus* werden durch die Pasteurisierung alle pathogenen Bakterien abgetötet (Tab. 14.8). Da Sporen von *Cl. botulinum* A und B in vakuumverpackten Kartoffeln auskeimen und Toxine bilden können, sollten die gekochten Kartoffeln bei 4 °C gelagert werden (Notermans et al., 1981). Ein Auskeimen der Sporen im Salat wird durch den Essigsäuregehalt der Mayonnaise, den niedrigen pH-Wert des Endproduktes (pH-Wert unter 4,6) und einer Lagerung bei Temperaturen

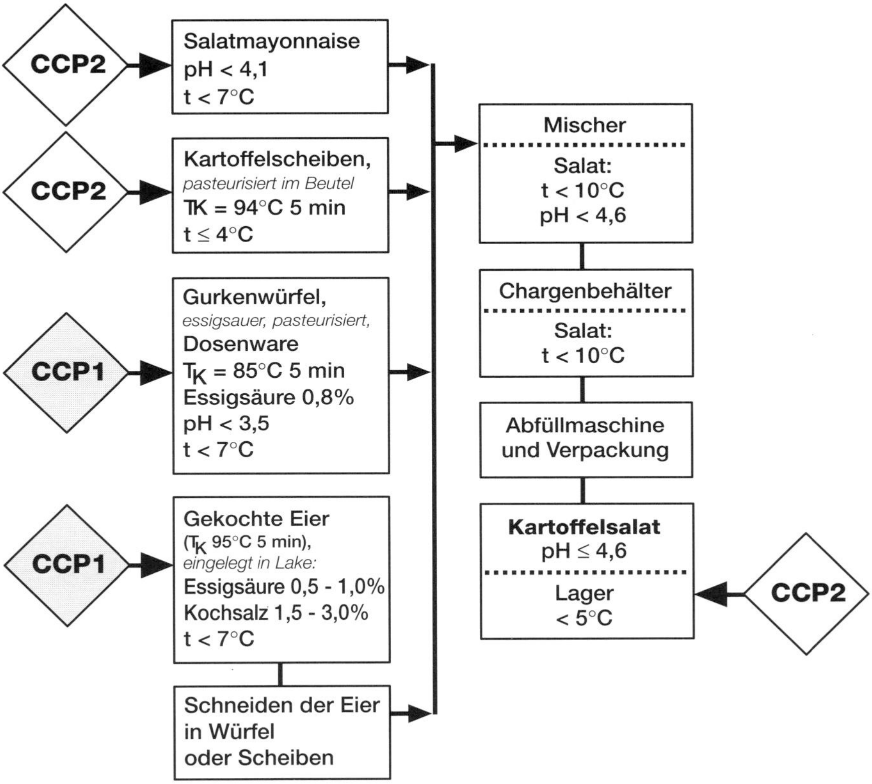


***Erklärungen:***
*t = Temperatur*
*$T_K$ = Kerntemperatur*

Anmerkung: Wenn auch eine Differenzierung der CCPs nicht mehr erfolgt, wird dennoch aus praktischen Erwägungen eine unterschiedliche Wichtung in CCP1 und CCP2 vorgenommen.

**Abb. 14.6 Herstellung von unkonserviertem Kartoffelsalat mit Ei: Fließschema**

unterhalb von 7 °C verhindert. Ein Kartoffelsalat mit einem pH-Wert von 5,2 hatte 1978 eine Botulinumvergiftung in einem Restaurant in den USA verursacht. Er enthielt nicht ausreichend erhitzte Kartoffeln, war mit *C. botulinum* Typ A verunreinigt und zeitweilig ungekühlt aufbewahrt worden (Seals et al., 1981).

- **Gurkenwürfel:** Essigsaure Gurkenwürfel oder -schnitzel (Essigsäure 0,7 % ± 0,1 %, Salzgehalt 1,3 % ± 0,2 %, pH 3,7 ± 0,2, Kerntemperatur 85 °C ca. 5 min) stellen kein Risiko dar. Beutel oder Dosen sind allerdings vor dem Öffnen zu desinfizieren und mit Leitungswasser gut abzuspülen.

- **Gekochte Eier:** Die Eier müssen vom Lieferanten hart gekocht sein (kein weicher Dotter) und in einen Aufguß aus mindestens 0,5 % bis 1 % Essigsäure (Kochsalzgehalt 1,3 ± 0,2 % bis 3,0 %) eingelegt werden. Eier mit weichem Dotter dürfen wegen der Salmonellengefahr nicht akzeptiert werden. Vom Lieferanten sind die erreichten Temperaturen und Kochzeiten zu dokumentieren und dem Feinkostbetrieb vorzulegen.
- **Verarbeitungsprozeß** (Schneiden der Eier, Mischen, Verpacken): Wichtig ist neben einer guten Personalhygiene (Handschuhe, Desinfektion der Hände, saubere Arbeitskleidung, Kopfschutz) eine regelmäßige und wirksame Reinigung und Desinfektion der Anlagen (jede Charge).
- **Endprodukt**

Das frisch hergestellte Endprodukt sollte folgende Anforderungen erfüllen:

- pH-Wert < 4,5 ± 0,1
- Aerobe mesophile Koloniezahl (Milchsäurebakterien) < $10^3$/g
- Hefen < $10^2$/g
- Salmonellen negativ in 25 g
- *Staphylococcus aureus* und *E. coli* < 100/g

Unter der Voraussetzung der Einhaltung einer Kühlkette ist ein unkonservierter Kartoffelsalat etwa 20 bis 25 Tage haltbar und erfüllt auch bei Untersuchung von Proben im Handel die von der Deutschen Gesellschaft für Hygiene und Mikrobiologie (DGHM,1988; Anon., 1992) aufgestellten Anforderungen (Tab. 14.9).

**Tab. 14.9 Richt- und Warnwerte für Feinkostsalate**

| Mikroorganismen | Richtwert | Warnwert |
|---|---|---|
| Aerobe mesophile Koloniezahl | $10^6$/g | – |
| Milchsäurebakterien | $10^6$/g | – |
| *Staph. aureus* | $10^2$/g | $10^3$/g |
| *Bacillus cereus* | $10^3$/g | $10^4$/g |
| *Escherichia coli* | $10^2$/g | $10^3$/g |
| Salmonellen n. n. in 25 g | | |

n. n. = Nicht nachweisbar

## 14.3.5 HACCP-Plan

Der HACCP-Plan (Tab. 14.10 und 14.11) orientiert sich an den allgemein akzeptierten Verlaufsstufen: Identifizierung des „Hazard", Festlegung der kritischen Kontrollpunkte (CCPs), Angabe von Kriterien, mittels deren die Beherrschung der

**Tab. 14.10 HACCP-Plan für die Herstellung einer unkonservierten Mayonnaise**

| Produkt/ Prozeß | Hazard | CCP | Grenz-, Toleranzwert | Vorbeugende Maßnahmen/ Monitoring | Korrekturmaßnahmen |
|---|---|---|---|---|---|
| Öl | – | – | klar, ohne Fremdgeruch | Visuell | Rückgabe bei Abweichung |
| Essig | – | – | klar, 10 % Essigsäure | Visuell | Rückgabe bei Abweichung |
| Salzsole | – | – | Trinkwasserqualität, klar | Visuell | Neuansatz bei Abweichung |
| Eigelb, pasteurisiert, 11 % NaCl | Salmonellen *Staph. aureus* | CCP1 | Salmonellen negativ in 25 g *Staph. aureus* negativ in 1 g | Zertifikat vom Lieferanten und Untersuchung von Stichproben jeder Charge | Bei Abweichung Sperrung und Rückgabe |
| Gewürzmischung: Essig, Zucker, Senf, Süßstoff, Gewürzextrakte | – | – | pH-Wert < 4,0 | pH-Wert messen | Bei Abweichung Rezeptur überprüfen, Essigsäureanteil ändern |
| Couli | – | – | Aerobe Koloniezahl < 100/g | T > 82 °C | Temperatur erhöhen |
| Kaltquellende Stärke | – | – | Aerobe Koloniezahl < 100/g (aerobe Sporenbildner) | Zertifikat vom Hersteller, Stichproben-untersuchungen | Rückgabe bei Abweichung |
| Milcheiweiß | – | – | Aerobe Koloniezahl < 100/g (Bazillen) | Zertifikat vom Hersteller, Stichproben-untersuchung | Rückgabe bei Abweichung |

**Tab. 14.10 HACCP-Plan für die Herstellung einer unkonservierten Mayonnaise *(Fortsetzung)***

| Produkt/ Prozeß | Hazard | CCP | Grenz-, Toleranzwert | Vorbeugende Maßnahmen/ Monitoring | Korrekturmaßnahmen |
|---|---|---|---|---|---|
| Stabilisatoren, wie Johannisbrotkernmehl, Xanthan, Alginat | – | – | Aerobe Koloniezahl < 100/g (Bazillen) | Zertifikat vom Hersteller, Stichprobenuntersuchung | Rückgabe bei Abweichung |
| Emulgierung ⇒ Mayonnaise | Verunreinigung mit pathogenen und toxinogenen Mikroorganismen | CCP2 | pH-Wert ≤ 4,1 (eingestellt mit Essigsäure) | Reinigung und Desinfektion der Anlage, Hygienekontrollen, Messung pH-Wert | Bei Abweichung Erhöhung des Säureanteils bzw. Neuansatz |
| Vakuumentlüftung und Austrag der Mayonnaise | – | – | pH-Wert ≤ 4,1 | Reinigung und Desinfektion der Anlage, Hygienekontrollen | keine |
| Verpackung der Mayonnaise ⇒ Endprodukt | Verunreinigung mit pathogenen und toxinogenen Mikroorganismen | CCP2 | pH-Wert ≤ 4,1 Salmonellen negativ in 25 g *Staph. aureus* und *E. coli* negativ in 1 g | Reinigung und Desinfektion der Anlage, Hygienekontrollen, Stichproben der Mayonnaise kulturell untersuchen | keine Auslieferung bei pH-Wert > 4,1 |

**Tab. 14.11 HACCP-Plan für die Herstellung von Kartoffelsalat mit Ei**

| Produkt/ Prozeß | Hazard | CCP | Grenz-, Toleranzwert | Vorbeugende Maßnahmen/ Monitoring | Korrekturmaßnahmen |
|---|---|---|---|---|---|
| Salat-mayonnaise | Salmonellen, *Staph. aureus*, *E. coli* O157:H7 | CCP2 | Salmonellen negativ in 25 g, *Staph. aureus* und *E. coli* negativ in 1 g, pH-Wert ≤ 4,1 (eingestellt mit Essigsäure) t < 7 °C | Mikrobiologisch einwandfreie Rohstoffe, Reinigung und Desinfektion der Anlage | Chargen mit Abweichungen vom Grenzwert nicht verwenden bzw. nicht ausliefern |
| Kartoffel-scheiben, vakuum-verpackt, pasteurisiert | *Clostridium botulinum* A, B, E | CCP2 | $T_K$ 94 °C, 5 min | Zertifikat vom Lieferanten, Vakuum vorhanden, visuell prüfen | Bei Vakuumverlust keine Verwendung |
| Gurkenwürfel, pasteurisiert | *Listeria monocytogenes* | CCP1 | $T_K$ 85 °C, 5 min pH-Wert < 3,5, Essigsäure 0,8 %, t < 7 °C | Zertifikat vom Lieferanten | Bei visuellen Abweichungen (Bombage oder getrübter Aufguß) keine Verwendung |
| gekochte Eier, eingelegt in Lake | Salmonellen | CCP1 | $T_K$ 95 °C, 5 min Essigsäure 0,5–1,0 % Kochsalz 1,5–3,0 % t < 7 °C | Eier müssen hartgekocht sein, visuelle Prüfung, Essigsäuregehalt im Aufguß > 0,5–1,0 % | Bei Abweichungen Rückgabe an Lieferanten |
| geschnittene Eier | Verunreinigung mit pathogenen Bakterien | – | – | Reinigung und Desinfektion der Schneideeinrichtungen, tägliche Untersuchung von Schwachstellen | – |

**Tab. 14.11 HACCP-Plan für die Herstellung von Kartoffelsalat mit Ei *(Fortsetzung)***

| Produkt/ Prozeß | Hazard | CCP | Grenz-, Toleranzwert | Vorbeugende Maßnahmen/ Monitoring | Korrekturmaßnahmen |
|---|---|---|---|---|---|
| Mischer, Chargenbehälter, Abfüllmaschine | Verunreinigungen mit pathogenen Bakterien | – | Luftkeimgehalt: Hefen und Schimmelpilze negativ (Sedimentationsmethode, 30 min) | Reinigung und Desinfektion der Schneideeinrichtungen, tägliche Untersuchung von Schwachstellen, visuelle Kontrolle der Reinigung und Desinfektion | Nachreinigung bei visuell festgestellten Mängeln |
| Verpackungsmaterial | Verunreinigung mit pathogenen Bakterien | – | Verpackungsmaterial: Hefen und Schimmelpilze negativ/20 $cm^2$ | Visuelle Prüfung auf Sauberkeit und Transportumverpackung, Stichproben mikrobiologisch untersuchen | Bei Abweichungen Rückgabe und keine Verwendung |
| Verpacktes Endprodukt | Verunreinigung mit pathogenen Bakterien | CCP2 | Salmonellen negativ in 25 g, *Staph. aureus* und *E. coli* $< 10^2$/g, pH-Wert $\leq 4{,}5 \pm 0{,}1$ (eingestellt mit Essigsäure) $t \leq 5$ °C (Lager) | Stichprobenuntersuchung, pH-Wert messen | Keine Auslieferung bei pH-Wert > 4,6 |

Gefahren überwacht werden kann, Festlegung von Methoden zur Überwachung (Monitoring) und Angabe von Korrekturmaßnahmen bei auftretenden Abweichungen von den Sollwerten.

## Literatur


[1] Anon. (1968): Leitsätze für Mayonnaise, Salatmayonnaise und Remoulade. Die Feinkostwirtschaft **5**, 147–150.

[2] Anon. (1972): Leitsätze für Feinkostsalate. Die Feinkostwirtschaft **9**, 4–7.

[3] Anon. (1980): Richtlinie für Tomatenketchup, ZFL **31**, 52.

[4] Anon. (1986): Verordnung (EWG) Nr. 1764/86 der Kommission vom 27.5.1986 über Mindestqualitätsanforderungen an Verarbeitungserzeugnisse aus Tomaten, die für eine Produktionsbeihilfe in Betracht kommen. Amtsblatt der Europäischen Gemeinschaften Nr. L 153/1–17.

[5] Anon. (1992): Mikrobiologische Richt- und Warnwerte zur Beurteilung von Feinkost-Salaten. Lebensmitteltechnik **24**, 12.

[6] Anon. (1993): Verordnung über die hygienischen Anforderungen an Eiprodukte (Eiprodukte-Verordnung), Bundesgesetzblatt Teil I, Nr. 71, S. 288–330.

[7] Anon. (1994): Entscheidung der Kommission vom 20.5.1994 mit Durchführungsvorschriften zu der Richtlinie 91/493/EWG betreffend die Eigenkontrollen bei Fischerzeugnissen. Amtsblatt der Europäischen Gemeinschaften Nr. L 156/50 vom 23.6.1994.

[8] Anon. (1995): Tätigkeitsbericht des Bundesverbandes der Deutschen Feinkostindustrie e.V., Bonn.

[9] Baumgart, J. (1965): Zur Mikroflora von Mayonnaisen und mayonnaisehaltigen Zubereitungen. Fleischw. **45**, 1437–1442, 1445.

[10] Baumgart, J., Libuda, H. (1977): Haltbarkeit von Mayonnaisen und Feinkostsalaten in Abhängigkeit vom Konservierungsstoff- und Essigsäureanteil. Intern. Zeitschr. für Lebensmittel-Technologie und -Verfahrenstechnik **28**, 181–182.

[11] Baumgart, J., Hauschild, G. (1980): Einfluß von Weinsäure auf die Haltbarkeit von Feinkost-Salaten. Fleischw. **60**, 1052, 1055.

[12] Baumgart, J., Weber, B., Hanekamp, B. (1983): Mikrobiologische Stabilität von Feinkosterzeugnissen. Fleischw. **63**, 93–94.

[13] Baumgart, J., Hippe, H., Weber, B. (1984): Verderb pasteurisierter Feinkostsalate durch Clostridien. Chem. Mikrobiol. Technol. Lebensm. **8**, 109–114.

[14] Brocklehurst, T.F., Lund, B.M. (1984): Microbiological changes in mayonnaise-based salads during storage. Food Microbiol. **1**, 5–12.

[15] Chipley, J.R. (1993): Sodium benzoate and benzoic acid, in: P.M. Davidson and A.L. Branen (eds.): Antimicrobials in Foods, ed., New York: Marcel Dekker Inc., S. 11–48.

[16] Chirife, J., Vigo, M.S., Gomez, R.G., Favetto, G.J. (1989): Water activity and chemical composition of mayonnaises. J. Food Sci. **54**, 1658–1659.

[17] Collins, M.A. (1985): Effect of pH and acidulant type on the survival of some food poisoning bacteria in mayonnaise. Mikrobiologie-Aliments-Nutrition **3**, 215–221.

[18] Conner, D.E., Kotrola, J.S. (1995): Growth and survival of *Escherichia coli* O157:H7 under acidic conditions. Appl. Environ. Microbiol. **61**, 282–285.

[19] Debevere, J.M. (1987): The use of buffered acidulant systems to improve the microbiological stability of acid foods. Food Microbiol. **4**, 105–114.

[20] Debevere, J.M. (1988): Effect of buffered acidulant systems on the survival of some food poisoning bacteria in medium acid media. Food Microbiol. **5**, 135–139.

[21] DGHM (1988): Mikrobiologische Richt- und Warnwerte zur Beurteilung von Lebensmitteln. Eine Empfehlung der Arbeitsgruppe der Kommission Lebensmittel-Mikrobiologie und -Hygiene der Deutschen Gesellschaft für Hygiene und Mikrobiologie. Bundesgesundheitsblatt **31**, 93–94.

[22] DOORES, ST. (1993): Organic acids, in: P.M. DAVIDSON and A.L. BRANEN (eds.), Antimicrobials in Foods, sec. ed., New York: Marcel Dekker, S. 95–136.

[23] EDINGER, W.D., SPLITTSTOESSER, D.F. (1986): Sorbate tolerance by lactic acid bacteria associated with grapes and wine. J. Food Sci. **51**, 1077–1078.

[24] EKLUND, T. (1989): Organic acid and esters, in: G.W. GOULD (ed.), Mechanisms of Action of Food Preservation Procedures, London: Elsevier Appl. Sci., S. 161–200.

[25] EL-SHENAWY, M.A., MARTH, E.H. (1991): Organic acids enhance the antilisterial activity of potassium sorbate. J. Food Protection **54**, 593–597.

[26] ERICKSON, J.P., MCKENNA, D.N., WOODRUFF, M.A., BLOOM, J.S. (1993): Fate of *Salmonella* spp., *Listeria monocytogenes*, and indigenous spoilage microorganisms in home-style salads prepared with commercial real mayonnaise or reduced calorie mayonnaise dressings. J. Food Protection **56**, 1015–1021.

[27] FDA, US Food and Drug Administration (1990): Code of Federal Regulations, Title 21, Parts 101.100 and 169.140. US Government Printing Office, Washington D.C., USA.

[28] FELDMANN, K. (1985): Amylaseaktivität von Mikroorganismen in Feinkostprodukten. Dipl.-Arbeit, Fachbereich Lebensmitteltechnologie, FH Lippe, Lemgo.

[29] GLASS, K.A., DOYLE, M.P. (1991): Fate of Salmonella and *Listeria monocytogenes* in commercial reduced calorie mayonnaise. J. Food Protection **54**, 691–695.

[30] HALASZ, A., BARATH, A., SIMON-SARKADI, L., HOLZAPFEL, W. (1994): Biogenic amines and their production by microorganisms in food. Trends in Food Sci. & Technol. **5**, 42–49.

[31] HOUTSMA, P.C., DE WIT, J.C., ROMBOUTS, F.M. (1993): Minimum inhibitory concentration (MIC) of sodium lactate for pathogens and spoilage organisms occurring in meat products. Int. J. Food Microbiol. **20**, 247–257.

[32] HUHTANEN, C.N., NAGHSKI, J., CUSTER, C.S., RUSSEL, R.W. (1976): Growth and toxin production by *Clostridium botulinum* in moldy tomato juice. Appl. Environ. Microbiol. **32**, 711–715.

[33] IAMFES (1991): Procedures to implement the Hazard Analysis Critical Control Point System, publ. by the International Association of Milk, Food and Environmental Sanitarians, Inc., Ames, Iowa

[34] ICMSF, International Commission on Microbiological Specifications for Foods (1980): Fats and oils, in: Microbial Ecology of Foods, Vol. II, Food Commodities, London: Academic Press, S. 752–777.

[35] ILSI, International Life Science Institute (1993): A simple guide to understanding and applying the Hazard Analysis Critical Control Point Concept,Washington D.C.: ILSI Press.

[36] JERMINI, M.F.G, SCHMIDT-LORENZ, W. (1987): Activity of Na-benzoat and ethyl-paraben against osmotolerant yeasts at different water activity values. J. Food Protection **50**, 920–927.

[37] LEHR, S. (1993): Einfluß von Milchsäure auf Feinkosterzeugnisse. Dipl.-Arbeit Fachbereich Lebensmitteltechnologie, FH Lippe, Lemgo.

[38] LOCK, J.L., BOARD, R.G. (1995): The fate of *Salmonella enteritidis* PT4 in home-made mayonnaise prepared from artificially inoculated eggs. Food Microbiol. **12**, 181–186.

[39] MENG, J., DOYLE, M.P., ZHAO, T., ZHAO, S. (1994): Detection and control of *Escherichia coli* 0157: H7 in foods. Trends in Food Sci. & Technol. **5**, 179–185.

[40] MEYER, R.S., GRANT, M.A., LUEDECKE, L.O., LEUNG, H.K. (1989): Effects of pH and water activity on microbiological stability of salad dressing. J. Food Protection **52**, 477–479.

[41] MINOR, T.E., MARTH, E.H. (1970): Growth of *Staphylococcus aureus* in acidified pasteurized milk. J. Milk Food Technol. **33**, 516–520.

[42) MORTIMORE, S., WALLACE, C. (1994): HACCP A practical approach. London: Chapman & Hall.

[43] MÜRAU, H.J. (1980): Richtlinie für Tomatenketchup. Intern. Zeitschrift für Lebensmittel-Technologie und -Verfahrenstechnik **31,** 52.

[44] NACMCF, The National Advisory Committee on Microbiological Criteria for Foods (1992): Hazard Analysis and Critical Control Point Concept. Int. J. Food Microbiol. **16**, 1–23.

[45] NOTERMANS, S., DUFRENNE, J., KEIJBETS, M.J.H. (1981): Vacuum-packed cooked potatoes: Toxin production by *Clostridium botulinum and* shelf life. J. Food Protection **44**, 572–575.

[46] NOTERMANS, S., ZWIETERING, M.H., MEAD, G.C. (1994): The HACCP concept: identification of potentially hazardous micro-organisms. Food Microbiol. **11**, 203–214.

[47] NUNHEIMER, T.D., FABIAN, F.W. (1940): Influence of organic acids, sugars, and sodium chloride upon strains of food poisoning staphylococci. Am. J. Public Health **30**, 1040, zit. nach Eklund, 1989.

[48] ODLAUG, TH.E., PFLUG, I. (1979): *Clostridium botulinum* growth and toxin production in tomato juice containing *Aspergillus gracilis.* Appl. Environ. Microbiol. **37**, 496–504.

[49] PHILIPP, G.D. (1985a): Technologische und praktische Aspekte bei der Herstellung von würzenden Saucen. Lebensmitteltechnik **17**, 158–163.

[50] PHILIPP, G.D. (1985b): Technologische und praktische Aspekte bei der Herstellung von würzenden Saucen. Teil II: Tomaten-Ketchup und Würz-Ketchup („Rote Saucen"). Lebensmitteltechnik **17**, 222–226.

[51] RADFORD, S.A., BOARD, R.G. (1993): Review: Fate of pathogens in home-made mayonnaise and related products. Food Microbiology **10**, 269–278.

[52] RAGHUBEER, E.V., KE, J.S., CAMPBELL, M.L., MEYER, R.S. (1995): Fate of *Escherichia coli* O157:H7 and other coliforms in commercial mayonnaise and refrigerated salad dressing. J. Food Protection **58**, 13–18.

[53] RICHARDS, R.M.E., XING, D.K.L., KING, T.P. (1995): Activity of p-aminobenzoic acid prepared with other organic acids against selected bacteria. J. appl. Bact. **78**, 209–215.

[54] RIPPEN, TH.E., HACKNEY, C.R. (1992): Pasteurization of seafood: Potential for shelf-life extension and pathogen control. Food Technol. **46**, 88–94.

[55] ROBINSON, T.P., WIMPENNY, J.W.T., EARNSHAW, R.C. (1994): Modelling the growth of *Clostridium sporogenes* in tomato juice contaminated with mould. Letters in appl. Microbiol. **19**, 129–133.

[56] SEALS, J.E., SNYDER, J.D., EDELL, T.A., HATHEWAY, CH.L., JOHNSON, C.J., SWANSON, R.C., HUGHES, J.M. (1981): Restaurant-associated type A botulism: Transmission by potato salad, Amer. J. Epidemiol. **113**, 436–444.

[57] SINELL, H.-J., BAUMGART, J. (1966): Über die Wirksamkeit von Sorbin-und Benzoesäure gegenüber Hefen in Mayonnaisen. Die Feinkostwirtschaft **3**, 79–82.

[58] SMITTLE, R.B. (1977): Microbiology of mayonnaise and salad dressing: A review. J. Food Protection **40**, 415–422.

[59] SMITTLE, R.B., FLOWERS, R.S. (1982): Acid tolerant microorganisms involved in the spoilage of salad dressings. J. Food Protection **45**, 977–983.

[60] SORRELLS, K.M., ENIGL, D.C., HATFIELD, J.R. (1989): Effect of pH, acidulant, time, and temperature on the growth of *Listeria monocytogenes.* J. Food Protection **52**, 571–573.

[61] STÖLTZING, U. (1987): Einfluß von Essigsäure und Puffersubstanzen auf die Haltbarkeit und die sensorischen Eigenschaften unkonservierter Salatmayonnaise. Lebensmitteltechnik **19**, 96–99.

[62] TERRY, R.C., OVERCAST, W.W. (1976): A microbiological profile of commercially prepared salads. J. Food Sci. **41**, 211–213.

[63] WARTH, A.D. (1985): Resistance of yeast species to benzoic and sorbic acids and to sulfur dioxide. J. Food Protection **48**, 564–569.

[64] WEAGANT, ST.D., BRYANT, J.L., BARK, D.H. (1994): Survival of *Escherichia coli* 0157: H7 in mayonnaise and mayonnaise-based sauces at room and refrigerated temperatures. J. Food Protection **57**, 629–631.

[65] ZHAO, T., DOYLE, M.P. (1994): Fate of enterohemorrhagic *Escherichia coli* O157: H7 in commercial mayonnaise. J. Food Protection **57**, 780–783.

[66] ZASTROW, K.-D., SCHÖNEBERG, I. (1993): Ausbrüche lebensmittelbedingter und mikrobiell bedingter Intoxikationen in der Bundesrepublik Deutschland 1991. Gesundh.-Wes. **55**, 250–253.

[67] ZIMMER, E. (1993): Vergleich verschiedener Verfahren zum Nachweis und zur Beurteilung von Schimmelpilzkontaminationen in Tomatenmark. Dipl.-Arbeit Fachbereich Lebensmitteltechnologie, FH Lippe, Lemgo.

[68] ZSCHALER, R. (1976): Einfluß von physikalischen und chemischen Faktoren auf die Haltbarkeit von Feinkost-Erzeugnissen. Alimenta **15**, 185–188.
[66] ZZulV (1981): Zusatzstoff-Zulassungsverordnung vom 22.12. 1981. BGBl. I S. 1633.

Für die zahlreichen Anregungen und Hinweise danke ich Herrn K. Schmidt, Wiss. Leiter in der Fa. Homann Lebensmittelwerke Dissen, Herrn E. Füngers und Herrn Dipl.-Ing. D. Schiller, Fa. Füngers-Feinkost, Wuppertal, sowie Herrn Dipl.-Ing. H. Böddeker, Le.Picant Feinkost, Schloß Holte-Stukenbrock.

# 15 Backwaren

G. Spicher

## 15.1 Einleitung

Gefährdungen (Hazards) der Qualität und der Haltbarkeit von Backwaren gehen vornehmlich von Mikroorganismen aus. Unter ihnen stehen die Schimmelpilze als Erreger eines Verderbs (insbesondere Schimmelbildung) und als Ursache einer Gefährdung der Gesundheit des Konsumenten (Mykotoxinbildung) im Vordergrund. Ein von Bakterien ausgehender Verderb wie auch das Wachstum von Erregern lebensmittelbedingter Erkrankungen sind nur bei Backwaren zu erwarten, die einen höheren $a_w$-Wert aufweisen, vor allem solchen, die Cremes, Füllungen, Überzüge etc. enthalten. Es soll daher an dieser Stelle vornehmlich aufgezeigt werden, welche Kontrollen und präventiven Maßnahmen den Bäckereibetrieben zur Gewährleistung einer „Guten Herstellungspraxis" und damit zur Minimierung des Risikos der Kontamination der Rohstoffe, der Zwischenprodukte und der Backware mit Schimmelpilzen empfohlen werden.

Eine Kontamination der Rohstoffe und der Backwaren mit chemischen Rückständen, wie etwa von Pestiziden, Insektiziden, Fremdkörpern u. dgl., spielt demgegenüber keine oder nur eine untergeordnete Rolle (N. N., 1981).

## 15.2 Die Technologie der Backwaren

Den Backwaren ordnen sich Brot einschließlich Kleingebäck und Feine Backwaren einschließlich Dauerbackwaren zu.

### 15.2.1 Brot und Kleingebäck

Gemäß der Begriffsbestimmung der Leitsätze des Deutschen Lebensmittelbuches wird Brot ganz oder teilweise aus Getreide und/oder Getreideerzeugnissen, meist nach Zugabe von Flüssigkeit sowie von anderen Lebensmitteln (z. B. Leguminosen-, Kartoffelerzeugnisse), in der Regel durch Kneten, Formen, Lockern, Backen oder Heißextrudieren des Brotteiges hergestellt (Abb. 15.1). Kleingebäck entspricht den Anforderungen an Brot (Seibel und Spicher, 1991).

Bei der Herstellung von Brot unter Verwendung von Roggenmehl ist zumeist eine Säuerung des Teiges bzw. Heranführung eines Sauerteiges erforderlich (Spicher und Stephan, 1993). Dies ist der Fall, wenn der Anteil des Roggenmehles 20 % und mehr beträgt. Hierzu werden verschiedene Verfahren (Sauerteigführungen) angewandt (Abb. 15.2).

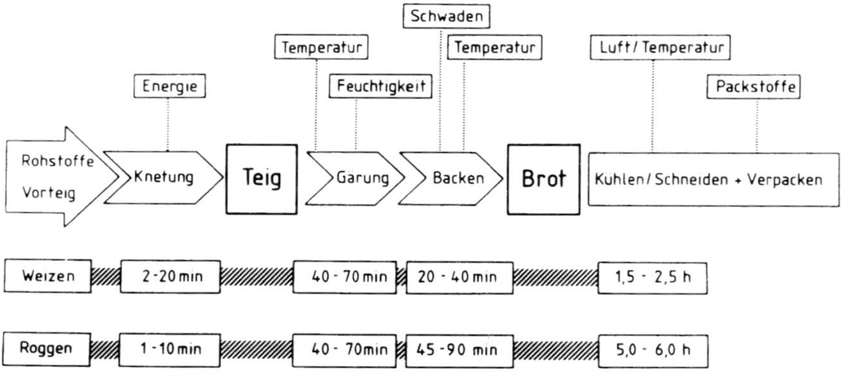


**Abb. 15.1 Fließschema zur Herstellung von Brot (SEIBEL, 1979)**

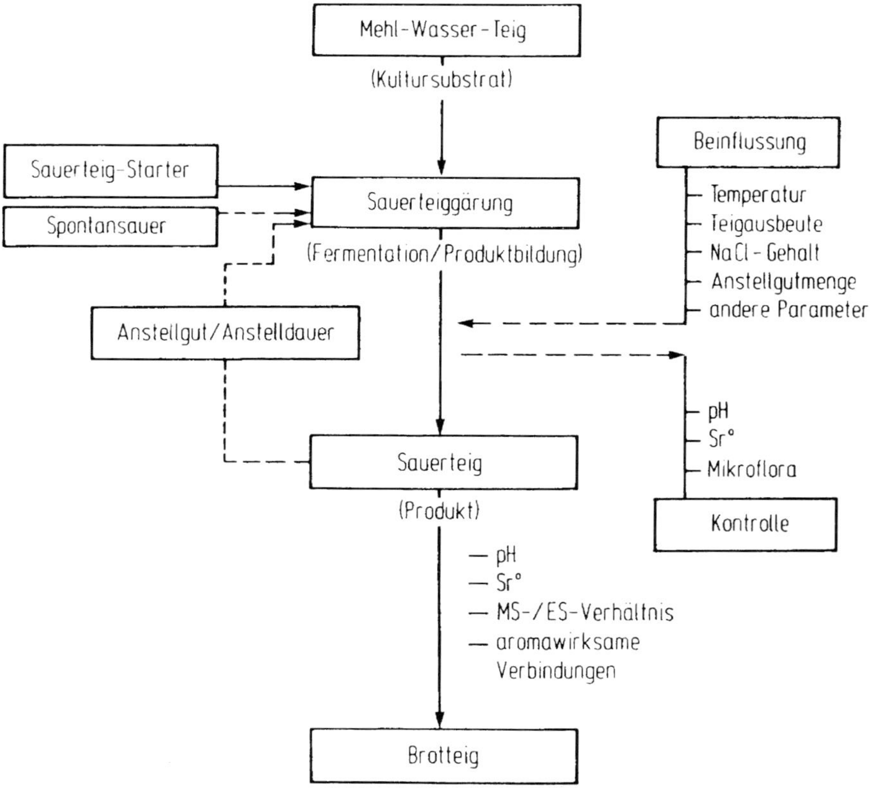


**Abb. 15.2 Fließschema zur Herstellung von Sauerteigen (SPICHER und STEPHAN, 1993)**

## 15.2.2 Vorgebackene Erzeugnisse

Vorgebackene Erzeugnisse entsprechen gemäß den Begriffsbestimmungen der Leitsätze des Deutschen Lebensmittelbuches in ihrer Zusammensetzung und Herstellung Brot und Kleingebäck, für deren Herstellung sie bestimmt sind (N. N., 1994d).

## 15.2.3 Feine Backwaren

Feine Backwaren (sie umfassen die früheren Gebäckkategorien „Feinbackwaren" und „Dauerbackwaren") werden aus Teigen oder Massen durch Backen, Rösten, Trocknen, Kochextrusion oder andere Verfahren hergestellt (Abb. 15.3). Die Teige oder Massen werden unter Verwendung von Getreide und/oder Getreideerzeug-

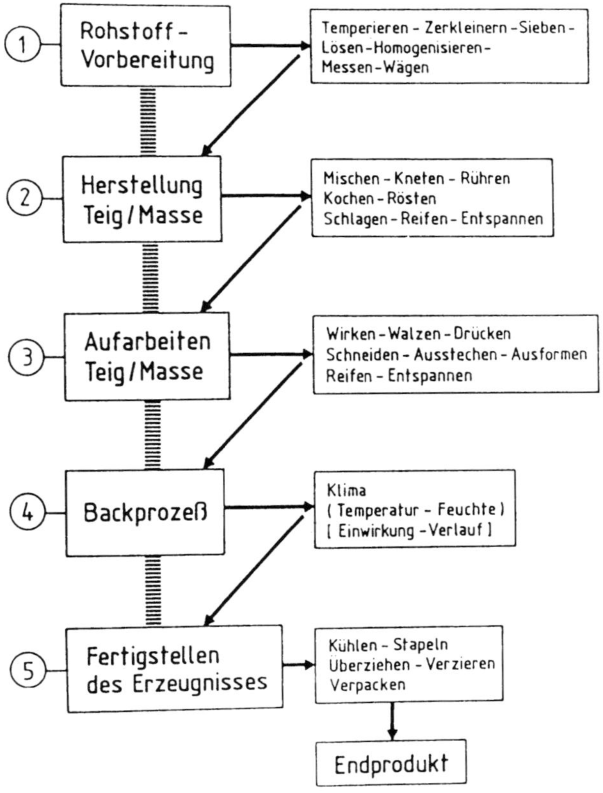


**Abb. 15.3 Fließschema zur Herstellung Feiner Backwaren (Bretschneider, 1991)**

nissen, Stärken, Fetten, Zuckerarten bereitet. Feine Backwaren unterscheiden sich von Brot und Kleingebäck dadurch, daß ihr Gehalt an Fett und/oder Zuckerarten mehr als 10 Teile auf 90 Teile Getreide und/oder Getreideerzeugnisse und/oder Stärke beträgt (SEIBEL, 1991; N. N., 1992). Dauerbackwaren sind Feine Backwaren, deren Genießbarkeit durch eine längere, sachgemäße Lagerung nicht beeinträchtigt wird.

## 15.3 Die Wege der mikrobiellen Kontamination

Die Kontamination der Backware durch Mikroorganismen tritt an verschiedenen Stellen und zu unterschiedlichen Zeitpunkten im Ablauf ihrer Herstellung ein. Sie kann als primäre Kontamination, ausgehend von den Rohstoffen, den Zusatzstoffen und den Hilfsstoffen, als sekundäre Kontamination im Verlaufe der Produktion der Backwaren oder als Rekontamination der fertigen, mehr oder weniger keimarmen bzw. keimfreien Backware nach dem Backprozeß erfolgen. Ebenfalls ist eine Vermehrung der infolge einer Kontamination aufgetretenen Mikroorganismen im Verlauf der Herstellung oder Lagerung der Backware in Betracht zu ziehen (Abb. 15.4).

Die Kontamination der Backware mit Schimmelpilzen tritt im wesentlichen auf, nachdem diese den Backofen verlassen hat (Rekontamination). Sie erfolgt vornehmlich während des innerbetrieblichen Transports, der Auskühlung, der Lagerung und des Schneidens und/oder des Verpackens.

Welche Bedeutung einer Kontaminationsquelle jeweils zukommt, hängt von der örtlichen Situation in dem Produktionsbetrieb bzw. Produktionsbereich und von

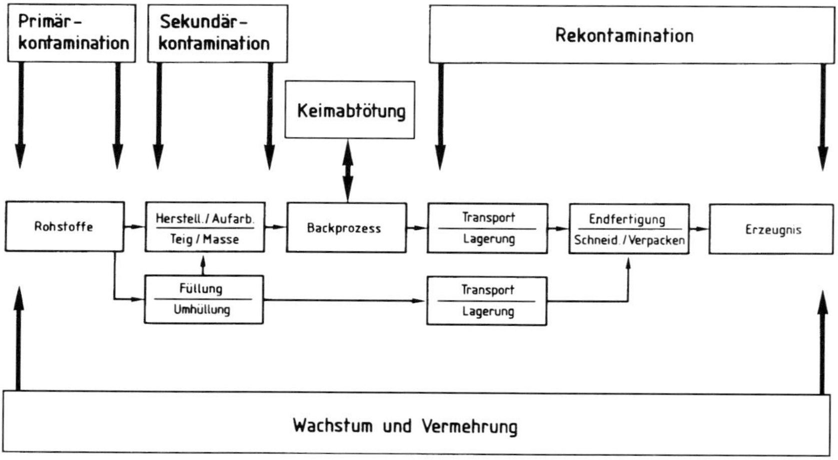


**Abb. 15.4 Ursachen einer mikrobiellen Kontamination von Backwaren (SPICHER, 1980)**

der Art des erzeugten Produktes ab (u. a. dessen Gehalt an Nährstoffen, $a_W$-Wert) sowie von der eingesetzten Technologie. Daraus ergeben sich für einen jeden Herstellerbetrieb spezifische Hygiene-Risiken, die zudem auch regional anders gelagert sein können und deren Auswirkung von zahlreichen Faktoren abhängt.

Die Rekontamination mit Schimmelpilzen erfolgt teils durch indirekte bzw. Luftkontamination, teils durch direkte bzw. Kontaktkontamination (Abb. 15.5).

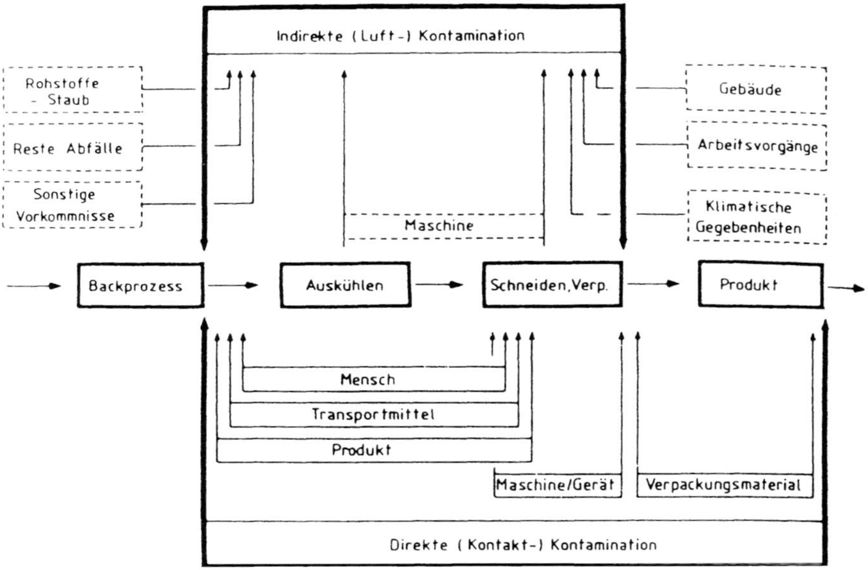


**Abb. 15.5 Wege der Kontamination der Backware mit Mikroorganismen im Verlaufe ihrer Herstellung (Spicher, 1980)**

## 15.3.1 Indirekte (Luft-) Kontamination

Die indirekte Kontamination ist durch eine Streuquelle (deren Art und Lage) bestimmt, von der die Verunreinigung der Luft in den Produktions- und Lagerräumen ihren Ausgang nimmt, sowie von verschiedenen Faktoren, die über die Übertragung der Mikroorganismen in die Luft und von dort auf die Oberfläche des Erzeugnisses entscheiden (u. a. Luftbewegung, Schwankungen der Raumtemperatur und Luftfeuchtigkeit). Diese ist vornehmlich innerhalb des Betriebes zu suchen. In der Regel besteht keine Beziehung zum Umfang und zur Zusammensetzung der mikrobiellen Verunreinigung der Luft außerhalb des Betriebes, es sei denn, daß die Mikroorganismen durch eine Anlage zur Versorgung der Produktions- und Lagerräume mit Frischluft zwangsweise Eingang finden (Spicher, 1980).

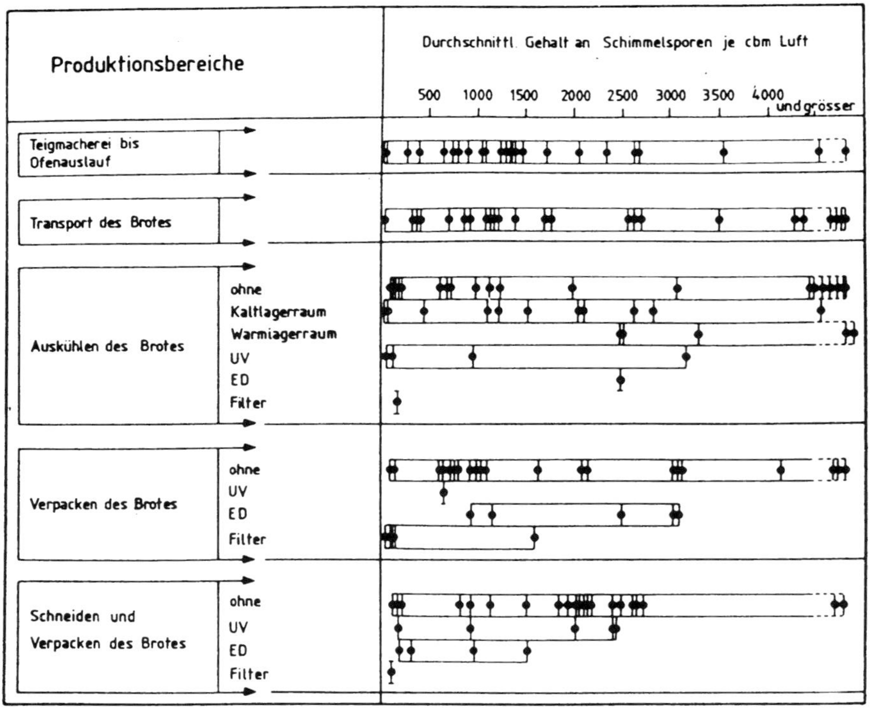


**Abb. 15.6 Das Risiko einer indirekten Kontamination der Backware mit Schimmelpilzen (ɸ = mittlerer Keimgehalt in den untersuchten Betrieben) während des Transportes, des Abkühlens, des Schneidens und des Verpackens (SPICHER, 1980)**

Die Backware durchläuft Produktionsbereiche, die mit bis zu 17.000 Schimmelsporen je m$^3$ Raumluft belastet sind (Abb. 15.6). Sie kann zeitweilig sogar einem Kontaminationsrisiko von 90.000 Schimmelsporen je m$^3$ Luft ausgesetzt sein. Im Bereich des Transportes, des Auskühlens, des Schneidens und/oder Verpackens tritt nicht selten eine wesentlich höhere Belastung der Luft mit Schimmelsporen auf, und diese ist oft weitaus größeren Schwankungen unterworfen als etwa an der Stelle der Verarbeitung des Mehles.

## 15.3.2 Direkte (Kontakt-) Kontamination

Die Stellen der direkten Übertragung von Mikroorganismen treten insbesondere dort zu Tage, wo infolge mangelhafter Reinigung Reste zurückbleiben und sich Kontaminationsherde ausbilden (d. s. Transporteinrichtungen, Schneide- und Verpackungsmaschinen, Gerätschaften u. dgl.). Hinzu kommen die Verpackungs-

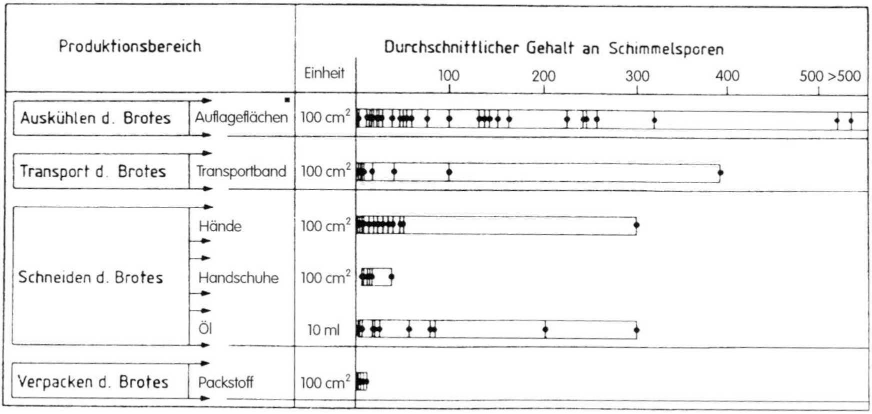


**Abb. 15.7 Das Risiko einer direkten Kontamination der Backware mit Schimmelpilzen (ɸ = mittlerer Keimgehalt in den untersuchten Betrieben) im Verlaufe ihrer Produktion (SPICHER, 1980)**

materialien und der an der Produktion beteiligte Mensch (Gesundheitszustand, Sauberkeit der Hände, Handschuhe, Arbeitskleidung). Die direkte Kontamination nimmt u. U. ein erhebliches Ausmaß an (Abb. 15.7).

Als Quelle einer direkten Kontamination ist auch die Backware in Betracht zu ziehen. Eine kontaminierte Backware ist nicht nur in ihrer Haltbarkeit gefährdet, sie kann zu einer Kontaminationsquelle werden. Gelangt sie zur Schneide- und Verpackungsanlage, dann führt dies im „günstigsten“ Falle „nur“ zur Kontamination der jeweiligen Verpackungseinheit. Die Schimmelpilze werden aber auf die Transporteinrichtungen sowie auf die Schneide- bzw. Verpackungsanlage übertragen, verbleiben dort unter Bildung von Kontaminationsherden und gefährden die nachfolgenden Erzeugnisse.

## 15.4 Die Erreger einer mikrobiellen Kontamination

Im Vordergrund des Kontaminationsgeschehens stehen Schimmelpilze und/oder Hefen. Bei Feinen Backwaren, die dem Backprozeß nicht vollauf unterworfen sind, treten auch Bakterien als Verderbserreger oder Erreger von Infektionen und Intoxikationen auf. Diese Verunreinigung geht überwiegend von einer primären oder sekundären Kontamination der Backware aus (Abb. 15.8).

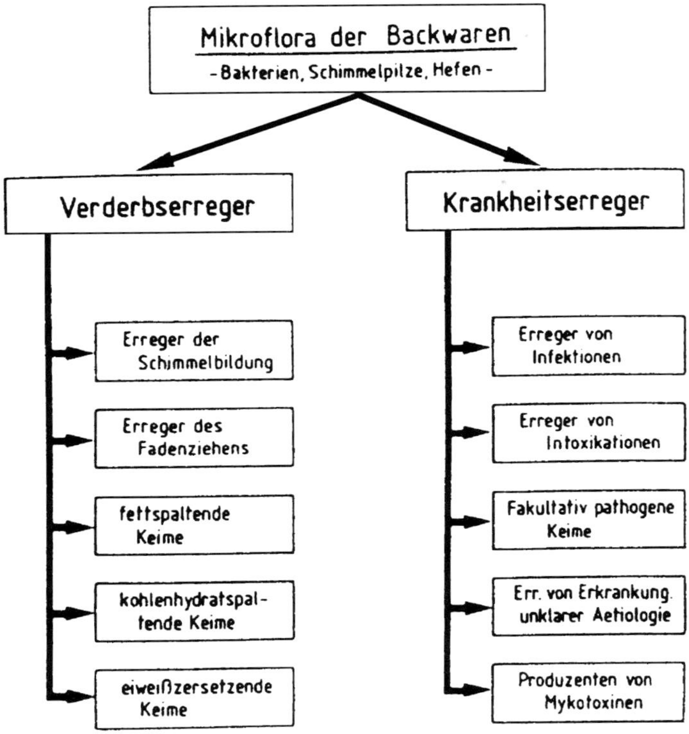


**Abb. 15.8 Mikroorganismen als Ursache von Gefährdungen und Beeinträchtigungen der Qualität von Backwaren (SPICHER et al., 1992)**

## 15.4.1 Bakterien als Verderbserreger

Bakterien treten als Erreger eines Verderbs bei Feinen Backwaren mit einem hohen $a_W$-Wert auf, d. s. solche, die Füllungen, Überzüge oder dgl. Bestandteile enthalten. Vor allem die verwendeten Cremes und Füllungen weisen bei Zimmertemperatur nicht selten nach 12stündiger Lagerung Keimzahlen um $10^6$ KBE/g auf. Der Verderb manifestiert sich in Säuerungen, Gärungen, Fettspaltung, Pigmentierung, Gasbildung oder Schleimbildung zumeist der Überzüge und der Füllungen. Beim gebackenen Teil einiger Backwaren (Weizenbrot, Weizenmischbrot, Hefegebäck sowie Hefe- und Backpulverkuchen) kann das sog. Fadenziehen (auch „Brotkrankheit" genannt), ausgehend von verschiedenen *Bacillus* spec., auftreten (RÖCKEN und SPICHER, 1993).

## 15.4.2 Bakterien als Erreger von Erkrankungen

Die durch Backwaren bedingten akuten Lebensmittelvergiftungen lassen sich vor allem auf eine unsachgemäße (hygienewidrige) Behandlung bei der Herstellung, bei der Zubereitung, der Lagerung, beim Transport und bei der Verteilung der Backware zurückführen. Derartige Vorfälle sind nach dem Genuß von gefülltem Kuchen, Bienenstich, glasiertem Kuchen (bzw. Kuchenglasur), Torten (Tortenfüllungen), Pfannkuchen, Fettgebäck, Cremewaffeln, creme- und sahnehaltigen Konditoreiwaren und Eclairs bekannt geworden. Diese standen ursächlich im Zusammenhang mit einer Kontamination durch Salmonellen, *Staphylococcus aureus*, Streptokokken und *Bacillus cereus* (Schönauer, 1993; Zastrow und Schöneberg, 1994).

Salmonellen: Salmonellen können sich zwar nicht in jeder Backware bzw. jedem Rezepturbestandteil vermehren, sie sind aber in vielen überlebensfähig. Ist ein Rezepturbestandteil einmal mit Salmonellen kontaminiert, dann bleiben diese z. T. recht lange lebensfähig (in Quark etwa 70 Tage, in Kokosraspeln 365 Tage, in getrocknetem Vollei über vier Jahre). Salmonellen, die mit den Händen auf die kalte Oberfläche von Zuckerwaren oder in die Schokoladenmasse in einer Conche gelangt waren, konnten noch nach Monaten nachgewiesen werden (Mohs, 1979).

Die Salmonellen werden durch den Backprozeß und durch die zur Keimfreimachung von Backwaren angewandte Pasteurisierung nicht abgetötet.

Soweit eine Erkrankung mit dem Genuß von Backwaren in Zusammenhang stand, ging die Kontamination vornehmlich auf die Rohstoffe zurück (insbesondere Ei, Eiprodukte, Kokosnußraspeln, Wasser), z. T. auch auf eine Kontamination im Verlaufe des Verarbeitungsprozesses (kontaminierte Gerätschaften, Mensch/Dauerausscheider, Ungeziefer; Spicher, 1956a, b).

Staphylokokken: Das von *Staphylococcus aureus* gebildete Enterotoxin überdauert den Backprozeß, die Pasteurisation und Trocknungsvorgänge. Die Staphylokokken-Flora einer Backware ist in der Regel auf eine mangelhafte Personalhygiene zurückzuführen. Diese wird zumeist direkt über verunreinigte Hände auf die Backwaren übertragen. Die Staphylokokken vermehren sich in eiweiß- oder kohlenhydratreichen gut durchfeuchteten Substraten schnell und erzeugen in ihnen Enterotoxin. Zur Bildung einer wirksamen Toxinmenge genügen bei Raumtemperatur bereits sechs Stunden. Derartige Störfälle sind bei Cremes, gefüllten Kuchen (u. a. Bienenstich), Tortenfüllungen, Glasuren und Teigwaren aufgetreten (Spicher, 1956a).

Streptokokken: Erkrankungen des Konsumenten nach dem Genuß von Backwaren wurden hervorgerufen durch Cremes und „Gebäck" (Spicher, 1956a).

*Bacillus cereus*: Auf Getreide und in den Mahlerzeugnissen sind Bazillen weit verbreitet. Ursache einer von *Bacillus cereus* ausgehenden Erkrankung vom „Diarrhoe-Typ" waren u. a. Cremes und gefüllte Konditoreierzeugnisse. Für das Zustandekommen ist die primäre Verunreinigung der Ausgangsprodukte entscheidend. Die durch andere *Bacillus*-Species (u. a. „Fadenzieher“ bzw. *Bacillus subtilis, B. megaterium, B. licheniformis*) verursachten Lebensmittelvergiftungen gleichen der *Bacillus cereus*-Intoxikation vom Diarrhoe-Typ.

### 15.4.3 Schimmelpilze als Verderbserreger

Schimmelpilze können in vielfältiger Weise auf die Qualität von Backwaren einwirken. Das Verschimmeln von Schnittbrot ist vornehmlich auf die Entwicklung von *Penicillium roqueforti* zurückzuführen (SPICHER, 1984a; SPICHER, 1985). Bei Feinen Backwaren bestimmen sowohl Schimmelpilze der Gattung *Penicillium* als auch der Gattung *Aspergillus* das Verderbsbild. Im Auftreten verschiedener Species besteht eine gewisse Abhängigkeit von der Rezeptur der Backware (SPICHER und ISFORT, 1986, 1987).

### 15.4.4 Schimmelpilze als Produzenten von Mykotoxinen

Einige der auf den Rohstoffen und auf den Backwaren auftretenden Schimmelpilze bilden Mykotoxine. Diese können zumeist durch den Backprozeß, die Pasteurisation oder andere technologische Maßnahmen nicht zerstört oder inaktiviert werden. Für das Auftreten von Mykotoxinen kommen (a) ein zur Herstellung verwendeter Rohstoff bzw. Rezepturbestandteil oder (b) das Wachstum eines mykotoxinproduzierenden Schimmelpilzes auf dem fertigen Erzeugnis in Betracht. Bei spontan verschimmelten Broten sind Aflatoxine, Citrinin, Ochratoxin A und Zearalenon nachgewiesen worden (SPICHER, 1984b). Untersuchungen an Rührkuchen gaben den Hinweis, daß gewisse Schimmelpilze in der Lage sind, auf Feinen Backwaren Aflatoxine, Patulin, Sterigmatocystin, Ochratoxin A und Citrinin zu bilden (REIß, 1981).

### 15.4.5 Hefen als Verderbserreger

Nicht-osmotolerante Hefen rufen u. a. die als „Kreidekrankheit“ bezeichnete Verderbnis gewisser Backwaren hervor. Als Erreger (Kreideschimmel) kommen vornehmlich die Gattungen *Endomyces fibuliger, Zygosaccaromyces bailii* und *Hyphopichia burtonii* in Betracht (SPICHER, 1984c). Osmotolerante Hefen (vor allem *Zygosaccharomyces rouxii*) treten in Substraten mit hoher Zuckerkonzentration (Überzüge, Füllungen, Fondants, Marzipan) als Erreger eines Verderbs auf. Sie verursachen einen alkoholischen Geruch und das Platzen der Überzüge.

### 15.4.6 Hefen als Erreger von Erkrankungen

Einige der in Getreideerzeugnissen und auf Backwaren vorkommenden Verderbserreger sind potentiell human-pathogen und können u. U. Mykosen hervorrufen. Dies betrifft insbesondere *Trichosporon cutaneum, Candida zeylanoides* und *Sporobolomyces salmonicolor*. Allerdings werden diese durch den Backprozeß inaktiviert.

## 15.5 Das Risiko des mikrobiellen Verderbs von Backwaren

Die Haltbarkeit von Brot wird vornehmlich durch eine Schimmelbildung begrenzt. Feine Backwaren sind gegenüber dem Wachstum von Schimmelpilzen empfindlicher. Dies beruht im wesentlichen auf der Bereitschaft zur Aufnahme von Feuchtigkeit, sei es von der umgebenden Atmosphäre her oder infolge Wanderung der Feuchtigkeit im Innern der Backware von Stellen mit höherem Feuchtigkeitsgehalt (Füllungen, Auflagen, Früchte u. a.) zu Teilen mit geringerem Wassergehalt (Krume), in deren Gefolge sich lokal die für das Wachstum von Mikroorganismen günstigen Bedingungen bilden. Zum anderen sind in feiner geporten Backwaren (z. B. Tortenböden) infolge der auftretenden höheren kapillaren Wasserbindungskräfte bessere Voraussetzungen für das Wachstum von Mikroorganismen gegeben. Zudem ist die Verteilung des Wassers innerhalb einer Backware in der Regel um so ungleichmäßiger, je größer das Volumen ist. Ebenfalls ist die Oberfläche der Feinen Backware nicht so geschlossen wie etwa die Kruste des Brotes. Oft ist der Wassergehalt an bestimmten Stellen höher als an anderen, so etwa beim Sandkuchen im und dicht unter dem Ausbund. Eine Veränderung im Gehalt und in der Verteilung der Feuchtigkeit ist nicht selten die Folge einer unsachgemäßen Behandlung der Backware. Unter Umständen ergeben sich erst dadurch die für das Wachstum von Mikroorganismen erforderlichen Voraussetzungen, z. B. wenn das Produkt nach dem Backen warm verpackt wurde (Hitzestau mit nachfolgender Bildung von Kondenswasser), oder wenn eine verpackte Ware wechselnden Temperaturen oder direkter Sonneneinstrahlung ausgesetzt ist.

### 15.5.1 Feine Backwaren aus Feinteigen mit Hefe

**Feine Backwaren aus zutatenarmen (leichten) oder zutatenreichen (schweren) Feinteigen mit Hefe** (N. N., 1992) besitzen z. T. einen relativ hohen Feuchtigkeitsgehalt (15–30 %; Abb. 15.9). Sie sind mehr oder weniger schimmelanfällig. Mitunter rufen bereits kurzfristig ungünstige Lagerungsbedingungen eine Kondenswasserbildung hervor, die zumeist ein Schimmelwachstum zur Folge hat. Teilweise sind etwas feuchtere Stellen im Gebäck (eingebackene Rosinen u. dgl.) der Ausgangspunkt des Schimmelwachstums. Besonders anfällig sind Backwaren mit Füllungen wie etwa Mohnkuchen (Wassergehalt der Füllung ca. 32 %) oder verpackte Quarkkuchen (Wassergehalt der Quarkmasse ca. 65 %).

Gelegentlich sind auch Feine Backwaren aus zutatenreichen Hefefeinteigen (z. B. Stollen) für eine Schimmelbildung anfällig, insbesondere wenn die gewünschte „weich-saftige" Krume durch Erhöhung der Zugußmenge in Verbindung mit dem Einsatz von Quellstoffen herbeigeführt wird. Dadurch steigt der $a_w$-Wert der Krume an. Zudem wird zur Erzielung einer gewissen Saftigkeit des Erzeugnisses auch etwas knapper gebacken.

**Feine Backwaren aus sonstigen Feinteigen mit Hefe** ordnen sich teils Backwaren mit feucht-weicher Form zu, teils Gebäcken mit trocken-röscher Krume (N. N., 1992). Bei letzteren ist die Haltbarkeit kaum ein Problem (Wassergehalt 2 % bis höchstens 8 %). Bei Erzeugnissen, die eine feucht-weiche Krume besitzen und Füllungen und/oder Auflagen enthalten (z. B. Quarkfüllung oder Marzipan), kann es zur Entwicklung von Schimmelpilzen, Hefen oder Bakterien kommen.

## 15.5.2 Feine Backwaren aus Feinteigen ohne Hefe

**Feine Backwaren aus Laugengebäckteigen ohne Hefe** und **Feine Backwaren aus Kräckerteigen ohne Hefe** (N. N., 1992) sind allgemein nicht gefährdet (Wassergehalt 2 bis höchstens 8 %; Abb. 15.9). Auch ein mikrobieller Verderb von **Feinen Backwaren aus Hartkeksteigen** (N. N., 1992) ist allgemein nicht gegeben (Wassergehalt z. T. zwischen 1 und 2 %; Abb. 15.9).

Bei **Feinen Backwaren aus Mürbteigen** (Mürbkeks, Sandgebäck, Spritzgebäck, Tortenböden, Mandelspekulatius, Teegebäck) tritt in der Regel kein Schimmelwachstum auf (Wassergehalt 5 %; Abb. 15.9). Dies kann jedoch der Fall sein, wenn es infolge unsachgemäßer Behandlung, Verpackung oder Lagerung (z. B. von Tortenböden, Torteletts) zur Bildung von Feuchtigkeitsniederschlägen kommt. (Mürbteige (auch Streusel), die allgemein einen relativ hohen Fettgehalt von etwa 20 bis 35 % aufweisen, sind sowohl hydrolytischem als auch oxidativem Fettverderb ausgesetzt, vor allem, wenn nicht geeignete Fette verarbeitet wurden und das Gebäck feucht wird. Ungebackene Mürbteige und Streusel können unter ungünstigen Lagerungsbedingungen sehr schnell seifig werden, wenn die verarbeiteten Fette niedere Fettsäuren enthalten.

Bei **Feinen Backwaren aus Lebkuchenteigen und -massen** (N. N., 1992) ist – solange diese keine Füllung enthalten und nicht mit einem Überzug versehen sind (Wassergehalt 8 bis 16 %) – eine Entwicklung von Schimmelpilzen kaum zu erwarten. Enthält ein Lebkuchen eine Füllung (z. B. Fruchtmark und/oder Marzipan), dann können sich infolge Wanderung und Eindringen von Feuchtigkeit in den gebackenen Teil der Backware auch in dieser Zone die Vorbedingungen für eine Schimmelbildung entwickeln. Begünstigend kommt hinzu, daß durch einen Überzug mit Schokolade (Kuvertüre) die Abgabe von Feuchtigkeit nach außen verhindert wird. Bei Lebkuchen, die mit Marzipan gefüllt und mit einer Kuvertüre überzogen sind, ist zudem mit Schäden zu rechnen, die von *Zygosaccharomyces rouxii* ausgehen. Durch den bei der Gärung entstehenden $CO_2$-Überdruck wird der Überzug gesprengt. Folgend kommt es zum Austrocknen des Stückes, manchmal zum Austritt der Füllung.

Die Haltbarkeit von **Feinen Backwaren aus Blätterteigen** (N. N., 1992) bietet keine Schwierigkeiten. Bei unsachgemäßer Lagerung kann ein Fettverderb eintreten und ein ranziger Geschmack aufkommen.

## 15.5.3 Feine Backwaren aus Massen mit Aufschlag

Allgemein sind **Feine Backwaren aus Biskuitmassen** (N. N., 1992) keiner mikrobiellen Einwirkung ausgesetzt. Biskuit-Tortenböden werden zumeist verpackt und gelangen erst über lange Vertriebswege und Lieferzeiten zum Verbraucher. Die Anfälligkeit für den mikrobiellen Verderb liegt in der weitgehend wasserdampfdichten Verpackung begründet. Bei fehlerhaftem, zu warmem Einpacken oder bei Temperaturschwankungen im Verlaufe der Lagerung bilden sich Kondensniederschläge auf der Oberfläche der Backware.

Bei **Feinen Backwaren aus Wiener Massen, Feinen Backwaren aus Rührmassen** und **Feinen Backwaren aus Sandmassen** (N. N., 1992) ist wegen des begrenzten Wassergehaltes des gebackenen Teils zumeist erst nach Verlauf von etwa 14 Tagen mit dem Auftreten einer Schimmelbildung zu rechnen (Abb. 15.9). Die Haltbarkeit steht jedoch in Abhängigkeit von der Rezeptur. Wird die Backware z. B. mit einer Obstauflage versehen (Apfelsandkuchen), dann ist eine wirksame Unterbindung des Schimmelwachstums ohne Maßnahmen zur Konservierung (Konservierungsmittel und/oder $CO_2$-Verpackung) kaum über mehr als 3 bis 4 Tage zu erzielen. Die Schimmelbildung wird ebenfalls akut, wenn diese Backwaren verpackt in den Handel gelangen und längeren Lagerzeiten unterworfen werden sollen. Sodann sind insbesondere Backwaren, die Kakao, Kakaoerzeugnisse, Früchte u. a. Zusätze in der Masse enthalten, gefährdet. Einesteils kommt die in diesen Bereichen herrschende höhere Feuchtigkeit zur Auswirkung (z. B. Krume von Sandkuchen: Feuchtigkeitsgehalt 26,6 %; Kakaoboden: Feuchtigkeitsgehalt 41,4 %), anderenteils bieten die Zutaten (z. B. Kakaoböden) den Schimmelpilzen einen besonders geeigneten Nährboden. Rührmassen können bei Verwendung nicht geeigneter Fette, wie z. B. Butter und Crememargarine, bei längerer Lagerung infolge der Entwicklung von Schimmelpilzen seifig werden.

**Feine Backwaren aus Baumkuchenmassen** (N. N., 1992) sind mehr oder weniger schimmelanfällig. Da sie zumeist mit einer Schokoladenüberzugsmasse oder mit Zuckerglasur versehen sind, genügen kurzfristig ungünstige Lagerungsbedingungen, um die Bildung von Kondenswasser zu bewirken. Beim Baumkuchen kann sich im Innern des Ringes infolge Temperatur- und Feuchtigkeitsstaus ein der Entwicklung von Schimmelpilzen förderliches Mikroklima ausbilden.

Ein mikrobieller Verderb ist bei **Feinen Backwaren aus Eiweißmassen und Schaummassen** (N. N., 1992) nicht zu erwarten (Wassergehalt unterhalb 5 %; Abb. 15.9).

## 15.5.4 Feine Backwaren aus Massen ohne Aufschlag

Eine mikrobieller Verderb **Feiner Backwaren aus Massen mit Ölsamen** (N. N., 1992) tritt bei sachgemäßer Behandlung nicht auf.

**Feine Backwaren aus Waffelmassen** (N. N., 1992) fallen den Schimmelpilzen nicht anheim, soweit sie ohne Füllung sind (Wassergehalt der Waffelblätter 1 bis

4 %). Bei gefüllten Waffeln liegt der Gefahrenherd im Grenzbereich zwischen Füllung und Waffelblatt. Da die Waffelblätter stark hygroskopisch sind, können sie an ihrer Oberfläche Feuchtigkeit aufnehmen, die sodann zur Innenfläche diffundiert.

**Backwaren aus Brandmassen** (N. N., 1992) sind vornehmlich für den Frischverzehr bestimmt. Ein mikrobieller Verderb ist nicht akut, obwohl von Seiten ihres Wassergehaltes vielfach die Voraussetzungen für das Wachstum von Schimmelpilzen gegeben sind.

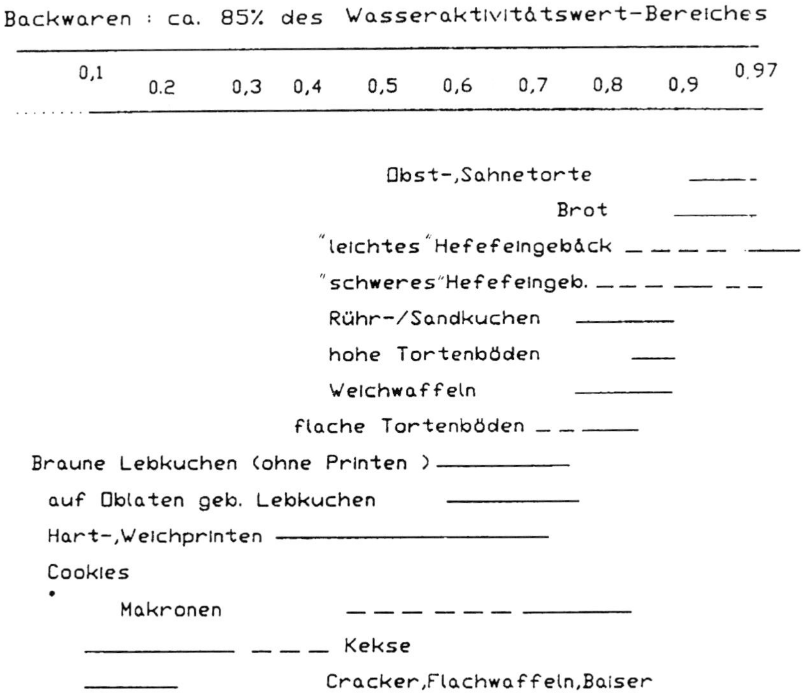


**Abb. 15.9 Wasseraktivität ($a_w$-Wert) Feiner Backwaren (Brack, 1989)**

## 15.6 Die Kontrollpunkte und Kontrollmaßnahmen

Resultierend aus den Befunden der Untersuchungen über die Faktoren der Kontamination der Backware mit Schimmelpilzen wird zur Eingrenzung dieses Risikos empfohlen, entsprechend dem „5-A-Prinzip der mikrobiologischen Qualitätsbeherrschung" vorzugehen und die Bereiche: Anlieferung (A-1), Anlagen (A-2), Arbeitskräfte (A-3), Aufarbeitung bzw. Produktion (A-4) und Absatzkette (A-5) zu überwachen (Spicher et al., 1992). Zu beachten ist, daß dies Stationen des Produktionsablaufes sind, in denen jeweils einzelne oder mehrere Kritische Kontrollpunkte (Critical Control Points, CCP) vorhanden sind. Dabei sind die zu berücksichtigenden Kritierien unterschiedlich, z. B. pH- und $a_w$-Werte oder T/t-Funktionen.

## 15.6.1 Bereich Anlieferung (A-1)

Bei der von den Rohstoffen und den weiteren Rezepturbestandteilen ausgehenden Kontamination handelt es sich zumeist um Verderbserreger. Sporadisch sind pathogene Mikroorganismen zu erwarten. In den Klein- und Mittelbetrieben des Backgewerbes ist eine chemisch/physikalische und mikrobiologische Prüfung von Zutaten, Zwischenprodukten und Fertigerzeugnissen nicht möglich – in manchen Fällen auch nicht erforderlich. Der Augenscheinprüfung und der Sensorik durch geschultes Personal kommt nach wie vor eine große Bedeutung zu.

Im allgemeinen muß der Mikroflora eines Rezepturbestandteiles um so mehr Beachtung geschenkt werden, je mehr die bei dessen Be- und Verarbeitung vorliegenden Produktionsverhältnisse (Temperatur, Luftfeuchte, $a_w$-Wert, pH-Wert u. a.) die Vermehrung von Mikroorganismen begünstigen. So etwa ist der Schimmelpilz-Keimgehalt eines Mehles, das zur Herstellung von Backwaren verwendet werden soll, unkritisch, solange dieser zu keiner Veränderung der sensorischen Eigenschaften geführt hat. Demgegenüber steht die Kontamination von Backwaren mit den Erregern des Fadenziehens zumeist in direktem Zusammenhang mit der Mikroflora des Mehles bzw. dessen Gehalt an *Bacillus*-Sporen (Primäre Kontamination). Dies trifft ebenfalls zu, wenn ein Rohstoff als Bestandteil einer Backware Verwendung findet, der im Verlaufe der Herstellung keinem Erhitzungs- resp. Back- oder Pasteurisationsprozeß unterworfen worden ist (z. B. Füllungen, Überzüge).

Kritische Rezepturbestandteile: Rohstoffe, die gegenüber den Einflüssen: Temperatur, Feuchtigkeit, Sauerstoff, Licht, Schädlingen oder Mikroorganismen empfindlich sind und diesen nicht unbeschadet widerstehen, sind als kritisch anzusehen, so z. B. Aromen, Eier, Eipulver, Fruchtzubereitungen, Fette, fetthaltige Produkte, Flüssigei, Früchte, Fruchtzubereitungen, Gefrierei, Hefe, kakaohaltige Fettglasuren, Milch (frisch), Milcherzeugnisse, Oblaten, ölhaltige Samen, Quark, Rohmasse, Sahne, Trockenfrüchte.

Aflatoxin-VO: Beim Einkauf der Rohstoffe und Zutaten ist die „Verordnung über Höchstmengen an Aflatoxinen in Lebensmitteln" zu beachten (N. N., 1994b). Demnach dürfen u. a. Getreide sowie die ausschließlich daraus hergestellten Erzeugnisse, Erdnüsse und daraus hergestellte Erzeugnisse, Haselnüsse, Walnüsse, Paranüsse, Pistazien, Mandeln, Aprikosen- und Pfirsichkerne, Kokosraspeln, Mohn und Sesam zur Herstellung von Lebensmitteln nicht verwendet werden, wenn sie mehr als insgesamt 4 ppb (µg/kg) der Aflatoxine $B_1$, $B_2$, $G_1$, $G_2$ enthalten oder der Gehalt an Aflatoxin $B_1$ für sich allein mehr als 2 ppb (µg/kg) beträgt. Erzeugnisse, deren Aflatoxingehalt die festgesetzten Werte überschreitet, müssen von Lebensmitteln getrennt gehalten werden.

Ei und Eiprodukte: Wegen der großen Gefahr einer Salmonelleninfektion beim Inverkehrbringen von Eiern und roheihaltigen Lebensmitteln sind gemäß der „Verordnung über die hygienischen Anforderungen an das Behandeln und Inverkehrbringen von Hühnereiern und roheihaltigen Lebensmitteln" besondere Regelungen zu beachten (siehe: Kap. 13: Eier, Eiprodukte und Erzeugnisse mit Eizusatz und Lit. Eier und Eiprodukte; N. N., 1994c).

**Tab. 15.1 Kontrollpunkte der „Guten Herstellungspraxis" und Hygienemaßnahmen im Bereich „Anlieferung" eines Bäckereibetriebes**

A-1: Bereich „Anlieferung"
- Rohstoffe
- Hilfsstoffe
- Packstoffe

Hygienemaßnahmen:

Rohstoffe etc.
- Beschaffungsgröße festlegen
- Bemusterung vornehmen
- Qualitätskontrolle durchführen

Packstoffe
- Anforderungen festlegen
- Lagerung in gesonderten Räumen

Lagerungsbedingungen festlegen
- Temperatur (T)
- Luftfeuchtigkeit (r. H.)
- Lagerzeit (t)

Lagerschädlinge
- Eindringen verhindern
- Schädlingsbekämpfung durchführen

Kritische Kontrollpunkte (CCP):

Rohstoffe (kritische)
- Kontamination mit pathogenen Mikroorganismen
- Aflatoxingehalt

Ei und Eiprodukte
- Temperatur der Lagerung
- Frist der Lagerung
- Pasteurisation/Sterilisation (Temperatur/Zeit)

## 15.6.2 Bereich Anlagen (A-2)

Im Bereich „Anlagen" ist die Sicherstellung der täglichen Reinigung der Produktionsstätte, der Arbeits-, Lager-, Sanitär- und Sozialräume, der Produktionsmittel wie auch aller Geräte, Transporteinrichtungen (Transportbänder, Transportkästen, Ablagebretter, Regale) und Behältnisse (Vorratsbehälter), mit denen die Backware in Berührung kommt, die Voraussetzung für eine „Gute Herstellungspraxis" (SPICHER, 1971c).

Organisation: Schwierigkeiten in der Beherrschung des Kontaminationsgeschehens im Produktionsbereich eines Bäckereibetriebes ergeben sich vielfach daraus, daß zur gleichen Zeit Backwaren unterschiedlicher Struktur und Rezeptur produziert oder zu gleicher Zeit verschiedenartige Verarbeitungsschritte vorgenommen werden (SPICHER, 1971a, b, 1976a, b). Der Backwarenbetrieb ist nach hygienischen Gesichtspunkten auszurichten, und die Produktionsabläufe sind entsprechend zu organisieren. Hierbei sollten möglichst „reine" Bereiche (z. B. die Herstellung von Torten) und hygienisch „unreine" Bereiche und Arbeiten (z. B. Eieraufschlagen oder Arbeiten mit erdbehafteten Rohstoffen) räumlich abgesondert sein. Zumindest die Tätigkeiten sollten strikt voneinander getrennt werden (SCHÖNAUER, 1993).

Produktionseinrichtungen: Die zur Produktion von Backwaren eingesetzten Maschinen nehmen je nach Bauart und den verwendeten Materialien einen entscheidenden Einfluß auf die mikrobiologische Qualität des Endproduktes (SPICHER et al., 1992). Die technische Ausrüstung muß so beschaffen sein und aufgestellt werden, daß eine Instandhaltung und gründliche Reinigung innerhalb kürzester Zeit und mit geringstem Zeitaufwand möglich ist. Schon bei der Anschaffung einer Maschine oder Produktionsanlage muß darauf geachtet werden, ob ein leichter Zugang zu jeder Stelle im Innern besteht und die Instandhaltung sowie Reinigung ohne Schwierigkeiten vorgenommen werden können, d. h., daß sie „reinigungsfreundlich" ist. So gut den Anlagenbauern die Erfordernisse des Lärm- und Emissionsschutzes bewußt sind, so wenig finden bei den Bäckereimaschinen die Belange der Hygiene und der rationellen sowie einwandfreien Reinigung eine ausreichende Beachtung.

Schlagsahnemaschinen: Erzeugnisse, die vielfach nicht den Normen entsprechen, sind Backwaren mit Schlagsahne (SLUIMER, 1993). Die Ursache liegt zumeist im hygienischen Zustand der Schlagsahnemaschinen. Reinigung und Desinfektion dieser Maschinen sollten täglich erfolgen. Geeignete Methoden sind vom Niederländischen Institut für Getreide, Mehl und Brot (TNO) entwickelt worden (KIM, 1987).

Lebende Vektoren: Insekten, Nager und anderes Ungeziefer sind als Überträger von Erregern bakterieller Erkrankungen in Betracht zu ziehen, weil sie mit diesen entweder selbst infiziert oder in Kontakt gewesen sind. Hierbei ist das Risiko der Übertragung pathogener Bakterien besonders groß.

**Tab. 15.2 Kontrollpunkte der „Guten Herstellungspraxis“ und Hygienemaßnahmen im Bereich „Anlagen“ eines Bäckereibetriebes**

A-2: Bereich „Anlagen“
- Rohstofflager
- Produktionsräume
- Produktionseinrichtung
- Geräte
- Sanitärräume
- Sozialräume

Hygienemaßnahmen:

Gebäude und Räumlichkeiten
- Trennung in hygienisch „reine“ und „unreine“ Bereiche
- Instandhaltung regelmäßig durchführen
- Ordnung und Sauberkeit einhalten
- Reinigungsplan ggf. Desinfektionsplan erstellen

Raumklima (Luft)
- Temperatur (T) regeln
- Feuchtigkeit (r. H.) regeln
- Staubgehalt vermindern
- Keimgehalt (Schimmelpilze) vermindern

Klimaanlage
- Wartung regelmäßig vornehmen
- Mikrobiologische Kontrolle

Produktionseinrichtungen
- Konstruktionsmerkmale („reinigungsfreundlich“)
- Aufstellung beachten
- Oberflächenbeschichtung
- Instandhaltung/Wartung regelmäßig vornehmen
- Messeröl (Keimgehalt überwachen)
- Reinigungsplan ggf. Desinfektionsplan erstellen
  - Tägliche Reinigung
  - Reinigung nach Reparaturen

Schädlinge
- Eindringen verhindern
- Schädlingsbekämpfung

## 15.6.3 Bereich Arbeitskräfte (A-3)

Der an der Produktion und Verteilung beteiligte Mitarbeiter und seine Werkzeuge sind eine wesentliche Quelle der Kontamination der Backware mit Verderbsorganismen und pathogenen Keimen. Um eine einwandfreie Produktion sicherzustellen, ist das Personal zur Einhaltung der persönlichen Hygiene und einer hygienischen Arbeitsweise anzuhalten. Das gilt insbesondere bei der Herstellung von Erzeugnissen mit Füllungen, Auflagen und Überzügen und solchen mit hoher Wasseraktivität, die Bakterien Wachstum und/oder Toxinbildung ermöglichen. Von größter Bedeutung ist das Verständnis des Personals für die Gründe und die Notwendigkeit hygienischer Maßnahmen. Um dieses zu wecken, sind regelmäßige Schulungen und Fortbildungsmaßnahmen unerläßlich (SPICHER et al., 1992).

**Tab. 15.3 Kontrollpunkte der „Guten Herstellungspraxis" und Hygienemaßnahmen im Bereich „Arbeitskräfte" eines Bäckereibetriebes**

A-3: Bereich „Arbeitskräfte"
- Personal
- Handwerker
- Besucher

Hygienemaßnahmen:

Personal
- Gesundheitszustand überwachen
- Berufskleidung tragen
- Kopfbedeckung tragen
- Körperhygiene überwachen
- Verhalten am Arbeitsplatz (Hygienebewußtsein) überprüfen
- Sauberkeit von Kleidung und Händen überwachen
- Schulung vornehmen:
  - Mikrobiologische Gegebenheiten erläutern
  - Regeln der Hygiene bei der Produktion von Lebensmitteln vermitteln
  - Hygieneplan/Desinfektionsplan erläutern

Handwerker
- Hygienebewußtsein erwecken

Besucher
- Schutzkleidung tragen

## 15.6.4 Bereich „Aufarbeitung" bzw. Produktionsprozeß (A-4)

Das Umfeld der Charge und die für die Herstellung einer Backware erforderlichen Produktionsvorgänge sind gleichfalls Faktoren, die Einfluß auf die Kontamination mit Schimmelpilzen nehmen. Ein übermäßig hoher Keimgehalt der Luft in der Umgebung des innerbetrieblichen Transports und am Ort des Auskühlens bzw. Lagerns der Backware (Abb. 15.6) beruht nicht selten auf einer Nichtbeachtung der die Verbreitung von Schimmelpilzsporen bestimmenden Faktoren. Dies ist etwa der Fall, wenn in einem Brotlagerraum schwankende Temperaturen und Luftfeuchtigkeiten auftreten, wenn ein Brotlagerraum dem Durchgangsverkehr zugänglich ist, gleichzeitig für andere Produktionsvorgänge genutzt wird (Herstellung von Feinen Backwaren, Schneiden und/oder Verpacken von Backwaren u. dgl.) oder als Lagerraum (für Roh- und Hilfsstoffe, Verpackungsmaterialien) dient. Ebenfalls ist ein erhöhtes Kontaminationsrisiko gegeben, wenn die von der Transporteinrichtung übernommene Backware auf dem Wege zur Schneide- und/oder Verpackungsanlage durch Bereiche mit produktionsbedingt hoher Keimbelastung der Luft (Teigmacherei, Schneide- und Verpackungsraum, Lagerplatz für Reste und Abfälle, Expedition) geführt wird (SPICHER, 1971a, b, 1976a, b).

Backprozeß: Der im Zuge der Herstellung der Backware zu durchlaufende Backprozeß stellt eine Verarbeitungsstufe dar, die einer Pasteurisation entspricht. Wenn sich auf einer Backware ein Schimmelpilz entwickelt, ist das in der Regel die Folge einer Rekontamination.

Reinigungsmaßnahmen: Als Kontaminationsquelle sind die an Maschinen und Gerätschaften auftretenden Reste der Produktion und anderweitige Verunreinigungen sowie der aufgewirbelte Staub zu beachten. Eine Erhöhung des Staubgehaltes der Luft und damit des Kontaminationsrisikos bedingt das in Bäckereibetrieben vielfach übliche „Abblasen“ zur Reinigung von Maschinen und Geräten. Dies vor allem dann, wenn diese Reinigungsmaßnahme bei laufender Produktion erfolgt. Kontaminationsquellen sind ferner das Kühl- und Spülwasser wie auch die Wasserlachen und Wassertropfen auf nicht genügend getrockneten Anlageteilen, ggf. auf dem Fußboden.

Entsorgung: Zur „Guten Herstellungspraxis“ gehört die Beachtung der Umgebung der Produktionsstätte (Hof, Fahrstraße, Lagerplatz). Es darf keine „Abfallhaufen“ geben. Jeglicher Abfall ist in fest verschlossenen Behältern aufzubewahren. Ebenfalls bilden die im Produktionsbereich lagernden Rückstände und Abfälle ein Kontaminationsrisiko, insbesondere, wenn sie zu unrechter Zeit (etwa bei laufender Produktion) entsorgt werden. Die Abfallbeseitigung ist eine Frage der richtigen Organisation und der Verwendung geeigneter Geräte und Systeme (SPICHER et al., 1992).

Konservierung: Die Backwaren gelangen teils unverpackt, teils verpackt in den Handel. Die Konservierung von Backwaren unter Anwendung chemischer Verfahren unterliegt einer gesetzlichen Regelung. In der Bundesrepublik Deutschland sind lt. Zusatzstoffzulassungsverordnung (ZZul VO) nur die Sorbinsäure und ihre Kalium-, Calcium- und Natriumsalze zugelassen (N. N., 1994a). Dies gilt nur für Brot, sofern es in Scheiben geschnitten und verpackt in den Verkehr gebracht wird, brennwertverminderte Brote, Feine Backwaren mit einem Feuchtigkeitsgehalt von mehr als 22 % sowie für brennwertverminderte Feine Backwaren, Kuchen mit feuchter Füllung oder Auflagen und für Weichbrötchen sowie vorgebackene Backwaren.

**Tab. 15.4 Kontrollpunkte der „Guten Herstellungspraxis“ und Hygienemaßnahmen im Bereich „Aufarbeitung“ eines Bäckereibetriebes**

A-4: Bereich „Aufarbeitung“
- Produktionslinie
- Transport
- Zwischenlagerung
- Konservieren
- Schneiden
- Verpacken
- Sterilisation/Pasteurisation

---

Hygienemaßnahmen:

Produktionslinie
- Ordnung und Sauberkeit einhalten
- Arbeitsvorgänge koordinieren
- Arbeitsweise überwachen
- Staubbildung vermeiden

Klima (Luft) im Bereich der Produktionslinie
- Temperatur (T) regeln
- Feuchtigkeit (r. H.) regeln
- Luftbewegung vermindern
- Keimgehalt überwachen

Entsorgung
- Produktionsrückstände regelmäßig entfernen
- Abfälle regelmäßig entfernen
- Reste von Packstoffen regelmäßig entfernen
  - Lagerungsbedingungen (T, r. H.) regeln

Schädlingsbekämpfung

Kritische Kontrollpunkte (CCP):

Verpackung
- Dichtigkeit beachten (Wasserdampf, Gase, Mikroorganismen)

Konservierung
- Konservierungsstoff (ZZul-VO beachten)
- Dosierung überwachen

Keimreduzierende Verfahren
- Temperatur (> 75 °C)
- Zeit (> 15 min)

Schutzbegasung
- $O_2$-Gehalt (< 1 %)

Pasteurisation: Soweit zur Haltbarmachung ein physikalisches Verfahren eingesetzt wird, erfolgt vornehmlich die direkte Anwendung von Wärme (Pasteurisation). Als Wärmequelle finden Heißluft oder gesättigter Wasserdampf Anwendung. Neuerdings wurden Verfahren entwickelt, welche die Wärmewirkung durch Behandlung der Backware im HF-Feld oder bei Einwirkung von IR-Strahlen nutzen (Spicher, 1994). Aufgrund empirischer Erfahrungen ist die Inaktivierung der Schimmelkontamination gewährleistet, wenn im Zentrum der Backware eine Temperatur von 75 °C für 15 Minuten vorgelegen hat. Neuere Untersuchungen zeigten, daß eine Vielfalt von inneren und äußeren Faktoren auf die Hitzeresistenz der Schimmelpilze bzw. die Wirksamkeit der Erhitzung Einfluß nehmen (Bröker et al., 1987a, b).

Schutzbegasung: Zur Verhütung des Wachstums von Schimmelpilzen findet z. T. ein „Atmosphärenaustausch“ (auch als „Begasen“, „Bespülen“, „Schutzgasanwendung“, „Schutzbegasung“, „Einstellen einer kontrollierten Atmosphäre“ bezeichnet) Anwendung. Dieser beinhaltet den Ersatz der in einer Brotpackung vorhandenen Luft durch andere Gase (vor allem $CO_2$), welche die Entwicklung von Mikroorganismen (insbesondere Schimmelpilzen) hemmen. Es findet das Verfahren der Schutzgasspülung und der Schutzbegasung Anwendung. Nach Abschluß des Atmosphärenaustausches soll der Restsauerstoffgehalt in der Packung unter 1,0 % liegen (Spicher, 1994).

## 15.6.5 Bereich „Absatzkette“ (A-5)

Es gilt, die bei der Fertigung erzielte Qualität des Erzeugnisses auf allen weiteren Stufen der Absatzkette bis hin zum Verbraucher zu erhalten. Hierzu gehört ein sorgsamer Umgang mit dem Enderzeugnis. Die Haltbarkeit einer Backware hängt nicht nur von einer Begrenzung der Kontamination, sondern auch davon ab, daß mikrobielles Wachstum verhindert wird. Die Strategie vermittelt das sog. Hürden-Konzept (Spicher, 1988). Demnach sind neben der Pasteurisierung und Konservierung der Backware als wirksame Faktoren zur Unterbindung des Wachstums von Mikroorganismen auch der pH-Wert, der $a_w$-Wert, der Eh-Wert (vermindertes Sauerstoffangebot), die Temperatur der Lagerung und die relative Luftfeuchtigkeit zu beachten. Dies hat um so mehr Bedeutung, je leichter verderblich und potentiell gefährdeter eine Backware ist (Abb. 15.10).

Backwaren, die unter Verwendung von rohen Bestandteilen der Hühnereier hergestellt und nicht einem Erhitzungsverfahren unterzogen worden sind, dürfen nur in den Verkehr gebracht werden, wenn sie innerhalb von 2 Stunden nach der Herstellung entweder (a) auf eine Temperatur von höchstens +7 °C abgekühlt, bei dieser oder einer niedrigeren Temperatur gehalten und innerhalb von 24 Stunden nach ihrer Herstellung abgegeben oder (b) tiefgefroren (mindestens –18 °C), bei dieser Temperatur gehalten und innerhalb von 24 Stunden nach dem Auftauen abgegeben werden, wobei die Temperatur von +7 °C nicht überschritten werden darf.

**Tab. 15.5 Kontrollpunkte der „Guten Herstellungspraxis" und Hygienemaßnahmen im Bereich „Absatzkette" eines Bäckereibetriebes**

A-5: Bereich „Absatzkette"
- Lagerung
- Kühllagerung
- Transportmittel
- Verkaufseinrichtungen

Hygienemaßnahmen:

Erzeugnis
- Qualitätskontrolle durchführen
- Sensorische Bewertung vornehmen
- Transportschäden vermeiden
- Lagerschäden vermeiden
- Lagerfrist beachten
- „Hürdenkonzept" beachten
- $a_w$-Wert überprüfen

Kühlgeräte/Gefriergeräte
- Temperatur überwachen (< 7 °C)
- Kühlkette einhalten

Lagerungsbereich
- Instandhaltung/Wartung regelmäßig vornehmen
- Reinigungsplan ggf. Desinfektionsplan erstellen
- Schädlingsbekämpfung vornehmen

Transportfahrzeuge
- Wartung
- Reinigung

Verkaufsfahrzeuge
- Wartung
- Reinigung

Kritische Kontrollpunkte (CCP):

Lagerung
- Temperatur (T)
- Luftfeuchtigkeit (r. H.)

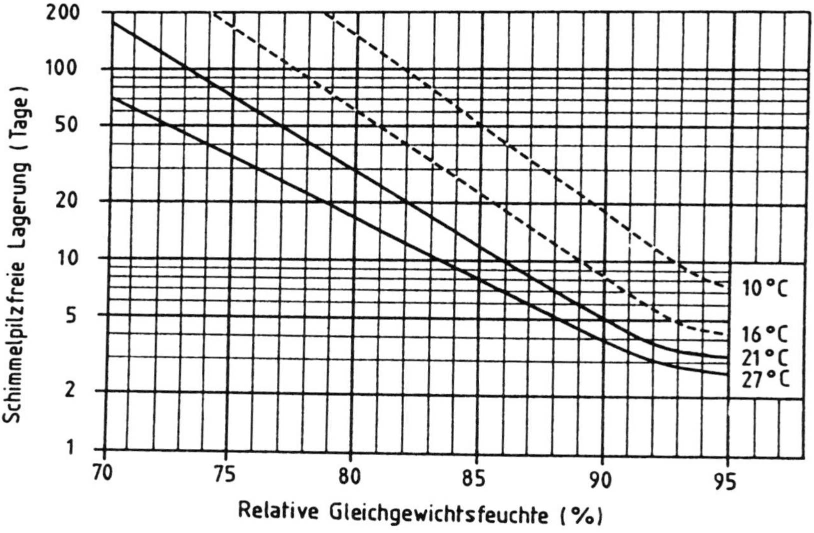


**Abb. 15.10** **Abhängigkeit der mikrobiellen Qualität eines Sandkuchens von dessen Gleichgewichtsfeuchtigkeit und der Temperatur (Seiler, 1981)**

# 15.7 Die Methoden zur Überwachung („Monitoring“) der „Guten Herstellungspraxis“

Zur Überprüfung der Produktionshygiene werden im Bereich der Backwarenherstellung halbquantitative Verfahren angewandt. Vornehmlich handelt es sich um Schnellverfahren zum Nachweis der verschiedenen Keimarten (Spicher, 1982, 1993).

Die Befunde der Ermittlungen sollten täglich unter Hinzufügen erläuternder Daten (z. B. Code-Nummer, Analysen-Nummer, Untersuchungsdaten, Bemerkungen bzw. Beobachtungen) in ein Kontrollblatt eingetragen und mit der für die Hygiene verantwortlichen Person diskutiert werden. Zur Bewertung der Befunde werden die von den Anbietern des jeweiligen Nachweisverfahrens empfohlenen Richtwerte zugrunde gelegt (Spicher, 1993).

## 15.7.1 Luft

Die zur Kontrolle der Raumluft geeigneten Verfahren werden angewandt, wenn etwa Aussagen zu finden sind über

- den mikrobiologischen Status der Raumluft,
- die Funktionstüchtigkeit von Belüftungs- und Luftreinigungseinrichtungen,
- die Wirksamkeit von Desinfektionsmaßnahmen zur Verminderung des Keimgehaltes der Raumluft,
- die Quellen und Wege der indirekten Kontamination des Erzeugnisses.

Es handelt sich vornehmlich um Sedimentationsplatten-Verfahren, Filtrationsverfahren, Impinger-Verfahren und Impaktions(Aufschleuder-)-Verfahren (SPICHER, 1993). Das Aufstellen von Nährbodenplatten an geeigneter Stelle (Sedimentationsplatten-Verfahren) erfaßt zwar nicht alle in der Luft auftretenden Mikroorganismen, wird jedoch von den Bäckereibetrieben bevorzugt, da es preiswert ist, ohne großen Aufwand durchgeführt werden kann und in die natürlichen Luftverhältnisse des Betriebes nicht eingreift. Im Falle der Anwendung eines Filtrationsverfahrens wird als Richtwert für die Beurteilung der Güte der Raumluft ein Gehalt an Schimmelsporen von < 500 Kolonien/m$^3$ vorgeschlagen (Tab. 15.6).

**Tab. 15.6 Vorschlag für die Bewertung des Befundes einer Luftfiltration (SPICHER, 1993)**

| Anzahl der Kolonien/m$^3$ | | Bewertung |
|---|---|---|
| 0– 500 | : | geringer Keimgehalt |
| 500–2000 | : | mittlerer Keimgehalt |
| > 2000 | : | hoher Keimgehalt |

## 15.7.2 Oberflächen

Zur Durchführung von Ermittlungen über

- den Hygienestatus in einem Betrieb,
- den Erfolg der Reinigung und/oder der Desinfektion,
- die mikrobiologische Beschaffenheit der Oberflächen von Maschinen und Geräten,
- die mikrobiologische Verunreinigung von Händen,
- die Sauberkeit der Bekleidung

werden sog. Abdruck-, Kontakt- bzw. Abklatschverfahren („AGARFLEX-Kultur" nach KANZ, Abklatschverfahren, RODAC-Verfahren, Eintauchtester) und Abstrich-, Abrieb- bzw. Tupfer-Verfahren (Wattetupfer-Verfahren, Abriebmethode) herangezogen (SPICHER, 1993). Die Auswertung der Befunde erfolgt vorwiegend halbquantitativ oder bei Verwendung von Selektiv- oder Elektiv-Medien auch qualitativ. Bei der Auswertung der Abklatschkulturen empfiehlt es sich, fünf bis sechs

Wachstumsdichten bzw. Verkeimungsstufen zu unterscheiden. Diese werden im Protokoll durch eine entsprechende Anzahl von Kreuzen dargestellt. Aus den Resultaten der Untersuchungen wird ersichtlich, wo die Kontrolldichte verringert werden kann, oder wo die Kontrollvorschriften verschärft werden müssen. Die Stufenkontrolle gibt zudem die Handhabe, die Schwachstellen im Zuge der Produktion frühzeitig zu erkennen bzw. ergänzende Hygienemaßnahmen zu erarbeiten.

## 15.7.3 Flüssigkeiten

Zur Kontrolle des Keimgehaltes von Flüssigkeiten (z. B. Nachspülwasser, Messeröle) werden sog. Eintauchtester angewandt. Zum Teil werden die „Eintauchtester" auch zur Untersuchung des Keimgehaltes von Oberflächen herangezogen (Spicher, 1993). Die mikrobiologischen Anforderungen an das (unbenutzte) Spülwasser entsprechen den Werten für Trinkwasser, d. h., es soll eine Keimzahl von < 100/ml und keine coliformen Keime oder *Escherichia coli* aufweisen.

## 15.7.4 Personalhygiene

Der Kontrolle der Personalhygiene, z. B.:

- der Keimverunreinigung der Hände,
- der Sauberkeit der Bekleidung usw.,

dienen die zum Nachweis des Keimgehaltes von Oberflächen einzusetzenden Verfahren: Abdruck- oder Abklatschverfahren, Abstrich- oder Abriebverfahren. Entsprechend wird auch bei der Auswertung vorgegangen (Spicher, 1993).

## 15.7.5 Erzeugnis

Sensorische Merkmale (die äußere Beschaffenheit und die Textur) sind Merkmale, die für die Beurteilung der Beschaffenheit einer Backware maßgeblich sind. Eine laufende mikrobiologische Kontrolle der Zwischenprodukte und der Backware ist nicht üblich. Für einige Erzeugnisse, die erfahrungsgemäß besonders anfällig sind, hat die „Kommission Lebensmittelmikrobiologie" der Deutschen Gesellschaft für Hygiene und Mikrobiologie Beurteilungsschemata mit Richt- und Warnwerten empfohlen (Tab. 15.7 bis 15.9). Die in der Tab. 15.7 angeführte Produktgruppe umfaßt Tiefkühl-Backwaren, bei denen alle Zutaten – auch Füllungen und/oder Überzüge – bei der Herstellung mitgebacken wurden, wie Brötchen, Croissants, ungefüllte Crêpes und fertig gebackener Apfelstrudel. In die Tab. 15.8 ordnen sich Tiefkühl-Backwaren wie Teige, Teiglinge, Obst- und Quarkbackwaren ein. Bei den in der Tab. 15.9 genannten Tiefkühl-Backwaren handelt es sich um solche, die nach dem Backen und vor dem Tiefgefrieren gefüllt und/oder belegt und/oder überzogen werden einschließlich Obstkuchen, gefüllte Crêpes und Sahne-/Creme-Produkte.

**Tab. 15.7 Richt- und Warnwerte für durchgebackene Tiefkühl-Backwaren mit und ohne Füllung – bestimmungsgemäß verzehrsfertig ohne Erhitzen (N. N., 1991)**

| | Richtwert | Warnwert |
|---|---|---|
| Aerobe mesophile Koloniezahl | $10^5$/g | – |
| Salmonellen | – | n. n. in 25 g |
| *Staphylococcus aureus* | $10^1$/g | $10^2$/g |
| *Bacillus cereus* | $10^3$/g | $10^4$/g |
| *Escherichia coli* | $10^1$/g | $10^2$/g |
| Schimmelpilze | $10^2$/g | $10^3$/g |

n. n. = nicht nachweisbar

**Tab. 15.8 Richt- und Warnwerte für rohe/teilgegarte Tiefkühl-Backwaren, die vor dem Verzehr einer Erhitzung unterzogen werden (N. N., 1991)**

| | Richtwert | Warnwert |
|---|---|---|
| Salmonellen | – | n. n. in 25 g |
| *Staphylococcus aureus* | $10^2$/g | $10^3$/g |
| *Bacillus cereus* | $10^3$/g | $10^4$/g |
| *Escherichia coli* | $10^3$/g | – |
| Schimmelpilze | $10^4$/g | $10^5$/g |

n. n. = nicht nachweisbar

**Tab. 15.9 Richt- und Warnwerte für Tiefkühl-Patisseriewaren mit nicht durchgebackener Füllung – bestimmungsgemäß verzehrsfertig ohne Erhitzen (N. N., 1991)**

| | Richtwert | Warnwert |
|---|---|---|
| Aerobe mesophile Koloniezahl[1] | $10^6$/g | – |
| Salmonellen | – | n. n. in 25 g |
| *Staphylococcus aureus* | $10^2$/g | $10^3$/g |
| *Bacillus cereus* | $10^3$/g | $10^4$/g |
| *Escherichia coli* | $10^2$/g | $10^3$/g |
| Schimmelpilze | $10^3$/g | $10^4$/g |

[1] Bei Verwendung von fermentierten Zutaten ist die Anzahl an aeroben mesophilen Fremdkeimen zu bestimmen

## 15.8 Zusammenfassung

Kritische Kontrollpunkte lassen sich im Bäckereibetrieb nur nach differenzierter Analyse hygienischer Schwachstellen auf allen Stufen der Herstellung und des Vertriebs erfassen und beherrschen. Zur Organisation der „Guten Herstellungspraxis“ bedarf es (1) der Bildung eines Hygieneteams, (2) der Erstellung eines Hygiene- bzw. Organisationsplanes, (3) der Aufstellung eines Hygiene-Kontrollplanes und (4) der Schulung des Personals.

Dem **Hygieneteam** fällt die Aufgabe zu, die Entscheidungen über die durchzuführenden Maßnahmen zu treffen, die Verantwortlichkeiten festzulegen und den Informationsweg zu bestimmen.

Im **Hygieneplan** nehmen Vorschriften für die Reinigung und ggf. Desinfektion wie auch für alle sonstigen Hygienemaßnahmen die wichtigste Stelle ein. Es empfiehlt sich, die Betriebshygiene entsprechend dem 5-A-Prinzip der Qualitätsbeherrschung in die Hygienebereiche Anlieferung (A-1), Anlagen (A-2), Arbeitskräfte (A-3), Arbeitsweise (A-4) und Absatzkette (A-5) zu gliedern. Festzulegen ist jeweils, welche Maßnahme wie, womit, wann und wie oft durchzuführen ist, und wer diese vorzunehmen hat.

Im **Hygiene-Kontrollplan** ist zur Erzielung zuverlässiger Aussagen über den Hygiene-Status festzulegen, welche Kontrollen wie, wann und durch wen zu erfolgen haben. Auf praxisgerechte Schnellverfahren zur Ermittlung der Gesamtkeimzahl und zur selektiven Erfassung hygienisch wichtiger Gruppen von Keimen wird an anderer Stelle eingegangen.

Die **Schulung** sollte darauf abgestimmt sein, den Mitarbeitern die „Gute Herstellungspraxis“ eindringlich zu vermitteln. Erfolgreich ist dies Bemühen nur bei optimaler Einstellung der Betriebsleitung zur Hygiene. Nur unter dieser Voraussetzung können die für die Hygiene Verantwortlichen ihrer Aufgabe mit Umsicht nachkommen.

### Literatur


[1] Brack, G. (1989): Sensorische Haltbarkeit von Feinen Backwaren. In: Technologie der Herstellung von Feinen Backwaren, Getreidenährmitteln und Kartoffelerzeugnissen. Detmold: Granum-Verlag, S. 169–180.

[2] Bretschneider, F. (1991): Feine Backwaren, Herstellung. In: W. Seibel (Hrsg.): Feine Backwaren, Berlin und Hamburg: Paul Parey, S. 114–173.

[3] Bröker, U., Spicher, G., Ahrens, E. (1987a): Zur Frage der Hitzeresistenz der Erreger der Schimmelbildung bei Backwaren; 2. Mitteilung: Einfluß endogener Faktoren auf die Hitzeresistenz von Schimmelsporen. Getreide, Mehl und Brot, **41**, H. 9, 278–284.

[4] Bröker, U., Spicher, G., Ahrens, E. (1987b): Zur Frage der Hitzeresistenz der Erreger der Schimmelbildung bei Backwaren; 3. Mitteilung: Einfluß exogener Faktoren auf die Hitzeresistenz von Schimmelsporen. Getreide, Mehl und Brot, **41**, H. 11, 344–350.

[5] Kim, J. C. (1987): Die Reinigung von Schlagsahnemaschinen. Dtsch. Bäcker-Zeitung, **74**, H. 15, 450–453.

[6] Mohs, H.-J. (1979): Hygienefehler – Wie durch mangelnde Sorgfalt ganze Chargen verdorben werden. Süßwaren, **23**, H. 11, 27–28.

[7] N. N. (1981): Rückstände in Getreide und Getreideprodukten; Bericht über das Kolloquium am 12./13. Oktober 1978. Deutsche Forschungsgemeinschaft (Hrsg.), Boppard: Boldt Verlag, 175 Seiten.

[8] N. N. (1991): Mikrobiologische Richt- und Warnwerte zur Beurteilung von Tiefkühl-Backwaren und Tiefkühl-Patisseriewaren. Lebensmitteltechnik, **23**, H. 4, 162.

[9] N. N. (1992): Leitsätze für Feine Backwaren; Der Begriff „Feine Backwaren" schließt die Gebäckkategorie Dauerbackwaren ein. Bundesanzeiger, **44**, Nr. 86 b, 4–10.

[10] N. N. (1994a): Verordnung über die Zulassung von Zusatzstoffen zu Lebensmitteln (Zusatzstoff-Zulassungsverordnung). Lebensmittelrecht – Textsammlung, München: C. H. Beck'sche Verlagsbuchhandlung, Band I/3, S. 1–30.

[11] N. N. (1994b): Verordnung über Höchstmengen an Aflatoxin in Lebensmitteln (Aflatoxin-Verordnung). Lebensmittelrecht – Textsammlung, München: C. H. Beck'sche Verlagsbuchhandlung, Band II/92a, S. 1–3.

[12] N. N. (1994c): Verordnung über die hygienischen Anforderungen an das Behandeln und Inverkehrbringen von Hühnereiern und eihaltigen Lebensmitteln. Bundesanzeiger Nr. **124** vom 6. Juli 1994.

[13] N. N. (1994d): Leitsätze für Brot und Kleingebäck. Bundesanzeiger **46**, Nr. 58 a, 7–9.

[14] Reiß, J. (1981): Schimmelpilze und Mykotoxine in Mahlprodukten und Backwaren. In: J. Reiß (Hrsg.): Mykotoxine in Lebensmitteln. Stuttgart: Gustav Fischer Verlag, S. 381–395.

[15] Röcken, W., Spicher, G. (1993): Fadenziehende Bakterien – Vorkommen, Bedeutung, Gegenmaßnahmen. Getreide, Mehl und Brot, **47**, H. 3, 30–35.

[16] Schönauer, T. (1993): Hygienische Aspekte der Herstellung Feiner Backwaren. Getreide, Mehl und Brot, **47**, H. 4, 38–41.

[17] Seibel, W. (1979): Technologie der Brotherstellung; Brotsorten und Brotqualität. Ernähr. Umsch., **86**, 107–112.

[18] Seibel, W. (1991): Feine Backwaren. Berlin und Hamburg: Paul Parey, 285 Seiten.

[19] Seibel, W., Spicher, G. (1991): Backwaren. In: R. Heiß (Hrsg.): Lebensmitteltechnologie. Berlin, Heidelberg: Springer-Verlag, S. 167–180.

[20] Seiler, D. A. L. (1981): Microbiological spoilage of bakery products. Swiss Food, **3**, H. 9a, 42–44.

[21] Sluimer, P. (1993): Mikrobiologische Grenzwerte Feiner Backwaren in den Niederlanden. Getreide, Mehl und Brot, **47**, H. 5, 28–30.

[22] Spicher, G. (1956a): Allgemeine Bemerkungen über Lebensmittelvergiftungen durch Fein- und Dauerbackwaren. Brot und Gebäck, **10**, H. 11, 238–243.

[23] Spicher, G. (1956b): *Salmonella*-Infektionen durch Fein- und Dauerbackwaren. Brot und Gebäck, **10**, H. 12, 256–260.

[24] Spicher, G. (1971a): Die Luft in Produktions- und Lagerräumen als Quelle der Infektion des Brotes mit Schimmelpilzen; 1. Mitteilung: Keimgehalt der Luft in Brotfabriken. Brot und Gebäck, **25**, H. 2, 27–36.

[25] Spicher, G. (1971b): Die Luft in Produktions- und Lagerräumen als Quelle der Infektion des Brotes mit Schimmelpilzen; 2. Mitteilung: Keimgehalt der Luft in handwerklichen Bäckereien und Großbäckereien. Brot und Gebäck, **25**, H. 4, 62–66.

[26] Spicher, G. (1971c): Die Hygiene in der Bäckerei. Brot und Gebäck, **25**, H. 10, 2.

[27] Spicher, G. (1976a): Die Luft in Produktions- und Lagerräumen als Quelle der Infektion des Brotes mit Schimmelpilzen; 3. Mitteilung: Weitere Beobachtungen über den Keimgehalt der Luft in Brotfabriken. Getreide, Mehl und Brot, **30**, H. 2, 50–56.

[28] Spicher, G. (1976b): Die Luft in Produktions- und Lagerräumen als Quelle der Infektion des Brotes mit Schimmelpilzen; 4. Mitteilung: Untersuchungen über die Zusammenhänge zwischen Staub- und Schimmelpilzkeimgehalt in der Luft von Backbetrieben. Getreide, Mehl und Brot, **30**, H. 5, 119–125.

[29] Spicher, G. (1980): Zur Aufklärung der Quellen und Wege der Schimmelkontamination des Brotes im Großbackbetrieb. Zbl. Bakt. Hyg. I. Abt. Orig. B. **170**, 508–528.

[30] Spicher, G. (1982): Empfehlenswerte Methoden zur Überwachung der Betriebshygiene in Bäckereibetrieben. Getreide, Mehl und Brot, **36**, H. 7, 189–192.

[31] SPICHER, G. (1984a): Die Erreger der Schimmelbildung bei Backwaren, 1. Mitteilung: Die auf verpackten Schnittbroten auftretenden Schimmelpilze. Getreide, Mehl und Brot, **38**, H. 3, 77–80.
[32] SPICHER, G. (1984b): Die Erreger der Schimmelbildung bei Backwaren, 2. Mitteilung: In verschimmelten Broten auftretende Mykotoxine. Dtsch. Lebensm. Rdsch., **80**, H. 2, 35–38.
[33] SPICHER, G. (1984c): Die Erreger der Schimmelbildung bei Backwaren, 3. Mitteilung: Einige Beobachtungen über die Biologie der Erreger der „Kreidekrankheit" des Brotes. Getreide, Mehl und Brot, **38**, H. 6, 178–182.
[34] SPICHER, G. (1985): Die Erreger der Schimmelbildung bei Backwaren, 4. Mitteilung: Weitere Untersuchungen über die auf verpackten Schnittbroten auftretenden Schimmelpilze. Dtsch. Lebensm. Rdsch., **81**, H. 1, 16–20.
[35] SPICHER, G. (1988): Das Hürden-Konzept, die Grundlage der Maßnahmen zur Verhinderung einer Schimmelbildung bei Feinen Backwaren. Brot & Backwaren, **36**, 111–115.
[36] SPICHER, G. (1993): Methoden zur Kontrolle der „Guten Herstellungspraxis" (GHP) und der Hygienemaßnahmen. Zucker- und Süßwarenwirtschaft, **46**, H. 11, 537–542.
[37] SPICHER, G. (1994): Haltbarmachung von Backwaren. In: B. KUNZ (Hrsg.): Fortschrittsberichte Lebensmitteltechnologie – Backwarentechnologie. Meckenheim: CENA-Verlag, S. 141–155.
[38] SPICHER, G., unter Mitarbeit von BENZING, L., SCHRÖDER, W. (1992): Hygiene bei der Backwarenherstellung – Grundzüge der Guten Herstellungspraxis; Hamburg: Behr's Verlag, 399 Seiten.
[39] SPICHER, G., ISFORT, G. (1986): Die Erreger der Schimmelbildung bei Backwaren, 7. Mitteilung: Die auf Feinen Backwaren auftretenden Schimmelpilze. Getreide, Mehl, Brot, **40**, H. 6, 180–184.
[40] SPICHER, G., ISFORT, G. (1987): Die Erreger der Schimmelbildung bei Backwaren, 8. Mitteilung: Ergänzende Untersuchungen über die bei Feinen Backwaren auftretenden Schimmelpilze. Dtsch. Lebensm.-Rdsch., **83**, H. 5, 140–144.
[41] SPICHER, G., STEPHAN, H. (1993): Handbuch Sauerteig, Biologie – Biochemie – Technologie, 4. Auflage. Hamburg: Behr's Verlag, 543 Seiten.
[42] ZASTROW, K.-D., SCHÖNEBERG, I. (1994): Lebensmittelbedingte Infektionen und Intoxikationen in der Bundesrepublik Deutschland – Ausbrüche 1992. Bundesgesundheitsblatt, **37**, H. 6, 247–251.

# 16 Tiefkühlkost[1]

R. Zschaler

## Einleitung

Es gibt heute in der Bundesrepublik ca. 100 Unternehmen, die sich mit der Herstellung von Tiefkühlkost befassen. Nach Aussage des Deutschen Tiefkühlinstituts umfaßte der Gesamthaushalts- und Großverbraucherbereich an TK-Produkten 1994 1.495.126 Tonnen (ohne Speiseeis).

Die Geschichte der Kältetechnik wurde durch Carl von Linde eingeleitet, der 1876 die erste Kältemaschine mit Ammoniakverflüssigung erfunden hatte. Das erste industriell nutzbare Verfahren wurde 1911 durch den dänischen Fischexporteur Ottensen zum Patent angemeldet. Sein Verfahren beruht auf der Einbringung von Fisch in ein Solebad, welches einen Salzgehalt von 28,9 % und somit einen Gefrierpunkt von –21,2 °C aufwies, so daß ganze Fische je nach Dicke in ein bis zwei Stunden auf eine Kerntemperatur von etwa –20 °C tiefgefroren werden konnten (Hilck und Auf dem Hövel, 1979). Die Kältemaschinenfabrik Sabroe stellte 1912 einen hierzu geeigneten Apparat her.

Das erste deutsche Tiefkühlunternehmen, welches sich des Ottensen-Verfahrens bediente, war die 1925 gegründete Kühlfisch Aktiengesellschaft in Wesermünde. Da jedoch das Ottensen-Verfahren für das Einfrieren ganzer Fische entwickelt worden war, der Markt aber Fischfilets bevorzugte, begann die Suche nach einer Verbesserung dieses Verfahrens, die entscheidend in den USA vorangetrieben wurde und eng mit dem Namen Clarence Birdseye verbunden ist. Auf seine Forschungsergebnisse geht die Entwicklung des Plattenfrosters zurück, der auch heute noch das am häufigsten verwendete Verfahren zur Erzeugung quaderförmiger planparalleler Packungen ist. Die Anordnung der Gefrierplatten, in denen das Kältemittel verdampft, kann vertikal (Fischgefrieren an Bord von Schiffen) oder horizontal (Gefrieren von Fleisch, Obst, Gemüse und Fischen an Land) erfolgen (Heiss und Eichner, 1990).

Aus der Vielzahl der Tiefkühlkostprodukte soll hier Rahmspinat als Beispiel dienen, welcher im Bereich der Tiefkühlgemüse 60 % Marktanteil hat.

---

[1] Dieses Kapitel wurde mit Unterstützung von Herrn Dr. Geyer, Langnese-Iglo GmbH, erarbeitet.

# 16.1 Produktbeschreibung und mikrobiologische Risiken

(Aus der Vielzahl der TK-Produkte wurde für dieses Kapitel das Produkt Rahmspinat gewählt)

## 16.1.1 Herstellung

Die Herstellung beginnt mit der Aussaat im Sommer bzw. Winter. Zwischen dem landwirtschaftlichen Betrieb und dem abnehmenden Tiefkühlkostbetrieb bestehen Anbauverträge, die sowohl die Aussaat, die Düngung, die Pestizid- und Herbizidbehandlung festlegen. Dieser sogenannte Vertragsanbau ist in Deutschland weitgehend durchgesetzt. Bei zahlreichen TK-Industriebetrieben gilt diese Aussage auch für ausländisches Gemüse. Es gibt Abnehmerbetriebe, welche die Landwirte auditieren und somit in engster Verbindung mit dem Zulieferanten stehen. Die Festlegung des Erntezeitpunktes wird in Abhängigkeit von ermittelten Nitratwerten der Feldlabors festgelegt. Aufgrund dieser Werte erfolgt die Freigabe zur Ernte oder eine Verlängerung der Wartezeit auf dem Feld, um einen Teil des Nitrats herauswachsen zu lassen (Stiele). Zwischen Landwirt und Schaltwarte der Fabrik bestehen zum Teil Funkverbindungen, so daß maximal 2 Stunden Wartezeit der Züge einkalkuliert wird. Bei jedem angelieferten Zug Spinat wird dieser auf Nitratwerte untersucht und dann die Blanchierzeit entsprechend eingestellt (Auswaschen). Die einzelnen Arbeitsschritte zur Herstellung von Rahmspinat lassen sich wie folgt beschreiben: Bei Eintreffen in der Fabrik erfolgt die Aufgabe auf einen Bandförderer. Anschließend werden in Siebtrommeln der Sand und eventuell aufsitzende Käfer abgetrommelt. Dann gelangen die Blätter in einen vierstufigen Waschgang, bei dem leicht gechlortes (4 ppm) Brunnen- oder Stadtwasser eingesetzt wird. Nach Verlassen der Waschstraße wird das Gemüse blanchiert. Die hierzu verwendeten Geräte können Bandblancheure, Trommelsysteme oder Paddelsysteme sein, die von verschiedenen Herstellern aus Holland, Italien oder Skandinavien geliefert werden. Die Blanchiertemperatur beträgt zwischen 90 und 95 °C über einige Sekunden und soll die enzymatische Aktivität im Produkt abbauen. Geprüft wird dieses am Peroxidasetest.

Gefrorenes, grünes Gemüse zeigt als Folge des Blanchierprozesses ein leuchtend grünes Aussehen. Dieser optische Effekt wird durch die Entfernung von Luftbläschen aus der Oberfläche des Blattes und zwischen den Zellen hervorgerufen (Veränderung der Reflexion). Bei der Herstellung von Rahmspinat erfolgen alle weiteren Prozesse, insbesondere das maschinelle Wolfen (Hacken), noch im Temperaturbereich über 65 °C. Auch die zum Wolfen verwendeten Maschinen sind wie alle mit dem Produkt in Berührung kommenden Teile aus $V_2$A-Stahl. Der gewolfte Spinat durchläuft ein spezielles Kühlsystem und wird in Tanks unter 10 °C gelagert. Parallel zur Herstellung des Gemüses erfolgt die Produktion der Sauce, die aus verschiedenen Dickungsmitteln, Gewürzen, Zucker etc. besteht. Die Sauce wird in einem speziellen Mischer homogenisiert und auf über 95 °C erhitzt. Aus Sicherheitsgründen wird in die noch heiße Sauce auch die

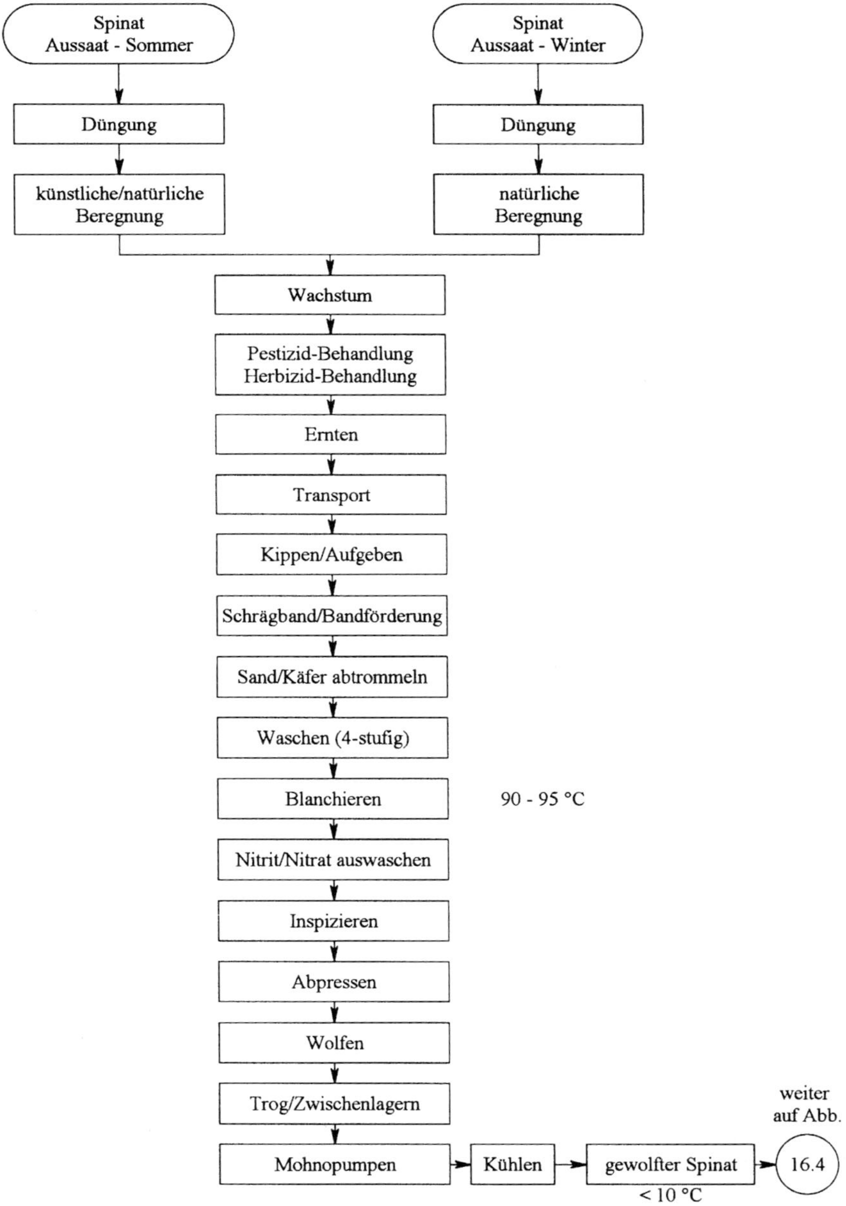


**Abb. 16.1** **Herstellung von Rahmspinat**
**Phase 1: Herstellung von gewolftem Spinat**

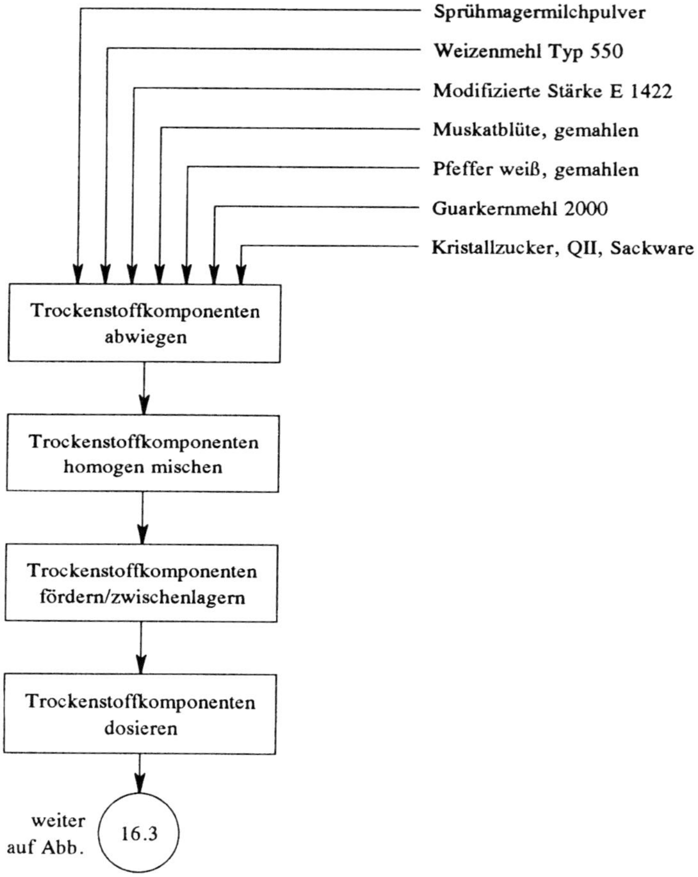


**Abb. 16.2 Herstellung von Rahmspinat**
**Phase 2: Bereitung der Trockenstoffe**

angelieferte Sahne untergemischt, so daß das Saucen-Sahne-Gemisch im Tank bei > 65 °C bereitgestellt wird. In einem weiteren Prozeßschritt wird dann die heiße Sauce mit dem gewolften Spinat homogen vermengt, wobei wegen eventueller Zwischenlagerung die Temperatur auf unter 10 °C abgesenkt wird. Die anschließende Abfüllung erfolgt auf speziellen Abpackmaschinen, zum Beispiel Click-Clock-Maschinen (USA). Das Verpackungsmaterial wird automatisch zugeführt und verschweißt. Nach Passieren eines Metalldetektors werden die Packungen automatisch in einen Plattenfroster verbracht und nach dem Durchfrieren palettiert und geschrumpft. Die Paletten werden im Tiefkühlhaus eingelagert. Die

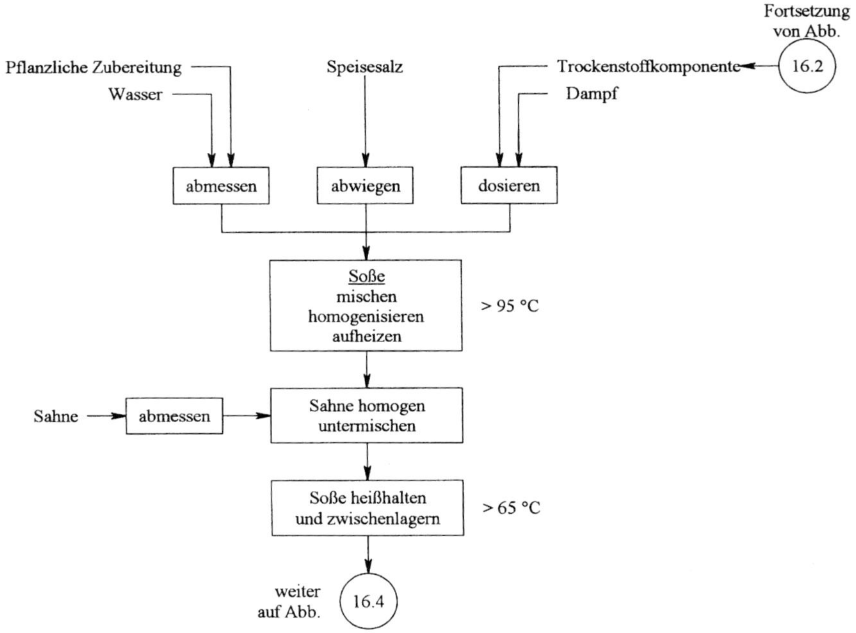


**Abb. 16.3 Herstellung von Rahmspinat**
**Phase 3: Bereitung der Rahmmischung**

Einzelheiten des gesamten Herstellungsprozesses sind den Fließdiagrammen (Abb. 16.1–16.5) zu entnehmen.

## 16.1.2 Mikrobiologie der Rohstoffe

Bei der Beurteilung der Rohstoffe ist zwischen denen aus dem landwirtschaftlichen Anbau und den industriell verarbeiteten Rohwaren zu unterscheiden. Zur ersten Gruppe gehört das eingesetzte Blattgemüse Spinat. Wie bei der Herstellung beschrieben, bestehen Anbauverträge, die die sogenannte „Gute landwirtschaftliche Praxis" festlegen. Darüber hinaus wird der Einsatz von Mist oder Gülle zur Kopfdüngung verboten. Hierdurch wird der Eintrag von Krankheitserregern deutlich minimiert. Es muß aber davon ausgegangen werden, daß die Produkte auch mit Salmonellen belastet sein können, die jedoch durch den Blanchierprozeß mit Sicherheit abgetötet werden. Eine räumliche Trennung der Rohware von dem blanchierten Produkt ist durch die Aufstellung der Maschinen in Reihe gegeben. Das Entladen der Züge und der Siebtrommeln geschieht in den meisten Fällen außerhalb der Produktionshallen. Die Gesamtkeimzahl des angelieferten Spinates liegt bei ca. 10 Millionen Keimen/g. Durch den gesamten Prozeß wird die Keimzahl auf Werte um < 100.000/g abgesenkt.

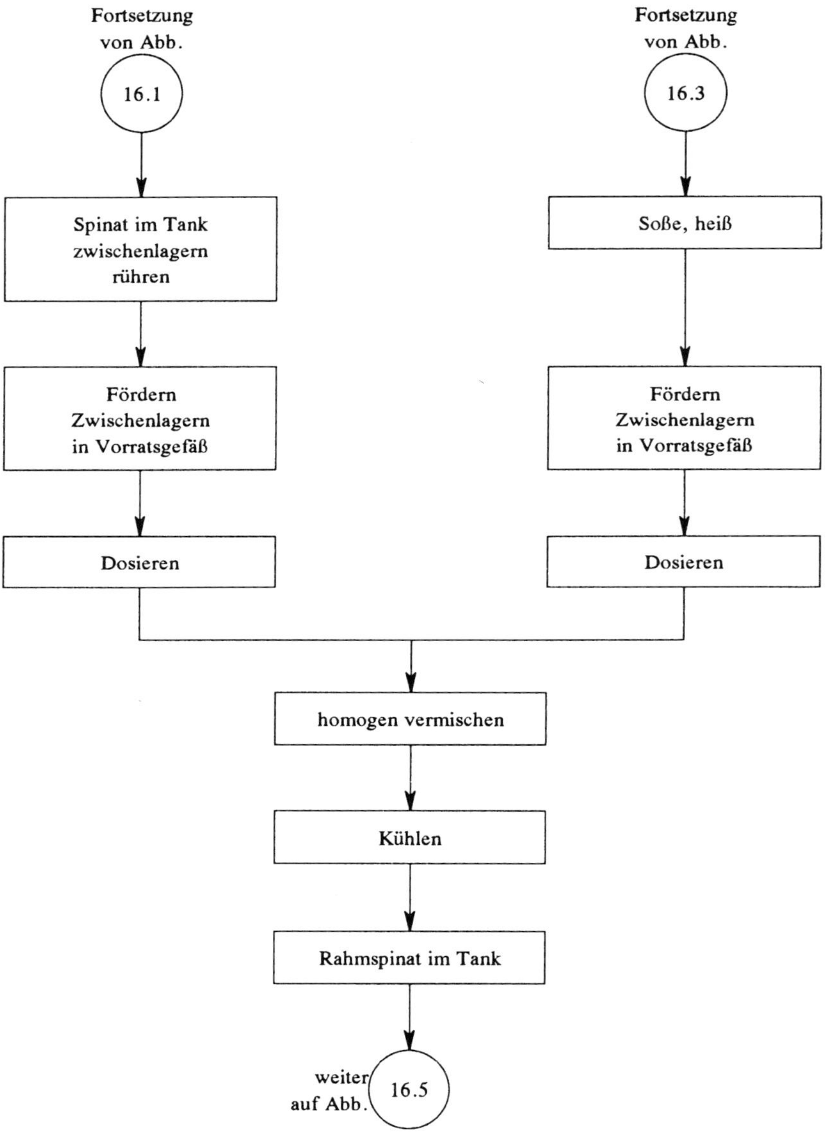


**Abb. 16.4** **Herstellung von Rahmspinat**
**Phase 4: Herstellung des Fertigproduktes**

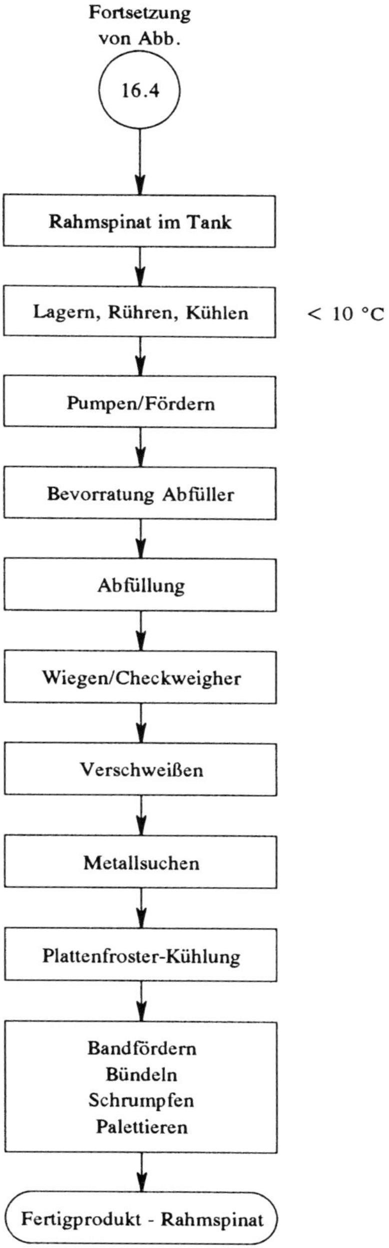


**Abb. 16.5** **Herstellung von Rahmspinat Phase 5: Verpackung des Fertigproduktes**

Bei den vorverarbeiteten Rohwaren der zweiten Gruppe handelt es sich vorwiegend um Dickungsmittel (Guarkernmehl, Weizenmehl und andere Stärken), aber auch um Milchpulver, Zucker, Salz und Gewürze. Alle diese Produkte können Krankheitserreger enthalten. Erfahrungsgemäß kann weißer oder schwarzer Pfeffer zu 5 % mit Salmonellen belastet sein. Da die Masse aber stets einem Erhitzungsprozeß unterzogen wird, ist die Gefahr als gering einzustufen. Rohwarenspezifikationen sollten jedoch neben den chemisch-physikalischen Parametern auch mikrobiologische Werte umfassen, die die zum Teil vorhandenen gesetzlichen Auflagen berücksichtigen (z. B. Milch-VO, 1995). Die Probenahmefrequenz für die mikrobiologische Analyse kann jedoch aufgrund des vorher Gesagten relativ niedrig sein.

Um eine Kreuzkontamination mit Salmonellen zu verhindern, ist beim Einsatz von Pfeffer Staubentwicklung weitgehend zu vermeiden. Diese Aussage kann in einzelnen Fällen auch für Mehle zutreffen.

### 16.1.3 Mikrobiologischer Verderb

Mikrobieller Verderb des Endproduktes Tiefkühlkost, und hiermit auch des tiefgekühlten Rahmspinats, kann aufgrund der Lagerung bei –20 °C nicht eintreten (BAUMGART, 1993). Es ist sogar eine gewisse Verminderung der Zahl gramnegativer Keime bei längerer Lagerung unter dem Gefrierpunkt zu beobachten (diese Aussage gilt überwiegend für Speiseeis, aber nur eingeschränkt für Tiefkühlkost). Nur bei unsachgemäßer Lagerung von Tiefkühlkostwaren kann es neben Gefrierbrand und Eiskristallbildung auch zu Schimmelentwicklung kommen, da es einige Schimmelpilze gibt, die im Bereich von unter –5 °C noch langsames Wachstum zeigen (SCHMIDT-LORENZ, 1967).

### 16.1.4 Haltbarkeit

Die Haltbarkeit von Tiefkühlkost ist aufgrund der niedrigen Lagertemperatur über ein bis zwei Jahre gesichert. Bei Rahmspinat wird ein MHD von zwei Jahren garantiert. Sehr stark fetthaltige Produkte werden durch die Wirkung von Lipasen, die auch noch bei –20 °C eine merkliche Aktivität aufweisen können, verdorben, wobei durch die Spaltung von Phospholipiden freie Fettsäuren gebildet werden.

### 16.1.5 Verwendung

Tiefkühlkost wird von Verbrauchern aller Altersklassen konsumiert, Rahmspinat jedoch insbesondere auch von Kleinkindern und Jugendlichen. Bei der Rohstoffauswahl, Herstellung und Lagerung des Produktes ist deshalb besondere Sorgfalt angebracht.

## 16.1.6 Das mikrobiologische Risiko

Das mikrobiologische Risiko ist bei Rahmspinat gering. Mikrobielle Lebensmittelvergiftungen, die auf Tiefkühlkost zurückgeführt werden können, sind äußerst selten. Wenn sie beschrieben werden, sind sie auf unsachgemäße Lagerung oder Zubereitung zurückzuführen. Als Beispiel sei hier die Lebensmittelvergiftung durch Genuß von Tiefkühlpizza aufgeführt. Die für den Belag verwendeten Champignons enthielten Salmonellen, die trotz präziser Herstellerangaben über Erhitzungsdauer und Erhitzungsstufe auf der Packung durch einen unsachgemäßen Erhitzungsprozeß in der Mikrowelle nicht abgetötet wurden.

## 16.1.7 Beinflussung der mikrobiologischen Qualität der Produkte durch äußere und innere Faktoren

### 16.1.7.1 Hygiene

Tiefkühlwerke haben schon vor längerer Zeit begonnen, die hygienischen Anforderungen entsprechend der EG-Richtlinie 93/43 in GMP-Codes umzusetzen. Die darin festgelegten Maßnahmen beziehen sich auf Anforderung an das Personal und sein Verhalten. Es ist üblich, die Personalhygieneschulungen mit Schwerpunkten, wie Kleidung, persönlicher Hygiene, Sanitärzonen, Pausenräumen etc., in regelmäßigen Abständen zu wiederholen. Darüber hinaus wird mit den Mitarbeitern über die wichtigsten Mikroorganismen, wie Krankheitserreger, der Einfluß von Kälte und Wärme und die Bedeutung des Tiefgefrierens in kurzen Schulungsblöcken gesprochen. Auf die Einhaltung der Reinigungs- und Desinfektionspläne, und hier insbesondere die Konzentrationen und Temperaturen, wird in den Schulungen eingegangen. Weiterhin wird die Bedeutung des Hygienic-Processing den Entwicklungs- und den Projektingenieuren nahegebracht.

### 16.1.7.2 Layout und Umfeld der Fabrik

Tiefkühlwerke, die Gemüse verarbeiten, befinden sich meist in ländlichen Gebieten. Daher ist der Eintrag von Schmutz oder Staub aus anderen industriellen Fertigungen kein größeres Problem. Trotzdem muß auf die Befestigung der Fahrwege in der Nähe der Fabrik besonders geachtet werden, da vor allem in der Erntezeit ein reger Fahrverkehr mit LKWs stattfindet, die bei schlechtem Wetter den Straßenschmutz in das Fabrikgelände, teilweise nahe an die Abkippstationen für die Züge, befördern.

Der Maschinenpark in den Fabriken besteht vorwiegend aus $V_2A$-Teilen. Auf Holz und Kunststoff als Werkstoffe wird heute ganz verzichtet (mit Ausnahme der Holzpaletten zur Auslieferung der Fertigware).

Aufgrund der ländlichen Lage der Betriebe wird häufig Brunnenwasser aus eigenen Brunnen sowohl für das Waschen des Gemüses als auch als Nachspülwasser nach Reinigung und Desinfektion der Anlagen verwendet. Die mikrobiologischen und chemischen Kontrollen, die die Trinkwasserverordnung vom 05.12.1990 vorschreibt, reichen in der dort vorgeschriebenen Häufigkeit nicht aus, um eine ständig gleichbleibende Qualität an allen Zapfstellen der Fabrik zu garantieren. Hier müssen Probenahmepläne entwickelt werden, die sowohl die Häufigkeit als auch die Orte der Probenahme anhand eines Wasserverteilerplanes (Rohrnetzplan) explizit festlegen. Auf diese Kontrollen wird auch im Codex-Alimentarius-Entwurf 1995 besonders hingewiesen.

## 16.1.8 Normen für Tiefkühlkost

Die deutsche Gesellschaft für Hygiene und Mikrobiologie hat für Tiefkühlkost gemeinsam mit der betroffenen Industrie und der Überwachung (Veterinär- und

**Tab. 16.1 Richt- und Warnwerte für rohe oder teilgegarte TK-Fertiggerichte bzw. Teile davon, die vor dem Verzehr gegart werden**

| | Richtwert | Warnwert |
|---|---|---|
| *E. coli* | $10^3$/g | $10^4$/g |
| *Staph. aureus* | $10^2$/g | $10^3$/g |
| *Bac. cereus* | $10^3$/g | $10^4$/g |
| Salmonellen | sollen in 25 g nicht nachweisbar sein | |

(Bei Verwendung von rohem Fleisch können Salmonellen auch bei guter Betriebshygiene vorkommen. Bei positivem Befund ist der Verunreinigungsquelle nachzugehen und die Empfehlung auszusprechen, gegartes Fleisch einzusetzen).

**Tab. 16.2 Richt- und Warnwerte für gegarte TK-Fertiggerichte bzw. Teile davon, die nur noch auf Verzehrstemperatur erhitzt werden müssen**

| | Richtwert | Warnwert |
|---|---|---|
| Aerobe mesophile Keimzahl | $10^6$/g | – |
| Salmonellen | nicht nachweisbar in 25 g | |
| *E. coli* | $10^2$/g | $10^3$/g |
| *Staph. aureus* | $10^2$/g | $10^3$/g |
| *Bac. cereus* | $10^3$/g | $10^4$/g |

Die Keimzahl kann überschritten werden, wenn rohe Produkte, wie Käse, Petersilie usw., verwendet werden. Tabelle 16.2 würde für Rahmspinat Anwendung finden.

Humanmedizinern) mikrobiologische Normen entwickelt (DGHM, 1993). Diese haben keinen gesetzlichen Charakter, werden aber bei der Überprüfung von Tiefkühlkost von allen Beteiligten bei der Bewertung der Produkte benutzt (Tab. 16.1 und 16.2).

## 16.2 HACCP-Konzept für Rahmspinat

Im Gegensatz zu vielen anderen Lebensmitteln müssen bei Betrachtung des mikrobiologischen Risikos bei Rahmspinat nur zwei biologische CCPs berücksichtigt werden. Es handelt sich um den Blancheur und die dort festgelegte Temperatur und Zeit, beziehungsweise die Einhaltung der hohen Temperatur bis einschließlich des Wolf-Prozesses (siehe sowohl Abb. 16.1–16.5 als auch Tab. 16.3 der HACCP-Dokumentation; die HACCP-Dokumentation wurde in Anlehnung an das vom BLL 1995 entwickelte Konzept erarbeitet). Von manchen HACCP-Experten wird auch die Tiefkälte als biologischer CCP betrachtet, hierzu siehe auch Anmerkung auf Tab. 16.3. Weitere CCPs sind hinsichtlich der mikrobiologischen Risiken im Prozeß nicht festzustellen. Ein eventueller Eintrag von Krankheitserregern nach dem Abkühlen im weiteren Verlauf der Produktion wird durch intensive Personalhygieneregelungen und betriebliche Hygienemaßnahmen weitgehend vermieden (präventive Maßnahme = Voraussetzung für eine erfolgreiche Implementierung des HACCP-Konzeptes).

Die chemischen Risiken können eine weitaus größere Rolle spielen. Hierbei könnte es sich um Agrarchemikalien handeln, zum Beispiel Pestizide oder Herbizide, zu hohe Nitratwerte oder auch das Austreten von Kältemitteln wie Ammoniak etc. Dafür sind in der HACCP-Dokumentation auch Beispiele für die Lenkungsmaßnahmen im Sinne der präventiven Qualitätssicherung aufgeführt. Auf FCKWs hat die Industrie weitgehend verzichtet. Gase wie $CO_2$ und $N_2$ stellen im Sinne des HACCP-Konzeptes keine Probleme dar. Aufgrund eines Vorfalles (durch in die Fertigpackung eingedrungene Sole, der toxische Stoffe zugesetzt worden waren, kam es zu einer Lebensmittelvergiftung mit tödlichem Ausgang für die Konsumenten), der sich vor einigen Jahren während des Transportes von Paletten von Tiefkühlkostfertiggerichten ereignete, werden heute auch die Spediteure und ihre Fahrzeuge regelmäßig inspiziert.

Die weitaus größte Bedeutung im Sinne des HACCP-Konzeptes haben jedoch die physikalischen Risiken. Hierbei handelt es sich zum einen um Metallsplitter, zum anderen jedoch auch um Holz-, Glas-, Kunststoff- und Knochenteile. Die bisher getroffenen Lenkungsmaßnahmen sind in der HACCP-Dokumentation aufgeführt. Bisher jedoch nicht gelöst ist das Problem des Eintrags größerer Tiere in den Prozeß. Während der Ernte, die vollständig maschinell erfolgt, können Ratten, Hasen, Vögel etc. unter die Blätter gelangen. Durch die Trommelsiebe fallen kleine Teile heraus, die oben erwähnten Tiere jedoch nicht.

Nur die Anschaffung spezieller Röntgengeräte würde eine Lösung darstellen, die sehr teuer und auch technisch noch nicht ausgereift ist. Da dieses Problem bis-

**Tab. 16.3 Dokumentation der HACCP-Studie**

| Rohstoff Produkt Prozeßschritt | Gefahr | CCP? ja/nein | Lenkungs-bedingungen | Grenzwerte | Messung | Überwachung | Maßnahmen bei Überschreitung der Grenzwerte | Zuständigkeit |
|---|---|---|---|---|---|---|---|---|
| Spinat-herstellung/ Rohware | Giftstoffe: Agrarchemikalien = z. B. Pestizide | ja | Lieferanten-auditierung und vertragliche Ver-einbarung. Jede Anwendung muß gemeldet werden; vor der Ernte muß eine Freigabeun-tersuchung durchgeführt werden | gesetzliche Grenzwerte | Untersuchung des Lieferanten auf Toleranz-einhaltung | Analysen bei Wareneingang | Ablehnung der Ware | Schaltwarten-personal Qualitäts-sicherung |
| Spinat-herstellung/ Rohware | zu hohe Nitratwerte | ja | Lieferanten-auditierung und vertragliche Ver-einbarung. Jede Anwendung muß gemeldet werden; vor der Ernte muß eine Freigabe-untersuchung durchgeführt werden | 3000 ppm | Untersuchung des Lieferanten auf Toleranz-einhaltung | Analysen bei Wareneingang | Ablehnung der Ware | Schaltwarten-personal Qualitäts-sicherung |
| Spinat-herstellung/ Rohware | Hydraulik-flüssigkeiten | ja | Meldung des Vorfalls und Unterbrechung der Ernte | keine Toleranz | – | – | Ablehnung der Ware | Betriebs-leitung |

| Rohstoff Produkt Prozeßschritt | Gefahr | CCP? ja/nein | Lenkungsbedingungen | Grenzerte | Messung | Überwachung | Maßnahmen bei Überschreitung der Grenzwerte | Zuständigkeit |
|---|---|---|---|---|---|---|---|---|
| Spinatherstellung/ Rohware | Größere Fremdkörper jeder Art (Holz, Kunststoff, Glas, Tiere) | – | bei jetziger Technologie wird der Prozeß nicht beherrscht; folglich muß dieser modifiziert werden | – | Einsatz von Röntgendetektion u./o. Windfege | – | – | Betriebsleitung |
| Blanchieren | Krankheitserreger | ja | Temperaturkontrolle | 90 °C nicht unterschreiten | digitale Temperaturmessung | kontinuierlich | Stop der Produktion | Betrieb |
| Wolfen | | | Peroxidasetest | Peroxidasetest negativ > 65 °C | Enzymstreifen | 1/2stündlich | Stop der Produktion | Qualitätssicherung |
| Sauce heißhalten | Krankheitserreger | ja | Temperaturkontrolle | 65 °C nicht unterschreiten | digitale Temperaturmessung | kontinuierlich | Stop der Produktion | Betrieb |
| Einhalten der Tiefkühlkette | Vermehrung von pathogenen Keimen | ja | Temperaturkontrolle | < –18 °C[1)] | digitale Temperaturmessung | kontinuierlich | Bei Auftreten von Schnee auf den Packungen sofortige Inbetriebnahme eines neuen Kühlhauses und Umpalettieren der Ware | Tiefkühlhausleiter |

1) Die Einhaltung der Tiefkühlkette ist vorrangig eine qualitätserhaltende Maßnahme und weniger eine Maßnahme zur Unterdrückung des Aufwachsens von Mikroorganismen. Erst bei Temperaturen über 0 °C, d. h. im Bereich von +3 °C bis +5 °C, kann ein langsames Wachstum von *Listeria monocytogenes* und einigen anderen Krankheitserregern stattfinden. Trotzdem ist die Einhaltung der Tiefkühlkette für die Tiefkühlkost einer der wichtigsten kritischen Punkte.

her noch nicht durch die Einrichtung eines CCPs gelenkt werden kann, ist dieser Punkt in der HACCP-Dokumentation noch mit einem Fragezeichen versehen.

## Literatur


[1] BLL Seminar (1995): HACCP für die Praxis, Kursunterlagen, Bad Honnef, 2./3. März 1995.

[2] Baumgart, J. (1993): Mikrobiologische Untersuchung von Lebensmitteln, Hamburg: Behr's Verlag.

[3] Codex-Alimentarius-Entwurf (1995).

[4] DGHM (1993): Veröffentlichte mikrobiologische Richt- u. Warnwerte zur Beurteilung von Lebensmitteln.

[5] EG-Richtlinie 93/43 (14.06.1993): Lebensmittelhygiene.

[6] Heiss, R., Eichner, K. (1990): Haltbarmachung von Lebensmitteln, Berlin/Heidelberg/New York/London/Paris/Tokyo/Hong Kong: Springer Verlag.

[7] Hilck, E., Auf dem Hövel, R. (1979): Jenseits von minus Null, Deutsches Tiefkühlinstitut, Köln.

[8] Schmidt-Lorenz, W. (1967): Behaviour of microorganisms at low temperatures, Inst. Internat. du Froid, Bulletin No. 2 u. 4, p. 14.

[9] Trinkwasserverordnung (05.12.1990): Bekanntmachung der Neufassung: Bundesgesetzblatt Jahrgang 1990, Teil I.

[10] Verordnung über Hygiene- und Qualitätsanforderungen an Milch und Erzeugnisse auf Milchbasis (24.04.1995): Milchverordnung, Bundesgesetzblatt Jahrgang 1995, Teil I.

# 17 Schokolade und andere Süßwaren

R. ZSCHALER

## Einleitung

Aus der Vielzahl der Süßwarenprodukte, die im Markt erhältlich sind, sollen hier die reinen Schokoladen und die sogenannten Fruchtgummis behandelt werden. Im allgemeinen können die meisten Süßwarenprodukte als mikrobiologisch sicher bezeichnet werden. Da sie überwiegend eine sehr niedrige Wasseraktivität aufweisen, können sie über mehrere Monate oder sogar über Jahre ohne Probleme bei Zimmertemperatur aufbewahrt werden. Im allgemeinen sind spezielle Probleme mit physikalischen oder chemischen Risiken bei diesen Produkten nicht bekannt. Auch wenn hin und wieder einmal Glas oder auch Steine in den Rohstoffen vorkommen, wird durch die nachfolgenden Produktionsschritte diese Gefahr eliminiert. Auch das Problem der Mykotoxine kann bei Schokoladenprodukten ausgeschlossen werden, weil die sogenannten mykotoxinbildenden Schimmelpilze nicht in dem Produkt wachsen und auch keine Toxine in Kakaobohnen bilden können. Trotzdem haben Schokoladenprodukte schon zu ernsten Erkrankungen geführt, dies ist jedoch in der allgemeinen Öffentlichkeit nicht bekannt.

Ein spektakulärer Ausbruch einer Lebensmittelinfektion durch Schokoladenprodukte ereignete sich im Jahr 1974 – *Salmonella eastbourne*-Infektion in Kanada (D'AOUST, 1977) – und im Jahr 1982 eine *Salmonella napoli*-Infektion (GILL et al., 1983), ebenfalls durch Schokolade. Bei der Aufklärung des *Salmonella eastbourne*-Falles wurde bestätigt, daß Kreuzkontamination, ausgehend von der Kakaobohne zum Endprodukt, erfolgt war. Es wurden im Zusammenhang mit diesem Ausbruch 119 Erkrankungsfälle beschrieben, wobei, wie auch 1982 bei dem *Salmonella napoli*-Ausbruch, sehr geringe Keimzahlen von Salmonellen ausreichten, um eine symptomatische Infektion hervorzurufen. Im zweiten Fall, Infektion durch *Salmonella napoli* in England und Wales, wurden 225 Erkrankungsfälle registriert. In der Ursachendiskussion dieses letzten Falles wurde von Wasser in Heizmänteln berichtet, welches mit *Salmonella napoli* belastet war, aber auch eventuelle Luftinfektionen wurden genannt, die als Auslöser der Infektion in Frage kämen.

Aufgrund der hier kurz beschriebenen Fälle ist es sicher, daß ein Betrieb, der zum Beispiel Schokolade herstellt, ganz besondere Aufmerksamkeit auf den Prozeß, auf die Anlagen, aber insbesondere auf den Einkauf der Rohwaren richten muß. Von der IOCCC (International Office of Cocoa, Chocolate and Confectionery) wurde 1992 ein Code of Hygienic Practice, der auf dem HACCP-Konzept beruht, für die Prävention einer *Salmonella*infektion oder -kontamination in Kakao, Schokolade und anderen Süßwarenprodukten herausgegeben. Dieser Code of Hygienic Practice ist jedoch bisher noch ein Entwurf, gibt aber sehr gute Hinweise auf die einzelnen zu beachtenden Punkte.

# 17.1 Produktbeschreibung, Herstellung und mikrobiologische Risiken

## 17.1.1 Herstellung

### a) von Schokolade

Die Herstellung von Schokolade wird in zwei Schritten vorgenommen, wobei die Phase 1 in der Herstellung der Kakaomasse beruht und die Phase 2 in der Herstellung der eigentlichen Schokoladenmasse, die dann schließlich als Schokolade abgepackt wird. Ein Fließbild der Herstellung beider Phasen ist in Abb. 17.1 und 17.2 enthalten.

Der wichtigste Prozeßparameter ist insbesondere der Röster, der bei einer Temperatur von ca. 135 °C in ca. 30 Minuten eine Röstung der Kakaobohne vornimmt. Abgesehen von einer Einteilung nach der Dauer des Röstvorganges (Schnellröster, Langzeitröster), lassen sich die üblichen Röstverfahren einmal nach der Art der Wärme übertragen, zum anderen danach einteilen, ob chargenweise oder kontinuierlich gearbeitet wird (FINKE, 1965). Man unterscheidet demnach Röster, bei denen die Wärmeübertragung durch unmittelbare Berührung des Röstgutes mit Heizflächen erfolgt, und solche Anlagen, in denen das Röstgut durch strömende Heißluft erhitzt wird. Bei Röstmaschinen, die eine direkte Wärmeübertragung ermöglichen, werden die Kakaobohnen in drehbaren Trommeln erhitzt, die von außen mit Heißluft oder durch Gas-, Öl- oder Koksbrenner beheizt werden. Bei den neueren Maschinen kann zusätzlich Heißluft in die Trommel eingeblasen werden. Bei den mit Heißluft betriebenen stetig arbeitenden Anlagen läuft das Röstgut der strömenden Heißluft entgegen. Zur Erzeugung der Heißluft dienen auch hier Gas-, Öl- oder Koksbrenner zum Beispiel, aber zum Teil auch Dampf mit einem hohen Druck. Sowohl zur Herstellung von Schokoladen als auch zur Gewinnung von Kakaopulver und Kakaobutter muß der an der Brechmaschine anfallende Kakaokernbruch durch Mahlen oder Feinzerkleinern zu einer pumpbaren Masse verarbeitet werden. Diese Zerkleinerung bezweckt ein Zerreißen des zähen Zellgewebes der vorgebrochenen Kakaokerne. Hierdurch wird die in den Zellen eingeschlossene Kakaobutter freigelegt. Infolge der beim Mahlen entstehenden Reibungswärme schmilzt die Kakaobutter und umhüllt dann die Zellbruchstücke sowie die aus den Zellen freigelegte Stärke und Eiweißteilchen, so daß sie eine durchgehende Phase bildet, die sogenannte Kakaomasse. Diese besteht somit aus einer Suspension des festen Kakaokernteilchens in geschmolzener Kakaobutter. Aus der Kakaomasse entsteht dann in einer zweiten Phase durch verschiedene Behandlungsverfahren letztlich die Schokolade. Weiterhin kann man aber aus der Kakaomasse auch Kakaobutter oder Kakaopulver herstellen, worauf hier nicht weiter eingegangen werden soll.

Die Hauptbestandteile der Schokoladenarten sind, wenn man von besonderen Zusätzen, wie Pistazien, Mandeln, Krokant etc., absieht, Kakaomasse, Kakaobutter, Zucker und Milcherzeugnisse, meist in Form von Milchdauerwaren wie Milchpulver. Durch die Mitverarbeitung von geringen Mengen Sojalezithin ist eine bessere Emulgierung der Masse im Mischer möglich, denn das Lezithin setzt schon in kleinen Mengen die Viskosität der geschmolzenen Schokolade herab. Zur Abrundung des Geschmacks wird der Masse dann noch Vanillin oder Vanille zugesetzt. Die Einzelbestandteile der Schokoladenmasse müssen jedoch sehr gründlich gemischt und zu einer möglichst einheitlichen walzbaren Masse vereinigt werden. Bei einem hohen Kakaobuttergehalt der fertigen Schokolade wird ein beträchtlicher Teil der Kakaobutter erst während des Konchierens (siehe Fließdiagramm) zugesetzt. Für die organoleptische Beschaffenheit von Schokoladen spielt der Feinheitsgrad, der auf den Walzen erreicht wird, eine wesentliche Rolle.

Nach dem Walzen erfolgt eine Veredelung der Schokoladenmasse in den sogenannten Konchen, denn die von den Walzwerken in krümelig-trockener Beschaffenheit abgenommene Schokoladenmasse bedarf noch einer weiteren Behandlung zur geschmacklichen Verfeinerung. Diesen Vorgang nennt man **Konchieren**; die veredelnde Wirkung einer lang dauernden Bewegung geschmolzener Schokoladenmasse ist schon seit langem beschrieben. Die Konchen gibt es als Rundkonchen, in denen das Walzgut bzw. die Schokoladenmasse durch rotierende Arme in offener Form bewegt wird, aber auch unter Vakuum. Die Konchierdauer hängt ab von der Zusammensetzung der Schokoladenmasse, dem erwünschten Veredelungsgrad und dem benutzten Maschinentyp. Es gibt Konchierzeiten zwischen 4–24 Stunden, wobei besonders hochwertige Schokoladen bis zu 72 Stunden konchiert und Temperaturen zwischen 55 und 65 °C, manchmal auch höher, eingestellt werden. Die sich beim Konchieren abspielenden chemischen Vorgänge sind vorrangig: die Entfernung von Wasser und flüchtigen Säuren. Physikalisch wird das zunächst krümelige Walzgut in eine fließende Suspension umgewandelt.

Nach dem Konchieren wird die Schokoladenmasse in Puffertanks aufgefangen, in denen sie bei ca. 40 °C gehalten wird, und das Fett beginnt auszukristallisieren. Anschließend erfolgt das Abformen in sogenannten Formanlagen, wobei die Schokoladenmasse erstarrt. Die hierbei freiwerdende Kristallisationswärme des Schokoladenfettes muß durch geeignete Kühleinrichtungen abgeführt werden.

Die Verpackung erfolgt in einer Tafelmaschine, und durch das Heranführen von Folie wird die ausgeformte Schokoladentafel abgepackt.

Nach dem Abpacken wird die Schokolade im Hochregallager kühl und trocken gelagert.

### b) von Fruchtgummi

Die Herstellung des Produktes Fruchtgummi ist in Abb. 17.3 schematisch als Fließ-Block-Diagramm dargestellt.

Wie hieraus zu ersehen ist, wird aus den Rohstoffen Frucht und Zucker durch Kochen bei 100 °C für einige Minuten die Masse produziert, der in einem nachfolgenden Mischer Gelatine als Quell- und Dickungsmittel beigegeben wird. Anschließend werden Aromen, Citronensäure oder auch noch Markbestandteile

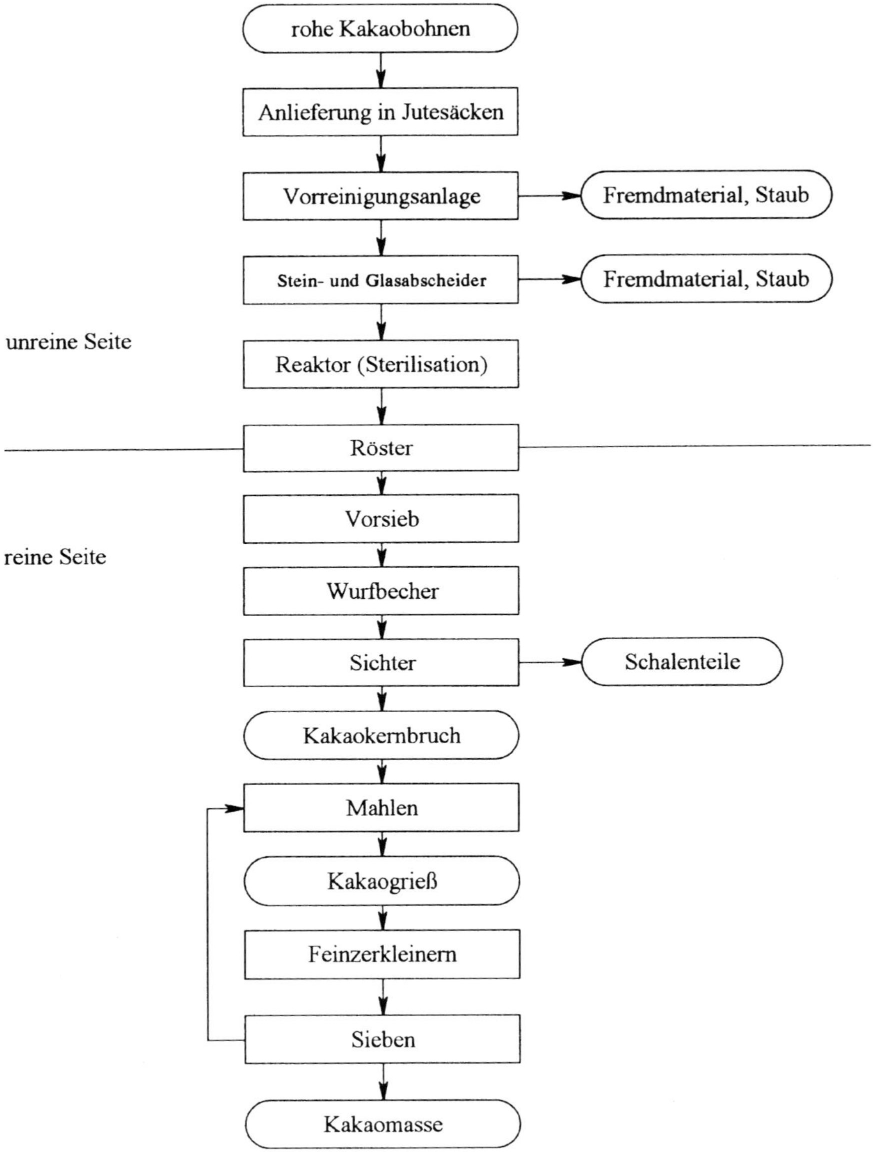


**Abb. 17.1 Herstellung von Vollmilch-Schokolade**
**Phase I: Kakaomasse**

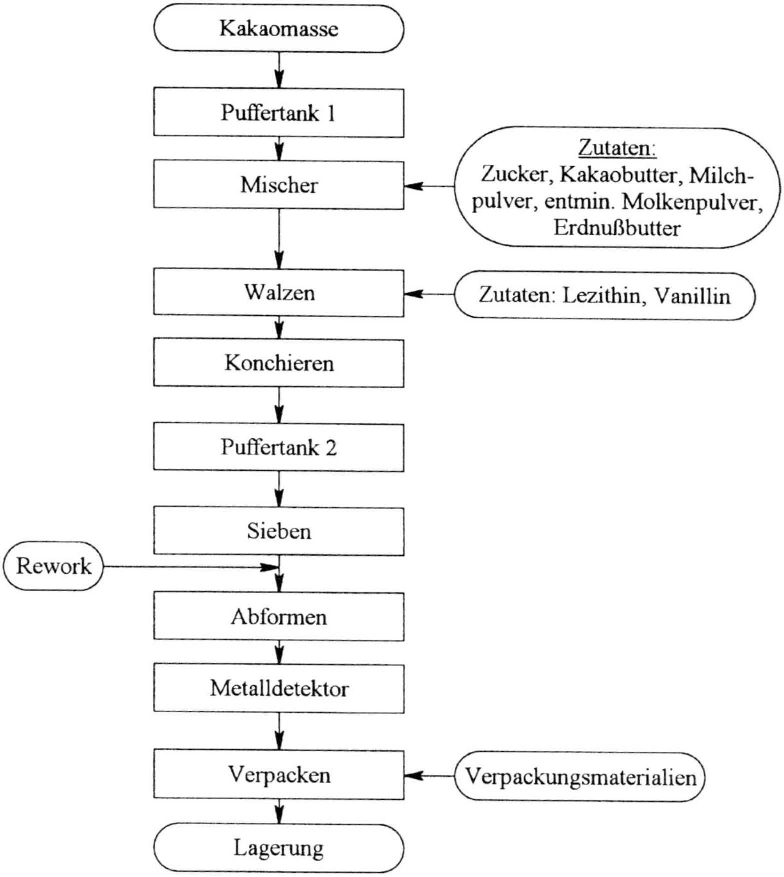


**Abb. 17.2 Herstellung von Vollmilch-Schokolade Phase II: Schokoladenmasse**

zugemischt und die Form auf sogenannte Mogulanlagen ausgegossen. Die verwendeten Formkästen sind vorrangig aus Holz oder Metall. Um ein besseres Austrocknen der Formlinge zu ermöglichen, erfolgt ein Auspudern oder auch Wachsen dieser „Puderkästen" mit Stärke- oder Reismehlpuder. Anschließend wird bei Raumtemperatur über ca. 24 Stunden gelagert. Nach dem Ausschlagen aus den Puderkästen ist das fertige Produkt verpackungsreif und kann in Folie eingeschlagen bzw. in Kartons auf Paletten versammelt werden.

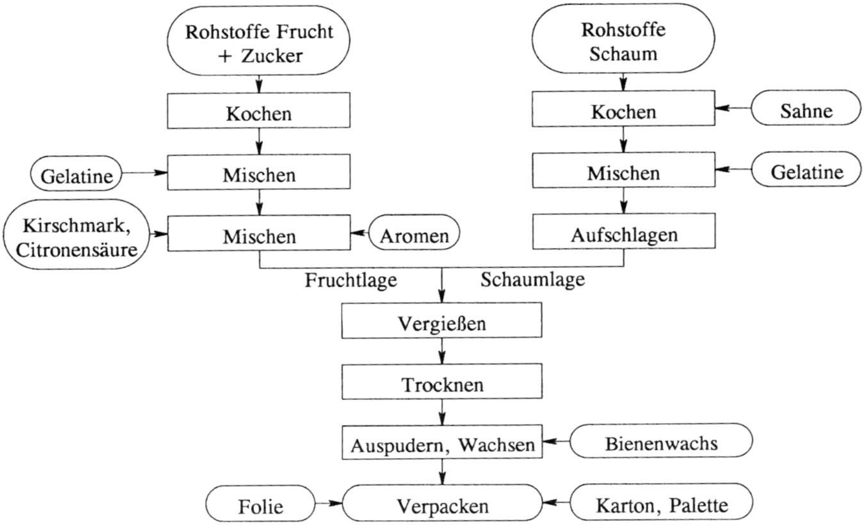


**Abb. 17.3 Ablauf „Herstellung Fruchtgummi Kirsch mit Sahne"**

## 17.1.2 Mikrobiologie der Rohstoffe

Bei der Betrachtung der Rohstoffe ist zwischen Originalrohstoffen aus landwirtschaftlichem Anbau und schon industriell verarbeiteten Rohwaren zu unterscheiden. Zur ersten Gruppe können bei Schokolade Rohmilch, Kakaobohnen, rohe Nüsse gehören, die, insbesondere bei Kakaobohnen bekannt, mit Salmonellen belastet sein können. Da aber bei der Verarbeitung der Kakaobohne eine Erhitzung stattfindet, ist es nicht sinnvoll, eine ständige Eingangsuntersuchung auf Salmonellen vorzunehmen. Trotzdem sollten einfache Eingangsuntersuchungen, die insbesondere die Qualität des Rohmaterials garantieren, durchgeführt werden. So ist z. B. auch auf die Kondensation von Wasser in den Anlieferungscontainern zu achten, um einer Verschimmelung der Kakaobohne vorzubeugen, die zu einer nachträglichen Geschmacksminderung führen könnte.

Da es sich bei den Kakaobohnen um einen Rohstoff handelt, der Salmonellen enthalten kann, ist in den Betrieben eine strikte Trennung zwischen reiner und unreiner Seite, das heißt den Anlagen vor und nach Röster, vorzunehmen, um hierdurch Kreuzkontaminationen im betrieblichen Bereich zu verhindern.

Bei den vorverarbeiteten industriellen Rohwaren, wobei es sich vorrangig um Milchprodukte, Molkenpulver, aber auch Joghurtpulver, Kakaobutter, Gelatine, Eiprodukte, Mehle und Stärken sowie auch Lezithin und Kokosnuß handeln kann, liegen Produkte vor, die ein potentielles Risiko beinhalten. Da diese Rohmaterialien nach dem Erhitzungsprozeß eingearbeitet werden, ist ihre Belastung mit

Krankheitserregern, darunter auch Salmonellen, zu befürchten und eine strikte Rohstoffauswahl vorzunehmen. Diese Art der Rohwaren ist gründlichst zu kontrollieren, und zwar jedes einkommende Batch. Dabei sollte sich die Untersuchung nicht nur auf Salmonellen, sondern auch auf die Gesamt-Enterobacteriaceen und *E. coli*, aber auch auf Staphylokokken erstrecken.

In diesem Zusammenhang ist für die in der Maschine eingesetzten Stärkepuder (Fruchtgummis) und entsprechende Produkte ein hohes Gefährdungspotential zu erwarten. Deshalb ist auch hier eine sehr gründliche Eingangsuntersuchung sowohl zum Freisein von Salmonellen und *Bacillus cereus* zu belegen. Es empfiehlt sich, nur Rohstoffe von Lieferanten zu erwerben, deren GMP-Maßnahmen bzw. HACCP-Konzepte bekannt und auf ihre Richtigkeit geprüft worden sind. Insbesondere im Zusammenhang mit dem Salmonellenrisiko bei Milchpulver und anderen Produkten ist auf die statistische Nachweisgrenze hinzuweisen, das heißt die Partie, auch wenn sie als salmonellenfrei in 750 g oder 1,5 kg erachtet worden ist, kann noch Salmonellen enthalten, da Nesterbildungen bei diesen Produkten vorkommen. Das bedeutet: Die Auswahl der Rohstoffe muß nach einer Lieferantenbewertung erfolgen.

Bei dem Produkt mit einem geringeren Risiko, wie zum Beispiel bei Zucker, aber auch Mehlen, gerösteten Nüssen oder vorbehandelten Zerealien, sollte ebenfalls eine Untersuchung auf Salmonellen erfolgen, jedoch braucht unter Umständen nicht jedes Batch untersucht zu werden. Bei der Auswahl neuer Ingredienzien und Rohstoffe empfiehlt es sich, diese zunächst auf einer Prioritätsliste einzusetzen und später die Prioritäten abzubauen.

## 17.1.3 Mikrobieller Verderb

Mikrobieller Verderb von Kakao, Schokolade und Süßwaren ist aufgrund des in den Produkten vorherrschenden geringen $a_W$-Wertes, der sich im Bereich von 0,37 bis 0,5 bewegt, sehr selten. Der Wassergehalt von Schokolade ist stets unter 1 %, daher ist ein Wachstum von Mikroorganismen in diesen Produkten auszuschließen, mit Ausnahme von einigen Marzipanen, bei denen die Wasseraktivität nicht so abgesenkt ist, oder Pralinen, in denen osmophile Hefen und Schimmelpilze angetroffen werden können. Auch Salmonellen sind in diesen Produkten nachweislich vorgekommen und haben, wie in der Einleitung erwähnt, zu „recall-procedures“ geführt.

## 17.1.4 Haltbarkeit

Die Haltbarkeit der in diesem Kapitel behandelten Produkte ist aufgrund des niedrigen $a_W$-Wertes relativ gut und über 1–2 Jahre gesichert. Mikrobieller Verderb tritt normalerweise nicht auf. Anders kann es mit physikalischen Faktoren sein. Durch Beeinflussung von Luft oder auch Feuchtigkeit kann die Schokolade vergrauen und dadurch sehr unansehnlich werden. Weiterhin kann Fettabbau durch enzymatische Reaktionen auftreten, die die Verzehrsfähigkeit einschränken.

### 17.1.5 Verwendung

Süßwaren werden von Verbrauchern aller Altersklassen verwendet, vorzugsweise aber von Kleinkindern und Jugendlichen sowie Menschen höheren Alters. Bekanntlich sind diese Verwendergruppen jedoch für Salmonelleninfektionen besonders empfänglich, und daher ist besondere Sorgfalt bei Herstellung, Rohstoffauswahl und Lagerung der Produkte anzuwenden.

### 17.1.6 Das mikrobiologische Risiko

Das mikrobiologische Risiko ist bei diesen Produkten gering. Immerhin sind die „outbreaks" der letzten Jahre zu erwähnen. Aufgrund der vom IOCCC erarbeiteten GMP-Richtlinien für die Herstellung von Schokoladen ist Qualitätssicherung oder -management in den einzelnen Betrieben inzwischen stark vorangeschritten (Codex Alimentarius Commission, Entwurf 1995). Die intensive Begutachtung von eingesetzten Rohwaren hat dazu geführt, daß der Standard der geforderten Spezifikationen stetig gestiegen ist und die Auswahl für diese Produkte besonders streng betrieben wird. Aufgrund dessen ist in den letzten Jahren keine größere Infektion oder Rückholaktion bei Schokolade mehr aufgetreten.

### 17.1.7 Beeinflussung der mikrobiologischen Qualität der Produkte durch äußere und innere Faktoren

#### 17.1.7.1 Hygiene

Für die einzelnen Produktbereiche innerhalb der Produktion sind folgende Angaben zu machen:

**Rework**

Das anfallende „Rework" (Überlauf an den Maschinen = „Wiederverarbeitung") in den Fabriken muß in jedem Fall als ein das Rohmaterial bedrohendes Risiko behandelt werden. Es muß im Betrieb als solches klar identifiziert und strikt separiert von Abfall gelagert werden. Das setzt auch ein besonders strenges Qualitätsregime in der Fabrikation voraus. Vorsichtsmaßnahmen müssen in bezug auf Kontaminationen mit Salmonellen während der Sammelphase, der Behandlung und Lagerung der Produkte vorgenommen werden, da das Produkt „Rework" meist in eines der Endprodukte verschnitten wird, ohne daß es im sogenannten Röstprozeß noch einmal einer Erhitzung unterzogen wird.

**Wasser**

Wasser ist normalerweise nicht in direktem Kontakt mit den Produkten. Da für die gesamte Süßwarenindustrie Wasser als Kontaminationsquelle sehr gefürchtet ist, wird auch bei Reinigungs- und Desinfektionsprozessen **nicht** mit Reinigungs- und Desinfektionsmitteln in wasserlöslicher Form gearbeitet. Trotzdem wird Wasser indirekt zum Beheizen und Kühlen verwendet. Auch dies sollte stets überwacht werden und eine gute mikrobiologische Qualität aufweisen, um das Risiko von Kreuzkontaminationen zu vermeiden. An das Kühlwasser sind die Anforderungen der Trinkwasserverordnung vom 05. Dezember 1990 zu stellen. Wasser in geschlossenen wasserführenden Systemen sollte in die mikrobiologische Überwachung einbezogen werden und in 100 ml prinzipiell frei sein von Coliformen bzw. Enterobacteriaceen.

**Luft**

Wenn Luft direkt oder indirekt in Zonen der Produktion eingeblasen wird und damit in Kontakt mit dem Produkt kommt, kann sie eventuell einer Filtration unterzogen werden. Auch hier gilt, daß in Bereichen, in denen kritische Produkte abgepackt werden, unter Umständen eine Sterilfiltration der Luft anzuwenden ist und eine mikrobiologische Kontrolle vorgenommen werden sollte.

### 17.1.7.2 Layout und Umfeld der Fabrik

Insbesondere weil die Produktion von Schokolade, Kakaopulver und einigen Süßwaren unter absoluter Trockenheit erfolgt, müssen die sogenannten nassen Zonen, z. B. Waschstationen für Behälter oder Schokoladegießmaschinenteile (Formen), davon strikt getrennt sein. Deshalb ist darauf zu achten, daß auch nach einer Reinigung und Desinfektion der Fußböden keine Nässezonen im trockenen Bereich entstehen. Es ist erforderlich, in den Trockenzonen durch „große Wischer" die Abwesenheit von Salmonellen zu überprüfen. Dieses Monitoring des Umfeldes hat sich bei der Herstellung von Milchpulver im Bereich des Sprühturmes als sehr effizient erwiesen, um den Eintrag von Salmonellen in die Produkte festzustellen und durch anschließende Maßnahmen zu verhindern. In diesem Zusammenhang ist auch die Schädlingsbekämpfung zu nennen, die einen wichtigen Beitrag zur Hygiene des Betriebes liefert. Die allgemeinen Anforderungen, die in der EG-Richtlinie Lebensmittel 93/43 für Gebäude und Umfeld angeführt sind, haben ebenfalls ihre Bedeutung. Die Reinigung und Desinfektion gestaltet sich im Bereich der Süßwaren meist etwas schwierig. Die Reinigung erfolgt oftmals durch Abtragen von Produktresten und anschließende Desinfektion mit 70 % Ethanol. Damit wird vermieden, daß höherer Eintrag von Wasser auf die Anlagen und Maschinen erfolgt und in diesen Wasserspuren sich wiederum Mikroorganismen absiedeln. Die Überwachung der Reinigung und Desinfektion muß jedoch sorgfältig erfolgen und sollte durch mikrobiologische Kontrollen begleitet werden.

Andere Faktoren, die auf die Haltbarkeit einen Einfluß haben, kommen hier mit Ausnahme der Wasseraktivität nicht zum Zuge. Weder gibt es eine Beeinflussung des Emulsionsaufbaus der Schokolade, noch gibt es ein Absenken durch Säure innerhalb der Produktes, so daß auf diese Faktoren hier nicht eingegangen werden soll.

### 17.1.8 Normen für Schokolade und Kakaopulver

Aufgrund der Dokumente des Codex und der ICMSF (International Commission on Microbiological Specifications for Foods) müssen für alle Produkte in weiterer Zukunft mikrobiologische Normen erarbeitet werden, wobei jedoch der wichtigere Aspekt die Qualitätssicherungssysteme und das Eingehen auf das HACCP-System ist. Im Falle von Schokolade und Schokoladenmassen haben aerobe mesophile Keime keine Bedeutung, da die Zahl je nach Produkttyp, vor allem jedoch auch nach Prozeß und Ursprung der Bohnen (anfängliche Belastung mit aeroben Sporenbildnern), variieren kann. Bei Kakaopulver hingegen ist die Bestimmung der Keimzahl von Bedeutung, da durch die vorgeschalteten Prozesse, insbesondere die Alkalisierung, eine drastische Keimzahlreduktion vorgenommen werden kann. Die von der DGHM diskutierten Kriterien für Schokolade (z. Zt. noch in der Beratung) sehen für Enterobacteriaceen m = 100, M = 1000 und für Salmonellen negativ in 30 x 25 g vor.

Die Werte für die Schokoladenindustrie sind im IOCCC-Hygiene-Code (1992) ebenfalls aufgeführt, wobei insbesondere auf die Salmonellen hingewiesen wird. In 10 x 25 g Produkt dürfen Salmonellen nicht nachweisbar sein.

## 17.2 HACCP-Konzepte (für Schokolade und Fruchtgummi)

Die Hitzebehandlung, die im Röstprozeß (siehe Kapitel Herstellung 17.1.1) genauer erwähnt wird, stellt vom mikrobiologischen Gesichtspunkt her ein absolut sicheres Verfahren dar, um den Eintrag von Salmonellen durch die Rohware Kakaobohne zu verhindern. Im Sinne des HACCP-Konzeptes handelt es sich hier um einen CCP1. Während dieses Erhitzungsprozesses werden auch andere vegetative Keime abgetötet, jedoch nicht Bazillensporen. Unter dem Gesichtspunkt „Salmonellen" sind folgende vier Prozeßschritte als **CCP1** zu bezeichnen:

1) Rösten der Kakaobohnen oder der Kakaonibs (hierzu gehört auch die neue Technologie der UHT-Sterilisation der Kakaobohnen) (Hennlich und Ziegleder, 1987)
2) Pasteurisation der Kakaomasse
3) Trockenröstung, Ölröstung von Nüssen
4) Kochen der Füllungen von anderen Süßwarenprodukten wie Fruchtgummis

Im Sinne des HACCP-Konzeptes müssen diese kritischen Kontrollpunkte (in bezug auf Mikrobiologie) einer sehr genauen Überprüfung unterzogen werden (BLL-Seminar, 1995). Die Effektivität der Prozeßparameter ist durch Überwachung von Zeit, Temperatur und eventuell vorhandenem Wassergehalt zu prüfen (siehe auch Dokumentation der CCPs, Tab.17.1 und 17.2). Bei dieser Dokumentation handelt es sich um Vorschläge (nach BLL-Kurs, 1995), die je nach Betrieb, Produkt und Herstellungsweise zu modifizieren sind. In diesem Zusammenhang ist das Hygienic Design der technischen Ausrüstung von großer Bedeutung. Aufgrund des hohen Fettgehaltes der Produkte und der niedrigen Wasseraktivität sind alle nachfolgenden Prozesse wie Walzen oder Konchieren bei den angewandten Zeiten und Temperaturen nicht mehr in der Lage, einen letalen Effekt auf Salmonellen auszuüben, so daß man einen weiteren Eintrag durch Rohware etc. (siehe 17.1.2) erwarten könnte. Daher betrifft alles Nachfolgende, was sich auf Hygiene bezieht, auch das Umfeld der Fabrikation und das Layout der Fabrik. Alle Vorsichtsmaßnahmen, die somit eine Rekontamination während der nachfolgenden Prozesse vermeiden sollen, können daher im Sinne des HACCP-Konzeptes auch als CCP2 bezeichnet werden. Das bezieht sich auf das Gebäude selbst, auf die Einrichtungen, auf das Personal, welches hier ebenfalls eine große Rolle spielt.

Für das Personal sind besondere Anweisungen zu geben, z. B. das Verbot, zwischen sauberen und unsauberen Zonen der Fabrikation unbeschränkt hin und her zu wechseln. Es empfiehlt sich auch, Personal durch Kleidung kenntlich zu machen. Beim Wechseln in einen anderen Arbeitsbereich ist entsprechende Kleidung an- bzw. abzulegen. Hierzu benötigt man eine sehr gute Hygieneschulung, welche auch auf persönliche Sauberkeit eingehen muß. Es muß ein schriftlich niedergelegter GMP-Code für das Personal vorliegen, in dem das Verhalten in der Fabrik genau festgelegt wird. Weiterhin ist eine Einstellungsuntersuchung des Personals vorzusehen, um Ausscheider im Betrieb zu ermitteln (diese Maßnahme ist durch die derzeitige Fassung des Bundesseuchengesetzes nicht gedeckt). Wunden müssen durch gut abschließende Pflaster abgedeckt sein, andere Krankheiten, wie Ausschläge usw., sind in der Krankenstation zu melden. Die Hände müssen sauber gewaschen sein. Die Möglichkeit muß bestehen, sich bei jedem Eintritt in jede Zone die Hände mit Reinigungs- und Desinfektionsmitteln zu waschen. Auch die Toiletten müssen mit Handdesinfektionsmittel ausgestattet werden. Die Schutzkleidung, die während der Arbeit getragen wird, sollte nicht mit herausnehmbaren Knöpfen (physikalisches Risiko) versehen sein. Sie sollte die Privatkleidung völlig bedecken. Die Kopfbedeckung muß sicherstellen, daß keine Haare herabfallen (Tragen von Haarnetzen). Die Schutzkleidung darf nur innerhalb des Betriebes getragen werden und muß abgelegt werden, wenn der Produktionsbereich verlassen wird. Ein Verbot für Schmuck sollte ausgesprochen werden, um zu vermeiden, daß schmale Metallstücke etc. in die Produkte (physikalisches Risiko) fallen können. Daher sollte die Schutzkleidung auch keine Taschen enthalten. Weiterhin sollte vermieden werden, daß Münzen mit in den Betrieb genommen werden, damit nicht auch sie als Metall-Fremdkörper im Endprodukt wiedergefunden werden. Für bestimmte Bereiche müssen die Mitarbei-

**Tab. 17.1 Dokumentation der HACCP-Studie. Beispiel: Schokolade**

| Rohstoff Produkt Prozeß-schritt | Gefahr | CCP? Ja/Nein | Lenkungs-bedingungen | Grenzwerte | Messung | Überwachung | Maßnahmen bei Überschreiten der Grenzwerte | Zuständigkeit |
|---|---|---|---|---|---|---|---|---|
| Rohstoff Kakaobohne | Schwermetalle<br>Aflatoxine<br>Pflanzen-schutzmittel | ja | Eingangs-zertifikat<br>Analyse | geschriebene Bestimmungen | durch Laborwerte | eigene Stichproben | Zurückweisen der Rohware | Lieferant und Qualitäts-sicherung |
| Sterilisation der Kakaobohne | Salmonellen | ja | Wassermenge 200 l bei 1,2 Tonnen<br>Temperatur: > 120 °C<br>Zeitverhältnis: > 70 Min.<br>Druck | | Thermometer<br>Druckmessung | automatische Aufzeichnung<br>ständige Überwachung | automatische Abschaltung | Maschinen-führer und Qualitäts-sicherung |
| Produktions-betrieb | Metall | ja | Metall-detektion | Schärfe der Messung festgelegt | magnetisch auf Eisen-bestandteile, kontinuierlich | in bestimmten Zeitintervallen 2 h Prüfung der Maschine | automatische Ausschleusung | Maschinen-führer |
| Rework | sekundäre Kontamination durch Personal → Salmonellen | ja | Personal-schulung | keine Krank-heitserreger/ 750 g | täglich/ Schicht | Personal-kontrolle | Nachschulen<br>Sperrung der Ware | Betrieb<br>Qualitäts-sicherung<br>Mitarbeiter |

**Tab. 17.2 Dokumentation der HACCP-Studie. Beispiel: Fruchtgummi**

| Rohstoff Produkt Prozeß-schritt | Gefahr | CCP? Ja/Nein | Lenkungs-bedingungen | Grenzwerte | Messung | Überwachung | Maßnahmen bei Über-schreiten der Grenzwerte | Zuständigkeit |
|---|---|---|---|---|---|---|---|---|
| Kochen der Sauce | Krankheits-erreger | ja | Temperatur Zeit | prozeßbedingt | Thermometer Zeit | automatisch | Abschalten der Maschine | Maschinen-führer |
| Auspudern | Fremdkörper Holz | ja | Kontrolle der Kästen und des Puders | prozeßbedingt | visuell auf Verletzung Sieben | ständig | Aussondern der Kästen Verbesserung der Einkaufs-spezifikation | Betrieb Qualitäts-sicherung |

ter Handschuhe tragen, um den Abdruck von der Fingerbeere auf der leicht schmelzenden Schokolade zu vermeiden. Diese Handschuhe müssen jedoch ebenfalls oft gewechselt und nach jeder Pause durch neue ersetzt werden. Rauchen, Kaugummi-Kauen, Essen und Trinken im Produktionsbereich sind strikt zu verbieten, auch im Lager und der Packstation. Besucher oder Fremdhandwerker haben sich den für das Personal festgelegten Hygienemaßnahmen zu unterziehen. Die Überwachung der Einhaltung dieser aufgestellten Personalhygieneregeln muß stets durch eine Person, die hierfür autorisiert ist, erfolgen.

## Literatur


[1] BLL Seminar (1995): HACCP für die Praxis, Kursunterlagen 1995.

[2] Codex Alimentarius Commission (1979): Recommended international code of practice. General principles of food hygiene. CAC volume A. Joint FAO/WHO Food Standard Programme, FAO Rome, [1995 neuer Entwurf].

[3] D'Aoust, J.Y., (1977): Salmonella and the chocolate industry. A review. J. Food Prot. **40**, 718–727.

[4] Finke, H., (1965): Handbuch der Kakaoerzeugnisse, 2. Aufl. neu bearb. v. Fincke, A., Kleinert, J. u. Lange, H., Springer Verlag, Berlin/Heidelberg/New York, 1965.

[5] Gill, O.N., Sockett, P.N., Bartlett, C.L.R., Vaile, M.S.B., Rowe, B., Gilbert, R.J., Dulake, C., Murrell, H.C., Salmaso, S. (1983): Outbreak of *Salmonella napoli* infection caused by contaminated chocolate bars. Lancet **1**, 574–577.

[6] Hennlich, W., Ziegleder, G. (1987): UHT-treatment of cocoa to reduce microbial load, UHT-Sterilisation, ZFL 2/87, 82–86.

[7] IOCCC (1992): Draft, Hygiene Code for cocoa, chocolate and confectionery on basis of HACCP, Englische Version und ins Deutsche übersetzt von R. Bolerdijk und Th. Ingermann, Jacob Suchard, Lörrach.

# 18 Getränke

H. KUẞMAUL, G. GALLHOFF, H. ZERBE

## 18.1 Rechtliche Grundlagen beim Inverkehrbringen von natürlichem Mineral-, Quell- und Tafelwasser sowie Erfrischungsgetränken

### 18.1.1 Verordnung über natürliches Mineral-, Quell- und Tafelwasser

Grundlegende rechtliche Bestimmung ist die Verordnung über natürliches Mineral-, Quell- und Tafelwasser (MTVO). Sie ist die Umsetzung der Mineralwasser-Richtlinie der EU in deutsches Recht. Die MTVO gründet sich auf das Lebensmittel- und Bedarfsgegenständegesetz (LMBG).

Nach der MTVO darf **natürliches Mineralwasser** nur in den Verkehr gebracht werden, wenn es amtlich anerkannt ist. Die amtliche Anerkennung setzt voraus, daß die in dieser Verordnung festgelegten Anforderungen an:

- Schutz des unterirdischen Wasservorkommens
- ernährungsphysiologische Wirkungen
- ursprüngliche Reinheit in chemischer und mikrobiologischer Hinsicht
- Konstanz der Zusammensetzung
- Abwesenheit von gesundheitlich bedenklichen Stoffen

eingehalten werden. Dabei gilt die Anerkennung zunächst für die Mineralquelle.

Für die Abfüllung in Flaschen oder sonstige Fertigpackungen ist nach der MTVO ein weiterer Rechtsakt, die lebensmittelrechtliche Nutzungsgenehmigung, erforderlich. Hierzu muß durch eine Analyse der Abfüllung bestätigt werden, daß zwischen Quelle und Abfüllung keine mikrobiologischen und chemischen Verunreinigungen auftreten. Außerdem muß eine Betriebsbeschreibung eingereicht werden (KUẞMAUL, 1989).

Die MTVO erlaubt für natürliches Mineralwasser folgende Herstellungsverfahren (KUẞMAUL, 1989, 1991 a und b):

- das Abtrennen natürlicher Inhaltsstoffe, wie Eisen- und Schwefelverbindungen, durch Filtration und Dekantation (ggf. auch nach Belüftung), sofern die Zusammensetzung des natürlichen Mineralwassers durch dieses Verfahren in seinen wesentlichen, seine Eigenschaften bestimmenden Bestandteilen nicht geändert wird (KUẞMAUL, 1988);
- vollständigen oder teilweisen Entzug der freien Kohlensäure durch ausschließlich physikalische Verfahren;
- Versetzen oder Wiederversetzen mit Kohlenstoffdioxid.

Natürlichem Mineralwasser dürfen keine Stoffe zugesetzt werden. Es darf auch nicht desinfiziert werden. Die mikrobiologische Beschaffenheit des Wassers muß an der Quelle bereits einwandfrei sein, da sonst die Zulassung verweigert wird.

An **Quellwasser** werden folgende Anforderungen gestellt:

- Es stammt aus einem unterirdischen Wasservorkommen.
- Es dürfen lediglich die beim natürlichen Mineralwasser aufgeführten Herstellungsverfahren angewendet werden.
- Die Grenzwerte der Trinkwasserverordnung (Anlagen 2 und 4) dürfen nicht überschritten werden.

**Tafelwasser** ist Wasser, das mit bestimmten festgelegten Zusatzstoffen versetzt ist.

Abgefülltes **Trinkwasser** unterliegt im Hinblick auf Grenzwerte für chemische Stoffe der Trinkwasserverordnung.

Mikrobiologisch werden an abgefüllte Quell-, Tafel- und Trinkwässer dieselben hohen Anforderungen wie an natürliches Mineralwassser gestellt.

### 18.1.2 Gesetz über Zulassungsverfahren bei natürlichen Mineralwässern

Durch dieses Gesetz wird der Bundesminister für Gesundheit ermächtigt, im Einvernehmen mit den Bundesministerien für Ernährung, Landwirtschaft und Forsten und für Wirtschaft und nach Zustimmung des Bundesrates das Inverkehrbringen von natürlichen Mineralwässern von einer amtlichen Anerkennung abhängig zu machen.

### 18.1.3 Verordnung über Trinkwasser und Wasser für Lebensmittelbetriebe (Trinkwasserverordnung)

Sie regelt die Anforderungen an die Beschaffenheit des Trinkwassers:

- Es muß keimarm sein und frei von Krankheitserregern.
- Grenzwerte für gesundheitlich bedenkliche Stoffe dürfen nicht überschritten werden.
- Chemische Stoffe, die das Wasser nachteilig beeinflussen können, dürfen die festgelegten Grenzwerte nicht überschreiten (KUßMAUL, 1991a).

Ferner werden die zur Trinkwasseraufbereitung zugelassenen Zusatzstoffe nach Zweck, zulässiger Zugabemenge, Grenzwerten nach Aufbereitung und Grenzwerten von Reaktionsprodukten geregelt.

### 18.1.4 Fertigpackungs-Verordnung

Die Fertigpackungs-Verordnung regelt Nennfüllmengen, zulässige Minusabweichungen, Kennzeichnungsfragen wie Grundpreisangaben, Schriftgrößen, Füllmengenangaben usw. Für Mineralwasser, Limonaden und andere nicht alkoholische Erfrischungsgetränke, Fruchtsäfte und Fruchtnektare sind Nennfüllmengen von 0,10 l bis 2,0 l in verschiedenen Größen vorgesehen, wobei die häufig genutzte Größe 0,70 l ab 01.01.95 nur für Wiederbefüllungsflaschen erlaubt ist.

### 18.1.5 Los-Kennzeichnungs-Verordnung

Die Verordnung schreibt zwingend vor, daß bei allen Lebensmitteln das Los, dem sie angehören, als Buchstaben- oder Zahlenkombination angegeben werden muß. Ein Los ist die Gesamtheit von Verkaufseinheiten, die unter gleichen Bedingungen hergestellt oder verpackt wurden. Die Los-Angabe kann entfallen, wenn das Mindesthaltbarkeitsdatum oder Verbrauchsdatum unverschlüsselt mit Tag, Monat und Jahr angegeben wird. Getränke in Dauerbrandflaschen dürfen bis 31.12.1996 ohne die Angaben der Los-Kennzeichnung in den Verkehr gebracht werden.

### 18.1.6 Richtlinie des Rates über Lebensmittelhygiene

Die Richtlinie legt die allgemeinen Hygienevorschriften für Lebensmittel von der Herstellung bis zur Abgabe an den Endverbraucher fest und wird, wenn sie als bundeseinheitliche Hygieneverordnung in deutsches Recht umgesetzt ist, die Hygieneverordnungen der Bundesländer ablösen. In ihren Anhängen sind die allgemeinen Regeln der hygienischen Verarbeitung von Lebensmitteln festgeschrieben.

Artikel 3, Abs. 2 der Richtlinie über Lebensmittelhygiene fordert zusätzlich, daß Lebensmittelunternehmen das HACCP-Konzept einführen. Dabei müssen die für die Lebensmittelsicherheit kritischen Punkte im Prozeßverlauf festgelegt, eingerichtet, eingehalten und überprüft werden (vgl. auch Richtlinie des Rates vom 22.7.1991 und Entscheidung der Kommission vom 20.5.1994, s. Lit.verz.).

### 18.1.7 Richtlinie des Rates über die Gewinnung von und den Handel mit natürlichen Mineralwässern

Sie stellt die einheitliche Regelung für die amtliche Anerkennung natürlichen Mineralwassers in den Ländern des Europäischen Wirtschaftsraumes für einen freien Warenverkehr in diesen Ländern dar. Außerdem wird die Zulassung von natürlichen Mineralwässern aus Drittländern beschrieben (FRESENIUS und KUßMAUL, 1993a und 1993b).

### 18.1.8 Sonstige Bestimmungen

- Leitsätze für Erfrischungsgetränke
- Aromenverordnung
- Fruchtsaftverordnung
- Verordnung über Fruchtnektar und Fruchtsirup
- Zuckerartenverordnung
- Richtlinie 94/35/EG des Europäischen Parlaments und des Rates über Süßungsmittel, die in Lebensmitteln verwendet werden dürfen
- Zusatzstoff-Verkehrsordnung
- Nährwert-Kennzeichnungsverordnung
- Richtlinie des Rates über die Qualität von Wasser für den menschlichen Gebrauch
- Eichgesetz
- Amtliche Sammlung von Untersuchungsverfahren nach § 35 Lebensmittel- und Bedarfsgegenständegesetz

## 18.2 Hauptprobleme bei der Gewinnung, Herstellung und Vermarktung von natürlichem Mineralwasser

Im folgenden sollen vor allem die Gefährdungen bei der Herstellung von natürlichem Mineralwasser als dem empfindlichsten Produkt beschrieben werden. Sie sind in Abhängigkeit von den rechtlichen Voraussetzungen sinngemäß auch auf die Produkte Quell-, Tafel- und abgefülltes Trinkwasser zu übertragen.

Natürliches Mineralwasser ist grundsätzlich kein gefährliches Lebensmittel. Das Risiko, durch den Verzehr von Mineralwasser zu erkranken, ist denkbar gering, wenn die entsprechenden Voraussetzungen eingehalten werden. Grundsätzlich sind bei der Gewinnung, Produktion und dem Abfüllen von natürlichem Mineralwasser und Erfrischungsgetränken die folgenden Gefährdungen denkbar.

### 18.2.1 Gefährdungen an der Quellnutzung

Die Gefahren bei der Nutzung einer Quelle lassen sich in die folgenden drei Gruppen einteilen.

### 18.2.1.1 Beeinträchtigung des Quellwassers durch das Einzugsgebiet der Quelle

Die Quelle muß z. B. vor nachteiligen Einflüssen aus landwirtschaftlichen (Düngung, Pflanzenschutzmittelrückstände etc.), Siedlungs- und industriellen Rückständen (Abwasser, Schwermetallimmissionen etc.) sicher geschützt sein.

### 18.2.1.2 Quellfassung bzw. Brunnenbohrung

Durch den Einsatz von Bohrhilfsmitteln, die nach dem Erschließen nicht sofort vollständig ausgespült wurden, können sporadisch mikrobiologische und chemische Kontaminationen entstehen.

### 18.2.1.3 Quellausbau

Im Laufe der Nutzung einer Quelle können folgende Faktoren die Wasserqualität kurzfristig oder nachhaltig beeinträchtigen:

- ein schlechter oder veralteter Ausbau der Brunnenanlage
- ein nicht optimaler Brunnenkopf
- Eingriffe (Reparaturarbeiten, Absenkungsmessungen usw.)

Sinn des Ausbaus einer Brunnenanlage (Abb. 18.1) ist es, das Quellwasser bei der Gewinnung vor nachteiliger Beeinflussung zu schützen. Im oberflächennahen Bereich, in dem auch Kontaminationen zu erwarten sind, wird dies durch eine vollständige Abdichtung, z. B. Einbau von Vollrohren mit einer Zement- oder Tonschicht, erreicht. Im unteren Brunnenbereich mit Filterrohren gelangt das Wasser durch eine Kiesschüttung in den Brunneninnenraum und wird meist mittels einer Unterwasserpumpe gefördert. Befindet sich die Pumpe an einer falschen Stelle, kann es zu einer mechanischen Zerstörung der Kiesschicht kommen. Sinkt der Wasserspiegel unter die Abdichtung, kann oberflächennahes Wasser in den Brunnen gelangen.

Aufgabe des Brunnenkopfes (Abb. 18.2) ist es, das Brunnenwasser vor dem Eindringen von Schmutz, Ungeziefer, Kondenswasser und Bakterien etc. zu schützen. Folglich kann eine unzureichende Abdichtung zu Kontamination des Quellwassers führen.

Zum Druckausgleich muß der Brunnenkopf atmen können. Auch hierbei können z. B. Bakterien in den Brunnenkopf eindringen. Der Brunnen sollte deshalb durch Sterilfilter belüftet werden.

Außerdem muß verhindert werden, daß Wasser aus der Förderleitung zurück in den Brunnen fließt und so Biofilmteile, Bakterien oder andere Ablagerungen der Rohrinnenseiten und ggf. auch Sauerstoff in den Brunnen eindringen.

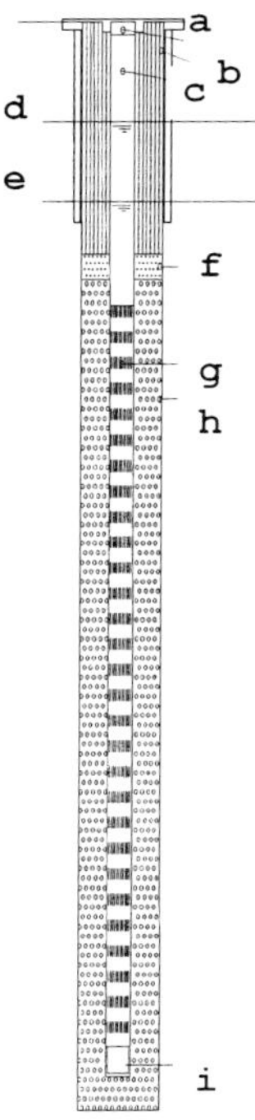


a = Deckel
b = Abdichtung, Tonsperre
c = Vollrohr
d = Ruhewasserspiegel
e = abgesenkter Wasserspiegel
f = Sand
g = Filterrohr
h = Filterkies
i = Sumpfrohr

**Abb. 18.1 Ausbau einer Brunnenanlage (schematisch)**

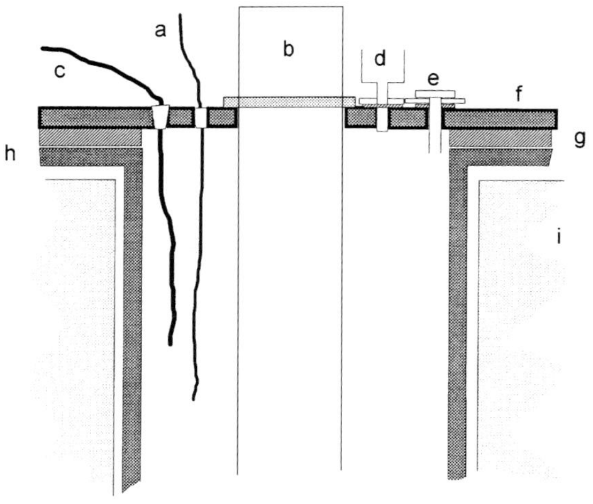


a Meßsondenkabel;
b Steigleitung;
c Stromkabel;
d Luftfilter;
e dicht verschlossene Öffnung;
f Brunnenkopf-abdeckung;
g Dichtung;
h Verrohrung;
i Abdichtung gegen Bohrlochwand.

**Abb. 18.2 Brunnenkopf (schematisch)**

### Technische Eingriffe

Auch Eingriffe in die Brunnenanlagen zu Reparatur, Pumpenwechsel oder Messung des Wasserspiegels (Lichtlotmessungen) können, wenn sie nicht sachgerecht durchgeführt werden, zu meist mikrobiologischen Verunreinigungen der Quelle führen.

Beim Pumpenwechsel ist eine mikrobiologische Kontamination des Brunnens kaum vermeidbar. Es ist deshalb erforderlich, den Brunnen nach dem Pumpenwechsel gründlich zu spülen und ggf. zu desinfizieren.

Lichtlotmessungen sollten auf jeden Fall mit einer zuvor desinfizierten Sonde erfolgen. Noch besser ist es, eine Sonde im Brunnen fest einzubauen. Dies hat auch den Vorteil, daß der Wasserstand ohne großen Aufwand ständig abgelesen werden kann.

## 18.2.2 Gefährdungen beim Transport sowie bei der Aufbereitung und Speicherung

### 18.2.2.1 Transport

Auf dem Weg zum Speicher kann das Wasser durch die Beschaffenheit der Rohre beeinträchtigt werden. Die für die Rohrleitungen verwendeten Materialien müssen so beschaffen sein, daß sie nicht korrodieren können oder geschmacksbeeinflussende Stoffe an das Wasser abgeben.

An den Rohrinnenseiten können sich, wenn das Wasser über längere Zeit steht oder die Fließgeschwindigkeit herabgesetzt ist, Biofilme oder andere (anorganische) Ablagerungen festsetzen. In und auf diesen Biofilmen können sich Mikroorganismen vermehren. In anaeroben Bereichen vermehren sich auch Schwefelwasserstoff bildende Bakterien, die zu einer geruchlichen Beeinflussung des Wassers führen können (Geruch nach faulen Eiern).

Die Rohrleitungen müssen so verlegt werden, daß sich keine Luftpolster bilden. Auch eine sog. „Sackbildung“ (Tiefpunkt in der Rohrleitung) ist zu vermeiden.

### 18.2.2.2 Speicherung

Nach der Gewinnung aus der Quelle wird das Wasser häufig in Tanks gespeichert. Dabei ist die richtige Belüftung des Wasserspeichers von Bedeutung. Fehlende Belüftung des Speichers oder unzureichende Filtration der Luft kann Wasser im Speicher verunreinigen. An den Innenseiten der Behälter können sich Biofilme oder Ablagerungen aus Wasserinhaltsstoffen (z. B. Calciumcarbonat) niederschlagen. Dies ist durch geeignete und regelmäßig durchgeführte Reinigungs- und Desinfektionsmaßnahmen zu verhindern. Wichtig ist auch, daß das Wasser nicht zu lange im Speicher verbleibt, damit sich Mikroorganismen nicht vermehren können. Starke Temperaturschwankungen sind zu verhindern, damit sich kein Kondenswasser bildet.

#### 18.2.2.3 Herstellungsverfahren

Häufig muß Wasser vor der Abfüllung behandelt werden, weil es gelöste störende Inhaltsstoffe, z. B. Eisen, enthält. Durch Zufuhr von Luftsauerstoff wird das gelöste II-wertige Eisen zu III-wertigem Eisen oxidiert, das ausfällt. Das Eisen-III-Oxid wird dann direkt durch Kiesfilter abfiltriert. Gelegentlich wird auch ozonangereicherte Luft zur schnelleren Oxidation verwendet.

Außerdem kann das Wasser Schwefelwasserstoff enthalten, der zu einer sensorischen Beeinträchtigung des Wassers beitragen kann. Geringe Mengen werden in der Regel bei der Enteisenung mit entfernt. Größere Mengen müssen durch eine zusätzliche intensive Belüftung ausgetragen werden.

Wichtig ist es, die Filter regelmäßig von Ablagerungen zu befreien (Rückspülung), da sie sich sonst zusetzen und verbacken können.

Auch lange Standzeiten (z. B. über das Wochenende) sind zu vermeiden, da sich in stehendem Wasser Mikroorganismen schnell vermehren.

### 18.2.3 Gefährdungen bei der Flaschenreinigung

Das Leergut kann stark kontaminiert aus dem Handel zurückkommen und die normale Reinigung nicht ausreichend sein, so daß die Flaschen vorgereinigt oder länger als üblich in Laugenbädern verbleiben müssen. Außerdem kann, abhängig von der Zusammensetzung des zum Spülen verwendeten Spritzwassers, Kalkansatz zum Problem werden (z. B. verkalkte, nicht richtig zentrierte Spritzrohre, verkeimte Wasserbäder).

Eine den Anforderungen nicht entsprechende oder nicht ausreichende Anlage kann dazu führen, daß Flaschen nicht richtig gereinigt werden.

### 18.2.4 Gefährdungen bei der Carbonisierung und Ausmischung

#### 18.2.4.1 Carbonisierung

In der Bundesrepublik Deutschland wird der überwiegende Anteil der natürlichen Mineralwässer carbonisiert. Durch den Zusatz von Kohlensäure wird das Wachstum der natürlicherweise vorhandenen Mikroorganismen weitgehend unterdrückt. Verunreinigte Kohlensäure kann zu sensorischen Beeinträchtigungen des Wassers führen. Bei Überdosierung (Fehlimprägnierung) können Flaschen durch Überdruck platzen. Um dies zu verhindern, müssen die Pumpen richtig eingestellt und gewartet werden. Verschmutzte oder beschädigte Dichtungen, Ablagerungen an den Leitungen oder in Behältern können mikrobiologische Verunreinigungen des Wassers verursachen.

### 18.2.4.2 Ausmischung

Erfrischungsgetränke bestehen aus Wasser, dem verschiedene geschmacksgebende Komponenten (Zucker, Fruchtsirup, Grundstoffe aus verschiedenen Früchten, Aromen) zugefügt werden.

Fehldosierungen führen zu geschmacklichen Beeinträchtigungen des Produktes. Verunreinigungen der Ausmischanlage oder der Rohstoffe verursachen mikrobiologische oder u. U. auch geschmackliche Beeinträchtigungen des Getränkes.

### 18.2.4.3 Risiken an der Füllmaschine

Fast alle Teile der Füllmaschine können zu einer Verunreinigung der abzufüllenden Getränke beitragen, wenn sie nicht richtig gewartet, gepflegt und gereinigt sind: z. B. Ringkessel, Ventile, Zuführung (verkeimte Transportbänder) und Außenbereich (Scherbendusche, Aerosolbildung). Auch die hier z. T. zugeführten Gase (Kohlenstoffdioxid und/oder Stickstoff) können verunreinigt sein.

Weitere Gefahren können vom Umfeld der Abfüllanlage und vom eingesetzten Personal ausgehen, z. B.:

- Zugluft mit Staub und Mikroorganismen
- verunreinigter Fußboden
- Staubablagerungen an Decke und Querstreben
- Scherbenablagerungen in der Nähe des Füllers
- tropfende Leitungen über dem Transportband der gereinigten Flaschen
- Schimmelpilzbildung an feuchten Wänden und Ecken
- verschmutzte, kontaminierte Hände des Personals
- offenes Stehen leerer und unverschlossener gefüllter Flaschen während der Pausen.

# 18.3 Produktionsablauf

## 18.3.1 Natürliches Mineralwasser (Abb. 18.3)

### 18.3.1.1 Gewinnung des Wassers

Das Wasser wird aus natürlichen oder künstlich erschlossenen Quellen gewonnen. Entweder wird der artesische Überlauf aufgefangen oder das Wasser wird abgepumpt. Es muß am Quellort abgefüllt werden.

### 18.3.1.2 Herstellungsverfahren

Aus großer Tiefe gewonnene Wässer enthalten häufig gelöste störende Inhaltsstoffe, wie Eisen, Mangan und Schwefelwasserstoff, die mittels besonderer Behandlung entfernt werden müssen.

### 18.3.1.3 Lagerung

Da in der Regel die Schüttung oder die abpumpbare Menge der Mineralquelle geringer ist, als es der Abfüllkapazität der Anlage entspricht, erfolgt eine Zwischenspeicherung in Vorratstanks.

### 18.3.1.4 Feinfiltration

Optische Beeinträchtigungen des abzufüllenden Wassers können durch Druckschwankungen in den Leitungen (losgelöste Partikel) und/oder Nachfällung von Resteisen (Niederschläge) entstehen. Sie werden durch eine abgestufte Feinfiltration mit verschiedenen Filtersystemen entfernt.

### 18.3.1.5 Imprägnierung

Zunächst wird aus dem Wasser mittels Vakuum- oder Druckentgasung der gelöste Sauerstoff entfernt. Anschließend erfolgt die Zugabe von Kohlensäure (Kohlenstoffdioxid). Hierfür stehen verschiedene Verfahren zur Verfügung:

- Strahldüsenverfahren
- Sprühcarbonisierung
- Oberflächenvergrößerung durch Füllkörper.

In der Regel erfolgt eine Zwischenspeicherung in einem Druckausgleichsbehälter. In modernen Anlagen wird das $CO_2$ kontinuierlich gemessen.

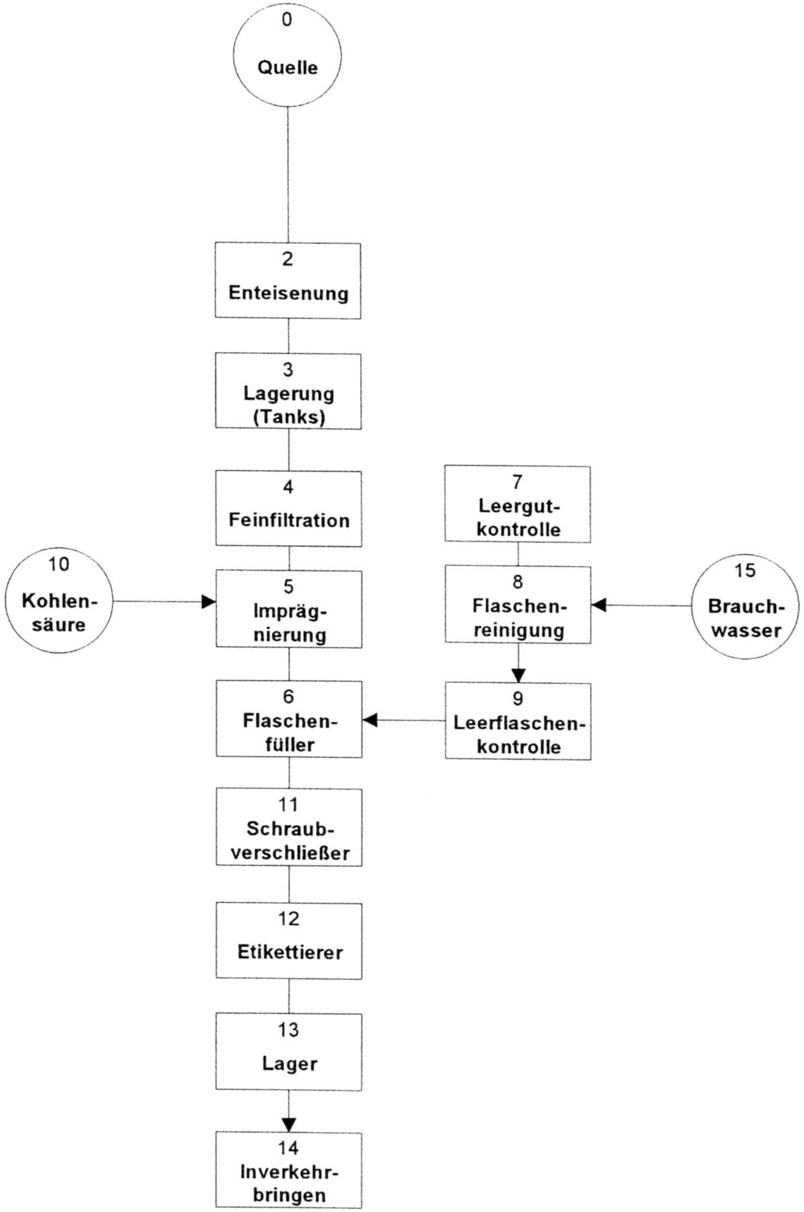


**Abb. 18.3 Produktionsablauf natürliches Mineralwasser**

### 18.3.1.6 Abfüllung

Bei der Abfüllung werden die zugeführten Behälter (Flaschen, Weichpackungen, Dosen etc.) je nach Kohlensäuregehalt in unterschiedlich konstruierten Abfüllanlagen befüllt. Es gibt:

- Vakuumfüller für $CO_2$-freie Wässer in Flaschen
- Druckfüller für $CO_2$-haltige Wässer in Dosen und Flaschen
- Spezialfüller für Weichpackungen etc.

### 18.3.1.7 Verschließen

Ein Verschließer ist nur für das Vakuumfüllen von $CO_2$-freien Wässern in Flaschen und das Druckfüllen von $CO_2$-haltigen Wässern in Dosen und Flaschen erforderlich. Weichpackungen werden direkt in einem Arbeitsgang nach der Befüllung verschlossen.

Das Verschließen der Flaschen erfolgt mit Kronen- oder Schraubverschlüssen.

Der Verschließer besteht aus einem Vorratsbehälter für die Verschlüsse, der Zuführungsschiene, der Verschließautomatik und einem Karussell, auf dem die Flaschen der Verschließautomatik zugeführt werden.

### 18.3.1.8 Kennzeichnung

Während bei Weichpackungen und Dosen die Kennzeichnung bereits vom Hersteller der Verpackungen aufgedruckt wird, müssen die Flaschen nach dem Abfüllen und Verschließen mit einer Kennzeichnung versehen werden, in der Regel durch ein Klebeetikett. Dies geschieht mittels einer Etikettiermaschine.

Das Mindesthaltbarkeitsdatum und eventuell die Loskennzeichnung werden aufgedruckt oder mit Hilfe eines Lasergerätes eingebrannt. Bei älteren Systemen wird beides in das Papieretikett eingeschnitten.

### 18.3.1.9 Lagerung

Die abgefüllten Behälter (Flaschen, Weichpackungen, Dosen etc.) werden zu größeren Einheiten auf Paletten gestapelt und in das Fertigwarenlager verbracht.

### 18.3.1.10 Inverkehrbringen

Die Ware wird über den Groß- und Einzelhandel in den Verkehr gebracht oder direkt vermarktet.

## 18.3.2 Quell-, Tafel- und abgefülltes Trinkwasser

### 18.3.2.1 Gewinnung des Wassers

Das Quellwasser wird aus natürlichen oder künstlich erschlossenen Quellen gewonnen und am Quellort abgefüllt. Tafelwasser und abgefülltes Trinkwasser werden mit Trinkwasser aus der öffentlichen Wasserversorgung oder aus privaten Brunnen abgefüllt.

### 18.3.2.2 Aufbereitung

Während für Quellwasser nur Enteisenung, Entmanganung oder Entschwefelung erlaubt sind, können bei Tafelwasser und abgefülltem Trinkwasser zusätzlich Verfahren zur Enthärtung, Entsalzung oder andere Aufbereitungen (z. B. Desinfektion durch Chlorung, Ozonbehandlung, Chordioxidbehandlung) durchgeführt werden.

### 18.3.2.3 Feinfiltration

Unerwünschte Partikel oder bei der Lagerung oder Aufbereitung aufgetretene Ausfällungen, die eine optische Beeinträchtigung des abzufüllenden Wassers hervorrufen, werden ggf. durch eine abgestufte Feinfiltration mit verschiedenen Filtersystemen entfernt.

### 18.3.2.4 Ausmischung

Tafelwasser ist Trinkwasser, dem bestimmte Zusatzstoffe (z. B. Kohlensäure, Sole) zugesetzt werden.

### 18.3.2.5 Imprägnierung, Abfüllung, Verschließen, Kennzeichnung, Lagerung, Inverkehrbringen

Imprägnierung, Abfüllung, Verschließen, Kennzeichnung, Lagerung, Inverkehrbringen sind mit dem Ablauf beim Mineralwasser gleichzusetzen.

## 18.3.3 Erfrischungsgetränke (Abb. 18.4)

### 18.3.3.1 Definition

Erfrischungsgetränke sind Produkte, die aus unter 18.3.1.1 bis 18.3.1.4 bzw. 18.3.2.1 bis 18.3.2.3 gewonnenem Wasser unter Zusatz von geschmackgebenden Zutaten mit oder ohne Zusatz von Kohlensäure, Mineralstoffen sowie mit oder ohne Zusatz von verkehrsüblichen Zuckerarten, aus Früchten hergestellten zuckerhaltigen Konzentraten, ganz oder teilweise entsäuert, zum Teil entmineralisiert und entfärbt oder unter Zusatz von Süßstoffen hergestellt werden.

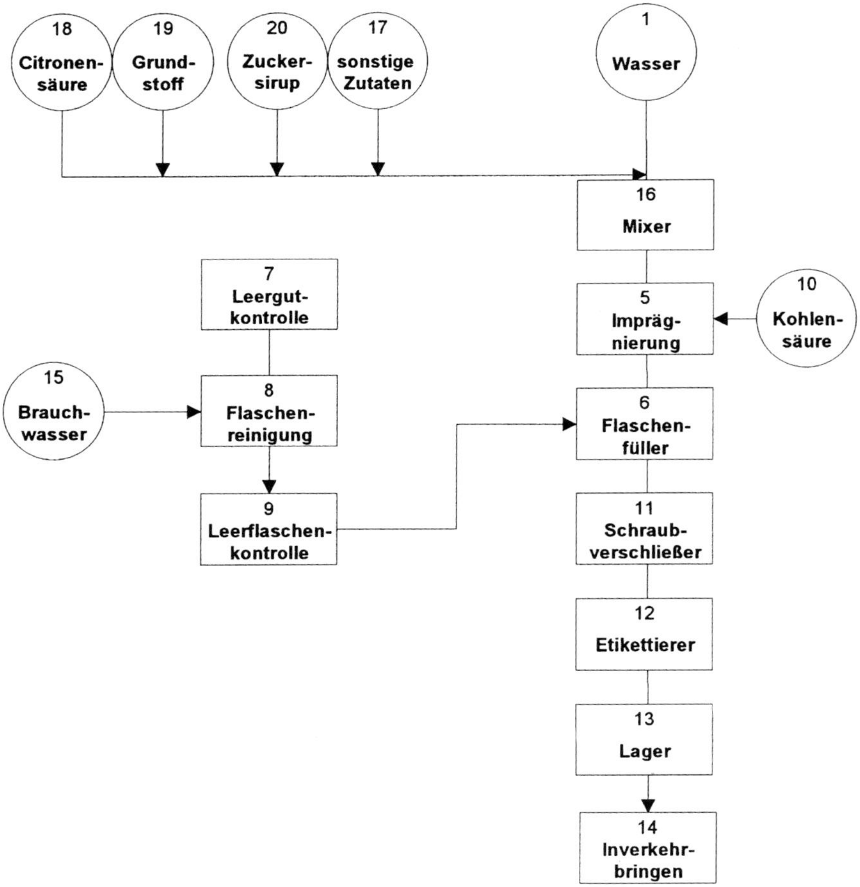


**Abb. 18.4 Produktionsablauf Erfrischungsgetränke**

#### 18.3.3.2 Ausmischung

Die Ausmischung der Erfrischungsgetränke erfolgt entweder direkt zum Fertiggetränk oder über den Umweg der Herstellung eines Sirups und der anschließenden Mischung mit Wasser. Das Wasser muß zuvor vom Sauerstoff befreit werden.

#### 18.3.3.3 Imprägnierung, Abfüllung, Verschließen, Kennzeichnung, Lagerung, Inverkehrbringen

Erfolgt wie unter 18.3.1.5 bis 18.3.1.10 beschrieben.

### 18.3.4 Bereitstellung von Verpackungsbehältern

#### 18.3.4.1 Einwegmaterialien

Einwegmaterialien (Flaschen, Dosen, Weichpackungen) werden auf Identität, Sauberkeit, Beschädigungen etc. geprüft.

#### 18.3.4.2 Mehrwegbehälter

Mehrwegbehälter, die als Leergut zurückkommen, werden zunächst nach Größe, Farbe und Struktur sortiert. Danach werden sie in Flaschenreinigungsmaschinen mehrstufig (Entleeren, Vorreinigen, Hauptreinigung, Überschwallung[1], Laugen-, Warm-, Kalt- und Frischwasserspritzung) gereinigt. Nach der Reinigung werden die Flaschen automatisch kontrolliert. Hierfür gibt es „Inspektoren", die verschiedene Parameter prüfen:

- Laugenrückstand,
- Festkörperrückstände,
- Gewinde-, Seitenwand- und Bodenkontrolle,
- Flaschenhöhe.

Beim Einsatz von PET[2]-Flaschen erfolgt vor der Flaschenreinigung eine Prüfung mittels eines „Schnüfflers". Hierbei sollen Flaschen, die zweckentfremdet verwendet und dadurch verunreinigt wurden (z. B. mit Kraftstoffen, Lösungsmitteln, Reinigungsmittel etc.) erkannt und aussortiert werden.

---

1 Abspritzen der Flaschen von außen, um Etiketten(reste) abzuspülen.
2 PET = Polyethylenterephthalat

# 18.4 Klassische Endproduktkontrolle

Mit dem Verschließen des gefüllten Behältnisses endet der eigentliche Produktionsvorgang. Es folgt dann nur noch die Etikettierung der Getränke, wenn Klebeetiketten angebracht werden müssen. Endproduktkontrolle muß also nach dem Verschließen der Gebinde (Flaschen, Dosen, sonstige Behälter) einsetzen. Sie soll bestätigen, daß das Produkt den zu stellenden Anforderungen entspricht.

Zu unterscheiden sind

- automatische Kontrolleinrichtungen
- manuelle und Laborkontrollen.

## 18.4.1 Automatische Kontrolleinrichtungen

### 18.4.1.1 Vollgut-Inspektoren

Sie sind vor allem bei der Flaschenabfüllung unmittelbar nach der Verschließmaschine installiert und kontrollieren in der Regel durch optische Sensoren jede einzelne Flasche auf Füllhöhe, Sitz des Verschlusses etc. Zu beanstandende Flaschen werden automatisch aussortiert.

Bei Dosen (undurchsichtigem Verpackungsmaterial) erfolgt die Vollgutkontrolle in der Regel durch eine Gewichtskontrolle oder andere Kontrollverfahren.

### 18.4.1.2 Vollgut-Kastenkontrolle

Durch die Vollgutkastenkontrolle soll sichergestellt werden, daß vor dem Palettieren alle Kisten ordnungsgemäß mit Flaschen bestückt sind. Diese Kontrolle erfolgt in der Regel optisch.

## 18.4.2 Manuelle und Laborkontrollen

### 18.4.2.1 Physikalische, physikalisch-chemische und chemische Prüfung

Hier handelt es sich um Untersuchungen, die sich nicht auf das einzelne Gebinde, sondern auf die Abfüllcharge beziehen. Diese Prüfungen sind je nach Größe der Charge ein- bis mehrmals täglich vorzunehmen.

In der Regel erstrecken sich die Überprüfungen auf folgende Parameter:

- elektrische Leitfähigkeit, bezogen auf 25 °C
- pH-Wert
- Sinnenprüfung (Geruch, Geschmack, Klarheit, Färbung, Trübung)

- chemische Parameter (z. B. Hydrogencarbonat, Chlorid, Eisen, Nitrit, Kohlensäure).

Diese Prüfungen erfolgen nach den entsprechenden DIN-Vorschriften oder nach den Deutschen Einheitsverfahren zur Wasser-, Abwasser- und Schlammuntersuchung (DEV[3]).

Die Prüfung des Kohlensäuregehaltes bei kohlensäurehaltigen Produkten erfolgt durch

- Messungen von Druck und Temperatur mittels eines geeigneten Meßgerätes und Ablesung des Kohlenstoffdioxidgehaltes aus der zugehörigen Tabelle
- chemische Bestimmung mittels Titration
- Ausschütteln des Gases aus einer bestimmten Wassermenge mittels eines geeigneten Gerätes bei gemessener Temperatur.

### 18.4.2.2 Mikrobiologische Prüfung

Hierfür muß ein geeignetes Betriebslabor zur Verfügung stehen. Die mikrobiologische Untersuchungstätigkeit ist gemäß § 20 Abs. 2 des Bundesseuchengesetzes dem zuständigen Gesundheitsamt anzuzeigen. Die durchzuführenden Untersuchungen erstrecken sich auf Koloniezahlbestimmungen und Sterilitätsprüfung (§ 20 Abs. 1 Bundesseuchengesetz). Nicht gestattet ist die Prüfung auf Krankheitserreger, sofern nicht dazu eine spezielle Erlaubnis der zuständigen Behörde gemäß § 19 des Bundesseuchengesetzes vorliegt.

Mikrobiologische Prüfungen sind von entsprechend geschultem Personal vorzunehmen, das auch für die Einhaltung der erforderlichen Sicherheitsmaßnahmen einschließlich der Sterilisations- und Desinfektionsmaßnahmen im Labor und der Entsorgung des mikrobiologischen Abfalls verantwortlich ist. Vom mikrobiologischen Betriebslabor darf keine Infektion ausgehen!

Die mikrobiologischen Untersuchungen erstrecken sich auf die in Anlage 3 zu § 4 der Mineral- und Tafelwasser-Verordnung genannten Keime und Untersuchungsverfahren sowie auf den Nachweis von Getränkeschädlingen (Hefen, Schimmelpilzen, Milchsäure- und Essigsäurebakterien) bei Limonaden und anderen Erfrischungsgetränken.

Es handelt sich um folgende Prüfungen:

- Bestimmung der Koloniezahl
  
  im Plattengußverfahren mit 1 ml
  
  Membranfiltration größerer Wassermengen

---

[3] Gemeinschaftlich verlegt durch: VCH Verlagsgesellschaft, Weinheim und Beuth-Verlag GmbH, Berlin

**Anmerkung:** Der Begriff „Koloniezahl" bezieht sich nach MTVO stets auf die Anzahl gewachsener Kolonien aus 1 ml Wasser. Bei Einsatz größerer Wassermengen ist unbedingt der Hinweis auf das eingesetzte Volumen erforderlich.

- Nachweis von *Escherichia coli* und coliformen Bakterien
- Nachweis von Faekalstreptokokken
- Nachweis von Getränkeschädlingen bei Erfrischungsgetränken.

Als fakultativ pathogen gelten:

- *Pseudomonas aeruginosa*
- Sulfitreduzierende sporenbildende Anaerobier.

Untersuchungen auf potentiell pathogene Keimarten müssen einem externen Labor übertragen werden, wenn keine Genehmigung nach § 19 Bundesseuchengesetz vorliegt.

Bis zum Vorliegen der Untersuchungsergebnisse der Laborkontrollen ist die abgefüllte Ware zu lagern und erst nach Freigabe in den Verkehr zu bringen. Freigegeben wird die Ware, wenn sich aus den Untersuchungen keine Mängel oder Beanstandungen ergeben. Die Ergebnisse der mikrobiologischen Untersuchungen werden häufig nicht mehr abgewartet. Voraussetzung hierfür ist allerdings, daß längere Zeit keine Beanstandungen aufgetreten sind und die Ware sicher zurückzuverfolgen ist.

Bei mikrobiologischen Prüfungen ist Ziffer 6 der Anlage 3 zu § 4 MTVO zu beachten. Danach muß an mindestens 4 weiteren Proben (Flaschen aus der gleichen Abfüllcharge) festgestellt werden, daß die Grenzwerte nicht überschritten werden, wenn sich bei der Erstprüfung eine Grenzwertüberschreitung bei den Indikatoren von z. B. coliformen Bakterien ergibt. Beim Nachweis von *Escherichia coli* ist sofort zu beanstanden.

### 18.4.2.3 Fundstellen für mikrobiologische Untersuchungsverfahren

**Anlage 3 zu § 4 Abs. 3 der Mineral- und Tafelwasserverordnung**
In dieser Anlage werden die anzuwendenden Untersuchungsverfahren genannt, ohne jedoch genaue Durchführungsanweisungen zu geben.

**Deutsche Einheitsverfahren zur Wasser-, Abwasser- und Schlammuntersuchung**
Die unter K1 bis K9 beschriebenen Verfahren beziehen sich auf Trinkwasser, können aber unter Berücksichtigung der Bestimmungen der MTVO weitgehend auch bei Mineralwasser angewandt werden. Die beschriebenen Verfahren wurden zum Teil als DIN-Normen herausgegeben.

**Amtliche Sammlung von Untersuchungsverfahren nach § 35 LMBG**
Die in dieser Sammlung unter L 59.00 (0-5) beschriebenen Verfahren wurden eigens für die amtliche Überwachung von Mineralwasser im Zuge von Lebens-

mittelkontrollen erarbeitet. Sie sind enger gefaßt als die Angaben nach der MTVO und bevorzugen Flüssiganreicherungen, weil diese erfahrungsgemäß am ehesten vermehrungsfähige Keime erfassen.

**Mikrobiologie der Lebensmittel – Getränke**
Die hier angewendeten Verfahren sind in der Literatur beschrieben (Back, 1993).

# 18.5 Möglichkeiten der präventiven Qualitätssicherung mit Hilfe des HACCP-Konzepts

## 18.5.1 Identifikation der Gefährdungen

Die Hauptgefahren bei der Herstellung von natürlichem Mineral-, Quell-, Tafel- und abgefülltem Trinkwasser wurden schon in Abschnitt 18.2 aufgeführt. Hierbei handelt es sich bis auf wenige Ausnahmen nicht um Gefahren für die Gesundheit des Verbrauchers, sondern um Haltbarkeits- und Reinheitsfragen. Von den hier behandelten Produkten geht keine besondere Gefährdung aus. Diese Tatsache beruht darauf, daß

- ursprünglich reines Wasser einen so geringen Nährstoffgehalt hat, daß sich pathogene oder potentiell pathogene Keime darin praktisch nicht vermehren können;
- die Voraussetzungen für eine amtliche Anerkennung als natürliches Mineralwasser in der Europäischen Union so streng sind, daß nur Quellen genutzt werden, deren Wasser gefahrlos getrunken werden kann. Die Nutzungsgenehmigung wird nur nach einer gesetzlich vorgeschriebenen „Risikoanalyse" erteilt;
- die Trinkwasseraufbereitung in der Bundesrepublik Deutschland erfahrungsgemäß von sehr guter Qualität ist und sehr streng überwacht wird. Deshalb ist die Verwendung von Wasser aus dem öffentlichen Leitungssystem als Brauchwasser oder zur Herstellung von Tafelwasser bzw. abgefülltem Trinkwasser nur mit einem geringen Risiko verbunden.

Bei der Herstellung von Erfrischungsgetränken wird eine Reihe von weiteren Rohstoffen von hoher Qualität eingesetzt. Die Überwachungsmaßnahmen der Rohwarenhersteller sind sehr eng geknüpft, so daß auch von den Zutaten nur ein relativ geringes Gefahrenpotential ausgeht, weil

- die Qualitätssicherungssysteme der Hersteller von Zuckern und Süßstoffen heute so ausgereift sind, daß so gut wie nie mikrobiologische Verunreinigungen dieser Rohstoffe auftreten. Auch Hersteller von Zuckern und Süßstoffen wenden häufig das HACCP-Konzept an und sind meist nach DIN EN ISO 9000 ff. zertifiziert.
- die Grundstoffe und Konzentrate für die Herstellung von Fruchtsaftgetränken, Limonaden und Brausen etc. von Natur aus so sauer sind, daß ein Wachstum

von Getränkeschädlingen so gut wie ausgeschlossen ist. Pathogene Keime wachsen in einem entsprechend sauren Milieu ohnehin nicht.

- Kohlensäure – sofern sie zugesetzt wird – in mikrobiologischer Hinsicht kein Risiko darstellt, da auch hier ein Wachstum von pathogenen oder potentiell pathogenen sowie aerob wachsenden Mikroorganismen nicht möglich ist.
- Einweggetränkebehälter aufgrund der angewandten Produktionsprozesse (werden direkt vor dem Abfüllen sterilisiert) sehr keimarm sind.
- die Verwendung von Aluminium- und Kunststoffschraubverschlüssen nur ein geringes mikrobiologisches Risiko bedingt.

## 18.5.2 Festlegung der kritischen Kontrollpunkte

Der wichtigste Schritt ist, die kritischen Kontrollpunkte festzulegen. Kritische Kontrollpunkte sind Schritte im Verarbeitungsprozeß, an denen dieser „entgleisen“ kann (ICMSF, 1988, WHO, 1993). Mit dem in Abb. 2.1 dargestellten Entscheidungsbaum können diese Punkte ermittelt werden. Dazu muß jeder Abschnitt des Herstellungsprozesses einer kritischen Betrachtung unterzogen werden. Die kritischen Kontrollpunkte werden anschließend für jede Produktart individuell festgelegt. Diese HACCP-Analyse kann dabei für chemische, mikrobiologische und physikalische Gefahren einzeln oder gleichzeitig oder getrennt durchgeführt werden. Bei der Festlegung der Kontrollpunkte ist zu beachten, daß Kontrolle im HACCP-Konzept nicht Untersuchung im nachhinein ist, sondern das Bestreben, eine Gefährdung durch Steuerung zu beherrschen. Wie beim Autofahren soll Kontrolle ausgeübt werden, indem gegengelenkt wird. Steuernde Kontrolle kann nur dort ausgeübt werden, wo

1. die Prozeßabweichung gemessen werden kann (z. B. Abweichung von einem kritischen Grenzwert),
2. Maßnahmen ergriffen werden können, um den Prozeß zu korrigieren, noch bevor das Endprodukt fertiggestellt ist (Gallhoff, 1995).

Diese zwei Merkmale kritischer Kontrollpunkte werden in vielen Arbeiten zum HACCP-Prinzip nicht beachtet, so daß häufig eine Vielzahl kritischer Kontrollpunkte beschrieben und eines der Ziele des HACCP-Konzepts ins Gegenteil verkehrt wird: Beschränkung des Kontrollaufwandes auf wenige entscheidende Punkte, um Zeit und Geld zu sparen.

Der kritischste Prozeß bei der Herstellung von natürlichem Mineral-, Quell- und Tafelwasser sowie Erfrischungsgetränken ist die mikrobiologische Beschaffenheit. Natürliches Mineral- und Quellwasser müssen an der Quelle mikrobiologisch einwandfrei sein. Wenn überhaupt, erfolgen Kontaminationen in der Regel während der Abfüllung. Da die üblichen Nachweismethoden für Bakterien und Pilze mikrobiologische Verunreinigungen schon während des Prozesses nicht schnell genug erkennen lassen, müssen andere Parameter, die in der Regel bei mikrobiologischen Kontaminationen beeinflußt werden, in das Monitoring nach dem HACCP-Konzept einbezogen werden, z. B. durch Messung von:

- Leitfähigkeit
- Redoxspannung
- Trübung.

Dennoch müssen begleitend auch mikrobiologische Untersuchungen erfolgen, um einen einwandfreien Zustand des Betriebes und der hergestellten Produkte zu dokumentieren.

Dies bedeutet auch, daß die erforderlichen Reinigungs- und Desinfektionsmaßnahmen durchgeführt und überwacht werden.

## 18.5.3 Festlegen der Grenzwerte

Zu den kritischen Kontrollpunkten gehören deshalb auch die notwendigen Überwachungsverfahren sowie Grenzwerte und Toleranzen, die festlegen, wann eingeschritten werden muß. Dabei kann man in der Regel nicht auf gesetzlich festgelegte Werte zurückgreifen, sondern die Toleranzen müssen abhängig

- von der Produktionsanlage (Was kann später im Prozeß noch passieren?),
- von Art und Umständen der Distribution (Transport und Lagerzeiten, Mindesthaltbarkeitsdatum),
- vom Qualitätsverständnis des Herstellers

für jeden Prozeß gesondert festgelegt werden (Notermans und Gallhoff, 1994). Eine Musterlösung, die für alle Betriebe gilt, gibt es nicht.

## 18.5.4 Durchführung von Korrekturmaßnahmen

Welche Korrekturen im Prozeßablauf bei Überschreitung der Toleranzen vorzunehmen sind, wird ebenfalls festgelegt. Dieses können Maßnahmen sein, die der Gesetzgeber bereits vorgibt: Die Ware wird z. B. nicht in Verkehr gebracht. Ziel des HACCP-Konzeptes sollte es jedoch sein, Fehler so schnell zu entdecken, daß Wasser nicht dem Abwasser zugeführt werden muß. Durch korrektive Maßnahmen soll vielmehr erreicht werden, daß es weiter verwendet werden kann (z. B. Wiederholung der Enteisenung, nochmaliges Reinigen von Leergut).

Illustrierte Beispiele für kritische Kontrollpunkte bei der Herstellung von Mineralwasser und Erfrischungsgetränken zeigen die Abb. 18.5 und 18.6. Eine tabellarische Aufstellung findet sich in Tab. 18.1. Die Enteisenung ist z. B. ein kritischer Kontrollpunkt, da sie analytisch sofort gemessen werden kann. Werden die Grenzwerte überschritten, kann der Fehler sofort durch Wiederholung der Enteisenung berichtigt werden.

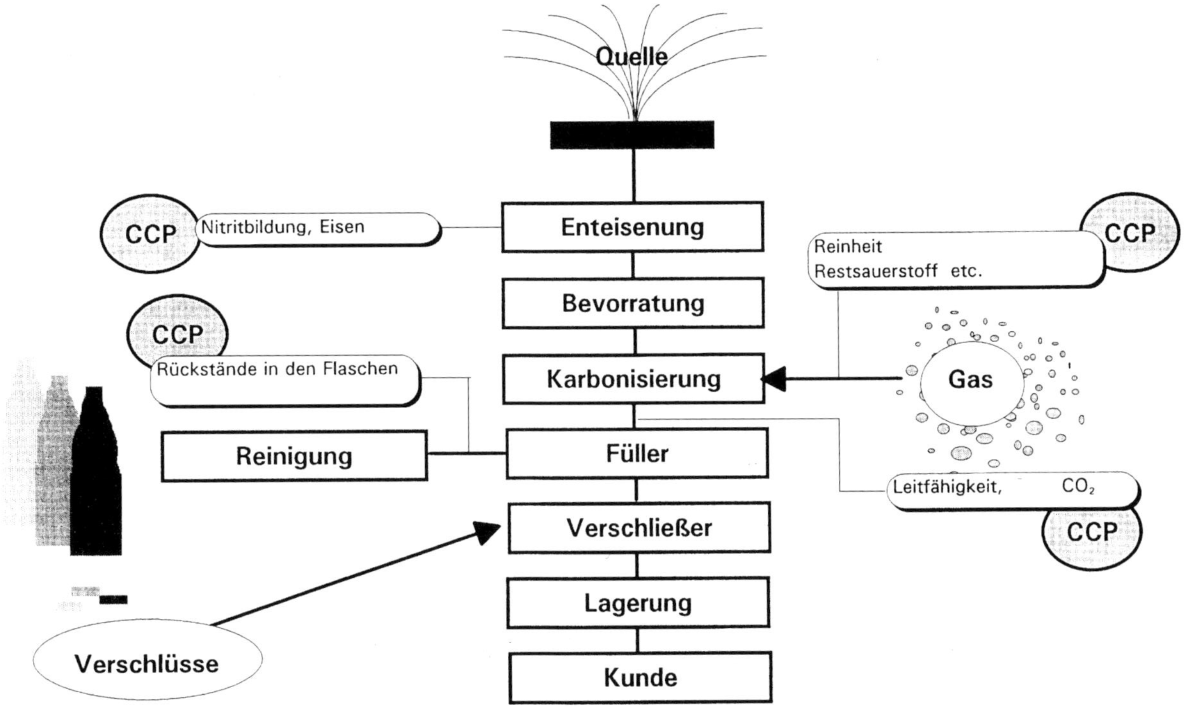


**Abb. 18.5 Beispiel für Kritische Kontrollpunkte: natürliches Mineralwasser**

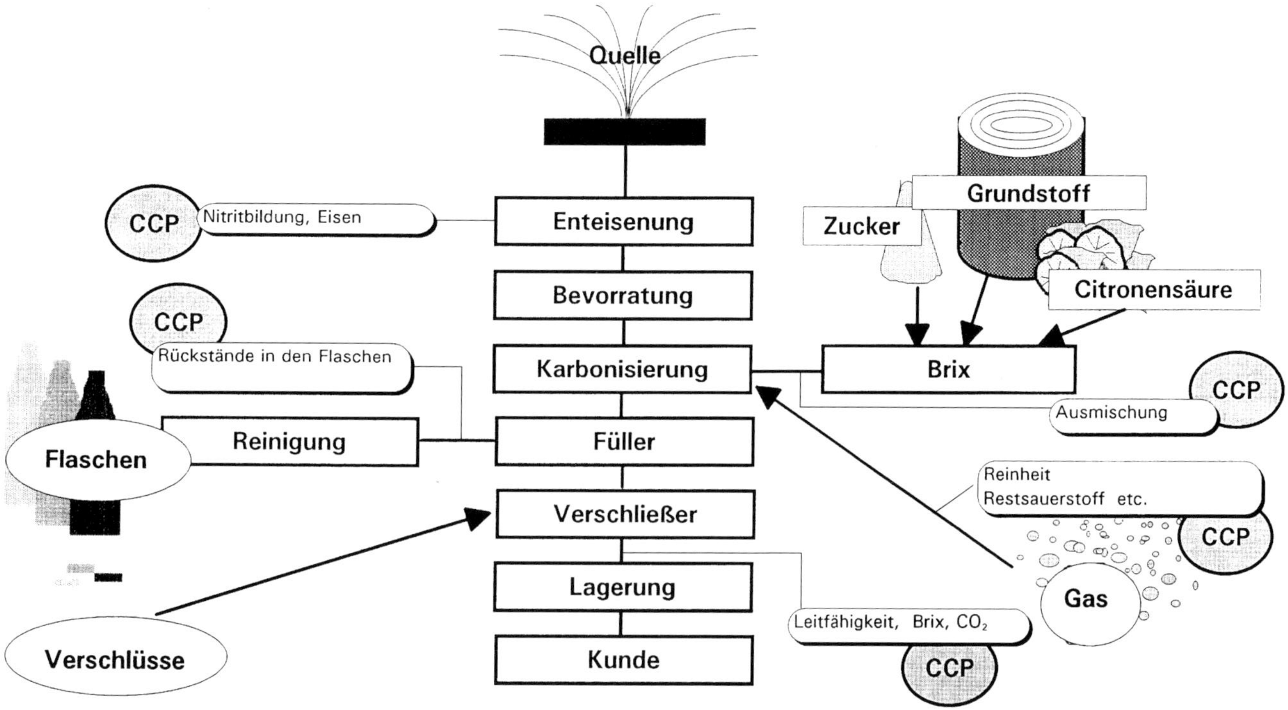


**Abb. 18.6 Beispiel für Kritische Kontrollpunkte: Erfrischungsgetränke**

**Tab. 18.1 Beispielhafte Aufstellung der Gefahren und Maßnahmen an Kritischen Kontrollpunkten für ein $CO_2$-haltiges Erfrischungsgetränk bestimmter Zusammensetzung, das mit Mineralwasser hergestellt wird**

| Verfahrens-schritt | CCP ja/nein | Gefahr | Kontroll-maßnahmen | Grenz- und Richt-werte/Toleranzen | Überprüfungs-verfahren | Korrektive Maßnahme |
|---|---|---|---|---|---|---|
| Quelle | n | m | Probenahme | max. 20 KBE/ml bei 20 °C<br>max. 5 KBE/ml bei 37 °C | KOCHsches Plattengußverfahren | Sperrung |
| Enteisenung | j | c | Eisen-Kontrolle | 0,1 +/– 0,05 mg/l Eisen | Photometrische Messung | Wiederholung der Enteisenung |
| Lagerung (Tanks) | n | m | Probenahme | max. 100 KBE/ml bei 20 °C<br>max. 20 KBE/ml bei 37 °C | KOCHsches Plattengußverfahren | Sperrung |
| Mixer | j | p | Brix-Kontrolle | 7,5 +/– 0,1 ° Bx | Dichte mittels Biegeschwinger | Korrektur der Dosierung |
| Imprägnierung | j | p | $CO_2$-Kontrolle | 6,8 +/– 0,1 g/l $CO_2$ | $CO_2$-Druckmessung im Durchfluß | Korrektur der Imprägnierung |
| Flaschenfüller | j | p | Niveau-Kontrolle | 10 +/– 1 cm | Füllstandskontrolle | Änderung des Zuflusses |
| Schraub-verschließer | j | p | Vorhandensein des Verschlusses | ja/nein | optische Sensoren | Ausschleusung |
| Etikettierer | j | p | Fehlen des Etiketts | ja/nein | optische Sensoren | Ausschleusung |
| Lager | n | p | Sichtkontrolle | max. 3 Monate Lagerung | First in/First out | Steuerung der Verladung |
| Leergutkontrolle | n | p | Sichtkontrolle | z. B. Farbe weiß/grün | optische Sensoren | Ausschleusung |
| Flaschen-reinigung | j | m | Desinfektion Reinigungsmaschine | 0,1 +/– 0,05 mg/l $ClO_2$ | on-line photometrische Messung | Korrektur der Dosierung |
| Leergutkontrolle | j | p | Prüfung auf Rückstände | keine | optische Sensoren | Ausschleusung |

m = mikrobiologisch; p = physikalisch; c = chemisch

Die mikrobiologische Verunreinigung hingegen ist ein kritischer Punkt, an dem steuernde Kontrolle nach dem HACCP-Konzept nicht ausgeübt werden kann, da mikrobiologische Untersuchungen mit kulturellen Methoden erst nach 2 bis 5 Tagen abgeschlossen sind, so daß der Prozeß weiterlaufen wird, ohne das Ergebnis dieser Untersuchung zu berücksichtigen. Die mikrobiologische Verunreinigung muß deshalb durch Monitoring der beeinflussenden Umstände kontrolliert werden, wie z. B. durch Kontrolle der Rückstände in Flaschen und $CO_2$-Gehalt. Außerdem sollten ständig begleitende mikrobiologische Untersuchungen durchgeführt werden, um den Prozeß zu validieren (NACMCF, 1992, PIERSON und CORLETT jr., 1993).

### 18.5.5 Überprüfung des Systems (Verifizieren)

Zunächst muß der HACCP-Plan unter den ursprünglich geltenden Bedingungen verifiziert werden (Endproduktuntersuchung, Lebensmittelüberwachung, Retouren etc.).

Da Herstellungsprozesse kontinuierlich verbessert werden, ist es unwahrscheinlich, daß der Ablauf immer gleich bleibt. Eine Gefährdungsanalyse nach dem HACCP-Konzept gilt aber immer nur für einen bestimmten Prozeßablauf. Veränderungen im Prozeß können dazu führen, daß die Grundlagen dafür keine Gültigkeit mehr besitzen. Aus diesem Grund ist eine regelmäßige Überprüfung der Analyse nach dem HACCP-Konzept erforderlich. In der Regel reicht es, das System einmal im Jahr einer kritischen Prüfung zu unterziehen. Bei erheblichen Änderungen oder vollständiger Umwandlung des Herstellungsprozesses, z. B.:

- Erschließung einer neuen Quelle,
- Einbau einer neuen Abfüllanlage,
- Installation einer neuen Flaschenreinigungsanlage,
- Einführung von neuen Produkten,

muß die HACCP-Analyse vollständig überprüft und angepaßt werden.

## 18.6 HACCP und DIN EN ISO 9001

Wer seinen Betrieb mit Hilfe eines Qualitätsmanagementsystems nach DIN ISO 9001 (Deutsches Institut für Normung, 1994) organisiert, wird sich fragen, ob HACCP etwas Ähnliches ist. Das HACCP-Konzept sollte in das Qualitätsmanagementsystem nach DIN ISO 9001 integriert werden. Die in Tab. 19.1 dargestellte Übersicht zeigt, wo DIN ISO 9001 und das HACCP-Konzept sich ergänzen und übeschneiden. Das HACCP-Konzept ist eine Methode der Prozeßlenkung und ergänzt somit die sehr allgemeinen Aussagen der DIN ISO 9001 (JOUVE, 1992). Im Rahmen eines etablierten HACCP-Konzeptes werden Prüfungen durchgeführt, wie sie von der ISO 9001 verlangt werden. Aufzeichnungen über Prüfergebnisse und eventuell eingeleitete Maßnahmen (Qualitätsaufzeichnungen) fordern beide Systeme (vgl. auch das folgende Kap. 19).

## Literatur


[1] BACK, W. (1993): Mikrobiologische Qualitätskontrolle von Wässern, alkoholfreien Getränken, Bier und Wein. In: DITTRICH, H.H. (Hrsg.): Mikrobiologie der Lebensmittel. Getränke. Hamburg: Behr's Verlag.

[2] Deutsches Institut für Normung e. V. (1994): DIN EN ISO 9001 Qualitätsmanagementsysteme Modell zur Qualitätssicherung/QM-Darlegung in Design, Entwicklung, Produktion, Montage und Wartung. Berlin: Beuth Verlag GmbH.

[3] FRESENIUS, R.E., KUßMAUL, H. (1993a): Mineral water – sources and analysis. In: MACRAE, R. (Hrsg.): Encyclopaedia of Food Science, Food Technology and Nutrition. London: Academic Press Ltd. pp. 3120 ff.

[4] FRESENIUS, R.E., KUßMAUL, H. (1993b): Mineral water – bottling and storage, In: MACRAE, R. (Hrsg): Encyclopaedia of Food Science, Food Technology and Nutrition. London: Academic Press Ltd. pp. 3123 ff.

[5] GALLHOFF, G. (1995): Das HACCP-Konzept und seine Bedeutung für die deutschen Mineralbrunnen. Der Mineralbrunnen **45**, 52–55.

[6] ICMSF (1988): HACCP in Microbiological Safety and Quality. London: Blackwell Scientific Publications.

[7] JOUVE, J.L. (1992): HACCP and Quality Systems. In: Proceedings of the 3rd World Congress Foodborne Infections and Intoxications, 16–19 June 1992, Berlin, Volume II, pp. 880–883.

[8] KUßMAUL, H. (1988): Enteisenung von natürlichem Mineralwasser durch Belüftung. Der Mineralbrunnen **38**, 4–7.

[9] KUßMAUL, H. (1989): Die Mineral- und Tafelwasserverordnung von 1984 und ihre Konsequenzen 79–94, In: SCHMIDT, K.L. (Hrsg.), Kompendium der Balneologie und Kurortmedizin. Darmstadt: Steinkopff Verlag.

[10] KUßMAUL, H. (1991a): Umsetzung der Veränderungen bei den mikrobiologischen und chemischen Anforderungen an das Trinkwasser im Getränkebetrieb. Getränketechnik **4**, 117–120.

[11] KUßMAUL, H. (1991b): Elimination von Partikeln und Mikroorganismen – Membranfiltration in der Getränkeindustrie. Getränkeindustrie **45**, 792–797.

[12] National Advisory Committee on Microbiological Criteria for Foods (NACMCF) (1992): Hazard Analysis and Critical Control Point System. International Journal of Food Microbiology **16**, 1–23.

[13] NOTERMANS, S., GALLHOFF, G. (1994): Quantitative Risikoanalyse als Element von Qualitätssicherungssystemen in der Lebensmittelindustrie. Fleischwirtschaft **74**, 1036–1045.

[14] PIERSON, M.D., CORLETT jr., D. (1993): HACCP: Grundlagen der produkt- und prozeßspezifischen Risikoanalyse. Hamburg: Behr's Verlag.

[15] WHO (1993): Training Considerations for the Application of the Hazard Analysis Critical Control Point System to Food Processing and Manufacturing. WHO, Genf.


## Verzeichnis der zitierten Gesetzestexte


[1] Verordnung über natürliches Mineral-, Quell- und Tafelwasser (MTVO) vom 1. August 1984 (BGBl. I S. 1036) geändert 27. April 1993 (BGBl. I S. 512, 527).

[2] Gesetz über Zulassungsverfahren bei natürlichen Mineralwässern vom 25. Juli 1984 (BGBl. I S. 1016) i. d. F. vom 26. Februar 1993 (BGBl I. S. 278).

[3] Verordnung über Trinkwasser und Wasser für Lebensmittelbetriebe (TrinkwV) Neufassung vom 5. Dezember 1990 (BGBl. I S. 2612) i. d. F. vom 26. Februar 1993 (BGBl. I S. 278).
[4] Fertigpackungs-Verordnung Neufassung vom 8. März 1994 (BGBl. I. S. 451, berichtigt am 14. Juni 1994 S. 1307).
[5] Los-Kennzeichnungs-Verordnung (LKV) vom 23. Juni 1993 (BGBl. I S. 1022).
[6] Leitsätze für Erfrischungsgetränke vom 19. Oktober 1993 (Beilage zum Bundesanzeiger Nr.58 vom 24. März 1994 BGBl. Nr. 10 S. 344 vom 24. März 1994).
[7] Aromenverordnung vom 22. Dezember 1981 (BGBl. I S.1625, 1677) in der jeweils geltenden Fassung.
[8] Fruchtsaftverordnung in der Fassung vom 17. Februar 1982 (BGBl. I S. 198) in der jeweils geltenden Fassung.
[9] Verordnung über Fruchtnektar und Fruchtsirup in der Fassung vom 17. Februar 1982 (BGBl. I S. 198) in der jeweils geltenden Fassung.
[10] Zuckerartenverordnung vom 8. März 1976 (BGBl. I S. 502) in der jeweils geltenden Fassung.
[11] Zusatzstoff-Verkehrsordnung vom 10. Juli 1984 (BGBl. I S. 897) in der jeweils geltenden Fassung.
[12] Nährwert-Kennzeichnungsverordnung vom 25. November 1994 (BGBl. I S. 3526) in der jeweils geltenden Fassung.
[13] Eichgesetz Neufassung vom 23. März 1992 (BGBl. I S. 711).
[14] Amtliche Sammlung von Untersuchungsverfahren nach § 35 des Lebensmittel- und Bedarfsgegenständegesetzes (LMBG) herausgegeben vom Bundesgesundheitsamt, jetzt BgVV. Berlin/Köln: Beuth Verlag.
[15] Gesetz zur Verhütung und Bekämpfung übertragbarer Krankheiten beim Menschen (Bundesseuchengesetz), i. d. F. vom 18. Dezember 1979 (BGBl. I S. 2262) zuletzt geändert am 25. Mai 1995 (BGBl. I S. 746).
[16] Richtlinie 94/35/EG des Europäischen Parlaments und des Rates vom 30. Juni 1994 über Süßungsmittel, die in Lebensmitteln verwendet werden dürfen. Amtsblatt der Europäischen Gemeinschaften Nr. L 237 vom 10.9.1994.
[17] Richtlinie des Rates vom 15. Juli 1980 über die Qualität von Wasser für den menschlichen Gebrauch (80/778/EWG), Amtsblatt der Europäischen Gemeinschaften Nr. L 229/11 vom 30.8.1980.
[18] Richtlinie des Rates vom 15. Juli 1980 über die Gewinnung von und den Handel mit natürlichen Mineralwässern (80/777/EWG), Amtsblatt der Europäischen Gemeinschaften Nr. L 229/1 vom 30.8.1980.
[19] Richtlinie des Rates vom 22. Juli 1991 zur Festlegung von Hygienevorschriften für die Erzeugung und die Vermarktung von Fischereierzeugnissen (91/493/EWG), Amtsblatt der Europäischen Gemeinschaften Nr. L 268/15 vom 24.9.1991.
[20] Entscheidung der Kommission vom 20. Mai 1994 mit Durchführungsvorschriften zu der Richtlinie 91/493/EWG betreffend die Eigenkontrollen bei Fischereierzeugnissen, Amtsblatt der Europäischen Gemeinschaften Nr. L 156/50 vom 23.6.1994.
[21] Richtlinie 93/43/EWG des Rates vom 14. Juni 1993 über Lebensmittelhygiene, Amtsblatt der Europäischen Gemeinschaften Nr. L 175/1 vom 19.7.1993.

Loseblattsammlung
mit Ergänzungslieferungen
(gegen Berechnung, bis auf Widerruf)
Grundwerk 1994 · DIN A5 · ca. 450 Seiten
DM 189,– inkl. MwSt., zzgl. Vertriebskosten
DM 239,– ohne Ergänzungslieferungen
ISBN 3-86022-119-1

Die drei Grundregelwerke zum Qualitätsmanagement (Qualitätssicherung) – DIN EN ISO 9000 ff, EN 45001 bis EN 45003 und OECD-Grundsätze der Guten Laborpraxis (GLP) – werden ausführlich besprochen. Neben dem Aufbau und Inhalt des jeweiligen Regelwerkes wird auf die Vorgehensweise zur Einführung in Unternehmen bzw. Laboratorien praxisnah eingegangen. Der Ablauf der Zertifizierung, Akkreditierung bzw. Zulassung wird eingehend behandelt.

Die rasante Entwicklung im Hinblick auf die Änderung der Regelwerke führte zur Entscheidung, das Werk als Loseblattsammlung herauszugeben.

Die Herausgeber beobachten mit ihren kompetenten Mitautoren ständig alle Fachgebiete, die für die Praxis des Qualitätsmanagement von Bedeutung sind.

Nutzer der Loseblattsammlung Praxishandbuch Qualitätsmanagement werden durch zeitnahe Ergänzungslieferungen stets über neueste Entwicklungen informiert.

## Herausgeber und Autoren

**Matthias Christelsohn** ist Lebensmittelchemiker und Fachauditor DGQ. **Dr. phil. nat. Volker Czabon** ist Diplom-Chemiker und Fachauditor DGQ. **Dr. rer. nat. Sieglinde Stähle** ist Diplom-Lebensmittel-Ingenieur und Fachauditor (DGQ) und wissenschaftliche Mitarbeiterin beim Bund für Lebensmittelrecht und Lebensmittelkunde (BLL), Bonn.

Autoren: Dr. Peter Franke, Dietrich Gorny, Dr. Hubertus Peil, Prof. Dr. Hans Dieter Unkelbach, Dr. Rolf-Dieter Weeren. Koordination: Dr. Horst Vogel.

## Interessenten

Das Praxishandbuch Qualitätsmanagement wurde entwickelt für Praktiker in der Lebensmittel-, Kosmetika und Chemischen Industrie: Qualitätsmanager, Technische Betriebsleiter, Qualitätsbeauftragte und deren Mitarbeiter sowie für Laborleiter, Prüfleiter, führende Mitarbeiter in amtlichen und privaten Betriebslabors.

## Aus dem Inhalt

**Entwicklung der Qualitätsmanagementsysteme – Gesetze heute und morgen:** Qualität als entscheidender Erfolgsfaktor für Produkte und Dienstleistungen · Erfordernis eines umfassenden Qualitätsmanagementsystems – Produkthaftung · Gesetze und Normen im Hinblick auf Qualitätsmanagementsysteme GMP, OECD / GLP, DIN EN ISO 9000, EN 45001

**Grundregelwerke des Qualitätsmanagements:** DIN EN ISO 9000 ff – Zertifizierung · EN 45001 bis 45003 – Akkredetierung · Grundsätze der Guten Laborpraxis (GLP)

**Vergleich der Regelwerke**

**Statistische Grundlagen:** Philosophie der Statistik · Statistische Methoden für die Qualitätslenkung · Statistische Verfahren für die Qualitätsprüfung · Statistische Verfahren zur Qualitätssicherung von Meßverfahren

**Forderungen an die EDV im Laborbereich:** Anforderungen an Daten · Anforderungen an Software und Hardware · Phasenmodell · Software-Betrieb · Konsequenzen für DV-Systeme · Organisation

**Anschriften wichtiger Organisationen · Glossar · Stichwortverzeichnis**

**BEHR'S...VERLAG**

B. Behr's Verlag GmbH & Co. · Averhoffstraße 10 · D-22085 Hamburg
Telefon (040) 2270 08/18-19 · Telefax (040) 220 10 91
E-Mail: Behrs@Behrs.de · Homepage: http://www.Behrs.de

# 19 HACCP-Konzept und Qualitätsmanagement-System

M. Christelsohn und E. Debelius

## 19.1 Möglichkeiten zur Vorgehensweise bei der Einführung

Dieses Kapitel soll einen Einblick geben, in welcher Art und Weise ein HACCP-Konzept und ein normenkonformes Qualitätsmanagement-System zur Ausnutzung aller Synergien in einem Betrieb der Lebensmittelindustrie zusammenwirken können. Hierzu ist ein Überblick über die Möglichkeiten der Einführung eines Qualitätsmanagement-Systems in Kombination mit einem HACCP-Konzept notwendig.

Es stellen sich in der deutschen Lebensmittelindustrie drei Ausgangssituationen dar:

Fall A: Ein lebensmittelproduzierendes Unternehmen entscheidet sich, lediglich den rechtlichen Mindestanforderungen zu genügen, und führt das HACCP-Konzept ein.

Fall B: Das Unternehmen führt erst das HACCP-Konzept ein, um danach ein normenkonformes Qualitätsmanagement-System nach DIN EN ISO 9001 einzurichten.

Fall C: Das Unternehmen führt zunächst ein normenkonformes Qualitätsmanagement-System ein und beschäftigt sich anschließend mit der Einführung eines HACCP-Konzepts (Debelius, 1994).

Alle drei Möglichkeiten sollen in der Folge betrachtet werden. Wenn ein Unternehmen für sich entschieden hat, lediglich ein HACCP-Konzept einzuführen, und auch zukünftig nicht an der Einführung eines normenkonformen Qualitätsmanagement-Systems interessiert ist, so muß es lediglich die Anforderungen nach der EU-Richtlinie 93/43/EWG des Rates über Lebensmittelhygiene vom 14.06.1993 beachten (EG, 1993). Die EU-Richtlinie beinhaltet im wesentlichen folgende Punkte:

Entsprechend Artikel 3 (2) der Lebensmittelhygienerichtlinie werden von Lebensmittelunternehmen nach den Grundsätzen des HACCP-Systems angemessene Sicherheitsmaßnahmen gefordert. Im Artikel 6 wird empfohlen, daß für eine gute Hygienepraxis die europäischen Standards der EN 29000er Reihe (heute DIN EN ISO 9000er Reihe) zur Anwendung gelangen. In Artikel 9 wird ausdrücklich darauf hingewiesen, daß eine Nichteinhaltung der nach Artikel 3 geforderten Grundsätze die zuständigen Behörden dazu ermächtigt, Konsequenzen für den Betrieb in Betracht zu ziehen und auch zu vollstrecken.

Nach derzeitigem Kenntnisstand wird eine Bundeshygieneverordnung erst im Laufe des Jahres 1996 erwartet. Bis zu diesem Zeitpunkt besitzt die EU-Hygienerichtlinie 93/43/EWG rechtsverbindlichen Charakter. Nach ihr sollten sich die deutschen Hersteller von Lebensmitteln bis zum Zeitpunkt des Inkrafttretens einer Bundeshygieneverordnung bei der Einführung ihres HACCP-Konzepts orientieren.

Bei der Bestimmung der kritischen Lenkungspunkte im Produktionsprozeß muß der Geltungsbereich des HACCP-Konzepts eindeutig abgegrenzt werden. Hierbei treten immer wieder Schwierigkeiten auf.

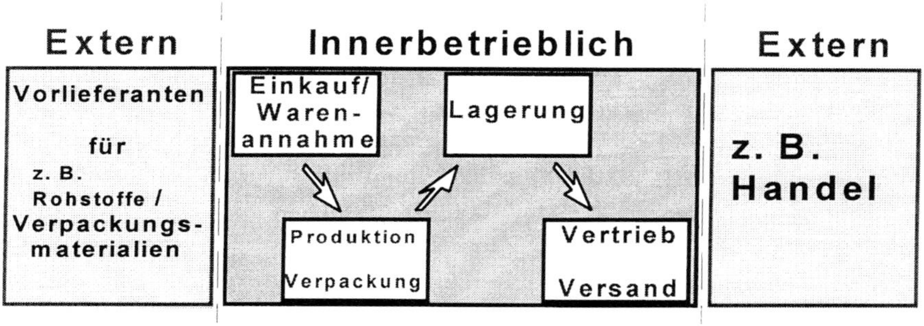


**Abb. 19.1 Räumliche Abgrenzung / Geltungsbereich des HACCP-Systems festlegen**

Ein HACCP-Konzept sollte beim Einkauf in der Warenannahme beginnen und beim Versand enden. Es ist nicht Sinn und Zweck, über die Grenzen des eigenen Unternehmens hinaus ein HACCP-Konzept einzurichten. Die in Abb. 19.1 abgegrenzten Bereiche „Extern“ und „Innerbetrieblich“ sollten eingehalten werden. Hierbei sollten die Berührungspunkte zu Vorlieferanten und auch die zum Handel optimalerweise zu „**Kontakt**stellen“ und nicht zu „**Schnitt**stellen“ werden. Es ist durchaus sinnvoll, bei den eigenen Vorlieferanten durch beispielsweise Lieferantenaudits bestimmte Forderungen zu überprüfen. Es soll aber nicht dahingehend ausarten, daß ein Lebensmittelhersteller das HACCP-Konzept des Vorlieferanten betreibt. Wohl ist es wichtig, sich mit den Risiken der Rohstoffe zu beschäftigen und diese mit im eigenen HACCP-Konzept zu berücksichtigen (Produktbeschreibung) (PIERSON und CORLETT jr., 1993). Auch gehört der „vorauszusehende“ Gebrauch eines hergestellten und verpackten Lebensmittels mit zur Betrachtungsweise. Doch Vorlieferanten und Handel übernehmen ebenfalls Verantwortung.

Wie schon in Kapitel 1 beschrieben, fällt bei der Einführung des HACCP-Konzepts auch ein bestimmtes Maß an Dokumenten an.

In unserem Fall A ist bei der formellen Gestaltung der HACCP-Vorgabe- und Nachweisdokumente auf keine besondere Form zu achten. Die einzige Forderung an die Dokumentation ist in diesem Fall die Leserlichkeit und die sachgemäße Aufbewahrung, um einen Nachweis gegenüber der Lebensmittelüberwachung führen zu können. Auch bei evtl. eintretenden Verbraucherreklamationen kann die Dokumentation möglicherweise als Nachweis im Streitfall dienen. Zahlreiche EDV-Anbieter können Software zur Erstellung der HACCP-Vorgabe- und Nachweisdokumentation anbieten. Programme in der Preislage von DM 1500,00 bis DM 6000,00 sind im Handel (SCHLOSKE, 1995).

In der umfangreichen Literatur zum Themenkreis werden große Unterschiede in der Auslegung zur Anwendung von HACCP-Konzepten gemacht. Da die Materie recht „trocken" ist und eine enorme Fleißarbeit verlangt, sind hier einfache und pragmatische Ansätze gefragt. Ansonsten besteht die Gefahr, in einen „Alibi-Bürokratismus" einzutauchen und somit die Akzeptanz für die Einführung des HACCP-Systems bei den eigenen Mitarbeitern zu verlieren.

Pragmatische Ansätze beinhalten eine Motivation der Mitarbeiter für das Thema HACCP. In den ersten Informations- und Trainingsveranstaltungen wird den betreffenden Mitarbeitern deutlich gemacht, daß es sich bei HACCP um ein vorbeugendes Konzept handelt. In der Regel fällt es nicht leicht, sie während dieser Phase für die aktive Mitarbeit in Qualitätszirkeln (HACCP-Teams) zu gewinnen. Die Mitarbeit erscheint zunächst unproduktiv und ist mit lästiger Mehrarbeit verbunden. Doch wenn der erste Nutzen (z. B. durch Umsetzung von Vorbeugungsmaßnahmen) sichtbar wird, z. B. Rückgang der Kundenreklamationen, wirkt sich das positiv auf alle Mitarbeiter aus. Deshalb ist neben einer ersten Motivation ein intensives HACCP-Training gleich in der Anfangsphase sinnvoll, um die Mitarbeiter mit der Arbeitstechnik vertraut zu machen. Durch ein Einbeziehen möglichst aller, die mit dem HACCP-Konzept konfrontiert werden, wird das Einführen und Aufrechterhalten des Konzepts zu einem „Selbstgänger". Die Mitarbeiter sind aufmerksamer, sehen hinter der anfallenden Mehrarbeit einen Sinn und fühlen sich nicht durch Vorgesetzte oder einen Qualitätsbeauftragten drangsaliert (CHRISTELSOHN und DEBELIUS, 1995).

Im Fall B haben sich Unternehmen entschlossen, erst ein HACCP-Konzept einzuführen und in der Folge an der Einführung eines normenkonformen Qualitätsmanagement-Systems zu arbeiten. Ursächlich für diese Reihenfolge ist die Tatsache, daß HACCP eine rechtliche Forderung ist, während ein Qualitätsmanagement-System auf (fast) freiwilliger Basis eingeführt werden kann.

Soll in der Folge also auch ein Qualitätsmanagement-System eingeführt werden, sind noch weitere Vorüberlegungen auf die ineinandergreifenden Systeme notwendig. Hierbei sind folgende Punkte zu beachten:

- Gestaltung der Vorgabedokumentation des HACCP-Konzepts (muß auch für das QM-System geeignet sein).
- Freigabemechanismen für Vorgabedokumente müssen geregelt sein.
- Integration der HACCP-Dokumente in das Dokumentations- und Aufzeichnungssystem des QM-Systems muß im Vorwege bestimmt werden.

Dies sind nur einige Überlegungen, die angestellt werden müssen, bevor mit der fachlichen HACCP-Arbeit begonnen wrid.

Der wichtigste Gedankenschritt ist die formale Gestaltung der Protokolle und Formblätter. Um hier Doppelarbeit zu vermeiden, ist es sinnvoll, die Gestaltung der Blätter so zu wählen, daß bei der späteren Einführung des Qualitätsmanagement-Systems die Formblätter als Qualitätsaufzeichnungen übernommen werden können.

Hier empfiehlt es sich, eine Kopf- und eine Fußzeile für die Vorgabedokumentation aufzubauen. Die Kopfzeile sollte Angaben enthalten wie: Name des Unternehmens, Firmenlogo, Seitenzahl und Gesamtseitenzahl sowie Lenkungscode mit Versionsnummer. In die Fußzeile kann dann ein „Freigabebalken" integriert werden.

Die Protokolle und Formblätter (z. B. Gefahrenanalyse, Festlegung kritischer Grenzwerte, Überwachungs- bzw. Korrekturmaßnahmen) verstehen sich als Qualitätsaufzeichnungen im Sinne der Norm. Demnach ist das HACCP-Konzept, wie auch das QM-System, ein dynamisches System, welches der regelmäßigen Verbesserung bzw. Aktualisierung bedarf. Durch eine regelmäßige Revision der ein-

**Tab. 19.1 Schnittstellen der DIN EN ISO 9001 mit dem HACCP-Konzept**

| Elemente des QM-Systems | Kapitel der Norm | Forderungen gem. HACCP-Grundsätzen |
|---|---|---|
| 1 Verantwortung der Leitung | 4.1 | ● |
| 2 Qualitätsmanagementsystem | 4.2 | ◑ |
| 3 Vertragsprüfung | 4.3 | |
| 4 Designlenkung | 4.4 | ◑ |
| 5 Lenkg. der Dokumente u. Daten | 4.5 | ● |
| 6 Beschaffung | 4.6 | ◑ |
| 7 Lenkg. der vom Kunden beigestellten Produkte | 4.7 | ◑ |
| 8 Kennzeichnung Rückverfolgbarkeit v. Produkten | 4.8 | ◑ |
| 9 Prozeßlenkung | 4.9 | ● |
| 10 Prüfungen | 4.10 | ● |
| 11 Prüfmittelüberwachung | 4.11 | ◑ |
| 12 Prüfstatus | 4.12 | ◑ |
| 13 Lenkung fehlerhafter Produkte | 4.13 | ● |
| 14 Korrektur- und Vorbeugungsmaßnahmen | 4.14 | ● |
| 15 Handhabung, Lagerg., Verpackg., Konservierung und Versand | 4.15 | ◑ |
| 16 Lenkung von Q-Aufzeichnungen | 4.16 | ● |
| 17 Interne Qualitätsaudits | 4.17 | ● |
| 18 Schulung | 4.18 | ◑ |
| 19 Wartung | 4.19 | ◑ |
| 20 Statistische Methoden | 4.20 | ◑ |

● direkt durch Forderung ◑ durch Maßnahmen

zelnen HACCP-Studien ist gewährleistet, daß auch geänderte bzw. neue Prozesse zeitnah bearbeitet werden.

Die Ergebnisse der HACCP-Arbeit haben in der Regel auch Einfluß auf weitere Vorgabedokumente des QM-Systems wie Prüfpläne, in denen Überwachungsmaßnahmen dann detaillierter beschrieben werden.

Zahlreiche Unternehmen der Lebensmittelindustrie haben bereits ein Qualitätsmanagement-System nach DIN EN ISO 9001 ff. eingeführt. Die überwiegende Anzahl dieser Unternehmen strebt die externe Zertifizierung an. Mehr als 300 Unternehmen, die der Lebensmittelbranche zuzuordnen sind, hatten bereits 1995 ein entsprechendes Zertifikat erhalten. Hunderte befinden sich in der Antragsphase für eine Zertifizierung (CHRISTELSOHN, CZABON und STÄHLE, 1994).

Neben der zukünftig rechtlichen Forderung zur Einführung eines HACCP-Systems wächst der Druck seitens der Kunden auf die Lebensmittelindustrie, ein normenkonformes Qualitätsmanagement-System einzuführen.

Im Fall C ist also bereits ein normenkonformes QM-System eingeführt bzw. befindet sich im Aufbau. Sucht man nach einer geeigneten Schnittstelle zu dem QM-System, das den Anforderungen der DIN EN ISO 9001 genügen soll, gibt es im Element 4.14 „Korrektur- und Vorbeugungsmaßnahmen“ deutliche Hinweise, daß eine Arbeitstechnik wie HACCP an dieser Stelle im QM-System zu beschreiben ist. Der Abschnitt „Vorbeugungsmaßnahmen“, der erst seit August 1994 in die Norm aufgenommen wurde, charakterisiert genau das Ziel der HACCP-Arbeit. Bei näherer Betrachtung der Normforderungen zeigen sich jedoch weitere „Berührungspunkte“ bzw. Auswirkungen der HACCP-Arbeit im Hinblick auf die anderen Normelemente (Normabschnitte).

## 19.2 Ausgewählte Elemente des QM-Systems nach DIN EN ISO 9001 im Zusammenhang mit dem HACCP-Konzept

Nachfolgend werden einige ausgewählte wichtige Normabschnitte (Deutsche Norm, 1994) dem HACCP-Konzept gegenübergestellt und interpretiert. Bei der Wichtigkeit des Themas „HACCP“ entscheiden sich viele Unternehmen, zusätzlich ein Qualitätsmanagementhandbuchkapitel, z. B. als Kapitel 21, mit aufzunehmen. Im Element 4.1 „*Verantwortung der Leitung*“ wird im Abschnitt 4.1.2.1 a) u. a. beschrieben, daß Vorbeugungsmaßnahmen gegen mögliche Fehler bei einem Produkt / Prozeß zu veranlassen sind. Das HACCP-Konzept ist ein Mittel zur Vorbeugung von Fehlern im Produktionsprozeß. Die Verantwortung der Unternehmensleitung besteht selbstverständlich darin, die damit verbundenen rechtlich relevanten Forderungen einzuhalten.

Das Element 4.5 „*Lenkung der Dokumente und Daten*“ spielt, wie schon an anderer Stelle beschrieben, eine wichtige Rolle, da die HACCP-Vorgabedokumentation eingegliedert werden muß.

Die Norm verlangt hier vom Unternehmen, daß die Dokumente und Daten entsprechend vor der Herausgabe genehmigt und danach gelenkt und auf aktuellem Stand gehalten werden müssen. Auch das HACCP-Konzept verlangt in regelmäßigen Abständen eine Überprüfung und ggf. eine Überarbeitung. Daraus kann auch eine Änderung der Vorgabedokumentation resultieren. Und genau hier greift dann die Norm, daß nämlich auch diese geänderte Dokumentation wieder geprüft, genehmigt und freigegeben werden muß. Auch müssen die veralteten Dokumente dabei eingezogen werden.

Das Element 9 „*Prozeßlenkung*" bildet die Verankerung der „praktischen" Grundsätze des HACCP-Konzepts. An diesem Beispiel läßt sich gut zeigen, wie man Synergien nutzen kann. In der Regel sind in einem Produktionsbetrieb im Rahmen des QM-Vorgabedokumentationssystems Fließbilder von Herstellungsprozessen vorhanden. Hilfreich ist die Erstellung eines skizzenartigen Materialflußdiagramms für einen Produktionsbetrieb von der Zusammenfügung der Zutaten bis hin zur Auslieferung der fertigen Produkte.

Aus dieser Übersicht lassen sich dann modulartig die einzelnen Linien detaillierter in Prozeßfließschemen darstellen und für die eigentliche HACCP-Teamarbeit (z. B. Festlegung der kritischen Lenkungspunkte) verwenden. Mit anderen Worten: Im Idealfall sind die Fließschemen dieser Verfahrensanweisungen des QM-Systems mit den Fließschemen, die für die HACCP-Arbeit verwendet werden, identisch.

Auch das Element 10 „*Prüfungen*" ist durch eine direkte Forderung betroffen, da die festgelegten Grenzwerte an den CCPs häufig eine Prüfung im Sinne der Norm zur Einhaltung notwendig machen. Diese Prüfungen gehören zum Prüfplan eines Qualitätsmanagement-Systems. Die Prüfergebnisse sind als sogenannte „*Qualitätsaufzeichnungen*" im Sinne von Element 16 zu verstehen.

Hier fordert die Norm, daß Verfahren entwickelt werden, wie eine

- Kennzeichnung
- Sammlung
- Registrierung
- Zugänglichkeit
- Aufbewahrung
- Pflege und
- Vernichtung

der Qualitätsaufzeichnungen vorzunehmen sind.

Außerdem müssen die Qualitätsaufzeichnungen leserlich und leicht auffindbar sein sowie vor Beschädigung und/oder Verlust geschützt werden.

Die Forderung der Norm sieht im Element 13 „*Lenkung fehlerhafter Produkte*" vor, daß Maßnahmen festgelegt und eingehalten werden müssen, wie mit fehlerhaften Produkten zu verfahren ist. Bei der Über-/Unterschreitung der festgelegten

Grenzwerte im HACCP-Konzept hat auch der Lebensmittelhersteller die Pflicht, Vorgaben zu machen, wie mit solchen Produkten zu verfahren ist.

Das Element 14 „*Korrektur- und Vorbeugungsmaßnahmen*" bildet – wie bereits angesprochen – die theoretische Grundlage zur Verankerung des HACCP-Konzepts. Leider wird der Begriff „Korrekturmaßnahmen" etwas unterschiedlich verwendet. Im HACCP-Konzept wird der Begriff „Korrekturmaßnahmen" häufig im Zusammenhang mit einer Fehlerbekämpfung (Lenkung des Prozesses, Beseitigung bzw. Nacharbeit des fehlerhaften Produkts) gesehen.

Im Zusammenhang mit einem Qualitätsmanagement-System werden als „Korrekturmaßnahmen" vielmehr mittelfristig greifende Maßnahmen angesehen, die der Fehler**ursachen**behebung dienen. In Abschnitt 4.14.1 wird u. a. gefordert, daß eine Korrektur- und Vorbeugungsmaßnahme zur Beseitigung der Ursachen von tatsächlichen oder potentiellen Fehlern ein Ausmaß haben muß, das den angetroffenen Risiken entspricht.

Genau hier setzt das HACCP-Konzept, das eine Risikoanalyse ist, an.

Eine „Korrekturmaßnahme" hat also im Sinne der Norm den Zweck, Fehlerursachen zu beseitigen, um zukünftige Wiederholungen des Fehlers zu vermeiden. Hierzu können z. B. folgende Quellen berücksichtigt werden:

- wirksame Behandlung von Kundenbeschwerden
- Berichte über Produktfehler
- Fehlerursachen bezüglich Produkt, Prozeß und Qualitätsmanagement-System

Zweck der in der Norm angesprochenen zusätzlichen Vorbeugungsmaßnahmen ist, den Fehler überhaupt gar nicht erst entstehen zu lassen. Hier müssen die Verfahren den Gebrauch geeigneter Informationsquellen einschließen:

- Prozesse
- Arbeitsvorgänge
- Sonderfreigaben
- Auditergebnisse
- Qualitätsaufzeichnungen
- Instandhaltungsberichte und
- Kundenbeschwerden,

um Fehlerursachen zu entdecken, zu analysieren und in der Folge zu beseitigen.

Generell sollen „Vorbeugungsmaßnahmen" vorausschauend durchgeführt werden, ohne daß bereits Fehler aufgetreten sind. Dieser stark „präventive" Charakter deckt sich auch mit den Aspekten eines HACCP-Konzepts (vergleiche hierzu das unter Kapitel 2.2 Gesagte).

Weiterhin wird in Abschnitt 4.14.3 c) darauf hingewiesen, daß Vorbeugungsmaßnahmen sowie die Anwendung von Überwachungsmaßnahmen der Vorbeugungsmaßnahmen (auch diese Forderung enthält das HACCP-Konzept) veranlaßt werden müssen. Mit anderen Worten: Die Norm verlangt eindeutig eine Überwachung (Monitoring) der Korrektur- und Vorbeugungsmaßnahmen.

Im Rahmen der Normforderung zu dem Element 4.17 „*Interne Qualitätsaudits*" kann das HACCP-Konzept auf seine Wirksamkeit hin überprüft werden. Auch diese Tatsache fordert das HACCP-Konzept in den sieben Grundsätzen, nämlich die Verifizierung des Konzepts in regelmäßigen Zeitabständen.

Bei der Feststellung von Abweichungen sind hier „Korrekturmaßnahmen" einzuführen. Dies könnte z. B. im konkreten Fall eine Änderung der Verfahrensanweisung zur „*Prozeßlenkung*" bedeuten.

**Tab. 19.2 Nützliche Dokumentation eines bereits vorhandenen QM-Systems für die HACCP-Arbeit (Auswahl)**

| Normelement DIN EN ISO 9001 | Vorgabedokument | Nachweisdokument |
|---|---|---|
| 4.6 Beschaffung | Spezifikationen für Rohwaren, Packstoffe | |
| 4.9 Prozeßlenkung | Fließschema für Produktionslinien, Verpackungslinien; möglicherweise aus Verfahrensanweisungen | |
| 4.10 Prüfungen | Probenahmepläne, Prüfpläne, Prüfanweisungen | Prüfaufzeichnungen (-berichte) |

## 19.3 Diskussion der Konzepte zur Einführung von HACCP-Konzepten und QM-Systemen

Der Fall C bietet die besten Voraussetzungen zur Einführung eines HACCP-Konzepts.

Das Qualitätsmanagement-System als Basis bietet eine Vielzahl von logischen Ansatzpunkten, um ein HACCP-Konzept effektiv, wirksam und in seiner Dokumentation klar strukturiert und übersichtlich aufzubauen.

Daß sich ein Unternehmen lediglich für die, wie in Fall A beschrieben, Einführung eines HACCP-Konzepts entscheidet, erscheint aus Sicht der Autoren eher als eine „Schnellspurversion". Der Trend geht auch in der Lebensmittelindustrie eindeutig hin zur Einführung eines normenkonformen Qualitätsmanagement-Systems.

Aufgrund der rechtlichen Situation wird es jedoch viele Lebenmittelhersteller geben, die, wie in Fall B beschrieben, mit der Einführung des HACCP-Konzepts zwingend beginnen müssen.

## 19.4 Ausblick auf die Entwicklung von HACCP und QM-Systemen – Aufgaben der Lebensmittelüberwachung

Die lebensmittelrechtliche Situation stellt sich in Deutschland wie folgt dar:

Es existieren schon mehrere produktspezifische Verordnungen, in denen die Grundsätze des HACCP-Konzepts bereits verankert sind.

Als Vorreiter gilt hier die Fischindustrie, der mit der Fischhygiene-Verordnung vom 30.03.1994 eine klare Anweisung vorliegt (KELLER und CHRISTELSOHN, 1994). Auch für die fleischverarbeitende und für die Milchindustrie machen Rechtsvorschriften die Anwendung von HACCP-Grundsätzen notwendig, auch wenn das (noch) nicht ausdrücklich gefordert wird.

Bei Redaktionsschluß stand zur Diskussion, daß die angestrebte Bundeshygiene-Verordnung höchstwahrscheinlich die branchenspezifischen Verordnungen im Hinblick auf die HACCP-Thematik ersetzen wird. Die zukünftige Bundeshygiene-Verordnung soll für alle Zweige der Lebensmittelindustrie die Vorgaben zum Thema „HACCP" zusammenfassen, um Verunsicherungen und Verwirrungen sowohl seitens der Hersteller und auch der Lebensmittelüberwachung zu vermeiden.

Auch in der Lebensmittelüberwachung macht man sich Gedanken, wie das HACCP-Konzept am sinnvollsten überprüft werden kann. Hier ist zur Zeit eine gemeinsame Lernphase in Industrie und Überwachung zu erkennen.

Daraus resultiert, daß die Mitarbeiter der amtlichen Lebensmittelüberwachung mehr und mehr zu Systemauditoren werden, sei es bei der Überprüfung von HACCP-Konzepten oder Qualitätsmanagement-Systemen. Somit wird sich auch das Berufsbild der Lebensmittelüberwacher (Lebensmittelchemiker, Veterinäre und Lebensmittelkontrolleure) stark ändern.

## 19.5 Zusammenfassung

Das HACCP-Konzept stellt in der Lebensmittelwirtschaft zwar in der Einführungsphase (je nach Art der Einführung) einen Mehraufwand bei mehreren Mitarbeitern dar, doch bietet es ein sehr viel höheres Maß an Sicherheit bei der Herstellung von Lebensmitteln. Es werden hier auf systematische Weise die Stellen im Produktionsprozeß, an denen möglicherweise Fehler entstehen können, bewußt aufgezeigt, Vorbeugungs- und Überwachungsmaßnahmen festgelegt und diese regelmäßig überprüft.

Das HACCP-Konzept bietet somit für den Hersteller von Lebensmitteln und für den Verbraucher Vorteile. Der Hersteller kann sehr viel besser den Nachweis für die Einhaltung seiner Sorgfaltspflicht führen, sollte es einmal zu rechtlichen Auseinandersetzungen kommen.

Der Verbraucher kann künftig davon ausgehen, daß mit Einführung des HACCP-Konzepts die Hersteller das Mögliche getan haben, um gesundheitliche Gefährdungen durch den Verzehr von Lebensmitteln abzuwenden.

## Literatur


[1] CHRISTELSOHN, M., CZABON, V., STÄHLE, S. (1994): Praxishandbuch Qualitätsmanagement. Hamburg: Behr's Verlag.

[2] CHRISTELSOHN, M., DEBELIUS, E. (1995): Vortrag „Integration des HACCP-Konzepts in ein Qualitätsmanagement-System nach DIN EN ISO 9001 – Verfahren und Dokumente" (anläßlich des BLL-Seminars am 30./31. Oktober 1995 in Bad Honnef).

[3] DEBELIUS, E. (1994): Diplomarbeit „Trainingskonzept zur Einführung von HACCP-Systemen in der Lebensmittelwirtschaft", Sigmaringen.

[4] Deutsche Norm (1994): Qualitätsmanagement-Systeme Modell zur Darlegung in Design, Entwicklung, Produktion, Montage und Wartung (ISO 9001:1994) Dreisprachige Fassung EN ISO 9001:1994. Berlin: Beuth Verlag GmbH.

[5] EG (1993): Richtlinie 93/43/EWG des Rates über Lebensmittelhygiene vom 14. Juni 1993. Abl. Nr. L 175/1.

[6] KELLER, M. (Hrsg.), CHRISTELSOHN, M. (Mitautor) (1994): Handbuch Fisch, Krebs- und Weichtiere. Hamburg: Behr's Verlag.

[7] PIERSON, M. D., CORLETT, D. jr. (Hrsg.) (1993): HACCP-Grundlagen der produkt- und prozeßspezifischen Risikoanalyse. Hamburg: Behr's Verlag.

[8] SCHLOSKE, A. (1995): Vortrag „EDV-Unterstützung beim HACCP-Konzept" (anläßlich des BLL-Seminars am 30./31. Oktober 1995 in Bad Honnef).

[9] Verordnung über die hygienischen Anforderungen an Fischereierzeugnisse und lebende Muscheln vom 31. März 1994 (BGBl. I S. 737).


**Softwareanbieter für HACCP-Systeme**

BFZ, Schwäbisch Gmünd (org-master HACCP)
Celsis, Cambridge CB4 4FX (doHACCP)
MUVA, Kempten (CCFRA HACCP)
Friedrich & Co. GmbH, Filderstadt (QLS/HACCP)

## Sachwortverzeichnis

### Hinweis für die Benutzung

Häufig wiederkehrende Begriffe, wie Prozeß, CCP, $a_W$- und pH-Wert, Temperatur, Salmonellen, Mikroorganismen, sind nur in das Sachwortverzeichnis aufgenommen, wo die Kapitelbearbeiter es wünschten. Findet sich die gesuchte Information an der angegebenen Stelle nicht, so empfiehlt sich, auch andere Kapitel mit entsprechendem Sachzusammenhang zu konsultieren.

**A**



**B**

**C**